# ASP.NET

## 网站开发与项目实战

### （第二版）

张正礼 陈作聪 王坚宁 编著

U0363172

清华大学出版社

北京

## 内 容 简 介

本书从初学者的角度，通过大量的范例程序循序渐进地讲解了全新的 ASP.NET 4.5 实用技术。全书内容包括 Visual Studio 2012 开发环境、C#语言程序设计、Web 控件、内置对象、输入验证、Rich 控件、用户控件和页面绘图、样式、主题和母版页、ADO.NET 数据库访问技术、数据绑定、数据控件、XML 和文件操作、LINQ 数据库技术、Web 程序安全机制、AJAX 应用服务和 MVC 设计模式。最后通过两个典型的案例开发讲解（网络书店系统、在线 RSS 阅读器），让读者体验学以致用解决实际问题的过程，获取 ASP.NET 4.5 的编程经验。

为本书特制 20 小时 49 课多媒体教学视频和全部实训的操作演示，以及本书所有相关素材及源文件，供读者网络下载。

本书适合作为 ASP.NET 初学者的自学参考书，也可作为高等院校 ASP.NET 的教学用书，特别是对高校计算机及相关专业的学生进行毕业设计具有非常好的指导价值。

**图书在版编目（CIP）数据**

ASP.NET 网站开发与项目实战 / 张正礼，陈作聪，王坚宁编著.-2 版. —北京：清华大学出版社，2015

ISBN 978-7-302-40489-7

Ⅰ. ①A… Ⅱ. ①张… ②陈… ③王… Ⅲ. ①网页制作工具－程序设计 Ⅳ. ①TP393.092

中国版本图书馆 CIP 数据核字（2015）第 136836 号

责任编辑：夏非彼
封面设计：王　翔
责任校对：闫秀华
责任印制：刘海龙

出版发行：清华大学出版社
　　　　网　　址：http：//www.tup.com.cn，http：//www.wqbook.com
　　　　地　　址：北京清华大学学研大厦 A 座　　　　邮　　编：100084
　　　　社 总 机：010-62770175　　　　　　　　　　邮　　购：010-62786544
　　　　投稿与读者服务：010-62776969，c-service@tup.tsinghua.edu.cn
　　　　质 量 反 馈：010-62772015，zhiliang@tup.tsinghua.edu.cn
印 装 者：清华大学印刷厂
经　　销：全国新华书店
开　　本：190mm×260mm　　　　印　　张：37.75　　　　字　　数：966 千字
版　　次：2012 年 4 月第 1 版　　2015 年 12 月第 2 版　　印　　次：2015 年 12 月第 1 次印刷
印　　数：1～3000
定　　价：85.00 元

产品编号：063707-01

# 前　言

ASP.NET 4.5 是微软公司推出的全新的互联网应用程序开发技术，它不仅继承了 ASP.NET 以前版本的使用简便、功能强大、效率高等优点，还进一步拉进了桌面应用开发和 Web 开发的距离。ASP.NET 4.5 提供了强大的控件和组件技术，使程序员使用尽可能少的代码来开发强大、安全、动态的 Web 程序，大大提高了程序开发的效率。因此，ASP.NET 4.5 必然会成为主流的 Web 程序开发技术。

本书从最基本的 ASP.NET 4.5 技术讲起，逐渐深入，让读者由浅入深地对 ASP.NET 4.5 技术有一个全面了解。本书的主要内容可划分为 6 个部分。

第 1 部分主要是对 ASP.NET 4.5 Web 编程进行概要介绍，包括 4 章内容：第 1 章介绍 .NET 框架的基本知识，主要包括 .NET 技术的发展历程和 .NET 4.0 带来的新特性；第 2 章主要介绍 Visual Studio 2012 程序开发工具的使用；第 3 章介绍 ASP.NET Web 程序开发的原理，主要包括应用程序构成、服务器控件、页面代码模式、 Application 事件以及程序配置；第 4 章介绍 ASP.NET 4.5 程序开发使用的脚本语言 C#。

第 2 部分主要是对 ASP.NET 4.5 Web 编程的基础知识进行介绍，包括 7 章内容：第 5 章介绍 Web 控件的基本知识，包括基本的 Web 控件、Web 控件类、表控件以及 Web 控件的事件；第 6 章介绍 ASP.NET 技术提供的内置对象；第 7 章介绍验证控件；第 8 章介绍 Rich 控件；第 9 章介绍用户控件和页面绘图；第 10 章介绍样式、主题和母版页；第 11 章介绍导航控件。

第 3 部分主要是对数据操作的知识进行介绍，包括 5 章内容：第 12 章介绍 ADO.NET 数据访问技术的基本原理；第 13 章主要介绍如何把数据绑定到页面进行显示；第 14 章主要介绍 ASP.NET 提供的丰富数据显示控件，以方便用户数据的显示；第 15 章主要介绍 XML 和文件操作；第 16 章主要介绍 LINQ 技术。

第 4 部分主要介绍 ASP.NET 高级编程的相关知识，包括 3 章内容：第 17 章介绍 Web 服务的相关知识；第 18 章介绍 Web 编程安全的相关知识；第 19 章介绍 AJAX 编程的相关知识。

第 5 部分主要介绍 ASP.NET 推出的 MVC 程序架构框架，只包括 1 章内容：第 20 章介绍了 MVC 设计模式以及基于.NET 框架面向 ASP.NET 4.5 的 MVC 框架的相关知识。

第 6 部分主要通过大型综合系统开发的介绍来引导读者进入应用系统设计和开发的层次，主要包括 2 章内容：第 21 章按照软件系统开发的步骤来介绍网络书店系统的实现过程：功能需求分析、功能设计、系统框架设计、程序结构设计、数据库分析和设计以及各层应用程序的实现，并涉及到系统集成方面的相关技术；第 22 章介绍了如何利用 ASP.NET AJAX、LINQ 到 SQL 等技术来实现在线 RSS 阅读器。

本书适合作为 ASP.NET 初学者的自学参考书，也可作为高等院校 ASP.NET 的教学用书，特别是对计算机及相关专业的学生进行毕业设计具有非常好的指导价值。

本书由张正礼主持编写，此外，高克臻、张云霞、许小荣、王冬、王龙、张银芳、周新国、陈作聪、沈毅、蔡娜、张秀梅、张玉兰、李爽、田伟、张璐、周艳丽、肖斌等人也参与了本书的编写，作者向他们的辛勤劳动表示衷心的感谢。

由于作者水平有限，书中错误、纰漏之处难免，欢迎广大读者、同仁批评斧正。

本书提供了相关素材及源文件，供读者上机练习使用，同时还提供了 20 小时 49 课多媒体教学视频，读者可从网上下载这些资源文件。下载地址：http://pan.baidu.com/s/1qWMjqf6。

编　者
2015 年 7 月

# 目　录

第 1 章　.NET 框架 ...................................................................................................................... 1

   1.1　Web 程序开发的发展历程 ...................................................................................... 1

      1.1.1　HTML 和 HTML 表单 ................................................................................. 1

      1.1.2　CGI 接口 ....................................................................................................... 3

      1.1.3　脚本语言 ....................................................................................................... 3

      1.1.4　组件技术 ....................................................................................................... 4

   1.2　.NET 框架 .................................................................................................................. 4

      1.2.1　.NET 框架的发展历程 ................................................................................. 5

      1.2.2　.NET 语言 ...................................................................................................... 6

      1.2.3　公共语言运行时 ........................................................................................... 7

      1.2.4　动态语言运行时 ........................................................................................... 7

      1.2.5　.NET 类库 ...................................................................................................... 8

      1.2.6　Visual Studio ................................................................................................. 8

   1.3　.NET 4.5 ..................................................................................................................... 8

      1.3.1　ASP.NET MVC 4.0 ........................................................................................ 8

      1.3.2　ASP.NET Web Forms 4.5 .............................................................................. 9

      1.3.3　ASP.NET Web Deployment 4.5 .................................................................... 9

   1.4　小结 ......................................................................................................................... 10

第 2 章　Visual Studio 2012 开发环境 ...................................................................................... 11

   2.1　安装 ......................................................................................................................... 11

   2.2　创建 Web 项目 ....................................................................................................... 14

   2.3　Web 项目管理 ........................................................................................................ 15

   2.4　Visual Studio 2012 新特性 .................................................................................... 18

      2.4.1　支持开发 Windows 8 程序 ......................................................................... 19

      2.4.2　加强网页开发功能 ..................................................................................... 19

      2.4.3　新的团队开发功能 ..................................................................................... 20

   2.5　小结 ......................................................................................................................... 20

第 3 章　ASP.NET Web 编程原理 .............................................................................................. 21

   3.1　ASP.NET 应用程序的构成 ................................................................................... 21

      3.1.1　文件类型 ..................................................................................................... 22

      3.1.2　文件夹类型 ................................................................................................. 23

   3.2　服务器控件 ............................................................................................................. 24

　　　　3.2.1　HTML 服务器控件 ..................................................................................... 24
　　　　3.2.2　Web 控件 ................................................................................................... 24
　　3.3　ASPX 页面代码模式 ......................................................................................... 25
　　　　3.3.1　页面类 ....................................................................................................... 25
　　　　3.3.2　网页代码存储模式 ................................................................................... 26
　　3.4　Application 事件 ................................................................................................. 28
　　　　3.4.1　Globe.asax 文件 ........................................................................................ 28
　　　　3.4.2　Application 事件种类 ............................................................................... 29
　　3.5　ASP.NET 应用程序配置 ..................................................................................... 30
　　　　3.5.1　ASP.NET 程序配置文件 ........................................................................... 31
　　　　3.5.2　Web.config 配置文件 ............................................................................... 31
　　　　3.5.3　网站管理工具 ........................................................................................... 35
　　3.6　小结 ..................................................................................................................... 36

第 4 章　C#语言程序设计 ...................................................................................................... 37
　　4.1　概述 ..................................................................................................................... 37
　　　　4.1.1　编写 C#源代码 ......................................................................................... 37
　　　　4.1.2　大小写的敏感性 ....................................................................................... 39
　　　　4.1.3　注释 ........................................................................................................... 39
　　　　4.1.4　语句终止符 ............................................................................................... 39
　　　　4.1.5　语句块 ....................................................................................................... 40
　　4.2　数据类型 ............................................................................................................. 40
　　　　4.2.1　常用数据类型 ........................................................................................... 40
　　　　4.2.2　其他数据类型 ........................................................................................... 40
　　4.3　常量和变量 ......................................................................................................... 46
　　　　4.3.1　常量 ........................................................................................................... 46
　　　　4.3.2　变量 444 ................................................................................................... 46
　　　　4.3.3　隐型局部变量 ........................................................................................... 48
　　4.4　数据运算 ............................................................................................................. 48
　　　　4.4.1　数值运算 ................................................................................................... 49
　　　　4.4.2　字符串运算 ............................................................................................... 49
　　4.5　语句 ..................................................................................................................... 50
　　　　4.5.1　条件语句 ................................................................................................... 50
　　　　4.5.2　循环语句 ................................................................................................... 52
　　4.6　方法 ..................................................................................................................... 54
　　　　4.6.1　方法重载 ................................................................................................... 54
　　　　4.6.2　扩展方法 ................................................................................................... 55
　　　　4.6.3　委托 ........................................................................................................... 57
　　4.7　类、对象和结构 ................................................................................................. 59

|       | 4.7.1 | 结构 | 59 |
|       | 4.7.2 | 类 | 60 |
|       | 4.7.3 | 对象 | 63 |
| 4.8   | Lambda 表达式 | | 63 |
|       | 4.8.1 | 匿名方法 | 63 |
|       | 4.8.2 | Lambda 表达式基础 | 64 |
|       | 4.8.3 | Lambda 表达式的格式 | 66 |
|       | 4.8.4 | Lambda 表达式树 | 66 |
| 4.9   | 对象和集合初始化器 | | 67 |
|       | 4.9.1 | 对象初始化器 | 68 |
|       | 4.9.2 | 集合初始化器 | 69 |
| 4.10  | 匿名类型 | | 69 |
| 4.11  | C# 5.0 的新特性 | | 70 |
|       | 4.11.1 | 全新的异步编程模型 | 70 |
|       | 4.11.2 | 调用方信息 | 71 |
| 4.12  | 小结 | | 73 |
| 第 5 章 | Web 控件 | | 74 |
| 5.1   | 基本的 Web 控件 | | 74 |
| 5.2   | Web 控件类概述 | | 75 |
|       | 5.2.1 | Web 控件的基本属性 | 77 |
|       | 5.2.2 | 单位 | 78 |
|       | 5.2.3 | 枚举 | 79 |
|       | 5.2.4 | 颜色 | 79 |
|       | 5.2.5 | 字体 | 79 |
| 5.3   | 文本服务器控件 | | 80 |
|       | 5.3.1 | Label 控件 | 80 |
|       | 5.3.2 | Texbox 控件 | 80 |
|       | 5.3.3 | HyperLink 控件 | 82 |
| 5.4   | 按钮服务器控件 | | 84 |
|       | 5.4.1 | Button 控件 | 85 |
|       | 5.4.2 | LinkButton 控件 | 85 |
|       | 5.4.3 | ImageButton 控件 | 86 |
| 5.5   | 图像服务器控件 | | 87 |
|       | 5.5.1 | Image 控件 | 87 |
|       | 5.5.2 | ImageMap 控件 | 87 |
| 5.6   | 列表控件 | | 89 |
|       | 5.6.1 | ListBox | 89 |
|       | 5.6.2 | DropDownList | 91 |

5.6.3　CheckBoxList ............................................................................................... 93

5.6.4　RadioButtonList ........................................................................................... 94

5.6.5　BulletedList ................................................................................................. 96

5.7　表控件 ................................................................................................................... 97

5.7.1　表控件对象模型 ......................................................................................... 98

5.7.2　向页面中添加表控件 ................................................................................. 99

5.7.3　动态操作表控件 ....................................................................................... 100

5.8　Web 控件的事件 ................................................................................................. 103

5.8.1　Web 控件的事件模型 ............................................................................... 103

5.8.2　Web 控件事件的绑定 ............................................................................... 104

5.9　小结 ..................................................................................................................... 104

第 6 章　内置对象 ............................................................................................................. 105

6.1　Response 对象 ..................................................................................................... 105

6.1.1　Response 对象的属性 ............................................................................... 106

6.1.2　Response 对象的方法 ............................................................................... 107

6.1.3　Response 对象的应用举例 ....................................................................... 108

6.2　Request 对象 ....................................................................................................... 110

6.2.1　Request 对象的属性 ................................................................................. 110

6.2.2　Request 对象的方法 ................................................................................. 111

6.3　Server 对象 ......................................................................................................... 112

6.3.1　Server 对象的属性 ................................................................................... 112

6.3.2　Server 对象的方法 ................................................................................... 112

6.3.3　Server 对象的应用举例 ........................................................................... 113

6.4　ViewState 对象 ................................................................................................... 115

6.4.1　概述 ........................................................................................................... 115

6.4.2　ViewState 的安全机制 ............................................................................. 116

6.4.3　保留成员变量 ........................................................................................... 117

6.4.4　存储自定义对象 ....................................................................................... 118

6.4.5　传递信息 ................................................................................................... 119

6.5　Cookies 对象 ....................................................................................................... 122

6.5.1　概述 ........................................................................................................... 123

6.5.2　Cookies 对象的属性 ................................................................................. 123

6.5.3　Cookies 对象的方法 ................................................................................. 124

6.5.4　Cookies 对象的使用 ................................................................................. 124

6.5.5　Cookies 对象的应用举例 ......................................................................... 126

6.6　Session 对象 ........................................................................................................ 127

6.6.1　概述 ........................................................................................................... 127

6.6.2　Session 跟踪 .............................................................................................. 128

6.6.3　Session 对象的属性 ........................................................................... 128

6.6.4　Session 对象的方法 ........................................................................... 128

6.6.5　Session 对象的使用 ........................................................................... 129

6.6.6　Session 的应用举例 ........................................................................... 129

6.6.7　Session 的存储 ................................................................................... 130

6.7　Application 对象 ............................................................................................. 133

6.7.1　Application 对象的属性 ...................................................................... 133

6.7.2　Application 对象的方法 ...................................................................... 133

6.7.3　Application 对象的应用举例 .............................................................. 134

6.8　小结 ................................................................................................................. 135

第 7 章　输入验证 ............................................................................................................... 136

7.1　概述 ................................................................................................................. 136

7.1.1　验证控件的使用 ................................................................................. 136

7.1.2　何时进行验证 ..................................................................................... 137

7.1.3　验证多个条件 ..................................................................................... 137

7.1.4　显示错误信息 ..................................................................................... 137

7.1.5　验证对象模型 ..................................................................................... 137

7.2　验证控件 ......................................................................................................... 138

7.2.1　RequiredFieldValidator 控件 ............................................................ 138

7.2.2　CompareValidator 控件 ..................................................................... 139

7.2.3　RangeValidator 控件 ......................................................................... 141

7.2.4　RegularExpressionValidator 控件 .................................................... 142

7.2.5　CustomValidator 控件 ....................................................................... 143

7.3　定制验证控件 ................................................................................................. 145

7.4　综合实例 ......................................................................................................... 151

7.5　小结 ................................................................................................................. 154

第 8 章　Rich 控件 ............................................................................................................. 155

8.1　Calendar 控件 ................................................................................................. 155

8.1.1　属性和方法 ......................................................................................... 156

8.1.2　Calendar 控件的外观设置 ................................................................. 158

8.1.3　Calendar 控件编程 ............................................................................. 162

8.2　AdRotator 控件 ............................................................................................... 165

8.2.1　属性和方法 ......................................................................................... 165

8.2.2　从数据源中读取广告信息 ................................................................. 166

8.2.3　显示和跟踪广告 ................................................................................. 169

8.3　MultiView 和 View 控件 ................................................................................. 171

8.3.1　属性和方法 ......................................................................................... 172

8.3.2　应用举例 ............................................................................................. 173

8.4　Wizard 控件 ........................................................................................................ 174

8.4.1　属性和方法 ............................................................................................ 174

8.4.2　Wizard 控件的应用 ............................................................................... 176

8.5　小结 ........................................................................................................................ 178

第 9 章　用户控件和页面绘图 .............................................................................................. 179

9.1　用户控件 ................................................................................................................ 179

9.1.1　概述 ............................................................................................................ 179

9.1.2　创建用户控件 ........................................................................................ 180

9.1.3　用户控件的使用 .................................................................................... 184

9.1.4　用户控件事件 ........................................................................................ 187

9.2　页面绘图 ................................................................................................................ 188

9.2.1　绘图的基本知识 .................................................................................... 188

9.2.2　绘制随机码图片 .................................................................................... 190

9.2.3　绘制汉字验证码 .................................................................................... 192

9.2.4　图片的格式和质量 ................................................................................ 194

9.3　小结 ........................................................................................................................ 198

第 10 章　样式、主题和母版页 .......................................................................................... 199

10.1　样式 ...................................................................................................................... 199

10.1.1　样式的作用 .......................................................................................... 200

10.1.2　样式的种类 .......................................................................................... 200

10.1.3　样式的语法 .......................................................................................... 201

10.1.4　使用样式 ............................................................................................... 205

10.1.5　样式创建器 .......................................................................................... 207

10.1.6　CSS 属性窗口 ...................................................................................... 209

10.1.7　创建和应用样式文件 ........................................................................ 210

10.2　主题 ...................................................................................................................... 211

10.2.1　概述 ........................................................................................................ 212

10.2.2　主题的创建 .......................................................................................... 214

10.2.3　主题的应用 .......................................................................................... 215

10.2.4　SkinID 的应用 ..................................................................................... 217

10.2.5　主题的禁用 .......................................................................................... 218

10.3　母版页 .................................................................................................................. 218

10.3.1　概述 ........................................................................................................ 218

10.3.2　创建母版页 .......................................................................................... 219

10.3.3　使用母版创建网页 ............................................................................ 221

10.4　小结 ...................................................................................................................... 223

第 11 章 网站地图与页面导航 ............................................................................224

　　11.1 网站地图 ......................................................................................................224

　　　　11.1.1 定义网站地图 ...................................................................................225

　　　　11.1.2 网站地图的简单实例 .......................................................................227

　　　　11.1.3 绑定站点文件到普通页面 ...............................................................227

　　　　11.1.4 绑定站点文件到母版页 ...................................................................228

　　　　11.1.5 绑定部分站点文件 ...........................................................................229

　　　　11.1.6 站点文件操作的可编程性 ...............................................................232

　　11.2 导航控件 ......................................................................................................235

　　　　11.2.1 TreeView 控件 ..................................................................................235

　　　　11.2.2 Menu 控件 ........................................................................................237

　　　　11.2.3 SiteMapPath 控件 .............................................................................240

　　11.3 小结 ..............................................................................................................241

第 12 章 ADO.NET 数据库访问技术 .................................................................242

　　12.1 数据访问技术发展 ......................................................................................242

　　　　12.1.1 微软数据访问组件 ...........................................................................242

　　　　12.1.2 ADO、OLE DB 和 ODBC 的关系 .................................................243

　　12.2 数据管理 ......................................................................................................243

　　　　12.2.1 数据库 ...............................................................................................244

　　　　12.2.2 数据访问 ...........................................................................................245

　　12.3 配置数据库 ..................................................................................................245

　　　　12.3.1 在 Visual Studio 中浏览和修改数据库 ...........................................245

　　　　12.3.2 SQL 命令行工具 ..............................................................................246

　　12.4 基本的 SQL ..................................................................................................247

　　　　12.4.1 选择数据 ...........................................................................................247

　　　　12.4.2 插入数据 ...........................................................................................249

　　　　12.4.3 更新数据 ...........................................................................................249

　　　　12.4.4 删除数据 ...........................................................................................249

　　　　12.4.5 查询数据 ...........................................................................................250

　　12.5 ADO.NET .....................................................................................................250

　　　　12.5.1 ADO.NET 结构 .................................................................................251

　　　　12.5.2 ADO.NET 命名空间 .........................................................................252

　　　　12.5.3 数据提供器类 ...................................................................................253

　　12.6 直接数据访问 ..............................................................................................255

　　　　12.6.1 创建连接 ...........................................................................................256

　　　　12.6.2 Select 命令 ........................................................................................261

　　　　12.6.3 DataReader .........................................................................................261

　　12.7 不连接的数据访问 ......................................................................................265

　　　　12.7.1　DataSet ............................................................................................ 266

　　　　12.7.2　以不连接的方式获取数据 ................................................................ 271

　　12.8　小结 ......................................................................................................... 274

第 13 章　数据绑定 ................................................................................................ 275

　　13.1　概述 ......................................................................................................... 275

　　13.2　数据的简单绑定 ....................................................................................... 276

　　　　13.2.1　绑定到变量 ...................................................................................... 276

　　　　13.2.2　绑定到表达式 .................................................................................. 277

　　　　13.2.3　绑定到集合 ...................................................................................... 278

　　　　13.2.4　绑定到方法的结果 .......................................................................... 279

　　13.3　数据的复杂绑定 ....................................................................................... 280

　　　　13.3.1　绑定到 DataSet ................................................................................ 281

　　　　13.3.2　绑定到数据库 .................................................................................. 282

　　13.4　数据源控件 ............................................................................................... 283

　　　　13.4.1　SqlDataSource 控件 ......................................................................... 285

　　　　13.4.2　SqlDataSource 控件的属性 ............................................................. 287

　　　　13.4.3　SqlDataSource 控件的功能 ............................................................. 289

　　　　13.4.4　使用 SqlDataSource 控件检索数据 ................................................ 290

　　　　13.4.5　使用参数 .......................................................................................... 292

　　13.5　小结 ......................................................................................................... 296

第 14 章　数据控件 ................................................................................................ 297

　　14.1　GridView 控件 .......................................................................................... 297

　　　　14.1.1　属性 .................................................................................................. 298

　　　　14.1.2　方法 .................................................................................................. 300

　　　　14.1.3　事件 .................................................................................................. 300

　　　　14.1.4　在 GridView 控件中绑定数据 ........................................................ 301

　　　　14.1.5　GridView 控件的列 ......................................................................... 303

　　　　14.1.6　GridView 控件的排序 ..................................................................... 304

　　　　14.1.7　GridView 控件的分页 ..................................................................... 307

　　　　14.1.8　GridView 控件的模板列 ................................................................. 310

　　　　14.1.9　行的选取 .......................................................................................... 311

　　　　14.1.10　GridView 控件的数据操作 ........................................................... 314

　　　　14.1.11　批量更新 GridView 控件中的数据 .............................................. 322

　　14.2　DetailsView 控件 ...................................................................................... 327

　　　　14.2.1　属性 .................................................................................................. 327

　　　　14.2.2　方法 .................................................................................................. 329

　　　　14.2.3　事件 .................................................................................................. 329

14.2.4　在 DetailsView 控件中显示数据 .................................................................330

14.2.5　在 DetailsView 控件中操作数据 .................................................................331

14.3　FormView 控件 ...........................................................................................334

14.4　ListView 控件 ............................................................................................334

14.4.1　属性 ......................................................................................................335

14.4.2　方法 ......................................................................................................336

14.4.3　事件 ......................................................................................................337

14.4.4　为 ListView 控件创建模板 ...................................................................338

14.5　Chart 控件 .................................................................................................340

14.6　小结 ............................................................................................................345

第 15 章　XML 和文件操作 .........................................................................................346

15.1　XML ..........................................................................................................346

15.1.1　XML 概述 ..............................................................................................346

15.1.2　.NET 中实现的 XML DOM .................................................................352

15.1.3　DataSet 与 XML ...................................................................................357

15.1.4　XML 数据绑定 ......................................................................................360

15.2　文件操作 ....................................................................................................364

15.2.1　概述 ......................................................................................................364

15.2.2　文件基本操作 ......................................................................................365

15.2.3　文件的 I/O 操作 ...................................................................................366

15.2.4　文件上传 ..............................................................................................368

15.2.5　文件下载 ..............................................................................................370

15.3　小结 ............................................................................................................376

第 16 章　LINQ 数据库技术 .........................................................................................377

16.1　概述 ............................................................................................................377

16.2　基于 C#的 LINQ ........................................................................................378

16.2.1　LINQ 查询介绍 ...................................................................................378

16.2.2　LINQ 和泛型 ........................................................................................380

16.2.3　基本查询操作 ......................................................................................381

16.2.4　使用 LINQ 进行数据转换 ...................................................................383

16.3　LINQ 到 ADO.NET ...................................................................................387

16.3.1　LINQ 到 SQL 的基础 ...........................................................................387

16.3.2　对象模型的创建 ..................................................................................388

16.3.3　查询数据库 ..........................................................................................390

16.3.4　更改数据库 ..........................................................................................392

16.4　LinqDataSource 控件 .................................................................................395

16.5　QueryExtender 控件 ...................................................................................398

16.6　小结 ............................................................................................................401

**第 17 章　Web 服务** .................................................................................................... 402

　　17.1　概述 ................................................................................................................ 402

　　　　17.1.1　互联网程序开发的过去和现在 ....................................................... 402

　　　　17.1.2　Web 服务和可编程 Web ................................................................. 403

　　　　17.1.3　何时使用 Web 服务 ......................................................................... 404

　　　　17.1.4　Web 服务的标准 ............................................................................. 404

　　17.2　Web 服务的描述语言 ..................................................................................... 405

　　　　17.2.1　<definitions>元素 ........................................................................... 405

　　　　17.2.2　<types>元素 ................................................................................... 406

　　　　17.2.3　<message>元素 ............................................................................. 407

　　　　17.2.4　<portType>元素 ............................................................................ 407

　　　　17.2.5　<binding>元素 ............................................................................... 408

　　　　17.2.6　<service>元素 ................................................................................ 409

　　17.3　SOAP ............................................................................................................. 409

　　17.4　与 Web 服务交互 ........................................................................................... 411

　　17.5　发现 Web 服务 ............................................................................................... 412

　　　　17.5.1　DISCO 标准 .................................................................................... 412

　　　　17.5.2　UDDI 标准 ...................................................................................... 412

　　17.6　创建 Web 服务 ............................................................................................... 413

　　　　17.6.1　创建 Web 服务项目 ....................................................................... 413

　　　　17.6.2　创建 Access 数据库 ....................................................................... 415

　　　　17.6.3　创建 Web 服务中的方法 ............................................................... 415

　　17.7　使用存在的 Web 服务 ................................................................................... 417

　　17.8　Web 服务的方法返回定制的对象 ................................................................. 420

　　17.9　小结 ................................................................................................................ 422

**第 18 章　Web 程序安全机制** ................................................................................... 423

　　18.1　安全需求 ........................................................................................................ 423

　　　　18.1.1　限制访问的文件类型 ..................................................................... 423

　　　　18.1.2　安全概念 ......................................................................................... 424

　　18.2　ASP.NET 安全模型 ....................................................................................... 424

　　　　18.2.1　安全策略 ......................................................................................... 426

　　　　18.2.2　表单认证 ......................................................................................... 426

　　　　18.2.3　Windows 认证 ................................................................................ 430

　　　　18.2.4　身份模拟 ......................................................................................... 433

　　18.3　小结 ................................................................................................................ 435

**第 19 章　ASP.NET AJAX 应用** ............................................................................... 436

　　19.1　概述 ................................................................................................................ 436

19.1.1 优势 ....................................................................................... 437

19.1.2 ASP.NET AJAX 框架 .................................................................. 437

19.1.3 ASP.NET AJAX 程序 .................................................................. 439

19.2 UpdatePanel 控件 ................................................................................ 439

19.2.1 属性和方法 .............................................................................. 441

19.2.2 指定 UpdatePanel 控件的内容 ................................................... 441

19.2.3 指定 UpdatePanel 的触发器 ...................................................... 441

19.2.4 UpdatePanel 控件的刷新条件 ................................................... 443

19.2.5 嵌套使用 UpdatePanel 控件 ..................................................... 443

19.2.6 以编程的方式刷新 UpdatePanel 控件 ....................................... 445

19.2.7 与 Web 服务综合应用 .............................................................. 446

19.3 UpdateProgress 控件 ........................................................................... 451

19.3.1 属性和方法 .............................................................................. 451

19.3.2 使用一个 UpdateProgress 控件 ................................................. 453

19.3.3 使用两个 UpdateProgress 控件 ................................................. 455

19.3.4 停止异步回送 .......................................................................... 458

19.3.5 UpdateProgress 控件的显示规则 ............................................... 461

19.4 Timer 控件 ........................................................................................... 462

19.4.1 属性和方法 .............................................................................. 463

19.4.2 在 UpdatePanel 控件内部使用 Timer 控件 ................................ 463

19.4.3 在 UpdatePanel 控件外部使用 Timer 控件 ................................ 465

19.5 ScriptManager 控件 ............................................................................. 468

19.5.1 属性和方法 .............................................................................. 470

19.5.2 控制部分页面刷新 ................................................................... 472

19.5.3 错误处理 .................................................................................. 473

19.6 小结 ..................................................................................................... 476

第 20 章 ASP.NET MVC 应用程序 ................................................................... 477

20.1 概述 ..................................................................................................... 477

20.1.1 传统 ASP.NET Web 表单方案存在的问题 ................................. 477

20.1.2 MVC ......................................................................................... 478

20.1.3 ASP.NET MVC .......................................................................... 479

20.2 ASP.NET MVC 应用程序 ...................................................................... 480

20.2.1 MVC 应用程序结构 .................................................................. 481

20.2.2 MVC 应用程序的执行 .............................................................. 483

20.2.3 应用程序中的模型 ................................................................... 484

20.3 路由 ..................................................................................................... 484

20.3.1 定义路由 .................................................................................. 485

20.3.2 默认的路由 .............................................................................. 487

20.3.3 设置路由参数的默认值 ........................................................... 488
20.3.4 处理包含未知 URL 片段数的 URL 请求 .................................... 489
20.3.5 为匹配的 URL 添加约束条件 ................................................... 489
20.4 控制器 ........................................................................................... 490
20.4.1 控制器类 ................................................................................. 490
20.4.2 行为方法 ................................................................................. 491
20.4.3 行为方法参数 .......................................................................... 491
20.4.4 自动映射行为方法参数 ............................................................. 492
20.4.5 ActionResult 返回类型 ............................................................ 493
20.5 视图 ............................................................................................... 493
20.5.1 使用视图渲染用户界面 ............................................................. 493
20.5.2 视图页面 ................................................................................. 494
20.5.3 母版页视图 .............................................................................. 494
20.5.4 向视图传递数据 ....................................................................... 495
20.5.5 获取视图中的数据 .................................................................... 496
20.5.6 在行为方法间传递状态 ............................................................. 497
20.6 行为过滤器 ..................................................................................... 498
20.6.1 Authorize 过滤器 ..................................................................... 499
20.6.2 OutputCache 过滤器 ................................................................ 500
20.6.3 HandleError 过滤器 ................................................................. 502
20.6.4 自定义行为过滤器 .................................................................... 503
20.7 案例讲解 ......................................................................................... 505
20.7.1 创建应用程序 .......................................................................... 506
20.7.2 模型的实现 .............................................................................. 507
20.7.3 控制器的实现 .......................................................................... 515
20.7.4 视图的实现 .............................................................................. 517
20.8 小结 ............................................................................................... 521

第 21 章 网络书店 .................................................................................... 522
21.1 功能分析 ......................................................................................... 522
21.2 系统设计 ......................................................................................... 523
21.2.1 系统模块的划分 ....................................................................... 523
21.2.2 系统框架设计 .......................................................................... 525
21.2.3 系统程序结构设计 .................................................................... 531
21.2.4 数据库设计 .............................................................................. 532
21.3 数据访问和存储层的实现 ................................................................. 538
21.3.1 ADO.NET 数据访问组件 .......................................................... 538
21.3.2 LINQ 到 SQL 数据访问组件 ..................................................... 543
21.4 业务逻辑层 ..................................................................................... 545

　　　　21.4.1　Book 类 .................................................................................................. 546

　　　　21.4.2　Category 类 ............................................................................................. 548

　　　　21.4.3　Comment 类 ............................................................................................ 550

　　　　21.4.4　Cart 类 .................................................................................................... 553

　　　　21.4.5　Order 类 .................................................................................................. 554

　　　　21.4.6　Folders 类和 Mails 类 ............................................................................ 556

　　　　21.4.7　User 类 .................................................................................................... 557

　　21.5　表示层的实现 .............................................................................................................. 559

　　　　21.5.1　书籍信息浏览功能 ................................................................................. 559

　　　　21.5.2　书籍评论功能 ......................................................................................... 560

　　　　21.5.3　购物车功能 ............................................................................................. 562

　　　　21.5.4　订单生成与修改功能 ............................................................................. 564

　　　　21.5.5　站内邮件功能 ......................................................................................... 566

　　21.6　小结 .............................................................................................................................. 567

第 22 章　在线 RSS 阅读器 ..................................................................................................... 568

　　22.1　RSS 技术概述 ............................................................................................................. 568

　　　　22.1.1　发展历程 ................................................................................................. 568

　　　　22.1.2　RSS 的特点 ............................................................................................. 569

　　　　22.1.3　RSS 的用途 ............................................................................................. 569

　　　　22.1.4　RSS 阅读器 ............................................................................................. 570

　　　　22.1.5　RSS 文件 ................................................................................................. 570

　　22.2　系统设计 ...................................................................................................................... 571

　　　　22.2.1　功能分析 ................................................................................................. 571

　　　　22.2.2　系统框架设计 ......................................................................................... 571

　　　　22.2.3　软件结构设计 ......................................................................................... 573

　　　　22.2.4　数据库设计 ............................................................................................. 574

　　22.3　关键技术详解 .............................................................................................................. 574

　　22.4　系统实现 ...................................................................................................................... 576

　　　　22.4.1　数据访问层的实现 ................................................................................. 576

　　　　22.4.2　业务逻辑层的实现 ................................................................................. 576

　　　　22.4.3　添加 RSS 频道 ....................................................................................... 580

　　　　22.4.4　RSS 频道管理 ......................................................................................... 581

　　　　22.4.5　RSS 文件查看 ......................................................................................... 585

　　22.5　小结 .............................................................................................................................. 585

# 第 1 章
# .NET 框架

.NET 框架（.NET Framework）是由微软开发，一个致力于敏捷软件开发、快速应用开发、平台无关性和网络透明化的软件开发平台。

最初的.NET 应用程序平台，发行于 2002 年，这是一个多语言组件开发和执行环境，它提供了一个跨语言的统一编程环境，便于开发人员更容易地建立 Web 应用程序和 Web 服务。在经历了多次的版本升级后，.NET 框架技术不断得到完善。在 2012 年，ASP.NET 4.5 正式版本问世了，它的出现代表着一系列可以用来帮助我们建立丰富应用程序的技术又向前发展了一步。

ASP.NET 是 Microsoft 公司推出的基于.NET 框架的 Web 应用开发平台，是 Web 应用开发的主流技术之一，它带给人们的是全新的技术。ASP.NET 4.5 是在 ASP.NET 4.0 的基础之上构建的，保留了其中很多令人喜爱的功能，并增加了一些其他领域的新功能和工具。本章将介绍 ASP.NET 4.5 的相关基础知识，使读者对这一强大的 Web 编程技术有一个基本的认识。

## 1.1 Web 程序开发的发展历程

互联网络始于 60 年代末，作为实验由美国国防部提供的初期资金，它的目标之一是建立一个真正灵活的信息网络。早期的互联网读者大多限于教育机构和国防承包商。作为工具与学术界的合作，让研究人员在全球各地实现信息共享使互联网逐渐兴盛起来。90 年代初，调制解调器的出现使得互联网开始开放给商业读者。1993 年，第一个 HTML 浏览器的出现拉开了互联网革命。下面就简要回顾一下 Web 程序开发历程。

### 1.1.1 HTML 和 HTML 表单

早期的网站发布的是静态的网页，主要由 HTML 语言和 HTML 表单来组成，虽然网页中包含文字和图片，但这些内容却需要在服务器端以手工的方式来变换，因此很难把他们描述为 Web 程序。下面的例 1-1 是一个简单的 HTML 文件。

**例 1-1 简单的 HTML 文件**

该程序清单包含一个标题和一句文字。其中标题包含在标记<h1>和</h1>之间，一句文字包含在标记<p>和</p>之间。代码如下：

```
<html>
<head><title>Web Page</title></head>
<body>
<h1>一级标题</h1>
<p>这是一个简单的网页</p>
</body>
</html>
```

一个 HTML 文件包含两部分内容：文本和标记，文本是 HTML 要显示的内容，标记则告诉浏览器如何显示这些内容。HTML 的标记定义为不同层次的标题、段落、链接、斜体格式化、横向线等。图 1-1 显示了例 1-1 的简单的 HTML 网页文件被浏览器解析时的情形。

图 1-1　简单的 HTML 页面

在 HTML 2.0 时，HTML 表单被引入，这时才开始了真正意义上的 Web 程序：在一个 HTML 表单中，所有的控制都放置在<form>和</form>中。当读者在客户端单击“提交”按钮后，网页上的所有内容就以字符串的形式发送到服务器端，服务器端的处理程序根据事先设置好的标准来响应客户的请求。下面的例 1-2 就是一个由 HTML 表单控件构成的简单的页面。

**例 1-2　HTML 表单控件组成的简单的页面**

该程序清单由 HTML 表单组成，包括一个标题、一句文字、四个复选框和一个“提交”按钮，这些内容和标记均被包含在表单标记之间。

```
<html>
    <head><title>Web Page</title></head>
<body>
<form>
    <h1>你认为哪几种平台比较好用？</h1>
<p>请作出选择：</p>
<input type="checkbox" />ASP.NET4.0<br/>
<input type="checkbox" />ASP.NET4.5<br/>
<input type="checkbox" />ASP<br/>
<input type="checkbox" />JSP<br/>
<input type="submit" value="提 交">
</form>
</body>
</html>
```

例 1-2 的运行效果如图 1-2 所示。

图 1-2　HTML 表单控件组成的简单的页面

今天，尽管动态 ASP.NET 页面已经比较流行，但 HTML 表单组成的控件仍然是这些页面的基本组成元素，所不同的是构成 ASP.NET 页面的 HTML 表单控件运行在服务器端。所以读者必须要掌握最基本的 HTML 表单以便能够更好地使用 ASP.NET 平台进行程序开发。

HTML 5 是近十年来 Web 开发标准最巨大的飞跃。和以前的版本不同，HTML 5 并非仅仅用来表示 Web 内容，它的新使命是将 Web 带入一个成熟的应用平台。它增加了<header>、<footer>、<nav>、<section>和<aside>等一些新标签，不需要使用 flash 和其他第三方应用就可以让视频和音频通过 HTML 5 标签<video>和<audio>来访问资源。总之，在 HTML 5 平台上，视频，音频，图像，动画，以及同电脑的交互都被标准化。下面的例 1-3 就是一个由 HTML 5 新标签构成的简单的页面。

### 例 1-3　HTML 5 新标签构成的简单的页面

下面这段代码通过 HTML 5 新增的<video>标签直接访问 mp4 音频文件。

```
<!DOCTYPE HTML>
<html>
<body>
<video width="320" height="240" controls="controls">
  <source src="movie.mp4" type="video/mp4">
Your browser does not support the video tag.
</video>
</body>
</html>
```

## 1.1.2　CGI 接口

CGI 是 Common Gateway Interface 的缩写，代表服务器端的一种通用（标准）接口。CGI 开启了动态网页的先河。它的运行原理是每当服务器接到客户更新数据的要求以后，利用这个接口去启动外部应用程序（利用 C，C++，Perl，Java 或其他语言编写）来完成各类计算、处理或访问数据库的工作，处理完后将结果返回 Web 服务器，再返回浏览器。后来又出现了技术有所改进的 ISAPI 和 NSAPI 技术，提高了动态网页的运行效率，但仍然需要开发外部应用程序，而开发外部应用程序是一项很复杂的事情。

## 1.1.3　脚本语言

在 CGI 技术之后出现了很多优秀脚本语言，如 ASP，JSP，PHP 等。脚本语言简化 Web 程序的开发，一时间成为 Web 开发商的最爱。但脚本语言使用起来也并不是那么简单，首先其代码组织混乱，和 HTML 标记杂乱堆砌在一起，开发维护都非常不方便，以至当 ASP.NET 的代码隐藏模式出现后，使用这些脚本语言的 Web 程序开发商们都有一种解放之日到来的感觉；另外其编程思想不符合当前流行的面向对象的编程思想。因此脚本语言必将会被其他更高级语言（ASP.NET、Java 等）所代替。

### 1.1.4 组件技术

ASP.NET 和 Java（J2EE）的出现，使得 Web 程序的开发也开始了面向对象的编程，它们是由类和对象组成的完全的面向对象的系统，采用编译方法和事件驱动方式运行，具有高效率、高可靠、可扩展的特点。

## 1.2 .NET 框架

在 Windows 3.0 发布以后，.NET 框架是微软战略上为下一个 10 年对服务器和桌面软件工程的第一步，可以说是微软的一场世纪大豪赌。

微软对于.NET 的定义是："用于构架、配置、运行网络服务以及其他应用程序的开发环境。"

.NET 框架是微软公司继 Windows DNA 以来的新的开发平台。基于这个框架，以前在 DNA 中暴露出来的缺陷有望得到解决。但.NET 框架并不是推翻 Windows DNA，而是它的继续和发展。

.NET 框架提供了一套明确的技术规范和一系列支持产品（编译器、类库等）。而.NET 框架其实是由一系列技术组成，它包括.NET 语言、CLR、.NET 类库、ASP.NET 以及 Visual Studio。图 1-3 展示了.NET 框架体系的构成。

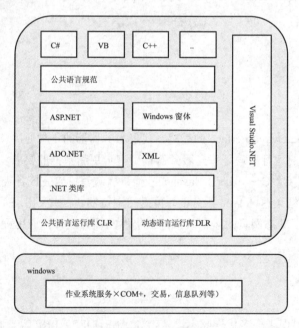

图 1-3 .NET 框架体系

## 1.2.1　.NET 框架的发展历程

.NET 框架的发展历程如表 1-1 所示。

表 1-1　.NET 框架的发展历程

| 时间 | 版本 | 主要特性 |
|---|---|---|
| 2002 年 | .NET 框架 1.0 版本，集成于 Visual Studio.NET 2002 | 统一的类型系统，基础类库，垃圾回收和多语言支持<br>ADO.NET 1.0 开启了微软全新的数据访问技术<br>ASP.NET 1.0 变革了 ASP，提供一种全新的方式开发 Web 应用程序<br>Windows Forms 1.0 把微软开发 Windows 桌面系统的界面统一在一起 |
| 2003 年 | .NET 框架 1.1 版本，集成于 Visual Studio.NET 2003 | 是.NET 框架的首个主要升级版本<br>是首个 Windows Server 2003 内置的.NET 框架版本 |
| 2005 | .NET 框架 2.0 版本，集成于 Visual Studio.NET 2005 | 能够更好地进行数据层的开发<br>Web 服务的性能得到提升，并且在安全性等方面都得以保证<br>泛型和内置泛型集合的支持，和其他基础类库的扩展，可以让内部的公共类库开发更加简化<br>全新事物机制的引入，让整个系统的事务处理更加方便 |
| 2006 年 | .NET 框架 3.0 版本，在安装 2.0 版本的基础上使用 | WindowsCommunicationFoundation（WCF）支持面向服务的应用程序<br>WindowsWorkflowFoundation（WF）支持基于工作流的应用程序<br>WindowsPresentationFoundation（WPF）针对不同用户界面统一方法<br>WindowsCardSpace（WCS），是一致的数字标识用户控件 |
| 2007 年 | .NET 框架 3.5 版本，集成于 Visual Studio.NET 2008 | ASP.NET AJAX，AJAX 扩展包内置到.NET 3.5 里面<br>语言改进和 LINQ，具体改进有：自动属性、对象初始化器、集合初始化器、扩展方法、Lambda 表达式、查询句法、匿名类型<br>LINQtoSQL 实现的数据访问改进<br>在 ASP.NET 3.5 扩展版本中推出了 MVC 编程框架 |
| 2010 年 | .NET 框架 4.0 版本，集成于 Visual Studio.NET 2010 | ASP.NET MVC2.0 版本被集成到了 Visual Studio 2010 中作为了一个项目模板出现。ASP.NET AJAX4.0 的出现让 ASP.NET 在 AJAX 的运用上得到了很大的提高<br>增加了对使用 Web 窗体进行路由的内置支持。<br>Visual Studio 2010 中的网页设计器提高了 CSS 的兼容性，增加了对 HTML 和 ASP.NET 标记代码段的支持，并提供了重新设计的 JScript 智能感知功能<br>加强对视图状态（ViewState）的控制 |
| 2012 年 | .NET 框架 4.5 版本，集成于 Visual Studio.NET 2012 | ASP.NET MVC 4.0 版本被集成到了 Visual Studio 2012 中作为了一个项目模板出现<br>提供了新的强类型数据绑定和针对 HTML 5 的更新<br>ASP.NET Web Deployment 4.5，对网页设计器做了改进 |

通过.NET 框架的发展历程可以看出，微软的.NET 战略就是要进一步解放程序员，让项目开发变得更加高效率，而且更加简单容易操作。沿着这个方向发展，可以预见：在未来的一段时间内，程序开发将不再是专业程序人员的事情，而真正懂业务逻辑的专业人才将会成为项目开发的主力。

本书就是基于.NET 框架 4.5 版本进行项目开发的介绍。

## 1.2.2 .NET 语言

.NET 框架支持多种语言，包括 C#、VB、J#、C++等，而本书在后台使用的语言主要是 C#。

C#是一个是在.NET 1.0 中开始出现的一种新语言，在语法上，它与 Java 和 C++比较相似。实际上 C#是微软整合了 Java 和 C++的优点而开发出来的一种语言，是微软对抗 Java 平台的一个王牌。

VB 是一个传统的语言，在迁移到.NET 框架下后又焕发了新的活力。尽管在语法上 VB 与 C#不同，但它们存在很多相似之处。VB 和 C#都建立在.NET 类库之上，并且都为 CLR 所支持，这样在部分情况下，VB 代码和 C#代码是可以相互转化的。因此，一旦学会其中一种语言，就可以很容易的掌握另外一种语言。

VB 和 C#并不是唯一的选择，.NET 框架还支持其他语言，比如 J#等，甚至还可以使用第三方提供的语言，比如 Eiffel 或 COBOL 的.NET 版本。这样就增加了程序员开发应用程序时可供选择的范围。尽管如此，在开发 ASP.NET 应用程序时还是首先选择 VB 和 C#。

其实，在被执行之前，所有.NET 语言都会被编译成为一种低级别的语言，这种语言就是中间语言（Intermediate Language，IL）。CLR 之所以支持很多种语言，就是因为这些语言在运行之前被编译成了中间语言。正是因为所有的.NET 语言都是建立在中间语言之上，所以 VB 和 C#具有相同的特性和行为。因此一个利用 C#编写的 Web 页面可以使用一个由 VB 编写的组件，同样使用 VB 编写的 Web 页面也可以使用由 C#编写编写的组件。

.NET 框架提供了一个公共语言规范（Common Language Specification，CLS）以保证这些语言之间的兼容性。只要遵循 CLS，任何利用某一种.NET 语言编写的组件都可以被其他语言所引用。CLS 的一个重要部分是公共类型系统（Common Type System，CTS），CTS 定义了诸如数字、字符串和数组等数据类型的规则，这样它们就能为所有的.NET 语言所共享。CLS 还定义了诸如类、方法、实践等对象成分。然而事实上，基于.NET 进行程序开发的程序员却没有必要考虑 CLS 是如何工作的，因为这一切都由.NET 平台来完成。

其实 CLR 只执行中间语言代码，也就是说 CLR 对程序员所使用的开发语言没有任何概念。CLR 执行中间语言代码，然后把它们进一步编译成为机器语言代码以能够使当前平台所执行。图 1-4 展示了.NET 平台如何运行应用程序。

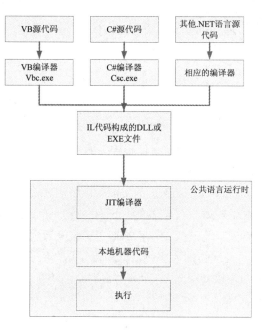

图 1-4　.NET 平台运行应用程序的过程

## 1.2.3　公共语言运行时

公共语言运行时（Common Language Runtime，简称 CLR）是用.NET 语言编写的代码公共运行环境，是.NET 框架的基础,也是实现.NET 跨平台、跨语言、代码安全等核心特性的关键。它是一个在执行时管理代码的代理，以跨语言集成、自描述组件、简单配制和版本化及集成安全服务为特点，提供核心服务（如内存管理、线程管理和远程处理）。

公共语言运行时管理了.NET 中的代码，这些代码称为受托管代码。它们包含了有关代码的信息，例如代码中定义的类、方法和变量。受托管代码中所包含的信息称为元数据。公共语言运行时使用元数据来安全的执行代码程序。除了安全的执行程序以外，受托管代码的目的在于 CLR 服务。这些服务包括查找和加载类以及与现有的 DLL(Dynamic Link Library ，动态链接库)代码和组件对象之间的相互操作。

公共语言运行时遵循公共语言架构的标准，可以使 C++、C#、Visual Basic 以及 JScript 等多种语言能够深度集成。

## 1.2.4　动态语言运行时

动态语言运行时（Dynamic Language Runtime，简称 DLR）。就像公共语言运行时（CLR)为静态型语言如 C# 和 VB.NET 提供了通用平台一样，动态语言运行时（DLR）为 JavaScript、 Ruby、Python 甚至 COM 组件等动态型语言提供了通用平台。

动态语言运行时是一种运行时环境，它将一组适用于动态语言的服务添加到公共语言运行时。借助于动态语言运行时，可以更轻松地开发要在.NET 框架上运行的动态语言，而且向静态类型化语言添加动态功能也会更容易。

动态语言运行时的目的是允许动态语言系统在.NET 框架上运行，并为动态语言提供.NET 互操作性，同时动态语言运行时还可帮助开发人员创建支持动态操作的库。

## 1.2.5　.NET 类库

.NET 类库是一个包含类、接口和值类型的库，该库提供对系统功能的访问，提供包括读取 XML 文件到发送邮件的功能，是建立应用程序、组件和控件的基础。.NET 类库非常全面，任何.NET 语言都可以使用.NET 类库的特性与正确的对象进行交互。这有助于不同的.NET 语言之间保持一致性，这样就不用在同一个机器上或网络服务器上安装多个组件。

.NET 类库中的一部分是为 Web 开发准备的，还有一部分在 Web 开发中用不到，然而更多的类可以用于各种各样的程序开发。这些类中包括那些用于定义通用变量类型和数据访问的类。

其实，可以把类库看着是程序员的程序包。微软提供这些主要为了方便程序开发商只需要写有关业务的具体代码。例如，可以使用.NET 库处理数据交换和并发，从而可以保证同时完成数百次请求，而开发者只需要开发自己的业务逻辑，这样可以在很大程度上提高开发效率。

## 1.2.6　Visual Studio

Visual Studio 是程序开发的工具，读者可以不选择 Visual Studio 作为自己的开发工具，但它真的很好用，对提高程序开发效率非常有用。Visual Studio 提供丰富的开发环境，包含如下特性。

- 页面设计：使用 Web 表单设计器可以通过拖曳的方式来设计页面，这可以省去很多编写 HTML 代码的麻烦。
- 自动错误检测：Visual Studio 能够自动地报告出代码编写中错误，这样不用经过调试就可以发现那些诸如语法错误的错误，可以节省代码调试时间。
- 调试工具：Visual Studio 提供了强大的调试工具，使用这些调试工具可以查看运行中的代码和跟踪变量的内容。
- 智能感知：在代码编辑过程中，Visual Studio 能够识别变量并自动列出该对象的信息以方便代码的编辑。

## 1.3　.NET 4.5

相对于以前的版本，ASP.NET 4.5 增加了许多的新特性，下面就以 ASP.NET 4.5 与之前的 ASP.NET 4.0 比较而言，增加的重要特性作简要的介绍。

## 1.3.1　ASP.NET MVC 4.0

ASP.NET MVC 可以说是除了 WebForm 以外，开发 Web 应用程序最好的选择，它拥有 Model-View-Controller 分离的设计架构，开发人员能在不同的模型内开发自己的功能，不需要担心耦合度的问题，MVC 在架构上也非常适合大型 Web 应用程序的发展。MVC 经过了三个版本的升级，架构上已经十分成熟，最新的 ASP.NET MVC 4.0 包含了如下一些主要新特性。

### 1. ASP.NET Web 应用程序接口（Web API）

ASP.NET Web API 是用于在.NET 上生成 Web API 的框架，它是一个适合范围广泛的客户端，包括浏览器和移动设备的新框架。ASP.NET Web API 也是一个理想的平台，用于通过 Web API 可以很容易地建立 HTTP 服务。

### 2. 移动项目模板

ASP.NET MVC 4.0 中增加了许多支持移动应用的新功能。例如，使用新的移动应用程序项目模板可用于构建触摸优化的用户界面，此模板包含的互联网应用程序模板相同的应用程序结构。

### 3. 增强的对异步编程的支持

使用了 async 和 await 两个关键字，简化了异步编程，使工作与任务对象比以前的异步方法简化了许多。等待、异步和任务对象的组合，使得在 MVC 中编写异步代码容易得多。

## 1.3.2 ASP.NET Web Forms 4.5

ASP.NET NET Web Forms 4.5 比之之前的版本，主要增加了以下关键的新功能：

### 1. 新的强类型数据绑定

在 ASP.NET Web Forms 4.5 中出现了强类型数据控件，可以后台绑定数据的控件多了一个属性：ItemType。当指定了控件的 ItemType 后就可以在前台使用强类型绑定数据了。

### 2. 针对 HTML 5 的更新

在 ASP.NET Web Forms 4.5 中，控件 TextBox 的 TextBoxMode 属性值从之前的 3 个（SingleLine/MultiLine/Password）增加到了 16 个； FileUpload 控件终于开始支持多文件上传，可以通过 AllowMultiple 属性打开；包含了如对 HTML 5 表单的验证、HTML 5 的标记也可以使用"~"去根目录；增加 UpdatePanel 对 HTML 5 表单的支持等。这样使得做表单类页面的时候，大大地降低了验证的代码量，提高开发效率，将更多的人力资源放在业务上。

### 3. 新的模型绑定方式

如果用过 ObjectDataSource 控件，肯定对 SelectMethod 有印象，在 ASP.NET Web Forms 4.5 中，微软直接将此方法移到了强类型控件上。将之前的 DataBind 方法直接替换成了更方便的 SelectMethod 方法。

## 1.3.3 ASP.NET Web Deployment 4.5

Visual Studio 2012 开发环境中的网页设计器已经过了以下的改进。

- MutliBrown 支持，安装的浏览器显示在启动调试旁边的下拉列表中，可在不同的浏览器中测试同一页、应用程序或站点。

- 页检查器，对于 ASP.NET 页面，可以使用页检查器确定服务器端代码产生了呈现到浏览器的 HTML 标记。
- 在 JavaScript 编辑器中，改进了对 ECMAScript5 和 IntelliSense（智能感知）的支持；增加了括号自动匹配和从变量或函数名以跳转到其定义的"转到定义"功能。
- 在 CSS 编辑器中，最重大的更新是提供了对 CSS3 的支持。
- 在 HTML 编辑中，最重大的更新是提供了对 HTML 5 的支持。

## 1.4 小结

本章介绍了有关.NET 框架的相关知识。首先通过 Web 程序开发的发展历程来探讨.NET 产生的意义。然后详细介绍.NET 框架的发展历程，并就.NET 框架包含的知识做了一个概述。最后介绍了.NET 4.5 框架中比较重要的核心功能。本章的内容可以让读者对.NET 框架有一个了解和认识。

# 第 2 章
# Visual Studio 2012 开发环境

每一个正式版本的.NET 框架都会随同一个与之对应的高度集成的开发环境，微软称之为 Visual Studio。随同.NET 4.5 一起发布的开发工具是 Visual Studio 2012，使用这个开发工具可以很方便地进行各种项目的创建、具体程序的设计、程序调试和跟踪以及项目发布等等。

## 2.1 安装

Visual Studio 2012 目前有五个不同的版本：Visual Studio Ultimate 2012（旗舰版）、Visual Studio Professional 2012（专业版）、Visual Studio Test Professional 2012（测试专业版）、Visual Studio Team Foundation Server 2012（团队开发版）和 Visual Studio Express 2012 for Web（精简版）。其中，前三种用于个人和小型开发团队采用最新技术开发应用程序和实现有效的业务目标，第四种为体系结构、设计、开发、数据库开发以及应用程序测试等多任务的团队提供集成的工具集。第五种是供业余的 Web 开发人员或是初学者来建立 ASP.NET 网站的简易版本。

首先，读者可以到"http://www.microsoft.com/zh-CN/download/details.aspx?id=30682"下载 Visual Studio 2012 的专业版，也可以去购买正版安装程序。Visual Studio 2012 专业版的安装对系统的要求如表 2-1 所示。由于 Visual Studio 2012 的开发平台更加强调协作，与 Windows 8 完美融合，所以建议在 Windows 8 及以上系统安装。

表 2-1　Visual Studio 2012 专业版的安装系统要求

| 系统要求 | 说明 |
| --- | --- |
| 支持的操作系统 | Windows 7 SP1（x86 和 x64）<br>Windows 8（x86 和 x64）<br>Windows Server 2008 R2 SP1 (x64)<br>Windows Server 2012 (x64) |
| 硬件 | 1.6 GHz 或更快的处理器<br>1 GB RAM（如果在虚拟机上运行，则为 1.5 GB）<br>10 GB 的可用硬盘空间<br>5400 RPM 硬盘驱动器<br>以 1024 x 768 或更高的显示分辨率运行的支持 DirectX 9 的视频卡 |

Visual Studio 2012 的安装步骤如下：

01 打开安装程序后，首先进入图 2-1 所示的"安装界面"。

02 在安装界面中选中"我同意许可条款和条件"多选按钮，单击"下一步"按钮，进入如图 2-2 所示的"选择可选项"界面。

图 2-1　安装界面　　　　　　　　　　　　图 2-2　"选择可选项"界面

03 在"选择可选项"界面中列出了 Visual Studio 2012 安装的可选内容，可以根据自己的实际需要进行多选或全选，最后，单击"安装"按钮，进入如图 2-3 所示的"正在安装"界面。

04 在"正在安装"界面可以随时单击"取消"按钮终止安装。在安装期间会经历如图 2-4 所示的重启电脑过程，单击"立即重新启动"按钮。

图 2-3　"正在安装"界面　　　　　　　　　图 2-4　重启电脑

05 重启电脑后，继续进行安装，安装成功后提示如图 2-5 所示。

经过以上步骤，Visual Studio 2012 就会成功地安装到本地的机器上。第一次启动后需要先进行"选择默认环境设置"如图 2-6 所示，这里我们选择"Web 开发"环境，使用 C#作为开发语言。加载用户设置结束后，弹出如下图 2-7 所示的 Visual Studio 2012 的起始页面。

图 2-5 安装成功界面                    图 2-6 选择默认环境设置

图 2-7 Visual Studio 2012 起始页面

起始页分为四个主要部分：命令部分、最近使用项目列表、内容区域和显示选项。

### 1. 命令部分

命令部分包含了"新建项目"和"打开项目"两个命令。

### 2. 最近使用项目列表

"最近使用的项目"列表显示了最近使用过的项目名称链接。

### 3. 内容区域

内容区域包括一个"入门"选项、一个"指南和资源"选项以及一个"最新新闻"选项。"入门"选项：显示可以帮助开发人员提高开发效率的功能帮助主题、网站、技术文章和其他资源的列表。指南和资源：根据用户选择的"入门"选项的内容将该选项的相应主题以列表的方式进行显示，单击相应链接即可在内置浏览器中查看具体的内容。最新新闻：单击该链接可以在指南和资源区域显示不同的 RSS 源，然后从选项列表中选定不同新闻台的功能文章进行阅读。

### 4. 显示选项

在起始页的底部放置了两个设置起始页时显示的多选按钮。单击"在项目加载后关闭此页"表示当起始页被打开时，关闭起始页项目；单击"启动时显示此页"表示在 Visual Studio 2012 启动时，会在启动页面上显示。

## 2.2 创建 Web 项目

安装完成 Visual Studio 2012 开发环境之后，我们就要使用这一强大的工具来创建一个 ASP.NET 4.5 项目，让大家对 Visual Studio 2012 有一个初步的熟悉。

**例 2-1  ASP.NET 4.5 Web 项目的创建**

本例将演示在页面显示"欢迎进入 ASP.NET 4.5 的世界！"，具体实现步骤如下。

**01** 启动 Visual Studio 2012，在起始页面执行"文件"｜"新建项目"命令，弹出如图 2-8 所示的"新建项目"对话框。

"新建项目"对话框左边窗口中显示"已安装的模板"的树状列表，可供开发者选择一种使用的编程语言。本书中所有示例都使用 Visual C#语言，但实际开发中可以根据自己的喜好选择一种语言。

"新建项目"对话框顶部可以在下拉列表框中选择 Visual Studio 的.NET Framework 版本和模板排序方式。

"新建项目"对话框中间的模板列表框中，显示默认安装的 ASP.NET Web 模板列表。

"新建项目"对话框右边窗口是对模板的描述。模板中的"ASP.NET Web 应用程序"和"ASP.NET 空 Web 应用程序"是使用最多的。

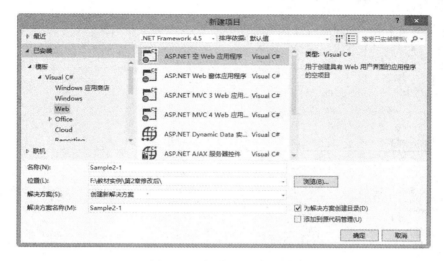

图 2-8 "新建项目"对话框

**02** 我们在"新建项目"对话框顶部的目标框架下拉列表中，选择".NET Framework 4.5"；排序方式选择"默认值"；选择 ASP.NET 空 Web 应用程序模板；改变 Web 站点存储位置，最后单击"确定"按钮，这时在解决方案管理器中会生成一个如图 2-9 所示的名为"Sample 2-1"的 ASP.NET 空 Web 应用程序，这样一个 WEB 项目已经创建好了，只是里面还没有任何页面。

图 2-9 生成的 ASP.NET 空 Web 应用程序

## 2.3 Web 项目管理

当创建一个新的项目之后，就可以利用资源管理器对项目进行管理。通过资源管理器，可以浏览当前项目所包含的所有的资源（.aspx 文件、.aspx、.cs 文件、图片等），也可以向项目中添加新的资源，并且可以修改、复制和删除已经存在的资源。

下面，在已创建的"Sample 2-1"项目中通过添加项目文件，在项目文件中添加工具，定义属性，编辑程序，生成项目，在浏览器中浏览网页等一系列操作，来说明如何管理 Web 项目，同时，也让读者快速了解一个 Web 项目的设计流程。

**01** 右键单击上例中创建的项目名称"Sample 2-1"，在弹出的快捷菜单中选择如图 2-10 所示的"添加" | "添加新项"命令，弹出的如图 2-11 所示的"添加新项"对话框。

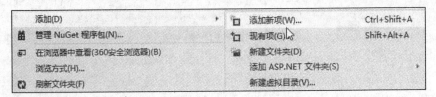

图 2-10  选择"添加新项"命令

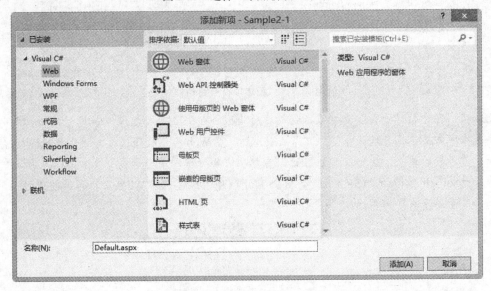

图 2-11  "添加新项"对话框

**02** 在图 2-11 所示的对话框中选择"已安装模板"下的"Visual C#"模板，并在模板文件列表中选中"Web 窗体"，在"名称"文本框输入该文件的名称"Default.aspx"，最后单击"添加"按钮。此时解决方案资源管理的"Sample 2-1"的根目录下面会生成一个"Default.aspx"页面，它包括了一个"Default.aspx.cs"文件用于编写后台代码。

**03** 在添加一个 Web 窗体后，在资源管理器中单击"Default.aspx"文件，该页面文件就会在如图 2-12 所示的窗口中打开。

图 2-12 显示的是"源代码"视图，开发人员可根据需要在"设计"、"源代码"和"拆分"三种不同的视图中进行切换。可以在"设计"视图中，通过直接拖放组件等方式来进行页面布局。.NET中的大部分 HTML 脚本都是自动生成的，大大降低了对开发人员的源代码脚本编写能力的要求，但是，在一些情况下还是需要开发人员进入"源代码"视图下编写或修改代码脚本。"拆分"视图模式下，可以在页面设计布局和源代码之间进行对照。

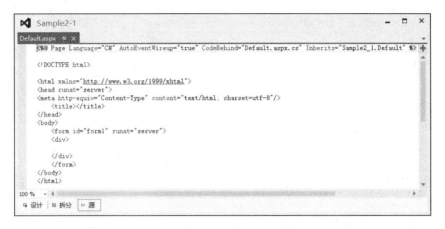

图 2-12 "源代码"视图

04 将"Default.aspx"文件切换到"设计"视图,从"工具箱"拖动一个"Label 控件"到页面,如图 2-13 所示。

05 在 Web 页面设计视图下,右键单击 Label 控件,在弹出的快捷菜单中选择"属性"命令,或者选择主菜单中"视图"|"属性窗口"命令,随即就会弹出如图 2-14 所示的 Label 控件"属性"窗口。在该属性窗口中,可以设置 Label 控件的各种属性,比如修改背景色。

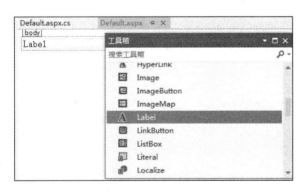

图 2-13 在"设计"视图中拖放控件    图 2-14 属性窗口

06 在 Web 页面的设计视图下,双击页面的任何地方或者用鼠标单击项目根目录下的"Default.aspx.cs"文件即可在左面的文档窗口打开如图 2-15 所示的隐藏后台代码文件,在此界面中,开发人员可以编写与页面对应的后台逻辑代码。

图 2-15  后台代码文件

**07** 选择主菜单中的"生成"|"生成解决方案"命令，如果生成成功，则屏幕下方的"输出"窗口中的内容如图 2-16 所示。

图 2-16  输出窗口

**08** 右键单击解决方案资源管理器中的"Default.aspx"，在弹出如图 2-17 所示的快捷菜单中选择"在浏览器中查看（Internet Explorer）"命令或者使用"Ctrl+F5"组合键，运行效果如图 2-18 所示。

图 2-17  在浏览器中查看命令　　　　　　　　图 2-18  运行效果

## 2.4  Visual Studio 2012 新特性

前面两节介绍了 Visual Studio 2012 的基本使用方法，它除了继承了 Visual Studio 2010 中窗口移动、定位搜索、突出显示引用和智能感知等特色功能外，还带来很多新的特性，这些新特性能够方便项目开发和提高开发效率。下面就概要地介绍一下几个关键的新特性。

## 2.4.1　支持开发 Windows 8 程序

升级到 Visual Studio 2012 的最大理由就是要开发 Windows 8 程序。随着 Win8 开发系统的发布，微软宣布了新的 Windows RT 框架，该框架事实上就是使用 ARM 处理器设备的 Windows。新一代的 Win8 和 Win RT 平板设备（包括微软 Surface 平板）蜂拥上市，而 Visual Studio 2012 就是为这些平板设备开发应用程序的工具，既可以为 Win8 x86 设备开发，也可以为 Win RT ARM 设备开发。

Visual Studio 2012 专为开发 Windows 8 程序内置了一系列名为 Windows Store 的项目模板。开发者可以使用这些模板创立不同类型的程序，包括：blank app、grid app、split app、 class library、Windows runtime component，还有单元测试库。

## 2.4.2　加强网页开发功能

Windows 8 程序开发者无疑会对 Visual Studio 2012 感兴趣，Visual Studio 2012 里有以下对网络应用系统开发者意义重大的新功能。

### 1. 随处搜索

Visual Studio 2010 中虽然已经集成了简单的搜索功能，但作为极受欢迎的功能，在 Visual Studio 2012 中又着重优化，目前提供搜索功能的部分包括：解决方案管理器、扩展管理器、快速查找功能、新的测试管理器、错误列表、并行监控、工具箱、TFS（Team Foundation Server）团队项目、快速执行 Visual Studio 命令等。如图 2-19 所示的就是解决方案管理器和工具箱的搜索框，只要输入关键字，就会在下拉列表中提示可用的内容。

图 2-19　随处搜索功能

### 2. 提供对 JavaScript 的强大支持

以往在 Visual Studio 编写 JavaScript 是让开发人员非常头疼的一件事，现在有了 Visual Studio 2012 后，这种现象会大大改观，因为 Visual Studio 2012 对 JavaScript 代码编辑器进行了重要的更新，包括：

- 使用 ECMAScript 5 和 HTML 5 DOM 的功能。
- 为函数重载和变量提供 IntelliSense（智能感知）。
- 编写代码时使用智能缩进、括号匹配和大纲显示。
- 使用"转到定义"在源代码中查找函数定义。
- 使用标准注释标记时，新的 IntelliSense 扩展性机制将自动提供 IntelliSense。
- 在单个代码行内设置断点。
- 在动态加载的脚本中获取对象的 IntelliSense 信息。

**3. 建立应用程序模型**

Visual Studio 2012 帮助开发人员可视化代码，以便更轻松地了解其结构、关系和行为。 可以创建不同详细级别的模型，并跟踪要求、任务、测试用例、bug，或其他工作与模型。

## 2.4.3  新的团队开发功能

Visual Studio 2012 新增了一些可以增进团队生产力的新功能，主要包括：

- "任务暂停"功能解决了困扰多年的中断问题。假设开发者正在试图解决某个问题或者 Bug，然后领导需要你做其他事情，开发者不得不放下手头工作，然后过几小时以后才能回来继续调试代码。"任务暂停"功能会保存所有的工作（包括断点）到团队开发服务器。开发者回来之后，点击几下鼠标，即可恢复整个会话。
- 代码检阅功能。新的代码检阅功能允许开发者可以将代码发送给另外的开发者检阅。启用"查踪"后，可以确保修改的代码会被送到高级开发者那里检阅，得到确认。

## 2.5  小结

本章介绍了 Visual Studio 2012 的安装和使用，主要内容包括 Visual Studio 2012 的安装以及如何使用 Visual Studio 2012 创建 Web 项目。此外还介绍了如何利用 Visual Studio 2012 进行 Web 项目管理，着重介绍了如何使用 Visual Studio 2012 添加新的资源文件以及如何使用 Visual Studio 2012 编辑 Web 页面。此外还就 Visual Studio 2012 提供的新特性做了一个概要的介绍，使用这些新特性，可以很方便地进行项目开发。总之，Visual Studio 2012 为页面开发者提供了最大方便，可以让开发者不用编写太多的代码就可以设计出精美的页面。

# 第 3 章
# ASP.NET Web 编程原理

在进行 ASP.NET Web 程序开发之前，需要了解怎样才是 ASP.NET Web 程序设计和开发，这就首先需要了解 ASP.NET Web 的编程原理。了解这些知识，将有助于后面章节的学习。ASP.NET Web 编程包含知识如下：

- ASP.NET 应用程序模型
- 文件和文件夹
- 服务器控件
- Web 页面模式
- ASP.NET 配置模型
- ASP.NET 4.5 的新特性

## 3.1 ASP.NET 应用程序的构成

与传统的桌面程序不同，ASP.NET 应用程序被分成很多 Web 页面，用户可以在不同的入口访问应用程序，也可以通过超链接从一个页面到访问网站的另一个页面，也可以访问其他的服务器提供的应用程序。

其实，ASP.NET 应用程序是一系列资源和配置的组合，这些资源和配置只在同一个应用程序内共享，而其他应用程序则不能享用这些资源和配置，有时尽管它们发布在同一台服务器上。就技术而言，每个 ASP.NET 应用程序都运行在一个单独的应用程序域，应用程序域是内存中的独立区域，这样可以确保在同一台服务器上的应用程序不会相互干扰，不至于因为其中一个应用程序发生错误就影响到其他应用程序的正常进行。同样，应用程序域限制一个应用程序中的 Web 页面访问其他的应用程序的存储信息。每个应用程序都是单独地运行的，具有自己的存储、应用和会话数据。

ASP.NET 应用程序的标准定义是：文件、页面、处理器、模块和可执行代码的组合，并且它们能够从服务器上的一个虚拟目录中被引用。换句话说，虚拟目录是界定应用程序的基本组织结构。图 3-1 显示了在一个服务器上运行 4 个独立的应用程序。

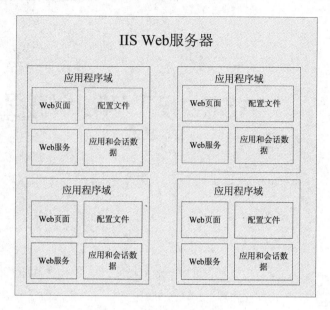

图 3-1　ASP.NET 应用程序

## 3.1.1　文件类型

ASP.NET 应用程序包含很多类型的文件，至少由一个 Web 窗体（扩展名为.aspx 的文件）组成，但是它常常是由更多文件组成的，各个类型的文件提供了不同的功能。

### 1．Web 文件

Web 文件是 Web 应用程序中特有的文件，可以由浏览器直接请求，也可以用来构建在浏览器中请求的 Web 页面的一部分。下面的表 3-1 中列出了在 ASP.NET Web 应用程序中常用的各种 Web 文件和它们的扩展名，并说明了各种文件的用法。

表 3-1　ASP.NET Web 应用程序的 Web 文件类型列表

| 文件类型 | 说明 |
| --- | --- |
| .aspx | 这类文件是 ASP.NET Web 页面，它们包括用户接口和隐藏代码 |
| .ascx | 这类文件是用户控件。用户控件同 Web 页面非常相似，但用户不能直接访问用户控件，用户必须内置在 Web 页面中。用户控件用来实现能够被像标准 Web 控件一样使用的用户接口 |
| .asmx | 这类文件是 ASP.NET Web 服务，Web 服务提供一个能够通过互联网访问的方法集 |
| .config | 配置文件，它是基于 XML 的文件，用来实现对 ASP.NET 应用程序进行配置 |
| .master | 这类文件允许定义 Web 页面的全局结构和外观 |
| .htm/.html | 这类文件可用来显示 Web 程序中的静态 HTML |
| .css | 这类文件允许设置 Web 程序的样式和格式的 CSS 代码 |
| .js | 这类文件可以在客户端浏览器中执行 JavaScript |
| .sitemap | 这类文件包含一个层次结构，表示 Web 程序中 XML 格式的文件，用于网站导航 |
| .skin | 这类文件包含 Web 程序中的控件设计信息 |

### 2．代码文件

代码文件用来实现 Web 页面的逻辑。下表 3-2 描述了 ASP.NET Web 应用程序的各种类型的代码文件。

表 3-2　ASP.NET Web 应用程序的代码文件列表

| 文件类型 | 说明 |
| --- | --- |
| .asax | 可以在全局文件中可以定义全局变量和全局事件,例如应用程序开头或者当在站点中某处发生错误时 |
| .cs | 这些文件是用 C#编写的代码隐藏文件，用来实现 Web 页面的逻辑 |
| .svc | 可以被其他系统调用，包括浏览器，可以包含能在服务器上执行的代码 |

### 3．数据文件

数据文件用来存储可以用在站点和其他应用程序中的数据。这组文件由 XML 文件、数据库文件以及与使用数据相关的文件组成，如表 3-3 所示。

表 3-3　ASP.NET Web 应用程序的数据文件列表

| 文件类型 | 说明 |
| --- | --- |
| .xml | 用来存储 XML 格式的数据 |
| .mdf | 扩展名为.mdf 的文件是 Microsoft SQL Server 使用的数据库 |
| .edmx | 用于声明性地访问数据库，不需要写代码。从技术上来讲，这并不是一个数据文件，因为它不包含实际数据。然而，由于它们与数据库绑定得如此紧密，因此把它们归组在这个标题下是有意义的 |

## 3.1.2　文件夹类型

ASP.NET 除了包含普通的可以由开发者创建的文件夹外，还包含几个特殊的文件夹。这些文件由系统命名，用户不能修改，如表 3-4 所示。

表 3-4　ASP.NET 应用程序的文件夹类型列表

| 文件夹类型 | 说明 |
| --- | --- |
| Bin | 包含 ASP.NET 应用程序使用的编译好的.NET 组件。一旦.NET 组件放到这个文件夹里，ASP.NET 就能够自动检测到这些装配件，任何在这个 Web 应用程序里的页面都能够使用这些组件。这样使用组件的方法比传统的 COM 组件更方便，COM 组件在使用之前需要注册，当更新后需要重新注册，而.NET 组件不需要 |
| App_Code | 包含那些使用在应用程序中的动态编译的源文件。使用这个文件的方法同 Bin 文件的使用非常相似，不同的是这里放置的是源文件而是编译过的装配件 |
| App_GlobalResources | 存储全局资源，这些资源能够被 Web 应用程序中所有的页面访问 |
| App_LocalResources | 存储被特定页面访问的资源 |

| 文件夹类型 | 说明 |
| --- | --- |
| App_WebReferences | 存储被 Web 应用程序使用的 Web 服务的引用 |
| App_Data | 存储数据，包括 SQL Server 2010 Express Edition 数据库文件和 XML 文件等 |
| App_Themes | 存储要在 Web 应用程序中使用的主题 |

## 3.2 服务器控件

ASP.NET 革新了 Web 页面的创建方式，它提供了服务器控件来组件 Web 页面，使用这种方式，程序员不用学习复杂的 HTML 就可以创建出动态的 Web 页面。

服务器控件是指在服务器上执行程序逻辑的组件，它包含在 ASP.NET 4.5 页面中，在运行页面时，用户可与控件发生交互行为。当页面被用户提交时，控件可在服务器端引发事件，服务器端则会根据相关事件处理程序来进行事件处理。服务器控件是动态网页技术的一大进步，它真正地将后台程序和前端网页融合在一起。服务器控件的广泛应用，简化了应用程序的开发，提高了工作效率。

ASP.NET 提供了两种类型的服务器控件：HTML 服务器控件和 Web 控件。下面就简单介绍一下这两种控件，在后面的章节会再做详细介绍。

### 3.2.1 HTML 服务器控件

HTML 服务器控件是由 HTML 标记所衍生出来的新功能。HTML 服务器控件除了在服务器端处理事件外，还可以在客户端通过脚本处理事件。但它对客户端浏览器兼容性差，不能兼容不同的浏览器。HTML 服务器控件为标准的 HTML 元素提供了一个对象接口，具有如下三个特性：

- 它们生成自己的接口：程序员在代码中设置属性，HTML 标记在页面构建时被自动创建，然后被发送到客户端。
- 它们保存自己的状态：由于 Web 是无状态的，传统的 Web 页面为了在请求之间保存信息需要做大量工作，而 HTML 服务器控件能够自动处理这个任务。
- 它们触发服务器端的事件：当一个按钮被单击或一个文本框的内容被修改时，就会触发服务器端事件。使用这样的基于事件的编程，可以很方便地响应客户的行为并且创建更结构化的代码。

### 3.2.2 Web 控件

HTML 控件在过去的页面开发中基本可以满足用户的需求，但是并没有办法利用程序直接来控制它们的属性、方法和事件。而在交互性要求比较高的动态页面（需要同用户交互的页面）中需要使用到 ASP.NET 4.5 提供的 Web 服务器控件。这些 Web 控件提供了丰富的功能。在熟悉了这些控件后，开发人员就可以将主要精力放在程序的逻辑业务的开发上。

Web 控件具有如下特性：

- 提供更加统一的编程接口。
- 隐藏客户端的不同。
- 把状态保存在 ViewState 里面。

## 3.3 ASPX 页面代码模式

ASPX 网页代码都是基于一个共同的类库来建立的，而它的存储模式包含两种模式：一种是单一文件模式；另一种是代码分离模式。这两种模式各有优劣，如何选择就要根据实际情况来确定。

### 3.3.1 页面类

页面类 Page，完整写法是 System.Web.UI.Page。在 Default.aspx.cs 文件中定义了一个名为 "_Default"的类，此类是从 Page 类继承的，可以将 aspx 页面也看成一个类，这个类是从"_Default"类继承的，因此，每张 ASPX 网页都直接或间接地从类库中的 System.Web.UI.Page 类继承。

由于在 Page 类中已经定义了网页所需要的基本属性、事件和方法，因此只要新页面生成，就从它的基类中继承了这些成员，因而也就具备了网页的基本功能。设计者可以在这个基础上高起点地进行各项设计。

总体来看，Page 类很像一个调度者，完成响应 IIS 的 HTTP 请求，并初始化一些内部对象；初始化页面上的各种控件，恢复 ViewState 状态，载入页面，生成页面 HTML 代码等流水线式的工作。

表 3-5 列出了 Page 类的基本属性和方法。

表 3-5　Page 类的基本属性和方法

| 属性和方法 | 说明 |
| --- | --- |
| IsPostBack | 指示页面是否是第一次加载，该属性是个布尔值，True 表示页面第一次加载，False 表示是一个控件事件引起的页面回送 |
| Validators | 获取请求的页上包含的全部验证控件的集合 |
| EnableViewState | 指示控件是否保存状态信息，该属性是个布尔值，True 表示控件保存状态信息，False 表示控件不保存状态信息 |
| Application | 保存网站内所有用户都共享的信息 |
| Session | 保存单个用户的会话信息 |
| Cache | 保存对象的信息，能够在其他页面或用户中使用，以提高页面的访问速度 |
| Request | 保存当前页面请求的 HttpRequest 对象包含的信息 |
| Response | 保存 HttpResponse 对象包含的信息 |
| Server | 保存 HttpServerUtility 对象包含的信息 |
| User | 保存经过认证的用户的信息 |
| DataBind() | 将数据源连接到网页上的服务器控件 |
| Dispose() | 将数据源连接到网页上的服务器控件 |
| FindControl(id) | 在页面上搜索标识名称为 id 的控件 |

（续表）

| 属性和方法 | 说明 |
| --- | --- |
| Validate() | 执行网页上的所有验证控件 |
| HasControls() | 判断 Page 对象是否包含控件 |

Page 类除了属性和方法外，还有的八个常见的事件如下表 3-6 所示。

表 3-6　Page 类的主要事件

| 事件 | 说明 |
| --- | --- |
| PreInit | 在页初始化开始前发生，是网页执行时第一个被触发的事件 |
| PreLoad | 在信息被写入到客户端前会触发此事件 |
| Load | 当网页被加载时会触发此事件 |
| Init | 在网页初始化开始时发生 |
| PreRender | 在信息被写入到客户端前会触发此事件 |
| Unload | 网页完成处理并且信息被写入到客户端后悔触发此事件 |
| InitComplete | 在页面初始化完成时发生 |
| LoadComplete | 在页面生命周期的加载阶段结束时发生 |

## 3.3.2　网页代码存储模式

每个 ASPX 网页中包含两方面的代码：用于定义显示的代码（包括 HTML 标记以及对 Web 控件的定义等）和用于逻辑处理的代码（C#.net 或其他语言编写的事件处理程序）。

在 ASPX 网页中，这些代码用两种模式存储：代码分离模式和单一文件模式。在代码分离模式中，显示信息的代码与逻辑处理的代码分别放在不同的文件中；在单一文件模式中，将两种代码放置在同一个文件中。

### 1．代码分离模式

在这种模式下，用于定义显示的代码放在 ASPX 文件中，而用于逻辑处理的代码则放在被称为隐藏代码（Code-Behind）文件里，这种文件的后缀通常是"aspx.cs"或"aspx.vb"的形式，可以参考例 3-1。

### 2．单一文件模式

在这种模式下，用于定义显示的代码和用于逻辑处理的代码都放在 ASPX 文件中，逻辑处理的代码放在<Script>和</Script>之间，以便和显示代码隔离开，一个文件通常可以有很多这样的模块，可以参考例 3-2。

### 例 3-1　.aspx 文件

以下代码是一个.aspx 文件的基本代码，由于采用代码分离模式，这些代码只是组成页面的 HTML 代码。

```
<%@  Page  Language="C#"  AutoEventWireup="true"  CodeFile="Default.aspx.cs"
```

```
Inherits="Default" %>
    <!DOCTYPE html>
    <html xmlns="http://www.w3.org/1999/xhtml">
    <head runat="server">
    <meta http-equiv="Content-Type" content="text/html; charset=utf-8"/>
        <title></title>
    </head>
    <body>
        <form id="form1" runat="server">
        <div>
            <asp:Button    ID="Button1"    runat="server"    OnClick="Button1_Click"
Text="Button" />
        </div>
        </form>
    </body>
    </html>
```

**例 3-1　（续）.aspx.cs 文件**

以下代码是一个.aspx.cs 文件的基本代码，它是前面.aspx 文件的后台逻辑代码所存放的文件，程序员可以在这里编写页面要完成的逻辑操作代码。

```
using System;
using System.Collections.Generic;
using System.Web;
using System.Web.UI;
using System.Web.UI.WebControls;
public partial class Default : System.Web.UI.Page
{
    protected void Page_Load(object sender, EventArgs e)
    {
    }
    protected void Button1_Click(object sender, EventArgs e)
    {
    }
}
```

**例 3-2　.aspx 文件**

以下代码是一个单一文件模式下的 ASPX 文件里的代码，由于采用单一文件模式，逻辑代码与页面显示混合在一起，用户可以在标记<script runat="server">和</script>之间编写相应的逻辑代码。

```
<%@ Page Language="C#" %>
<script runat="server">
Button1_Click(object sender, EventArgs e)
{
}
</script>
<html xmlns="http://www.w3.org/1999/xhtml" >
<head runat="server">
```

```
    <title>无标题页</title>
  </head>
  <body>
    <form id="form1" runat="server">
    <div>
       <asp:Button ID="Button1" runat="server" OnClick="Button1_Click" Text=
"Button" /></div>
    </form>
  </body>
```

**3．代码模式的选择**

两种代码存储模式各有优点：代码分离模式可以使设计思路更加清晰；单一文件模式有利于统观全局。在 ASP.NET l.x 版本中系统提倡使用代码分离模式，因为在该版本中，单一文件模式的智能提示和调试功能都不完备，因此默认情况下都使用代码分离模式。而在 ASP.NET 3.5 以及现在的 ASP.NET 4.5 版本对两种模式都进行了改进：在单一文件模式中它完善了智能提示和调试功能；在代码分离模式中用分布式类代替了继承方法，从而简化了代码。一般说来，对于那些逻辑代码不太复杂的网页来说，最好采用单一文件模式；而对于逻辑代码比较复杂的网页来说，最好采用代码分离模式。

## 3.4　Application 事件

在应用程序生命周期内，存在 Application 事件，在这些事件中可以处理诸如用户认证、错误处理等。Application 事件的处理需要在 Globe.asax 文件中进行。

### 3.4.1　Globe.asax 文件

Global.asax 文件，有时候叫作 ASP.NET 应用程序文件，或全局文件，它提供了一种在一个中心位置响应应用程序级或模块级事件的方法。Global.asax 文件是一个可选文件，但是，如果要创建，则必须放在应用程序根目录下。Global.asax 文件继承自 HttpApplication 类，它维护一个 HttpApplication 对象池，并在需要时将对象池中的对象分配给应用程序。例 3-3 描述了 Global.asax 文件的基本结构和常见的配置情况。

**例 3-3　配置 Global.asax 全局文件**

本例在站点根目录下创建 Global.asax 全局文件，通过定义 Application 事件，记录用户开始访问站点的时间、访客人数、访问页面执行的时间、页面出错时定位到专门的出错提示页面。

```
<%@ Application Language="C#"%>
<script runat="server">
  void Application_Start(object sender, EventArgs e)
  {Application["counter"] = 0;
  }
  void Application_End(object sender, EventArgs e)  //访问页面执行的时间
  {
```

```
        System.DateTime startTime = (System.DateTime)Application["StartTime"];
        System.DateTime endTime = System.DateTime.Now;
        System.TimeSpan ts = endTime - startTime;
        Response.Write("页面执行时间" + ts.Milliseconds + " 毫秒");
    }
    void Application_Error(object sender, EventArgs e)
    {
     try
       {
            Server.Transfer("~/Error.aspx");//页面出错时定位到出错提示页面 Error.aspx
        }
        catch
        {
            // ignore
        }
    }
    void Session_Start(object sender, EventArgs e)
    {
        System.DateTime t = System.DateTime.Now;    //访客访问时间
        Application.Lock();
        Application["counter"] = (int)Application["counter"] + 1;// 访客人数计数
        Application.UnLock();
        Response.Write("欢迎你访问本站，今天是" + t + "你是第" + Application["counter"]+"
位访客");
    }
    void Session_End(object sender, EventArgs e)
    {
        Application.Lock();
        Application["counter"] = (int)Application["counter"] - 1; // 访客离开人数减
少
        Application.UnLock();
    }
</script>
```

## 3.4.2　Application 事件种类

Global.asax 文件包含的 Application 事件种类如表 3-7 所示。

表 3-7　Application 事件列表

| 名称 | 说明 |
| --- | --- |
| Application_Init | 在应用程序被实例化或第一次被调用时，该事件被触发。对于所有的 HttpApplication 对象实例，它都会被调用 |
| Application_Disposed | 在应用程序被销毁前触发 |
| Application_Error | 当应用程序中遇到一个未处理的异常时，该事件被触发 |
| Application_Start | 在 HttpApplication 类的第一个实例被创建时，该事件被触发。 |
| Application_End | 在 HttpApplication 类的最后一个实例被销毁时，该事件被触发。在一个应用程序的生命周期内它只被触发一次 |

（续表）

| 名称 | 说明 |
|------|------|
| Application_End | 在 HttpApplication 类的最后一个实例被销毁时，该事件被触发。在一个应用程序的生命周期内它只被触发一次 |
| Application_BeginRequest | 在接收到一个应用程序请求时触发。对于一个请求来说，它是第一个被触发的事件，请求一般是读者输入的一个页面请求（URL） |
| Application_EndRequest | 针对应用程序请求的最后一个事件 |
| Application_PreRequestHandlerExecute | 在 ASP.NET 页面框架开始执行诸如页面或 Web 服务之类的事件处理程序之前，该事件被触发 |
| Application_PostRequestHandlerExecute | 在 ASP.NET 页面框架结束执行一个事件处理程序时被触发 |
| Application_PreSendRequestHeaders | 在 ASP.NET 页面框架发送 HTTP 头给请求浏览器时被触发 |
| Application_PreSendContent | .NET 页面框架发送内容给请求客户（浏览器）时被触发 |
| Application_AcquireRequestState | 在 ASP.NET 页面框架得到与当前请求相关的当前状态（Session 状态）时，该事件被触发 |
| Application_ReleaseRequestState | 在 ASP.NET 页面框架执行完所有的事件处理程序时，该事件被触发，导致所有的状态模块保存它们当前的状态数据 |
| Application_ResolveRequestCache | 在 ASP.NET 页面框架完成一个授权请求时，该事件被触发。它允许缓存模块从缓存中为请求提供服务，从而绕过事件处理程序的执行 |
| Application_UpdateRequestCache | 在 ASP.NET 页面框架完成事件处理程序的执行时，该事件被触发，从而使缓存模块存储响应数据，以供响应后续的请求时使用 |
| Application_AuthenticateRequest | 在安全模块建立起当前用户的有效的身份时，该事件被触发。在这个时候，用户的凭据将会被验证 |
| Application_AuthorizeRequest | 当安全模块确认一个用户可以访问资源之后，该事件被触发 |
| Session_Start | 在一个新用户访问应用程序 Web 站点时，该事件被触发 |
| Session_End | 在一个用户的会话超时、结束或他们离开应用程序 Web 站点时，该事件被触发 |

## 3.5 ASP.NET 应用程序配置

ASP.NET 包含一个重要的特性，它为开发人员提供了一个非常方便的系统配置文件，就是常用的 Web.config 和 Machine.config。配置文件能够存储用户或应用程序的配置信息，让开发人员能够快速地建立 Web 应用环境，以及扩展 Web 应用配置。

## 3.5.1　ASP.NET 程序配置文件

ASP.NET 为开发人员提供了强大的灵活的配置系统，配置系统通常通过文件的形式存在于 Web 应用根目录下。这些配置文件通常包括两类，分别是 Web.config 和 Machine.config。Machine.config 是服务器配置文件。一台服务器只有一个 Machine.config 文件，该文件描述了所有 ASP.NET Web 应用程序所需要的默认配置。

Web.config 是应用程序配置文件，该文件从 Machine.config 文件集成一部分基本配置，并且 Web.config 能够作为服务器上所有 ASP.NET 应用程序配置的跟踪配置文件。当我们通过 ASP.NET 4.5 新建一个 Web 应用程序后，默认情况下会在根目录自动创建一个默认的 Web.config 文件。

由于 ASP.NET 4.5 的 Machine.config 文件自动注册所有的 ASP.NET 标识、处理器和模块，所以在 Visual Studio 2012 中创建新的空白 ASP.NET 应用项目时，会发现默认的 Web.config 文件非常简洁，对于每个应用程序的配置都只需要重写 Web.config 文件中的相应配置节即可。

## 3.5.2　Web.config 配置文件

ASP.NET 应用程序的配置信息都存放于 Web.config 配置文件中，Web.config 配置文件是基于 XML 格式的文件类型，由于 XML 文件的可伸缩性，使得 ASP.NET 应用配置变得灵活、高效、容易实现。同时，ASP.NET 不允许外部用户直接通过 URL 请求访问 Web.config，以提高应用程序的安全性。

### 1. Web.config 配置文件的优点

Web.config 配置文件使得 ASP.NET 应用程序的配置变得灵活、高效和容易实现，同时 Web.config 配置文件还为 ASP.NET 应用提供了可扩展的配置，使得应用程序能够自定义配置，不仅如此，Web.config 配置文件还包括以下优点。

- 配置设置易读性：由于 Web.config 配置文件是基于 XML 文件类型，所有的配置信息都存放在 XML 文本文件中，可以使用文本编辑器或者 XML 编辑器直接修改和设置相应配置节，也可以使用记事本进行快速配置而无须担心文件类型。
- 更新的即时性：在 Web.config 配置文件中某些配置节被更改后，无须重启 Web 应用程序就可以自动更新 ASP.NET 应用程序配置。但是在更改有些特定的配置节时，Web 应用程序会自动保存设置并重启。
- 本地服务器访问：在更改了 Web.config 配置文件后，ASP.NET 应用程序可以自动探测到 Web.config 配置文件中的变化，然后创建一个新的应用程序实例。当浏览者访问 ASP.NET 应用时，会被重定向到新的应用程序。
- 安全性：由于 Web.config 配置文件通常存储的是 ASP.NET 应用程序的配置，所以 Web.config 配置文件具有较高的安全性，一般的外部用户无法访问和下载 Web.config 配置文件。当外部用户尝试访问 Web.config 配置文件时，会导致访问错误。
- 可扩展性：Web.config 配置文件具有很强的扩展性，通过 Web.config 配置文件，开发人员能够自定义配置节，在应用程序中自行使用。

- 保密性：开发人员可以对 Web.config 配置文件进行加密操作而不会影响到配置文件中的配置信息。虽然 Web.config 配置文件具有安全性，但是通过下载工具依旧可以进行文件下载，对 Web.config 配置文件进行加密，可以提高应用程序配置的安全性。

使用 Web.config 配置文件进行应用程序配置，极大地加强了应用程序的扩展性和灵活性，对于配置文件的更改也能够立即的应用于 ASP.NET 应用程序中。

### 2. Web.config 配置文件的结构

Web.config 配置文件是基于 XML 文件类型的文件，所以 Web.config 文件同样包含 XML 结构中的树形结构。在 ASP.NET 应用程序中，所有的配置信息都存储在 Web.config 文件中的 "<configuration>" 配置节中。在此配置节中，包括配置节处理应用程序声明，以及配置节设置两个部分，其中，对处理应用程序的声明存储在 configSections 配置节内。

例 3-4　Web.config 配置文件结构

```
<configuration>
<configSections>
    <sectionGroup name="system.web.extensions"
type="System.Web.Configuration.SystemWebExtensionsSectionGroup,
System.Web.Extensions, Version=4.5.0.0, Culture=neutral,
PublicKeyToken=31BF3856AD364E35">
    <sectionGroup name="scripting"
     type="System.Web.Configuration.ScriptingSectionGroup,
        System.Web.Extensions, Version=4.5.0.0, Culture=neutral,
PublicKeyToken=31BF3856AD364E35">
    <section name="scriptResourceHandler"
        type="System.Web.Configuration.ScriptingScriptResourceHandlerSection,
        System.Web.Extensions, Version=4.5.0.0, Culture=neutral,
PublicKeyToken=31BF3856AD364E35"
        requirePermission="false" allowDefinition="MachineToApplication"/>
    <sectionGroup name="webServices"
        type="System.Web.Configuration.ScriptingWebServicesSectionGroup,
        System.Web.Extensions, Version=4.5.0.0, Culture=neutral,
PublicKeyToken=31BF3856AD364E35">
        </sectionGroup>
      </sectionGroup>
     </sectionGroup>
    </configSections>
  </configuration >
```

配置节设置区域中的每个配置节都有一个应用程序声明。节处理程序是用来实现 ConfigurationSection 接口的.NET Framework 类。节处理程序声明中包括了配置设置节的名称，以及用来处理该配置节中的应用程序的类名。

配置节设置区域位于配置节处理程序声明区域之后。对配置节的设置还包括子配置节的是配置，这些子配置节同父配置节一起描述一个应用程序的配置，通常情况下这些同父配置节由同一个配置节进行管理。

### 例 3-5 Pages 子配置节

```
<pages>
    <controls>
        <add tagPrefix="asp" namespace="System.Web.UI"
 assembly="System.Web.Extensions,
        Version=4.5.0.0, Culture=neutral, PublicKeyToken=31BF3856AD364E35"/>
        <add tagPrefix="asp" namespace="System.Web.UI.WebControls"
        assembly="System.Web.Extensions,
        Version=4.5.0.0, Culture=neutral, PublicKeyToken=31BF3856AD364E35"/>
    </controls>
</pages>
```

虽然 Web.config 配置文件是基于 XML 文件格式的，但是在 Web.config 配置文件中并不能随意的自行添加配置节或者修改配置节的位置，例如 pages 配置节就不能存放在 configSections 配置节之中。在创建 Web 应用程序时，系统通常会自行创建一个 Web.config 配置文件在文件中，系统通常已经规定好了 Web.config 配置文件的结构。

### 3. Web.config 基本配置节

在 Web.config 配置文件中包括很多的配置节，这些配置节都用来规定 ASP.NET 应用程序的相应属性。下面介绍一些基本的配置节。

（1）<authentication>节

<authentication>节通常用来配置 ASP.NET 身份验证支持（为 Windows、Forms、PassPort、None 共 4 种）。该元素只能在计算机、站点或应用程序级别声明。<authentication>元素必须与 <authorization>节配合使用。下面来看一个例子：

### 例 3-6 基于窗体的身份验证配置站点

该例为基于窗体（Forms）的身份验证配置站点，当没有登录的用户访问需要身份验证的网页，网页自动跳转到登录网页。其中元素 loginUrl 表示登录网页的名称，name 表示 Cookie 名称：

```
<authentication mode="Forms" >
    <forms loginUrl="logon.aspx" name=".FormsAuthCookie"/>
</authentication>
```

（2）<authorization>节

<authorization>节通常用来控制对 URL 资源的客户端访问（如允许匿名用户访问）。此元素可以在任何级别（计算机、站点、应用程序、子目录或页）上声明。必须与<authentication> 节配合使用。用户可以使用 user.identity.name 来获取已经过验证的当前的用户名；可以使用 web.Security.FormsAuthentication.RedirectFromLoginPage 方法将已验证的用户重定向到用户刚才请求的页面。下面来看一个例子：

### 例 3-7 禁止匿名用户的访问

该例子含义是任何用户都可以访问所配置的网站（通过设置<deny users="?"/>来实现）：

```
<authorization>
    <deny users="?"/>
</authorization>
```

（3）<compilation>节

<compilation>节通常用来配置 ASP.NET 使用的所有编译设置。默认的 debug 属性为"True"。在程序编译完成交付使用之后应将其设为 True。

（4）<customErrors>节

<customErrors>节通常用来为 ASP.NET 应用程序提供有关自定义错误信息的信息。它不适用于 XML Web services 中发生的错误。下面来看一个例子：

### 例 3-8 当发生错误时，将网页跳转到自定义的错误页面

该例的作用是当发生错误时，将网页跳转到自定义的错误页面。其中元素 defaultRedirect 表示自定义的错误网页的名称。mode 元素表示对不在本地 Web 服务器上运行的用户显示自定义信息。

```
<customErrors defaultRedirect="ErrorPage.aspx" mode="RemoteOnly">
</customErrors>
```

（5）<httpRuntime>节

<httpRuntime>节通常用来配置 ASP.NET HTTP 运行库设置。该节可以在计算机、站点、应用程序和子目录级别上声明。下面来看一个例子：

### 例 3-9 ASP.NET HTTP 运行库设置

该例子的含义是控制用户上传文件最大为 4MB，最长时间为 60s，最多请求数为 100。

```
<httpRuntime          maxRequestLength="4096"          executionTimeout="60"
appRequestQueueLimit="100"/>
```

（6）<pages>节

<pages>节通常用来标识特定于页的配置设置（如是否启用会话状态、视图状态，是否检测用户的输入等）。<pages>可以在计算机、站点、应用程序和子目录级别上声明。下面来看一个例子：

### 例 3-10 不检测用户在浏览器输入的内容中是否存在潜在的危险数据

该项默认是检测（如果用户使用了不检测，也要对输入的内容进行编码或验证），在从客户端回发页时将检查加密的视图状态，以验证视图状态是否已在客户端被篡改。

```
<pages buffer="true" enableViewStateMac="true" validateRequest="false"/>
```

（7）<sessionState>节

<sessionState>节通常用来为当前应用程序配置会话状态设置（如设置是否启用会话状态，会

话状态保存位置）。下面来看一个例子：

### 例 3-11 设置会话状态

该例子是用来设置会话状态的，其中 mode="InProc"表示在本地储存会话状态（也可以选择储存在远程服务器或 SAL 服务器中或不启用会话状态）；cookieless="true"表示如果浏览器不支持 Cookie 时启用会话状态（默认为 False）；timeout="20"表示会话可以处于空闲状态的分钟数。

```
<sessionState mode="InProc" cookieless="true" timeout="20"/>
</sessionState>
```

（8）<trace>节

<trace>节通常用来配置 ASP.NET 跟踪服务，主要用来程序测试判断哪里出错。下面来看一个例子。

### 例 3-12 Web.config 中的默认配置

该例子是用来设置跟踪服务的，其中 enabled="false"表示不启用跟踪；requestLimit="10"表示指定在服务器上存储的跟踪请求的数目；pageOutput="false"表示只能通过跟踪实用工具访问跟踪输出；traceMode="SortByTime"表示以处理跟踪的顺序来显示跟踪信息；localOnly="true" 表示跟踪查看器（trace.axd）只用于宿主 Web 服务器。

```
<trace          enabled="false"          requestLimit="10"          pageOutput="false"
traceMode="SortByTime" localOnly="true" />
```

在 ASP.NET 4.5 中，Web.config 配置文件的基本配置节已经被转移到 Machine.config 文件中，应用程序可以从这些设置中进行继承。这使得 ASP.NET 4.5 中的 Web.config 文件仅包含指出应用程序将运行于哪个版本.NET 框架上的信息。

### 例 3-13 ASP.NET 4.5 中默认的 Web.config 文件内容

```
<?xml version="1.0" encoding="utf-8"?>
<configuration>
  <system.web>
    <compilation debug="true" targetFramework="4.5" />
    <httpRuntime targetFramework="4.5" />
  </system.web>
</configuration>
```

## 3.5.3 网站管理工具

程序员可以手工修改配置文件的内容，而 ASP.NET 还提供了一个图形化的配置工具——网站管理工具（Website Adminstration Tool，WAT），使用这个工具可以很方便地对网站进行配置。在 Visual Studio 2012 中，选择"项目"|"ASP.NET 配置"命令，打开网站管理工具，如图 3-2 所示。

程序员使用网站管理工具可以自动地对配置文件进行更改，在网站管理工具中选择"应用程序"选项卡，使用这个选项卡可以进行新的配置，也可以管理现有的配置，如图 3-3 所示。

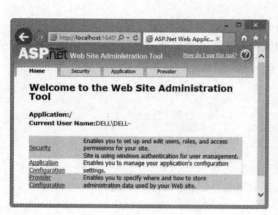

图 3-2　网站管理工具

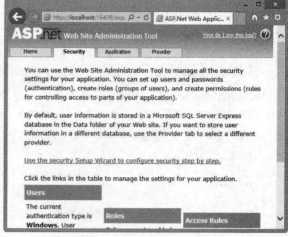

图 3-3　应用程序配置

## 3.6　小结

　　本章介绍了 ASP.NET Web 编程原理的相关知识，包括 ASP.NET 应用程序的构成、服务器控件、ASPX 页面代码模式、Application 事件和 ASP.NET 配置。这些内容是 ASP.NET 程序开发的基本知识，掌握了这些知识，才能进行最基本的程序开发。

# 第 4 章
# C#语言程序设计

在编写 ASP.NET 应用程序的后台逻辑代码时，虽然使用 VB 语言编写程序与使用 C#语言编写程序没有什么区别，但 C#作为集中了 Java 和 C++这两种语言优势而产生的语言，具有很大的发展潜力。目前，与.NET 4.5 一起发布的 C#版本是 5.0 版本。下面就概括地介绍一下这种语言，以方便后面章节的学习。

## 4.1 概述

C#（C Sharp，"#"读作 Sharp）是微软公司推出的一种完全面向对象、简单易学、现代化的新型编程语言。它继承了 C/C++的优良传统，又借鉴了 Java 的很多特点，并试图结合 Visual Basic 的快速开发能力和 C++的强大灵活的能力。

C#与.NET Framework 平台高度集成，并可以与 Visual Basic.NET、Visual C++.NET 等语言编写的组件进行交互。.NET 框架向开发者公开庞大的 API 库，以帮助开发人员快速构建强大的应用程序。

在编写 ASP.NET 应用程序的后台逻辑代码时，本节编者比较倾向于使用 C#语言，虽然使用 VB 语言编写程序与使用 C#语言编写程序没有什么区别，但 C#作为集中了 Java 和 C++这两种语言优势而产生的语言，其具有很大的发展潜力。

### 4.1.1 编写 C#源代码

为了使大家对 C#编程语言有一个感性的认识，本节通过演示一个最基本的 C#程序的创建运行过程，让读者知道究竟什么是 C#程序，了解如何创建一个 C#程序文件，如何编写 C#程序，如何编译运行程序，然后逐步介绍 C#语言的基本语法。

我们可以选择在 Visual Studio 2012 控制台应用程序中编写应用程序，也可以在记事本中输入代码。下面，在 Visual Studio 2012 中编写一个最基本的控制台应用程序。

#### 例 4-1　创建 C#控制台应用程序

本例通过控制台屏幕输出"Hello World"的字符串，具体步骤如下：

**01** 选择"文件"|"新建"|"项目"命令，打开新建"项目"界面，选择"控制台应用程序"，并设置文件名称及保存位置，如图 4-1 所示。

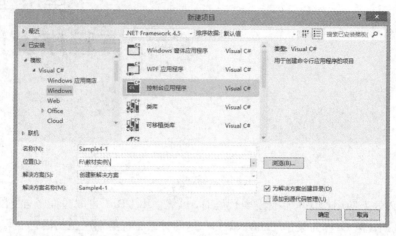

图 4-1  新建控制台应用程序

**02** 打开新建项目中的"Program.cs"文件，编写程序如图 4-2 所示。

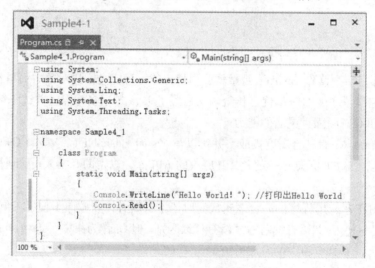

图 4-2  编写控制台应用程序

**03** 按 F5 启动运行程序，程序运行结果如图 4-3 所示。

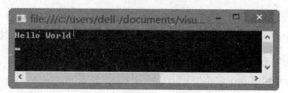

图 4-3  程序运行结果

至此，我们就完成了一个完整的 C#控制台应用程序。

## 4.1.2　大小写的敏感性

C#是一种对大小写敏感的语言，而 VB 则对大小写不敏感。在 C#程序中，同名的大写和小写代表不同的对象，因此在输入关键字、变量和函数时必须使用适当的字符。

此外，C#对小写比较偏好，它的关键字基本上都采用小写，例如 if、for、while 等。在定义变量时，C#程序员一般都遵守这样的规范：对于私有变量的定义一般都以小写字母开头、而公共变量的定义则以大写字母开头，例如：以 userName 来定义一个私有变量、而以 UserName 来定义一个公共变量。

## 4.1.3　注释

在一个开发语言中，注释也是非常重要的。C#提供了两种注释的类型。

第一种是：单行注释，注释符号是"//"，例如：

```
//一个整型变量，存储整数
int a;
```

第二种是：多行注释，注释符号是"/*"和"*/"，任何在符号"/*"和"*/"之间的内容都会被编译器忽略，例如：

```
/*一个整型变量
存储整数*/
int a;
```

此外 XML 注释符号"///"也可以用来对 C#程序进行注释，例如：

```
///一个整型变量
///存储整数
int a;
```

## 4.1.4　语句终止符

每一句 C#程序都要以语句终止符来终结，C#的语句终止符是";"。例如：

```
int a;
```

在 C#程序中，可以在一行中写多个语句，但每个语句都要以";"结束，也可以在多行中写一个语句，但要在最后一行中以";"结束。例如：

```
//一行中多个语句
int a; string s; float f;
//一句写在多行中
int a = 1,b = 2,c = 3,d = 4,sum;
sum = a + b +
    c + d;
```

## 4.1.5　语句块

在 C#程序中，把用符号"{"和"}"包含起来的程序称为语句块。语句块在条件和循环语句中经常会用到，主要是把重复使用的程序语句放在一起以方便使用，这样有助于程序的结构化。

例如以下代码用来求 100 以内的所有偶数的和。

```
int sum = 0;
for(int i = 1; i <= 100; i ++)
{
    if(i % 2 == 0)
    {
        sum = sum + i;
    }
}
```

## 4.2　数据类型

C#中数据类型可以分为"值类型"和"引用类型"，值类型包含数值类型、布尔类型、、字符类型、结构类型和枚举类型；引用类型包含类类型、对象类型、字符串类型、数组类型、接口类型和代理类型等。

### 4.2.1　常用数据类型

C#中常用的数据类型如表 4-1 所示。

表 4-1　常用数据类型

| 数据类型 | 中文名 | 存储范围 |
| --- | --- | --- |
| sbyte | 字节型 | -128~127 |
| short | 短整型 | -32768~32767 |
| int | 整型 | -2147483648~2147483647 |
| long | 长整型 | -9.2e18~9.2e18 |
| float | 浮点型 | -3.4e38~3.4e38 |
| double | 双精度浮点型 | -1.8e308~1.8e308 |
| char | 字符型 | |
| bool | 布尔型 | true 或 flase |
| string | 字符串 | |

### 4.2.2　其他数据类型

表 4-1 列出了 C#中常用的数据类型，此外 C#中还存在一些其他复杂的数据类型，具体如下。

## 1．小数类型

C#还专门定义了一种十进制的类型（decimal），称为"小数类型"。小数类型在所有数值类型中精度是最高的，它有 128 位，一般做精度要求高的金融和货币的计算。decimal 类型对应于.NET Framework 中定义的 System.Decimal 类。取值范围大约为 $1.0 \times 10^{-28}$ 到 $7.9 \times 10^{28}$，有 28~29 位的有效数字。

decimal 类型的赋值和定义如下所示：

```
decimal d= 88.8m;// 末尾 m 代表该数值为 decimal 类型，如果没有 m 将被编译器默认为 double 类型
的 88.8
```

decimal 类型不支持有符号零、无穷大和 NaN。 一个十进制数由 96 位整数和十位幂表示。小数类型较浮点类型而言，具有更大的精度，但是数值范围相对小了很多。将浮点类型的数向小数类型的数转化时会产生溢出错误，将小数类型的数向浮点类型的数转化时会造成精确度的损失。因此，两种类型不存在隐式或显式转换。

## 2．布尔类型

布尔类型是用来表示"真"和"假"这两个概念的。这虽然看起来很简单，但实际应用却非常广泛。布尔类型变量只有两种取值："真"和"假"。在 C#中，分别采用"true"和"false"两个值来表示。

## 3．枚举类型

枚举类型（enum）是由一组特定的常量构成一种数据结构，系统把相同类型、表达固定含义的一组数据作为一个集合放到一起形成新的数据类型,比如一周分为七天可以放到一起作为新的数据类型来描述星期，这样一周七天的集合就构成了一个枚举类型，它们都是枚举类型的组成元素。代码如下所示：

```
enum WeekDay
    {
        Sunday, Monday, Tuesday, Wednesday, Thursday, Friday, Saturday
    }; WeekDay day;
```

枚举类型的变量在某一时刻只能取枚举中某一个元素的值，如 WeekDay 这个表示"星期"的枚举类型的变量，它的值要么是 Sunday，要么是 Monday 或其他的星期元素，但它在一个时刻只能代表具体的某一天，不能既是星期二，又是星期三，也不能是枚举集合以外的其他元素，比如 yesterday、tomorrow 等。

按照系统的默认，枚举中的每个元素类型都是 int 型，且第一个元素缺省时的值为 0 它后面的每一个连续的元素的值按加 1 递增。在枚举中，也可以给元素直接赋值，如下面的代码把星期天的值设为 1，其后的元素 Monday、Tuesday 等的值分别为 2、3……，依次递增。

```
enum WeekDay{
  Sunday=1, Monday, Tuesday, Wednesday, Thursday, Friday, Saturday
};
```

上面的代码对星期分别进行了赋值，要注意的是为枚举类型的元素所赋的值的类型限于 long、

int、short 和 byte 等整数类型。

### 4．字符类型

字符类型包括数字字符、英文字母、表达式符号等，C#提供的字符类型按照国际上公认的标准，采用 Unicode 字符集。一个 Unicode 的标准字符长度为 16 位，用它可以来表示世界上大多种语言。字符类型变量赋值形式有以下三种：

```
char chsomechar="A";
char chsomechar="\x0065";        //十六进制
char chsomechar="\u0065 ;        //unicode 表示法
```

在 C 和 C++中，字符型变量的值是该变量所代表的 ASCII 码，字符型变量的值实质是按整数进行存储的，可以对字符型变量使用整数赋值和运算，例如下面的代码：

```
Char c = 65;   //在 C 或 C++中该赋值语句等价于 char c = 'A';
```

在 C#中，通常用字符"\"加上另外一种字符组成的字符组合来表示一种含义，这种方式称为转义，把字符"\"称为转义字符，例如：

\"表示双引号，在 C#中，字符串以双引号来封闭的，因此在字符串里需要包含双引号的时候，就需要利用这种转义的形式。
\n 表示换行。
\t 表示制表符。
\\表示单斜杠"\"，由于字符"\"被定义为转义字符，所以需要用"\\"表示单斜杠"\"。

C#中有很多转义字符，这里不再一一解说，读者可以参考 MSDN。

### 5．引用类型

C#除支持值类型外还支持引用类型。引用类型包括字符串、数组、类和对象、接口、代理等，本节介绍字符串和数组，其余类型在后面章节介绍。

（1）字符串类型

在 C#中提供了对字符串（string）类型的强大支持，可以对字符串进行各种的操作。string 类型对应于.NET Framework 中定义的 System.String 类，System.String 类是直接从 object 派生的，并且是 final 类，不能从它再派生其他类。

字符串值使用双引号表示，例如"China"、"中国"等，而字符型使用单引号表示，这点读者需要注意区分。下面是几个关于字符串操作的代码：

```
string  word1= "Hello"; // 直接把字符串赋值给字符串变量 word1
string  word2= "World"; // 直接把字符串赋值给字符串变量 word2
string  word3=word1+word2; //把两个字符串进行合并
char mychar = word3[3]; //用于获得字符串中第 4 个字符值，字符串中第一个字符的位置是 0
```

（2）数组

数组是一个重要的数据结构，在数组里允许存储具有相同数据类型的一系列数据，而且可以通过索引来访问这些数据，数组的索引是从 0 开始，后面的逐个递增。在 C#中数组中可以存储任何数据类型的数据，可以是整型数据和字符串，也可以是用户自己定义的数据类型。

数组的定义方法如下：

```
数据类型[] 数组名 = new 数据类型[大小];
```

例如：

```
int[] num = new int[5];//大小为 5 的整型数组
string[] str = new string[6];//大小为 6 的字符串数组
```

此外，如果在定义数组时就初始化数组，就可以不用关键字 new，例如：

```
int[] num = {1,2,3,4,5};
```

数组可以是一维的也可以是多维的，例如：

```
int[,] num = new int[3,4];//定义多维数组
num[0][0] = 0;//赋值
num[0][1] = 1
num[1][1] = 2;
```

（3）隐型数组

C#还支持隐型数组，隐型数组的创建方式如下：

```
var 变量名 = new[] {初始化列表};
```

例如：

```
var a = new[] {1,2,3,4,5,6,7};
```

在隐型数组创建表达式中，数组实例的类型推导自数组初始化器中的元素的类型。数组初始化器中表达式类型形成的类型集合，必须包含一个这样的类型，其中每个类型都可隐式转化它，并且这个类型不是 null 类型，也就是必须根据初始化器推导出一个准确的类型，否则编译器就会出现错误。

例如以下代码声明了一个数组 a，编译器通过初始化器可以推导出该数组是一个整型数组：

```
var a = new[] {1,2,3,4,5,6,7};
```

以下代码声明了一个数组 b，而编译器通过初始化器推出不出该数组的类型：

```
var b = new[] {1,"a","g",7};
```

在 C#语言中，除了提供定义数组的方法外，还专门提供了一个对象 ArrayList，用这个对象可以很容易创建类似于数组的实例，而且这个数组提供了很多数据操作的方式,非常方便数据的操作。

例如：

```
ArrayList array = new ArrayList();//定义一个 ArrayList 实例
//添加数据
array.Add(1);
array.Add(2);
array.Add(3);
//读取数据
int num = Convert.ToInt32(array[0]);
```

ArrayList 中存储的数据都以对象的形式存在，因此在读取数据时需要进行转化。ArrayList 还有很多好用的方法，如表 4-2 所示。

表 4-2　ArrayList 的方法

| 方法 | 说明 |
|---|---|
| Add | 将对象添加到 ArrayList 的结尾处 |
| Clear | 从 ArrayList 中清除所有元素 |
| Contains | 确定某元素是否在 ArrayList 中 |
| IndexOf | 返回 ArrayList 或它的一部分中某个值的第一个匹配项的从零开始的索引 |
| Insert | 将元素插入 ArrayList 的指定索引处 |
| LastIndexOf | 返回 ArrayList 或它的一部分中某个值的最后一个匹配项的从零开始的索引 |
| Remove | 从 ArrayList 中删除特定对象的第一个匹配项 |
| RemoveAt | 删除 ArrayList 的指定索引处的元素 |
| Reverse | 将 ArrayList 的顺序反转 |

此外，ArrayList 还提供了如表 4-3 所示的属性。

表 4-3　ArrayList 的属性

| 方法 | 说明 |
|---|---|
| Capacity | 获取或设置 ArrayList 可包含的元素数 |
| Count | 获取 ArrayList 中实际包含的元素数 |
| IsFixedSize | 获取一个值，该值指示 ArrayList 是否具有固定大小 |
| IsReadOnly | 获取一个值，该值指示 ArrayList 是否只读 |
| Item | 获取或设置指定索引处的元素 |

正是 ArrayList 提供了这么多属性和方法，所以对存储其中的数据可以非常方便地操作，而且由于是对象封装，数据操作要比单纯的数组安全很多。所以在需要使用数据的地方，建议尽量使用此对象。

### 6. 大整数类型 BigInteger

大整数类型 BigInteger 是在 C# 4.0 中增加的一种数据类型，它位于 System.Numerics 命名空间下。BigInteger 类型是不可变类型，代表一个任意大的整数，它不同于.NET Framework 中的其他整型，其值在理论上已没有上部或下部的界限。BigInteger 类型的成员与其他整数类型的成员近乎相同。可通过多种方法实例化 BigInteger 对象。

（1）用 new 关键字并提供任何整数或浮点值以作为 BigInteger 构造函数的一个参数。

下面的示例阐释如何使用 new 关键字实例化 BigInteger 值。

```
BigInteger big = new BigInteger(179032.6541);// 声明 BigInteger 类型的对象 big, 参数是浮点值, 仅保留小数点之前的整数值
BigInteger bigInt = new BigInteger(934157136952);// 声明 BigInteger 类型的对象 bigInt, 参数是一个大整数
```

（2）声明 BigInteger 变量并向其分配一个值，分配的值可以是任何数值，只要该值为整型即可。

下面的示例利用赋值从 Int64 创建 BigInteger 值。

```
long value = 6315489358112; // 声明一个 long 类型的变量 value，并赋值
BigInteger big = longValue; //将该值再分配给 BigInteger 类型的变量 big
```

（3）通过强制类型转换为一个实例化 BigInteger 对象，使其值可以超出现有数值类型的范围。

下面的示例通过强制类型转换为一个实例化 BigInteger 对象。

```
BigInteger big = (BigInteger)179032.6541;
BigInteger bigInt = (BigInteger)64312.65m;// 直接使用强制类型转换的方式声明 BigInteger
的对象，仅保留整数部分的值
```

可以像使用其他任何整数类型一样使用 BigInteger 实例。BigInteger 重载标准数值运算符，能够执行基本数学运算，如加法、减法、除法、乘法、求反和一元求反。还可以使用标准数值运算符对两个 BigInteger 值进行比较。与其他该整型类型类似，BigInteger 还支持按位运算符。对于不支持自定义运算符的语言，BigInteger 结构还提供了用于执行数学运算的等效方法。其中包括 Add、Divide、Multiply、Negate、Subtract 和多种其他内容。

BigInteger 结构的许多成员直接对应于 Math 类（该类提供处理基元数值类型的功能）的成员。此外，BigInteger 增加了自己特有的成员。

- Sign: 可以返回表示 BigInteger 值符号的值。
- Abs: 可以返回 BigInteger 值的绝对值。
- DivRem: 可以返回除法运算的商和余数。
- GreatestCommonDivisor: 可以返回两个 BigInteger 值的最大公约数。

### 7. 动态数据类型 dynamic

动态数据类型 dynamic 是 C# 4.0 引入的数据类型，它会告诉编译器，在编译期不去检查 dynamic 类型，而是在运行时才决定。这表示不需要在程序中去声明一个固定的数据类型，而是由 C#框架自动在执行期间获得数值的类型即可。

在大多数情况下，dynamic 类型与 object 类型的行为是一样的。但是，不会用编译器对包含 dynamic 类型表达式的操作进行解析或类型检查。编译器将有关该操作的信息打包在一起，并且该信息以后用于计算运行时操作。在此过程中，类型 dynamic 的变量会编译到类型 object 的变量中。因此，类型 dynamic 只在编译时存在，在运行时则不存在。例如下列的代码：

```
dynamic v = 124; // 声明一个 dynamic 类型的对象 v 并赋值
Console.Write(v.GetType()); //通过 GetType 方法，输出对象 v 的类型
```

以上代码最后显示的结果是"System.Int 32"。并且输入对象 v 时，Visual Studio 2012 不会出现 Intellisense 智能提示，因为 Visual Studio 2012 不知道 v 的数据类型是什么，所以也无法自动提示可用的成员。要使用方法也需要手动输入。同时 typeof 方法在 dynamic 类型上也无法使用。

dynamic 类型和其他数据类型之间，可以直接做隐式的数据转换，不论左边是 dynamic 还是右

边是 dynamic 都一样，例如以下代码：

```
dynamic d1 = 7;
dynamic d2 = "a string";
dynamic d3 = System.DateTime.Today;
int i = d1;
string str = d2;
DateTime dt = d3;
```

以上代码，定义了 3 个 dynamic 类型的数据，分别是整形、字符串类型和时间类型。再将这些 dynamic 类型的数据分别赋给对应的数据类型。

dynamic 类型和 var 隐形局部变量乍看有些类似，实则它们有许多的不同，最本质的是 var 虽然可以不指定具体的数据类型，但是它却会在编译时期检查数据类型，所以使用 var 声明的数据不存在时，编译器会指出编译错误。而且使用 var 来声明数据，其成员也会由智能提示来提供。

其实，在 C#中所有数据类型都是基于基本对象 Object 来实现，因此它们之间在允许的范围内是可以相互转化的。

## 4.3 常量和变量

应用程序运行过程中可能需要处理多项数据，对于这些需要处理的数据项，按其取值是否可改变又分为常量和变量两种。

### 4.3.1 常量

常量是指在程序的运行过程中其值不能被改变的量。常量的类型也可以是任何一种 C#的数据类型。常量的定义格式为：

```
const 常量数据类型 常量名（标识符）=常量值；
```

上面的"const"关键字表示声明一个常量，"常量名"就是标识符，用于唯一的标识该常量。常量名要有代表意义，不能过于简练或者复杂。常量的声明都要使用标识符，命名规则和变量相同。

"常量值"的类型要和常量数据类型一致，如果定义的是字符串型，"常量值"就应该是字符串类型，否则会发生错误。例如以下代码：

```
const int months = 12;
const int weeks = 52;
const int days = 365;
const double daysPerWeek = (double) days / (double) weeks;
const double daysPerMonth = (double) days / (double) months;
```

上面的代码中，试图改变五个常量的值，编译器会发现这个错误导致代码无法编译通过。

### 4.3.2 变量

变量是指在程序的运行过程中其值可以被改变的量，变量的类型可以是任何一种 C#的数据类型。在 C#中，在声明一个变量时，需要定义变量的名字，并指定变量存储的数据类型，声明的方式是：数据类型在前，变量名在后，例如：

变量数据类型 变量名（标识符）；

或者

变量数据类型 变量名（标识符）＝变量值；

（1）C#中变量主要包括以下三种类型。

- 值类型：值类型是一种简单类型，主要由结构和枚举构成，其中结构分为数值类型、整型、浮点型、decimal 和布尔类型。基于值类型的变量直接包含值，将一个值类型变量赋给另一个变量时，将复制包含的值。
- 引用类型：引用类型变量包含复杂的数据信息，引用类型变量并不包含实际的值，而是存储对实际数据的引用，引用类型变量的赋值只复制变量的引用，而不复制变量本身。object 和 string 是 C#中两个内置的引用类型。
- 指针类型：这是一种低级的数据类型，它存储的是数据的内存地址，该地址中存放的可能是任何一种数据类型，利用指针可以直接访问内存单元，也可以进行内存动态分配。

（2）在 C#中命名一个变量应遵循如下规范。

- 变量名必须以字母开头；
- 变量名只能由字母、数字和下划线组成，不能包含空格、标点符号、运算符等其他符号；
- 变量名不能与 C#中的关键字名称相同；
- 变量名不能与 C#的库函数名称相同。

（3）C#中变量的使用要注意以下问题。

- 定义完变量之后，还不能直接使用它，在使用一个变量之前必须先对其进行初始化。可以先声明变量，然后再对其进行初始化，例如：

```
//变量声明
int num;
string str;
//变量初始化
num = 0;
str = "my name is xiao zhang.";
```

- 也可以在声明变量时直接对其进行初始化，例如：

```
int num = 0;
string str = "my name is xiao zhang.";
```

- 如果使用了未经初始化的变量，程序在编译时就不会通过，下面的代码就不会被编译通过（这段代码中由于 num 没有被初始化就被引用，则不会被编译通过）：

```
int num;//声明一个变量
num = num + 1;//引用了没有初始化的变量
```

- 如果给变量使用了不适当的数据，也会出现编译错误。例如以下代码把一个浮点数赋给了
整型变量，会引起编译错误：

```
int num;//声明一个变量
num = 1.1;//把一个浮点数赋给了整型变量
```

### 4.3.3  隐型局部变量

在前面讲过 C#是强类型，在声明变量时必须指明变量的类型，而 JavaScript、VB 等语言则是
弱类型的，就是在声明变量时不必指明变量类型，而是通过初始化这个变量的表达式来推导这个变
量的类型，这就是隐型局部变量，这种声明变量的方式比较自由，方便程序开发。

隐型局部变量使用关键字 var，可以在声明变量时不必声明变量类型。通过本地类型推断功能，
根据表达式对变量的赋值来判断变量的类型，这样可以保护类型安全，而且也可以实现更为自由的
编码。依据这个本地类型推断功能，使用 var 定义的变量在编译期间就推断出变量的类型，而在编
译后的 IL 代码中就会包含推断出的类型，这样可以保证类型安全。

使用隐式类型的变量声明时，需要注意以下限制：

- 只有在同一语句中声明和初始化局部变量时，才能使用 var；不能将该变量初始化为 null。
- 不能将 var 用于类范围的域。
- 由 var 声明的变量不能用在初始化表达式中。换句话说，var v = v++; 会产生编译时错误。
- 不能在同一语句中初始化多个隐式类型的变量。
- 如果一个名为 var 的类型位于范围中，则当读者尝试用 var 关键字初始化局部变量时，将
收到编译时错误。

下面代码演示了使用 var 声明局部变量的各种方式。

```
var i = 8;  //定义了变量 i 被当作一个整数
var j = 23.6;  //定义的变量 j 被当作浮点数
var k= "C Sharp";  //定义了一个变量 k 被当作了字符串
var x;//非法
var y=null;//非法
var z={1,2,3};//非法
```

上面的代码第 4 行到第 6 行都违反了隐式类型的变量声明的规则。

总之，变量的使用要注意，有些错误编译器能够帮助程序员找出来，有些错误却不是编译器
能够做到的。所以在开发程序时一定要遵守最基本的规则，从最基本的程序写起，才能做出高质量
程序。

## 4.4  数据运算

其实程序的运行就是数据运算的过程,在 C#中程序员可以使用各种标准类型的数据运算操作。

## 4.4.1　数值运算

对于数值型，程序员可以使用如表 4-4 所示的数学运算符。

表 4-4　数学运算符列表

| 运算符 | 说明 | 运算符 | 说明 |
| --- | --- | --- | --- |
| + | 加 | / | 除 |
| - | 减 | % | 求模 |
| × | 乘 | ++ 或-- | 递增运算或递减运算 |

例如：

```
int num = 0;
num = 1 + 2 * 3;//运算结果是 7。
```

对于数值型，C#还提供了高级的运算方法，例如开方、绝对值等，这些运算方法由类 Math 提供，使用这些方法可以很方便地对数据进行复杂的操作。由于这些方法是静态方法，不需要实例化类 Math 就可以直接使用这些方法。例如：

```
double number = 0.0;
number = Math.Sqrt(36.0);//结果是 6.000000
number = Math.Abs(-1);//结果是 1.000000
```

## 4.4.2　字符串运算

在表 3-4 中，运算符"+"还可以用于字符串的操作，对于字符串，运算符"+"用于连接字符串，例如：

```
string str = "";
string str1 = "C#";
string str2 = "语言";
str = str1 + str2;//运算结果是 C#语言
```

而字符串的操作还有很多方法，主要由类 String 提供，包括提取子串、比较字符串等。例如：

```
string str1 = "C# Language";
string str2 = "C# language";
string st;
str = str1.Substring(2);//结果是 Language
str = String.Compare(str1,str2);//结果小于零
```

在字符串操作中还有一个比较复杂但很有用的操作方法，它就是 Split，该方法能够把字符串按照一定的规则分割成字符串数组。例如：

```
string str1 = "1,2,3,4,5,6,7,8,9";
string[] str = str1.Split(new Char[] {',', ',', ',', ',', ',', ',', ',', ',', ','})
//运行结果是字符串 str1 被分割后存储在数组 str 中
```

## 4.5　语句

语句是程序的基本组成部分，正是一句句语句组成了程序。在 C#中，除了单行语句外，还有一些复杂的语句，用来帮助完成比较复杂逻辑程序。

### 4.5.1　条件语句

条件语句通过判断条件是否为真来执行相应的语句块。在 C#中，有两种形式的的条件语句结构：if 语句和 switch 语句。

#### 1．if 语句

if 语句的语法如下：

```
if(条件)
{
    执行的语句;
}
else
{
    执行的语句;
}
```

例如：求两个数中的最大者，代码如下：

```
int a = 2;
int b = 5;
int max;
if(a > b)
{
    max = a;
}
else
{
    max = b;
}
```

如果执行的语句就只有一句，则可以省略花括号，上面的代码就可以修改为如下形式：

```
int a = 2;
int b = 5;
int max;
if(a > b)
    max = a;
else
    max = b;
```

if 语句还有几个变化的结果形式，可以单独使用 if 语句，而不加 else 语句，如果有多个条件需要判断，也可以通过添加 else if 语句来实现。例如：

```
int a = 2;
string str = "";
if(a < 0)
{
    str = "a 小于零";
}
else if(a == 0)
{
    str = "a 等于零";
}
else
{
    str = "a 大于零";
}
```

在 C#中，if 语句中的条件表达式的结果必须等于布尔值，因为这里的 if 语句不能直接测试整数，因此必须把表达式计算的结果转换为布尔值。

## 2．switch 语句

switch 语句结构形式如下：

```
switch
{
    case 条件 1：
        执行的语句；
        break;
    case 条件 2：
        执行的语句；
        break;
    …
    case 条件 n：
        执行的语句；
        break;
    default:
        执行的语句；
break;
}
```

C++程序员比较熟悉这种结构形式，switch 语句主要用于需要判断的条件情况比较多情况。例如判断用户权限的情况，代码如下（这里实现的是根据登录用户的角色来判断该用户的身份）：

```
string str = "";
string rolename = "admin";
switch
{
    case "admin":
        str = "这是管理员";
        break;
    case "customer":
        str = "这是客户";
```

```
            break;
     case "officer":
            str = "这是部门领导";
            break;
default:
            str = "这是过客";
            break;
}
```

其实每个 switch 语句都可以使用相应的 if 语句来代替，例如以上代码可替换为如下形式：

```
string str = "";
string rolename = "admin";
if (rolename == "admin" )
     str = "这是管理员";
else if(rolename == "customer" )
     str = "这是客户";
else if ("rolename == officer")
     str = "这是部门领导";
else
     str = "这是过客";
```

尽管每个 switch 语句都可以使用相应的 if 语句来代替，但如果条件过多，使用 if 语句就比较困难，而使用 switch 语句可以很清晰地把逻辑关系表达清楚，这就是为什么已经存在 if 语句还推出 switch 语句的原因。

## 4.5.2  循环语句

循环语句就是那种在满足某个条件时可以重复执行代码块，利用循环语句可以方便实现那些需要重复运行的逻辑程序。C#提供了 4 种循环语句结构。

### 1. for 循环

for 循环的结构形式如下：

```
for(initializer;condition;iterator)
{
     执行的语句;
}
```

其中：

- initializer 是执行第一次循环之前要对条件进行初始化的表达式。
- condition 是在每次循环之前要判断的条件。
- iterator 是每次循环之后要计算的表达式。
- 在循环过程中，只要 condition 为 true 时循环才进行，否则循环结束。

例如，以下这段代码完成求 100 以内的所有整数的和。

```
int sum = 0;
```

```
for(int i = 1;i < 100;i ++)
{
    sum = sum + I;
}
```

### 2. while 循环

while 循环的结构形式如下:

```
while(条件)
    执行的语句;
```

在循环开始前,如果不知道循环的次数的话,可以使用 while 循环。在循环开始前,先检测条件是否为 true,然后再决定是否执行循环。例如:

```
int sum = 0;
int i = 1;
while(i < 100)
{
    sum = sum + i;
    i ++;
}
```

### 3. do…while 循环

do…while 循环的结构形式如下:

```
do
{
    执行的语句;
}while(条件);
```

do…while 循环适合于不知道循环的次数,而且需要执行多次的循环。例如:

```
int sum = 0;
int i = 1;
do
{
    sum = sum + i;
    i ++;
} while(i < 100);
```

### 4. foreach 循环

foreach 循环用来实现对集合中的每一项都遍历的循环,foreach 循环的结构形式如下:

```
string str = "";
foreach(int temp in arrayOflnts)
{
    str = str + temp;
}
```

在循环过程中不能改变集合中的各项的值,如下的代码就会发生编译错误:

```
string str = "";
```

```
foreach(int temp in arrayOflnts)
{
    temp ++;
str = str + temp;
}
```

## 4.6   方法

方法其实也就是一种函数，函数就是实现某种功能的一个程序块，这个程序块把实现某种功能的逻辑程序封装起来。函数一般有入口，即参数，也有出口，也就是返回值。函数根据参数传来的数据，加工后把数据返回。函数具有一般意义，方法是指放在类里面的函数。由于在 ASP.NET 程序开发中都是以类和对象基础的，因此这里就主要介绍方法的相关知识。

在声明一个方法时，程序员需要考虑的有三步：

- 首先，需要决定这个方法是否需要返回任何信息。例如，方法 Add 可能返回一个整数，这个整数表示求和的结果。而一个方法最多只能返回一个数据。
- 其次，为方法指定一个名字。
- 第三，考虑方法要包含的参数。

下面代码是方法声明示例的代码。方法 Add()用来求两个整数的和：

```
int Add(int a,int b)
{
    return a + b;
}
```

不包含返回值的方法示例代码：

```
void test()
{

}
```

方法通过参数来接收信息，参数的声明同变量的声明方式一样。上面的 Add 方法就包含了两个参数，通过这两个参数把两个整数传进来以求这两个整数的和。

在调用一个方法时，必须为该方法参数指定必要的值。例如：

```
int sum = Add(1,2);
```

如果这样调用就会出现错误：

```
int sum = Add(0);
```

### 4.6.1   方法重载

C#支持方法重载，即使用相同的名字来创建多个方法，而这些方法具有不同的参数。当调用这些方法时，CLR 会根据参数来选择相应的方法。

使用重载可以同时创建一个方法的不同版本。例如，求两个数和的方法，可以是两个整数求和，也可以是两个浮点数的求和，这样就可以创建一个方法的不同版本来实现这样的功能，例如：

```
//求两个整数的和
int Add(int a,int b)
{
    return a + b;
}
//求两个浮点数的和
float Add(float a,b)
{
    return a + b;
}
```

这样就可以调用方法 Add()来求两个数的和，代码如下（CLR 会根据传进来的参数来调用不同的方法）：

```
int sum = Add(1,2)
float sumF = Add(1.000000,2.000000);
```

不能定义一个方法的不同版本具有相同的名字，而且参数也相同，这样 CLR 就无法识别这样的方法。当调用重载方法时，CLR 会搜索所有的方法版本，当找不到匹配的版本时，就会出错。

## 4.6.2　扩展方法

扩展方法用来为现有类型添加方法，以扩展现有的类型，这些类型可以是基本数据类型（如int、string 等），也可以是自己定义的类型。

扩展方法是通过指定关键字 this 修饰方法的第一个参数而声明的。扩展方法只可以声明在静态类中。下面通过两个例子来介绍扩展方法的声明。

### 例 4-2　扩展基本类型 string

这个例子利用扩展方法功能对基本类型 string 进行扩展。

通过静态类 Extensions 为基本类型 string 声明了一个扩展方法 TestMethod，该方法可以用来获得字符串的长度。代码如下：

```
public static class Extensions
{
    Public static int TestMethod(this string s)
    {
        Return s.Length;
    }
}
```

在上面的代码中为基本类型 string 提供了一个扩展方法 TestMethod，就可以像使用其他方法使用这个方法了，例如：

```
string s = "hahahahahha!";
int length = s.TestMethod();
```

### 例 4-3　扩展自定义类型

这个例子展示如何对自己定义的类型进行扩展。

这里定义了一个类 Staff，该类用来描述员工，包含两个属性：Name 和 Positon，两个私有字段_name 和_positon。在静态类中定义了该类的一个扩展方法 TestMethod，该方法用来获得员工的名称和职位对。最后展示了如何调用类 Staff 的扩展方法 TestMethod。代码如下：

```
//定义一个类 Staff
public class Staff//描述员工的类
{
    private string _name;//存储姓名
    private string _position;//存储职位
    public string Name//姓名属性
    {
        get
        {
            return _name;
        }
        set
        {
            _name = value;
        }
    }
    public string Position//职位属性
    {
        get
        {
            return _ position;
        }
        set
        {
            _ position = value;
        }
    }
}
//扩展类 Staff
public static class Extensions
{
    //返回名称和职位对的方法
    public static string TestMethod(this Staff s)
    {
        Return s.Name + ":" + s. Position;
    }
}
//调用扩展的方法
Staff s = new Staff();
string str = s.TestMethod();
```

## 4.6.3　委托

委托其实也是一种引用方法的类型，创建了委托，就可以声明委托变量，也就是委托实例化。实例化的委托就是委托的对象，可以为委托对象分配方法，也就是把方法名赋予委托对象。一旦为委托对象分配了方法，委托对象将与该方法具有完全相同的行为。委托对象的使用可以像其他任何方法一样，具有参数和返回值，如下面的示例所示。

以下代码定义了一个名为 Calculation 的委托，该委托封装了包含两个整型参数，且返回值为整型的方法，而 cal 则为委托对象，可以把方法名赋给该对象：

```
public delegate int Calculation(int x, int y);
Calculation cal;
```

方法的分配比较自由，任何与委托的签名（由返回类型和参数组成）匹配的方法都可以分配给该委托的对象。这样就可以通过编程方式来更改方法调用，还可以向现有类中插入新代码。只要知道委托的签名，便可以分配自己的委托方法。

将方法作为参数进行引用的能力使委托成为定义回调方法的理想选择。例如，可以向排序算法传递对比较两个对象的方法的引用。分离比较代码使得可以采用更通用的方式编写算法。委托具有以下特点：

- 委托类似于 C++ 函数指针，但它是类型安全的。
- 委托允许将方法作为参数进行传递。
- 委托可用于定义回调方法。
- 委托可以链接在一起；例如，可以对一个事件调用多个方法。
- 方法不需要与委托签名精确匹配。

构造委托对象时，通常提供委托将包装的方法的名称或使用匿名方法。实例化委托后，委托将把对它进行的方法调用传递给方法。调用方传递给委托的参数被传递给方法，来自方法的返回值（如果有）由委托返回给调用方。这被称为调用委托。可以将一个实例化的委托视为被包装的方法本身来调用该委托。

例如，为上面的委托定义一个方法，代码如下：

```
public int Add(int x, int y)
{
    return x + y;
}
```

定义一个委托的实例，把上面的方法赋给该委托实例，代码如下：

```
//实例化委托 Calculation
Calculation cal = Add;
//调用委托
cal(1,2);
```

委托类型派生自 .NET Framework 中的 Delegate 类。委托类型是密封的，不能从 Delegate 中派生委托类型，也不可能从中派生自定义类。由于实例化委托是一个对象，所以可以将其作为参数进行传递，也可以将其赋值给属性。这样，方法便可以将一个委托作为参数来接受，并且以后可以调用该委托。这称为异步回调，是在较长的进程完成后用来通知调用方的常用方法。以这种方式使用委托时，使用委托的代码无须了解有关所用方法的实现方面的任何信息。此功能类似于接口所提供的封装。

回调的另一个常见用法是定义自定义的比较方法并将该委托传递给排序方法。它允许调用方的代码成为排序算法的一部分。

例如，定义一个方法，该方法包含一个参数为前面定义的委托，代码如下：

```
public int CalculationCallBack(int x, int y, Calculation cal)
{
    return cal(x,y);
}
```

调用以上方法，并把前面定义的 Calculation 委托的实例 cal 传递给该方法，代码如下：

```
CalculationCallBack(1,2,cal);
```

将委托构造为包装实例方法时，该委托将同时引用实例和方法。除了它所包装的方法外，委托不了解实例类型，所以只要任意类型的对象中具有与委托签名相匹配的方法，委托就可以引用该对象。将委托构造为包装静态方法时，它只引用方法。

例如，声明一个类 CalculationClass，该类包含两个方法，代码如下：

```
public class CalculationClass
{
    //两个整数求差
public int Minus(int x,int y)
    {
        return x-y;
    }
//两个整数求积
Public int Multiple(int x,int y)
{
        Return x*y;
}
}
}
```

类 CalculationClass 定义了两个方法，加上前面定义方法 Add，可以把这三个方法都交给前面委托的实例进行封装，代码如下：

```
CalculationClass calculationClass = new CalculationClass();
Calculation cal1 = calculationClass.Minus;
Calculation cal2 = calculationClass.Multiple;
Calculation cal3 = Add;
```

调用委托时，它可以调用多个方法。这称为多路广播。若要向委托的方法列表（调用列表）中添加额外的方法，只需使用加法运算符或加法赋值运算符（"+" 或 "+="）添加委托。例如：

```
Calculation cal = cal1 + cal2;
cal += cal3;
```

此时，cal 在其调用列表中包含三个方法：Add、Minus 和 Multiple。原来的三个委托 cal1、cal2 和 cal3 保持不变。调用 cal 时，将按顺序调用所有这三个方法。如果委托使用引用参数，则引用将依次传递给三个方法中的每个方法，由一个方法引起的更改对下一个方法是可见的。如果任一方法引发了异常，而在该方法内未捕获该异常，则该异常将传递给委托的调用方，并且不再对调用列表中后面的方法进行调用。如果委托具有返回值或输出参数，它将返回最后调用的方法的返回值和参数。若要从调用列表中移除方法，请使用减法运算符或减法赋值运算符（"-" 或 "-="）。例如：

```
cal -= cal1;
cal4 = cal - cal2;
```

由于委托类型派生自 System.Delegate，所以可在委托上调用该类定义的方法和属性。例如，为了找出委托的调用列表中的方法数，可以编写下面的代码：

```
int methodCount = cal..GetInvocationList().GetLength(0);
```

多路广播委托广泛用于事件处理中。事件源对象向已注册接收该事件的接收方对象发送事件通知。为了为事件注册，接收方创建了旨在处理事件的方法，然后为该方法创建委托并将该委托传递给事件源。事件发生时，源将调用委托。然后，委托调用接收方的事件处理方法并传送事件数据。给定事件的委托类型由事件源定义。

## 4.7　类、对象和结构

作为一种面向对象的编程语言，C#使用类和结构来实现类型（构建 Web 窗体、数据模型等），C#程序一般都是由程序员自定义的类和.NET 框架类共同组成。而对象则是类的具体实例化，很多类是不能直接使用的，必须通过使用其对象实现对该类型的引用。

### 4.7.1　结构

在 C#中，结构是一种值类型。因此如果把一个结构对象赋给某个变量，变量则包含结构的全部值；而复制包含结构的变量时，将复制所有数据，对新的副本所做的任何修改都不会改变旧副本的数据。结构具有如下特点：

- 结构是值类型。
- 结构的实例化可以不使用 new 运算符。
- 结构可以声明构造函数，但它们必须带参数。
- 结构不能继承，也不能被继承。
- 结构可以实现接口。

结构定义形式如下：

```
struct 结构名
{
    属性列表;
    方法列表;
```

```
}
```

例如，以下代码定义了一个名为 Point 的结构，它包含两个属性 x 表示 x 轴方向的坐标，y 表示 y 轴方向的坐标，构造函数 Point()用来对其进行初始化，方法 MovePoint 则用来移动当前点：

```
public struct Point
{
    public int x, y;
    //构造函数
    public Point (int pX, int pY)
    {
        x = p1;
        y = p2;
    }
//移动点
public void MovePoint(int pX,int pY)
{
        x = x + pX;
        y = y + pY;
}
}
```

在创建结构对象时，如果使用 new 运算符创建结构对象，则会创建该结构对象，并调用适当的构造函数；如果不使用 new，则在初始化所有字段之前，字段都保持未赋值状态且对象不可用。

例如，这里定义了三个结构对象，p1 采用默认构造函数初始化，p2 采用前面定义的构造函数初始化，p3 只是声明了，并没有初始化，所以 p3 还不可用：

```
Point p1 = new Point();
Point p2 = new Point(1,1);
Point p3;
```

## 4.7.2  类

在 C#中，类是一种功能强大的数据类型，而且是面向对象的基础。类定义属性和行为，程序员可以声明类的实例，从而可以利用这些属性和行为。类具有如下特点：

- C#类只支持单继承，也就是类只能从一个基类继承实现。
- 一个类可以实现多个接口。
- 类定义可以在不同的源文件之间进行拆分。
- 静态类是仅包含静态方法的密封类。

类其实是创建对象的模板，类定义了每个对象可以包含的数据类型和方法，从而在对象中可以包含这些数据，并能够实现定义的功能。

类的声明的结构形式如下：

```
class 类名
{
    字段列表;
```

```
    方法列表;
}
```

例如，以下代码定义了一个名为 Point 的类，包含两个私有字段，两个公开属性，一个构造函数和一个公开方法：

```
public class Point
{
    private int _x;
    private int _y;
    public int X
    {
        set
        {
            _x = this.value;
}
get
{
            return x;
}
}
public int Y
    {
        set
        {
            _y = this.value;
}
get
{
            return y;
}
}
public Point(int pX,int pY)
{
    _x = pX;
    _y = pY;
}

    public void MovePoint(int pX,int pY)
    {
        _x = _x + pX;
        _y = _y + pY;
}
}
```

实例化类的方式也很简单，通过使用 new 来实现，例如：

```
Point p1 = new Point();//使用默认构造函数声明类的对象
Point p2 = new Point(1,1);//使用指定的构造函数声明类的对象
```

创建类的对象后，将向程序员传递回该对象的引用。在上例中，p1 和 p2 是对基于 Point 类的

对象的引用，此引用引用新对象，但不包含对象数据本身。实际上，可以在根本不创建对象的情况下创建对象引用，例如：

```
Point p;
```

这样创建一个对象后，是不可用的，必须把其他对象赋给它后它才能使用，例如：

```
p = p1;
```

把 p1 赋 p 后，才能使用 p。

### 1. 成员

在 C#中，类包含如下几种成员：

- 字段：是被视为类的一部分的对象实例，通常用来保存类数据，一般为私有成员。例如类 Point 的成员_x 和_y 就是该类的字段。
- 属性：是类中可以像类中的字段一样访问的方法。属性可以为类字段提供保护，避免字段在对象不知道的情况下被修改。例如类 Point 的成员 X 和 Y 就是该类的属性。
- 方法：定义类可以执行的操作。例如类 Point 的成员 MovePoint 就是该类用来实现移动点的方法。
- 事件：是向其他对象提供有关事件发生通知的一种方式，事件是使用委托来定义和出发的。
- 构造函数：是第一次创建对象时调用的方法，用来对对象进行初始化。
- 析构函数：是对象使用完毕后从内存中清理对象占用的资源，在 C#中一般不需要明确定义析构函数，CLR 会帮助解决内存的释放问题。

### 2. 继承

继承是面向对象编程的一大特性，通过继承，类可以从其他类继承相关特性。继承实现方式是：在声明类时，在类名称后放置一个冒号，然后在冒号后指定要从中继承的类。

例如，这里类 B 从类 A 中继承，类 A 被称着基类，类 B 被称着派生类：

```
public class A
{
    public A() { }
}

public class B : A
{
    public B() { }
}
```

派生类将获取基类的所有非私有数据和行为以及新类为自己定义的其他数据和行为。在上面示例中，类 B 既是有效的 B，又是有效的 A。访问 B 对象时，可以使用强制转换操作将其转换为 A 对象。但强制转换不会改变 B 对象，只是 B 对象视图将限制为 A 的数据和行为。将 B 强制转换为 A 后，可以将该 A 重新强制转化为 B。而并非所有的 A 实例都可强制转换为 B，只有实际上 B 的实例的那些实例才可以强制转换为 B。如果将类 B 作为 B 类型访问，则可以同时获得类 A 和类

B 的数据和行为，这其实是对象的多态性。

## 4.7.3　对象

对象是类和结构的实例化，只有对象才能包含数据，执行行为，触发事件，而类和结构只不过就像 int 一样是数据类型，只有实例化才能真正发挥作用。对象具有以下特点：

- C#中使用的全都是对象。
- 对象是实例化的，对象是从类和结构所定义的模板中创建的。
- 对象使用属性获取和更改它们所包含的信息。
- 对象通常具有允许它们执行操作的方法和事件。
- 所有 C#对象都继承自 Object。
- 对象具有多态性，对象可以实现派生类和基类的数据和行为。

## 4.8　Lambda 表达式

Lambda 表达式是一种高效的类似于函数式编程的表达式，Lambda 简化了开发中需要编写的代码量。Lambda 表达式是由.NET 2.0 演化过来的，也是 LINQ 的基础，熟练地掌握 Lambda 表达式能够快速的上手 LINQ 应用开发。

## 4.8.1　匿名方法

在了解 Lambda 表达式之前，需要了解什么是匿名方法，匿名方法简单地说就是没有名字的方法，而通常情况下的方法定义是需要名字的，例如以下代码：

```
public int sum(int x, int y)        //创建方法
{
    return x + x;                    //返回值
}
```

上面这个方法就是一个常规方法，这个方法需要方法修饰符（public）、返回类型（int）方法名称（sum）和参数列表。而匿名方法可以看作是一个委托的扩展，是一个没有命名的方法，例如以下的代码：

```
delegate int Sum(int x,int y);              //声明匿名方法
protected void Page_Load(object sender, EventArgs e)
{
    Sum s = delegate(int x,int y)          //使用匿名方法
    {
        return x + y;                      //返回值
    };
}
```

上述代码声明了一个匿名方法 Sum，但是没有实现匿名方法的操作，在声明匿名方法对象时，

可以通过参数格式创建一个匿名方法。匿名方法能够通过传递的参数进行一系列操作，例如以下的代码：

```
    Response.Write(s(8,8).ToString());
```

上述代码使用了 s（5,6）方法进行两个数的加减，匿名方法虽然没有名称，但是同样可以使用"（""）"号进行方法的使用。

虽然匿名方法没有名称，但是编译器在编译过程中，还是会为该方法定义一个名称，只是在开发过程中这个名称是不被开发人员所看见的。

除此之外，匿名方法还能够使用一个现有的方法作为其方法的委托，例如以下的代码：

```
delegate int Sum(int x,int y);              //方法委托
public int retSum(int x, int y)             //普通方法
{
    return x + y;
}
```

上述代码声明了一个匿名方法，并声明了一个普通的方法，在代码中使用匿名方法如下所示：

```
protected void Page_Load(object sender, EventArgs e)
{
Sum s = retSum;                 //使用匿名方法
   int result = s(8, 8);
}
```

从上述代码中可以看出，匿名方法是一个没有名称的方法，但是匿名方法可以将方法名作为参数进行传递，如上述代码中变量 s 就是一个匿名方法，这个匿名方法的方法体被声明为 retSum，当编译器进行编译时，匿名方法会使用 retSum 执行其方法体并进行运算。匿名方法最明显的好处就是可以降低常规方法编写时的工作量，另外一个好处就是可以访问调用者的变量，降低传递参数的复杂度。

## 4.8.2　Lambda 表达式基础

在了解了匿名方法后，就能够开始了解 Lambda 表达式，Lambda 表达式在一定程度上就是匿名方法的另一种表现形式。为了方便对 Lambda 表达式的解释，首先需要创建一个 Student 类，例如以下的代码：

```
public class Student
{
    public int age { get; set; }                //设置属性
    public string name { get; set; }            //设置属性
    public Student (int age,string name)        //设置属性（构造函数构造）
    {
        this.age = age;                         //初始化属性值 age
        this.name = name;                       //初始化属性值 name
    }
```

```
        }
```

上述代码定义了一个 Student 类，并包含一个默认的构造函数能够为 Student 对象进行年龄和名字的定义。在应用程序设计中，很多情况下需要创建对象的集合，创建对象的集合有利于对对象进行操作和排序等操作，以便在集合中筛选相应的对象。使用 List 进行泛型编程，可以创建一个对象的集合，例如以下的代码：

```
List<Student> student = new List<Student>();      //创建泛型对象
Student p1 = new Student (28,"wjn");               //创建一个对象
Student p2 = new Student (26, "wsn");              //创建一个对象
Student p3 = new Student (25, "zfq");              //创建一个对象
Student p4 = new Student (23, "wsx");              //创建一个对象
student.Add(p1);                                   //添加一个对象
student.Add(p2);                                   //添加一个对象
student.Add(p3);                                   //添加一个对象
student.Add(p4);                                   //添加一个对象
```

上述代码创建了 4 个对象，这 4 个对象分别初始化了年龄和名字，并添加到 List 列表中。当应用程序需要对列表中的对象进行筛选时，例如需要筛选年龄大于 20 岁的学生时，就需要从列表中筛选，例如以下的代码。

```
IEnumerable< Student > results = student.Where(delegate(Student p) { return p.age
> 20; });//匿名方法
```

上述代码通过使用 IEnumerable 接口创建了一个 result 集合，并且该集合中填充的是年龄大于 20 的 Student 对象。细心的读者就能够发现在这里使用了一个匿名方法进行筛选，因为该方法没有名称，该匿名方法通过使用 Student 类对象的 age 字段进行筛选。

虽然上述代码中执行了筛选操作，但是使用匿名方法往往不太容易理解和阅读，而 Lambda 表达式相比于匿名方法而言更加容易理解和阅读，例如以下的代码：

```
IEnumerable< Student > results = student.Where(Student => Student.age >
20);        //Lambda 表达式
```

上述代码同样返回了一个 Student 对象的集合给变量 results，但是其编写的方法更加容易阅读，这里可以看出 Lambda 表达式在编写的格式上和匿名方法非常相似。其实当编译器开始编译并运行，Lambda 表达式最终也表现为匿名方法。

使用匿名方法并不是创建了没有名称的方法，实际上编译器会创建一个方法，这个方法对于开发人员来说是看不见的，该方法会将 Student 类的对象中符合 p.age>20 条件的对象返回并填充到集合中。相同的是，使用 Lambda 表达式，当编译器编译时，Lambda 表达式同样会被编译成一个匿名方法进行相应的操作，但是相比于匿名方法而言，Lambda 表达式更容易阅读，Lambda 表达式的格式如下所示：

```
(参数列表)=>表达式或者语句块
```

如上述代码中，参数列表就是 Student 类，表达式和语句块就是 Student.age>20，使用 Lambda 表达式能够让人很容易的理解该语句究竟是如何执行的，虽然匿名方法提供了同样的功能，却并不容易理解。相比之下 Student => Student.age > 20 却能够很好地理解为"返回一个年纪大于 20 的学

生"。其实 Lambda 表达式并没有什么高深的技术，Lambda 表达式可以看作是匿名方法的另一种表现形式。其实 Lambda 表达式经过反编译后，与匿名方法并没有什么区别。

## 4.8.3　Lambda 表达式的格式

Lambda 表达式是匿名方法的另一种表现形式。比较 Lambda 表达式和匿名方法，在匿名方法中，"("，")"内是方法的参数的集合，这就对应了 Lambda 表达式中"（参数列表）"，而匿名方法中"{"，"}"内是方法的语句块，这也对应了 Lambda 表达式 "=>" 符号右边的表达式和语句块项。由于 Lambda 表达式是一种匿名方法，所以 Lambda 表达式也包含一些基本格式，这些基本格式如下所示。

Lambda 表达式可以有多个参数，一个参数，或者无参数。其参数类型可以隐式或者显式。例如以下的代码：

```
(a, b) => a * b                    //多参数，隐式类型=> 表达式
a => a * 8                         //单参数， 隐式类型=>表达式
a => { return a * 8; }             //单参数，隐式类型=>语句块
(int a) => a * 8                   //单参数，显式类型=>表达式
(int b) => { return b * 8; }       //单参数，显式类型=>语句块
() => Console.WriteLine()          //无参数
```

上述格式都是 Lambda 表达式的合法格式，在编写 Lambda 表达式时，可以忽略参数的类型，因为编译器能够根据上下文直接推断参数的类型，例如以下的代码：

```
(a, b) => a + b                    //多参数，隐式类型=> 表达式
```

Lambda 表达式的主体可以是表达式也可以是语句块，这样就节约了代码的编写。

Lambda 表达式中的表达式和表达式体都能够被转换成表达式树，这在表达式树的构造上会起到很好的作用，表达式树也是 LINQ 中最基本、最重要的概念。

## 4.8.4　Lambda 表达式树

Lambda 表达式树也是 LINQ 中最重要的一个概念，Lambda 表达式树允许开发人员像处理数据一样对 Lambda 表达式进行修改。理解 Lambda 表达式树的概念并不困难，Lambda 表达式树就是将 Lambda 表达式转换成树状结构，在使用 Lambda 表达式树之前还需要使用 System.Linq.Expressions 命名空间，例如以下的代码：

```
using System.Linq.Expressions;              //使用命名空间
```

Lambda 表达式树的基本形式有两种，这两种形式代码如下所示：

```
Func<int, int> func = pra => pra * pra;                      //创建表达式树
Expression<Func<int, int>> expression = pra => pra * pra;    //创建表达式树
```

Lambda 表达式树就是将 Lambda 表达式转换成树状结构，例如以下的代码：

```
Func<int, int> func = (pra => pra * pra);         //创建表达式
Response.Write(func(8).ToString());               //执行表达式
```

```
Response.Write("<hr/>");
```

上述代码直接用 Lambda 表达式初始化 Func 委托，运行后返回的结果为 64，同样使用 Expression 类也可以实现相同的效果，例如以下的代码：

```
Expression<Func<int, int>> expression = pra => pra * pra;        //创建表达式
Func<int, int> func1 = expression.Compile();        //编译表达式
Response.Write(func1(8).ToString());
```

上述代码运行后同样返回 64。使用 Func 类和 Expression 类创建 Lambda 表达式运行结果基本相同，但是 Func 方法和 Expression 方法有区别，如 Lambda 表达式 pra => pra * pra，Expression 首先会分析该表达式并将表达式转换成树状结构，当编译器编译 Lambda 表达式时，如果 Lambda 表达式使用的是 Func 方法，则编译器会将 Lambda 表达式直接编译成匿名方法，而如果 Lambda 表达式使用的是 Expression 方法，则编译器会将 Lambda 表达式进行分析、处理后得到一种数据结构。

## 4.9　对象和集合初始化器

要初始化一个对象，在 C# 2.0 及其以前的版本中都是使用构造函数，或者声明对象后对公有属性赋值。而在 C# 3.0 以后，出现了对象和集合初始化器，可以使对象和集合的初始化变得简单。

例如，存在一个类 Point，定义代码如下：

```
public class Point
{
    private int _x._y;
    public int X
    {
        get
        {
            return _x;
}
set
{
             _x = value;
}
}
public int Y
{
        get
        {
            return _y;
}
set
{
             _y = value;

}
}
}
```

在 C# 2.0 中可以这样来对类 Point 的对象进行初始化，代码如下：

```
Point p = new Point();
p.X = 1;
p.Y = 2;
```

而现在可以利用对象初始化器来直接对声明的对象进行初始化，代码如下：

```
Point p = new Point {X = 1,Y = 2};
```

可见使用对象初始化器可以很轻松地实现对象初始化。

## 4.9.1  对象初始化器

对象初始化器用来指定一个或多个对象的域或属性的值。对象初始化器由一系列成员初始化器组成，封闭于符号"{"和"}"之中，它们之间用逗号隔开。每个成员初始化必须指出正在初始化的对象的域或属性的名字，后面是等号和表达式或者是对象、集合的初始化器。

注意，对于等号后面的内容需要明确以下事项：

- 在等号后面指定表达式成员初始化器作为与对域或属性赋值同样的方式处理。
- 在等号后指定一个对象初始化器的成员初始化器是对内嵌对象的初始化。
- 在等号后指定集合初始化器的成员初始化是对内嵌集合的初始化。

例如，定义一个矩形类 Rectangle，它由两个点组成，定义代码如下：

```
public class Rectangle
{
    private Point _p1, _p2;
    public Point P1{get {return _p1;} set {_p1 = value;}}
public Point P2{get {return _p2;} set {_p2 = value;}}
}
```

定义一个类 Rectangle 的对象，然后对其进行初始化，代码如下：

```
var rectangle = new rectangle{
P1 = new Point{X = 0,Y = 0},
P2 = new Point{X = 1,Y = 1}
};
```

如果在类 Rectangle 中内嵌了类 Point 的实例，代码如下：

```
public class Rectangle
{
    private Point _p1 = new Point();
private Point _p2 = new Point();
    public Point P1{get {return _p1;}}
public Point P2{get {return _p2;}}
}
```

这样就可以使用如下的代码对类 Rectangle 的对象进行初始化，代码如下：

```
var rectangle = new rectangle{
```

```
P1 = {X = 0,Y = 0},
P2 = {X = 1,Y = 1}
};
```

## 4.9.2　集合初始化器

集合初始化器用来指定集合的元素，它由一系列元素初始化器组成，封闭在"{"和"}"内，以逗号间隔。例如：

```
List<int>list1 = new List<int>{1,2,3,4,5,6,7,8,9};
```

被应用了集合初始化器的集合对象必须是实现了正好一个类型 T 的 System.Collections.Generic.IConlection<T>的类型。此外必须存在从每个元素类型到 T 类型的隐式转型。如果这些条件都不满足，就产生编译期错误。集合初始化器对每个指定元素依次调用 ICollection<T>.Add（T）方法。

## 4.10　匿名类型

匿名类型是从对象初始化器自动推断和生成的元组类型。这样就可以在不声明一个类型的情况下而直接声明一个对象，利用初始化器指明的对象属性来推断这个对象的类型。例如：

```
var p = new {x=1,y=2};
```

以上代码中并不存在对象 p 的类型，但却直接声明了该对象，并通过初始化器{X = 1,Y = 2}对该对象进行初始化，这就是匿名类型。

利用以上代码声明了对象 p 后，在程序编译时会给该对象创建匿名类型：编译器使用对象的初始化器推断的属性来创建一个新的匿名类型，这个新类型将拥有 X 和 Y 的属性，GET、SET 方法和保存这些属性的私有变量都会自动生成。在运行时，这个生成的匿名类的一个实例就会被创建，而这个实例的相应的属性值将会设置为初始化器中指定的值。

在 Visual Studio 2012 中编辑以上代码后，在引用对象 p 时，系统会自动搜索到 p 的两个属性，如图 4-4 所示。这是 Visual Studio 2012 支持预编译，在编辑完以上代码后，Visual Studio 2012 就执行一下预编译，在编译过程中生成了该对象对应的匿名类型。匿名类型使程序开发更加方便，程序员不用声明类型就可以声明一个对象。

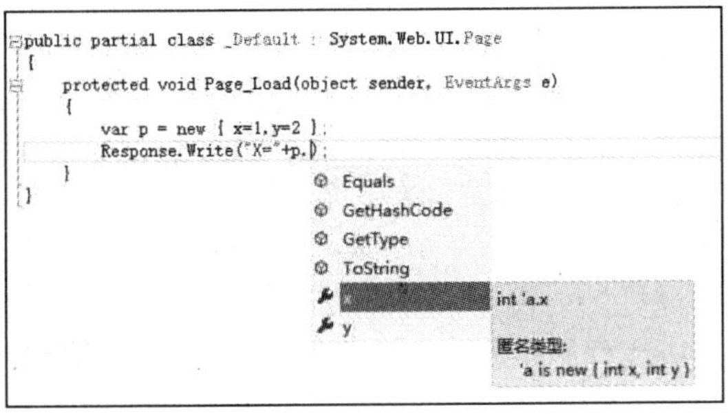

图 4-4　自动找到对象 p 的属性

## 4.11 C# 5.0 **的新特性**

　　C#中提出的每个新特性都是建立在原来特性的基础上，并且是对原来特性的一个改进，以便开发人员更好地使用 C#来编写程序，用更少的代码来实现程序，把一些额外的工作交给编译器去做，C#5.0 同样也是如此。

### 4.11.1　全新的异步编程模型

　　对于同步的代码，大家肯定都不陌生，因为我们平常写的代码大部分都是同步的，然而同步代码却存在一个很严重的问题。例如，我们向一个 Web 服务器发出一个请求时，如果发出请求的代码是同步实现的话，这时候应用程序就会处于等待状态，直到收回一个响应信息为止，然而在这个等待的状态，对于用户不能操作任何的 UI 界面也没有任何的消息，如果用户试图去操作界面时，就会看到"应用程序未响应"的信息。引起这个原因正是因为代码的实现是同步实现的，所以在没有得到一个响应消息之前，界面就成了一个"卡死（阻塞）"状态了，这对于用户来说肯定是不可接受的，如果要从服务器上下载一个很大的文件时，甚至不能对窗体进行关闭的操作。

　　为了解决类似的问题，.NET Framework 很早就提供了对异步编程的支持，但是其代码编写的过程非常的繁琐。在.NET 4.5 中推出新的方式来解决同步代码的问题，它们分别为基于事件的异步模式，基于任务的异步模式和提供"async"和"await"关键字来对异步编程支持，使用这两个关键字，可以使用.NET Framework 或 Windows Runtime 的资源创建一个异步方法如同你创建一个同步的方法一样容易。

　　全新的异步编程模型使用"async"和"await"关键字来编写异步方法。"async"用来标识一个方法、lambda 表达式或者一个匿名方法是异步的；"await"用来标识一个异步方法应该在此处挂起执行，直到等待的任务完成，于此同时，控制权会移交给异步方法的调用方。

　　异步方法的参数不能使用"ref"参数和"out"参数，但是在异步方法内部可以调用含有这些参数的方法。以一个标准的逻辑为例，下载一个远程 URI，并将内容输出在界面上，假设我们已经有了显示内容的方法，代码如下：

```
void Display(string text) {
    // 不管是怎么实现的
}
```

　　如果用标准的同步式写法，下面的代码显得比较简单：

```
void ShowUriContent(string uri) {
    using (WebClient client = new WebClient()) {
        string text = client.DownloadString(uri);
        Display(text);
    }
}
```

　　但是用同步的方式会造成线程的阻塞，所以不得不使用下面的异步代码：

```
void DownloadUri(string uri) {
    using (WebClient client = new WebClient()) {
```

```
    client.DownloadStringCompleted += new
DownloadStringCompletedEventHandler(ShowContent);
    client.DownloadStringAsync(uri);
    }
}
void ShowContent(object sender, DownloadStringCompletedEventArgs e) {
    Display(e.Result);
}
```

上面的代码使用了异步方法，但无可避免地把一段逻辑拆成两段。如果当更多的异步操作交叉在一起的时候，无论是代码的组织还是逻辑的梳理都会变得更加麻烦。

正因为如此，C# 5.0 从语法上对此进行了改进，当使用"async"和"await"两个关键字时，代码会变成如下所示：

```
void async ShowUriContent(string uri) {
    using (WebClient client = new WebClient()) {
        string text = await client.DownloadStringTaskAsync(uri);
        Display(text);
    }
}
```

上面的这段代码看上去就是一段典型的同步逻辑，唯一不同的就是在方法声明中加入了"Async"关键字，在 DownloadStringTaskAsync 方法的调用时加入了"await"关键字，运行时就变成了异步了。ShowUriContent 方法会在调用 DownloadStringTaskAsync 后退出，而下载过程会异步进行，当下载完成后，再进入 Display 方法的执行，期间不会阻塞线程，不会造成 UI 无响应的情况。

使一个异步方法，要注意如下一些要点：

- "Async"关键字必须加在函数声明处，如果不加"Async"关键字，函数内部不能使用"await"关键字。
- 异步方法的名称以"Async"后缀，必须按照规定关闭。
- "await"关键字只能用来等待一个 Task、Task<TResult>或者 void 进行异步执行返回：Task、Task<TResult>或者 void。
- 方法通常包括至少一个 await 的表达式，这意味着该方法在遇到 await 时不能继续执行，直到等待异步操作完成。在此期间，该方法将被暂停，并且控制权返回到该方法的调用者。

## 4.11.2  调用方信息

在日志组件中，程序员可能需要记录方法调用信息，C# 5.0 提供了方法可以很方便地支持这一功能。使用调用方信息属性，可以获取关于调用方的信息，调用信息包括：方法成员名称、源文件路径和行号这些信息用于跟踪，调试和创建诊断工具非常有用。

为了获取这些信息，只需要使用 System.Runtime.CompilerServices 命名空间下的三个非常有用的编译器特性。表 4-5 列出了 System.Runtime.CompilerServices 命名空间中定义的调用方信息属性。

表 4-5　调用方信息属性

| 属性 | 说明 |
|---|---|
| CallerFilePath | 包含调用方源文件的完整路径。这是文件路径在编译时 |
| CallerLineNumber | 在调用方在源文件中的行号 |
| CallerMemberName | 方法或调用方的属性名称 |

在使用调用方信息的属性时，要注意以下几个方面：

- 必须为每个可选参数指定一个显式默认值。
- 不能将调用方信息属性性应用于未指定为选项的参数。
- 调用方信息属性不会使用一个参数选项。相反，当参数省略时，它们影响传递的默认值。

可以使用 CallerMemberName 属性来避免指定成员名称作为 String 参数 传递到调用的方法。通过使用这种方法，可以避免重命名重构而不更改 String 值的问题。这个特性在进行以下一些任务时特别有用：

- 使用跟踪和诊断实例。
- 在绑定数据时，实现 INotifyPropertyChanged 接口。
- 绑定控件的属性已更改，所以该控件可显示最新信息。但 CallerMemberName 属性必须指定属性的名称为文本类型。

另外，在构造函数，析构函数、属性等特殊的地方调用 CallerMemberName 属性所标记的函数时，获取的值有所不同，其取值如下表 4-6 所示。

表 4-6　返回的值

| 调用的地方 | CallerMemberName 属性返回的结果 |
|---|---|
| 方法、属性或事件 | 返回调用的方法、属性，或者事件的名称 |
| 构造函数 | 返回字符串 ".ctor" |
| 静态构造函数 | 返回字符串 ".cctor" |
| 析构函数 | 返回字符串 ""Finalize"" |
| 用户定义的运算符或转换 | 生成的成员名称，例如，"op_Addition" |
| 特性构造函数 | 特性所应用的成员名称。如果属性是成员中的任何元素（如参数、返回值或泛型类型参数），此结果是与组件关联的成员名称 |
| 不包含的成员（例如，程序集级别或特性应用于类型） | 可选参数的默认值 |

### 例 4-4　调用方信息的使用

本例演示如何使用调用方信息属性，每次调用 TraceMessage 方法，信息将替换为可选参数的参数的调用方。具体实现步骤如下：

**01** 创建一个控制台应用程序 Sample4-4。

**02** 在解决方案资源管理器中用鼠标单击程序目录下的 "Program.cs" 文件，在该文件中编写如下逻辑代码：

```
using System;   //使用 using 关键字引入相关的命名空间
using System.Text;
using System.Runtime.CompilerServices;
using System.Diagnostics;
namespace Sample4_4
{
    class Program
    {
        //定义了一个静态的方法 TraceMessage
        public static void TraceMessage(string message,
                    [CallerMemberName] string memberName = "",
                    [CallerFilePath] string sourceFilePath = "",
                    [CallerLineNumber] int sourceLineNumber = 0)
        //使用了三个调用方信息属性，并赋默认值
        {
            // 调用 Trace 类的 WriteLine 方法将调用方信息写入跟踪侦听器
            Trace.WriteLine("信息内容: " + message);
            Trace.WriteLine("调用方名称: " + memberName);
            Trace.WriteLine("调用方源文件路径: " + sourceFilePath);
            Trace.WriteLine("调用方在源文件的行号: " + sourceLineNumber);
        }
        static void Main(string[] args)
        {
            TraceMessage("获得调用方信息。");  //调用上面定义的 TraceMessage 静态方法
        }
    }
}
```

**03** 启动调试，编译后在输出窗口中显示如图 4-5 所示的调用方的信息。

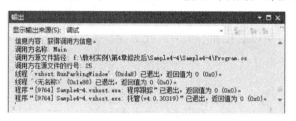

图 4-5　显示调用方信息

## 4.12　小结

本章介绍了 ASP.NET 程序开发的后台编程语言 C#的相关知识，有关 C#的知识有很多，这里就 ASP.NET 程序开发中比较常用的知识做了一个概要介绍，其中涉及到变量、数据类型、数据运算、语句、方法以及类、对象和结构、隐型局部变量、扩展方法、Lambda 表达式、对象、集合初始化器、匿名类型及隐型数组。此外还介绍了 C# 5.0 中提供的新技术，使用这些新的技术可以方便程序编写，提高效率。

# 第 5 章
# Web 控件

ASP.NET 提供的 Web 控件则提供了丰富的功能，可以使程序的开发变得更加简单。

Web 控件中包括传统的表单控件，如 TextBox 和 Button，以及其他更高抽象级别的控件，如 Calendar 和 DataGrid 控件。它们提供了一些能够简化开发工作的特性，其中包括：

（1）丰富而一致的对象模型

WebControl 基类实现了对所有控件通用的大量属性，这些属性包括 ForeColor、BackColor、Font、Enabled 等。属性和方法的名称是经过精心挑选的，以提高在整个框架和该组控件中的一致性。通过这些组件实现的具有明确类型的对象模型将有助于减少编程错误。

（2）对浏览器的自动检测

Web 控件能够自动检测客户机浏览器的功能，并相应地调整它们所提交的 HTML，从而充分发挥浏览器的功能。

（3）数据绑定

在 Web 窗体页面中，可以对控件的任何属性进行数据绑定。此外，还有几种 Web 控件可以用来提交数据源的内容。

（4）支持主题

用户可以使用主题为站点中的控件定义一致的外观。

## 5.1 基本的 Web 控件

ASP.NET 提供了与 HTML 元素相对应的基本的 Web 控件，诸如 Label、TextBox 控件等。表 5-1 列举了 ASP.NET 提供的基本的 Web 控件。

表 5-1　基本的 Web 控件

| 基本的 Web 控件 | 对应的 HTML 元素 |
| --- | --- |
| Label | \<span> |
| Button | \<input type="submit">或者\<input type="Button"> |
| TextBox | \<input type="text">，\<input type="password">，\<textarea> |
| CheckBox | \<input type="checkbox"> |
| RadioButton | \<input type="radio"> |
| HyperLink | \<a> |
| LinkButton | 在标记\<a>和\</a>之间包含一个\<img>标记 |
| ImageButton | \<input type="image"> |
| Image | \<img> |
| ListBox | \<select size="X">，X 是包含的行数 |
| DropDownList | \<select> |
| CheckBoxList | 多个\<input type="radio">标记 |
| RadioButtonList | 多个\<input type="radio">标记 |
| BulletedList | \<ol>的有序清单或\<ul>的无序清单 |
| Panel | \<div> |
| Table、TableRow、TableCell | \<table>、\<tr>、\<td>或\<th> |

表 5-1 列举了与 HTML 元素相对应的基本的 Web 控件，ASP.NET 还包含一些用于显示数据、导航、安全和门户网站的控件，在以后的章节会详细介绍这些控件的用法。

在 ASP.NET 中，Web 控件是使用相应的标记来编写控件的。Web 控件的标记有特定的格式：以\<asp:开始，后面跟相应控件的类型名，最后以/>结束，在其间可以设置各种属性。

例如，这里定义了一个 TextBox 控件：

```
<asp:TextBox ID= "text1" runat="Server">
```

当客户端请求该控件做在.aspx 页面时，服务器就会把下面的代码送到客户端：

```
<input type="text" ID="text1" name="text1">
```

使用 Web 控件，使得程序员不用详细了解 HTML 元素就可以设计页面。在 Visual Studio 中，程序员可以把 Web 控件拖曳到页面上来设计页面。总之，基于 Web 控件开发设计页面使得这个过程变得轻松简单很多。

## 5.2　Web 控件类概述

Web 控件类都被放置在 System.Web.UI.WebControls 命名空间下面，图 5-1 列举了 Web 控件类的结构。

在 ASP.NET 中，所有的控件都是基于对象 Object，而所有的 Web 控件则包含在 System.Web.UI.WebControls 下面。

在 System.Web.UI.WebControls 以下，Web 控件可分为两部分：

- Web 控件，用来组成与用户进行交互的页面。这类控件包括常用的按钮控件、文本框控件、标签控件等，还有用户验证用户输入的控件，以及日历控件等。使用这些控件可以组成与用户交互的接口。
- 数据绑定控件，用来实现数据的绑定和显示。这类控件包括广告控件、表格控件等，还有用于导航的菜单控件和树型控件。

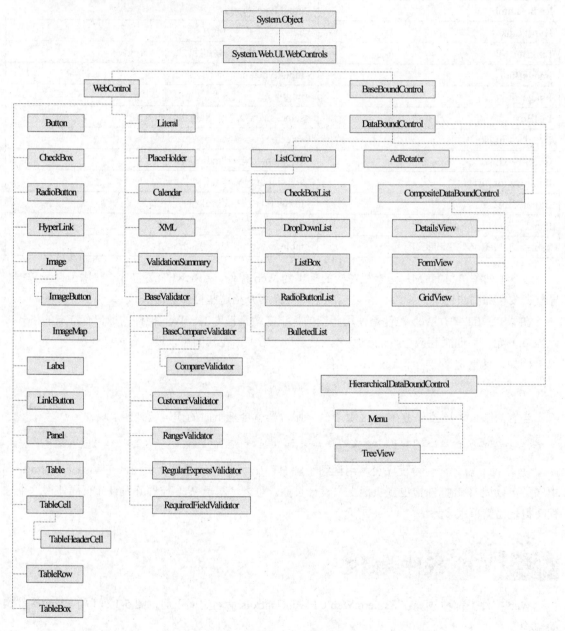

图 5-1　Web 控件类的结构图

## 5.2.1　Web 控件的基本属性

Web 控件的基类 WebControl 定义了一些可以应用于几乎所有的 Web 控件的基本属性，如表 5-2 所示。

表 5-2　Web 控件的基本属性

| 属性 | 说明 |
| --- | --- |
| AccessKey | 获取或设置使用户得以快速导航到 Web 服务器控件的访问键 |
| AppRelativeTemplateSourceDirectory | 获取或设置包含该控件的 Page 或 UserControl 对象的应用程序相对虚拟目录 |
| Attributes | 获取与控件的属性不对应的任意特性的集合 |
| BackColor | 获取或设置 Web 服务器控件的背景色 |
| BindingContainer | 获取包含该控件的数据绑定的控件 |
| BorderColor | 获取或设置 Web 控件的边框颜色 |
| BorderStyle | 获取或设置 Web 服务器控件的边框样式 |
| BorderWidth | 获取或设置 Web 服务器控件的边框宽度 |
| ClientID | 获取由 ASP.NET 生成的服务器控件标识符 |
| Controls | 获取 ControlCollection 对象，该对象表示 UI 层次结构中指定服务器控件的子控件 |
| ControlStyle | 获取 Web 服务器控件的样式。此属性主要由控件开发人员使用 |
| ControlStyleCreated | 获取一个值，该值指示是否已为 ControlStyle 属性创建了 Style 对象。此属性主要由控件开发人员使用 |
| CssClass | 获取或设置由 Web 服务器控件在客户端呈现的级联样式表（CSS）类 |
| Enabled | 获取或设置一个值，该值指示是否启用 Web 服务器控件 |
| EnableTheming | 获取或设置一个值，该值指示是否对此控件应用主题 |
| EnableViewState | 获取或设置一个值，该值指示服务器控件是否向发出请求的客户端保持自己的视图状态以及它所包含的任何子控件的视图状态 |
| Font | 获取与 Web 服务器控件关联的字体属性 |
| ForeColor | 获取或设置 Web 服务器控件的前景色（通常是文本颜色） |
| HasAttributes | 获取一个值，该值指示控件是否具有属性集 |
| Height | 获取或设置 Web 服务器控件的高度 |
| ID | 获取或设置分配给服务器控件的编程标识符 |
| NamingContainer | 获取对服务器控件的命名容器的引用，此引用创建唯一的命名空间，以区分具有相同 Control.ID 属性值的服务器控件 |
| Page | 获取对包含服务器控件的 Page 实例的引用 |
| Parent | 获取对页 UI 层次结构中服务器控件的父控件的引用 |
| Site | 获取容器信息，该容器在呈现于设计图面上时承载当前控件 |

（续表）

| 属性 | 说明 |
|------|------|
| SkinID | 获取或设置要应用于控件的外观 |
| Style | 获取将在 Web 服务器控件的外部标记上呈现为样式属性的文本属性的集合 |
| TabIndex | 获取或设置 Web 服务器控件的选项卡索引 |
| TemplateControl | 获取或设置对包含该控件的模板的引用 |
| ToolTip | 获取或设置当鼠标指针悬停在 Web 服务器控件上时显示的文本 |
| TemplateSourceDirectory | 获取包含当前服务器控件的 Page 或 UserControl 的虚拟目录 |
| UniqueID | 获取服务器控件的唯一的、以分层形式限定的标识符 |
| Visible | 获取或设置一个值，该值指示服务器控件是否作为 UI 呈现在页上 |
| Width | 获取或设置 Web 服务器控件的宽度 |

下面介绍这些属性中常用属性的用法。

## 5.2.2 单位

Web 控件提供了如 Borderwidth、Width 和 Hight 属性来控制控件显示的大小，可以使用一个数值加一个度量单位设置这些属性，这些度量单位包括像素（pixels）、百分比等。在设置这些属性时，必须添加单位符号 px（表示像素）或%（百分比）以指明使用的单位类型。

例如，下面这段代码定义了一个 TextBox 控件，这里通过设置属性 BorderWidth、Hight 和 Width 的值来定义 TextBox 控件的边框大小，高度和宽度：

```
<asp:TextBox   ID="TextBox1"   runat="server"   BorderWidth="1px"   Width="300px"
Height="20px"></asp:TextBox>
```

以上是通过控件定义标记来设置控件的属性，还可以以编码的形式来设置控件的这些属性。在 C#中存在一个名为 Unit 的类，该类提供静态方法 Pixel()（可以把数值转化为像素值），和静态方法 Percentage()（把一个数值转化成百分值）。

例如，下面这段代码分别把数值 20 或 300 转化为像素值，来设置 TextBox1 控件的高度和宽度属性：

```
TextBox1.Height = Unit.Pixel(20);
TextBox1.Width = Unit.Pixel(300);
```

以下代码把数值 50 转化为百分值，来设置 TextBox1 控件的高度，表示该控件高度为窗口高度的 50%：

```
TextBox1.Height = Unit.Percentage(50);
```

此外，还可以直接创建 Unit 的对象，并初始化该对象，这样就可以用来设置控件的设置大小的属性。

例如，声明一个 Unit 对象，该对象采用像素单位，大小为 100：

```
Unit unit1 = new Unit(100,UnitType.Pexel);
```

使用上面的定义的对象 unit1 来设置控件的属性：

```
TextBox1.Height = unit1;
TextBox1.Width = unit1;
```

## 5.2.3  枚举

Web 控件的一些属性的值只能为类库提供的枚举值，例如，设置一个控件的 BackColor 的属性，可以从颜色的枚举值中选取一个值，例如，设置文本框控件 TextBox1 的背景色为红色：

```
textBox1.BackColor = Color.Red;
```

而在.aspx 文件中，则可以按照如下的代码形式来设置枚举属性，而且在 Visual Studio 编辑这个属性时，可以选用的枚举值会自动列举出来。例如：

```
<asp:TextBox ID= "text1" runat="Server" BackColor="red">
```

## 5.2.4  颜色

在.NET 框架中，命名空间 System.Drawing 提供了一个 Color 对象，使用该对象可以设置控件的颜色属性。

创建颜色对象的方式有如下几种：

- 使用 ARGB（alpha，red，green，blue）颜色值，可以为每个值指定一个从 0~255 的整数。其中 alpha 表示颜色的透明度，当 alpha 的值为 255 时表明完全不透明；red 表示红色，当 red 的值为 255 时表示颜色为纯红色；green 表示绿色，当 green 的值为 255 时表示颜色为纯绿色；blue 表示蓝色，当 blue 的值为 255 时表示颜色为纯蓝色。
- 使用颜色的枚举值，可供挑选的颜色名有 140 个。
- 使用 HTML 颜色名，可以使用类 ColorTranslator 把字符串转换成颜色值。

例如，下面这段代码设置了 TextBox 控件的一些基本属性。

```
//使用 ARGB 值设置控件 textBox1 的背景色
int alpha = 255,red = 0;green = 255,blue = 0;
textBox1.BackColor = Color.FromArgb(alpha,red,green,blue);
//使用颜色枚举值设置控件 textBox1 的背景色
textBox1.BackColor = Color.Red;
//从 HTML 颜色名创建颜色
textBox1.BackColor = ColorTranslator.FromHtml("Blue");
```

## 5.2.5  字体

控件的字体属性依赖于定义在命名空间 System.Web.UI.WebControls 中的对象 FontInfo，FontInfo 提供的属性如表 5-3 所示。

表 5-3　FontInfo 对象的属性

| 属性 | 说明 |
|---|---|
| Name | 指明字体的名称（例如 Arial） |
| Names | 指明一系列字体，浏览器会首先选用第一个匹配用户安装的字体 |
| Size | 字体的大小，可以设置相对值或者真实值 |
| Bold,Italic,Strikeout,Underline,和 Overline | 布尔属性，用来设定是否应用给定的样式特性 |

例如，下面这段代码设置了 Button 按钮的一些基本字体属性。

```
Button1.Font.Name = "Verdana";//设置字体为 Verdana
Button1.Font.Bold = true;//加粗
Button1.Font.Size = FontUnit.Small;//设置字体的相对大小
Button1.Font.Size = FontUnit.Point(14);//设置字体的实际大小为 14 像素
```

## 5.3　文本服务器控件

### 5.3.1　Label 控件

文本服务器控件是指专门实现文本显示的 Web 服务器控件，它们主要包括：标签控件、静态文本控件、文本框控件和超链接文本控件。

在 Web 应用中，开发人员可以非常方便地将标签控件 Label 拖放到页面，拖放到页面后，该页面将自动生成一段标签控件的声明代码，代码如下所示：

```
    <asp:Label ID="Label1" Text="要显示的文本内容" runat="server"></asp:Label>
或
<asp:Label ID="Label1" Text="要显示的文本内容" runat="server"/>
```

以上代码中，声明了一个标签控件，并将这个标签控件的 ID 属性设置为默认值 Label1。由于该控件是服务器端控件，所以在控件属性中包含 runat="server" 属性。该代码还将标签控件的文本初始化为"要显示的文本内容"，开发人员能够配置该属性进行不同文本内容的呈现。

同样，标签控件的属性能够在相应的.cs 代码中初始化，代码如下所示：

```
 protected void Page_PreInit(object sender, EventArgs e){
    Label1.Text = "Hello World";    //在页面初始化时为 Label1 的文本属性设置为"Hello World"标签赋值
     }
```

以上代码。

### 5.3.2　Texbox 控件

在 Web 开发中，Web 应用程序通常需要和用户进行交互，例如用户注册、登录、发帖等，那么就需要文本框控件 TextBox。TextBox 控件是用的最多的控件之一，显示为文本框，可以用来显示数据或输入数据，该控件定义的语法如下：

```
<asp: TextBox id=" TextBox1" runat="server"/>
或
<asp: TextBox id=" TextBox1" runat="server"/></asp:TextBox>
```

TextBox 控件除了所有控件都具有的基本属性之外，还有以下几个重要的属性，表 5-4 所示。

表 5-4　TextBox 控件的重要属性

| 属性 | 说明 |
| --- | --- |
| AutoPostBack | 用于设置在文本修改后，是否自动回传到服务器。它有二个选项，true 表示回传。False 表示不回传。默认为 false |
| Columns | 获取或设置文本框的宽度（以字符为单位） |
| MaxLength | 获取或设置文本框中最多允许的字符数 |
| ReadOnly | 获取或设置一个值，用于指示是否可以更改 TextBox 控件的内容。它有二个选项，true 表示只读，不能修改；false 表示可以修改 |
| TextMode | 用于设置文本的显示模式 |
| Text | 设置和读取 TextBox 中的文字 |
| Row | 属性用于获取或设置多行文本框中显示的行数，默认值为 0，表示单行文本框。当 TextMode 属性为 MultiLine（多行文本框模式下）才有效 |

上面的 TextBox 的众多属性中 TextMode 比较重要，在 Visual Studio 2012 中对该属性做了重大的改进，在原来的三个选项基础上增加了十三个选项，TextMode 比较重要的选项如表 5-5 所示。

表 5-5　TextMode 的选项

| 选项名称 | 说明 | 选项名称 | 说明 |
| --- | --- | --- | --- |
| Color | 表示颜色项模式 | Password | 表示密码输入模式 |
| Date | 表示日期输入模式 | Phone | 表示电话号码项模式 |
| DateTime | 表示 datetime 项模式 | Range | 表示数值范围项模式 |
| DateTimeLocal | 表示本地 datetime 项模式 | Search | 表示搜索字符串项模式 |
| Email | 表示电子邮件项模式 | SingleLine | 表示单行输入模式 |
| Month | 表示月份项模式 | Time | 表示时间输入模式 |
| MultiLine | 表示多行输入模式 | Url | 表示 URL 项模式 |
| Number | 表示数字项模式。 | Week | 表示一周项模式 |

TextBox 控件的常用事件是 TextChanged 事件，当文字改变时引发此事件，可以编写事件处理代码做出响应。默认情况下，TextChanged 事件并不立刻导致页面回发，而是当下次发送窗体时在服务器代码中引发此事件。如果希望 TextChanged 事件即时回传，需将 TextBox 控件的 AutoPostBack（自动回传）属性设置为 True。

TextBox 控件最常用的方法 Focus()派生于 WebControl 基类。Focus()方法可以将光标置于文本框中，准备接受用户的输入。用户不必移动鼠标就可以在窗体上输入信息。

## 5.3.3　HyperLink 控件

超链接控件 HyperLink 相当于实现了 HTML 代码中的"<a href="…"></a>"标记的效果，当拖动一个超链接控件到页面时，系统会自动生成控件声明代码，代码如下所示：

```
<asp:HyperLink ID="HyperLink1" runat="server">HyperLink</asp:HyperLink>
  或
<asp:HyperLink ID="HyperLink1" runat="server">HyperLink/>
```

以上代码声明了一个超链接控件，HyperLink 可以通过传递指定的参数来访问不同的页面。当触发了一个事件后，超链接的属性可以被改变。HyperLink 控件除了基本属性之外，还有以下几个重要的属性，如表 5-6 所示。

表 5-6　HyperLink 控件的重要属性

| 属性 | 说明 |
| --- | --- |
| Text | 用于设置或获取 HyperLink 控件的文本内容 |
| NavigateURL | 用设置或获取单击 HyperLink 控件时链接到的 URL |
| Targe t | 用于设置或获取目标链接要显示的位置，可选值：_blank 表示在新窗口中显示目标链接的页面；_parent 表示将目标链接的页面显示在上一个框架集父级中；self 表示将目标链接的页面显示在当前的框架中；_top 表示将内容显示在没有框架的全窗口中；页面可是自定义的 HTML 框架的名称。 |
| ImageUrl | 用于设置或获取显示为超链接图像的 URL |

使用 ImageUrl 属性可以设置超链接是以文本形式显式还是以图片文件显式，例如以下代码：

```
<asp:HyperLink ID="HyperLink1" runat="server"
     ImageUrl="http://www.wcm777.hk /images/cms.jpg">  HyperLink
</asp:HyperLink>
```

以上代码将文本形式显示的超链接变为了图片形式的超链接，虽然表现形式不同，但是不管是图片形式还是文本形式，全都实现的是相同的效果。

使用 Navigate 属性可以为无论是文本形式还是图片形式的超链接设置超链接属性，转到即将跳转的页面，例如以下代码：

```
<asp:HyperLink ID="HyperLink1"  runat="server"  ImageUrl=" http://www.wcm777.hk
/images/cms.jpg"   NavigateUrl=" http://www.wcm777.hk "> HyperLink
</asp:HyperLink>
```

以上代码使用了图片超链接的形式。其中图片来自"http://www.wcm777.hk /images/cms.jpg"，当点击此 HyperLink 控件后，浏览器将跳到 URL 为"http://www.wcm777.hk"的页面。

HyperLink 控件的优点在于能够对控件进行编程，来按照用户的意愿跳转到自己跳转的页面。下面的代码实现了当用户选择 QQ 时，会跳转到腾讯网站，如果选择 SOHU，则会跳转到搜狗页面，示例代码如下所示。

```
protected void DropDownList1_SelectedIndexChanged(object sender, EventArgs e){
if (DropDownList1.Text == "qq"){          //如果选择 qq
```

```
    HyperLink1.Text = "qq";                          //文本为 qq
    HyperLink1.NavigateUrl = "http://www.qq.com";    //URL 为 qq.com
      }
  else {                                             //选择 sohu
      HyperLink1.Text = "sohu";     //文本为 sohu
      HyperLink1.NavigateUrl = "http://www.sohu.com";  //URL 为 sohu.com
        }
}
```

上面的代码使用了 DropDownList 控件，当用户选择不同的值时，对 HyperLink1 控件进行操作。当用户选择 qq，则为 HyperLink1 控件配置连接为 http://www.qq.com。

### 例 5-1　文本服务器控件的使用

本例要求当页面加载后，焦点自动定位在用户名右边的文本框中。当输入用户名并把焦点移出文本框时，将触发事件，判断用户名是否可用，如果可以，则 Label 控件上显示"用户名可用"，否则显示"该用户已存在"，密码右边的文本框显示为密码，具体实现过程如下：

**01** 创建一个 ASP.NET 空 Web 应用程序 Sample5-1。

**02** 添加页面 Default.aspx，并打开页面，切换到"设计"视图，在<form></form>标记之间编写如下代码：

```
<div>
<table class="auto-style1">
<tr>
<td> <asp:Label ID="Label1" runat="server" Text="姓名"></asp:Label></td>
<td><asp:TextBox ID="txtName" runat="server"
                 OnTextChanged="txtName_TextChanged"></asp:TextBox>
                  <asp:Label                            ID="lblValidate"
runat="server"></asp:Label></td></tr>
    <tr><td><asp:Label ID="Label2" runat="server" Text="密码"></asp:Label></td>
<td><asp:TextBox              ID="txtPassword"             runat="server"
TextMode="Password"></asp:TextBox></td>
    </tr>
    <tr>
    <td><asp:Label ID="Label3" runat="server" Text="邮箱"></asp:Label></td>
    <td><asp:TextBox              ID="txtMail"               runat="server"
TextMode="Email"></asp:TextBox></td></tr>
    <tr>
    <td> </td><td><asp:Button ID="Button1" runat="server" Text="确认" /></td>
    </tr>
    </table>
    </div>
```

**03** 打开文件 Default.aspx.cs，编写代码如下：

```
protected void Page_Load(object sender, EventArgs e)// 定义处理页面加载 Page 事件的方法
    {
      txtName.Focus();//设置 txtName 文本框获得焦点
```

```
}
// 定义处理文本框控件 txtName 文本内容改变事件的方法
protected void txtName_TextChanged(object sender, EventArgs e)
{
    if (txtName.Text == "wjn223")//判断如果用户在 txtName 文本框中输入的内容是 wjn223
    {
        lblValidate.Text = "该用户已存在！";
    }
    else{
        lblValidate.Text = "用户名可用";
    }
}
```

**04** 运行运行 Default.aspx 页面，效果如图 5-2 所示，此时焦点自动定位在用户名右边的文本框中。

**05** 在用户名右边的文本框中输入"wjn223"，触发事件，标签控件上显示如图 5-3 "该用户已存在！"的提示。

图 5-2　运行结果 1

图 5-3　运行结果 2

**06** 在密码右边的文本框中输入密码，密码隐式显示，在邮箱右边的文本框中输入不符合邮箱格式规范的邮箱名，提示用户必须输入有效的电子邮件格式，如图 5-4 所示。

**07** 在用户名右边的文本框中输入其他用户名，触发事件，标签控件上显示如图 5-5 "用户名可用"的提示，在密码右边的文本框中输入的密码会显示密码格式，并提示是否保存密码。

图 5-4　运行结果 3

图 5-5　运行结果 4

## 5.4　按钮服务器控件

按钮是提交 Web 窗体的常用元素。按钮控件能够触发事件，或将网页中的信息回传给服务器。Web 服务器控件中包括三种类型的按钮：Button、LinkButton 和 ImageButton，这三种按钮提供类似的功能，但具有不同的外观。

## 5.4.1 Button 控件

Button 按钮控件是一种常见的单击按钮传递信息的方式，能够把页面信息返回到服务器。该控件定义的语法如下：

```
<asp:Button ID= "Button1" runat="Server" Text= "按钮"></asp:Button>
或
<asp:Button ID= "Button1" runat="Server" Text= "按钮"/>
```

Button 控件除了基本属性之外，还有以下几个重要的属性和事件，如表 5-7 所示。

表 5-7 Button 控件的重要属性和事件

| 属性和事件 | 说明 |
| --- | --- |
| Text | 设置或获取在 Button 控件上显示的文本内容，用来提示用户进行何种操作 |
| CommandName | 用于设置和获取 Button 按钮将要触发事件的名称。当有多个按钮共享一个事件处理函数时，通过该属性来区分要执行哪个 Button 事件 |
| CommandArgument | 用于指示命令传递的参数，提供有关要执行的命令的附加信息以便在事件中进行判断 |
| OnClick 事件 | 当用户单击按钮时要执行的事件处理方法 |
| Command 事件 | 在单击 Button 控件时发生的服务器端事件 |
| PostBackUrl | 获取或设置单击 Button 时从当前页发送到网页 URL |
| OnClientClick | 在单击 Button 控件时发生的客户端事件 |

## 5.4.2 LinkButton 控件

LinkButton 控件是一个超链接按钮控件，它是一种特殊的按钮，其功能和普通按钮控件 Button 类似。但是该控件是以超链接的形式显示的。LinkButton 控件外观和 HyperLink 相似，功能和 Button 相同。HyperLink 控件声明的语法定义如下所示：

```
<asp: LinkButton ID= "LinkButton1" runat="Server" Text= "按钮"></asp: LinkButton>
或
<asp: LinkButton ID= "LinkButton1" runat="Server" Text= "按钮"/>
```

LinkButton 控件的属性和 Button 控件非常相似，具有 CommandName、CommandArgument 属性，以及 Click 和 Command 事件，请参考上节的内容，这里不再赘述。

可以为上面定义的 LinkButton1 添加如下事件代码：

```
protected void LinkButton1_Click(object sender,EventArgs e){
    ResponseWrite("注册成功！");
    RespcmseEnd(); }
```

## 5.4.3　ImageButton 控件

ImageButton 控件是一个显示图片的按钮，其功能和普通按钮 Button 类似，但是 ImageButton 控件是以图片形式显示的。其外观与 Image 控件相似，但功能与 Button 相同。ImageButton 控件定义的语法如下：

```
<asp: ImageButton ID= "ImageButton1" runat="Server" Text= "按钮"></asp:
ImageButton>
    或
<asp: ImageButton ID= "ImageButton1" runat="Server" Text= "按钮"/>
```

ImageButton 控件除了基本的属性之外，其他重要的常用方法和事件如下，如表 5-8 所示。

表 5-8　ImageButton 控件的重要属性和事件

| 属性和事件 | 说明 |
| --- | --- |
| ImageUrl | 用于设置和获取在 ImageButton 控件中显示的图片位置 |
| AlternateText | 图像无法显示时替换文字 |
| OnClick 事件 | 用户单击按钮后的事件处理函数 |

### 例 5-2　按钮控件的使用

在很多网站中经常要实现页面的跳转，比如在商务网站中查看商品的详细信息。本例中使用 ImageButton 按钮实现当用户点按钮后都可进入该产品详细信息介绍的页面。具体实现步骤如下：

**01** 打开 Visual Studio 2012，创建一个 ASP.NET 空 Web 应用程序 Sample5-2，并添加页面 Default.aspx 待用。

**02** 在根目录新建一个 images 文件夹，在其中添加一张商品图片文件。

**03** 打开页面 Default.aspx ，进入"设计视图"，从工具箱中拖动一个 ImageButton 到编辑区中。然后切换到"源视图"，在编辑区中的<form></form>标记之间编写如下代码。

```
<asp:ImageButton          ID="ImageButton1"          runat="server"          Height="150px"
ImageUrl="~/images/商品.jpg" OnClick="ImageButton1_Click" Width="138px" />
```

**04** 在根目录下创建一个显示商品信息的窗体"Information.aspx"。

**05** 打开 Information.aspx 页面，自定义商品详细信息内容。

**06** 打开 Default.aspx.cs 文件，定义处理 ImageButton 点击事件 Click 的方法，关键代码如下。

```
protected void ImageButton1_Click(object sender, ImageClickEventArgs e)
{
  Response.Redirect("Information.aspx");//使用 Response 对象的 Redirect 方法，跳转到显
示商品信息页面 Information.aspx
    }
```

**07** 运行 Default.aspx 页面，效果如图 5-6 所示。点击商品图片可以进入如图 5-7 所示的商品详细信息的页面。

图 5-6　运行结果 1　　　　　　　　　　　图 5-7　运行结果 2

图像服务器控件

ASP.NET 4.5 中包含了两个用于显示图像的控件：Image 控件和 ImageMap 控件。Image 控件用于简单的显示图像，ImageMap 控件用于创建客户端的、可点击的图像映射。

## 5.5.1　Image 控件

Image 控件是用于显示图像的，相当于 HTML 标记语言中的<img>标记，Image 控件的定义的格式如下：

```
<asp: Image ID= "Image1" runat="Server" ></asp: Image>
或
<asp: Image ID= "Image1" runat="Server""/>
```

Image 控件除了一些基本的属性外，还有如下几个重要的属性，如表 5-9 所示。

表 5-9　Image 控件的重要属性

| 属性 | 说明 |
| --- | --- |
| ImageUrl | 用于设置和获取在 Image 控件中显示图片的路径 |
| AlternateText | 获取和设置当图像不可用时，在 Image 控件中显示替换的文本 |
| DescriptionUrl | 用于提供指向包含该图像详细描述的页面的链接（复杂的图像要求可访问） |
| ImageAlign | 用于获取和设置 Image 控件相对于网页中其他元素的对齐方式。共有 Left、Right 等九种值可供选择 |

## 5.5.2　ImageMap 控件

ImageMap 控件是实现在图片上定义热点（HotSpot）区域的功能。通过单击这些热点区域，用户可以向服务器提交信息，或者链接到某个 URL 地址。当需要对一幅图片的某个局部范围进行操作时，需要使用 ImageMap 控件。在外观上，ImageMap 控件与 Image 控件相同，但功能上与 Buuon 控件相同。

ImageMap 控件定义格式如下：

```
<asp: ImageMap ID= "ImageMap1" runat="Server" ></asp: ImageMap>
或
<asp: ImageMap ID= "ImageMap" runat="Server"/>
```

ImageMap 控件除了一些基本的属性外，还有如下几个重要的属性，如表 5-10 所示。

表 5-10　ImageMap 控件的重要属性

| 属性 | 说明 |
|---|---|
| ImageUrl | 用于设置和获取在 ImageMap 控件中显示的图像的路径 |
| AlternateText | 获取和设置当图像不可用时，在 ImageMap 控件中显示替换的文本 |
| ImageAlign | 用于获取和设置图像上热点区域位置和链接文件 |
| HotSpotMode | 用于设置图像上的热区的类型，它有 NotSet、PostBack、Inactive 和 Navigate 四种枚举值 |
| HotSpots | HotSpot 类是一个抽象类，包括圆形热区（CircleHotSpot）、矩形热区（RectangleHotSpot）和多边形热区（PolygonHotSpot）三个子类，默认的是圆形热区。可以使用这三种类型来定制图片的热点区域的形状 |

### 例 5-3　图像控件的使用

本例使用 ImageMap 控件和 Image 控件实现一个旅游景点导航功能。具体实现步骤如下：

**01** 打开 Visual Studio 2012，创建一个 ASP.NET 空 Web 应用程序 Sample5-3。

**02** 在根目录新建一个 images 文件夹，在其中添加一张旅游景点地图图片和三张旅游景点的风景图片。

**03** 添加名为 "Default.aspx"、"shhd.aspx"、"shls.aspx" 和 "yjs.aspx" 的四个页面，其中第一个页面放一个 ImageMap 控件，其他三个页面中分别放一个 Image 控件，设置 Image 控件的 ImageUrl 属性，绑定一张的风景图，并用文字简单介绍景点。

**04** 打开 Default.aspx 页面，然后切换到 "源视图"，在编辑区中的<form></form>标记之间编写如下代码：

```
<asp:ImageMap ID="ImageMap1" runat="server" ImageUrl="~/images/旅游景点.jpg">
<asp:CircleHotSpot NavigateUrl="~/shls.aspx" Radius="25" X="218" Y="110" />
<asp:CircleHotSpot NavigateUrl="~/shhd.aspx" Radius="25" X="275" Y="155" />
<asp:CircleHotSpot NavigateUrl="~/yjs.aspx" Radius="25" X="218" Y="290" />
</asp:ImageMap>
```

上面的代码中对服务器图像地图控件 ImageMap1 设置了显示控件上图像路径的属性 ImageUr，通过该控件的 HotSpot 属性集添加了三个圆形热点区域 CircleHotSpot，并设置各自的关联页面的网站地址以及热点区域的大小。

**05** 浏览 Default.aspx 页面，显示如图 5-8 所示的旅游景点地图。单击其中一个热区，将打开相应的景点介绍页面如图 5-9 所示。

图 5-8　运行结果 1　　　　　　　　　　图 5-9　运行结果 2

## 5.6　列表控件

列表控件包括 ListBox、DropDownList、CheckBoxList、RadioButtonList 和 BulletedList。这些控件具有相同的工作方式，在浏览器中构建方式不尽相同。例如，ListBox 是一个显示几个实体的矩形框；DropDownList 则只显示被选中的项目；CheckBoxList 和 RadioButtonList 显示方式同 ListBox 相似；BulletedList 只显示清单列表，是不可选择的，它是用来显示序列编号和项目列表。

### 5.6.1　ListBox

ListBox 控件用于创建多选的下拉列表，而可选项是通过 ListItem 元素来定义的。

ListBox 控件常用的属性如表 5-11 所示。

表 5-11　ListBox 控件常用的属性

| 属性 | 说明 | 属性 | 说明 |
|---|---|---|---|
| Count | 表示列表框中条目的总数 | SelectedIndex | 列表框中被选择项的索引值 |
| Items | 表示列表框中的所有项，而每一项的类型都是 ListItem | SelectedItem | 获得列表框中被选择的条目，返回的类型是 ListItem |
| Rows | 表示列表框中显示的行数 | SelectionMode | 条目的选择类型，可以是多选（Multiple）或单选（Single） |
| Selected | 表示某个条目是否被选中 | SelectedValue | 获得列表框中被选中的值 |

ListBox 控件常用的方法如表 5-12 所示。

表 5-12　ListBox 控件常用的方法

| 方法 | 说明 |
| --- | --- |
| BeginUpdate | 当向 ListBox 中一次添加一项时，通过该方法防止该控件绘图来维护性能，直到调用 EndUpdate 方法为止 |
| ClearSelected | 取消选择 ListBox 中的所有项 |
| EndUpdate | 在 BeginUpdate 方法挂起绘制后，使用该方法恢复绘制 ListBox 控件 |
| GetItemHeight | 获得 ListBox 中的某项的高度 |
| GetItemRectangle | 获得 ListBox 中的某项的边框 |
| GetSelected | 返回一个值，该值指示是否选定了指定的项 |
| Sort | 对 ListBox 中项的排序 |

下面通过一个例子来介绍 ListBox 控件的使用。

### 例 5-4　ListBox 控件的使用

01 打开 Visual Studio 2012，创建一个 ASP.NET 空 Web 应用程序 Sample5-4。

02 添加页面文件 Default.aspx，切换到"设计"视图，从工具箱中拖入一个 ListBox 控件。

03 打开文件 Default.aspx.cs，在页面加载事件 Page_Load 里面添加为该控件绑定数据项的代码，代码如下：

```
protected void Page_Load(object sender, EventArgs e)
{
if (!Page.IsPostBack)
    {
        //数据生成
        DataSet ds = new DataSet();
        ds.Tables.Add("stu");
        ds.Tables["stu"].Columns.Add("stuNo", typeof(int));
        ds.Tables["stu"].Columns.Add("stuName", typeof(string));
        ds.Tables["stu"].Columns.Add("stuScore", typeof(int));
        ds.Tables["stu"].Rows.Add(new object[] { 1, "张一", 100 });
        ds.Tables["stu"].Rows.Add(new object[] { 2, "王二", 100 });
        ds.Tables["stu"].Rows.Add(new object[] { 3, "李三", 100 });
        ds.Tables["stu"].Rows.Add(new object[] { 4, "赵四", 100 });
        ds.Tables["stu"].Rows.Add(new object[] { 5, "周五", 100 });
        //绑定数据到 ListBox 控件
        this.ListBox1.DataSource = ds.Tables["stu"];
        this.ListBox1.DataValueField = "stuNo";
        this.ListBox1.DataTextField = "stuName";
        this.ListBox1.DataBind();
    }
}
```

以上代码生成一个 DataSet 数据集，该数据包含一个表 stu，这个表包含了 5 个学生的数据，把生成的数据表作为数据源绑定到 ListBox1 控件，并指明 DataValueField 绑定数据字段 stuNo，DataTextField 绑定数据字段 stuName。运行以上代码，在浏览器查看页面 Default.aspx，效果如图

5-10 所示。

**04** 打开页面文件 Default.aspx，切换到"设计"视图，选定 ListBox1 控件，在属性窗口中为该控件添加 SelectedIndexChanged 事件。

**05** 从工具箱中拖入一个 Label 控件，该控件用来根据用户选择来显示相关内容。

**06** 打开文件 Default.aspx.cs，在新添加的事件函数 ListBox1_SelectedIndexChanged 添加如下代码：

```
protected void ListBox1_SelectedIndexChanged(object sender, EventArgs e)
{
    this.Label1.Text = "你选择的学生是: 学号 " + this.ListBox1.SelectedValue.ToString()
+ " 姓名 " + this.ListBox1.SelectedItem.Text.ToString();
}
```

当用户选择 ListBox1 中某一项时，这个事件函数被执行，这里根据用户的选择把选择的项目显示在 Label1 中。运行以上代码，效果如图 5-11 所示。

图 5-10 ListBox 的运行效果图

图 5-11 ListBox 的条目被选择的运行效果

在图 5-11 中，当用户选中其中一项时，在下面就会显示被选中的学生信息。

## 5.6.2 DropDownList

DropDownList 控件提供可为用户单选的下拉列表框，该控件类似于 ListBox 控件，只不过它只在框中显示选定项和下拉按钮，而当用户单击下拉按钮时将显示可选项的列表。

DropDownList 控件的常用属性如表 5-13 所示。

表 5-13 DropDownList 控件常用的属性

| 属性 | 说明 |
| --- | --- |
| Items | 获取列表控件项的集合，而每一项的类型都是 ListItem |
| Selected | 表示某个条目是否被选中 |
| SelectedIndex | 获取或设置列表框中被选择项的索引值 |
| SelectedItem | 获得列表框中索引最小的选定项，返回类型为 ListItem |
| SelectedValue | 获得列表框中被选中的值 |

DropDownList 控件常用的方法如表 5-14 所示。

表 5-14 DropDownList 控件常用的方法和事件

| 方法和事件 | 说明 |
|---|---|
| ClearSelection 方法 | 清除列表选择并将所有项的 Selected 属性设置为 false |
| DataBind 方法 | 将数据源绑定到被调用的服务器控件及其所有子控件 |
| SelectedIndexChanged 事件 | 当列表控件的选定项在信息发往服务器之间变化时发生 |
| TextChanged 事件 | 当 Text 和 SelectedValue 属性更改时发生 |

下面通过一个例子来介绍 DropDownList 控件的使用。

### 例 5-5   DropDownList 控件的使用

**01** 打开 Visual Studio 2012，创建一个 ASP.NET 空 Web 应用程序 Sample5-5。

**02** 添加页面文件 Default.aspx，切换到"设计"视图，从工具箱中拖入一个 DropDownList 控件。

**03** 打开文件 Default.aspx.cs，在页面加载事件 Page_Load 里面添加为该控件绑定数据项的代码，代码如下：

```
if (!Page.IsPostBack)
{
    //数据生成
    DataSet ds = new DataSet();
    ds.Tables.Add("stu");
    ds.Tables["stu"].Columns.Add("stuNo", typeof(int));
    ds.Tables["stu"].Columns.Add("stuName", typeof(string));
    ds.Tables["stu"].Columns.Add("stuScore", typeof(int));
    ds.Tables["stu"].Rows.Add(new object[] { 1, "张一", 100 });
    ds.Tables["stu"].Rows.Add(new object[] { 2, "王二", 100 });
    ds.Tables["stu"].Rows.Add(new object[] { 3, "李三", 100 });
    ds.Tables["stu"].Rows.Add(new object[] { 4, "赵四", 100 });
    ds.Tables["stu"].Rows.Add(new object[] { 5, "周五", 100 });
    //绑定数据到 ListBox 控件
    this.DropDownList1.DataSource = ds.Tables["stu"];
    this.DropDownList1.DataValueField = "stuNo";
    this.DropDownList1.DataTextField = "stuName";
    this.DropDownList1.DataBind();
}
```

以上这段代码生成一个 DataSet 数据集，该数据包含一个表 stu，这个表包含了 5 个学生的数据，把生成的数据表作为数据源绑定到 DropDownList 控件，并指明 DataValueField 绑定数据字段 stuNo，DataTextField 绑定数据字段 stuName。运行以上代码，效果如图 5-12 所示。

图 5-12　DropDownList 控件的运行效果

## 5.6.3　CheckBoxList

CheckBoxList 控件用来创建多项选择复选框组，该复选框组可以通过将控件绑定到数据源动态创建。

CheckBoxList 控件的常用属性如表 5-15 所示。

表 5-15　CheckBoxList 控件常用的属性

| 属性 | 说明 |
| --- | --- |
| RepeatColumns | 获取或设置要在 CheckBoxList 控件中显示的列数 |
| RepeatDirection | 获取或设置一个值，该值指示控件是垂直显示还是水平显示 |
| RepeatLayout | 获取或设置复选框的布局 |
| SelectedIndex | 获取或设置列表框中被选择项的索引值 |
| SelectedItem | 获得列表框中索引最小的选定项，返回类型为 ListItem |
| SelectedValue | 获得列表框中被选中的值 |

CheckBoxList 控件常用的方法如表 5-16 所示。

表 5-16　CheckBoxList 控件常用的方法

| 方法 | 说明 |
| --- | --- |
| ClearSelection | 清除列表选择并将所有项的 Selected 属性设置为 false |

下面通过一个例子来介绍 CheckBoxList 控件的使用。

### 例 5-6　CheckBoxList 控件的使用

01 打开 Visual Studio 2012，创建一个 ASP.NET 空 Web 程序 Sample5-6。

02 添加页面文件 Default.aspx，切换到"设计"视图，从工具箱中拖入一个 CheckBoxList 控件。

03 打开文件 Default.aspx.cs，在页面加载事件 Page_Load 里面添加为该控件绑定数据项的代码，代码如下：

```
if (!Page.IsPostBack)
{
    //数据生成
    DataSet ds = new DataSet();
```

```
    ds.Tables.Add("stu");
    ds.Tables["stu"].Columns.Add("stuNo", typeof(int));
    ds.Tables["stu"].Columns.Add("stuName", typeof(string));
    ds.Tables["stu"].Columns.Add("stuScore", typeof(int));
    ds.Tables["stu"].Rows.Add(new object[] { 1, "张一", 100 });
    ds.Tables["stu"].Rows.Add(new object[] { 2, "王二", 100 });
    ds.Tables["stu"].Rows.Add(new object[] { 3, "李三", 100 });
    ds.Tables["stu"].Rows.Add(new object[] { 4, "赵四", 100 });
    ds.Tables["stu"].Rows.Add(new object[] { 5, "周五", 100 });
    //绑定数据到 ListBox 控件
    this.CheckBoxList1.DataSource = ds.Tables["stu"];
    this.CheckBoxList1.DataValueField = "stuNo";
    this.CheckBoxList1.DataTextField = "stuName";
    this.CheckBoxList1.DataBind();
}
```

以上这段代码生成一个 DataSet 数据集，该数据包含一个表 stu，这个表包含了 5 个学生的数据，把生成的数据表作为数据源绑定到 CheckBoxList 控件，并指明 DataValueField 绑定数据字段 stuNo，DataTextField 绑定数据字段 stuName。运行以上代码，效果如图 5-13 所示。

图 5-13　CheckBoxList 控件的运行效果图

## 5.6.4　RadioButtonList

RadioButtonList 控件为网页开发人员提供了一组单选按钮，这些按钮可以通过绑定动态生成。RadioButtonList 控件的常用属性如表 5-17 所示。

表 5-17　RadioButtonList 控件常用的属性

| 属性 | 说明 |
| --- | --- |
| RepeatColumns | 获取或设置要在 RadioButtonList 控件中显示的列数 |
| RepeatDirection | 获取或设置一个值，该值指示控件是垂直显示还是水平显示 |
| RepeatLayout | 获取或设置复选框的布局 |
| SelectedIndex | 获取或设置列表框中被选择项的索引值 |
| SelectedItem | 获得列表框中索引最小的选定项，返回类型为 ListItem |
| SelectedValue | 获得列表框中被选中的值 |

RadioButtonList 控件常用的方法如表 5-18 所示。

表 5-18　RadioButtonList 控件常用的方法

| 方法 | 说明 |
| --- | --- |
| ClearSelection | 清除列表选择并将所有项的 Selected 属性设置为 false。 |

下面通过一个例子来介绍 RadioButtonList 控件的使用。

**例 5-7　RadioButtonList 控件的使用**

这个例子用来展示 RadioButtonList 控件的使用，创建步骤如下：

**01** 打开 Visual Studio 2012，创建一个 ASP.NET 空 Web 应用程序 Sample5-7。

**02** 添加页面文件 Default.aspx，切换到"设计"视图，从工具箱中拖入一个 RadioButtonList 控件。

**03** 打开文件 Default.aspx.cs，在页面加载事件 Page_Load 里面添加为该控件绑定数据项的代码，代码如下：

```
if (!Page.IsPostBack)
{
//数据生成
    DataSet ds = new DataSet();
    ds.Tables.Add("stu");
    ds.Tables["stu"].Columns.Add("stuNo", typeof(int));
    ds.Tables["stu"].Columns.Add("stuName", typeof(string));
    ds.Tables["stu"].Columns.Add("stuScore", typeof(int));
    ds.Tables["stu"].Rows.Add(new object[] { 1, "张一", 100 });
    ds.Tables["stu"].Rows.Add(new object[] { 2, "王二", 100 });
    ds.Tables["stu"].Rows.Add(new object[] { 3, "李三", 100 });
    ds.Tables["stu"].Rows.Add(new object[] { 4, "赵四", 100 });
    ds.Tables["stu"].Rows.Add(new object[] { 5, "周五", 100 });
    //绑定数据到 ListBox 控件
    this.RadioButtonList1.DataSource = ds.Tables["stu"];
    this.RadioButtonList1.DataValueField = "stuNo";
    this.RadioButtonList1.DataTextField = "stuName";
    this.RadioButtonList1.DataBind();
}
```

以上这段代码生成一个 DataSet 数据集，该数据包含一个表 stu，这个表包含了 5 个学生的数据，把生成的数据表作为数据源绑定到 RadioButtonList 控件，并指明 DataValueField 绑定数据字段 stuNo，DataTextField 绑定数据字段 stuName。运行以上代码，效果如图 5-14 所示。

图 5-14　RadioButtonList 控件的运行效果图

## 5.6.5 BulletedList

BulletedList 控件用来创建一个采用项目符号格式的项列表，可以通过数据绑定动态生成项列表。

BulletedList 控件的常用属性如表 5-19 所示。

表 5-19 BulletedList 控件常用的属性

| 属性 | 说明 |
| --- | --- |
| BulletStyle | 获取或设置 BulletedList 控件的项目符号样式 |
| DisplayMode | 描述列表项目模式，有 HyperLink、LinkButton 和 Text 三种模式 |
| .BulletImageUrl | 用来定义项目符号的的图像路径 |
| FirstBulletNumber | 用来指定列表中第一项的编号值 |

BulletedList 控件的可用的项目符号样式如表 5-20 所示。

表 5-20 BulletedList 控件的可用的项目符号样式

| 符号样式 | 说明 |
| --- | --- |
| NotSet | 未设置符号样式 |
| Numbered | 数字符号样式 |
| LowerAlpha | 小写字母符号样式 |
| UpperAlpha | 大写字母符号样式 |
| LowerRoman | 小写罗马数字符号样式 |
| UpperRoman | 大写罗马数字符号样式 |
| Disc | 实心圆符号样式 |
| Circle | 圆圈符号样式 |
| Square | 实心正方形符号样式 |
| CustomImage | 自定义图象符号样式 |

BulletedList 控件常用的方法如表 5-21 所示。

表 5-21 BulletedList 控件常用的方法

| 方法 | 说明 |
| --- | --- |
| ClearSelection | 清除列表选择并将所有项的 Selected 属性设置为 false |

下面通过一个例子来介绍 BulletedList 控件的使用。

### 例 5-8 BulletedList 控件的使用

这个例子用来展示 BulletedList 控件的使用，创建步骤如下：

**01** 打开 Visual Studio 2012，创建一个 ASP.NET 空 Web 应用程序 Sample5-8。

**02** 添加页面文件 Default.aspx，切换到"设计"视图，从工具箱中拖入一个 BulletedList 控件。

**03** 打开文件 Default.aspx.cs，在页面加载事件 Page_Load 里面添加为该控件绑定数据项的代码，代码如下：

```
if (!Page.IsPostBack)
{
    //数据生成
    DataSet ds = new DataSet();
    ds.Tables.Add("stu");
    ds.Tables["stu"].Columns.Add("stuNo", typeof(int));
    ds.Tables["stu"].Columns.Add("stuName", typeof(string));
    ds.Tables["stu"].Columns.Add("stuScore", typeof(int));
    ds.Tables["stu"].Rows.Add(new object[] { 1, "张一", 100 });
    ds.Tables["stu"].Rows.Add(new object[] { 2, "王二", 100 });
    ds.Tables["stu"].Rows.Add(new object[] { 3, "李三", 100 });
    ds.Tables["stu"].Rows.Add(new object[] { 4, "赵四", 100 });
    ds.Tables["stu"].Rows.Add(new object[] { 5, "周五", 100 });
    //绑定数据到 ListBox 控件
    this.BulletedList1.DataSource = ds.Tables["stu"];
    this.BulletedList1.DataValueField = "stuNo";
    this.BulletedList1.DataTextField = "stuName";
    this.BulletedList1.DataBind();
}
```

以上这段代码生成一个 DataSet 数据集，该数据包含一个表 stu，这个表包含了 5 个学生的数据，把生成的数据表作为数据源绑定到 BulletedList 控件，并指明 DataValueField 绑定数据字段 stuNo，DataTextField 绑定数据字段 stuName。运行以上代码，效果如图 5-15 所示。

图 5-15  BulletedList 控件的运行效果图

## 5.7  表控件

表控件可以用来创建类似于 HTML 标记 Table 的表，但 Table 控件可以创建可编程的表，而 TableRow 和 TableCell 则为 Table 控件提供了一种显示实际内容的方法。

其实在页面上创建表的方式有很多，常用的有如下三种方式：

- HTML 表，使用标记<table>来创建，这种方式创建的表是静态的表。
- HtmlTable 控件，这个控件其实就是由标记<table>加上 runat=server 属性转换而来的，允许程序员在服务器代码中对该控件编程。

- 表控件，作为一种 Web 控件，它具有和其他 Web 控件一致的对象模型，这样可以使用服务器代码很方便地创建和操作表。

可见使用表控件创建表格的优势在于程序员可以使用服务器代码很方便地创建和操作表，使得表的创建更具有动态性，利于程序员对表格的控制。

## 5.7.1 表控件对象模型

表控件提供了三个类：Table 类、TableRow 类和 TableCell 类。Table 类定义的 Table 控件作为表控件的父控件，Table 类提供一个名为 Row 的属性，意为表的行，对应于 TableRow 类；TableRow 类提供名为 Cell 的属性，意为表的列，对应于 TableCell 类。在表控件中，其对象的层次是这样的：首先是表对象（Table），表对象包含行对象（TableRow），行对象包含列对象（TableCell）。其中，表要显示的内容包含在 TableCell 对象中。

### 1. Table 类

Table 类用来在页面上显示表。它提供了如表 5-22 所示的属性来方便程序员对表的操作。

表 5-22　Table 类的常用属性

| 属性 | 说明 |
| --- | --- |
| Caption | 获取或设置要在 Table 控件内的 HTML 标题元素中呈现的文本 |
| CaptionAlign | 获取或设置 Table 控件中的 HTML 标题元素的水平和垂直位置 |
| CellPadding | 获取或设置单元格的内容和单元格的边框之间的空间量 |
| CellSpacing | 获取或设置单元格间的空间量 |
| GridLines | 获取或设置 Table 控件中显示网格线型 |
| HorizontalAlign | 获取或设置 Table 控件在页面上的水平对齐方式 |
| Rows | 获取 Table 控件中行的集合 |

### 2. TableRow 类

TableRow 类表示表控件中的行。它提供了如表 5-23 所示的属性来方便程序员对表的操作。

表 5-23　TableRow 类的常用属性

| 属性 | 说明 |
| --- | --- |
| Cells | 获取 TableCell 对象的集合 |
| HorizontalAlign | 获取或设置行内容在页面上的水平对齐方式 |
| TableSection | 获取或设置 Table 控件中 TableRow 对象的位置 |
| VerticalAlign | 获取或设置行内容的垂直对齐方式 |

### 3. TableCell 类

TableCell 类表示表控件中的单元格。它提供了如表 5-24 所示的属性来方便程序员对表的操作。

表 5-24　TableCell 类的常用属性

| 属性 | 说明 |
|---|---|
| AssociatedHeaderCellID | 获取或设置与 TableCell 控件关联的标题单元列表 |
| ColumnSpan | 获取或设置 Table 控件中单元格跨越的列数 |
| HorizontalAlign | 获取或设置单元格内容在页面上的水平对齐方式 |
| RowSpan | 获取或设置 Table 控件中单元格跨越的行数 |
| Text | 获取或设置单元格的文本内容 |
| VerticalAlign | 获取或设置单元格内容的垂直对齐方式 |
| Wrap | 获取或设置一个值，该值指示单元格内容是否换行 |

## 5.7.2　向页面中添加表控件

向页面中添加表控件可分为两个步骤：先添加表，再添加行和单元格。具体操作如下：

**01** 从工具箱中把 Table 控件拖放到页面上。Table 控件在页面上最初只显示一个不包含行或列的简单文本框控件，如图 5-16 所示。

**02** 选择上面添加的表控件，在"属性"窗口中找到 Rows 属性，单击其右侧的省略号按钮，如图 5-17 所示，这样会打开"TableRow 集合编辑器"对话框，如图 5-18 所示。

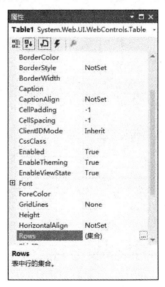

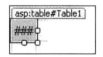

图 5-16　Table 控件最初的状态　　　　　　　图 5-17　Table 控件的"属性"窗口

**03** 在图 5-18 中单击"添加"按钮，则可以添加一个新行，如图 5-19 所示。

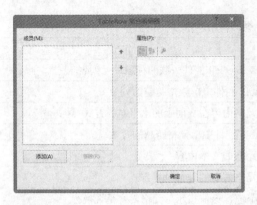 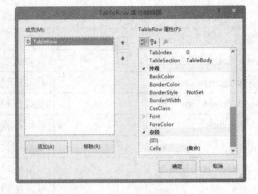

图 5-18　TableRow 集合编辑器　　　　　　　　　图 5-19　添加新行

**04** 在图 5-19 中，可以通过对话框右侧的 TableRow 属性列表为新添加的行设置相关属性，例如可以设置新行的字体以及显示颜色等显示属性。

**05** 向行内添加单元格，单击 Cells 属性右侧对应的省略号按钮，就会出现"TableCelll 集合编辑器"对话框，如图 5-20 所示。单击"添加"按钮，可以为行添加添加单元格如图 5-21 所示。

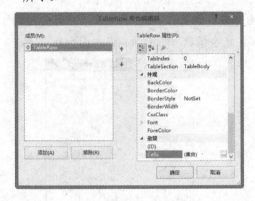 

图 5-20　在 TableCelll 集合编辑器中添加单元格　　　图 5-21　Table 表控件运行示例

以上步骤所添加的表为静态表，其内容是固定的，在下面一节将介绍如何通过程序来对表控件进行操作。

## 5.7.3　动态操作表控件

在上一节中介绍了如何通过 Visaul Studio 2012 提供的工具来制作表，但这样制作的表是静态表，其内容在运行过程中是固定的。在 ASP.NET 中，表控件最大的特点就是具有可编程性，根据.NET 框架提供的类可以通过编程来操作表控件。

在前面已经介绍过的.NET 框架中，为表控件提供的支持的有三个类：Table 类、TableRow 类和 TableCell 类。其中，Table 控件是 Table 类的对象，Table 控件的行是 TableRow 类的对象，而 Table 控件的行的单元格是 TableCell 类的对象。这样若要向 Table 控件中插入行，就可以向 Table 控件的 Rows 属性中添加 TableRow 类的对象即可，而若要添加单元格，则向 TableRow 对象的 Cell 属性中添加 TableCell 对象即可。

向 Table 控件中添加行,可以参考如下代码(先声明一个 TableRow 对象,然后把它加入到 Table1 控件的 Rows 集合中):

```
TableRow tRow = new TableRow();    //声明一个 TableRow 对象
Table1.Rows.Add(tRow);             //Table1 表示一个 Table 控件
```

向 Table 控件中添加单元格,可以参考如下代码(先声明一个 TableCell 对象,然后把它加入到 TableRow 的对象 tRow 中):

```
TableCell tCell = new TableCell();
tRow.Cells.Add(tCell);
```

此外,向新的单元格添加内容有多种方法,如表 5-25 所示。

表 5-25　向新的单元格添加内容的方法

| 要添加的内容类型 | 方法 |
| --- | --- |
| 静态文本 | 设置单元格的 Text 属性 |
| 控件 | 声明一个控件实例,把这个实例添加到单元格的 Controls 集合中 |
| 文本和控件共存 | 通过创建 Literal 类的实例来声明文本,然后像处理其他控件一样把该实例添加到单元格的 Controls 集合中 |

下面通过实例来展示表控件的动态操作。

### 例 5-9　动态操作表控件

这个示例演示如何通过代码向表中添加行和单元格,并向单元格添加静态文本和控件。该实例的创建步骤如下:

**01** 打开 Visual Studio 2012,创建一个 ASP.NET 空 Web 应用程序 Sample5-9。

**02** 添加页面文件 Default.aspx,切换到"源"视图,编写代码如下:

```
请输入要生成表的行数和列数:<br />
        行数:<asp:TextBox ID="TextBox1" runat="server"></asp:TextBox>
        列数:<asp:TextBox ID="TextBox2" runat="server"></asp:TextBox><br />
<asp:Button ID="Button1" runat="server" Text="动态生成表" onclick="Button1_Click"
/>
<br /><asp:Table ID="Table1" runat="server" Caption="动态操作表控件" CellPadding="1"
    CellSpacing="1" GridLines="Both"></asp:Table>
```

**03** 打开文件 Default.aspx.cs,在按钮单击事件处理函数中加入如下代码:

```
protected void Button1_Click(object sender, EventArgs e)
{
// 行的数量.
    int rowCnt;
    // 当前行数.
    int rowCtr;
    // 列的数量.
    int cellCtr;
```

```
// 当前列数.
int cellCnt;
//获得用户输入的行数和列数,出现异常时列数和行数都为1
try
{
     rowCnt = int.Parse(TextBox1.Text);
     cellCnt = int.Parse(TextBox2.Text);
}
catch
{
     rowCnt = 1;
     cellCnt = 1;
}
for (rowCtr = 1; rowCtr <= rowCnt; rowCtr++)
{
     // 创建一个新行,并把它加入 Table1 控件中.
     TableRow tRow = new TableRow();
     Table1.Rows.Add(tRow);
     for (cellCtr = 1; cellCtr <= cellCnt; cellCtr++)
     {
          // 创建一个新的单元格,并把它加入行中
          TableCell tCell = new TableCell();
          tRow.Cells.Add(tCell);
          // 添加一个 Literal 类,用来包含文本,并作为控件添加到单元格中
          tCell.Controls.Add(new LiteralControl("当前位置: "));
          // 创建一个 Hyperlink 控件并它添加到单元格中.
          System.Web.UI.WebControls.HyperLink h = new HyperLink();
          h.Text = rowCtr + ":" + cellCtr;
          h.NavigateUrl = "http://www.microsoft.com/net";
          tCell.Controls.Add(h);
     }
}
}
```

运行该实例，用户在文本框中输入行数和列数，单击"动态生成表"按钮，则会生成具有相应行数和列数的表，如图 5-22 所示。

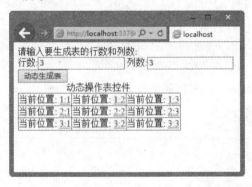

图 5-22　动态生成表

## 5.8　Web 控件的事件

在 ASP.NET 页面中，用户与服务器的交互是通过 Web 控件的事件来完成的，比如，当单击一个按钮控件时，就会触发该按钮的单击事件，如果程序员在该按钮的单击事件处理函数中编写相应的代码的话，服务器就会按照这些代码来对用户的单击行为做出响应。

### 5.8.1　Web 控件的事件模型

Web 控件的事件的工作方式与传统的 HTML 控件的客户端事件工作方式有所不同，这是因为 HTML 控件的客户端事件是在客户端引发和处理的，而 ASP.NET 页面中的 Web 控件的事件是在客户端引发，在服务器端处理。

Web 控件的事件模型是这样描述：客户端捕捉到事件信息，然后通过 HTTP POST 将事件信息传输到服务器，而且页框架必须解释该 POST 以确定所发生的事件，然后在要处理该事件的服务器上调用代码中的相应方法。图 5-23 描述了 Web 控件的事件模型。

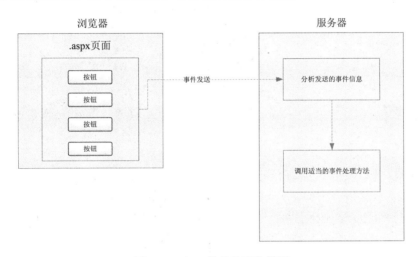

图 5-23　Web 控件的事件模型

基于以上的事件模型，Web 控件事件可能会影响到页面的性能，因此，Web 控件仅仅提供有限的一组的事件，如表 5-26 所示。

表 5-26　Web 控件事件

| 事件 | 支持的控件 |
| --- | --- |
| Click | Button，ImageButton |
| TextChanged | TextBox |
| CheckedChanged | DropDownList，ListBox，CheckBoxList，RadioButtonList |

Web 控件通常不支持经常发生的事件，如 onmouseover 事件等，因为这些事件如果在服务器端处理的话，就会浪费大量的资源。但 Web 控件仍然可以为这些事件调用客户端处理程序。此外，控件和页面本身在每个处理步骤都会引发生命周期事件，如 Init、Load 和 PreRender 事件，在应用

程序中可以利用这些生命周期事件。

所有的 Web 事件处理函数都包括两个参数：第一个参数表示引发事件的对象，以及包含任何事件特定信息的事件对象；第二个参数是 EventArgs 类型，或着 EventArgs 类型的继承类型。

### 5.8.2　Web 控件事件的绑定

在处理 Web 控件时，需要把事件绑定到方法（事件处理程序）。一个事件就是一条信息，例如"某按钮被单击"。在应用程序中，必须将信息转换成代码中的方法调用，事件消息与特定方法之间的绑定是通过事件委托来实现的。在 ASP.NET 页面中，如果控件是以声明的方式在页中创建的，则就不需要显式地对委托进行编码。

例如把一个 Button 控件的 Click 事件绑定到名为 ButtonClick 的方法，代码如下：

```
<asp:button id="Button1" runat="server" text="按钮" onclick=" ButtonClick"/>
```

如果控件是被动态创建的，则就需要使用代码动态地绑定事件到方法，例如：这段代码声明了一个按钮控件，并把名为 ButtonClick 的方法以绑定到该控件的 Click 事件：

```
Button b = new Button;
b.Text = "按钮";
b.Click += new System.EventHandler(ButtonClick);
```

## 5.9　小结

本章介绍了 ASP.NET 页面的重要组成部分——Web 控件。主要内容包括基本的 Web 控件，Web 控件的基本类型以及基本类型所提供的属性，还介绍了常用的基本控件、列表控件、表控件以及 Web 控件的事件等内容。本章只是简单地介绍了有关 Web 控件的基本知识以及最基础的几种类型的控件，在后面的章节还会陆续介绍比较复杂的控件。程序员在创建 ASP.NET 页面时会大量使用这些控件的，因此掌握 Web 控件的相关知识非常重要。

# 第 6 章
# 内置对象

ASP.NET 能够成为一个体系，有很多因素，其中一个重要的因素就是它提供了许多内置对象，这些对象可以完成很多功能，例如，跳转网页、在网页之间传递变量、向客户端输出数据，以及记录变量值等。此外，它们还可以完成网站的状态管理。正是由于这些内置对象的支撑，采用 ASP.NET 技术开发 Web 应用程序才显得方便有效。本章将要讲述有关这些常用对象的知识，内容如下：

- Response 对象
- Request 对象
- Server 对象
- Session 对象
- Cookie 对象
- ViewState 对象
- Application 对象

## 6.1 Response 对象

Response 对象可以动态地响应客户端的请求，并将动态生成的响应结果返回给客户端浏览器。Response 对象可以实现很多功能，如向客户端输出数据、跳转网页等。

Response 对象是 HttpResponse 类的一个实例。该类主要是封装来自 ASP.NET 操作的 HTTP 响应信息。

下面先通过一个简单的例子来感受一下 Response 对象。

**例 6-1　问候语**

这个例子的功能很简单，就是利用 Response 对象向页面输出一行文字，来向登录网站的人发出问候。新建一个网站项目 Sample6-1，打开页面文件 Default1.aspx，在 Page_Load 事件里添加如下代码：

```
protected void Page_Load(object sender, EventArgs e)
{
    string str;//存放一段文字
```

```
        int hour = System.DateTime.Now.Hour;//获取当前的时间
        if (hour > 0 && hour <= 6)
        {
            str = "凌晨好！";
        }
        else if (hour > 6 && hour <= 9)
        {
            str = "早晨好！";
        }
        else if (hour > 9 && hour <= 12)
        {
            str = "上午好！";
        }
        else if (hour > 12 && hour <= 14)
        {
            str = "中午好！";
        }
        else if (hour > 14 && hour <= 17)
        {
            str = "下午好！";
        }
        else if (hour > 17 && hour <= 22)
        {
            str = "晚上好！";
        }
        else
        {
            str = "午夜好！";
        }
        Response.Write("<b>" + str + "</b>");//利用 Response 向页面输出数据

    }
```

以上代码运行效果如图 6-1 所示。

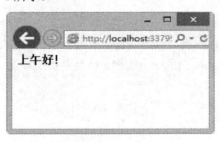

图 6-1　问候语

## 6.1.1　Response 对象的属性

要掌握 Response 对象的使用，必须了解其属性和方法，本节介绍 Response 对象的属性，Response 对象的常用属性如表 6-1 所示。

表 6-1　Response 对象的属性

| 属性 | 说明 |
| --- | --- |
| Buffer | 获取或设置一个值，该值指示是否缓冲输出，并在完成处理整个响应之后将其发送 |
| BufferOutput | 获取或设置一个值，该值指示是否缓冲输出，并在完成处理整个页之后将其发送 |
| Cache | 获取 Web 页的缓存策略（过期时间、保密性、变化子句） |
| CacheControl | 将 Cache-Control HTTP 头设置为 Public 或 Private |
| Charset | 为网页提供编码方式 |
| ContentEncoding | 获取或设置输出流的 HTTP 字符集 |
| ContentType | 获取或设置输出流的 HTTP MIME 类型 |
| Cookies | 获取响应 Cookie 集合 |
| Expires | 获取或设置在浏览器上缓存的页过期之前的分钟数。如果用户在页过期之前返回同一页，则显示缓存的版本 |
| ExpiresAbsolute | 获取或设置将缓存信息从缓存中移除时的绝对日期和时间 |
| Filter | 获取或设置一个包装筛选器对象，该对象用于在传输之前修改 HTTP 实体主体 |
| IsClientConnected | 获取一个值，通过该值指示客户端是否仍连接在服务器上 |
| Output | 启用到输出 HTTP 响应流的文本输出 |
| OutputStream | 启用到输出 HTTP 内容主体的二进制输出 |
| RedirectLocation | 获取或设置 HTTP "位置" 标头的值 |
| Status | 设置返回到客户端的 Status 栏 |
| StatusCode | 获取或设置返回给客户端的输出的 HTTP 状态代码 |
| StatusDescription | 获取或设置返回给客户端的输出的 HTTP 状态字符串 |
| SuppressContent | 获取或设置一个值，该值指示是否将 HTTP 内容发送到客户端 |

## 6.1.2　Response 对象的方法

上节介绍了 Response 对象的属性，本节介绍其方法。正是利用这些方法 Response 对象实现了诸如向客户端输出信息、跳转网页等功能。Response 对象的常用方法如表 6-2 所示。

表 6-2　Response 对象的方法

| 方法 | 说明 |
| --- | --- |
| BinaryWrite | 将一个二进制字符串写入 HTTP 输出流 |
| Clear | 清除缓冲区流中的所有内容输出 |
| Close | 关闭到客户端的套接字连接 |
| End | 将当前所有缓冲的输出发送到客户端，停止该页的执行，并引发 Application_EndRequest 事件 |
| Flush | 向客户端发送当前所有缓冲的输出 |
| Redirect | 将客户端重定向到新的 URL |
| Write | 将信息写入 HTTP 输出内容流 |
| WriteFile | 将指定的文件直接写入 HTTP 内容输出流 |

## 6.1.3  Response 对象的应用举例

以上两节讲了 Response 对象的属性和方法，这节将结合几个小例子来讲述这些属性和方法的使用，以使读者掌握 Response 对象的属性和方法应用，并对该对象所具有的功能有个深刻地认识。

**例 6-2  使用缓冲区**

当 Response 对象的 BufferOutput 属性为 True，要输出到客户端的数据都暂时存储在缓冲区内，等到所有的事件程序，以及所有的页面对象全部解译完毕后，才将所有在缓冲区中的数据送到客户端的浏览器。本例将演示 Response 对象是如何工作的。

创建一个 ASP.NET 空 Web 应用程序 Sample6-2，添加页面文件 Default.aspx。

在 Default.aspx 文件中加入如下代码：

```
<%Response.Write("缓存已清除" + "<Br>");%>
```

在 Default.aspx.cs 文件中加入如下代码：

```
void Page_Load(Object sender, EventArgs e)
{
Response.Write("缓存清除前" + "<Br>");
Response.Clear();
}
```

上述代码首先在"Page_Load"事件中送出"缓存清除前"这一行，此时的数据存在缓冲区中。接着使用 Response 对象的 Clear 方法将缓冲区的数据清除，所以刚刚送出的字符串已经被清除。然后 IIS 开始读取 HTML 组件的部分，并将结果送至客户端的浏览器。由执行结果如图 6-2 所示只出现"缓存已清除"可知，使用 Clear 方法之前的数据并没有出现在浏览器上，所以程序开始时数据是存在缓冲区内的。

下面将程序代码修改一下，添加一个页面文件 WebForm1.aspx，把 Default.aspx.cs 文件中"Page_Load"事件中代码修改后加入 WebForm1.aspx.cs 文件中，代码如下：

```
void Page_Load(Object sender, EventArgs e)
{
Response.BufferOutput=false;
Response.Write("清除缓冲区之前的数据" + "<Br>");
Response.Clear();
}
```

在 WebForm1.aspx 文件中加入如下代码：

```
<%Response.Write("清除之后的数据" + "<Br>");%>
```

运行之后如图 6-3 所示，可以发现，执行的结果并没有因为使用 Clear 方法而将缓冲区的数据清除，这表明数据是直接输出而没有存放在缓冲区内。

图 6-2 使用缓冲区

图 6-3 不使用缓冲区

### 例 6-3 页面跳转

利用"Response.Redirect"方法可以实现网页跳转。代码如下：

```
Response.Redirect("www.163.com");
```

### 例 6-4 停止输出

当 ASP.NET 文件执行的时候，如果遇到了"Response.End"方法，就自动停止输出数据，代码如下：

```
for(int i=1;i<=200;i++)
{
    Response.Write(i);
    if (i==10)
    {
        Response.End();
    }
}
```

输出为：12345678910。

### 例 6-5 输出文件

Response.Write 可以向浏览器输出字符串，可以利用 Response.WriteFile 向浏览器输出文本文件内容，代码如下：

```
Response.Write("http://localhost/Sample/Sample4-1/Images/head.doc");
```

采用以上代码就可以向浏览器输出一个文件，该例子向浏览器输出一个 Word 文档。

### 例 6-6 传递参数

利用"Response.Redirect"方法可以实现在网页转向时，同时可以向转向的网页传递参数，代码如下：

```
Response.Redirect("index.aspx?m=2");
```

在 index.aspx 页面利用 Request 对象就可以获得该参数的数据。

结合以上例子，可以总结出 Response 对象所具有输出数据、跳转页面、输出文件和传递参数功能。

## 6.2　Request 对象

Request 对象是 HttpRequest 类的一个实例，在 HTTP 请求期间，检索客户端浏览器传递给服务器的信息，比如获取客户端存储的 Cookies 信息，获取 URL 连接串中参数的值等。

### 6.2.1　Request 对象的属性

要掌握 Request 对象的使用，必须了解其属性和方法，本节介绍 Request 对象的属性，Request 对象的常用属性如表 6-3 所示。

表 6-3　Request 对象的属性

| 属性 | 说明 |
| --- | --- |
| AcceptTypes | 获取客户端支持的 MIME 接受类型的字符串数组 |
| ApplicationPath | 获取服务器上 ASP.NET 应用程序的虚拟应用程序根路径 |
| Browser | 获取有关正在请求的客户端的浏览器功能的信息 |
| Cookies | 获取客户端发送的 Cookie 的集合 |
| CurrentExceptionFilePath | 获取或设置输出流的 HTTP 字符集 |
| FilePath | 获取当前请求的虚拟路径 |
| Files | 获取客户端上载的文件（多部件 MIME 格式）集合 |
| Form | 获取窗体变量集合 |
| Headers | 获取 HTTP 头集合 |
| InputStrem | 获取传入的 HTTP 实体主体的内容 |
| Item | 获取 Cookies、Form、QueryString、ServerVariables 集合中指定的对象。在 C#中，该属性为 HttpRequest 类的索引器 |
| Path | 获取当前请求的虚拟路径 |
| PathInfo | 获取具有 URL 扩展名的资源的附加路径信息 |
| PhysicalPath | 获取与请求的 URL 相对应的物理文件系统路径 |
| QueryString | 获取 HTTP 查询字符串变量集合 |
| RawUrl | 获取当前请求的原始 URL |
| ServerVariables | 获取 Web 服务器变量的集合 |
| Url | 获取有关当前请求的 URL 的信息 |

下面讲述一个使用 Resquest 对象的属性的例子。

### 例 6-7　QueryString 的使用

在应用程序中，经常会使用 QueryString 来获取从上一个页面传递来的字符串参数。本例子就讲述如何使用 QueryString 获取从上一个页面传递来的字符串参数。创建一个 ASP.NET 空 Web 应用程序 Sample6-7，添加两个网页，分别为 Page1.aspx 和 Page2.aspx。

在 Page1.aspx 文件中添加如下代码：

```
<a href="Page2.aspx?Number=1&Name=Zhang">查看</a>
```

在页面 Page2 中接收到从页面 Page1 中传过来的两个变量，代码如下：

```
void Page_Load(object sender, System.EventArgs e)
{
Response.Write("变量 Number 的值: " + Request.QueryString["Number"] +"<br>");
Response.Write("变量 Name 的值: " + Request.QueryString["Name"]);
}
```

运行上面代码结果如图 6-4 所示。

图 6-4　利用 QueryString 读取参数的效果图

用类似方法，可以获取 Form、Cookies、SeverVaiables 的值。调用方法都是 Request.Collectlon ["VariabLe"]。

Collectlon 包括 QueryString、Form、Cookies、SeverVaiables 四种集合，VariabLe 为要查询的关键字。

使用的方式也可以是 Request["Variable"]，与 Request.Collection["Variable"]的效果是一样的。如果省略了 Collection，Request 对象就会依照 QueryString，Form，Cookies，SeverVaiables 的顺序查找，直至发现 Variable 所指的关键字并返回其值，如果没有发现其值，方法则返回空值。

## 6.2.2　Request 对象的方法

Request 对象的常用方法如表 6-4 所示。

表 6-4　Request 对象的方法

| 方法 | 说明 |
| --- | --- |
| BinaryRead | 执行对当前输入流进行指定字节数的二进制读取 |
| MapImageCoordinates | 将传入图像字段窗体参数影射为适当的 x、y 坐标值 |
| MapPath | 为当前请求的 URL 中的虚拟路径映射到服务器上的物理路径 |
| SaveAs | 将 HTTP 请求保存到磁盘 |
| ValidateInput | 验证由客户端浏览器提交的数据，如果存在潜在的危险性数据，则引发一个异常 |

下面讲述一个使用 Resquest 对象方法的例子。

### 例 6-8　SaveAs 的使用

本例使用方法 SaveAs 来保存 HTTP 请求。创建步骤如下：

**01** 新建一个 ASP.NET 空网站应用程序 Sample6-8。

**02** 添加页面文件 Default.aspx。

**03** 在 Default.aspx.cs 文件中加入如下代码：

```
//使用 Request 的方法 SaveAs 将 HTTP 请求保存到路径"E:/1.doc"
protected void Page_Load(object sender, EventArgs e)
{
    Request.SaveAs("E:/1.doc",true);
}
```

运行后，去相应路径可以看到保存的文件 1.doc，打开后可以看到如下文字：

```
GET /Default.aspx HTTP/1.1
Connection: Keep-Alive
Accept: */*
Accept-Encoding: gzip, deflate
Accept-Language: zh-cn
Host: localhost:3542
User-Agent: Mozilla/4.0 (compatible; MSIE 7.0; Windows NT 5.1; .NET CLR
2.0.50727; .NET4.0C; .NET4.0E; Alexa Toolbar)
UA-CPU: x86
```

以上文字就是保存在服务器硬盘上的该次 HTTP 请求的内容。这里要注意，根据运行的电脑和软件配置不同，文字内容会有差异。

## 6.3　Server 对象

Server 对象是 HttpServerUtility 的一个实例，该对象提供对服务器上的方法和属性的访问。

### 6.3.1　Server 对象的属性

Server 对象的属性如表 6-5 所示。

表 6-5　Server 对象的属性

| 属性 | 说明 |
| --- | --- |
| MachineName | 获取服务器的计算机名称 |
| ScriptTimeout | 获取或设置请求超时值（以秒计） |

### 6.3.2　Server 对象的方法

Server 对象的方法如表 6-6 所示。

表 6-6 Server 对象的方法

| 方法 | 说明 |
| --- | --- |
| ClearError | 清除前一个异常 |
| CreateObject | 创建由对象类型标识的 COM 对象的一个服务器实例 |
| Execute | 在当前请求的上下文中执行指定的虚拟路径的处理程序 |
| GetLastError | 返回前一个异常 |
| HtmlDecode | 对 HTML 编码的字符串进行解码，并将解码输出发送到 System.IO.TextWriter 输出流 |
| HtmlEncode | 对字符串进行 HTML 编码，并将解码输出发送到 System.IO.TextWriter 输出流 |
| MapPath | 返回与 Web 服务器上的指定虚拟路径相对应的物理文件路径 |
| Transfer | 终止当前页的执行，并为当前请求开始执行新页 |
| UrlDecode | 对字符串进行解码，该字符串为了进行 HTTP 传输而进行编码并在 URL 中发送到服务器 |
| UrlEncode | 编码字符串，以便通过 URL 从 Web 服务器到客户端进行可靠的 HTTP 传输 |
| UrlPathEncode | 对 URL 字符串的路径部分进行 URL 编码，并返回已编码的字符串 |

## 6.3.3 Server 对象的应用举例

本节通过几个例子来介绍 Server 对象的属性和方法的使用。

### 例 6-9 返回服务器计算机的名称

本例子通过 Server 对象的 MachineName 属性来获取本地服务器计算机的名称。创建步骤如下：

01 新建一个 ASP.NET 空 Web 应用程序 Sample6-9。
02 添加页面文件 Default.aspx。
03 在 Default.aspx.cs 文件中加入如下代码（利用对象 Server 的属性 MachineName 获得服务器计算机名称，并向客户端输出）：

```
protected void Page_Load(object sender, EventArgs e)
{
    string serverName;
    serverName = Server.MachineName.ToString();
    Response.Write(serverName);
}
```

运行效果如图 6-5 所示。

图 6-5 获取服务器计算机名字

例 6-10　HTML 编码解码

本例子使用 HtmlEncode 方法将"<B>HTML 内容</B>"编码后输出至浏览器，再利用 HtmlDecode 方法将编码后的结果还原。创建步骤如下：

**01** 新建一个 ASP.NET 空 Web 应用程序 Sample6-10。

**02** 添加页面文件 Default.aspx。

**03** 在 Default.aspx.cs 文件中加入如下代码( 使用对象 Server 的方法 HtmlEncode 对带有 HTML 标记的内容进行编码，然后把编码后的内容输出到客户端，再把编码的内容解码后输出到客户端以对比输出内容 )：

```
protected void Page_Load(object sender, EventArgs e)
{
    String str;
    str=Server.HtmlEncode("<B>HTML 内容</B>");//编码
    Response.Write(str);
    Response.Write("<P>");
     str = Server.HtmlDecode(str);//解码
    Response.Write(str);
}
```

运行效果如图 6-6 所示。

图 6-6　HTML 编码解码效果图

在图 6-6 中可以看出，当"<B>HTML 内容</B>"被编码（编码的形式见记事本的内容中<p>前部分）后，就会在浏览器中把整个内容输出，而解码后内容就会按照 HTML 规则输出。这个功能很重要，有时需要示例代码输出到浏览器时就可以把相应的代码内容进行编码后输出。

例 6-11　URL 编码

Server 对象的 URLEncode 方法根据 URL 规则对字符串进行编码。URL 规则是当字符串数据以 URL 的形式传递到服务器时，在字符串中不允许出现空格，也不允许出现特殊字符。新建一个 ASP.NET 空 Web 应用程序 Sample6-11，添加页面文件 Default.aspx。在 Default.aspx.cs 中的 Page_Load 事件中加入如下代码：

```
Response.Write(Server.URLEncode("http://www.163.com"));
```

运行后产生输入如下：

```
http%3a%2f%2fwww.163.com
```

## 6.4 ViewState 对象

ViewState 是一种机制，ASP.NET 使用这种机制来跟踪服务器控件状态值，否则这些值将不作为 HTTP 窗体的一部分而回传。例如，由 Label 控件显示的文本默认情况下就保存在 ViewState 中。然而 ViewState 的功能远不只这些，程序员可以直接把信息（比如当前用户的信息）存储在 ViewState 之中，在页面回传之后访问存储在其中的信息。

### 6.4.1 概述

ViewState 是由 ASP.NET 框架管理的一个隐藏的窗体字段。当 ASP.NET 执行某个页面时，该页面上的 ViewState 值和所有控件将被收集并格式化成一个编码字符串，然后被分配给隐藏窗体字段的值属性（即<input type=hidden>）。由于隐藏窗体字段是发送到客户端的页面的一部分，所以 ViewState 值被临时存储在客户端的浏览器中。如果客户端选择将该页面回传给服务器，则 ViewState 字符串也将被回传。

ViewState 提供了一个 ViewState 集合（Collection）属性。该集合是集合（Collection）类的一个实例，集合类是一个键值集合，程序员可以通过键来为 ViewState 增加或者去除项。例如下面的代码：

```
ViewState["Number"] = 1;
```

这句代码含义是把一个整数 1 赋值给 ViewState 集合，而且给它一个键名 Number 来标识。如果当前 ViewState 集合里没有键名 Number，那么一个新项就自动添加到 ViewState 集合里；如果存在键名 Number，则与该键名 Number 对应的值就会被替换。

在 ViewState 集合里，利用键名可以访问到与键名对应的值，这是键值集合的特性。ViewState 集合里存储的是对象（Objects），因此它可以用来处理各种数据类型。下面的代码就是从 ViewState 集合里取得整型数据的示例代码：

```
int number = (int)ViewState["Number"];
```

下面讲解一个 ViewState 的例子来让读者对 ViewState 有一个直观的认识。

#### 例 6-12  计数器

这个例子是利用 ViewState 来记录一个按钮控件被单击的次数。创建该例子的步骤如下：

**01** 新建一个 ASP.NET 空 Web 应用程序 Sample6-12。

**02** 添加页面文件 Default.aspx。

**03** 从"工具箱"里拖入一个 Button 控件放在新添加的页面上。

**04** 双击 Button 按钮，生成按钮单击事件函数。

**05** 在按钮单击事件函数里添加如下代码：

```
protected void Button1_Click(object sender, EventArgs e)
{
    int counter; //定义一个整型变量
    //判断ViewState["Counter"]是否存在
```

```
        if (ViewState["Counter"] == null)//不存在
        {
            counter = 1;//说明是第一次单击按钮
        }
        else//存在
        {
            counter = (int)ViewState["Counter"] + 1;//在原来的基础上加1
        }
        //若ViewState["Counter"]不存在在创建ViewState["Counter"]，若存在则修改其值
        ViewState["Counter"] = counter;

        Response.Write("<br>你已经单击按钮" + ViewState["Counter"].ToString() + "次
");//输出
    }
```

运行以上代码，则会出现如图 6-7 所示的效果，每当按钮被单击，就会出现按钮被单击过几次的提示信息。

图 6-7　计数器的运行效果图

在例 6-12 中，程序员可以选择其他方式来进行有关计数器的状态管理，比如可以使用一个 Label 控件来存储计数器的值，每当按钮被单击后都去读取 Label 控件的 Text 值并加 1，这样也能实现计数器的效果。但是，这种技术并不总是很合适的，比如程序员可能跟踪按钮的单击但却不想把结果显示出来，这时如果再利用 Label 控件的话，就不得不把该控件隐藏起来。而 ViewState 正是以隐藏的方式来存储信息的。

## 6.4.2　ViewState 的安全机制

在例 6-12 运行时，右键单击打开的页面，在弹出的菜单中选择"查看源文件"命令，就会打开一个记事本文本，在该文本里存放着运行时的页面代码，其中有一句代码如下：

```
<input          type="hidden"          name="__VIEWSTATE"          id="__VIEWSTATE"
value="/wEPDwUKMTQ2OTkzNDMyMQ8WAh4HQ291bnRlcgICZGRbrmBI9jHiwh0Z9JzyDILYBHyO4g==" />
```

以上代码就是 ViewState 的窗体字段，ViewState 的信息是存储在属性 value 中的。当程序员在 ViewState 里添加很多信息时，属性 value 的值就会变得很长。由于属性 value 的值是不可读的，很多 ASP.NET 程序员可能就认为存储在 ViewState 里的信息是被加密过的，然而事实上并非如此，在以上代码中所看到的 value 的值只是一个经过 Base64（一种内容传送编码技术）编码过的字符串。一个聪明的黑客利用反向工程技术在几秒钟内就可以把经过 Base64 编码的字符串变为可读的字符

串，从而查看到 ViewState 中存储的信息。

如果想要使 ViewState 变得更加安全的话，程序员有两种选择。

（1）采用哈希编码技术

哈希编码技术被称为是一种强大的编码技术。其算法思想是让 ASP.NET 检查 ViewSte 中的所有数据，然后通过散列算法（在密钥值的帮助下）把这些数据编码。该散列算法产生一段很短的数据信息，即哈希代码。然后把这段代码加在 ViewState 信息后面。

页面被回传后，ASP.NET 检查 ViewState 的数据信息，使用同样步骤重新计算哈希代码，核查计算出来的编码信息是否与存储在 ViewState 里的哈希代码相匹配。如何有用户更改了 ViewState 里存储的信息，ASP.NET 就会产生一段不能相匹配的新的哈希代码，此时 ASP.NET 就会拒绝页面完全回传。

哈希代码的功能实际上是默认的，所以如果程序员希望有这种功能，不需要采取额外的步骤。但有时开发商选择禁用此项功能，以防止出现这样的问题：在一个网站系统中不同的服务器（一个大型的网站通常有很多台服务器）有不同的密钥。为了禁用哈希代码，程序员可以使用在 Web.config 文件中的<Pages>元素的 enableViewStateMac 属性，示例代码如下：

```
<pages enableViewStateMac="false"></pages>
```

（2）采用 ViewState 加密

尽管程序员使用了哈希代码，ViewState 信息依然能够被用户阅读到，很多情况下这是完全可以接受的。但是如果 ViewState 里包含了需要保密的信息，就需要采用 ViewState 加密。

程序员可以设置单独的某一页面采用 ViewState 加密，代码如下：

```
<%Page ViewStateEncryptionMode="Always"%>
```

也可以在 Web.Config 文件中为整个网站设置采用 ViewState 加密，代码如下：

```
<pages viewStateEncryptionMode="Always"></pages>
```

## 6.4.3  保留成员变量

程序员应该注意到任何保存在一个 ASP.NET 页面的变量的信息在页面进程结束后就会自动被放弃。要想保留这些信息，最基本的原理是在 Page.PreRender 事件发生时把成员变量保存在 ViewState 中，而在 Page.Load 事件发生时取回这些变量。注意：每当页面被创建时 Load 事件就会发生，在可以回传的情况下，Load 事件首先发生，控件事件随后才发生。

### 例 6-13  使用 ViewState 保留成员变量

这个例子用来介绍怎么样利用 ViewState 来保留成员变量。程序中使用一个变量 Contents，页面提供一个文本框和两个按钮。用户可以存储一串文字，然后在稍后的时间里恢复它。button.click 的事件利用变量 Contents 来处理存储和恢复这一串文字。这些事件处理器不需要利用 ViewState 来保存或恢复这个信息，因为 PreRender 和 Load 事件在页面执行过程中执行这些任务。

新建一个 ASP.NET 空 Web 应用程序 Sample6-13，添加页面文件 Default.aspx，在 Default.aspx.cs

文件中加入如下代码：

```
private string Contents;//变量，用来存储文本信息
protected void Page_Load(object sender, EventArgs e)//Load 事件
{
    if (this.IsPostBack)//回送
    {
        Contents = (string)ViewState["Contents"];// 把 ViewSate["Contents"] 赋 给
Contens
    }
}
protected void Page_PreRender(object sender, EventArgs e)//PreRender 事件
{
    ViewState["Contents"] = Contents;//把 Contents 赋给 ViewSate["Contents"]
}
protected void Button1_Click(object sender, EventArgs e)//保存信息事件
{
    Contents = this.TextBox1.Text.ToString();//把文本框信息放在 Contens 里面
    this.TextBox1.Text = "";//清空文本框
}
protected void Button2_Click(object sender, EventArgs e)
{
    this.TextBox1.Text = Contents;//读取 Contents 里面的信息
}
```

运行以上代码，在图 6-8 的文本框里输入一段文字，单击"保存信息"按钮，则文本框清空。然后单击恢复信息，则刚才输入的一段文字又重新找回。如果没有采用信息恢复功能的话，估计这段文字很难再找回，因为每当页面进程执行完毕后变量的信息就会被放弃。

图 6-8　保留变量信息

## 6.4.4　存储自定义对象

在 ViewState 里可以存储自定义的对象，就像在 ViewState 里存储数值和字符串类型一样容易。然而，为了在 ViewState 里存储该对象，ASP.NET 技术必须能够把该对象转化成一种字节流，使它可以添加到页面的隐藏输入字段的后面，这一过程被称为序列化。如果对象是不能序列化的，当程序员试图把这样的对象放在 ViewState 里，就会出现错误。

为了使对象序列化，程序员需要在类定义之前加一个 Serializable 属性。例如一个简单客户类的定义的代码如下：

```
[Serializable]//序列化标识
public class Customer
{
    public string FirstName;
    public string LastName;

    public Customer(string firstName,string lastName)
    {
        FirstName = firstName;
        LastName = lastName;
    }
}
```

由于这个类被标识为可序列化，它就可以被存储在 ViewState 里面。当程序员从 ViewState 里取回数据时，代码如下：

```
//从 ViewState 里取回一个客户
Customer cust;
Cust = (Customer)ViewState["Customer"];
```

一旦读者了解这个规定后，就可以判断哪些.NET 对象可以被放到 ViewState 里面。

## 6.4.5　传递信息

ViewState 的一个最明显的局限性，就是它紧紧地捆绑到一个特定的页面。如果用户导航到另一个网页，这些信息就会丢失。这个问题有几个解决办法，而最好的方式取决于系统的要求。

（1）跨页传递信息

第一种做法就是把引发 PostBack 到另一页。这听起来似乎只是个简单的概念，但它有一个潜在的雷区，如果不小心，它可以把程序员带到一个尴尬的境地：创造出和别的页面紧密联系的页面且难以增强功能和调试。

支持跨页 PostBack 的架构是一个名为 PostBackUrl 属性，它是由 IButtonControl 接口所定义的，出现在按钮控件（如 ImageButton、LinkButton 等）按钮里面。利用跨页传递，程序员可以简单地把 PostBackUrl 发送到另一个 Web 页面中。当用户单击按钮，该网页和它上面的数据将发送到新的 URL。

**例 6-14　跨页传递信息**

新建一个 ASP.NET 空 Web 应用程序 Sample6-14,添加两个页面文件 Page1.aspx 和 Page2.aspx,在 Page1 页面里添加两个文本框和一个按钮，当按钮被单击时，该页面信息将被发送到另一页面 Page2。

Page1 的页面<form> </form>标记间的代码如下：

```
<table>
    <tr> <td >姓名</td>
      <td > <asp:TextBox ID="TextBox1" runat="server"></asp:TextBox></td> </tr>
      <tr><td >性别</td>
```

```
        <td ><asp:TextBox ID="TextBox2" runat="server"></asp:TextBox></td> </tr>
        <tr>
        <td    colspan=2><asp:Button    ID="Button1"   runat="server"   Text=" 跨 页 传 递 "
PostBackUrl="~/Page2.aspx" /></td>
        </tr>
</table>
```

现在，运行 Page1.aspx 页面，然后单击按钮，页面会传递到 Page2.aspx 页面。这时，Page2.aspx 页面利用 Page.PreviousPage 属性可以与 Page1.aspx 页面进行交互。下面是一个事件函数，其功能是取得前一页的标题，代码如下：

```
protected void Page_Load(object sender, EventArgs e)
{
  if (Page.PreviousPage != null)//前一页面存在
 {//获取前一页面标题
    Response.Write("前一页面的标题是 " " + Page.PreviousPage.Title.ToString() + " " ");
  }
}
```

运行 Page1.aspx，效果如图 6-9 所示。单击"跨页传递"按钮，则出现如图 6-10 所示的效果。

图 6-9　Page1.aspx 运行效果图　　　　　　图 6-10　获取前一页标题的效果图

为了获取 Page1.aspx 页面的更多的数据信息，程序员需要定义与 Page1.aspx 页面相关的类 Page1。在 Page1.aspx.cs 加入如下代码：

```
using System;
using System.Collections;
using System.Configuration;
using System.Data;
using System.Linq;
using System.Web;
using System.Web.Security;
using System.Web.UI;
using System.Web.UI.HtmlControls;
using System.Web.UI.WebControls;
using System.Web.UI.WebControls.WebParts;
using System.Xml.Linq;
public partial class Page1 : System.Web.UI.Page
{
    public string FullInformation//获得全部信息
    {
```

```
    get
    {   return this.TextBox1.Text + "   " + this.TextBox2.Text;
    }
  }
  protected void Page_Load(object sender, EventArgs e)
  {
  }
}
```

以上代码定义了一个 Page1 类，它包含了一个属性 FullInformation，该属性从页面中读取两个文本框的信息。定义这个类以后，就可以在 Page2.aspx 页面的事件函数中定义该类的实例，通过该实例访问类的属性 FullInformation，从而实现把 Page1.aspx 页面上的数据传递到 Page2.aspx 的功能。

在 Page2.aspx.cs 文件中的 Page_Load 事件函数中加入如下代码：

```
protected void Page_Load(object sender, EventArgs e)
{
    if (Page.PreviousPage != null)//前一页面存在
    {
        Response.Write("前一页面的标题是" " + Page.PreviousPage.Title.ToString()
+ """);//获取前一页面标题
        Page1 page1 = PreviousPage as Page1;//定义 Page1 类的对象
        if (page1 != null)
        {
            Response.Write("<br>");
            Response.Write(page1.FullInformation);//读取 Page1 的属性值
        }
    }
}
```

在以上代码中声明了 Page1 的一个实例 page1，并把 PreviousPage 赋给该实例，这样 page1 就与前一页有了联系，从而也实现了 Page2.aspx 与 Page1.aspx 的联系。

再运行 Page1 页面，在文本框里输入相应的内容，单击"跨页传递"按钮，运行效果如图 6-11 所示。

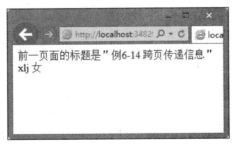

图 6-11  获取前一页包含的数据信息的效果图

（2）使用 QueryString

QueryString 是页面内置对像 Request 的一个属性，利用该属性可以获得通过 URL 传递过来的变量的数据，从而也能实现跨页面的数据传递。

下面通过一个例子来讲解如何利用 QueryString 来实现数据传递的。

### 例 6-15　使用 QueryString

定义第一个页面 Page3.aspx 的页面<form></form>之间的代码如下：

```
<div>
    <asp:Button ID="Button1" runat="server" OnClick="Button1_Click" Text="传递
信息" />
</div>
```

在 Page3.aspx.cs 文件为按钮添加一个事件函数，代码如下：

```
protected void Button1_Click(object sender, EventArgs e)
{
    Response.Redirect("Page4.aspx?name=张三&sex=男");//跳转到 Page4.aspx 并传递数据
}
```

在第二个页面 Page4.aspx 的 Page_Load 事件函数里添加如下代码：

```
protected void Page_Load(object sender, EventArgs e)
{
    Response.Write("姓名: " + Request.QueryString["name"].ToString());
    Response.Write("<br>");
    Response.Write("性别: " + Request.QueryString["sex"].ToString());
}
```

运行 Page3.aspx 页面，如图 6-12 所示。单击"传递信息"按钮，则有如图 6-13 所示的效果。

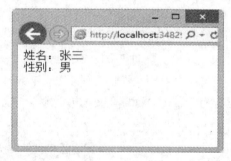

图 6-12　Page3.aspx 效果图　　　　　图 6-13　在 Page4.aspx 读取传递过来的数据

## 6.5　Cookies 对象

　　Cookies 提供了另外一种管理网站状态的方式，例如，当用户访问站点时，网站可以利用 Cookies 保存用户首选项或其他信息，这样，当用户下次再访问该站点时，应用程序就可以检索以前保存的信息。因此可以把 Cookies 看作是用户的身份证，且 Cookies 不能作为代码执行，也不会传送病毒，且为用户所专有，并只能由提供它的服务器来读取。

## 6.5.1 概述

Cookies 是一种能够让网站服务器把少量数据储存到客户端的硬盘或内存中，或是从客户端的硬盘读取数据的一种技术。Cookies 是当用户浏览某网站时，由 Web 服务器置于用户硬盘上的一个非常小的文本文件，它可以记录用户的 ID、密码、浏览过的网页、停留的时间等信息。当用户再次来到该网站时，网站通过读取 Cookies，得知用户的相关信息，就可以做出相应的动作，如在页面显示欢迎用户的标语，或者让用户不用输入 ID、密码就直接登录等。

保存的信息片断以"键/值"对的形式储存，一个"键/值"对仅仅是一条命名的数据。一个网站只能取得它放在用户的计算机中的信息，它无法从其他的 Cookies 文件中取得信息，也无法得到用户的计算机上的其他任何东西。Cookies 中的内容大多数经过了加密处理，因此一般用户看来只是一些毫无意义的字母数字组合，只有服务器的处理程序才知道它们真正的含义。

使用 Cookies 的优点可以归纳如下几点。

- 可配置到期规则。Cookies 可以在浏览器会话结束时到期，或者可以在客户端计算机上无限期存在，这取决于客户端的到期规则。
- 不需要任何服务器资源。Cookies 存储在客户端并在发送后由服务器读取。
- 简单性。Cookies 是一种基于文本的轻量结构，包含简单的键/值对。
- 数据持久性。虽然客户端计算机上 Cookies 的持续时间取决于客户端上的 Cookies 过期处理和用户干预，Cookies 通常是客户端上持续时间最长的数据保留形式。

但使用 Cookie 也会有一些缺点：一些用户可能在他们的浏览器中禁止 Cookies，这就会导致那些需要 Cookies 的 Web 应用程序出现问题。大部分情况下，Cookies 是被广泛采用的，因为很多网站都在使用 Cookies。然而，Cookies 可能会限制网站的潜在用户，Cookies 是不适合于使用的移动装置的嵌入式浏览器，同时，用户可以手动删除存放在自己的硬盘内的 Cookies。

在 ASP.NET 中，Cookies 是一个内置对象，但该对象并不是 Page 类的子类，在这一点它和下一节将要讲述到的 Session 是不同的。

## 6.5.2 Cookies 对象的属性

使用 Cookies 对象，需要了解其属性，Cookies 对象的常用属性如表 6-7 所示。

表 6-7 Cookies 对象的属性

| 属性 | 说明 |
| --- | --- |
| Name | 获取或设置 Cookie 的名称 |
| Value | 获取或设置 Cookie 的值 |
| Expires | 获取或设置 Cookie 的过期时间 |
| Version | 获取或设置 Cookie 的符合 HTTP 维护状态的版本 |

## 6.5.3  Cookies 对象的方法

本节介绍 Cookies 对象的常用方法，Cookies 对象的常用方法如表 6-8 所示。

表 6-8  Cookies 对象的方法

| 方法 | 说明 |
| --- | --- |
| Add | 添加一个 Cookies 变量 |
| Clear | 清除 Cookies 集合中的变量 |
| Get | 通过索引或变量名得到 Cookies 变量值 |
| Remove | 通过 Cookies 变量名称来删除 Cookies 变量 |

## 6.5.4  Cookies 对象的使用

以上两节介绍了 Cookies 对象的属性和方法，本节将介绍 Cookies 对象的使用。Cookies 使用起来非常容易，在使用 Cookies 之前，程序员需要在自己的程序里引用 System.Web 命名空间，代码如下：

```
using System.Web;
```

对象 Request 和 Response 都提供了一个 Cookies 集合。可以利用 Response 对象设置 Cookies 的信息，而使用 Request 对象获取 Cookies 的信息。

为了设置一个 Cookie，只需要创建一个 System.Web.HttpCookie 的实例，把信息赋予该实例，然后把它添加到当前页面的 Response 对象里面，创建 HttpCookie 实例的代码如下：

```
//创建一个 cookie 实例
HttpCookie cookie = new HttpCookie("test");
//添加要存储的信息，采用键/值结合的方式
cookie.Values.Add("Name","张三");
//把 cookie 加入当前页面的 Response 对象里面
Response.Cookies.Add(cookie);
```

采用以上方式，一个 Cookie 被添加，它将被发送为请求，该 Cookie 将要保持到用户关闭浏览器。为了创建一个生命周期比较长的 Cookie，程序可以为 Cookie 设置一个生命期限，示例代码如下：

```
//为 cookie 设置一年的生命期限
cookie.Expires = DateTime.Now.AddYears(1);
```

程序员可以利用 Cookie 的名字从 Request.Cookies 集合取得信息，示例代码如下：

```
HttpCookie cookie1 = Request.Cookies["test"];
//声明一变量用来存储从 Cookie 里取出的信息
string name;
//判断 cookie1 是否为空
//因为用户有可能禁止 Cookies
//也可能用户把 Cookies 给删除掉
if (cookie1 != null)
```

```
{
        name = cookie1.Values["Name"];
}
```

有时，可能需要修改某个 Cookie，更改其值或延长其有效期（注意：由于浏览器不会把有效期信息传递到服务器，所以程序无法读取 Cookie 的过期日期），实际上并不是直接更改 Cookie。尽管可以从 Request.Cookies 集合中获取 Cookie 并对其进行操作，但 Cookie 本身仍然存在于用户硬盘上的某个地方。因此，修改某个 Cookie 实际上是指用新的值创建新的 Cookie，并把该 Cookie 发送到浏览器，覆盖客户机上旧的 Cookie。

以下示例说明了如何更改用于储存站点访问次数的 Cookie 的值：

```
int counter;
//不存在
if (Request.Cookies("counter") == null)
{
counter = 0;
}
else//存在
{
counter = counter + 1;
}
Response.Cookies("counter").Value = counter.ToString;//修改值
Response.Cookies("counter").Expires = DateTime.Now.AddDays(1);//修改有效期限
```

删除 Cookie 是修改 Cookie 的一种形式。由于 Cookie 位于用户的计算机中，所以无法直接将其删除。但可以让浏览器来删除 Cookie。修改 Cookie 的方法前面已经介绍过（即用相同的名称创建一个新的 Cookie），不同的是将其有效期设置为过去的某个日期。当浏览器检查 Cookie 的有效期时，就会删除这个已过期的 Cookie。

删除一个 Cookie 的方式就是利用一个过期的 Cookie 来代替它，示例代码如下：

```
HttpCookie cookie = new HttpCookie("test");
cookie.Expires = DateTime.Now.AddDays(-1);
Response.Cookies.Add(cookie);
```

以下示例比删除单个 Cookie 要稍微有趣一些，它使用的方法可以删除当前域的所有 Cookie：

```
HttpCookie cookie;
int limit = Request.Cookies.Count;                    //获取当前域的 Cookie 数量
for (int i = 0; i < limit; i++)                       //遍历
{
//读取当前 Cookie
cookie = Request.Cookies(i);
cookie.Expires = DateTime.Now.AddDays(-1);            //设置过期
Response.Cookies.Add(cookie);                         //覆盖
}
```

## 6.5.5　Cookies 对象的应用举例

### 例 6-16　使用 Cookie 对象保存用户信息

本节将要讲述一个 Cookies 对象应用的典型实例，使用 Cookie 保存用户登录网站的信息是 Cookie 对象的典型使用方法。在首次登录后，将登录信息写入到用户计算机的 Cookie 中；当再次登录时，将用户计算机中的 Cookie 信息读出并直接登录到网站而不需要再次进入登录页面输入用户信息。创建步骤如下：

**01** 打开 Visual Studio 2012，新建一个空 Web 应用程序 Sample6-16，添加一个新网页 Default.aspx，在编辑区中<form></form>标记之间编写代码如下：

```
用户名：<asp:TextBox ID="TextBox1" runat="server"></asp:TextBox>
<asp:CheckBox ID="CheckBox1" runat="server" Text="记住我" />
<br />
密码：<asp:TextBox ID="TextBox2" runat="server" TextMode="Password"></asp:TextBox>
<asp:Button ID="Button1" runat="server" onclick="Button1_Click" Text="登录" />
```

**02** 用鼠标单击网站目录下的 "Default.aspx.cs" 文件，编写代码如下：

```
protected void Page_Load(object sender, EventArgs e)
 {
 if (Request .Cookies ["ID"]!=null &&Request .Cookies ["PWD"]!=null )// 判断用户计
算机中 Cookie 中 ID 和 PWD 如果存在
 { //通过 Request 对象的 Cookie 的 value 属性获取用户名和密码的值
     string id = Request.Cookies["ID"].Value.ToString();
     string pwd = Request.Cookies["PWD"].Value.ToString();
     Response.Redirect("New.aspx?ID="+id+"&PWD="+pwd);// Response 对象的 Redirect
方法跳转到 New.aspx 页面并将用户名和密码的值同时传递过去
     }
 }
 protected void Button1_Click(object sender, EventArgs e) {
    if (CheckBox1.Checked){
    Response.Cookies["ID"].Expires = new DateTime(2013, 12, 30); //设置用户名 Cookie
的生命周期
    Response.Cookies["PWD"].Expires = new DateTime(2013, 12, 30);//设置密码 Cookie
的生命周期
    Response.Cookies["ID"].Value = TextBox1.Text;
    Response.Cookies["PWD"].Value = TextBox2.Text;
      }
    Response.Redirect("New.aspx?ID=" +TextBox1.Text + "&PWD=" + TextBox2.Text);
   }
```

**03** 在应用程序中添加一个 New.aspx 页面。然后在 New.aspx.cs 文件中添加如下代码。

```
protected void Page_Load(object sender, EventArgs e)
 {
 if (Request.QueryString["ID"] != null &&   Request.QueryString["PWD"] != null) //
判断如果 Request 对象的 QueryString 属性获得的用户名和密码不为空
 { Response.Write("" + Request.QueryString["ID"] + "欢迎光临本网站");//在页面显示用户
```

名加欢迎光临本网站的欢迎辞
      }
    }

**04** 运行 Default.aspx 页面，效果如图 6-14 所示。在显示的登录页面中输入用户名和密码，选中单选框，单击"登录"按钮，页面跳转至如图 6-15 所示的 New.aspx。

图 6-14　运行结果 1

图 6-15　运行结果 2

此后再运行程序将发现直接进入 New.aspx 页面而不再进入登录页面，这时因为用户名和密码已经保存到了 Cookie 的效果。请读者运行验证。

## 6.6　Session 对象

有时，应用程序可能会有更精密的存储需求，可能需要储存和使用复杂的信息，例如客户数据对象，这不是轻易可以持续保存到一个 Cookie 里或通过一个查询字符串发送的。还有可能应用程序有严格的安全要求，不允许它利用 ViewState 或 Cookies 在客户端储存信息。在这种情况下，程序员可以利用 ASP.NET 的内置的对象 Session 来满足状态管理。

### 6.6.1　概述

在 ASP.NET 中 Session 对象是 HttpSessionState 的一个实例。该类为当前用户会话提供信息，还提供对可用于存储信息的会话范围的缓存的访问，以及控制如何管理会话的方法。

可以使用 Session 对象存储特定用户会话所需的信息。这样，当用户在应用程序的 Web 页之间跳转时，存储在 Session 对象中的变量将不会丢失，而是在整个用户会话中一直存在下去。当会话过期或被放弃后，服务器将中止该会话。

利用 Session 进行状态管理是一个 ASP.NET 的显著特点。它允许程序员把任何类型的数据存储在服务器上。数据信息是受到保护的，因为它永远不会传送给客户端，它捆绑到一个特定的 Session。每一个向应用程序发出请求的客户端则有不同的 Session 和一个独特的信息集合来管理。（当用户请求来自应用程序的 Web 页时，如果该用户还没有会话，则 Web 服务器将自动创建一个 Session 对象）Session 是理想的信息存储器，比如当用户从一个页面跳转另一个页面时，可以在它里面存储购物篮的内容。

在 ASP.NET 中，Session 是一个内置对象的，该对象是 Page 类的子类。

## 6.6.2　Session 跟踪

ASP.NET 采用一个具有 120 位的标识符来跟踪每一个 Session。ASP.NET 中利用专有算法来生成这个标识符的值，从而保证了（统计上的）这个值是独一无二的，它有足够的随机性，从而保证恶意的用户不能利用逆向工程或"猜"获得某个客户端的标识符的值。这个特殊的标识符被称为 SessionID。

SessionID 是传播于网络服务器和客户端之间的唯一的一个信息。当客户端出示它的 SessionID，ASP.NET 找到相应的 Session，从状态服务器里获得相应的序列化数据信息，从而激活该 Session，并把它放到一个可以被程序所访问的集合里。整个过程是自动发生的。

为了系统能够正常工作，客户端必须为每个请求保存相应的 SessionID，获取某个请求的 SessionID 的方式有两种：

- 使用 Cookies。在这种情况下，当 Session 集合被使用时，SessionID 被 ASP.NET 自动转化一个特定的 Cookie（被命名为 ASP.NET_SessionID）。
- 使用改装的 URL。在这种情况下，SessionID 被转化为一个特定的改装的 URL。ASP.NET 的这个新特性可以让程序员在客户端禁用 Cookies 时创建 Session。

虽然使用 Session 解决了许多相关的问题，但它迫使服务器存储额外的信息。这笔额外的存储要求，即使是很小，随着数百或数千名客户进入网站，也能快速积累到可以破坏服务器正常运行的水平。程序员必须仔细考虑 Session 的使用。一不小心可能就会导致网站不能被大批客户所访问。

## 6.6.3　Session 对象的属性

在介绍 Session 对象的使用之前，先介绍一下它的属性，Session 对象的常用属性如表 6-9 所示。

表 6-9　Session 对象的属性

| 属性 | 说明 | 属性 | 说明 |
|---|---|---|---|
| Count | 获取会话状态下 Session 对象的个数 | SessionID | 用于标识会话的唯一编号 |
| TimeOut | Session 对象的生存周期 | IsReadOnly | 会话值是否只读 |

## 6.6.4　Session 对象的方法

Session 对象的常用方法如表 6-10 所示。

表 6-10　Session 对象的方法

| 方法 | 说明 | 方法 | 说明 |
|---|---|---|---|
| Abandon | 取消当前会话 | Remove | 删除会话状态集合中的项 |
| Add | 向当前会话状态集合中添加一个新项 | RemoveAll | 删除所有会话状态值 |
| Clear | 清空当前会话状态集合中所有键和值 | RemoveAt | 删除指定索引处的项 |

## 6.6.5　Session 对象的使用

Session 对象的使用和 ViewState 使用方法一样，在 Session 里存储一个 DataSet 的示例代码如下：

```
Session["dataSet"] = dataSet;//dataSet 为 DataSet 的一个实例
```

可以通过如下的示例代码从 Session 里取得该 DataSet：

```
dataset = (DataSet) Session["dataSet"];
```

对于当前用户来说，Session 对象是整个应用程序的一个全局变量，程序员在任何页面代码里都可以访问该 Session 对象。但某些情况下，Session 对象有可能会丢失。

用户关闭浏览器或重启浏览器。

如果用户通过另一个浏览器窗口进入同样的页面，尽管当前 Session 依然存在，但在新开的浏览器窗口中将找不到原来的 Session，这和 Session 的机制有关。

Session 过期。

程序员利用代码结束当前 Session。

在前两种情况下，Session 实际上仍然在内存中，因为服务器不知道客户端已关闭浏览器或改变窗口，本次 Session 将保留在内存中，直到该 Session 过期。但是程序员却无法在找到 Session，因为 SessionID 此时已经丢失，失去了 SessionID 就无法从 Session 集合里检索到该 Session。

## 6.6.6　Session 的应用举例

### 例 6-17　Session 应用实例

本节将要讲述一个 Session 应用的例子，它模拟购物车的一些简单特征。该网页会显示购物车的商品数，其中有两个按钮，一个向购物车中添加商品，另一个清空购物车。为了简化问题，仅计算商品的数量。具体实现步骤如下：

**01** 打开 Visual Studio 2012，新建一个空 Web 应用程序 Sample6-17，添加一个新网页 Default.aspx，在编辑区中<form></form>标记之间编写代码如下：

```
<div>
·<asp:Button ID="Button1" runat="server" Text="清空购物车" OnClick="Button1_Click"
/> 
 <asp:Button ID="Button2" runat="server" Text="添加" OnClick="Button2_Click" /><br
/>
<asp:Label ID="Label1" runat="server" Text=""  ForeColor="Blue"></asp:Label>
</div>
```

**02** 打开 Default.aspx.cs 页面，编写代码如下。

```
// 定义"清空购物车"按钮控件 Button1 点击事件 Click 的方法
protected void Button1_Click(object sender, EventArgs e)
{//设置商品数量为 0 并放置到 Session 中
    Session["ItemCount"] = 0;
```

```
        Label1.Text = "商品数量: " + Session["ItemCount"];
    }
protected void Button2_Click(object sender, EventArgs e){
    if (Session["ItemCount"] != null)// 判断 Session 中如果有数值存在
    {
        int i = (int)Session["ItemCount"];
        i++;
        Session["ItemCount"] = (Object)i;  //将 Session 中的商品数量赋值给变量 i
    }
    else{
        Session["ItemCount"] =1;  //如果 Session 中没有数值存在，则设置 Session 中商品数量
为 1
    }
    Label1.Text = "商品数量: " + Session["ItemCount"];//将商品数量加 1
}
```

**03** 运行 Default.aspx 页面，单击"添加"按钮，会重新加载页面，可以看到购物车中的商品数量已经增加了，单击三次后的效果如图 6-16 所示。

**04** 刷新页面，购物车中的数量不会改变，只有关闭浏览器或者使其放置时间超过 20 分钟，才会丢失会话信息，单击"清空购物车"按钮，可以看到商品数量就会变成 0，如图 6-17 所示。

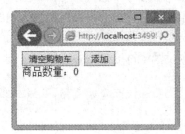

图 6-16　运行结果 1　　　　　　　　图 6-17　运行结果 2

## 6.6.7　Session 的存储

以上讲述了 Session 的概念、属性、方法以及如何被跟踪、被使用的相关知识。但关于 Session 的存储方式一直都没有仔细探讨，读者可能也非常想知道 Session 是如何存储的。本节将介绍 Session 的存储。

Session 存储在两个地方，分别是客户端和服务器端。客户端只负责保存相应网站的 SessionID，而其他的 Session 信息则保存在服务器端。这就是为什么说 Session 是安全的原因。在客户端只存储 SessionID，这个 SessionID 只能被当前请求网站的客户所使用，对其他人则是不可见的；而 Session 的其他信息则是保存在服务器端，而且永远也不发送到客户端，这些信息对客户都是不可见的，服务器只会按照请求程序取出相应的 Session 信息发送到客户端。所以只要服务器不被攻破，想要利用 Session 搞破坏还是比较困难的。下面分两个小节来讲述 Session 的存储。

### 1．在客户端的存储

在 ASP.NET 中客户端的 Session 信息存储方式有两种，分别是使用 Cookie 存储和不使用 Cookie 存储。默认状态下，在客户端是使用 Cookie 存储 Session 信息的。有时为了防止用户禁用 Cookie 造成程序混乱，就会不使用 Cookie 存储 Session 信息。在客户端不使用 Cookie 存储 Session 信息的设置步骤如下。

找到当前 Web 应用程序的根目录，打开 Web.Config 文件，找到如下段落：

```
<sessionState
      mode="InProc"
      stateConnectionString="tcpip=127.0.0.1:42424"
      sqlConnectionString="data source=127.0.0.1;Trusted_Connection=yes"
      cookieless="false"
      timeout="20" />
```

把以上代码段中的 cookieless="false" 改为 cookieless="true"，客户端就不再使用 Cookie 存储 Session 信息，而是将其通过 URL 存储。运行已创建的 Web 应用程序，就会在运行出来的页面的地址栏里看到 SessionID，如图 6-18 所示。

图 6-18　URL 中存储 SessionID

其中，http://localhost/Sample/Sample4-1/(S(unin0w55qfkkeiv5ddmwkgq5))/Page3.aspx 中黑体标出的就是客户端的 SessionID。这段信息是由 IIS 自动加上的，不会影响以前正常的连接。

### 2．在服务器端的存储

在服务器端存储的 Session 信息可以有三种存储方式。

（1）存储在进程内

在 Web.Config 文件中找到如下段落：

```
<sessionState mode="InProc"
  stateConnectionString="tcpip=127.0.0.1:42424"
  sqlConnectionString="data              source=127.0.0.1;Trusted_Connection=yes"
cookieless="false"
  timeout="20" />
```

设置 mode="InProc"，这种存储模式就是在服务器端将 Session 信息存储在 IIS 进程中。当 IIS 关闭、重起后，这些信息都会丢失。但是这种模式的性能最高。因为所有的 Session 信息都存储在了 IIS 的进程中，所以 IIS 能够很快的访问到这些信息，这种模式的性能比进程外存储 Session 信息或是在 SQL Server 中存储 Session 信息都要快上很多。这种模式是 ASP.NET 的默认方式。

（2）存储在进程外

首先，要在"控制面板"里来打开"管理工具"下的"服务"，找到名为 ASP.NET State Service 的服务并启动它。这个服务启动时需要保存一个 Session 信息的进程。启动这个服务后，可以从

"Windows 任务管理器"中"进程"面板中看到一个名为 aspnet_state.exe 的进程，这个就是保存 Session 信息的进程。

然后，回到 Web.config 文件中上述的段落中，将 mode 的值改为 StateServer。这种存储模式就是进程外存储，当 IIS 关闭、重起后，这些信息都不会丢失。

实际上，这种将 Session 信息存储在进程外的方式不光只可以将信息存储在本机的进程外，还可以将 Session 信息存储在其他的服务器的进程中。这时，不光需要将 mode 的值改为 StateServer，还需要在 stateConnectionString 中配置相应的参数。例如读者的计算机 IP 是 192.168.0.1，想把 Session 存储在 IP 为 192.168.0.2 的计算机的进程中，就需要设置成这样：stateConnectionString="tcpip=192.168.0.2:42424"。当然，不要忘记在 192.168.0.2 的计算机中装上 .NET Framework，并且启动 ASP.NET State Services 服务。

（3）存储在 SQL Server 中

启动 SQL Server 和 SQL Server 代理服务。在 SQL Server 中执行一个叫做 InstallSqlState.sql 的脚本文件。这个脚本文件将在 SQL Server 中创建一个用来专门存储 Session 信息的数据库，及一个维护 Session 信息数据库的 SQL Server 代理作业。读者可以在以下路径中找到这个脚本文件：

```
[System Drive]\Winnt\Microsoft.net\Framework\v2.0
```

然后打开查询分析器，连接到 SQL Server 服务器，打开刚才的那个文件并且执行。稍等片刻，数据库及作业就建立好了。这时，读者可以打开企业管理器，看到新增了一个叫 ASPState 的数据库。但是这个数据库中只有存储过程，没有用户表。实际上 Session 信息是存储在了 tempdb 数据库的 ASPStateTempSessions 表中的，另外一个 ASPStateTempApplications 表存储了 ASP 中 Application 对象信息。这两个表也是刚才的脚本建立的。另外查看"管理"|"SQL Server 代理"|"作业"命令，发现也多了一个叫做 ASPState_Job_DeleteExpiredSessions 的作业，这个作业实际上就是每分钟去 ASPStateTempSessions 表中删除过期的 Session 信息的。

接着，返回到 Web.config 文件，修改 mode 的值改为 SQL Server。注意，还要同时修改 sqlConnectionString 的值，格式为：

```
sqlConnectionString="data source=localhost; Integrated Security=SSPI;"
```

其中 data source 是指 SQL Server 服务器的 IP 地址，如果 SQL Server 与 IIS 是一台机子，写 127.0.0.1 就行了。Integrated Security=SSPI 的意思是使用 Windows 集成身份验证，这样，访问数据库将以 ASP.NET 的身份进行，通过如此配置，能够获得比使用 userid=sa;password=口令的 SQL Server 验证方式更好的安全性。当然，如果 SQL Server 运行于另一台计算机上，读者可能会需要通过 Active Directory 域的方式来维护两边验证的一致性。

如何选择 Session 的存储方式就需要根据具体的情况来分析。在客户端是否使用 Cookie 来存储 SessionID 需要程序员做一个判断，判断客户是否禁用 Cookie，不过一般情况下都会采用默认情况。在服务器端如何将三种形式做出选择跟要根据实际需求：追求效率的话肯定采用默认的形式存储 Session 信息；要想持久保存 Session 就可以选择其他两种方式。其实，究竟采用哪种方式，最重要的是由程序员根据实际需求来分析，有时可能需要做很多测试才能决定下来采用哪种方式。

## 6.7 Application 对象

Application 对象是 HttpApplicationState 类的一个实例，用于定义 ASP.NET 应用程序中的所有应用程序对象通用的方法、属性和事件。HttpApplicationState 类是由用户在 global.asax 文件中定义的应用程序的基类。此类的实例 Application 对象是在 ASP.NET 基础结构中创建的，而不是由用户直接创建的。一个实例在其生存期内被用于处理多个请求，但它一次只能处理一个请求。这样，成员变量才可用于存储针对每个请求的数据。

Application 的原理是在服务器端建立一个状态变量，用来存储所需的信息。需要注意的是，首先，这个状态变量是建立在内存中的，其次这个状态变量是可以被网站的所有页面访问的。

Application 对象具有如下特点：

- 数据可以在 Application 对象内部共享。
- 一个 Application 对象包含事件，可以触发某些 Applicatin 对象脚本。
- 个别 Application 对象可以利用 Internet Service Manager 来设置，从而获得不同的属性。
- 单独的 Application 对象可以隔离出来在它们自己的内存中运行。
- 可以停止一个 Application 对象(将其所有组件从内存中驱除)而不会影响到其他应用程序。
- 一个网站可以有不止一个 Application 对象。典型情况下，可以针对个别任务的一些文件创建个别的 Application 对象，例如，可以建立一个 Application 对象来适用于全部公有用户，而再创建另外一个只适用于网络管理员的 Application 对象。
- Application 对象成员在服务器运行期间持久地保存数据。Application 对象成员的生命周期止于关闭 IIS 或使用 Clear 方法清除。
- 因为多个用户可以共享一个 Application 对象，所以必须要有 Lock 和 Unlock 方法，以确保多个用户无法同时改变某一属性。

### 6.7.1 Application 对象的属性

Application 对象的常用属性如表 6-11 所示。

表 6-11 Application 对象的属性

| 属性 | 说明 |
| --- | --- |
| AllKeys | 获取 HttpApplicationState 集合中的访问键 |
| Count | 获取 HttpApplicationState 集合中的对象数 |

### 6.7.2 Application 对象的方法

Application 对象的常用方法如表 6-12 所示。

表 6-12　Application 对象的方法

| 方法 | 说明 |
|---|---|
| Add | 新加一个 Application 对象的变量 |
| Clear | 清除全部 Application 对象的变量 |
| Get | 使用索引或者变量名称获取变量值 |
| Lock | 锁定全部变量 |
| Remove | 使用变量名删除一个 Application 对象的变量 |
| RemoveAll | 删除 Application 对象的所有变量 |
| Set | 使用变量名更新 Application 对象变量的内容 |
| UnLock | 解锁 Application 对象的变量 |

## 6.7.3　Application 对象的应用举例

### 例 6-18　Application 对象的应用实例

大多数网站都有统计网站访问量的功能，通过统计网站的访问量，可以清楚的反映网站的人气，本例使用 Application 对象来实现统计网站的总访问量。

01 启动 Visual Studio 2012，新建一个空 Web 应用程序 Sample6-18，添加一个新网页 Default.aspx，在编辑区中<form></form>标记之间编写代码如下：

```
您是本网站的第<asp:Label ID="Label1" runat="server" Text=""></asp:Label>位访客，热烈欢迎您！
```

02 添加一个 Global.asax 文件，并打开该文件，添加对 Application 对象的 Application_Start 事件和 Session 对象的 Session_Start 事件的处理代码如下：

```
void Application_Start(object sender, EventArgs e)
{ Application ["Visitors"]=0;  //初始化 Application 变量的值为 0
}
void Session_Start(object sender, EventArgs e)
{
    Application.Lock();  //执行 Lock 操作，防止别人修改 Visitors 的值
    Application["Visitors"] =
    Convert.ToInt32(Application["Visitors"])+ 1;  //把 Visitors 的值加 1
    Application.UnLock();  //执行 UnLock 操作，放开对 Visitors 变量值的控制
}
```

03 打开 Default.aspx.cs 文件，编写代码如下：

```
protected void Page_Load(object sender, EventArgs e)
{//得到 Visitors 变量的值，调用 Convert 对象的 ToInt32 方法把它从 Object 类型转换为整数。
    int count = Convert.ToInt32(Application ["Visitors"]);
    Label1.Text = count.ToString();
}
```

04 浏览 Default.aspx，效果如图 6-19 所示。每次页面被访问时网站的访问量就会增加。

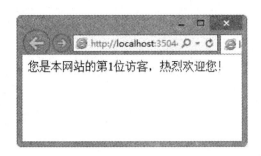

图 6-19 运行效果

## 6.8 小结

本章介绍了 ASP.NET 提供的一些常用的内置对象，通过对这些对象的属性、方法介绍来让读者对这些对象有所了解，并列举了大量实例来讲述如何在应用程序中使用这些对象。Request 对象、Response 对象和 Server 对象主要用来建立服务器和客户端浏览器之间的联系，而 ViewState 对象、Cookies 对象、Session 对象和 Application 对象则主要用于网站状态管理。学会使用这些对象有利于读者站在系统的角度来构建网站。

# 第 7 章
# 输入验证

为了更好地创建交互式 Web 应用程序、加强应用程序安全性（例如防止脚本入侵等），程序开发人员应该对用户输入的内容进行验证。ASP.NET 提供了验证控件来帮助程序开发人员实现输入验证功能。

## 7.1　概述

现在的很多 Web 系统都是交互式的，通常用户在使用 Web 系统的过程中需要输入一些内容以实现和系统的交互操作，用户在输入内容时有时可能会出现一些错误，常见的输入错误如下：

- 用户可能忽略必须输入的信息。
- 用户输入的类型错误，例如需要输入数字时却输入了字符。
- 用户没有按照要求的字符串格式输入，例如日期的输入就会经常产生错误。
- 输入的范围错误。

以上几种输入错误可能是用户无意识下造成的，但也有不良用户利用这些错误对网站进行攻击，常见的就是 SQL 攻击，因此，在开发应用程序时，必须在进行任何其他操作之前对用户的输入进行验证。

在 Web 应用程序中，实现输入验证功能是比较困难的事情，因为，也许程序员在客户端使用客户端脚本语言来实现输入的验证，但恶意的用户可以绕过这些验证，因此还是需要在服务器端再编写代码验证用户的输入，但这样会占用大量的网络资源。

ASP.NET 提供了一系列输入验证控件，使用这些控件用户可以很方便地实现输入验证。此外，ASP.NET 还提供了可以在控件开发中使用的可扩充的验证框架，开发人员可以通过使用这个验证框架来定制自己的验证控件。

### 7.1.1　验证控件的使用

要使用验证控件，只需要从工具箱里把验证控件拖入到页面中即可。验证控件有很多，后面章节会详细介绍，每个验证控件都引用页面上其他输入控件（这里只针对 Web 控件）。在处理用户输入时，验证控件会对用户输入进行测试，并设置属性以指示输入是否通过测试。在调用了所有验证控件后，会在页面上设置一个属性以指示是否出现验证检查失败。

此外，还可以把验证控件关联到验证组中，使得属于同一组的验证控件可以一起进行验证，这样可以使用验证组有选择地启用或禁用页面上相关控件的验证。

## 7.1.2 何时进行验证

当用户向服务器提交页面之后，服务器将逐渐调用验证控件来检查用户的输入。若在任意输入控件中检测到验证错误，则该页面将自行设置为无效状态，以在代码运行之前测试其有效性。验证发生的时间是：已对页面进行了初始化，但还没有调用任何更改或单击事件处理程序。

## 7.1.3 验证多个条件

通常，每个验证控件只执行一次验证，但有时可能需要使用多个条件来检测用户的输入，例如，可能需要指定用户输入，同时将该用户的输入限制为只接受特定范围内的数字。这时，可以将多个验证控件附加到页面上的一个输入控件，并使用逻辑 AND 运算符来解析控件执行的验证，这样用户的输入只有通过所有的验证才能视为有效。

有时，可能要求用户输入满足的格式是多样的，例如，在提示输入电话号码时，可能允许用户输入本地号码、长途号码等。这时需要使用 RegularExpressionValidator 验证控件，在验证条件中利用逻辑运算符 OR 连接多个验证条件，当然也可以编写自定义验证控件来实现这个功能。

## 7.1.4 显示错误信息

验证控件通常在页面中是不可见的，只有在检测到验证错误时它才会显示指定的错误信息，错误信息显示的方法有很多种，如表 7-1 所示。

表 7-1　错误信息的显示方式

| 显示方法 | 说明 |
| --- | --- |
| 内联 | 每一个验证控件都可以单独就地（通常在发生错误的控件旁边）显示一条错误信息 |
| 摘要 | 验证错误可以收集并显示在一个位置，这种方式通常与在发生错误的输入控件旁边显示信息的方式结合使用 |
| 就地和摘要 | 同一错误信息的摘要显示和就地显示可能会有所不同，可使用此方式就地显示简短错误，而在摘要中显示更为详细的信息 |
| 自定义 | 可以通过捕捉错误信息并设计自己的输出来自定义错误信息的显示 |

## 7.1.5 验证对象模型

在 ASP.NET 中，可以通过使用由各个验证控件和页面公开的对象模型与验证控件进行交互。每个验证控件都会公开自己的 IsValid 属性，可以测试该属性以确定该控件是否通过验证测试。

页面也有一个 IsValid 属性，该属性显示页面上的所有验证控件的 IsValid 状态。

页面还提供一个包含页面上所有验证控件的列表的 Validator 集合，通过这个集合依次检查单个验证控件的状态。

## 7.2　验证控件

ASP.NET 共包含 5 个验证控件：RequiredFieldValidator、CompareValidator、RangeValidator、RegularExpressionValidator 和 CustomValidator，这些控件都是直接或者间接派生自 System.Web.UI.WebControls.BaseValidator。每个验证控件执行特定类型的验证，当验证失败时显示自定义消息。此外还有一个名为 ValidationSummary 的控件，该控件不具有验证功能，是用来搜集页面上每个验证控件的自定义消息并统一显示。下面就逐一介绍每个验证控件的相关知识。

### 7.2.1　RequiredFieldValidator 控件

RequiredFieldValidator 控件的功能是指定用户必须为某个在 ASP.NET 网页上的特定控件提供信息，如在登录一个网站时，用户名不能为空，此时就可以利用 RequiredFieldValidator 控件绑定到用户名文本框，当用户名为空时 RequiredFieldValidator 控件就会弹出"用户名为空"的提示信息。

对于 RequiredFieldValidator 控件的使用一般是通过对其属性的设置来完成的，该控件常用的属性如表 7-2 所示。

表 7-2　RequiredFieldValidator 控件的常用属性

| 属性 | 说明 |
| --- | --- |
| ControlToValidate | 通过设置该属性为某控件的 ID 来把验证控件绑定到需要验证的控件上 |
| ErrorMessage | 通过该属性来设置当验证控件无效时需要显示的信息 |
| ValidationGroup | 绑定到验证程序所属的组 |
| Text | 当验证控件无效时显示的验证程序的文本 |
| Display | 通过该属性来设置验证控件的显示模式，该属性有三个值：<br>● None 表示验证控件无效时不显示信息<br>● Static 表示验证控件在页面上占位是静态的，不能为其他空间所占<br>● Dynamic 表示验证控件在页面上占位是动态的，可以为其他空间所占，当验证失效时验证控件才占据页面位置 |

下面通过一个例子来介绍 RequiredFieldValidator 控件的使用。

**例 7-1　RequiredFieldValidator 控件的使用**

当登录一个网站时，用户名一般不能为空，这里通过 RequiredFieldValidator 控件来控制用户名不能为空。该例子包含一个用户名输入文本框 TextBox1、一个 RequiredFieldValidator 控件 RequiredFieldValidator1 和一个 Button 控件。设置 RequiredFieldValidator1 的 ControlToValidate 为 TextBox1、ErrorMessage 为"用户名不能为空！"、Display 为 Dynamic。<form></form>标记之间的

代码如下：

```
<div>
       用户名
    <asp:TextBox ID="TextBox1" runat="server"></asp:TextBox>
    <asp:RequiredFieldValidator  ID="RequiredFieldValidator1"  runat="server"
Display="Dynamic" ErrorMessage="用户名不能为空！"> </asp:RequiredFieldValidator>
    <asp:Button ID="Button1" runat="server" Text="登 陆" />
</div>
```

当用户不输入用户名就直接登录时程序将终止执行并提示"用户名不能为空！"，运行效果如图 7-1 所示。

图 7-1　RequiredFieldValidator 控件的运行效果图

## 7.2.2　CompareValidator 控件

CompareValidator 控件的功能是验证某个输入控件里输入的信息是否满足事先设定的条件，如当输入某种商品的价格时，希望用户输入的值大于 0（没有商品的价格是 0 或者是负数的），这样利用 CompareValidator 控件绑定到商品价格文本框，并设置适当条件来控制操作人员的误输入小于0 的数值。

对于 CompareValidator 控件的使用一般也是通过对其属性的设置来完成的，该控件常用的属性如表 7-3 所示。

表 7-3　CompareValidator 控件的常用属性

| 属性 | 说明 |
| --- | --- |
| ControlToValidate | 通过设置该属性为某控件的 ID 来把验证控件绑定到需要验证的控件 |
| ErrorMessage | 通过该属性来设置当验证控件无效时需要显示的信息 |
| ValidationGroup | 绑定到验证程序所属的组 |
| Text | 当验证控件无效时显示的验证程序的文本 |
| Display | 通过该属性来设置验证控件的显示模式，该属性有三个值：<br>● None 表示验证控件无效时不显示信息<br>● Static 表示验证控件在页面上占位是静态的，不能为其他空间所占<br>● Dynamic 表示验证控件在页面上占位是动态的，可以为其他空间所占，当验证失效时验证控件才占据页面位置 |

（续表）

| 属性 | 说明 |
|---|---|
| Operator | 通过该属性来设置比较时所用到的运算符，运算符有以下几种：<br>● Equal，表示等于<br>● NotEqual，表示不等于<br>● GreaterThan，表示大于<br>● GreaterThanEqual，表示大于等于<br>● LessThan，表示小于<br>● LessThanEqual，表示小于等于<br>● DataTypeCheck，表示用于数据类型检测 |
| Type | 通过该属性来设置按照哪种数据类型来进行比较，常用的数据类型包括：<br>● String，表示字符串<br>● Integer，表示整数<br>● Double，表示小数<br>● Date，表示日期 |
| ValueToCompare | 设置用来做比较的数据 |
| ControlToCompare | 设置用来做比较的控件，有时需要让验证控件的控件和其他控件里的数据做比较就会用到这个属性 |

下面通过一个例子来介绍 CompareValidator 控件的使用。

**例 7-2　CompareValidator 控件的使用**

在一个超市的商品价格管理系统中，对于商品的价格输入会加以控制，以使小于 0 的价格不会被录入到数据库中，这就可以利用 CompareValidator 控件来加以控制。这个例子包括一个价格输入文本框 TextBox1、一个 CompareValidator 控件 CompareValidator1 和一个 Button 控件。设置 CompareValidator1 的 ControlToValidate 为 TextBox1、ErrorMessage 为"输入大于 0 的数值"、Display 为 Dynamic、Operator 为 GreaterThan、Type 为 Double、ValueToCompare 为 0，<form></form>标记之间的代码如下：

```
<div>      价格
<asp:TextBox ID="TextBox1" runat="server"></asp:TextBox>
<asp:CompareValidator          ID="CompareValidator1"          runat="server"
ControlToValidate="TextBox1"
    ErrorMessage=" 输 入 大 于 0 的 数 值 " Operator="GreaterThan" Type="Double"
ValueToCompare="0"></asp:CompareValidator>
    <asp:Button ID="Button1" runat="server" Text="提 交" /></div>
```

当用户输入负数的价格时，单击"提交"按钮后程序会被终止，并提示用户"输入大于 0 的数值"，运行效果如图 7-2 所示。

图 7-2 CompareValidator 控件运行效果图

## 7.2.3 RangeValidator 控件

RangeValidator 控件的功能是验证用户对某个文本框的输入是否在某个范围之内，如输入的数值是否在某两个数值之间，输入的日期是否在某两个日期之间等。

对于 RangeValidator 控件的使用一般也是通过对其属性的设置来完成的，该控件常用的属性如表 7-4 所示。

表 7-4 RangeValidator 控件的常用属性

| 属性 | 说明 |
|---|---|
| ControlToValidate | 通过设置该属性为某控件的 ID 来把验证控件绑定到需要验证的控件上 |
| ErrorMessage | 通过该属性来设置当验证控件无效时需要显示的信息 |
| ValidationGroup | 绑定到验证程序所属的组 |
| Text | 当验证控件无效时显示的验证程序的文本 |
| Display | 通过该属性来设置验证控件的显示模式，该属性有三个值：<br>● None 表示验证控件无效时不显示信息<br>● Static 表示验证控件在页面上占位是静态的，不能为其他空间所占<br>● Dynamic 表示验证控件在页面上占位是动态的，可以为其他空间所占，当验证失效时验证控件才占据页面位置 |
| Type | 通过该属性来设置按照哪种数据类型来进行比较，常用的数据类型包括：<br>● String，表示字符串<br>● Integer，表示整数<br>● Double，表示小数<br>● Date，表示日期 |
| MaximumValue | 设置用来做比较的数据范围上限 |
| MinimumValue | 设置用来做比较的数据范围下限 |

下面通过一个例子来介绍 RangeValidator 控件的使用。

### 例 7-3 RangeValidator 控件的使用

在一个商品报价管理系统中，公司需要对商品的报价范围进行控制，因此需要控制用户对商品价格文本框里输入的数据，这时可以利用 RangeValidator 控件加以控制。这个例子包括一个价格输入文本框 TextBox1、一个 RangeValidator 控件 RangeValidator1 和一个 Button 控件。设置 RangeValidator1 的 ControlToValidate 为 TextBox1、ErrorMessage 为 "输入在 10000 和 9000 之间的数值"、Display 为 Dynamic、MaximumValue 为 10000、MinimumValue 为 9000。代码如下：

```
<form id="form1" runat="server">
    <div>    价格
```

```
        <asp:TextBox ID="TextBox1" runat="server"></asp:TextBox>
        <asp:RangeValidator          ID="RangeValidator1"          runat="server"
ControlToValidate="TextBox1"
      ErrorMessage="RangeValidator"    MaximumValue="10000"    MinimumValue="9000"
Type="Double">
        </asp:RangeValidator> 
        <asp:Button ID="Button1" runat="server" Text="提 交" />
    </div>
</form>
```

当用户的输入不在 9000~10000 范围内的价格时，单击"提交"按钮程序会被终止，并提示用户"输入在 10000 和 9000 之间的数值"，运行效果如图 7-3 所示。

图 7-3　RangeValidator 控件运行效果图

## 7.2.4　RegularExpressionValidator 控件

RegularExpressionValidator 控件的功能是验证用户输入的数据是否符合规则表达式预定义的格式，如输入的数据是否符合电话号码、电子邮件等的格式。规则表达式一般都是利用正则表达式来描写的，因此需要了解一些有关正则表达式的知识。

对于 RegularExpressionValidator 控件的使用一般也是通过对其属性的设置来完成的，该控件常用的属性如表 7-5 所示。

表 7-5　RegularExpressionValidator 控件的常用属性

| 属性 | 说明 |
| --- | --- |
| ControlToValidate | 通过设置该属性为某控件的 ID 来把验证控件绑定到需要验证的控件上 |
| ErrorMessage | 通过该属性来设置当验证控件无效时需要显示的信息 |
| ValidationGroup | 绑定到验证程序所属的组 |
| Text | 当验证控件无效时显示的验证程序的文本 |
| Display | 通过该属性来设置验证控件的显示模式，该属性有三个值：<br>● None 表示验证控件无效时不显示信息<br>● Static 表示验证控件在页面上占位是静态的，不能为其他空间所占<br>● Dynamic 表示验证控件在页面上占位是动态的，可以为其他空间所占，当验证失效时验证控件才占据页面位置 |
| ValidationExpression | 通过该属性来设置利用正则表达式描述的预定义格式 |

下面通过一个例子来介绍 RegularExpressionValidator 控件的使用。

### 例 7-4　RegularExpressionValidator 控件的使用

在用户填写注册信息时有时会要求用户输入电话号码，为了保证用户输入格式的正确性，就可以利用 RegularExpressionValidator 控件来进行控制。这个例子包括一个电话号码输入文本框

TextBox1、一个 RegularExpressionValidator 控件 RegularExpressionValidator1 和一个 Button 控件。设置 RegularExpressionValidator1 的 ControlToValidate 为 TextBox1、ErrorMessage 为 "输入合格电话号码格式如 01082316833"、Display 为 Dynamic、ValidationExpression 为 "(\(\d{3}\)|\d{3}-)?\d{8}",代码如下：

```
<form id="form1" runat="server">
<div>
   电话号码
  <asp:TextBox ID="TextBox1" runat="server"></asp:TextBox>
   <asp:RegularExpressionValidator ID="RegularExpressionValidator1"
 runat="server" ControlToValidate="TextBox1" Display="Dynamic"
 ErrorMessage="输入合格电话号码格式如 01082316833"
 ValidationExpression="(\(\d{3}\)|\d{3}-)?\d{8}">
 </asp:RegularExpressionValidator> <asp:Button ID="Button1" runat="server" Text="
提交" />
</div>
</form>
```

当用户的输入不符合电话号码格式的数值时，单击"提交"按钮程序会被终止，并提示用户"输入合格电话号码格式如 01082316833"，运行效果如图 7-4 所示。

图 7-4　RegularExpressionValidator 控件运行效果图

## 7.2.5　CustomValidator 控件

CustomValidator 控件的功能是能够调用程序员在服务器端编写的自定义验证函数。有时使用现有的验证控件可能满足不了程序员的需求，因此有时可能需要程序员自己来编写验证函数，而通过 CustomValidator 控件的服务器端事件将该验证函数绑定到相应的控件。

对于 CustomValidator 控件的使用一般也是通过对其属性进行设置来完成的，该控件常用的属性如表 7-6 所示。

表 7-6　CustomValidator 控件的常用属性

| 属性 | 说明 |
| --- | --- |
| ControlToValidate | 通过设置该属性为某控件的 ID 来把验证控件绑定到需要验证的控件上 |
| ErrorMessage | 通过该属性来设置当验证控件无效时需要显示的信息 |
| ValidationGroup | 绑定到验证程序所属的组 |
| Text | 当验证控件无效时显示的验证程序的文本 |
| Display | 通过该属性来设置验证控件的显示模式，该属性有三个值：<br>● None 表示验证控件无效时不显示信息<br>● Static 表示验证控件在页面上占位是静态的，不能为其他空间所占<br>● Dynamic 表示验证控件在页面上占位是动态的，可以为其他空间所占，当验证失效时验证控件才占据页面位置 |

143

（续表）

| 属性 | 说明 |
|---|---|
| ValidationEmptyText | 通过该属性来判断绑定的控件为空时是否执行验证，该属性为 true 的含义是：绑定的控件为空时执行验证，为 false 的含义则是：绑定的控件为空时不执行验证 |
| IsValid | 获取一个值来判断是否通过验证，true 表示通过验证，而 false 表示不通过验证 |

此外还需要启用该控件的 ServerValidate 事件才能把程序员自定义的函数绑定到相应的控件上。

下面通过一个例子来介绍 CustomValidator 控件的使用。

### 例 7-5   CustomValidator 控件的使用

在用户登录时，验证控件也可以实现身份验证功能，下面利用 CustomValidator 控件自定义验证过程予以实现。这个例子包括一个用户名输入文本框 TextBox1、一个密码输入文本框 TextBox2、一个 CustomValidator 控件 CustomValidator1 和一个 Button 控件。设置 CustomValidator1 的 ControlToValidate 为 TextBox2、ErrorMessage 为"用户名或密码不正确"、Display 为 Dynamic、ValidationEmptyText 为 true，代码如下：

```
//.aspx 文件中的代码如下
<form id="form1" runat="server">
 <table>
<tr>
<td style="width: 90px" align=right>用户名</td>
<td style="width: 199px"> <asp:TextBox ID="TextBox1"
runat="server"></asp:TextBox></td>
</tr>
 <tr>
 <td style="width: 90px" align=right>密码</td>
 <td style="width: 199px"><asp:TextBox ID="TextBox2"
runat="server"></asp:TextBox></td>
 </tr>
 <tr>
 <td style="width: 90px"></td>
 <td style="width: 199px"><asp:Button ID="Button1" runat="server" Text="提 交"
/></td>
 </tr>
 <tr>
 <td style="width: 90px"></td>
 <td style="width: 199px">
 <asp:CustomValidator ID="CustomValidator1" runat="server" ErrorMessage="用户名或
密码不正确"
                 ValidateEmptyText="True" ControlToValidate="TextBox2"
                 OnServerValidate="CustomValidator1_ServerValidate">
 </asp:CustomValidator>
 </td>
 </tr>
 </table>
```

```
</form>
//.aspx.cs 文件中的代码如下
/// <summary>
    /// 简单的用户身份验证函数
/// </summary>
/// <param name="userName"></param>
/// <param name="password"></param>
/// <returns></returns>
private bool IsPassed(string userName, string password)
{   if (userName == "zhang" && password == "123")
    {   return true;
    }
    else
        return false;
}
/// <summary>
    /// ServerValidate 事件
/// </summary>
/// <param name="source"></param>
/// <param name="args"></param>
protected        void        CustomValidator1_ServerValidate(object        source,
ServerValidateEventArgs args)
{   if (IsPassed(this.TextBox1.Text.Trim(), this.TextBox2.Text.Trim()))
    {   args.IsValid = true;//通过密码验证
    }
    else
    {   args.IsValid = false;//没有通过密码验证
    }
}
```

当用户输入的用户名或密码不正确时，单击"提交"按钮程序会被终止，并提示用户"用户名或密码不正确"，运行效果如图 7-5 所示。

图 7-5　CustomValidator 控件运行效果图

## 7.3 定制验证控件

为了提高开发的灵活性、满足不同 Web 应用的需求，ASP.NET 内置了一个可扩充的验证框架。该框架定义了服务器端和客户端的基本实现规则。开发人员可以使用这个可扩充的验证框架，根据应用需要设计自己的验证控件，从而实现新的设计规则。

下面介绍如何实现定制验证控件。

自定义验证控件的实现分别需要在服务器端和客户端进行设计，服务器端用来实现基本的验证功能，客户端验证则为了实现验证不刷新功能。

### 1. 服务器端实现机制

为了实现自定义验证控件，必须了解 ASP.NET 提供的 3 个重要对象，它们是：

- System.Web.UI.IValidator。
- System.Web.UI.WebControls.BaseValidator。
- System.Web.UI.WebControls.CustomValidator。

这三个对象组成了验证框架，基于这个验证框架，可以开发出自定义的验证控件。在这三个对象中，IValidator 接口是验证框架的基础，任何实现该接口的类都可以作为验证程序。BaseValidator 是抽象基类，该类实现了 IValidator 接口，并继承 System.Web.UI.WebControls.Label 控件。通常情况下，自定义验证控件都派生自该类。CustomValidator 实际是一个验证控件，开发人员可以用它来添加自定义的验证逻辑。

下面就详细介绍以下这三个对象的相关知识。

（1）IValidator 接口

IValidator 接口的定义如下：

```
public interface IValidator
{    string ErrorMessage {get; set;}
     bool IsValid {get; set;}
     void Validate();
}
```

IValidator 接口的成员包括一个方法和两个属性。ErrorMessage 属性用于获取或设置条件验证失败时生成的错误信息。IsValid 属性用于当由类实现时，获取或设置一个值，通过该值指示用户在指定控件中输入的内容是否通过验证。Validate 方法用于由类实现时，计算它检查的条件并更新 IsValid 属性。对于开发人员来讲，如果实现的是一个普通验证程序，而非验证控件，那么可以通过实现该接口来完成。其原因在于验证框架的实现分布在 Page 类、BaseValidator 类和验证目标控件中。这些类之间的相关性不允许任意实现 IValidator 接口。对于实现自定义验证控件，推荐的方法是继承 BaseValidator 类。

（2）BaseValidator 类

BaseValidator 是验证框架中最为重要的部分。该类派生自 Label 类，并且实现 IValidator 接口。无论是内置验证控件，还是自定义验证控件，都必须派生自 BaseValidator 类。该类实现所有验证控件都必须实现的通用属性，这些通用属性如表 7-7 所示。

表 7-7　BaseValidator 类的常用属性

| 属性 | 说明 |
|---|---|
| ControlToValidate | 该属性值为 String 类型,用于验证控件将计算的输入控件的编程 ID。如果此为非法 ID,则引发异常 |
| Display | 该属性值为 ValidatorDisplay 类型,用于指定验证控件的显式行为。此属性可以为下列值之一<br>● None: 验证控件从不内联显示。如果希望仅在 ValidationSummary 控件中显示错误信息,则使用此选项<br>● Static: 如果验证失败,验证控件显示错误信息。即使输入控件通过了验证,也在 Web 页中为每个错误信息分配空间。当验证控件显示其错误信息时,页面布局不变。由于页面布局是静态的,同一输入控件的多个验证控件必须占据页上的不同物理位置<br>● Dynamic: 如果验证失败,验证控件显示错误信息。当验证失败时,在页上动态分配错误信息的空间。这允许多个验证控件共享页面上的同一个物理位置。由于验证控件的空间是动态创建的,所以页面的物理布局会发生更改。为了防止页面布局在验证控件变得可见时更改,必须调整包含验证控件的 HTML 元素的大小,使其大得足以容纳验证控件的最大大小 |
| ErrorMessage | 该属性值为 String 类型,用于当验证失败时,在 ValidationSummary 控件中显示的错误信息。如果未设置验证控件的 Text 属性,则验证失败时,验证控件中仍显示此文本。ErrorMessage 属性通常用于为验证控件和 ValidationSummary 控件提供各种消息。此属性不会将特殊字符转换为 HTML 实体,例如,小于号字符(<)不转换为 "&lt;"。这允许将 HTML 元素(如<IMG>元素)嵌入到该属性的值中 |
| IsValid | 该属性值为 Bool 类型,用于指示 ControlToValidate 属性所指定的输入控件是否被确定为有效 |

由 BaseValidator 类派生的验证控件,可以不必再次实现以上通用属性,而只要根据应用需要另外定义一些属性和验证逻辑即可,例如,对于 RangeValidator 控件,除具有以上通用属性外,还定义了用于限定取值范围的 MinimumValue 和 MaximumValue 属性,以及用于指定要比较的值的数据类型的 Type 属性。此外,该控件的验证逻辑是通过重写 BaseValidator.EvaluateIsValid 方法实现的。由此看来,BaseValidator 简化了自定义验证控件的实现过程,为控件开发人员提供了方便。

（3）CustomValidator 类

CustomValidator 类派生自 BaseValidator 类,它是 5 个内置验证控件之一。通常情况下,页面开发者使用 CustomValidator 来添加自定义的验证逻辑,可通过定义 ServerValidate 事件的事件处理方法以及 ClientValidationFunction 属性来完成。由于 CustomValidator 不提供复用机制(访问属性为 public),因此自定义验证控件不能从该类派生。

## 2. 客户端实现机制

通过在服务器端的验证框架,可以在服务器验证中添加验证逻辑。当页面回传时,验证目标控件的输入数据被发往服务器端参与验证逻辑。如果输入数据不能满足验证条件,那么页面将重新呈现，并且要求用户再次进行输入。整个验证过程可能需要多次往返，这样必然降低应用程序的易用性，并给服务器增加负担。

为了解决以上问题，开发人员必须学会为验证控件添加客户端验证机制。如果用户的浏览器支持 DHTML 和 JavaScript 技术，并且页面和验证控件的 EnableClientScript 均设置为 true，那么就可以在客户端执行验证。客户端验证通过在向服务器发送用户输入前，检查用户输入、改变一些页面效果来增强验证过程，例如，通过在客户端检测输入错误，从而避免服务器端验证所需要的信息来回传递。服务器端验证总是要被执行的，这看起来好像是与客户端验证产生了重复，实际不然。出于安全考虑，如果某些用户通过手工提交恶意数据，而绕过客户端验证，那么服务器端验证的执行将对保护应用程序的安全性，甚至为服务器的安全性提供有力支持。

客户端的验证机制其实就是编写一个能够验证输入数据的函数，这个函数根据验证的结果返回验证是否通过的标记，然后把这个函数绑定到服务器控件即可。

### 3. 实例

下面通过创建一个实现电子邮件格式验证的自定义验证控件来介绍自定义验证控件的创建过程。

**例 7-6　自定义验证控件的使用**

该实例的创建过程如下：

01 打开 Visual Studio 2012，创建一个 ASP.NET 空应用程序 Sample7-6。

02 添加一个 ASP.NET 服务器控件的文件，命名为 WebCustomValidatorControl.cs，这样就创建了一个自定义的 ASP.NET 服务器控件的定义代码模板。

03 打开文件 WebCustomValidatorControl.cs，可以看到自动生成的代码，这些代码都是添加自定义控件后自动生成的代码，可以看到所有的自定义控件都继承于 WebControl，这段代码还自动提供了一个属性 Text，并重写了 RenderContents 方法以输出属性 Text。代码如下：

```
using System;
using System.Collections.Generic;
using System.ComponentModel;
using System.Linq;
using System.Text;
using System.Web;
using System.Web.UI;
using System.Web.UI.WebControls;
using System.Text.RegularExpressions;
namespace Sample7_6
{   [DefaultProperty("Text")]
    [ToolboxData("<{0}:WebCustomValidatorControl
runat=server></{0}:WebCustomValidatorControl>")]
    public class WebCustomValidatorControl : WebControl
    {   [Bindable(true)]
        [Category("Appearance")]
        [DefaultValue("")]
```

```
        [Localizable(true)]
        public string Text
        {   get
            {   String s = (String)ViewState["Text"];
                return ((s == null) ? String.Empty : s);
            }
            set
            {   ViewState["Text"] = value;
            }
        }
        protected override void RenderContents(HtmlTextWriter output)
        {   output.Write(Text);
        }
    }
    ...
}
```

**04** 为了开发自定义验证控件，把验证控件类 WebCustomValidatorControl 的继承类由 WebControl 改变为 BaseValidator 类，并注释掉自动生成的属性 Text。

**05** 添加两个私有字段，字段 _clientFileUrl 用来存储客户端文件所在的路径，字段 ValidationExpression 则用来存储要执行验证的正则表达式，这里的正则表达式是电子邮件格式的描述。代码如下：

```
private string _clientFileUrl = "ClientFiles/";
private        const        string        ValidationExpression        =
@"\w+([-+.']\w+)*@\w+([-.]\w+)*\.\w+([-.]\w+)*";
```

**06** 添加属性 ClientFileUrl 的定义，该属性用来获取或设置客户端脚本文件的所在路径，代码如下：

```
public string ClientFileUrl
{   get
    {   return _clientFileUrl;
    }
    set
    {   _clientFileUrl = value;
    }
}
```

**07** 重写方法 AddAttributesToRender，为验证控件添加特殊属性 evaluationfunction 和 validationexp，属性 evaluationfunction 对应于客户端脚本文件中的验证方法，属性 validationexp 对应于客户端脚本文件中定义的验证格式。代码如下：

```
//重写AddAttributesToRender,为验证控件添加特殊属性evaluationfunction和validationexp
protected override void AddAttributesToRender(HtmlTextWriter writer)
{   base.AddAttributesToRender(writer);
    if (RenderUplevel)
    {   writer.AddAttribute("evaluationfunction", "ValidatorEvaluateIsValid",
false);
        writer.AddAttribute("validationexp", ValidationExpression);
```

```
        }
    }
```

**08** 重写方法 EvaluateIsValid，用来实现输入数据的验证。首先获得用户输入的数据，判断是否为空，若为空则不执行验证，不为空则调用 Regex 的方法 Match 来判断用户输入的数据与前面给出的电子邮件的格式是否匹配。最后把验证的结果返回。代码如下：

```
protected override bool EvaluateIsValid()
{   string controlValue = GetControlValidationValue(ControlToValidate);
    if (controlValue == null || controlValue == "")
    {   return true;
    }
    controlValue = controlValue.Trim();
    try
    {   Match m = Regex.Match(controlValue, ValidationExpression);
        return (m.Success && (m.Index == 0) && (m.Length == controlValue.Length));
    }
    catch
    {   return false;
    }
}
```

**09** 添加方法 GetClientFileUrl，该方法用来实现获得客户端脚本文件所在的路径，利用 String 类的方法 Format 获得客户端脚本文件所在的相对路径。代码如下：

```
// 实现辅助函数 GetClientFileUrl，用于获取 JavaScript 文件的完整路径
private string GetClientFileUrl(string fileName)
{
string    tempClient    =    String.Format("<script    language=\"javascript\"
src=\"{0}\"></script>",(ClientFileUrl + fileName));
    return tempClient;
}
```

**10** 重写方法 OnPreRender，为验证控件注册客户端脚本文件，调用 Page 类的对象 ClientScript 的方法 RegisterClientScriptBlock 为验证控件 WebCustomValidatorControl，注册客户端脚本 ClientValidator.js。代码如下：

```
//重写 OnPreRender 方法，注册客户端脚本程序
protected override void OnPreRender(EventArgs e)
{   base.OnPreRender(e);
    if (RenderUplevel)

{   Page.ClientScript.RegisterClientScriptBlock(typeof(WebCustomValidatorControl),
        "ClientValidator", GetClientFileUrl("ClientValidator.js"));
    }
}
```

**11** 添加一个名为 ClientValidator.js 的脚本文件，在其中加入如下代码（这段代码主要提供了一个方法 ValidatorEvaluateIsValid，它与服务器端的方法 EvaluateIsValid 具有相同的功能，只不过这个方法在客户端执行）：

```
function ValidatorEvaluateIsValid(val)
{  var validationexp = val.validationexp;
    //                 var          valueToValidate        =
ValidateTrim(ValidateGetValue(val.controltovalidate));
    var id = val.controltovalidate;
    var control;
    control = document.all[id];
    if(control.value == "")
    {   return true;
    }
    var valueToValidate = control.value;
    var rx = new RegExp(validationexp);
    var matches = rx.exec(valueToValidate);
    return (matches != null && valueToValidate == matches[0]);
}
```

12 编译项目 Sample7-6，编译成功后可以在工具箱中看到刚刚创建的自定义验证控件
    WebCustomValidatorControl。

13 添加一个页面文件 WebForm1.aspx，打开该页面文件，切换到"设计"视图，从工具箱
    中拖入一个文本框 TextBox1、一个 WebCustomValidatorControl 控件和一个按钮控件。设
    置 WebCustomValidatorControl 控件的 ControlToValidate 属性为 TextBox1，ErrorMessage
    为"需要输入正确的邮件格式"。代码如下：

```
<div>
    <asp:TextBox ID="TextBox1" runat="server"></asp:TextBox>
    <asp:Button ID="Button1" runat="server" Text="提 交" />
    <cc1:WebCustomValidatorControl ID="WebCustomValidatorControl1" runat="server"
        ControlToValidate="TextBox1" ErrorMessage="需要输入正确的邮件格式">
    </cc1:WebCustomValidatorControl>
</div>
```

运行页面文件 WebForm1.aspx，在文本框里随便输入一些文字，单击"提交"按钮，可以出现
如图 7-6 所示的效果。

图 7-6　自定义验证控件的运行效果

## 7.4　综合实例

本节通过一个综合实例来展示验证控件的用法。对一个注册页面的输入信息进行验证。这个
验证表单将会进行如下几种输入的验证。

- 必须输入的验证：用户名、密码和重复密码必须输入，使用 RequiredFieldValidator 控件来
  实现这些信息的输入验证。
- 匹配输入的验证：密码和重复密码必须一致，使用 CompareValidator 控件来实现密码和重

复密码的输入匹配验证。

- 邮件格式输入的验证：使用 RegularExpressionValidator 控件来实现邮件格式输入的验证。
- 年龄范围输入的验证：使用 RangeValidator 控件来实现年龄范围输入的验证。

### 例 7-7  自定义验证控件的使用

该实例的创建过程如下：

**01** 打开 Visual Studio 2012，创建一个 ASP.NET 空应用程序 Sample7-7。

**02** 添加页面文件 Default.aspx，加入注册页面的输入信息验证表单的构成代码，代码如下：

```
<div >
<table cellpadding="1" cellspacing="1" border="1" align="center">
   <tr><td align="center" colspan="3">用户注册</td></tr>
    <tr>
      <td align="right">用户名：</td>
      <td                    align="left"><asp:TextBox                    ID="TextBox1"
runat="server"></asp:TextBox></td>
        <td          <asp:RequiredFieldValidator          ID="RequiredFieldValidator1"
runat="server"
          ControlToValidate="TextBox1"  ErrorMessage="请 输 入 用 户 名 ."
Display="Dynamic">
           </asp:RequiredFieldValidator>
       </td>
    </tr>
    <tr>
    <td align="right">密码：</td>
    <td          align="left"><asp:TextBox          ID="TextBox2"          runat="server"
TextMode="Password"></asp:TextBox></td>
   <td>
    <asp:RequiredFieldValidator ID="RequiredFieldValidator2" runat="server"
    ControlToValidate="TextBox2" ErrorMessage="请输入密码." Display="Dynamic">
     </asp:RequiredFieldValidator>
   </td>
   </tr>
   <tr>
    <td align="right">重复密码：</td>
   <td          align="left"><asp:TextBox          ID="TextBox3"          runat="server"
TextMode="Password"></asp:TextBox></td>
    <td>
    <asp:RequiredFieldValidator ID="RequiredFieldValidator3" runat="server"
    ControlToValidate="TextBox3" ErrorMessage="请重复输入密码." Display="Dynamic">
    </asp:RequiredFieldValidator>
    <asp:CompareValidator ID="CompareValidator1" runat="server"
    ControlToCompare="TextBox2" ControlToValidate="TextBox3"
    ErrorMessage="两次输入的密码不一致." Display="Dynamic">
    </asp:CompareValidator>
    </td>
   </tr>
   <tr>
```

```
        <td align="right">E-mail: </td>
        <td align="left"><asp:TextBox ID="TextBox4" runat="server"></asp:TextBox></td>
        <td><asp:RegularExpressionValidator          ID="RegularExpressionValidator1"
runat="server"
                    ControlToValidate="TextBox4" ErrorMessage="请输入正确的邮件格式."

ValidationExpression="\w+([-+.']\w+)*@\w+([-.]\w+)*\.\w+([-.]\w+)*"
                    Display="Dynamic"></asp:RegularExpressionValidator>
        </td>
    </tr>
    <tr>
        <td align="right">年龄: </td>
        <td             align="left"><asp:TextBox            ID="TextBox5"
runat="server"></asp:TextBox></td>
        <td><asp:RangeValidator ID="RangeValidator1" runat="server"
         ControlToValidate="TextBox5" ErrorMessage="请输入 0 到 120 之间的数字."
MaximumValue="120"
            MinimumValue="0" Display="Dynamic"> </asp:RangeValidator>
         </td>
    </tr>
     <tr>
        <td align="center" colspan="3"> <asp:Label ID="Label1" runat="server"
Text=""></asp:Label> </td>
    </tr>
     <tr>
      <td align="center" colspan="3">
        <asp:Button ID="Button1" runat="server" Text="确 定" onclick="Button1_Click"
/>
        <asp:Button ID="Button2" runat="server" Text="取 消" onclick="Button2_Click"
        CausesValidation="False" />
        </td>
    </tr>
</table>
</div>
```

**03** 打开文件 Default.aspx.cs，加入"确定"按钮的单击事件处理程序，代码如下（判断页面是否通过验证，若通过，则显示"注册成功"）：

```
protected void Button1_Click(object sender, EventArgs e)
{
    if (Page.IsValid)
    {   this.Label1.Text = "注册成功.";
    }
}
```

**04** 加入"取消"按钮的单击事件处理程序，代码如下（由于"取消"按钮的属性 CausesValidation 设置为 False，因此当单击该按钮时并不引发验证。当单击该按钮时，清空所有输入控件的信息，并显示"取消注册"）：

```
protected void Button2_Click(object sender, EventArgs e)
{   this.TextBox1.Text = "";
```

153

```
    this.TextBox2.Text = "";
    this.TextBox3.Text = "";
    this.TextBox4.Text = "";
    this.TextBox5.Text = "";
    this.Label1.Text = "取消注册.";
}
```

**05** 运行页面文件 Default.aspx，可能会出现如图 7-7 所示的错误提示，解决的办法是，在 "Sample7-7" 站点根目录下新建一个 bin 文件夹，下载 Microsoft.ScriptManager.jQuery.dll 文件，并将该文件放到 bin 文件夹中。重新运行 Default.aspx 页面，测试验证信息，如图 7-8 所示。

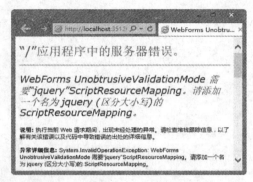

图 7-7　错误提示

图 7-8　测试验证信息结果

## 7.5　小结

本章介绍了 ASP.NET 提供的输入验证控件的知识：首先介绍了 ASP.NET 验证控件的基本用法，然后详细介绍了 ASP.NET 提供的几个基本验证控件的基础知识以及用法。此外，还介绍了有关实现定制验证控件的内容，最后通过一个实例介绍了这些验证控件的综合应用。验证控件在构建完备的网站时特别有用，它们帮助程序员轻松实现用户输入信息的验证功能。

# 第 8 章
# Rich 控件

ASP.NET 除了提供诸如 TextBox、Button 等控件外，还提供了很多复杂的控件，本书把这些控件统称为 Rich 控件，使用这些控件可以创建复杂的页面效果，并创建丰富的用户交互功能。本章将主要介绍 4 个控件，它们是 Calendar 控件、AdRotator 控件、MultiView 控件和 Wizard 控件。

## 8.1　Calendar 控件

Calendar 控件用来在 Web 页面中显示日历中的可选日期，并显示与特定日期关联的数据。使用 Calendar 控件可以完成如下的功能：

- 与用户交互，例如在用户选择一个日期或一个日期范围时显示相关的内容。
- 自定义日历的外观。
- 在日历中显示数据库中的信息。

Calendar 控件同所有的 Web 控件一样也是一个可编程的对象，它在页面中定义代码如下：

```
<asp: Calendar id=" Calendar1" runat="server"/>
```

Calendar 控件在页面中显示的样式如图 8-1 所示。

| < | 2015年1月 | | | | | > |
|---|---|---|---|---|---|---|
| 周一 | 周二 | 周三 | 周四 | 周五 | 周六 | 周日 |
| 29 | 30 | 31 | 1 | 2 | 3 | 4 |
| 5 | 6 | 7 | 8 | 9 | 10 | 11 |
| 12 | 13 | 14 | 15 | 16 | 17 | 18 |
| 19 | 20 | 21 | 22 | 23 | 24 | 25 |
| 26 | 27 | 28 | 29 | 30 | 31 | 1 |
| 2 | 3 | 4 | 5 | 6 | 7 | 8 |

图 8-1　日历控件

日历控件在页面上显示一个月的日历视图，使用两端的箭头可以逐月浏览。当选择每一日期时，该日期就在一个灰色的盒子里呈高亮度显示，而且会引发页面回送。程序员可以利用这个特点对日历控件编程。

## 8.1.1 属性和方法

Calendar 控件是类 Calendar 的对象，类 Calendar 将时间分段来表示，例如分成星期、月和年，日历将按时间单位（如星期、月和年）划分，每种日历中分成的段数、段的长度和起始点均不同。使用特定日历可以将任何时刻都表示成一组数值，例如，2008 年的奥运会开幕时间是 2008,8,8,8,8,8,0.0，即公元 2008 年 8 月 8 日 8:8:8:0.0。Calendar 的实现可以将特定日历范围内的任何日期映射到一个类似的数值集，并且 DateTime 可以使用 Calendar 和 DateTimeFormatInfo 中的信息将这些数值集映射为一种文本表示形式。文本表示形式可以是区分区域性的（例如，按照 en-US 区域性表示的 "8:46 AM March 20th 1999 AD"），也可以是不区分区域性的（例如以 ISO 8601 格式表示的 "1999-03-20T08:46:00"）。

类 Calendar 为 Calendar 控件提供了如表 8-1 所示的常用属性。

表 8-1　Calendar 控件的常用属性

| 属性 | 说明 |
| --- | --- |
| Caption | 获取或设置呈现为日历标题的文本值 |
| CaptionAlign | 获取或设置呈现为日历标题的文本的对齐方式 |
| CellPadding | 获取或设置单元格的内容和单元格的边框之间的空间量 |
| CellSpacing | 获取或设置单元格间的空间量 |
| DayHeaderStyle | 获取显示一周中某天的部分的样式属性 |
| DayNameFormat | 获取或设置一周中各天的名称格式 |
| DayStyle | 获取显示的月份中日期的样式属性 |
| FirstDayOfWeek | 获取或设置要在 Calendar 控件的 "第一天" 列中显示的一周中的某天 |
| NextMonthText | 获取或设置为下一月导航控件显示的文本 |
| NextPrevFormat | 获取或设置 Calendar 控件的标题部分中下个月和上个月导航元素的格式 |
| NexrPrevStyle | 获取下个月和上个月导航元素的样式属性 |
| OtherMonthDayStyle | 获取不在显示的月份中的 Calendar 控件上的日期的样式属性 |
| PreMonthText | 获取或设置为前一月导航控件显示的文本 |
| SelectedDate | 获取或设置选定的日期 |
| SelectedDates | 获取 System.DateTime 对象的集合，这些对象表示 Calendar 控件上的选定日期 |
| SelectedDayStyle | 获取选定日期的样式属性 |
| SelectionMode | 获取或设置 Calendar 控件上的日期选择模式，该模式指定用户可以选择单日、一周还是整月 |
| SelectionMonthText | 获取或设置为选择器列中月份选择元素显示的文本 |
| SelectorStyle | 获取周和月选择器列的样式属性 |
| SelectWeekText | 获取或设置为选择器列中周选择元素显示的文本 |
| ShowDayHeader | 获取或设置一个值，该值指示是否显示一周中各天的标头 |
| ShowGridLines | 获取或设置一个值，该值指示是否用网格线分割 Calendar 控件上的日期 |

| 属性 | 说明 |
|---|---|
| ShowNextPrevMonth | 获取或设置一个值，该值指示 Calendar 控件是否在标题部分显示下个月和上个月的导航元素 |
| ShowTitle | 获取或设置一个值，该值指示是否显示标题部分 |
| TitleFormat | 获取或设置标题部分的格式 |
| TitleStyle | 获取 Calendar 控件的标题标头的样式属性 |
| TodayDayStyle | 获取 Calendar 控件上当天日期的样式属性 |
| TodaysDate | 获取或设置当天日期的值 |
| UseAccessibleHeader | 获取或设置一个值，该值指示是否为日标头呈现表标头<th>HTML 元素，而不是呈现表数据<td>HTML 元素 |
| VisibleDate | 获取或设置指定要在 Calendar 控件上显示的月份的日期 |
| WeekendDayStyle | 获取 Calendar 控件上周末日期的样式属性 |

类 Calendar 为 Calendar 控件提供了如表 8-2 所示的常用方法。

表 8-2　Calendar 控件的常用方法

| 方法 | 说明 |
|---|---|
| AddDays | 返回与指定的 DateTime 相距指定天数的 DateTime |
| AddHours | 返回与指定 DateTime 相距指定小时数的 DateTime |
| AddMilliseconds | 返回与指定 DateTime 相距指定毫秒数的 DateTime |
| AddMinutes | 返回与指定 DateTime 相距指定分钟数的 DateTime |
| AddMonths | 返回与指定 DateTime 相距指定月数的 DateTime |
| AddSeconds | 返回与指定 DateTime 相距指定秒数的 DateTime |
| AddWeeks | 返回与指定 DateTime 相距指定周数的 DateTime |
| AddYears | 返回与指定 DateTime 相距指定年数的 DateTime |
| Clone | 创建作为当前 Calendar 对象副本的新对象 |
| GetDayOfMonth | 返回指定 DateTime 中的日期是该月的几号 |
| GetDayOfWeek | 返回指定 DateTime 中的日期是星期几 |
| GetDayOfYear | 返回指定 DateTime 中的日期是该年中的第几天 |
| GetDaysInMonth | 返回指定月份中的天数 |
| GetDaysInYear | 返回指定年份中的天数 |
| GetEra | 返回指定的 DateTime 中纪元 |
| GetHour | 返回指定的 DateTime 中的小时值 |
| GetLeapMonth | 计算指定年份或指定纪元年份的闰月 |
| GetMilliseconds | 返回指定的 DateTime 中的毫秒值 |
| GetMinute | 返回指定的 DateTime 中的分钟值 |
| GetMonth | 返回指定的 DateTime 中的月份 |

（续表）

| 方法 | 说明 |
|------|------|
| GetMonthsInYear | 返回指定年份中的月数 |
| GetSecond | 返回指定的 DateTime 中的秒值 |
| GetWeekOfYear | 返回年中包括指定 DateTime 中日期的星期 |
| GetYear | 将返回指定的 DateTime 中的年份 |
| IsLeapDay | 确定某天是否为闰日 |
| IsLeapMonth | 确定某月是否为闰月 |
| IsLeapYear | 确定某年是否为闰年 |
| ToDateTime | 返回设置为指定日期和时间的 DateTime |
| ToFourDigitYear | 使用 TwoDigitYearMax 属性将指定的年份转换为整数年份，以确定相应的纪元 |

## 8.1.2 Calendar 控件的外观设置

有这样几种方法可以设置 Calendar 控件的外观：

- 使用"自动套用格式"对话框选择外观格式。
- 设置属性。
- 设置扩展样式属性。
- 自定义个别日期呈现。

下面就分别介绍一下如何使用这些方法来设置 Calendar 控件的外观。

### 1. 使用"自动套用格式"对话框选择外观格式

当把一个 Calendar 控件拖曳到页面并选中后，可以看到其右上角有一个小按钮，单击这个小按钮打开"Calendar 任务"菜单，如图 8-2 所示。

在"Calendar 任务"菜单中选择"自动套用格式"命令，则会打开"自动套用格式"对话框，在"自动套用格式"对话框中选中提供的外观格式模板，如图 8-3 所示，单击"确定"按钮即可。

图 8-2 "Calendar 任务"菜单          图 8-3 "自动套用格式"对话框

### 2．设置属性

可以通过"属性"窗口来对 Calendar 控件进行外观设置，可以影响到 Calendar 控件的外观的属性如表 8-3 所示。

表 8-3　影响 Calendar 控件的外观的属性

| 属性 | 说明 |
| --- | --- |
| DayStyle | 当前月份的日 |
| DayHeaderStyle | 日历上方显示日名称的行 |
| NextPrevStyle | 标题栏左端和右端放置月份定位控件的部分 |
| OtherMonthDayStyle | 显示在当前月份视图中的上个月和下个月中的日 |
| SelectedDayStyle | 用户选定的日 |
| SelectorStyle | 位于左侧的列，包含用于选定某周或整月的链接 |
| TitleStyle | 控件顶端包含月份名称和月份定位链接的标题栏 |
| TodayDayStyle | 当前日期 |
| WeekendDayStyle | 周末日期 |

其实，为了灵活地自定义日历输出的外观，Calendar 控件支持对许多组成日历网格的分离元素应用样式，图 8-4 显示了一个 Calendar 控件所有的可选元素，而这些元素与表 8-3 所列举的元素相对应。

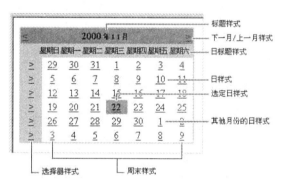

图 8-4　Calendar 控件的组成元素

通过"自动套用格式"对话框为 Calendar 控件设置外观格式后，查看 Calendar 控件的组成 HTML 标记，可以看到这些格式模板其实就是对通用 Web 控件属性和表 8-3 所示的 Calendar 控件的独有属性的设置后而生成的，例如图 8-4 所示的 Calendar 控件的组成代码如下（通过这段代码可以看出，除了通过设置诸如 BackColor、BorderColor 等 Web 控件的通用属性外，还设置了组成日历控件的可选元素的属性，通过对这些属性的设置从而设置了一个 Calendar 控件的外观）：

```
<asp:Calendar ID="Calendar1" runat="server" BackColor="#FFFFCC"
    BorderColor="#FFCC66" BorderWidth="1px" DayNameFormat="Shortest"
    Font-Names="Verdana" Font-Size="8pt" ForeColor="#663399" Height="200px"
    ShowGridLines="True" Width="220px">
    <SelectedDayStyle BackColor="#CCCCFF" Font-Bold="True" />
    <SelectorStyle BackColor="#FFCC66" />
```

```
        <TodayDayStyle BackColor="#FFCC66" ForeColor="White" />
        <OtherMonthDayStyle ForeColor="#CC9966" />
        <NextPrevStyle Font-Size="9pt" ForeColor="#FFFFCC" />
        <DayHeaderStyle BackColor="#FFCC66" Font-Bold="True" Height="1px" />
        <TitleStyle BackColor="#990000" Font-Bold="True" Font-Size="9pt"
            ForeColor="#FFFFCC" />
</asp:Calendar>
```

此外，还有一些具有布尔值的属性能够影响到 Calendar 控件的外观，如表 8-4 所示。

表 8-4　影响 Calendar 控件外观的布尔值属性

| 属性 | 说明 |
| --- | --- |
| ShowDayHeader | 表示是否显示一周中每一天的名称 |
| ShowGirdLines | 表示是否显示月份中日期的网格线 |
| ShowNextPrevMonth | 表示是否显示月份导航控件 |
| ShowTitle | 表示是否显示标题栏 |

### 3．设置扩展样式属性

可以使用从 Style 对象派生的属性来设置日历中特定元素的外观，这包括当前日期或包含月份和导航链接的标题栏。还可以使用级联式样式表的浏览器支持这些样式属性。

由于如表 8-3 所示的能够影响到 Calendar 控件外观的属性都支持 CSS，因此可以事先编写好 CSS 文件，然后在存放 Calendar 控件的页面中引用这个 CSS 文件，并在那些属性中通过 CssClass 来引用相应的类。

### 4．自定义个别日期呈现

在默认情况下，Calendar 控件中的日期显示为数字，而当启用日期选择时，则数字将显示为链接，但还可以自定义个别日期的外观和内容，可以通过执行如下操作来实现：

- 以编程方式突出显示某些日期，例如，以不同的颜色显示假日。
- 以编程方式指定是否可以选定个别日期。
- 向日期中添加信息，例如约会或事件信息。
- 自定义用户可以单击以选择某日期的链接文本。

当 Calendar 控件创建要发送到浏览器的输出时，它将引发 DayRender 事件。控件在准备要显示的日期时将为每个日期引发该事件，然后可采用编程的方式检查正显示的是哪个日期，并对其进行适当地自定义。

DayRender 事件的方法提供两个参数，一个为对引发事件的控件的引用，另一个为 DayRenderEvenArgs 类型的对象，该对象提供两个可访问的对象。

- Cell：是一个 TableCell 对象，可用于设置个别日期的外观。
- Day：可用于查询关于呈现日的信息，控制是否可选择该日期，以及将内容添加到日期中。
  Day 对象支持各种可用于了解有关日期的信息的属性，还支持 Control 集合，可操作该集合以将内容添加到日期中。

下面通过一个实例来展示如何实现以上 4 种情况的个别日期的自定义外观和内容。

### 例 8-1　自定义个别日期的呈现

这个例子中将演示如何使日历中的节假日呈现为黄色，而周末呈现为绿色；在节假日中填充假日的名称，并把假日呈现为链接状态；限制某日为可选，其他日则不可选。

创建步骤如下：

**01** 打开 Visual Studio 2012，创建一个 ASP.NET 空 Web 应用程序 Sample8-1。

**02** 添加页面文件 Default.aspx，打开并切换到"设计"视图，从工具箱中拖入一个日历控件。

**03** 选中该日历控件，打开"属性"窗口的"事件"选项卡，找到 DayRender 事件，在其后面的输入框中双击，则可以在文件 Default.aspx.cs 中生成 DayRender 事件的函数。

**04** 打开文件 Default.aspx.cs，在 DayRender 事件的函数 Calendar1_DayRender 中加入如下代码，这段代码实现了自定义个别日期的呈现。程序主要分为三个部分：第一部分定义节假日和周末的显示样式，并声明节假日要显示的内容；第二部分把节假日和周末的样式应用于节假日和周末，这里假定 2015-2-15 和 2015-2-25 之间的日期为春节节假日，通过调用 Cell 对象的方法 ApplyStyle 把节假日和周末样式应用于节假日和周末，并声明一个 Label 控件，把节假日名称和链接加入 Label 控件并通过 Cell 对象的 Control 集合把 Label 控件加入到该日期的控件集合；把 2015-2-19 声明为可选，其他日期声明为不可选，这里是通过把对象 Day 的属性 IsSelectable 设置为 true 或 false 来设置该日期可选或不可选，详细代码如下：

```
protected void Calendar1_DayRender(object sender, DayRenderEventArgs e)
    {
        Style vacationStyle = new Style();
        vacationStyle.BackColor = System.Drawing.Color.Yellow;
        vacationStyle.BorderColor = System.Drawing.Color.Purple;
        vacationStyle.BorderWidth = 3;
        // 定义周末的显示样式为绿色
        Style weekendStyle = new Style();
        weekendStyle.BackColor = System.Drawing.Color.LawnGreen;
        string aHoliday = "春节假";//假日将要显示的内容
        if ((e.Day.Date >= new DateTime(2015,2,15)) && (e.Day.Date <= new
DateTime(2015,2, 25)))
        {   // 把假期的样式应用于节假日
            e.Cell.ApplyStyle(vacationStyle);
            // 定义假日的显示内容，并为假日提供链接
            Label aLabel = new Label();
            // aLabel.Text = " <br>" + aHoliday;
            aLabel.Text = " <br>" + "<a href=" + e.SelectUrl + ">" + aHoliday + "</a>";
            e.Cell.Controls.Add(aLabel);
            // e.Cell.Text = "<a href=" + e.SelectUrl + ">" + aHoliday + "</a>";
        }
        else if (e.Day.IsWeekend)
        {   // 把周末样式应用于周末
            e.Cell.ApplyStyle(weekendStyle);
```

```
    }
    // 指定 2008-7-1 可选，其他的不可选
    DateTime myAppointment = new DateTime(2015,2, 19);
    if (e.Day.Date == myAppointment)
    {
        e.Day.IsSelectable = true;
    }
    else
    {
        e.Day.IsSelectable = false;
    }
}
```

运行 Sample8-1，效果如图 8-5 所示。

图 8-5　Sample8-1 的运行效果

## 8.1.3　Calendar 控件编程

如果仅仅是利用 Calendar 控件在页面上显示一个日历的话，只需要将该控件放置在页面上的适当位置即可，然而利用 Calendar 控件还可以做很多事情，例如，自定义个别日期的外观、创建日志等，要实现这些功能就需要对 Calendar 控件进行编程。

对 Calendar 控件编程主要是在它提供的三个事件中进行的，Calendar 控件提供的事件如下：

- DayRender 事件。
- SelectionChanged 事件。
- VisibleMonthChanged 事件。

由于 DayRender 事件的知识在前面一节中已经介绍过，下面就只介绍另外两个事件。

### 1．SelectionChanged 事件

SelectionChanged 事件在用户通过单击 Calendar 控件选择一天、一周或整月时发生。

下面通过一个实例来介绍 SelectionChanged 事件的应用。

### 例 8-2 SelectionChanged 事件的应用

本例用来展示当选择一个日期时，将在页面上显示选中的日期。创建步骤如下：

**01** 打开 Visual Studio 2012，创建一个 ASP.NET 空 Web 应用程序 Sample8-2。

**02** 添加页面文件 Default.aspx，打开并切换到"设计"视图，从工具箱中拖入一个日历控件和两个 Label 控件，<form></form>标记间的代码如下：

```
<div>
    <asp:Calendar ID="Calendar1" runat="server" onselectionchanged="Calendar1_
SelectionChanged"></asp:Calendar> <br />
    <asp:Label ID="Label1" runat="server" Text=""></asp:Label> <br />
</div>
```

**03** 添加控件 Calendar1 的 SelectionChanged 事件的程序处理函数，并在其中加入如下代码（当用户选中某个日期时，该事件函数 Calendar1_SelectionChanged 就会被执行，从而在控件 Label1 和 Label2 中显示相应的日期）：

```
protected void Calendar1_SelectionChanged(object sender, EventArgs e)
{
    this.Label1.Text = "你选择的日期是" + this.Calendar1.SelectedDate.
ToShortDateString();
}
```

运行 Sample8-2，在图 8-6 中选择任何一个日期，则在页面下方显示选中的日期。

图 8-6 Sample8-2 的运行效果

### 2. VisibleMonthChanged 事件

VisibleMonthChanged 事件在用户单击标题头上的上个月或下个月导航控件时发生。

VisibleMonthChanged 事件的函数接收一个 MonthChangedEventArgs 类型的对象，该对象包含两个从程序读取的属性：

- NewDate 表示当前显示的月份。
- PreviousDate 表示以前显示的月份。

下面通过一个实例来介绍 VisibleMonthChanged 事件的应用。

例 8-3　VisibleMonthChanged 事件的应用

这个例子用来展示当单击标题头上的上个月或下个月导航控件时，在页面上显示出来的是向前或是向后移动一个月。创建步骤如下：

**01** 打开 Visual Studio 2012，创建一个 ASP.NET 空 Web 应用程序 Sample8-3。

**02** 添加页面文件 Default.aspx，打开并切换到"设计"视图，从工具箱中拖入一个日历控件和一个 Label 控件，<form></form>标记间的代码如下：

```
<div>
<asp:Calendar  ID="Calendar1"  runat="server"  onvisiblemonthchanged="Calendar1_
VisibleMonthChanged"></asp:Calendar> <br />
    <asp:Label ID="Label1" runat="server" Text=""></asp:Label>
</div>
```

**03** 添加控件 Calendar1 的 VisibleMonthChanged 事件的程序处理函数，并在其中加入如下代码（当单击标题头上的上个月或下个月导航控件时该函数被执行，该函数的参数 e 传入一个 MonthChangedEventArgs 的对象，通过该参数可以获得当前的月份和先前显示的月份，比较当前的月份和先前显示的月份来判断是向前还是向后移动一个月，在 Label1 控件中显示出这个信息）：

```
protected void Calendar1_VisibleMonthChanged(object sender, MonthChangedEventArgs e)
{   if (e.NewDate.Month > e.PreviousDate.Month)
    {   Label1.Text = "向前移动一个月.";
    }
    else
    {   Label1.Text = "向后移动一个月.";
    }
}
```

运行 Sample8-3，效果如图 8-7 所示。

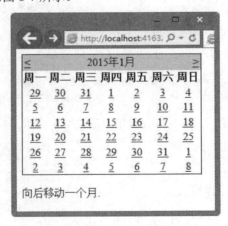

图 8-7　Sample8-3 的运行效果

## 8.2　AdRotator 控件

通常在页面中要显示一些广告，而 AdRotator 控件提供了一种在页面上显示广告的简便方法，该控件能够显示图形图像，当用户单击广告时，会将用户导向指定的 URL，并且该控件能够从数据源中自动读取广告信息。

AdRotator 控件显示广告的方式有如下三种：

- 随即显示广告。
- 对广告设置优先级别以使某些广告有更多显示频率。
- 编写循环逻辑来显示广告。

AdRotator 控件可以从如下各种形式的数据源中读取数据：

- XML 文件。
- 数据库。
- 自定义逻辑，为 AdCreated 事件创建一个处理程序，并在该事件中选一条广告。

### 8.2.1　属性和方法

AdRotator 控件是类 AdRotator 的对象，AdRotator 类提供了如表 8-5 所示的属性。

表 8-5　AdRotator 控件的属性

| 属性 | 说明 |
| --- | --- |
| AdvertisementFile | 获取或设置包含广告信息的 XML 文件的路径 |
| AlternateTextField | 获取或设置一个自定义数据字段，使用它代替广告的 AlternateText 属性 |
| Font | 获取与广告横幅控件关联的字体属性 |
| ImageUrlField | 获取或设置一个自定义数据字段，使用它代替广告的 ImageUrl 属性 |
| KeywordFilter | 获取或设置类别关键字以筛选出 XML 公布文件中特定类型的属性 |
| NavigateUrlField | 获取或设置一个自定义数据字段，使用它代替广告的 NavigateUrl 属性 |
| TagKey | 获取 AdRotator 控件的 HTML 标记，该属性是受保护的 |
| Target | 获取或设置当单击 AdRotator 控件时，显示所链接到的页面的内容的浏览器窗口或框架名称 |
| UniqueID | 获取 AdRotator 控件在层次结构中的唯一限定标识符 |

类 AdRotator 为 AdRotator 控件提供了如表 8-6 所示的常用方法。

表 8-6　AdRotator 控件的常用方法

| 方法 | 说明 |
| --- | --- |
| OnAdCreated | 为 AdRotator 控件引发 AdCreated 事件 |
| OnInit | 引发 Init 事件 |
| OnPreRender | 通过查找文件数据或调用用户事件获取要呈现的广告信息 |

| 方法 | 说明 |
|------|------|
| PerformDataBinding | 将指定数据源绑定到 AdRotator 控件 |
| PerformSelect | 将关联数据源检索广告数据 |
| Render | 在客户端上显示 AdRotator 控件 |

## 8.2.2　从数据源中读取广告信息

AdRotator 控件可以从 XML 文件中读取广告信息，也可以从数据库中读取广告信息。

AdRotator 控件通过自己的属性来定义一个广告体所需要的信息，但这些信息都是可选的，因此无论在 XML 文件中还是在数据库中定义广告体，都可以选用如下属性来作为广告体的信息：

- ImageUrl，要显示的图像的 URL。
- NavigateUrl，单击 AdRotator 控件后要转到的页面的 URL。
- AlternateText，图像不可用时显示的文本。
- Keyword，可用于筛选特定广告的广告类别。
- Impressions，一个指示广告的可能显示频率的数值。
- Height，广告的高度。
- Width，广告的宽度。

下面通过两个例子来分别展示 AdRotator 控件如何从 XML 文件和数据库中读取广告信息。

**例 8-4　从 XML 文件中读取广告信息**

本实例演示 AdRotator 控件如何从 XML 文件中读取广告信息。创建步骤如下：

**01** 创建一个 ASP.NET 空 Web 应用程序 Sample8-4。

**02** 在 App_Data 文件夹中添加一个 XML 文件 Ad，为了安全，把该文件存储为 ".xml" 以外的扩展名格式，如 ".ads"。

**03** 向文件中添加下列 XML 元素，在 XML 存储广告信息时，以<Advertisements>开始，</Advertisements>结束。代码如下：

```xml
<?xml version="1.0" encoding="utf-8" ?>
<Advertisements
xmlns="http://schemas.microsoft.com/AspNet/AdRotator-Schedule-File">
</Advertisements>
```

**04** 添加几条广告信息，每条广告信息以<Ad>开始，</Ad>结束，并放在<Advertisements>和</Advertisements>之间。这里定义了 3 条广告信息。代码如下：

```xml
<Ad xmlns="">
  <ImageUrl>~/images/Blue hills.jpg</ImageUrl>
  <NavigateUrl>http://www.Bluehills.com</NavigateUrl>
  <AlternateText>绿山旅游</AlternateText>
  <Impressions>20</Impressions>
```

```
   </Ad>
   <Ad xmlns="">
     <ImageUrl>~/images/Water lilies.jpg</ImageUrl>
     <NavigateUrl>http://www.Waterlilies.com</NavigateUrl>
     <AlternateText>荷塘旅游</AlternateText>
     <Impressions>20</Impressions>
   </Ad>
   <Ad xmlns="">
     <ImageUrl>~/images/Winter.jpg</ImageUrl>
     <NavigateUrl>http://www.Winter.net</NavigateUrl>
     <AlternateText>冰雪之旅</AlternateText>
     <Impressions>20</Impressions>
   </Ad>
 </Advertisements>
```

**05** 添加页面文件 Default.aspx，打开并切换到"设计"视图，从工具箱中拖入一个 AdRotator 控件，并把 AdRotator 控件的属性 AdvertisementFile 设置为"~/App_Data/Ad.ads"。

**06** 切换到"源"视图，可以看到 AdRotator 控件的定义代码，<form></form>标记间的代码如下：

```
<div>
 <asp:AdRotator  ID="AdRotator1"  runat="server"  AdvertisementFile="~/App_Data/
Ad.ads" />
 </div>
```

运行 Sample8-4，效果如图 8-8 所示。

图 8-8　Sample8-4 的运行效果

### 例 8-5　从数据库中读取广告信息

本实例演示 AdRotator 控件如何从数据库中读取广告信息。在数据库中，存储广告信息的表结构定义如表 8-7 所示。

表 8-7　存储广告信息的表结构定义

| 字段 | 数据类型 | 说明 |
| --- | --- | --- |
| ID | Int | 表主键 |
| ImageUrl | Nvarchar （Max） | 广告显示的图像的相对或绝对 URL |

167

（续表）

| 字段 | 数据类型 | 说明 |
|------|---------|------|
| Keyword | Nvarchar （Max） | 筛选依据的广告类别 |
| NavigateUrl | Nvarchar （Max） | 广告的目标 URL |
| Impressions | Int | 广告的可能显示频率的数字 |
| AlternateText | nvarchar （Max） | 找不到图像时显示的文本 |
| Width | Int | 图像的宽度 |
| Height | Int | 图像的高度 |

注 意

表8-7中各字段的类型是依据SQL Server来定义的，其他数据库需要进行对应的变化。

创建步骤如下：

**01** 打开 SQL Server 2012，在数据库 BookSample 中创建一个名为 Advertisements 的数据表，表的结构如表 8-7 所示。

**02** 在表 Advertisements 中插入几条广告信息。

**03** 创建一个 ASP.NET 空 Web 应用程序项目 Sample8-5。

**04** 添加页面文件 Default.aspx，打开并切换到"设计"视图，从工具箱中拖入一个 AdRotator 控件。

**05** 为该控件设置一个数据源控件，把该数据源控件绑定到刚才创建的数据表。关于如何使用数据源控件会在后面的章节中进行介绍，这里不再详细说明。

运行 Sample8-5，效果如图 8-9 所示。

图 8-9　Sample8-5 的运行效果

其中 AdRotator 控件与数据源控件的定义代码如下（这段代码定义了一个 AdRotator 控件，并定义了一个连接 SQL Server 数据库的数据源控件 SqlDataSource 为 AdRotator 控件提供要显示的数据）：

```
<asp:AdRotator ID="AdRotator1" runat="server" DataSourceID="SqlDataSource1" />
<asp:SqlDataSource ID="SqlDataSource1" runat="server"
    ConnectionString="<%$ ConnectionStrings:BookSampleConnectionString %>"
    SelectCommand="SELECT  [ID], [ImageUrl], [NavigateUrl], [Impressions],
[AlternateText] FROM [Advertisements]">
</asp:SqlDataSource>
```

## 8.2.3  显示和跟踪广告

使用 AdRotator 控件可以简化广告的显示，也可以跟踪某个广告的查看频率以及用户单击该广告的频率。下面通过一个实例来介绍如何跟踪某个广告的查看频率以及用户单击该广告的频率。

**例 8-6  跟踪某个广告的查看频率以及用户单击该广告的频率**

本例用来展示如何使用 AdRotator 控件跟踪某个广告的查看频率以及用户单击该广告的频率。创建步骤如下：

01 创建一个 ASP.NET 空 Web 应用程序 Sample8-6。

02 参照例 8-4，重复 Sample8-4 的第 1 步到第 6 步所有操作。

03 以上创建了一个利用 AdRotator 控件显示广告的页面，下面介绍如何添加跟踪。要进行广告的跟踪，首先需要更改广告信息定义文件的每条广告的<NavigateUrl>节的内容，以便将广告响应发送到重定向页；然后另外创建一个 XML 文件用来保存广告技术信息。添加一个页面文件 AdRedirector.apsx，该页面将作为广告的重定向页面。

04 打开广告信息定义文件，修改<NavigateUrl>节的内容，把广告先重定向到一个跟踪单击的页面 AdRedirector.aspx，并为该广告指定一个唯一标识并由变量 ad 传递，在重定向页面中处理完跟踪后再把广告定位为要浏览的地址。代码如下：

```
<?xml version="1.0" encoding="utf-8" ?>
<Advertisements
xmlns="http://schemas.microsoft.com/AspNet/AdRotator-Schedule-File">
  <Ad xmlns="">
    <ImageUrl>~/images/Blue hills.jpg</ImageUrl>
    <NavigateUrl>AdRedirector.aspx?Ad=Bluehills&amp;target=http://www.Bluehills.com
</NavigateUrl>
    <AlternateText>绿山旅游</AlternateText>
    <Impressions>20</Impressions>
    </Ad>
    <Ad xmlns="">
     <ImageUrl>~/images/Water lilies.jpg</ImageUrl>
    <NavigateUrl>AdRedirector.aspx?Ad=Waterlilies&amp;target=http://www.Waterlilies
.com</NavigateUrl>
     <AlternateText>荷塘旅游</AlternateText>
     <Impressions>20</Impressions>
    </Ad>
    <Ad xmlns="">
     <ImageUrl>~/images/Winter.jpg</ImageUrl>
    <NavigateUrl>AdRedirector.aspx?Ad=Winter&amp;target=http://www.Winter.net</Navi
```

```
gateUrl>
        <AlternateText>冰雪之旅</AlternateText>
        <Impressions>20</Impressions>
    </Ad>
  </Advertisements>
```

**05** 在 App_Data 中添加用于存储跟踪广告单击的 XML，名为 AdResponses.xml，代码如下（这里存储每个广告的单击次数）：

```xml
<?xml version="1.0" encoding="utf-8"?>
<adResponses>
    <ad adname="Bluehills" hitCount="0" />
    <ad adname="Waterlilies" hitCount="0" />
    <ad adname="Winter" hitCount="0" />
</adResponses>
```

**06** 打开文件 AdRedirector.apsx.cs，在 Page_Load 事件中加入如下代码（这里执行了广告跟踪的算法：获得广告重定向传来的请求变量 ad 和 target 分别存储在变量 adName 和 redirect 中，判断这两个变量是否其中一个为空，若有一个为空，则把广告重新定位的地址设置为 TestAds.aspx，若都不为空，则使用 XMLDocument 对象访问 XML 文件 AdResponses.xml，根据 adName 来使 AdResponses.xml 文件中对应的 adName 的记录单击数量的变量 hitCount 加 1。最后把广告定位为要显示的地址）：

```csharp
protected void Page_Load(object sender, EventArgs e)
{   String adName = Request.QueryString["ad"];
    String redirect = Request.QueryString["target"];
    if (adName == null | redirect == null)
        redirect = "TestAds.aspx";
    System.Xml.XmlDocument doc = new System.Xml.XmlDocument();
    String docPath = @"~/App_Data/AdResponses.xml";
    doc.Load(Server.MapPath(docPath));
    System.Xml.XmlNode root = doc.DocumentElement;
    System.Xml.XmlNode adNode =root.SelectSingleNode(@"descendant::ad[@adname='" +
adName + "']");
    if (adNode != null)
    {   int ctr =int.Parse(adNode.Attributes["hitCount"].Value);
        ctr += 1;
        System.Xml.XmlNode newAdNode = adNode.CloneNode(false);
        newAdNode.Attributes["hitCount"].Value = ctr.ToString();
        root.ReplaceChild(newAdNode, adNode);
        doc.Save(Server.MapPath(docPath));
    }
    Response.Redirect(redirect);
}
```

**07** 添加一个页面文件 TestAd.aspx，这个页面文件用来处理广告的 ID 或重定向地址为空所产生的异常情况。在浏览器中浏览页面文件 Default.aspx 多次，并多次单击显示的广告，然后打开记录广告单击次数的文件 AdResponses.xml，可以看到每条记录中的 hitCount 都被修改了，代码如下：

```
<?xml version="1.0" encoding="utf-8"?>
<adResponses>
    <ad adname="Bluehills" hitCount="2" />
    <ad adname="Waterlilies" hitCount="3" />
    <ad adname="Winter" hitCount="1" />
</adResponses>
```

**08** 添加一个页面 ViewAdData.aspx，该页面用来查看广告被单击的次数。不可能让用户直接查看存储广告被单击的次数的 XML 文件，这样很不安全，因此可以提供显示这些数据信息的页面，以便让用户浏览。打开 ViewAdData.aspx，切换到"设计"视图，在里面加入一个访问 XML 的数据源控件，并把它要访问的数据指定为 AdResponses.xml。再添加一个 GridView 控件，该控件用来显示广告被单击的次数。在浏览器中查看页面 ViewAdData.aspx，效果如图 8-10 所示。

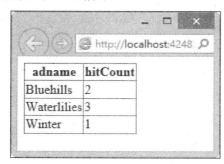

图 8-10 显示广告被单击的次数

其实可以跟踪广告的更多信息，例如访问广告的 IP 地址、访问者等，还可以把这些信息保存在数据库中，执行过程与例 Sample8-6 类似，这里不再详细介绍。

## 8.3 MultiView 和 View 控件

在 ASP.NET 中，MultiView 和 View 控件是其他控件和标记的容器，提供一种可方便地显示信息的替换视图的方式。MultiView 和 View 控件的作用如下：

● 提供备选控件集。

● 创建多视图窗体，即在一个页面中显示多个页面。

MultiView 和 View 与控件之间的结构关系是控件包含在 View 控件中，而 View 控件则包含在 MultiView 控件中。MultiView 控件可以作为一个或多个 View 控件的外部容器，View 控件则是标记和控件的容器。MultiView 控件一次可以显示一个 View 控件，并公开 View 控件内的标记和控件，从而实现多视图窗口。

可以通过 View 控件的 Controls 属性来包含其中的控件集合，还可以通过该属性添加和删除控件。

页面在每次加载时都会创建所有的 View 控件，而只有被选中的 View 控件才会在页面中显示。

## 8.3.1 属性和方法

MultiView 控件提供了如表 8-8 所示的属性。

表 8-8　MultiView 控件的属性

| 属性 | 说明 |
| --- | --- |
| ActiveViewIndex | 获取或设置活动 View 控件的索引。MultiView 控件按 View 控件页面上出现的顺序进行从 0~n-1 的编号，n 表示当前 MultiView 控件中的 View 控件的数量 |
| EnableTheming | 获取或设置一个值，该值指示是否向 MultiView 控件应用主题 |
| View | 获取 MultiView 控件的 View 控件集合 |

View 控件提供了如表 8-9 所示的属性。

表 8-9　View 控件的属性

| 属性 | 说明 |
| --- | --- |
| EnableTheming | 获取或设置一个值，该值指示是否向 View 控件应用主题 |
| Visible | 获取或设置一个值，该值指示 View 控件是否可见 |

MultiView 控件提供了如表 8-10 所示的方法。

表 8-10　MultiView 控件的方法

| 方法 | 说明 |
| --- | --- |
| AddParsedSubObject | 通知 MultiView 控件已分析了一个 XML 或 HTML 元素，并将该元素添加到 MultiView 控件的 ViewCollection 集合中 |
| CreatedControlCollection | 创建 ControlCollection 以保存 MultiView 控件的子控件 |
| GetActiveView | 返回 MultiView 控件的当前活动的 View 控件 |
| LoadControlState | 加载 MultiView 控件的当前状态 |
| OnActiveViewChanged | 引发 MultiView 控件的 ActiveViewChanged 事件 |
| OnBubbleEvent | 确定 MultiView 控件的事件是否传递给页的用户界面服务器控件层次结构 |
| OnInit | 引发 Init 事件 |
| RemovedControl | 在将 View 控件从 MultiView 控件的 Controls 集合中移除后调用 |
| Render | 将 MultiView 控件内容写入指定的 HtmlTextWriter，以便在客户端显示 |
| SaveControlState | 保存 MultiView 控件的当前状态 |
| SetActiveView | 将指定的 View 控件设置为 MultiView 控件的活动视图 |

View 控件提供了如表 8-11 所示的方法。

表 8-11　View 控件的方法

| 方法 | 说明 |
| --- | --- |
| OnActivate | 引发 View 控件的 Activate 事件 |
| OnDeactivate | 引发 View 控件的 Deactivate 事件 |

## 8.3.2　应用举例

本节通过一个例子介绍 MultiView 和 View 控件的应用。

### 例 8-7　在页面中使用 MultiView 和 View 控件

本实例介绍如何在页面中使用 MultiView 和 View 控件。在这个例子中包含一个 MultiView 控件，这个 MultiView 控件包含三个 View 控件，分别显示"汽车"、"鞋包"和"美食"三项内容，根据 LinkButton 按钮的选择来显示其中一个 View 控件。

创建步骤如下：

**01** 创建一个 ASP.NET 空 Web 应用程序 Sample8-7，在根目录下新建 images 文件夹，并分别放置"汽车"、"鞋包"和"美食"素材图片各两张。

**02** 添加页面文件 Default.aspx，打开并切换到"设计"视图。

**03** 从工具箱中拖入一个 MultiView 控件，并把 ActiveViewIndex 设置为 0，表示默认显示的 View 控件是第一个。

**04** 从工具箱中拖入三个 View 控件，分别命名为 View1，View2 和 View3 并把这些控件放在 MultiView 控件中。

**05** 在 View1 控件中放置两张"汽车"素材图片；在 View2 控件中放置两张"鞋包"素材图片；在 View3 控件中放置两张"美食"素材图片。

**06** 在页面上放置三个 LinkButton 控件。打开 Default.aspx.cs 文件，为每个 LinkButton 编写代码如下：

```
protected void LinkButton3_Click(object sender, EventArgs e)
    {
        MultiView1.ActiveViewIndex = 2;
    }
    protected void LinkButton2_Click(object sender, EventArgs e)
    {
        MultiView1.ActiveViewIndex = 1;
    }
    protected void LinkButton1_Click(object sender, EventArgs e)
    {
        MultiView1.ActiveViewIndex =0;
    }
```

运行 Sample8-7，默认显示的是 View1 控件中的两张"汽车"素材图片。选择"鞋包"后显示的是 View2 控件的内容，效果如图 8-11 所示。选择"美食"后显示的是 View3 控件的内容，效果如图 8-12 所示。

图 8-11　Sample8-7 的运行效果 1　　　　图 8-12　Sample8-7 的运行效果 2

## 8.4　Wizard 控件

Wizard 控件与 MultiView 和 View 控件具有类似的功能，也可以创建多个视图的窗体，并且每次只显示一个窗体。Wizard 控件简化了许多与生成多个窗体以及收集用户输入的操作相关的任务，Wizard 控件提供了一种简单的机制，允许轻松地生成步骤，添加新步骤或重新安排步骤、程序员不需要写任何代码就可以实现线性或非线性的导航，并自定义控件的用户导航。

### 8.4.1　属性和方法

Wizard 控件提供了如表 8-12 所示的属性。

表 8-12　Wizard 控件的属性

| 属性 | 说明 |
| --- | --- |
| ActiveStep | 获取 WizardSteps 集合中当前显示给用户的步骤 |
| ActiveStepIndex | 获取或设置当前 WizardStepBase 对象的索引 |
| CancelButtonImageUrl | 获取或设置为"取消"按钮显示的图像的 URL |
| CancelButtonStyle | 获取对定义"取消"按钮外观的样式属性集合的引用 |
| CancelButtonText | 获取或设置为"取消"按钮显示的文本标题 |
| CancelButtonType | 获取或设置呈现给"取消"按钮的按钮类型 |
| CancelDestinationPageUrl | 获取或设置在用户单击"取消"按钮时将定向到的 URL |
| CellPadding | 获取或设置单元格内容和单元格边框之间的空间量 |
| CellSpacing | 获取或设置单元格间的空间量 |
| DisplayCancelButton | 获取或设置一个布尔值，指示是否显示"取消"按钮 |
| DisplaySideBar | 获取或设置一个布尔值，该值指示是否显示 Wizard 控件上的侧栏区域 |
| FinishCompleteButtonImageUrl | 获取或设置"完成"按钮显示的图像的 URL |
| FinishCompleteButtonStyle | 获取一个对 Style 对象的引用，该对象定义"完成"按钮的设置 |
| FinishCompleteButtonText | 获取或设置为"完成"按钮显示的文本标题 |
| FinishCompleteButtonType | 获取或设置呈现给"完成"按钮的按钮类型 |
| FinishDestinationPageUrl | 获取或设置当用户单击"完成"按钮时将重新定向到的 URL |

（续表）

| 属性 | 说明 |
|------|------|
| StartNextButtonStyle | 获取一个对象 Style 的引用，该对象定义 Start 步骤中的"下一步"按钮的设置 |
| StartNextButtonType | 获取或设置呈现为 Start 步骤中的"下一步"按钮的按钮类型 |
| StepNavigationTemplate | 获取或设置模板，该模板用于显示除 Start、Finish 或 Complete 步骤以外的任何从 WizardStepBase 派生的对象上的导航区域 |
| StepNextButtonImageUrl | 获取或设置"下一步"按钮显示图像的 URL |
| StepNextButtonStyle | 获取一个对 Style 对象的引用，该对象定义"下一步"按钮的设置 |
| StepNextButtonText | 获取或设置"下一步"按钮显示的文本标题 |
| StepNextButtonType | 获取或设置呈现给"下一步"按钮显示的文本标题 |
| StepPreviousButtonImageUrl | 获取或设置"上一步"显示图像的 URL |
| StepPreviousButtonStyle | 获取一个对 Style 对象的引用，该对象定义"上一步"按钮的设置 |
| StepPreviousButtonText | 获取或设置"上一步"按钮显示的文本标题 |
| StepPreviousButtonType | 获取或设置呈现给"上一步"按钮的按钮类型 |
| StepStyle | 获取一个对 Style 对象的引用，该对象定义 WizardStep 对象的设置 |
| WizardSteps | 获取一个包含为该控件定义的所有 WizardStepBase 对象的集合 |
| FinishNavigationTemplate | 获取或设置在 Finish 步骤中用于显示导航区域的模板 |
| FinishPreviousButtonImageUrl | 获取或设置为 Finish 步骤中的"上一步"按钮显示图像的 URL |
| FinishPreviousButtonStyle | 获取一个对 Style 对象的引用，该对象定义 Finish 步骤中"上一步"按钮的设置 |
| FinishPreviousButtonText | 获取或设置为 Finish 步骤中的"上一步"按钮显示的文本标题 |
| FinishPreviousButtonType | 获取或设置呈现给 Finish 步骤中的"上一步"按钮的按钮类型 |
| HeaderStyle | 获取一个对 Style 对象的引用，该对象定义控件上标题区域的设置 |
| HeaderTemplate | 获取或设置用于显示控件上标题区域的模板 |
| HeaderText | 获取或设置在控件上标题区域显示的文本标题 |
| NavigationButtonStyle | 获取一个对 Style 对象的引用，该对象定义控件上导航区域按钮的设置 |
| NavigationStyle | 获取一个对 Style 对象的引用，该对象定义控件上导航区域的设置 |
| SideBarButtonStyle | 获取一个对 Style 对象的引用，该对象定义侧栏上按钮的设置 |
| SideBarStyle | 获取一个对 Style 对象的引用，该对象定义控件上侧栏区域的设置 |
| SideBarTemplate | 获取或设置用于显示控件上侧栏区域的模板 |
| SkipLinkText | 获取或设置一个值，它用于呈现替换文本，以跳过侧栏区域中的内容 |
| StartNavigationTemplate | 获取或设置用于显示 Wizard 控件的 Start 步骤中导航区域的模板 |
| StartNextButtonImageUrl | 获取或设置 Start 步骤的"下一步"按钮显示图像的 URL |
| StartNextButtonText | 获取或设置给 Start 步骤中的"下一步"按钮显示的文本标题 |

Wizard 控件提供了如表 8-13 所示的方法。

表 8-13　Wizard 控件的方法

| 方法 | 说明 |
| --- | --- |
| GetHistory | 返回已经被访问过的 WizardStepBase 对象的集合 |
| GetStepType | 返回指定的 WizardStepBase 对象的 WizardStepType 值 |
| MoveTo | 将指定的从 WizardStepBase 派生的对象设置为 Wizard 控件的 ActiveStep 属性的值 |

## 8.4.2　Wizard 控件的应用

Wizard 控件可以通过提供一种允许方便地生成步骤、添加步骤或对步骤重新排序的机制非常简单地生成一系列窗体来收集用户数据。下面通过一个实例来介绍 Wizard 控件的应用。

**例 8-8　Wizard 控件的简单应用**

本实例展示了如何利用 Wizard 控件创建一个简单的向导，考生根据向导提示完成驾照约考。第一步，考生填写基本信息；第二步，考生选择考试方式，在完成步骤中收集考生填写的信息反馈给考生。创建步骤如下：

**01** 新建一个 ASP.NET 空 Web 应用程序 Sample8-8。

**02** 添加页面文件 Default.aspx，打开并切换到"设计"视图。

**03** 从工具箱中拖入一个 Wizard 控件，并扩大该控件的大小，可以通过其控制柄来缩放。在默认情况下，Wizard 控件显示两个预定义的步骤，下面就编辑完成这两个步骤。

**04** 选择 Wizard 控件，单击其右上角的按钮，在弹出的"Wizard 任务"菜单中选择"添加/移除 WizardSteps"命令，在弹出的"WizardStep 集合编辑器"对话框中，选择 Step1，在"Step1 属性"选项组中修改 Title 为"步骤 1"，同样也把 Step2 修改为"步骤 2"，如图 8-13 所示。

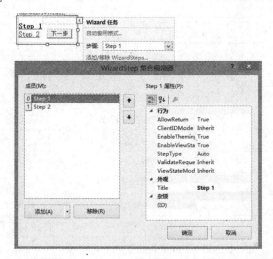

图 8-13　WizardStep 集合编辑器

**05** 编辑"步骤 1"。在 Wizard 控件中选择"步骤 1"，单击编辑区域，添加控件如图 8-14

所示。

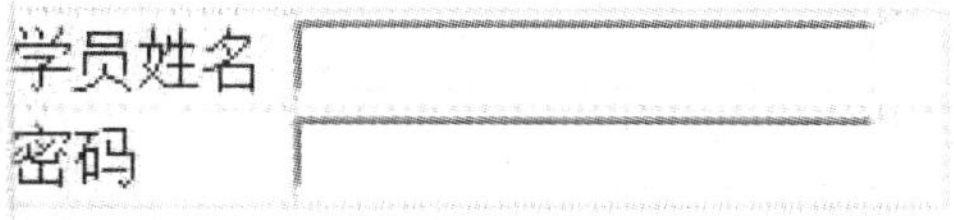

学员姓名 _____
密码 _____

图 8-14　"步骤 1"中添加的控件

06 编辑"步骤 2"。在 Wizard 控件中选择"步骤 2"，单击编辑区域，添加控件如图 8-15
所示。

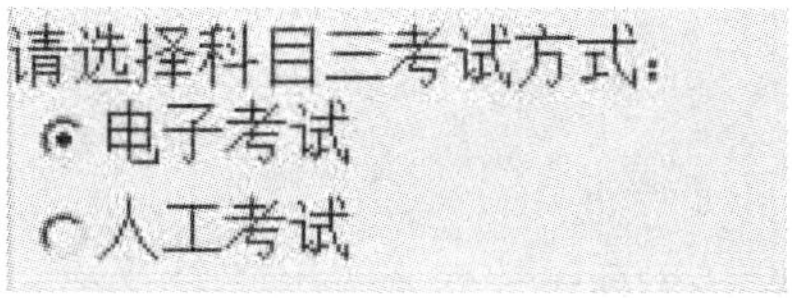

请选择科目三考试方式：
○ 电子考试
○ 人工考试

图 8-15　"步骤 2"中添加的控件

07 添加一个"完成"步骤，选择 Wizard 控件，单击其右上角的按钮，在弹出的"Wizard 任
务"菜单中选择"添加/移除 WizardSteps"命令，弹出"WizardStep 集合编辑器"对话框，
选择新添加的 WizardStep，将 Title 属性修改为"完成"，将属性 StepType 设置为 Complete，
如图 8-16 所示。

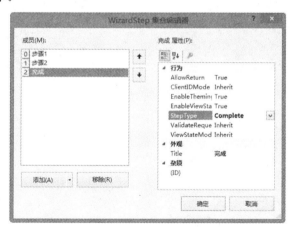

图 8-16　添加"完成"步骤

08 打开文件 Default.aspx.cs，在 Page_load 事件中添加如下代码（当窗体进行到"完成"步
骤时，这段代码用来在窗体中显示前面输入的用户名和电子邮件）：

```
protected void Page_Load(object sender, EventArgs e)
{
   lblinfo.Text = "学员:" + name.Text.ToString() + "你选择的考核方式是" +
RadioButtonList1.SelectedValue.ToString();
}
```

运行 Sample8-8，效果如图 8-17、图 8-18 和图 8-19 所示。

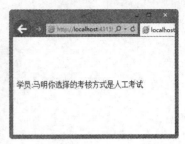

图 8-17　步骤 1　　　　　　图 8-18　步骤 2　　　　　　图 8-19　完成

## 8.5　小结

本章介绍了相对 Button 控件、TextBox 控件来说比较复杂的几个控件，它们是 Calendar 控件、AdRotator 控件、MultiView 控件和 Wizard 控件。这几个控件不但能够呈现复杂的用户界面，而且还可以帮助程序员轻松完成一些复杂的功能，如日历显示、日志链接、广告显示和窗体导航等。

# 第 9 章
# 用户控件和页面绘图

前面介绍了能够构成丰富多彩页面的 Rich 控件，同样使用用户控件和页面绘图也能够生成丰富的页面。用户控件提供一种技术，让程序员能够创建自定义的控件，这种控件可能是前面所介绍的控件的一种或几种，用来完成更符合实际应用的功能，而且这种控件和 ASP.NET 提供的标准控件一样也可以重用。页面绘图，在 ASP.NET 中是基于 GDI+技术来实现的，利用这种技术可以在页面上动态创建图形。

## 9.1 用户控件

在开发网站的时候，程序员有时会发现某种具有同样功能的控件组合会经常出现在网站的页面中，如具有查询数据功能的控件，这时聪明的程序员可能会试图采用某种技术来编写一个可重复利用的控件，并且希望这种控件能够像 ASP.NET 系统提供的标准控件那样可以很方便地拖放到网页中，从而减少重复代码的编写工作，以提高开发效率。ASP.NET 提供了一种称为用户控件的技术，可以让程序员根据自己的需要来开发出自定义的控件，并把这种开发出来的自定义控件称为用户控件。本节将介绍用户控件的相关知识。

### 9.1.1 概述

一个用户控件就是一个简单的 ASP.NET 页面，不过它可以被另外一个 ASP.NET 页面包含进去。用户控件存放在文件扩展名为.ascx 的文件中，典型的.ascx 文件中的代码形式如下：

```
<%@          Control          Language="C#"          AutoEventWireup="true"
CodeFile="WebUserControl.ascx.cs" Inherits="WebUserControl" %>
    <asp:Label ID="Label1" runat="server" Text="名 称"></asp:Label>
    <asp:TextBox ID="TextBox1" runat="server"></asp:TextBox>
    <asp:Button ID="Button1" runat="server" Text="搜 索" />
```

从以上的.ascx 文件代码中可以看出，用户控件代码格式和.aspx 文件中的代码格式非常相似，但是.ascx 文件中没有<html>标记，也没有<body>标记和<form>标记，因为用户控件是要被.aspx 文件所包含的，而这些标记在一个.aspx 文件中只能包含一个。一般说来，用户控件和 ASP.NET 网页具有如下区别：

- 用户控件的文件扩展名为.ascx。
- 用户控件中没有 "@ Page" 指令，而是包含 "@ Control" 指令，该指令对配置及其他属性进行定义。
- 用户控件不能作为独立文件运行，而必须像处理任何控件一样，将它们添加到 ASP.NET 页面中。
- 用户控件中没有 html、body 或 form 元素。这些元素必须位于宿主页中。

用户控件提供了这样一种机制，它使得程序员可以建立能够非常容易地被 ASP.NET 页面使用或者重新利用的代码部件。在 ASP.NET 应用程序中使用用户控件的一个主要优点是：用户控件支持一个完全的面向对象的模式，使得程序员有能力去捕获事件，而且，用户控件支持程序员使用一种语言编写 ASP.NET 页面其中的部分代码，而使用另外的一种语言编写 ASP.NET 页面另外一部分代码，因为每一个用户控件都可以使用和主页面不同的语言来编写。

## 9.1.2　创建用户控件

创建用户控件的过程比较简单，主要包含以下几个步骤：

**01** 右键单击网站项目名称或者网站项目名称下某个文件夹的名字，在弹出的快捷菜单中选择 "添加新项" 命令，打开 "添加新项" 对话框。

**02** 在 "添加新项" 对话框里提供了可供选择的文件模板，这里选择 Web 用户控件模板，默认文件名为 WebUserControl.ascx，程序员可以根据需要自行修改。

**03** 在语言下拉列表中有三种可供选择的语言，这里选择 Visual C#语言。

**04** 选中 "将代码放在单独的文件中" 复选框，表示代码将分别存储在.ascx 文件和.ascx.cs 文件中。

**05** 单击 "添加" 按钮，关闭 "添加新项" 对话框并在 "网站项目" 目录下添加一个 WebUserControl.ascx 文件和一个 WebUserControl.ascx.cs 文件。WebUserControl.ascx 文件的初始代码如下：

```
<%@ Control Language="C#" AutoEventWireup="true" CodeFile="WebUserControl.ascx.cs" Inherits="WebUserControl" %>
```

WebUserControl.ascx.cs 文件的初始代码如下：

```
using System;
using System.Data;
using System.Configuration;
using System.Collections;
using System.Web;
using System.Web.Security;
using System.Web.UI;
using System.Web.UI.WebControls;
using System.Web.UI.WebControls.WebParts;
using System.Web.UI.HtmlControls;
```

```
public partial class WebUserControl : System.Web.UI.UserControl
{   protected void Page_Load(object sender, EventArgs e)
    {…}
}
```

WebUserControl.ascx.cs 文件中生成了一个名为 WebUserControl 的类，该类继承了 System.Web.UI.UserControl 类。System.Web.UI.UserControl 类是所有用户控件的基类，提供了一些开发用户控件所需要的属性、方法和事件，程序员自定义的用户控件类必须继承此类。

**06** 在添加一个用户控件文件之后，程序员就可以根据自己的需要设计符合自己需求的文件，设计过程和设计普通的 ASP.NET 网页没有什么区别。

经过以上步骤，一个与标准 Web 控件一样好用的控件就建立成功了，程序员可以在自己的网页中引用该控件，然而要想设计出满足复杂需求的用户控件并没有想象的那么简单，下面通过例子介绍一个具有搜索数据库中数据表内数据的功能的用户控件的创建过程。

**例 9-1　搜索数据控件**

创建步骤如下：

**01** 创建一个 ASP.NET 空 Web 应用程序网站 Sample9-1。

**02** 添加一个名为 Search.ascx 的文件。

**03** 双击 Search.ascx 文件，打开该文件。

**04** 在"设计"视图下，选择"布局"|"插入表"命令，在设计页面中插入一个 1 行 3 列的表。

**05** 从"工具箱"里拖入一个 Label 控件，并设置其属性 ID 为 ColumnName，Text 为列名，并把该 Label 控件放在新插入表的最左边的列中。

**06** 从"工具箱"里拖入一个 TextBox 控件，并设置其属性 ID 为 Condition，并把该控件放到表中间的列中。

**07** 从"工具箱"里拖入一个 Button 控件，并设置其属性 ID 为 Search，Text 为搜索，并把该控件放到表的最右边的列中。

**08** 切换到"源"视图，可以看到如下代码：

```
<%@ Control Language="C#" AutoEventWireup="true" CodeFile="Search.ascx.cs"
Inherits="WebControl_Search" %>
<table>
    <tr><td align=right><asp:Label ID="ColumnName" runat="server" Text="列 名
"></asp:Label></td>
        <td              align=left><asp:TextBox              ID="Condition"
runat="server"></asp:TextBox></td>
        <td align=left><asp:Button ID="Search" runat="server" Text="搜 索" /></td>
    </tr>
</table>
```

**09** 切换到"设计"视图，双击空白处，打开 Search.ascx.cs 文件，可以看到自动生成的类 WebControl_Search。

**10** 定义该用户控件类的几个属性。

- LabelText：显示给用户的搜索条件。
- ConnectiongString：链接到数据库的连接字符串。
- ResultGridView：要填充的 GridView 控件。
- TableName：要搜索的数据库中表的名称。
- ColumnCondition：根据哪一列搜索数据库中表的数据。

为了添加以上属性，在类 WebControl_Search 中加入以下代码：

```
private string labelText;              // 提示用户要输入什么样的查询条件
private string connectionString;       // 连接数据库
private GridView resultGridView;       // 要填充的 GridView 控件
private string tableName;              // 要查询数据库中的数据表名
private string columnCondition;        // 根据哪一列进行查询
private string errorMessage;           // 错误信息
/// <summary>
    /// 公开的属性，由程序员设置提示用户输入的文字
/// </summary>
public string LabelText
{   set
    {   this.labelText = value;
    }
    get
    {   return this.labelText;
    }
}
/// <summary>
    /// 公开的属性，由程序员设置连接数据库的字符串
/// </summary>
public string ConnectionString
{   set
    {   this.connectionString = value;
    }
    get
    {   return this.connectionString;
    }
}
/// <summary>
    /// 公开的属性，由程序员设置要填充的 GridView
/// </summary>
public GridView ResultGridView
{   set
    {   resultGridView = value;
    }
    get
    {   return this.resultGridView;
    }
}
```

```
/// <summary>
    /// 公开的属性，由程序员设置要访问的数据库中的数据表名
/// </summary>
public string TableName
{   set
    {   this.tableName = value;
    }
    get
    {   return this.tableName;
    }
}
/// <summary>
    /// 公开的属性，由程序员设置根据哪一列进行查询
/// </summary>
public string ColumnCondition
{   set
    {   this.columnCondition = value;
    }
    get
    {   return this.columnCondition;
    }
}
```

**11** 定义一个函数 SearchResult()，该函数将会根据用户输入的查询条件查询到数据并把数据集返回，该函数要利用到数据访问的知识，代码如下：

```
/// <summary>
    /// 搜索结果
/// </summary>
/// <returns>返回搜索到的数据集</returns>
private DataTable SearchResult()
{   try
    {                   System.Data.OleDb.OleDbConnection    conn    =    new
OleDbConnection(connectionString);
        string sqlString = "select * from " + tableName + " where " + columnCondition
            " like '%" + this.Condition.Text.ToString() + "%'";
        conn.Open();
        System.Data.OleDb.OleDbDataAdapter ada = new OleDbDataAdapter(sqlString,
conn);
        System.Data.DataTable dataTable = new DataTable();
        ada.Fill(dataTable);
        conn.Close();
        return dataTable;
    }
    catch(Exception e)
    {   //errorMessage = e.Message;
        errorMessage = "访问数据库失败，请检测数据库连接。";
        return null;
    }
}
```

**12** 打开 Search.ascx 文件，双击 Search 按钮，则在 Search.ascx.cs 文件中自动生成该按钮的单击事件 Search_Click ( object sender, EventArgs e)，在该事件体中添加代码以实现当用户单击 Search 按钮时程序把查询到的数据集填充到 GridView 控件中，代码如下：

```
protected void Search_Click(object sender, EventArgs e)
{    // 将查询到的数据填充到 GridView 控件中
    resultGridView.DataSource = SearchResult().DefaultView;
    resultGridView.DataBind();
}
```

**13** 在 Page_Load 事件中加入初始化 ColumnName 标签的代码，代码如下：

```
protected void Page_Load(object sender, EventArgs e)
{    this.ColumnName.Text = this.labelText;//设置 label 控件的显示文本，提示用户要输入的
查询条件
    }
```

到此，一个具有搜索数据库中的相应数据表内的数据功能的用户控件创建完成，在下一节中将要讲述如何在 Web 页面中使用该用户控件。

## 9.1.3　用户控件的使用

本节将要讲述如何引用已创建的用户控件，并以引用上一节创建的用户控件为例来介绍用户控件的使用。

其实使用用户控件和使用 Web 控件并没有什么两样，用户控件本身也是一种 Web 控件，只需要把用户控件拖放到页面上，并设置相关属性，即可实现对该用户控件的引用。下面以使用上一节创建的搜索控件为例来详细讲解引用步骤，使用该控件的步骤如下：

**01** 由于该控件具有搜索数据库中数据的功能，因此需要先建立一个数据库，打开 Access 数据库，建立一个 db1 数据库，并在该数据库中添加一个数据表 basic，该表的设计如表 9-1 所示。

表 9-1　basic 表的设计

| 字段名称 | 字段类型 | 说明 | 大小 |
|---|---|---|---|
| id | 自动编号 | 主键 | 8 |
| name | 文本 | 姓名 | 50 |
| city | 文本 | 城市 | 50 |
| phone | 文本 | 电话 | 50 |
| carrier | 文本 | 职业 | 50 |
| positon | 文本 | 职位 | 50 |

**02** 把创建好的 db1 数据库存放到项目 Sample9-1 下的 App_Data 文件夹中。

**03** 打开项目 Sample9-1 中的一个页面，这里打开的是 Default.aspx。切换到"设计"视图。

**04** 插入一个 2 行 1 列的表。

05　从右边的 "解决方案管理器" 中找到 Search.ascx 文件，也就是 Search 用户控件，选中该控件，按住右键把它拖放到 Default.aspx 页面中的表的第一行，这样就把一个用户控件添加到 Default.aspx 页面中了，但要使用它还需要设置相关属性，下面会一一讲解。

06　设置 Search 用户控件的属性 LabelText 为 "城 市："，表明这里要根据城市来查询数据。

07　从 "工具箱" 里拖入一个 GridView 控件放在表的第二行，默认 ID 为 GridView1，并设置相关属性。到此界面的设计工作基本完成，切换到 "源" 视图，可以看到如下代码（这些代码是前面拖入的控件生成的页面定义代码，包括用户控件 Search 和显示数据的控件 GridView）：

```
<%@  Page  Language="C#"  AutoEventWireup="true"  CodeFile="Default.aspx.cs"
Inherits="_Default" %>
    <%@ Register Src="WebControl/Search.ascx" TagName="Search" TagPrefix="uc1" %>
    <!DOCTYPE html PUBLIC "-//W3C//DTD XHTML 1.0 Transitional
    //EN" "http://www.w3.org/TR/xhtml1/DTD/xhtml1-transitional.dtd">
    <html xmlns="http://www.w3.org/1999/xhtml" >
      <head runat="server">
        <title>无标题页</title>
      </head>
    <body>
    <form id="form1" runat="server">
      <div>
        <table>
          <tr><td style="width: 614px" ><uc1:Search  ID="Search1" runat="server"
    LabelText="城 市: " /></td> </tr>
          <tr> <td style="width: 614px" >
                <asp:GridView          ID="GridView1"            runat="server"
    AutoGenerateColumns="False"  CellPadding="4"  ForeColor="#333333" GridLines="None"
    Width="488px">
                    <FooterStyle      BackColor="#507CD1"       Font-Bold="True"
    ForeColor="White" />
                        <Columns>
                          <asp:BoundField DataField="id" HeaderText="序号" />
                          <asp:BoundField DataField="name" HeaderText="姓名" />
                          <asp:BoundField DataField="city" HeaderText="城市" />
                          <asp:BoundField DataField="phone" HeaderText="电话
    " />
                          <asp:BoundField DataField="carrier" HeaderText="职
    业" />
                          <asp:BoundField DataField="positon" HeaderText="职
    位" />
                        </Columns>
                        <RowStyle BackColor="#EFF3FB" />
                    <EditRowStyle BackColor="#2461BF" />
                  <SelectedRowStyle  BackColor="#D1DDF1"  Font-Bold="True"  ForeColor=
    "#333333" />
                    <PagerStyle BackColor="#2461BF" ForeColor="White" HorizontalAlign=
    "Center" />
              <HeaderStyle BackColor="#507CD1" Font-Bold="True" ForeColor="White" />
```

```
                    <AlternatingRowStyle BackColor="White" />
                </asp:GridView>
            </td> </tr>
    </table>
        </div>
    </form>
  </body>
</html>
```

其中代码："a<%@ Register Src="WebControl/Search.ascx" TagName="Search" TagPrefix="uc1" %>"表示在页面上为用户控件进行注册，属性 Src 表示用户控件所在的地址，TagName 表示用户控件的类名，TagPrefix 表示用户控件标记，类似于 Web 控件中的 ASP 标记。

代码："<uc1:Search ID="Search1" runat="server" LabelText="城 市："/> "是用户控件的声明代码，类似于标准 Web 控件的声明代码。

**08** 打开 Default.aspx.cs 文件，在 Page_Load 事件中设置用户控件的其他属性，代码如下（这段代码利用 Search 控件提供的公开属性为该控件设置数据库连接字符串、要查询的字段、要填充的 GridView 控件以及要查询的数据表）：

```
protected void Page_Load(object sender, EventArgs e)
{   // 设置数据库连接字符串
    Search1.ConnectionString = "Provider=Microsoft.Jet.OLEDB.4.0;
    Data Source=E:\\BookSample\\Sample3-4\\App_Data\\db1.mdb";
    // 根据"city"列进行查询
    Search1.ColumnCondition = "city";
    // 设置要绑定的 GridView 控件
    Search1.ResultGridView = this.GridView1;
    // 设置要查询的表名"basic"
    Search1.TableName = "basic";
}
```

经过以上步骤，用户控件已经可以使用了，现在来测试一下。运行刚才建立的程序，弹出的 Web 页面如图 9-1 所示。在文本框中输入上海，单击"搜索"按钮，查询结果如图 9-2 所示。

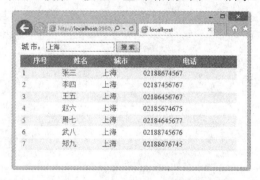

图 9-1　Search 用户控件运行效果图　　　　图 9-2　Search 用户控件搜索功能运行效果图

可以看出，用户控件提供一个简便的方法来实现代码的可重用性，从而省去了很多不必要的麻烦。将相关的控件和代码从一个 ASPX 文件移到另一个 ASCX 文件中是一个恰当的做法，并且只需要正确设置用户控件的属性就可以使代码正常工作了。

## 9.1.4　用户控件事件

ASP.NET 标准控件可以通过事件来与页面进行交互，同样用户控件也可以通过事件同页面进行交互。

要创建一个带有事件的用户控件，需要完成如下操作：

**01** 定义公开（Public）的事件委托，如 ClickEventHandler。

**02** 在用户控件类中定义引发事件的方法，如 OnClick 方法。

**03** 在引发事件的方法中判断事件委托是否为空，若不为空，则引发事件。

下面通过一个例子来介绍如何创建带有事件的用户控件。

### 例 9-2　创建带有事件的用户控件

本例展示如何创建一个带有事件的用户控件。创建步骤如下：

**01** 创建一个 ASP.NET 空 Web 应用程序 Sample9-2。

**02** 添加一个名为 LinkClick 的用户控件定义，相应的定义文件为 LinkClick. ascx。

**03** 打开文件 LinkClick.aspx，切换到"设计"视图，从工具箱中拖入 LinkButton 控件。

**04** 打开文件 LinkClick. ascx.cs，在里面加入单击事件委托定义代码，代码如下：

```
public event EventHandler ClickEventHandler;//定义事件委托
```

**05** 添加 LinkButton 控件的单击事件处理函数，并在函数里面添加引发事件的代码，在事件函数 LinkButton1_Click 中判断事件委托 ClickEventHandler 是否为空，不为空就引发事件，代码如下：

```
protected void LinkButton1_Click(object sender, EventArgs e)
{   //判断 ClickEventHandler 不为空
    if (ClickEventHandler != null)
    {   // 引发事件
        ClickEventHandler(this, EventArgs.Empty);
    }
}
```

**06** 添加页面文件 Default.aspx，打开并切换到"设计"视图。

**07** 从右边的"解决方案管理器"中找到 LinkClick.ascx 文件，也就是 LinkClick 用户控件，选中该控件，按住右键把它拖放到 Default.aspx 页面中的表的第一行，这样就把一个用户控件添加到 Default.aspx 页面中了。

**08** 从工具箱中拖入一个 Label 控件。

**09** 由于在属性窗口中不显示用户控件的事件，因此必须在用户控件的定义代码中添加用户控件的事件句柄。切换页面 Default.aspx 到"源"视图，添加如下代码：

```
<uc1:LinkClick ID="LinkClick1" runat="server" OnClickEventHandler="LinkClick1_
OnClick" />
```

187

这段代码中的 OnClickEventHandler="LinkClick1_OnClick"定义了用户控件的事件句柄。注意事件句柄的命名是用户控件类中声明的事件委托 ClickEventHandler 加 On，即为 OnClickEventHandler。

**10** 打开文件 Default.aspx.cs，在里面添加事件处理函数 LinkClick1_OnClick 的定义代码，代码如下（当用户单击控件 LinkClick，则引发该事件，在 Label 控件中显示相应的文字）：

```
protected void LinkClick1_OnClick(object sender, EventArgs e)
{    this.Label1.Text = "单击我！";
}
```

**11** 运行 Sample9-2，效果如图 9-3 所示。

图 9-3　Sample9-2 的运行效果

## 9.2　页面绘图

在.NET 框架中，页面绘图主要是基于 GDI+技术来实现的，GDI+技术是由一系列可以绘制图片的类组成。GDI+技术是一种通用的技术，可以在 Windows 或 ASP.NET 应用程序中创建动态的图形。本节将主要介绍如何在 ASP.NET 应用程序中创建动态的图形，在 ASP.NET 应用程序中，图形被创建成 HTML 流，然后发送到客户端的浏览器中显示出来。

### 9.2.1　绘图的基本知识

GDI+包含在 System.Drawing.DLL 组件集合中，所有的 GDI+类主要包含在 System.Drawing、System.Text、System.Printing、System.Internal、System.Imaging、System.Drawing2D 和 System.Design 这些命名空间中。

绘制图形的主要类和结构有：图形类 Graphics、画笔 Pen、画刷 Brush、字体 Font、颜色 Color、Bitmap 类和 Image 类等。其中图形类 Graphics 提供如表 9-2 所示的重要方法，使用这些方法可以完成图形的绘制操作。

表 9-2　图形类 Graphics 的方法

| 方法 | 说明 |
| --- | --- |
| DrawArc | 绘制一段弧线，它表示由一对坐标、宽度和高度指定的椭圆部分 |
| DrawBezier | 绘制由 4 个 Point 结构定义的贝塞尔样条 |
| DrawBeziers | 利用 Point 结构数组绘制一系列贝塞尔样条 |
| DrawClosedCurve | 绘制由 Point 结构的数组定义的闭合基数样条 |

| 方法 | 说明 |
|---|---|
| DrawCurve | 绘制经过一组指定的 Point 结构的基数样条 |
| DrawEllipse | 绘制一个由边框（该边框由一对坐标、高度和宽度指定）定义的椭圆 |
| DrawIcon | 在指定坐标处绘制由指定的 Icon 表示的图像 |
| DrawIconUnstretched | 绘制指定的 Icon 表示的图像，而不缩放该图像 |
| DrawImage | 在指定位置并且按原始大小绘制指定的 Image |
| DrawImageUnscaled | 在由坐标对指定的位置，使用图像的原始物理大小绘制指定的图像 |
| DrawLine | 绘制一条连接由坐标对指定的两个点的线条 |
| DrawLines | 绘制一系列连接一组 Point 结构的线段 |
| DrawPath | 绘制 GraphicsPath |
| DrawPie | 绘制一个扇形，该形状由一个坐标对、宽度、高度和两条射线所指定的椭圆定义 |
| DrawPolygon | 绘制由一组 Point 结构定义的多边形 |
| DrawRectangle | 绘制一组由 Rectangle 结构定义的矩形 |
| DrawRectangles | 绘制一系列由 Rectangle 结构指定的矩形 |
| DrawString | 在指定位置并且用指定的 Brush 和 Font 对象绘制指定的文本字符串 |
| FillClosedCurve | 填充由 Point 结构数组定义的闭合基数样条曲线的内部 |
| FillEllipse | 填充边框所定义的椭圆的内部，该边框由一对坐标、一个宽度和一个高度指定 |
| FillPie | 填充由一对坐标、一个宽度、一个高度以及两条射线指定的椭圆所定义的扇形区的内部 |
| FillPolygon | 填充 Point 结构指定的点数组所定义的多边形的内部 |
| FillRectangle | 填充由一对坐标、一个宽度和一个高度指定的矩形的内部 |
| FillRectangles | 填充由 Rectangle 结构指定的一系列矩形的内部 |

要使用 GDI+技术来完成绘制图形，需要完成 4 个基本的步骤：

**01** 创建一个 Bitmap 对象，从而创建了一个绘图空间，在这个绘图空间中可以进行图形绘制。
使用 Bitmap 类创建绘图空间时，可以指定这个空间的高度和宽度，它们的单位是像素。
例如，以下代码创建了一个 Bitmap 对象，并声明它的高度和宽度各是 100 像素：

```
Bitmap bitmap = new Bitman(100,100);
```

**02** 创建一个 Graphics 对象，Graphics 对象提供了 GDI+图形界面，为了能够在刚才创建的绘
图空间里绘制图形，必须利用方法 FromImage 从 Bitmap 对象中创建一个 Graphics 对象，
例如从 Bitmap 对象中创建一个 Graphics 对象 g，代码如下：

```
Graphics g = Graphics. FromImage(bitmap);
```

**03** 创建完 Graphics 对象，就可以使用如表9-2所列举的方法来绘制图形,例如使用 FillRectangle
方法绘制一个高和宽都为 100 像素的矩形区域，并且这个区域被黄色的刷子填充为红色区
域，而这个矩形区域的开始位置也就是左上角的坐标，即（0,0），代码如下：

```
g.FillRectangle(Brushes.Yellow,0,0,100,100);
```

**04** 绘制完图形以后，可以调用方法 Image.Save 把图形保存到浏览器的输出流中，这样可以发送和显示到客户端中，例如由于 Bitmap 类继承于 Image 类，因此可以直接调用 Save 方法，这里调用 Save 方法把绘制的图形保存在浏览器的输出流中，并且保存的格式是 Gif 格式，代码如下：

```
bitmap.Save(Response.OutputStream,System.Drawing.Imaging.ImageFormat.Gif);
```

经过以上 4 个步骤就可以完成图形的绘制，但完成图形绘制之后，还需要释放绘制图形过程中定义的对象所占用的空间，调用方法 Dispose 释放 Graphics 对象 g 和 Bitmap 对象 bitmap 占用的空间。代码如下：

```
g.Dispose();
bitmap.Dispose();
```

以上知识介绍了绘制图形的基本过程，其间用到很多类和结构的知识，下面通过一些例子来介绍图形的绘制。

## 9.2.2  绘制随机码图片

随机码图片是一种简单、有效地防止黑客恶意攻击的方法，其生成原理是：利用随机方法生成随机数组成字符串，然后利用 GDI+技术把这个字符串生成动态图片。创建过程如下：

**例 9-3  绘制随机码图片**

**01** 创建一个 ASP.NET 空 Web 应用程序 Sample9-3。
**02** 添加一个页面文件 GenerateCode.aspx，利用这个页面文件来动态生成随机码图片。
**03** 打开文件 GenerateCode.aspx.cs，在里面加入一个生成随机字符串的方法，利用函数 GetRandomString()生成一个 4 位由字母和数字混合组成的随机字符串，代码如下：

```
//生成随即数字串
    private string GetRandomString()
    {
        int number;
        char code;
        string strCode = string.Empty;
        Random random = new Random();//创建随机数对象
        for (int i = 0;i <4;i++)
        {
        number = random.Next();      //使用随机数对象 random 来生成每一个数字
        if(number%2==0)
            code = (char)('0' + (char)(number%10));   //取随机数字
        else
            code = (char)('A' + (char)(number % 26));   //将随机数子与字母对应
        strCode += code.ToString();   //组成随机字符串
        }
        return strCode;   //返回生成的随机字符串
    }
```

**04** 在页面的事件函数 Page_Load 中加入生成图片的代码（这段代码用来根据函数
GetRandomString 生成字符串，从而生成图片，算法就是首先获得随机字符串，然后根据
这个字符串来生成图片，代码如下：

```
protected void Page_Load(object sender, EventArgs e)
{   string strNum = GetRandomString();
    string strFontName;
    int iFontSize;
    int iWidth;
    int iHeight;
    strFontName = "宋体";
    iFontSize = 12;
    iWidth = 10 * strNum.Length;
    iHeight = 25;
    Color bgColor = Color.Yellow;
    Color foreColor = Color.Red;
    Font foreFont = new Font(strFontName, iFontSize, FontStyle.Bold);
    Bitmap Pic = new Bitmap(iWidth, iHeight, PixelFormat.Format32bppArgb);
    Graphics g = Graphics.FromImage(Pic);
    Rectangle r = new Rectangle(0, 0, iWidth, iHeight);
    g.FillRectangle(new SolidBrush(bgColor), r);
    g.DrawString(strNum, foreFont, new SolidBrush(foreColor), 2, 2);
    MemoryStream mStream = new MemoryStream();
    Pic.Save(mStream, ImageFormat.Gif);
    g.Dispose();
    Pic.Dispose();
    Response.ClearContent();
    Response.ContentType = "image/GIF";
    Response.BinaryWrite(mStream.ToArray());
    Response.End();
}
```

**05** 添加页面文件 Default.aspx，打开并切换到"源"视图，加入如下代码（通过一个
HTML<img>来引用生成随机字符串图片的页面文件 GenerateCode.aspx）：

```
<img src="GenerateCode.aspx">
```

运行效果如图 9-4 所示。

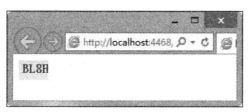

图 9-4　随机字符串图片生成效果图

例 9-3 提供了生成和使用随机字符串图片的方法，在开发网站登录页面时就可以直接使用本例
提供的源代码来实现随机字符串图片的生成。

### 9.2.3 绘制汉字验证码

汉字验证码技术比字母和数字混合验证码技术更先进。通过汉字验证可以有效地防止非法用户的登录。绘制汉字验证码主要的用 Graphics 类的 DrawString 方法。创建步骤如下：

**例 9-4　绘制汉字验证码**

**01** 创建一个 ASP.NET 空 Web 应用程序 Sample9-4。

**02** 添加一个名为 CheckCode.aspx 的页面文件。

**03** 打开文件 CheckCode.aspx.cs，在里面加入如下代码，这段代码在页面加载事件的方法中调用定义的 GraphicsImage（int length）方法绘制验证码的背景图案；代码中定义的 CreateString（int strlength）方法来储存产生随机汉字的区位码；代码中定义的 GetString（int length）方法用来将 CreateString（int strlength）方法产生的汉字区位码解码成中文汉字。详细代码如下：

```csharp
protected void Page_Load(object sender, EventArgs e){
        GraphicsImage(4);  //调用方法生成四位汉字验证码
}
private object[] CreateString(int strlength){
    //定义一个数组存储汉字编码的组成元素
    string[] str = new string[16] { "0", "1", "2", "3", "4", "5", "6", "7", "8",
"9", "a", "b", "c", "d", "e", "f" };
    Random ran = new Random();  //定义一个随机数对象
    object[] bytes = new object[strlength];
    for (int i = 0; i < strlength; i++){
    //获取区位码第一位
      int ran1 = ran.Next(11, 14);
      string str1 = str[ran1].Trim();
      //获取区位码第二位并防止数据重复
      ran = new Random(ran1 * unchecked((int)DateTime.Now.Ticks) + i);
      int ran2;
      if (ran1 == 13){
          ran2 = ran.Next(0, 7);
      }
      else{
          ran2 = ran.Next(0, 16);
      }
      string str2 = str[ran2].Trim();
      //获取区位码第三位
      ran = new Random(ran2 * unchecked((int)DateTime.Now.Ticks) + i);
      int ran3 = ran.Next(10, 16);
      string str3 = str[ran3].Trim();
      //获取区位码第四位
      ran = new Random(ran3 * unchecked((int)DateTime.Now.Ticks) + i);
      int ran4;
      if (ran3 == 10){
          ran4 = ran.Next(1, 16);
      }
```

```
            else if (ran3 == 15){
                ran4 = ran.Next(0, 15);
            }
            else{
                ran4 = ran.Next(0, 16);
            }
            string str4 = str[ran4].Trim();
            //定义字节变量存储产生的随机汉字区位码
            byte byte1 = Convert.ToByte(str1 + str2, 16);
            byte byte2 = Convert.ToByte(str3 + str4, 16);
            byte[] stradd = new byte[] { byte1, byte2 };
            //将产生的汉字字节放入数组
            bytes.SetValue(stradd, i);
        }
        return bytes;
    }
    private string GetString(int length){
        Encoding gb = Encoding.GetEncoding("gb2312");
        object[] bytes = CreateString(length);
        //根据汉字字节解码出中文汉字
        string    str1    =    gb.GetString((byte[])Convert.ChangeType(bytes[0],
typeof(byte[])));
        string    str2    =    gb.GetString((byte[])Convert.ChangeType(bytes[1],
typeof(byte[])));
        string    str3    =    gb.GetString((byte[])Convert.ChangeType(bytes[2],
typeof(byte[])));
        string    str4    =    gb.GetString((byte[])Convert.ChangeType(bytes[3],
typeof(byte[])));
        string str = str1 + str2 + str3 + str4;
        return str;
    }
    private void GraphicsImage(int length){
    System.Drawing.Bitmap              image              =              new
System.Drawing.Bitmap((int)Math.Ceiling((GetString(length).Length
    * 22.5)), 22);
        Graphics g = Graphics.FromImage(image);  //创建画布
        try{
            //生成随机生成器
            Random random = new Random();
            //清空图片背景色
            g.Clear(Color.White);
            //画图片的背景噪音线
            for (int i = 0; i < 1; i++){
                int x1 = random.Next(image.Width);
                int x2 = random.Next(image.Width);
                int y1 = random.Next(image.Height);
                int y2 = random.Next(image.Height);
                g.DrawLine(new Pen(Color.Black), x1, y1, x2, y2);
            }
    Font  font  =  new  System.Drawing.Font("Couriew  New",  12,  System.Drawing.
```

```
FontStyle.Bold);
    System.Drawing.Drawing2D.LinearGradientBrush brush =
  new System.Drawing.Drawing2D.LinearGradientBrush
        (new Rectangle(0, 0, image.Width, image.Height), Color.Blue, Color.DarkRed,
1.2f, true);
            g.DrawString(GetString(length), font, brush, 2, 2);
            //画图片的前景噪音点
            for (int i = 0; i < 50; i++){
                int x = random.Next(image.Width);
                int y = random.Next(image.Height);
                image.SetPixel(x, y, Color.FromArgb(random.Next()));
            }
            //画图片的边框线
            g.DrawRectangle(new  Pen(Color.Silver),  0,  0,  image.Width  -  1,
image.Height - 1);
            System.IO.MemoryStream ms = new System.IO.MemoryStream();
            image.Save(ms, System.Drawing.Imaging.ImageFormat.Gif);
            Response.ClearContent();
            Response.ContentType = "image/Gif";
            Response.BinaryWrite(ms.ToArray());
        }
        catch (Exception ms) {
            Response.Write(ms.Message);
        }
    }
    }
```

**04** 添加页面文件 Default.aspx，打开并切换的到"设计"视图，设计一个表格，并从工具箱
拖动 3 个 TextBox 控件、2 个 Button 控件和 1 个 Image 控件到表格中。其中，最主要的
是设置 Image 控件"src"属性为"CheckCode.aspx"，表示引用生成汉字验证码图像文
件是 CheckCode.aspx。最后完成的设计界面如图 9-5 所示，运行效果如图 9-6 所示。

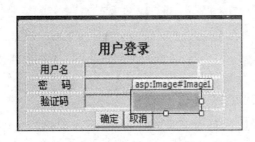

图 9-5  设计后的视图

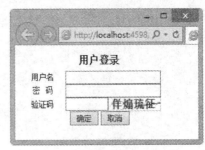

图 9-6  汉字验证码效果图

## 9.2.4  图片的格式和质量

类 System.Drawing.Imaging.ImageFormat 提供了可选的图片格式，可供选择的图片格式如表 9-3
所示。

表 9-3　可供选择的图片格式

| 格式 | 说明 |
|---|---|
| BMP | 获取位图图像格式 |
| EMF | 获取 Windows 增强型图元文件格式 |
| EXIF | 获取可交换图像文件格式 |
| GIF | 获取图形交换格式 |
| ICON | 获取 Windows 图标图像格式 |
| JPEG | 获取联合图像专家组图像格式 |
| PNG | 在指定坐标处绘制由 Icon 表示的图像 |
| TIFF | 获取标签图像文件格式 |

当动态生成图片时，可以选择如表 9-3 所提供的图片格式。JPEG 格式具有最好的颜色和图形支持，尽管图片压缩后会丢失细节信息而使文本比较模糊。当图片中包含文本时，GIF 格式往往是比较好的选择，但不具有良好的颜色支持，在.NET 中，GIF 格式支持固定的 256 色。

最好的图片格式是 PNG 格式，PNG 格式是一种多用途的格式，能够提供高质量的图片，具有无损压缩的 GIF 格式和丰富颜色支持的 JPEG 格式的混合特性，但是，诸如 IE 等浏览器往往只能够正确处理从一个页面返回的 PNG 格式图片，用户将看不到图片的内容，而是收到一条提示信息让用户把图片下载后利用其他程序打开。为了避免这个问题，需要使用<img>标记来显示生成的图片。

要使用 PNG 格式，还需要明确两点：第一，一些旧版本的浏览器不支持 PNG 格式；第二，不能使用 Image.Save()方法来向 HTML 输入流中保存图片，如果使用这个方法就会发生错误，这是因为 Save()方法中的输出流是一个具有标记的流，而流的位置可以随意更改，这是由.NET 要求生成的图片能够根据图片内容进行回迁和提出的特性来决定的。

为了解决此问题，就不要把图片保存到 HTML 输出流中，可创建一个 System.IO.MemoryStream 对象，这个对象用来存储缓存中的数据，而 MemoryStream 是可标记的，因此可以把图片保存在该对象中。一旦完成这一步，就可以非常容易地把数据从该对象中复制到 HTML 输出流中。这种解决方案的唯一缺点就是占用很大内存，然而生成的图片通常不会很大，因此，不会太多的影响性能。

图片的质量不仅仅由图片格式来决定，还要看在 Bitmap 对象中绘制图片的方式。GID+可以让程序员在图片的外观质量和图片生成速度上进行选择。如果想要优化图片的外观质量，.NET 可以使用其他诸如反走样技术来提高绘图质量。反走样技术能够光顺图形和文字的锯齿形边界。

为了能够提高图形的生成质量，可以通过设置 Graphics 对象的属性 SmoothingMode 来实现。属性 SmoothingMode 的可选值由枚举 System.Drawing2D.SmoothMode 提供，该枚举提供值如表 9-4 所示。

表 9-4　可选的优化图片质量的方式

| 方式 | 说明 |
|---|---|
| AntiAlias | 指定消除锯齿的呈现 |
| Default | 指定不消除锯齿 |
| HighQuality | 指定高质量、低速度呈现 |

（续表）

| 方式 | 说明 |
| --- | --- |
| HighSpeed | 指定高速度、低质量呈现 |
| Invalid | 指定一个无效模式 |
| None | 指定不消除锯齿 |

设置 Graphics 对象的属性 SmoothingMode 的示例代码如下：

```
g.SmoothingMode = Drawing.Drawing2D.SmoothingMode.AntiAlias;
```

**例 9-5　使用 System.Drawing.Image 对象来生成图片的缩略图**

在电子商务网站，经常会要展示商品的缩略图片，这个例子就介绍如何使用 System.Drawing.Image 对象来生成图片的缩略图，创建过程如下：

**01** 创建一个 ASP.NET 空 Web 应用程序 Sample9-5。

**02** 添加页面文件 ImageSrc.aspx，打开 ImageSrc.aspx.cs，在 ImageSrc 类中加入如下代码（这段代码定义了 ThumbnailCallback 方法，返回布尔值 false。然后在 Page_Load 事件中将要缩略的图片保存到页面输出流中）：

```
protected void Page_Load(object sender, EventArgs e) {
    //提供一个回调方法，用于确定方法何时取消
    System.Drawing.Image.GetThumbnailImageAbort myCallback =
    new System.Drawing.Image.GetThumbnailImageAbort(ThumbnailCallback);
    //创建一个图像对象
    Bitmap myBitmap = new Bitmap(Session["FileName"].ToString());
    //将图像保存到页面输出流中,并制定输出图像的格式
    myBitmap.Save(Response.OutputStream,
System.Drawing.Imaging.ImageFormat.Jpeg);
    }
    //必须创建此委托,在GDI+ 1.0 版本中已不调用
public bool ThumbnailCallback(){
        return false;
    }
```

**03** 添加页面文件 Thumbnail.aspx，打开 Thumbnail.aspx.cs，在 Thumbnail 类中添加如下代码（这段代码主要是在 Page_Load 事件中使用 System.Drawing.Image 对象生成缩略图）：

```
protected void Page_Load(object sender, EventArgs e){
    //提供一个回调方法，用于确定方法何时取消
    System.Drawing.Image.GetThumbnailImageAbort myCallback =
    new System.Drawing.Image.GetThumbnailImageAbort(ThumbnailCallback);
    //创建一个图像对象
    Bitmap myBitmap = new Bitmap(Session["FileName"].ToString());
    //使用"GetThumbnailImage"方法生成图像的缩略图
    //前两个参数分别是图像的高度和宽度
    System.Drawing.Image myThumbnail = myBitmap.GetThumbnailImage( 80, 80,
myCallback, IntPtr.Zero);
    //将图像保存到页面输出流中,并制定输出图像的格式
```

```
    myThumbnail.Save(Response.OutputStream,
System.Drawing.Imaging.ImageFormat.Jpeg);
    }
    //必须创建此委托,在 GDI+ 1.0 版本中已不调用
    public bool ThumbnailCallback(){
        return false;
    }
}
```

**04** 添加页面文件 Default.aspx,打开页面"设计"视图,并从工具箱拖动 1 个 FileUpload 控件、2 个 Button 控件和 2 个 Image 控件。完成的设计界面如图 9-7 所示。

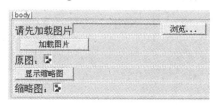

图 9-7　设计后的视图

**05** 打开 Default.aspx.cs,在 Default 类中添加如下代码(这段代码是处理 2 个按钮控件的单击事件):

```
protected void Button1_Click(object sender, EventArgs e) {
    //用控件显示选择的图片的缩略图
    Image2.ImageUrl = "Thumbnail.aspx";
}
protected void Button2_Click(object sender, EventArgs e){
    //首先保存图片路径
    Session["FileName"] = FileUpload1.PostedFile.FileName;
    //用控件显示选择的图片
    Image1.ImageUrl = "ImageSrc.aspx";
}
```

运行效果如图 9-8 所示。

图 9-8　运行效果图

197

## 9.3　小结

　　本章主要介绍两种能够生成丰富的页面的技术：用户控件和页面绘图。用户控件提供一种简单的自定义控件开发技术，利用这种技术可以使程序员能够开发出更符合实际应用的控件；页面绘图部分主要介绍了生成图片的过程以及如何在页面中显示图片，最后讨论了如何优化图片的质量。

# 第 10 章
# 样式、主题和母版页

一个成功的网站通常会有成千上万个网页，这些网页的开发和维护工作将是非常庞大的，而这些工作通常具有重复性，而让一个 Web 程序员花费大量时间去做这样的单调的工作（如设置或修改同种按钮的显示格式等）是一种资源浪费，因此如果能够站在全局的角度设计和维护网站的话，就能够大大节省资源。本章将要介绍的三个工具就能够整合页面到一个统一的网站，它们是样式、主题和母版页。

使用样式，可以一次定义一系列可选的格式，然后就可以在不同的页面来重用这些格式。而一旦需要更改某个系列元素的显示格式的话，只需要更改定义这个系列元素的样式，所有元素的显示格式都会自动修改，所以使用样式来定义网站页面的显示格式能够带来很多方便，更重要的是，通过统一的样式定义可以标准化网站的显示格式，这对于一个商业网站来说非常重要。

但由于样式是基于 HTML 标准的，因此样式不能够很好地与 ASP.NET 元素相结合。令人兴奋的是，ASP.NET 提供了主题特性来完成样式所具有的功能，并且能够很好地与 ASP.NET 标准控件相结合。

母版页是 ASP.NET 提供的另外一种重用技术，使用母版页可以为应用程序中的页面创建一致的布局。单个母版页可以为应用程序中的所有页（或一组页）定义所需的外观和标准行为，然后可以创建包含要显示的内容的各个内容页。当用户请求内容页时，这些内容页与母版页合并以将母版页的布局与内容页的内容组合在一起输出。

使用样式、主题和母版页，可以为一个网站统一定义一个标准的外观和布局，这样可以节省网站的开发和维护费用，并且可以让网站看起来更专业。

## 10.1 样式

CSS 是 Cascading Style Sheet 的简称，翻译成中文就是层叠样式表，简称样式表。它是一种用户增强控制页面样式并允许将样式信息与页面内容分离的标记性语言。它可以很容易地控制页面中的 HTML 元素的背景与颜色、元素框的样式、定位、文字字体等属性的设置。

## 10.1.1　样式的作用

W3C 把 DHTML 分为三个部分来实现：脚本语言（包括 JavaScript、VBScript 等）、支持动态效果的浏览器（包括 Internet Explorer、Netscape Navigator 等）和 CSS 样式表。程序员可以用 CSS 精确地控制页面里每一个元素的字体样式、背景、排列方式、区域尺寸、四周加入边框等。使用 CSS 能够简化网页的格式代码、加快下载显示的速度、外部链接样式可以同时定义多个页面，从而大大减少了重复劳动的工作量。

CSS 的作用可以概括为以下几点：

- 内容与表现分离。
- 可以使网页的表现非常统一，并且容易修改。
- 减少重复的代码编写。
- 增加网页的浏览速度。
- 减少硬盘容量。

## 10.1.2　样式的种类

CSS 按其在 HTML 文档中的位置可以分为三种。

（1）内嵌样式表

内嵌样式表的 CSS 是编写在 HTML 标签里面的，只对当前的标签起作用。例如：

```
<td align="right" style="WIDTH: 84px">
```

以上代码中 style 就是样式表的定义，表示表格一列的宽度为 84px。

（2）内部样式表

内部样式表是写在 HTML 的<head>和</head>里面，由<style>和</style>标记，内部样式表只对所在的网页有效，例如以下代码是一个完整的 HTML 文件，在标记<head>和</head>之间的<style>和</style>标记内定义了样式表，该样式表定义了树展开和收起的样式，详细代码如下：

```
<!DOCTYPE HTML PUBLIC "-//W3C//DTD HTML 4.0 Transitional//EN">
<html>
    <head>
        <title>树状菜单的简单实现</title>
        <script language="JavaScript" type="text/javascript">
            <!--
            function toggle(_dt)
            {   var _dl=_dt.parentNode;
                if(_dl.className=="collapse")
                    _dl.className="expand";
                else
                    _dl.className="collapse";
            }
            //-->
```

```
    </script>
    <style type="text/css">
      <!--
        dl dt{cursor:pointer;padding:3px;}
        dl dd{padding:3px;}
        .expand{height:auto;}
        .collapse{height:20px;overflow:hidden;}
      -->
    </style>
  </head>
  <body>
    <dl>
      <dt onclick="toggle(this)">根节点</dt>
      <dd>子节点 1</dd>
      <dd>子节点 2</dd>
      <dd>子节点 3</dd>
      <dd>子节点 4</dd>
    </dl>
  </body>
</html>
```

（3）外部样式表

为了能够使很多页面共享同样的样式表，可以把样式表的定义写在一个扩展名为.css 的文件中，然后在每个需要使用该样式表的页面中添加对该样式表文件的引用，例如以下代码是一个HTML 文档的片段，在其中引用了 Style.css 样式表文件，代码如下：

```
<html xmlns="http://www.w3.org/1999/xhtml" >
  <head runat="server">
    <title>客户资料</title>
    <link href="../CSS/Style.css" type="text/css" rel="stylesheet"/>
  </head>
  <body>
    <form id="form1" runat="server">
    <div>
    <table id="table1" border="1">
    <TR>
      <TD align="center" height="32" colspan="6">
        <DIV class="headlabel" style="DISPLAY: inline; WIDTH: 193px;
          HEIGHT: 32px" ms_positioning="FlowLayout">客户资料管理</DIV>
      </TD>
      ...
</html>
```

## 10.1.3 样式的语法

CSS 也是一种语言，也有着自己的语法结构，下面就简要介绍一下 CSS 的语法。

最基本的 CSS 是由三个部分构成：选择符（selector）、属性（properties）和属性的取值（value），格式为：选择符{属性:值}，即：selector{property: value}。

201

一般情况下，选择符是要为之定义样式的 HTML 标记，例如 BODY、P、TABLE…，可以通过此方法定义相应标记的属性和值，属性和值之间用冒号隔开，例如：

```
body {color: black}
```

以上代码中，选择符 body 是指页面主体部分，color 是控制文字颜色的属性，black 是颜色的值，该代码的效果是使页面中的文字为黑色。

如果属性的值是由多个单词组成，必须在值上加引号，例如字体的名称经常是几个单词的组合，示例代码如下：

```
p {font-family: "sans serif"}
```

以上代码定义段落的字体为 sans serif。

如果需要对一个选择符指定多个属性时，则要使用分号将所有的属性和值分开，例如：

```
p {text-align: center; color: red}
```

以上代码表示段落居中排列，并且段落中的文字为红色。

当然为了使定义的样式表方便阅读，也可以采用分行的书写格式，例如：

```
p
{   text-align: center;
    color: black;
    font-family: arial
}
```

以上代码表示段落排列居中，段落中文字为黑色，字体是 arial。

还可以把具有相同属性和值的选择符组合起来书写，利用逗号将选择符分开，这样可以减少样式的重复定义，例如：

```
h1, h2, h3, h4, h5, h6 { color: green }
```

以上代码的含义是每个标题元素的文字都为绿色，它和分开定义每个标题元素的字体为绿色的效果一样，显然这样编写可以节省代码。

其实选择符并不一定是 HTML 标记，选择符的种类有其他几种，现列举如下。

（1）类选择符

利用类选择符能够把相同的元素分类定义成不同的样式，定义类选择符时，在类的名称前面加一个点号，点号前加上相应的 HTML 标记。

例如，想要两个不同的段落，一个段落向右对齐，一个段落居中，可以先定义两个类：

```
p.right {text-align: right}
p.center {text-align: center}
```

然后用在不同的段落里，只要在 HTML 标记里加入上面定义的 class 参数即可，代码如下：

```
<p class="right">
    //这个段落向右对齐的
</p>
<p class="center">
```

```
     //这个段落是居中排列的
</p>
```

类的名称可以是任意英文单词或以英文开头与数字的组合，但类的命名最好能够说明类功能。

此外，在定义类选择符时，可以省略 HTML 标记，这样可以把几个不同的元素定义成相同的样式，例如：

```
center {text-align: center}
```

以上代码定义的类 center 表示文字居中。这样的类可以被应用到任何元素上，而且这种用法在 CSS 程序中比较常见。

（2）ID 选择符

在 HTML 文档中 ID 参数指定了某个单一元素，ID 选择符是用来对这个单一元素定义单独的样式。

定义 ID 选择符要在 ID 名称前加上一个"#"号，和类选择符相同，定义 ID 选择符的属性也有两种方法。

可以采用以下代码的样式来定义 ID 选择符，这段代码定义的 ID 属性将匹配所有 id="intro"的元素：

```
#intro
{    font-size:110%;
     font-weight:bold;
     color:#0000ff;
     background-color:transparent
}
```

也可以采用如下代码的样式来定义 ID 选择符，这段代码定义的 ID 属性只匹配 id="intro"的段落元素：

```
p#intro
{    font-size:110%;
     font-weight:bold;
     color:#0000ff;
     background-color:transparent
}
```

ID 选择符的应用和类选择符类似，只要把 CLASS 换成 ID 即可。例如：

```
<p id="intro"> </p>
```

但是 ID 选择符局限性很大，只能单独定义某个元素的样式，一般只在特殊情况下使用。

（3）包含选择符

包含选择符是可以单独对某种元素的包含关系（元素 1 里包含元素 2）定义的样式表，这种方式只对在元素 1 里的元素 2 定义，对单独的元素 1 或元素 2 无定义，例如：

```
table a
{    font-size: 12px
```

```
}
```

以上代码的含义是在表格内的链接改变了样式，文字大小为 12 像素，而表格外的链接文字则不接受该样式的定义。

在 CSS 程序中也可以加入注释文字，注释的文字被包含在 "/*" 和 "*/" 之间，例如：

```
/*定义表格内链接的样式*/
table a
{   font-size: 12px
}
```

层叠性是样式表的一大特性。所谓层叠性就是继承性，样式表的继承规则是外部的元素样式保留下来继承给这个元素所包含的其他元素。事实上，所有在元素中嵌套的元素都会继承外层元素指定的属性值，有时会把很多层嵌套的样式叠加在一起，除非另外更改。

例如，在 DIV 标记中嵌套 P 标记，代码如下：

```
div { color: red; font-size:9pt}
...
<div>
    <p>
        这个段落的文字为红色 9 号字
    </p>
</div>
```

以上代码定义的样式表会使 P 元素里的内容继承 DIV 定义的属性。

有些情况下内部选择符不继承周围选择符的值，但理论上这些都是特殊的，例如，上边界属性值是不会继承的。

当样式表继承遇到冲突时，总是以最后定义的样式为准。

不同的选择符定义相同的元素时，要考虑到不同的选择符之间的优先级，三种主要选择符的优先顺序是：ID 选择符、类选择符和 HTML 标记选择符。这是因为 ID 选择符是最后加在元素上的，所以优先级最高，其次是类选择符。

如果想超越这三者之间的关系，可以用 "!important" 提升样式表的优先权，例如：

```
p { color: #FF0000!important }
.blue { color: #0000FF}
#id1 { color: #FFFF00}
```

如果同时对页面中的一个段落加上这三种样式，它最后会依照被 "!important" 声明的 HTML 标记选择符样式为红色文字。如果去掉 "!important"，则依照优先权最高的 ID 选择符为黄色文字。

在样式的语法中，还有一个概念比较重要，即伪类，很多特效可以利用伪类来实现。伪类可以看作是一种特殊的类选择符，是能被支持 CSS 的浏览器自动识别的特殊选择符。它的最大用处就是可以对链接在不同状态下定义不同的样式效果。

伪类的定义格式为：选择符:伪类 {属性: 值}，即：selector:pseudo-class {property: value}。

伪类和类不同，是 CSS 已经定义好的，不能同类选择符一样随意用别的名字，根据上面的语法可以解释为对象（选择符）在某个特殊状态下（伪类）的样式。

最常用的是 4 种 a（链接）元素的伪类，它表示动态链接在 4 种不同的状态：link（未访问的链接）、visited（已访问的链接）、active（激活链接）、hover（鼠标停留在链接上）。可以把它们分别定义为不同的效果，以区别以上 4 种状态，例如：

```
a:link {color: #FF0000; text-decoration: none}          /* 未访问的链接 */
a:visited {color: #00FF00; text-decoration: none}       /* 已访问的链接 */
a:hover {color: #FF00FF; text-decoration: underline}    /* 鼠标在链接上 */
a:active {color: #0000FF; text-decoration: underline}   /* 激活链接 */
```

有时在这个链接访问前鼠标指向链接时会有效果，而链接访问后鼠标再次指向链接时却无效果，这是因为把 a:hover 放在了 a:visited 的前面，这样的话由于后面的优先级高，当访问链接后就忽略了 a:hover 的效果，所以根据叠层顺序，在定义这些链接样式时，一定要按照 a:link、a:visited、a:hover、a:actived 的顺序书写。

其实伪类还可以与类组合起来使用，混用后语法就变为：选择符.类:伪类 {属性: 值}，即：selector.class:pseudo-class {property: value}。

将伪类和类组合起来，就可以在同一个页面中制作几组不同的链接效果了，例如，可以定义一组链接为红色，访问后为蓝色；另一组为绿色，访问后为黄色，代码如下：

```
a.red:link {color: #FF0000}
a.red:visited {color: #0000FF}
a.blue:link {color: #00FF00}
a.blue:visited {color: #FF00FF}
```

把以上定义应用在不同的链接上，代码如下：

```
<a class="red" href="…">这是第一组链接</a>
<a class="blue" href="…">这是第二组链接</a>
```

此外 CSS 2.0 中还定义了其他伪类，这里就不再一一列举。

## 10.1.4  使用样式

有 4 种常用的在页面中插入样式表的方法：链入外部样式表、内部样式表、导入外部样式表和内嵌样式。

### 1. 链入外部样式表

链入外部样式表是把样式表保存为一个样式表文件，然后利用页面中<link>标记链接到这个样式表文件，这个<link>标记必须放到页面的<head>区内，例如：

```
<head>
    …
    <link rel="stylesheet" type="text/css" href="mystyle.css">
    …
</head>
```

以上代码表示浏览器从 mystyle.css 文件中以文档格式读出定义的样式表。rel="stylesheet"是指在页面中使用这个外部的样式表。type="text/css"是指文件的类型是样式表文本。href="mystyle.css"是文件所在的位置。

一个外部样式表文件可以应用于多个页面。当改变这个样式表文件时，所有页面的样式都随之而改变。在制作大量相同样式页面的网站时，非常有用，不仅减少了重复的工作量，而且有利于以后的修改、编辑，浏览时也减少了重复下载代码。

## 2. 内部样式表

内部样式表是把样式表放到页面<head>里，这些定义的样式就应用到页面中了，样式表是用<style>标记插入的，例如：

```
<head>
    …
    <style type="text/css">
        hr {color: sienna}
        p {margin-left: 20px}
        body {background-image: url("images/back40.gif")}
    </style>
    …
</head>
```

## 3. 导入外部样式表

导入外部样式表是指在内部样式表的<style>里导入一个外部样式表，导入时利用"@import"实现，例如：

```
<head>
    …
    <style type="text/css">
        <!-- @import "mystyle.css"
           /*其他样式表的声明*/
        -->
    </style>
    …
</head>
```

以上代码中@import "mystyle.css" 表示导入 mystyle.css 样式表时外部样式表的路径。方法和链入样式表的方法很相似，但导入外部样式表的输入方式更有优势。实质上它相当于存在内部样式表中。导入外部样式表必须在样式表的开始部分或在其他内部样式表上。

## 4. 内嵌样式

内嵌样式是混合在 HTML 标记里使用的，使用这种方法可以很简单地对某个元素单独定义样式。内嵌样式的使用是直接在 HTML 标记里加入 style 参数。而 style 参数的内容就是 CSS 的属性和值，例如：

```
<p style="color: sienna; margin-left: 20px">
    这是一个段落
</p>
```

以上代码中在 style 参数后面的引号里的内容相当于在样式表大括号里的内容。style 参数可以应用于任意 BODY 内的元素，除了 BASEFONT、PARAM 和 SCRIPT。

以上几节概要介绍了 CSS 的基本语法和用法，关于 CSS 可以定义的详细属性以及相应值，读者可以去查阅资料以获取比较详尽的属性列表，这里不再一一列举。

通过样式的语法介绍可以发现，虽然样式的语法不是很复杂，然而由于没有特殊的编辑器，想要创建正确的样式还是一件比较麻烦的事情，首先必须了解语法，此外更重要的是记住很多属性的含义，而 ASP.NET 4.5 让创建样式变得轻松起来。

## 10.1.5　样式创建器

本节将详细介绍如何使用 Visual Studio 2012 方便地创建样式。使用 Visual Studio 2012 提供的样式创建器，只需要根据它提供的对话框进行一些选择就可生成满足需要的样式。

下面通过一个例子来介绍如何利用样式创建器创建样式并应用于一个<div>标记。

**例 10-1　创建样式并应用于一个<div>标记**

每一个 ASP.NET 页面都包含一个<div>标记，这个<div>标记可以作为页面内所有内容的容器。尽管<div>标记并不在页面上显示，但为<div>标记进行样式设置（如设置字体和颜色）可以影响到该标记内的内容的显示格式，这就是样式的继承性。

该实例的创建步骤如下：

**01** 创建一个 ASP.NET 空 Web 应用程序 Sample10-1。

**02** 添加页面文件 Default.aspx，打开并切换到"源"视图，在<div>标记之间加入如下代码（这段代码给出了几个控件和内容的定义，这些控件是什么并不重要，读者可以自己根据爱好添加）：

```
<asp:Label ID="Label1" runat="server">请输入一些内容：</asp:Label>
<asp:TextBox ID="TextBox1" runat="server"></asp:TextBox>
<br /><br />
<asp:Button ID="Button1" runat="server" Text="Button">
</asp:Button>
```

**03** 切换到"设计"视图，在<div>标记的区域内单击一下，但不要单击任何控件，可以看到<div>标记出现在边框的左上角，如图 10-1 所示。

图 10-1　<div>标记

**04** 选择"格式"|"新建样式"命令，打开如图 10-2 所示的"新建样式"对话框，在这个对话框里只需要进行一些选择就可以为<div>标记创建样式。表 10-1 对"新建样式"对话框中可以定义的样式进行了说明。为了能够把将要创建的样式应用于选中的内容，还必须选中"将新样式应用于文档选择内容"复选框。当选择一些样式后，在"预览"文本框

中可以看到选择的样式的预览效果。

图 10-2 "新建样式"对话框

表 10-1 "新建样式"对话框中可以定义的样式

| 样式分类 | 说明 |
| --- | --- |
| 字体 | 设置字体类型、字体大小和文本颜色，还可以设置诸如加黑等字体特性 |
| 块 | 对文本进行设置，可以设置排列方式、字间距、在第一行的缩进量等 |
| 背景 | 设置背景色或背景图片 |
| 边框 | 设置元素的边框，可以设置边框的样式、厚度和颜色等 |
| 方框 | 设置元素的边界和容器之间的区域、元素的边界和里面内容之间的区域的样式 |
| 定位 | 为元素设置一个固定的宽度和高度，还可以设置元素在页面上的位置 |
| 布局 | 控制各种复杂的布局，可以指定某个元素是显示还是隐藏，可以设置某个元素在页面的边界时是否浮动，还可以设置鼠标在滑过某些内容时显示的样式等 |
| 列表 | 设置列表样式 |
| 表格 | 设置表格样式 |

在图 10-2 所示的对话框中为&lt;div&gt;标记选择一些样式设置，最后单击"确定"按钮，可以看到设置好的样式。切换页面到"源"视图，可以看到如下代码（这段代码中，标记&lt;style&gt;中的 newStyle1 就是新创建的样式，并利用&lt;div&gt;标记的 class 属性应用该样式。其中有关样式的创建和应用的代码都是利用样式创建器来生成的）：

```
<%@ Page Language="C#" AutoEventWireup="true" CodeFile="Default.aspx.cs"
Inherits="_Default" %>
<!DOCTYPE html>
<html xmlns="http://www.w3.org/1999/xhtml">
<head runat="server">
<meta http-equiv="Content-Type" content="text/html; charset=utf-8"/>
    <title></title>
```

```
        <style type="text/css">
        .newStyle1
        {    font-family: 宋体, Arial, Helvetica, sans-serif;
            font-size: smaller;
            background-color: #FFFF00;
        }
        </style>
</head>
 <body>
        <form id="form1" runat="server">
            <div class="newStyle1">
                <asp:Label ID="Label1" runat="server">请输入一些内容: </asp:Label>
                <asp:TextBox ID="TextBox1" runat="server"></asp:TextBox>
                <br /><br />
                <asp:Button ID="Button1" runat="server" Text="Button"> </asp:Button>
            </div>
        </form>
    </body>
</html>
```

运行效果如图 10-3 所示,这里展示了上面创建的样式应用于<div>标记后的效果。

图 10-3　为<div>标记设置样式的效果

## 10.1.6　CSS 属性窗口

Visual Studio 2012 提供了两种修改样式的方法,而这两种方法都要依赖于"CSS 属性"窗口,使用"CSS 属性"窗口可以查看任何样式的详细内容。

在 Visual Studio 2012 中,选择"视图"|"CSS 属性"命令,则可以打开如图 10-4 所示的"CSS 属性"窗口。

当打开"CSS 属性"窗口后,就可以使用它查看已有的样式。在页面中选择应用样式的标记或控件,就可以在"CSS 属性"窗口看到该样式的详细内容,例如查看例 10-1 创建的样式,该样式的详细内容如图 10-5 所示。

在图 10-5 中可以看到,"CSS 属性"窗口的左边显示了应用到当前选择的标记或控件的样式列表,而右边详细显示了被选择的样式的详细内容。

在"CSS 属性"窗口中,在样式列表上或者详细属性上单击右键,则会弹出一个菜单,如图 10-6 所示。

209

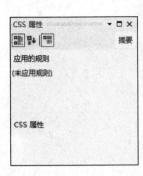  

图 10-4　"CSS 属性"对话框　　　图 10-5　查看存在的样式　　　图 10-6　右键单击

在图 10-6 中可以看到，该菜单包含了一系列命令。

- 转到代码：用来显示样式定义的代码，选择该命令时，会在右边显示出样式的定义的代码。
- 新建样式：用来新创建一个样式，选择该命令时，会弹出前面介绍的"新建样式"对话框。
- 新建样式副本：用来创建当前样式的一个副本，选择该命令时，同样会弹出"新建样式"对话框，而在该对话框里显示当前样式的详细信息，样式名则会在原来的名字后面加上 Copy，表示新创建的样式是当前样式的副本。
- 修改样式：用来修改当前样式，选择该命令时，则弹出"修改样式"对话框，这个对话框和新建样式对话框一样，只不过这里将显示当前样式的详细信息。
- 新建级联样式：用来创建级联样式，选择该命令时，则添加一个新的样式，选中该样式就可以对该样式进行详细定义。
- 删除类：用来删除当前的样式。

## 10.1.7　创建和应用样式文件

其实在很多情况下，并不直接在页面中创建样式，而是创建一个或几个存储通用样式的文件，然后在页面中引用这些文件存在的样式。这样将有助于样式的管理和标准化。

同样使用"新建样式"对话框可以创建样式文件，创建样式文件有两种情况：第一是新创建一个样式文件，把创建的样式放到该文件中；第二是向已经存在的样式文件中添加新的样式。

在"新建样式"对话框中，把定义位置选择为"新建样式表"或"现有样式表"都可以在文件中存储要创建的样式。创建样式定义后，单击"确定"按钮即可创建一个新的样式文件。

打开新创建的样式文件，可以看到新创建的样式被存储在该文件中。同时在打开样式文件时，会弹出如图 10-7 所示的窗口，在窗口中概要地显示了样式文件中的内容。

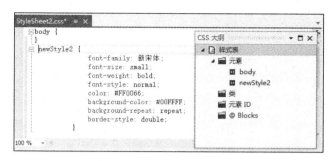

图 10-7　显示样式文件中的内容

在图 10-7 中，右侧显示了当前样式文件中包含的元素、类、元素 ID 以及@Blocks 等概要内容。

前面已经介绍过，在页面文件中可以通过标记<link>来引用样式文件，而在 Visual Studio 2012 中，可以直接把样式文件拖曳到要应用的页面，这样，<link>语句就会自动出现在该页面文件中。

当把样式文件的引用添加到页面上后，就可以把样式应用到页面上的控件和标记上了，可直接利用代码添加样式的引用，也可以通过如图 10-8 所示的窗口，把样式应用到具体的控件和标记上。

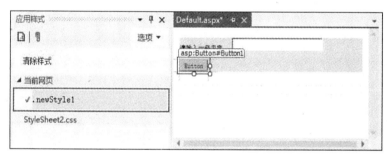

图 10-8　"应用样式"窗口

在图 10-8 中，选中控件 Button，然后在"应用样式"窗口中右键单击选中的样式，在弹出的快捷菜单中选择"应用样式"命令，则该样式就会应用该控件。

## 10.2　主题

目前 Blog 非常热门，在使用 Blog 时，用户通常希望对页面的设置能够获得更多选择，以往的解决方案是通过选择不同的 CSS 来选择不同的皮肤，这对用户来说是很完美的一件事，但对程序员来说，却是件很辛苦的事：Blog 是以 HTML 变量来实现的，.text 是以 CSS 自定义来实现的，这项工作具有很大的工作量，但是在 ASP.NET 中可以很轻松地实现用户的需求。之所以能在 ASP.NET 中很容易实现个性化皮肤的定制，是因为 ASP.NET 内置了主题皮肤机制。ASP.NET 在处理主题的问题时提供了清晰的目录结构，使得资源文件的层级关系非常清晰，在易于查找和管理的同时，提供了良好的扩展性，因此使用主题可以加快设计和维护网站的速度。

## 10.2.1　概述

　　主题是有关页面和控件的外观属性设置的集合，由一组元素组成，包括外观文件、级联样式表（CSS）、图像和其他资源。

　　主题至少应包含外观文件（.skin 文件），主题是在网站或 Web 服务器上的特殊目录定义的，一般把这个特殊目录称为专用目录，这个专用目录的名字为 App_Themes。App_Themes 目录下可以包含多个主题目录，主题目录的命名由程序员自己决定。而外观文件等资源则是放在主题目录下。这里给出一个主题的目录结构示例，如图 10-9 所示，专用目录 App_Themes 下包含 5 个主题目录，每个主题目录下包含一个外观文件。

图 10-9　主题的目录结构示例

　　下面介绍一下主题的组成元素。

### 1. 外观文件

　　外观文件又称皮肤文件，是具有文件扩展名.skin 的文件，在皮肤文件里，可以定义控件的外观属性。皮肤文件一般具有以下代码的形式：

```
<asp:Label runat="server" BackColor="Blue"></asp:Label>
```

　　上述代码与定义一个 Label 控件的代码几乎一样（除了不包含 ID、Text 等属性外），这样简单的一行代码就定义了 Label 控件的一个皮肤，可以在网页引用该皮肤去设置 Label 控件的外观。

### 2. 级联样式表

　　级联样式表就是 Web 程序员常常提到的 CSS 文件，是具有文件扩展名.css 的文件，也是用来存放定义控件外观属性的代码的文件。在页面开发中，采用级联样式表，可以有效地对页面的布局、字体、颜色、背景和其他效果实现更加精确地控制，而且只要对相应的代码做一些简单的修改，就可以改变同一页面的不同部分的外观属性，或者页数不同的网页的外观和格式。正是级联样式表具有这样的特性，所以在主题技术中综合了级联样式表的技术。级联样式表一般具有下面代码的形式：

```
.button
{   border-right: darkgray 1px ridge;
    border-top: darkgray 1px ridge;
    border-left: darkgray 1px ridge;
    border-bottom: darkgray 1px ridge;
}
.label
{   font-size: x-small;
```

```
    color: navy;
}
```

上述代码定义了 Button 控件和 Label 控件的显示属性。

### 3. 图像和其他资源

图像就是图形文件，其他资源可能是声音文件、脚本文件等。有时候为了控件美观，只是靠颜色、大小和轮廓来定义，但这样并不能满足要求，这时候就会考虑把一些图片、声音等加到控件外观属性的定义中去，例如可以为 Button 控件的单击加上特殊的音效，为 TreeView 控件的展开按钮和收起按钮定义不同的图片。

主题根据它的应用范围可以分为两种：

- 页面主题应用于单个 Web 应用程序，它是一个主题文件夹，其中包含控件外观、样式表、图形文件和其他资源，该文件夹是作为网站中的 "\App_Themes" 文件夹的子文件夹创建的。每个主题都是 "\App_Themes" 文件夹的一个不同的子文件夹。
- 全局主题可应用于服务器上的所有网站，全局主题与页面主题类似，它们都包括属性设置、样式表设置和图形，但是，全局主题存储在对 Web 服务器具有全局性质的名为 Themes 的文件夹中。服务器上的任何网站以及任何网站中的任何页面都可以引用全局主题。

总的说来，主题具有以下特性：

- 主题只在 ASP.NET 控件中有效。
- 母版页（Master Page）上不能设置主题，但是主题可以在内容页面上设置。
- 主题上设置的 ASP.NET 控件的样式覆盖页面上设置的样式。
- 如果在页面上设置 EnableTheming="false"，则主题无效。
- 要在页面中动态设置主题，必须在页面生命周期 Page_Preinit 事件之前设置。
- 主题包括.skin 和.css 文件。
- 此外使用主题时可能会引起安全问题，恶意主题可用于:
- 改变控件的行为，导致它有异于预期行为。
- 插入客户端脚本，从而导致跨站点式脚本风险。
- 改变验证。
- 公开敏感信息。

这些常见威胁的缓解措施主要有以下几种：

- 使用正确的访问控制设置来保护全局和应用程序主题目录，应只允许受信任的用户将文件写入主题目录中。
- 不要使用来自不受信任的主题。若要在网站上使用来自单位外部的主题，应先检查它是否包含恶意代码。
- 不要在查询数据中公开主题名称。恶意用户可以通过此信息来使用开发人员不知道的主题，从而公开敏感信息。

### 10.2.2　主题的创建

创建主题的过程比较简单，步骤如下：

**01** 右键单击要为之创建主题的网站项目，在弹出的快捷菜单中选择"添加 ASP.NET 文件夹" | "主题"命令。此时就会在该网站项目下添加一个名为 App_Themes 的文件夹，并在该文件夹中自动添加一个默认名为主题 1 的文件夹，如图 10-10 所示。

图 10-10　新建的主题目录

**02** 右键单击主题 1 文件夹，在弹出的快捷菜单中选择"添加新项"命令，此时会弹出"添加新项"对话框，如图 10-11 所示，该对话框提供了在 Themes1 文件夹里可以添加的文件模板。

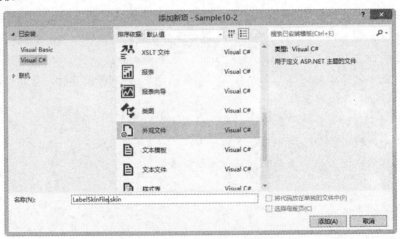

图 10-11　"添加新项"对话框

**03** 在"添加新项"对话框里选择"外观文件"选项，在"名称"文本框中会出现该文件的默认命名 SkinFile.skin，这里更换为 LabelSkinFile.skin，表示该文件是为 Label 控件定义的外观文件。单击"添加"按钮，LabelSkinFile.skin 就会添加在 Themes1 目录下。

**04** 双击新建的 LabelSkinFile.skin 文件，打开该文件，可以看到一段对外观文件编写的说明性文字，告诉程序员以何种格式来编写控件的外观属性定义。按照说明格式，编写一个 Label 控件的外观属性定义，代码如下：

```
<asp:Label runat="server" BackColor="Blue"></asp:Label>
```

通过以上几步，可以应用于整个网站项目的主题就建立完成了。此外在建立主题的时候需要注意以下几项：

- 主题目录放在专用目录 App_Themes 的下面。
- 专用目录下可以放多个主题目录。
- 皮肤文件放在"主题目录"下。
- 每个主题目录下可以放多个皮肤文件，但系统会把多个皮肤文件合并在一起，把这些文件视为一个文件。
- 对控件显示属性的定义放在以".skin"为后缀的皮肤文件中。

## 10.2.3　主题的应用

在网页中使用某个主题都会在网页定义中加上"Theme=[主题目录]"的属性，示例代码如下：

```
<%@ Page Theme="Themes1" … %>
```

为了将主题应用于整个项目，可以在项目的根目录下的 Web.config 文件里进行配置，示例代码如下：

```
<configuration>
    <system.web>
        <Pages Themes="Themes1"></Pages>
    </system.web>
</configuration>
```

只有遵守上述配置规则，在皮肤文件中定义的显示属性才能够起作用。

在设计阶段是看不出主题带来的控件显示方式的变化，只有运行起来才能看到它的效果。

此外，在 ASP.NET 中属性设置的作用策略是这样的：如果设置了页的主题属性，则主题和页中的控件设置将进行合并，以构成控件的最终属性设置；如果同时在控件和主题中定义了同样的属性，则主题中的控件属性设置将重写控件上的任何页设置。这种属性的使用策略明显有这样一个好处：通过主题可以为页面上的控件定义统一的外观，同时如果修改了主题的定义，页面上的控件的属性也会跟着做统一的变化。

下面就通过一个例子来介绍如何使用主题。这个例子是把在外观文件定义的 TextBox、Label 和 Button 属性的主题应用于网页设计中，步骤如下：

**01** 按照第 10.2.2 小节中所讲述的步骤创建出主题目录 Skin1。

**02** 在主题目录主题 1 下添加外观文件，命名为 Skin1.skin。

**03** 在 Skin1.skin 里添加如下代码：

```
<asp:TextBox BackColor="#c4d4e0" ForeColor="#0b12c6" Runat="Server" />
<asp:Label ForeColor="#0b12c6" Runat="Server" />
<asp:Button BackColor="#c4d4e0" ForeColor="#0b12c6" Runat="Server" />
```

**04** 双击打开 Default.aspx 文件，切换到"源"视图，加入如下代码：

215

```
<%@     Page     Language="C#"     AutoEventWireup="true"     Theme="     Skin1"
CodeFile="Default.aspx.cs" Inherits="_Default" %>
```

**05** 把 Default.aspx 文件切换到"设计"视图，从"工具箱"里拖入一个 Label 控件、一个 TextBox 控件和一个 Button 控件，运行效果如图 10-12 所示。

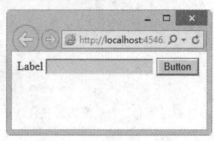

图 10-12　使用主题 Skin1 的效果图

下面再介绍一个例子，在这个例子中可以通过下拉列表来选择不同的主题，以更换控件显示样式，步骤如下：

**01** 首先在专用目录 App_Themes 下添加三个主题文件夹，分别命名为 BlueThemes、OrangeThemes 和 RedThemes。

**02** 分别为每个主题添加.skin 文件，并分别加入代码。在 BlueThemes 下的皮肤文件中加入如下代码：

```
<asp:TextBox runat="server" BackColor=Blue ForeColor=blue>
</asp:TextBox >
```

**03** 在 OrangeThemes 下的皮肤文件中加入如下代码：

```
<asp:TextBox runat="server" BackColor=orange ForeColor=orange>
</asp:TextBox >
```

**04** 在 RedThemes 下的皮肤文件中加入如下代码：

```
<asp:TextBox runat="server" BackColor=red ForeColor=red>
</asp:TextBox >
```

**05** 添加 SelectThemes.aspx 文件，在其中加入文本框控件和拉列表控件各一个，代码如下：

```
<asp:TextBox ID="TextBox1" runat="server" ></asp:TextBox>
<asp:DropDownList ID="DropDownList1" runat="server" AutoPostBack="True">
    <asp:ListItem Value="BlueThemes">蓝色</asp:ListItem>
    <asp:ListItem Value="OrangeThemes">黄色</asp:ListItem>
    <asp:ListItem Value="RedThemes">红色</asp:ListItem>
</asp:DropDownList>
```

**06** 在 SelectThemes.aspx.cs 中添加如下代码（在页面事件 Page_PreInit 中设置当前的被选中的主题，注意主题的设置必须在 Page_Load 事件之前进行）：

```
protected void Page_PreInit(object sender, System.EventArgs e)
{   Page.Theme = Request["DropDownList1"];
}
```

运行后的效果如图 10-13 所示，通过下拉列表可以为文本框选择不同的皮肤文件。

图 10-13　更改主题效果图

## 10.2.4　SkinID 的应用

SkinID 是 ASP.NET 为 Web 控件提供的一个联系到皮肤的属性，用来标识控件使用哪种皮肤。有时需要同时为一种控件定义不同的显示风格，这时可以在皮肤文件中定义 SkinID 属性来区别不同的显示风格，例如，在 LabelSkinFile.skin 文件中对 Label 控件定义了三种显示风格的皮肤，代码如下：

```
<asp:Label  runat="server"  BackColor="Blue"></asp:Label>
<asp:Label  runat="server"  SkinID="Style2" BackColor="Orange"></asp:Label>
<asp:Label  runat="server"  SkinID="Style3" BackColor="Red" ></asp:Label>
```

上述代码的含义是：第一个定义是默认定义，不包含 SkinID 属性，该定义作用于所有不声明 SkinID 属性的 Label 控件；后面两个定义声明了 SkinID 属性，当使用其中一种样式定义时就需要在相应的 Label 控件中声明相应的 SkinID 属性。

添加一个名为 SkinIDApplication.aspx 的文件，并添加如下代码：

```
<%@           Page           Language="C#"           AutoEventWireup="true"
CodeFile="SkinIDApplication.aspx.cs"               Inherits="SkinIDApplication"
Theme="LabelThemes" %>
<!DOCTYPE html>
<html xmlns="http://www.w3.org/1999/xhtml">
<head runat="server">
<meta http-equiv="Content-Type" content="text/html; charset=utf-8"/>
    <title></title>
</head>
<body>
    <form id="form1" runat="server">
      <div>
            <asp:Label ID="Label1" runat="server" >样式1</asp:Label><br>
            <asp:Label  ID="Label2"  runat="server"  SkinID="Style2"> 样 式
2</asp:Label><br>
            <asp:Label  ID="Label3"  runat="server"  SkinID="Style3" > 样 式
3</asp:Label>
      </div>
    </form>
</body>
</html>
```

217

程序运行后，三个 Label 控件分别使用不同的皮肤定义，运行效果如图 10-14 所示。

图 10-14　使用 SkinID 的例子

另外，当在一个页面里引用某个主题后，在定义控件的 SkinID 属性时就会自动弹出提示菜单，以供选择，非常方便实用。

## 10.2.5　主题的禁用

主题用于重写页和控件外观的本地设置，而当控件或页已经有预定义的外观，且又不希望主题重写它时，就可以利用禁用方法来忽略主题的作用。

禁用页的主题通过设置@Page 指令的 EnableTheming 属性为 false 来实现，例如：

```
<%@ Page EnableTheming="false" %>
```

禁用控件的主题通过将控件的 EnableTheming 属性设置为 false 来实现，例如：

```
<asp:Calendar id="Calendar1" runat="server" EnableTheming="false" />
```

## 10.3　母版页

母版页是 ASP.NET 提供的一种重用技术，使用母版页可以为应用程序中的页面创建一致的布局。单个母版页可以为应用程序中的所有页（或一组页）定义所需的外观和标准行为，然后可以创建包含要显示的内容的各个内容页。当用户请求内容页时，这些内容页与母版页合并以将母版页的布局与内容页的内容组合在一起输出。

## 10.3.1　概述

母版页是具有扩展名为.master 的 ASP.NET 文件，它具有可以包括静态文本、HTML 元素和服务器控件的预定义布局。母版页由特殊的@Master 指令识别，该指令替换了用于普通.aspx 页的@Page 指令。该指令看起来类似于以下代码：

```
<%@ Master Language="C#" %>
```

除在所有页上显示的静态文本和控件外，母版页还包括一个或多个 ContentPlaceHolder 控件。ContentPlaceHolder 控件称为占位符控件，这些占位符控件定义了可替换内容出现的区域。

可替换内容是在内容页中定义的，所谓内容页就是绑定到特定母版页的 ASP.NET 页（.aspx 文件以及可选的代码隐藏文件），通过创建各个内容页来定义母版页的占位符控件的内容，从而实现页面的内容设计。

在内容页的@Page 指令中通过使用 MasterPageFile 属性来指向要使用的母版页,从而建立内容页和母版页的绑定,例如,一个内容页可能包含@Page 指令,该指令将该内容页绑定到Master1.master 页,在内容页中,通过添加 Content 控件并将这些控件映射到母版页上的 ContentPlaceHolder 控件来创建内容,示例代码如下:

```
<%@Page Language="C#"
MasterPageFile="~/Master.master" Title="内容页1" %>
<asp:Content ID="Content1" ContentPlaceHolderID="Main" Runat="Server">
    主要内容
</asp:Content>
```

在母版页中创建为 ContentPlaceHolder 控件的区域在新的内容页中显示为 Content 控件。

母版页是 ASP.NET 提供的另外一种重用技术,具有以下优点:

- 使用母版页可以集中处理页的通用功能,以便可以只在一个位置上进行更新。
- 使用母版页可以方便地创建一组控件和代码,并将结果应用于一组页。例如,可以在母版页上使用控件来创建一个应用于所有页的菜单。
- 通过允许控制占位符控件的呈现方式,可以在细节上控制最终页的布局。
- 母版页提供一个对象模型,使用该对象模型可以在各个内容页自定义母版页。

在运行时,母版页是按照下面的步骤处理的:

01 用户通过键入内容页的 URL 来请求某页。
02 获取该页后,读取@Page 指令。如果该指令引用一个母版页,则也读取该母版页。如果是第一次请求这两个页,则两个页都要进行编译。
03 包含更新的内容的母版页合并到内容页的控件树中。
04 各个 Content 控件的内容合并到母版页中相应的 ContentPlaceHolder 控件中。
05 浏览器中呈现得到的合并页。

## 10.3.2 创建母版页

母版页中包含的是页面公共部分,即网页模板,因此,在创建示例之前,必须判断哪些内容是页面公共部分,这就需要从分析页面结构开始。在下文中,假设页面名为 Index.aspx 的页面为某网站中的一页,该页面的结构如图 10-15 所示。

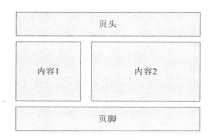

图 10-15 页面结构图

通过分析可知，页面 Index.aspx 由 4 个部分组成：页头、页脚、内容 1 和内容 2。其中页头和页脚是 Index.aspx 所在网站中页面的公共部分，网站中许多页面都包含相同的页头和页脚。内容 1 和内容 2 是页面的非公共部分，是 Index.aspx 页面所独有的。结合母版页和内容页的有关知识可知，如果使用母版页和内容页来创建页面 Index.aspx，那么必须创建一个母版页 MasterPage.master 和一个内容页 Index.aspx。其中母版页包含页头和页尾等内容，内容页中则包含内容 1 和内容 2。下面通过一个例子讲述母版页的创建过程。

**01** 使用 Visual Studio 2012 创建一个普通的 ASP.NET 空 Web 应用程序，名为 Sample10-3，然后，在站点根目录下创建一个名为 MasterPage.master 的母版页。由于这是一个添加新文件的过程，因此，可通过选择"网站"|"添加新项"命令打开如图 10-16 所示的对话框。

**02** 选择母版页图标，并且设置文件名为 MasterPage.master，单击"确定"按钮，则可创建一个 MasterPage.master 文件和一个 MasterPage.master.cs 文件。

**03** 在创建 MasterPage.master 文件之后，接着就可以开始编辑该文件了。根据前文说明，母版页中只包含页面公共部分，因此，MasterPage.master 中主要包含的是页头和页尾的代码。

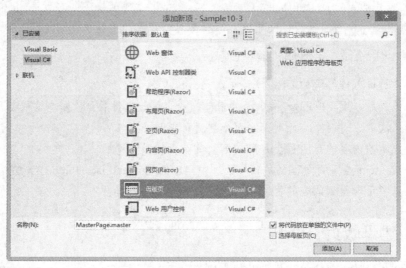

图 10-16　添加母版页

以下是母版页 MasterPage.master 的源代码，与普通的.aspx 源代码非常相似，例如，包括&lt;html&gt;、&lt;body&gt;、&lt;form&gt;等 Web 元素，但是，与普通页面还是存在差异。差异主要有两处：一是代码头不同，母版页使用的是 Master，而普通.aspx 文件使用的是 Page；二是母版页中声明了控件 ContentPlaceHolder，而在普通.aspx 文件中是不允许使用该控件的。在 MasterPage.master 的源代码中，共声明了两个 ContentPlaceHolder 控件，用于在页面模板中为内容 1 和内容 2 占位。ContentPlaceHolder 控件本身并不包含具体内容设置，仅是一个控件声明。&lt;form&gt;&lt;/form&gt;标记之间的主要代码如下：

```
<div align="center">
<table  width="763"  height="100%"  border="0"  cellpadding="0"  cellspacing="0"
```

```
bgcolor="#FFFFFF">
    <tr>
    <td  width="763"  height="86"  align="right"  valign="top"  background="Images/
head.jpg"> </td>
    </tr>
    <tr> <td width="763" height="53" align="right" valign="bottom" ></td></tr>
    <tr><td width="763" height="22" align="right" valign="top"></td></tr>
    <tr> <td width="763" valign="top">
        <table width="100%" border="0" cellspacing="0" cellpadding="0">
        <tr> <td width="244" valign="top">
        <asp:ContentPlaceHolder ID="ContentPlaceHolder1" runat="server">
         </asp:ContentPlaceHolder>
        </td>
         <td valign="top" align="left">
        <asp:ContentPlaceHolder ID="ContentPlaceHolder2" runat="server">
        </asp:ContentPlaceHolder> </td> </tr>
    </table>
    </td>
    </tr>
    <tr><td width="763" height="1"></td> </tr>
    <tr> <td width="763" height="35" align="center" class="baseline">&copy;Copyright
Xiaorong Office</td></tr>
    </table>
    </div>
```

如图 10-17 所示显示了 MasterPage.master 文件的"设计"视图。

图 10-17　母版"设计"视图

使用 Visual Studio 2012 可以对母版页进行编辑，并且它完全支持"所见即所得"功能。无论是在代码模式下，还是设计模式下，使用 Visual Studio 2012 编辑母版页的方法与编辑普通.aspx 文件是相同的。图中两个矩形框表示 ContentPlaceHolder 控件。开发人员可以直接在矩形框中添加内容，所设置内容的代码将包含在 ContentPlaceHolder 控件的声明代码中。

## 10.3.3　使用母版创建网页

本小节将使用上面创建的 MasterPage.master 母版文件，创建一个网页，并进行简单设计。步

221

骤如下：

**01** 打开前面创建的 Sample10-3，选择添加新项，弹出图 10-18 所示窗口，选中"选择母版页创建"一个 Default.aspx 窗体页面。

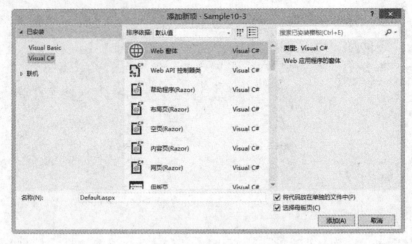

图 10-18 用模板创建 Web 窗体

**02** 在图 10-19 所示窗口中选择 MasterPage.master 母版，单击"确定"按钮。

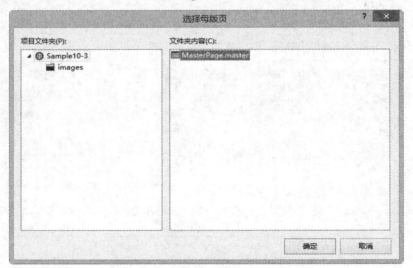

图 10-19 选择 MasterPage.master 母版

**03** 使用母版创建的新页面如图 10-20 所示，新页面已经应用了模板中的设计，但只有 ContentPlaceHolder1 和 ContentPlaceHolder2 两个区域可以进行自由编辑，其他区域均不可编辑。

图 10-20　用母版创建的 Default.aspx 页面

## 10.4 小结

　　本章主要分三节来分别介绍有关样式、主题和母版页的基本知识和用法，并结合大量实例以加强读者对这些技术的理解和应用。使用这些技术可以明显提高程序员开发和维护网站的速度，通过本章的学习，希望读者能够掌握这三种技术的应用。

# 第 11 章
# 网站地图与页面导航

为了方便用户在网站中进行页面导航，几乎每个网站，都会使用页面导航控件。有了页面导航的功能，用户可以很方便地在一个复杂的网站中进行页面之间的跳转。在以往的 Web 编程中，要编写一个好的页面导航功能，并不是那么容易的，也要使用一些技巧。ASP.NET 提供了三种导航控件：TreeView 控件、Menu 控件和 SiteMapPath 控件，同时提供了一个用于连接数据源的 SiteMapDataSource 控件，利用这三种导航控件与 SiteMapDataSource 控件相结合可以很轻松地实现强大的页面导航功能。

## 11.1 网站地图

一个网站往往会包含很多页面，而比较优秀的导航系统可以让用户很顺畅地在页面间进行穿梭。显然，使用 ASP.NET 控件工具包可以实现几乎所有的导航系统，但真正实现起来还是需要进行很多麻烦的工作，然而 ASP.NET 所具有的一系列导航特性能够显著地简化这些工作。

ASP.NET 的导航是可配置的并且可插拔的，它主要包含三部分：

- 一种定义网站导航结构的方式，使用 XML 结构形式的网站地图文件来存储导航结构信息。
- 一种方便读取网站地图文件信息的方式，可利用 SiteMapDataSource 控件和 XmlSiteMapProvider 控件来实现这个功能。
- 一种把网站地图信息显示在用户浏览器上的方式，并且能够让用户使用这个导航系统。可以使用绑定到 SiteMapDataSource 控件的导航控件来实现这个功能。

可以单独地扩展或自定义以上部分，例如，如果想要更改导航控件的外观，只需要把不同的控件绑定到 SiteMapDataSource 控件即可；如果想要从不同的类型或不同位置读取网站地图信息，只需要更改网站地图的提供器即可。图 11-1 显示了各个部分的配合关系。

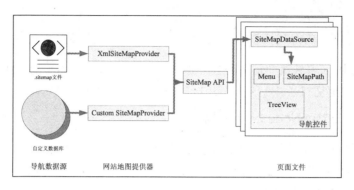

图 11-1 ASP.NET 导航组成部分关系图

ASP.NET 提供了名为 XmlSiteMapProvider 的网站地图提供器，使用 XmlSiteMapProvider 可以从 XML 文件中获取网站地图信息。如果要从其他位置或从一个自定义的格式获取网站地图信息，就需要创建定制的网站地图提供器，或者寻找一个第三方解决方案。

XmlSiteMapProvider 会从根目录中寻找名为 Web.sitemap 的文件来读取信息，它解析了 Web.sitemap 文件中的网站地图数据后创建一个网站地图对象，而这个网站地图对象能够被 SiteMapDataSource 所使用，而 SiteMapDataSource 可以被放置在页面的导航控件中使用，最后由导航控件把网站的导航信息显示在页面上。

## 11.1.1 定义网站地图

网站地图的定义非常简单，可以直接使用文本编辑器进行编辑，还可以使用 Visual Studio 2012 创建，右键单击已经存在的网站项目名，在弹出的快捷菜单中选择"添加"|"新建项"命令，在弹出的"添加新项"对话框中选择"站点地图"即可。使用 Visual Studio 2012 创建的站点地图文件可以自动生成组成网站地图的基本结构，示例代码如下（这段代码是自动生成的网站地图的基本结构信息的组成代码）：

```
<?xml version="1.0" encoding="utf-8" ?>
<siteMap xmlns="http://schemas.microsoft.com/AspNet/SiteMap-File-1.0" >
    <siteMapNode url="" title="" description="">
        <siteMapNode url="" title="" description="" />
        <siteMapNode url="" title="" description="" />
    </siteMapNode>
</siteMap>
```

在添加了站点地图文件后，就可以按照自动生成的网站地图的基本结构添加适合本网站的数据信息。

下面介绍一下创建站点地图要遵循的原则。

### 1. 地图以<siteMap>元素开始

每一个 Web.sitemap 文件都是以<siteMap>元素开始，以与之相对的</siteMap>元素结束。其他信息则放在<siteMap>元素和</siteMap>元素之间，示例代码如下：

```
<siteMap xmlns="http://schemas.microsoft.com/AspNet/SiteMap-File-1.0" >
```

```
...
</siteMap>
```

在上面的代码中，xmlns 属性是必须的，使用文本编辑器编辑站点地图文件时必须把上面代码中的 xmlns 属性值完全复制过去，该属性用于说明此 XML 文件使用了网站地图标准。

### 2. 每一页由<siteMapNode>元素来描述

每一个站点地图文件定义了一个网站的页面的组织结构，可以使用<siteMapNode>元素向这个组织结构插入一个页面，这个页面将包含一些基本信息：页面的名称（将显示在导航控件中）、页面的描述以及 URL（页面的链接地址）。示例代码如下：

```
<siteMapNode url="~/default.aspx" title="主页"  description="网站的主页面" />
```

### 3. <siteMapNode>元素可以嵌套

一个<siteMapNode>元素表示一个页面，通过嵌套<siteMapNode>元素可以形成树型结构的页面组织结构。示例代码如下（这段代码包含三个节点，其中主页为顶层页面，其他两个页面为下一级页面）：

```
<siteMapNode url="~/Default.aspx" title="主页"  description="主页面">
    <siteMapNode url="~/WebForm1.aspx" title="页面1"  description="页面1" />
    <siteMapNode url="~/WebForm2.asp" title="页面2"  description="页面2" />
</siteMapNode>
```

以上代码展示了如图 11-2 所示的网站地图结构。

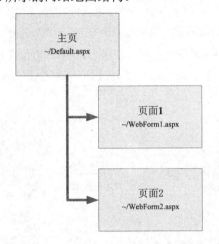

图 11-2　具有三个节点的网站地图结构

其实在定义一个网站地图文件之前，可以先把当前网站中所有页面的组织结构关系利用类似于图 11-2 所示的结构图先描绘出来，这样可以清晰地在网站地图文件中编写所有页面结构信息的定义代码。

### 4. 每一个站点地图都是以单一的<siteMapNode>元素开始的

每一个站点地图都要包含一个根节点，而所有其他的节点都包含在根节点中。

### 5. 不允许重复的 URL

在站点地图文件中，可以没有 URL，但不允许重复的 URL 出现，这是因为 SiteMapProvider 以集合的形式来存储节点，而每项是以 URL 为索引的。

这样就会出现一个小问题，如果想要在不同的层次引用相同的页面，就不能实现了。但是只要稍微修改一下 URL，就可以依然使用站点地图文件来实现网站的导航，示例代码如下（这段代码是合法的，虽然引用同样的页面，但 url 并不完全相同，因此，用户在这样的情况下就可以考虑适当修饰一下 url，即可突破不允许重复的 URL 的限制）：

```
<siteMapNode url="~/WebForm1.aspx?num=0" title="页面 1" description="页面 1" />
<siteMapNode url="~/WebForm1.aspx?num=1" title="页面 1" description="页面 1" />
```

## 11.1.2　网站地图的简单实例

根据以上规则，本书提供了一个简单的网站地图文件，以下代码定义了具有三个层次的网站，最上层为页面的主页、中间层次为页面分类、最下层则为具体分类的页面。代码如下：

```
<?xml version="1.0" encoding="utf-8" ?>
<siteMap xmlns="http://schemas.microsoft.com/AspNet/SiteMap-File-1.0" >
  <siteMapNode title="首页" description ="Home" url ="~/Default.aspx">
    <siteMapNode title="公司简介" description="Abouts" url="~/Abouts.aspx">
      <siteMapNode title="发展历史" description="History" url="~/History.aspx"/>
      <siteMapNode title="联系方式" description="Contact Information" url="~/Contact.aspx"/>
    </siteMapNode>
    <siteMapNode title="产品与服务" description="Products and Services" url="~/PS/Services.aspx">
      <siteMapNode title="案例展示" description="Hardware we offer" url="~/PS/Products.aspx"/>
      <siteMapNode title="技术服务" description="Software" url="~/PS/Support.aspx"/>
    </siteMapNode>
  </siteMapNode>
</siteMap>
```

这个文件将为后面的示例提供数据源。

## 11.1.3　绑定站点文件到普通页面

当创建一个 Web.sitemap 文件后，就可以在一个页面中使用它了。

### 例 11-1　在普通页面中绑定站点文件

在一个页面上使用站点文件的步骤如下：

**01** 打开 Visual Studio 2012，创建一个 ASP.NET 空 Web 应用程序 Sample11-1，先将 Web.sitemap 文件列举的 6 个页面添加到网站项目根目录下，这些页面可以是空的，但必须存在，否则，在测试中就会出现问题。

02 打开公司简介页面 Abouts.aspx，自定义设计该页面。

03 切换到 Abouts.aspx 页面的"设计"视图，直接从工具箱中拖放一个导航类控件 SiteMapPath 站点地图控件，该控件会通过 SiteMapDataSource 自动绑定 Web.sitemap 文件。

04 按快捷键"Ctrl+F5"，运行 Abouts.aspx 页面程序后如图 11-3 所示。

图 11-3 展示了 SiteMapPath 站点地图控件显示的在第 11.1.2 小节定义的站点文件的效果。站点地图文件为网站访问人员指引了当前的访问位置。需要说明的是，页面的描述信息并不立即出现在页面上，而是当鼠标移动到页面链接上时，描述信息才显示出来。同时，也可以通过 SiteMapDataSource 控件，将 Web.sitemap 文件绑定给 TreeView 导航控件。

图 11-3　在页面中显示站点文件的效果图

## 11.1.4　绑定站点文件到母版页

一般情况下，导航控件在每一个页面上显示的内容都是相同的，因此如果把站点文件绑定到母版页的话，就可以非常轻松地实现一次绑定的重复展现，而 ASP.NET 的站点文件绑定到母版页的特性可以满足这个需求，而且只需要在母版页上包含一个 SiteMapDataSource 控件和一个导航控件即可。

在项目 Sample11-1 中，添加一个名为 Navigation.Master 的母版页。在母版页代码的 <form></form> 里面加入如下代码（这段代码定义了一个母版页，其中包含一个 TreeView 控件和一个 SiteMapDataSource 控件，这两个控件实现了站点文件绑定到母版页的功能）：

```
<div>
  <asp:SiteMapDataSource ID="SiteMapDataSource1" runat="server" />
  <table>
  <tr>
  <td>         <asp:TreeView        ID="TreeView1"         runat="server"
DataSourceID="SiteMapDataSource1">
              </asp:TreeView>
  </td>
  <td> <asp:ContentPlaceHolder ID="ContentPlaceHolder1" runat="server">
              </asp:ContentPlaceHolder>
```

```
    </td>
  </tr>
</table>
</div>
```

把站点文件 Web.sitemap 包含的页面修改为内容页面，其中 Sample11-1/PS/Services.aspx 页面的定义代码如下：

```
<%@    Page    Title=""    Language="C#"    MasterPageFile="~/Navigation.Master"
AutoEventWireup="true" CodeFile="Services.aspx.cs" Inherits="PS_Default" %>
    <asp:Content ID="Content1" ContentPlaceHolderID="head" Runat="Server">
        <style type="text/css">
            .auto-style1 {
                width: 245px;
                height: 160px;
            }
        </style>
    </asp:Content>
    <asp:Content        ID="Content2"        ContentPlaceHolderID="ContentPlaceHolder1"
Runat="Server">
        <div class="auto-style1" style="border: thin groove #0000FF">
            <span>全案服务:最系统的网络营销策划全案服务，服务包括：网站诊断分析、网站优化、SEO 培
训、网络营销培训、网站推广策划、网站运营咨询等等系统的服务。</span>
        </div>
    </asp:Content>
```

在浏览器中查看 Sample11-1/PS/Services.aspx 页面，单击"产品与服务"相应的链接就可以链接到对应的页面，效果如图 11-4 所示。

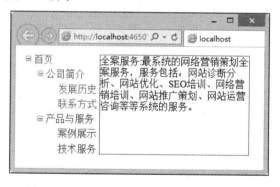

图 11-4　在母版页中绑定站点文件的效果图

## 11.1.5　绑定部分站点文件

有时可能并不需要把站点文件中的所有站点数据都绑定到页面上，而只需要绑定一部分，如有时可能并不像前面例子中所显示的那样：每个导航显示中必须包含一个根节点，但是 XmlSiteMapProvider 要求每个站点文件必须以单一根节点开始，因此，想要直接从站点文件来解决问题似乎不可能。

而连接导航控件和站点文件的控件 SiteMapDataSource 提供的属性 ShowStartingNode 则可以解

决以上问题，只要把该属性设置为 false 即可，这时，在页面的导航控件中将不显示开始节点，也就是不显示根节点。示例代码如下：

```
<asp:SiteMapDataSource ID="SiteMapDataSource1" runat="server"ShowStartingNode=
"false"/>
```

如果把第 11.1.4 小节中的 Navigation.Master 母版页中的控件 SiteMapDataSource 的属性 ShowStartingNode 设置为 false，重新运行 Sample11-1/PS/Services.aspx 页面，则会有如图 11-5 所示的效果，根节点将不会显示出来。

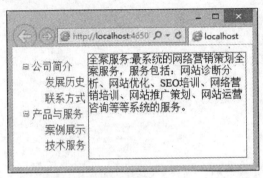

图 11-5  不显示根节点的效果

控件 SiteMapDataSource 除了提供属性 ShowStartingNode 外，还提供了如表 11-1 所列举的其他可以控制站点文件的属性。

表 11-1  控制节点显示的 SiteMapDataSource 控件的属性

| 属性 | 说明 |
| --- | --- |
| ShowStartingNode | 获取或设置一个值，该值指示是否检索并显示起始节点 |
| StartingNodeUrl | 获取或设置站点地图中的一个节点，然后使用该节点作为从分层的站点地图中检索节点的参照点 |
| StartFromCurrentNode | 获取或设置一个值，该值指示站点地图节点树是否使用表示当前页的节点进行检索 |
| StartingNodeOffset | 获取或设置一个从节点开始计算的正整数或负整数的偏移量，该起始节点确定了由数据源控件公开的根层次结构 |

利用表 11-1 所示的属性可以灵活显示站点文件中的内容，下面通过一个示例来介绍这些属性的应用。

### 例 11-2  SiteMapDataSource 控件的属性应用

这个例子利用属性 StartFromCurrentNode 在导航控件中显示当前页面及其子页面的链接，利用属性 StartingNodeUrl 在导航控件中固定显示某个页面及其子页面的链接。

创建步骤如下：

**01** 打开 Visual Studio 2012，创建一个 ASP.NET 空 Web 应用程序 Sample11-2。

**02** 添加一个名为 MasterPage.master 的母版页。

**03** 添加几个需要链接的页面，在里面输入一些文字，以标识这些页面，并把这些页面修改为内容页。

**04** 添加站点文件 Web.sitemap，并把网站内的页面编辑在里面，代码如下（这段代码建立了项目 Sample11-2 内的所有页面之间的层次关系）：

```
<?xml version="1.0" encoding="utf-8" ?>
<siteMap xmlns="http://schemas.microsoft.com/AspNet/SiteMap-File-1.0">
    <siteMapNode title="主页" description="主页" url="~/default.aspx">
        <siteMapNode title="信息" description="了解公司" url ="~/information.aspx">
            <siteMapNode title="关于我们" description="怎么找到我们"
url="~/aboutus.aspx" />
            <siteMapNode title="投资" description="财政报告" url="~/financial.aspx"
/>
        </siteMapNode>
        <siteMapNode title="产品" description="了解产品" url="~/products.aspx">
            <siteMapNode title="股票软件" description="股票报表软件"
url="~/product1.aspx" />
            <siteMapNode title="分析软件" description="行业分析软件"
url="~/product2.aspx" />
        </siteMapNode>
    </siteMapNode>
</siteMap>
```

**05** 打开母版页 MasterPage.master，切换到"源"视图，加入如下代码，这段代码中包含两个 TreeView 控件，其中 TreeView1 用来显示当前页及其以下页的导航，TreeView2 用来显示指定的页及其以下页。两个数据源控件 SiteMapDataSource，其中 SiteMapDataSource1 的属性 StartFromCurrentNode 设置为 true 表示该数据源控件从站点文件读取当前页及其以下页的导航数据；SiteMapDataSource2 的属性 StartingNodeUrl 设置为~/information.aspx 表示该数据源控件从站点文件读取页面 ~/information.aspx 及其以下页面，MasterPage.master 母版中<form></form>标记之间的主要代码如下：

```
<table>
  <tr>
    <td style="width: 226px;vertical-align: top; font-size: 83%;">
        <a href="default.aspx">主页</a><br />
        <br /> 当前页下的页面 :<asp:TreeView ID="TreeView1" runat="server"
DataSourceID="SiteMapDataSource1"> </asp:TreeView> <br />
        <br /> 固定页面导航 :<asp:TreeView ID="TreeView2" runat="server"
DataSourceID="SiteMapDataSource2"> </asp:TreeView> <br /> </td>
        <td style="vertical-align: top;padding: 10px; width: 433px;"
bgcolor="LightGoldenrodYellow">
        <asp:ContentPlaceHolder id="ContentPlaceHolder1" runat="server" /> </td>
  </tr>
</table>
<asp:SiteMapDataSource ID="SiteMapDataSource1" runat="server"
StartFromCurrentNode = "true"/>
<asp:SiteMapDataSource ID="SiteMapDataSource2" runat="server" StartingNodeUrl =
"~/information.aspx" />
```

在浏览器中查看页面 Default.aspx，效果如图 11-6 所示。

在图 11-6 中有两个树型导航，其中上面的树形导航会根据用户的选择而变化，而下面的树形导航固定显示。单击"信息"链接，则会有如图 11-7 所示的效果。

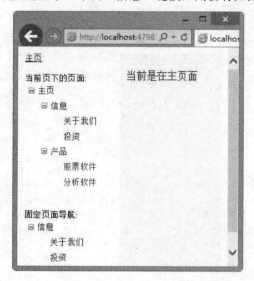

图 11-6　SiteMapDataSource 控件的属性的应用效果　　图 11-7　单击"信息"链接后的效果

# 11.1.6　站点文件操作的可编程性

以上几节都是通过简单的配置来实现站点文件的显示，其实，还可以通过编写后台代码来实现对站点文件的操作。ASP.NET 提供了 SiteMap 类来实现与导航的信息交互的可编程性。通过 SiteMap 类可以获得当前节点的信息，并可以编辑该节点的详细信息，如页头信息和标题。

SiteMap 类提供了如表 11-2 所示的属性，利用这些属性可使导航结构的处理非常简单。

表 11-2　SiteMap 类提供的属性

| 属性 | 说明 |
| --- | --- |
| CurrentNode | 为当前页面获取一个 SiteMapNode 对象 |
| RootNode | 获取一个 SiteMapNode 对象，它从根节点开始，一直到站点导航结构的其他部分 |
| Provider | 为当前的站点地图获取默认的 ISiteMapProvider |
| Providers | 获取一个指定的 ISiteMapProvider 对象集合 |

使用 SiteMap 类提供的属性 CurrentNode 和 RootNode 获得一个 SiteMapNode 对象，使用这个对象，可以从文件中获取信息，包括标题、描述和 URL 等。

SiteMapNode 类提供如表 11-3 所示的属性，利用这些属性可以从文件中获取信息，包括标题、描述和 URL 等。

表 11-3　SiteMapNode 类提供的属性

| 属性 | 说明 |
| --- | --- |
| ChildNodes | 获取或设置来自关联的 SiteMapProvider 提供程序的当前 SiteMapNode 对象的所有子节点 |
| Description | 获取或设置 SiteMapNode 的描述 |
| HasChildNodes | 获取一个值，它指示当前 SiteMapNode 是否具有子节点 |
| Item | 根据指定的键获取或设置一个来自 Attributes 集合的自定义属性或资源字符串 |
| Key | 获取一个字符串，该字符串表示站点地图节点的查找键 |
| NextSibling | 获取与当前节点位于相同层级、相对于 ParentNode 属性的下一个 SiteMapNode 节点 |
| ParentNode | 获取或设置作为当前节点的父节点的 SiteMapNode 对象 |
| PreviousSibling | 获取与当前节点位于同层级、相对于 ParentNode 对象的前一个 SiteMapNode 对象 |
| Provider | 获取跟踪 SiteMapNode 对象的 SiteMapProvider 提供程序 |
| ReadOnly | 获取一个值，该值指示是否可以修改站点地图节点 |
| ResourceKey | 获取或设置用于本地化 SiteMapNode 的资源键 |
| Roles | 获取或设置与 SiteMapNode 对象的关联角色的集合 |
| RootNode | 获取站点地图提供程序层次结构中的提供程序的根节点。如果不存在提供程序层次结构，则 RootNode 属性将获取当前提供程序的根节点 |
| Title | 获取或设置 SiteMapNode 对象的标题 |
| Url | 获取或设置 SiteMapNode 对象所代表的页的 URL |

事实上，SiteMap 是 SiteMapNode 对象的分层集合的容器，但 SiteMap 不维护节点之间的关系，它把这个任务交给站点地图提供程序。SiteMap 充当到站点导航信息的一个接口，站点地图提供程序以 SiteMapNode 对象的形式包含这些信息。

下面通过一个例子来介绍如何以编程方式操作站点文件。

### 例 11-3　枚举站点地图节点

这个例子演示如何显示当前页的标题及其所有子节点的标题。

创建步骤如下：

**01** 创建一个 ASP.NETK 空 Web 应用程序 Sample11-3。

**02** 添加几个需要链接的页面。

**03** 添加并编辑站点文件。

**04** 添加页面 Default.aspx，打开并切换到 "源" 视图，在<form></form>标记之间加入如下代码（这段代码除了定义了数据源控件和 TreeView 控件外，还添加两个 Label 控件，分别用来显示当前节点的标题和子节点的标题）：

```
<asp:SiteMapDataSource id="SiteMapDataSource1" runat="server" />
<table class="auto-style1">
<tr> <td class="auto-style2">
<h2>当前节点是: </h2>
<asp:Label id="Label_CurrentNode" runat="Server"></asp:Label>
<h2>子节点有: </h2>
```

```
<asp:Label id="Label_ChildNodes" runat="Server"></asp:Label>
<h2>网站地图结构是: </h2></td>
<td><asp:TreeView                      id="TreeView1"                      runat="server"
dataSourceID="SiteMapDataSource1">
</asp:TreeView></td>
</tr>
</table>
```

**05** 打开文件 Default.aspx.cs，在 Page_Load 事件函数中加入如下代码（利用 SiteMap 提供的属性 CurrentNode 获得当前节点，而这个节点是 SiteMapNode 对象，然后利用该对象的属性 Title 获得标题，并利用属性 HasChildNodes 判断它是否有子节点，若包含子节点，再遍历所有子节点并获得这些节点标题）：

```
try
{   string LabelText = "";
    // 显示当前节点的标题
    Label_CurrentNode.Text = SiteMap.CurrentNode.Title;
    // 判断是否存在子节点
    if (SiteMap.CurrentNode.HasChildNodes)
    {                   foreach       (SiteMapNode       childNodesEnumerator       in
SiteMap.CurrentNode.ChildNodes)
       {   // 显示每个子节点的标题
          LabelText = LabelText + childNodesEnumerator.Title + "<br />";
       }
    }
    Label_ChildNodes.Text = LabelText;
}
catch (System.NullReferenceException ex)
{   Label_CurrentNode.Text = "The current file is not in the site map.";
}
catch (Exception ex)
{   Label_CurrentNode.Text = "Generic exception: " + e.ToString();
}
```

在浏览器中查看页面 Default.aspx，效果如图 11-8 所示。

图 11-8　显示当前节点和其子节点的标题

## 11.2 导航控件

下面介绍三种导航控件的使用方法。

### 11.2.1　TreeView 控件

TreeView 控件以树型结构来对网站进行导航，它支持以下功能：

- 数据绑定，它允许控件的节点绑定到 XML、表格或关系数据。
- 站点导航，通过与 SiteMapDataSource 控件集成实现。
- 节点文本既可以显示为纯文本也可以显示为超链接。
- 借助编程方式访问 TreeView 对象模型，以动态地创建树、填充节点、设置属性等。
- 客户端节点填充。
- 在每个节点旁显示复选框的功能。
- 通过主题、用户定义的图像和样式可实现自定义外观。

TreeView 控件由节点组成，树中的每一项都称为一个节点，它由一个 TreeNode 对象表示。节点有如下几种类型：

- 父节点，它包含其他节点。
- 子节点，它被其他节点包含。
- 叶节点，它不包含子节点。
- 根节点，它不被其他节点包含，同时是所有其他节点的上级节点。

一个节点可以同时为父节点和子节点，但不能同时为根节点、父节点和叶节点。而节点的类型决定着节点的可视化属性和行为属性。

TreeView 控件提供如表 11-4 所示的属性。

表 11-4　TreeView 控件提供的属性

| 属性 | 说明 |
| --- | --- |
| AutoGenerateDataBindings | 获取或设置一个值，该值指示 TreeView 控件是否自动生成树节点绑定 |
| CheckedNodes | 获取 TreeNode 对象的集合，这些对象表示在 TreeView 控件中显式地选中了复选框的节点 |
| CollapseImageToolTip | 获取或设置可折叠节点的指示符所显示图像的工具提示 |
| CollapseImageUrl | 获取或设置自定义图像的 URL，该图像用于可折叠节点的指示符 |
| DataBindings | 获取 TreeNodeBinding 对象的集合，这些对象定义数据项与其绑定到的节点之间的关系 |
| EnableClientScript | 获取或设置一个值，指示 TreeView 控件是否呈现客户端脚本以处理展开和折叠事件 |
| ExpandDepth | 获取或设置第一次显示 TreeView 控件时所展开的层次数 |
| ExpandImageToolTip | 获取或设置可展开节点的指示符所显示图像的工具提示 |

（续表）

| 属性 | 说明 |
| --- | --- |
| ExpandImageUrl | 获取或设置自定义图像的 URL，该图像用于可展开节点的指示符 |
| HoverNodeStyle | 获取对 TreeNodeStyle 对象的引用，该对象可用于设置当鼠标指针停在一个节点上时该节点的外观 |
| ImageSet | 获取或设置用于 TreeView 控件的图像组 |
| LeafNodeStyle | 获取对 TreeNodeStyle 对象的引用，该对象可用于设置叶节点的外观 |
| LevelStyles | 获取 Style 对象的集合，这些对象表示树中各个级上的节点样式 |
| LineImagesFolder | 获取或设置文件夹的路径，该文件夹包含用于连接子节点和父节点的线条图像 |
| MaxDataBindDepth | 获取或设置要绑定到 TreeView 控件的最大树级数 |
| NodeIndent | 获取或设置 TreeView 控件的子节点的缩进量（以像素为单位） |
| NodeWrap | 获取或设置一个值，它指示空间不足时节点中的文本是否换行 |
| Nodes | 获取 TreeNode 对象的集合，它表示 TreeView 控件中的根节点 |
| NodeExpandImageUrl | 获取或设置自定义图像的 URL，该图像用于不可展开节点的指示符 |
| ParentNodeStyle | 获取对 TreeNodeStyle 对象的引用，该对象用于设置 TreeView 控件中父节点的外观 |
| PathSeparetor | 获取或设置用于分隔由 ValuePath 属性指定的节点值的字符 |
| PopulateNodesFromClient | 获取或设置一个值，它指示是否按需要从客户端填充节点数据 |
| RootNodeStyle | 获取对 TreeNodeStyle 对象的引用，该对象用于设置 TreeView 控件中根节点的外观 |
| SelectedNode | 获取表示 TreeView 控件中选定节点的 TreeNode 对象 |
| SelectedNodeStyle | 获取 TreeNodeStyle 对象，该对象控制 TreeView 控件中选定节点的外观 |
| SeletedValue | 获取选定节点的值 |
| ShowCheckBoxes | 获取或设置一个值，它指示哪些节点类型将在 TreeView 控件中显示复选框 |
| ShowExpandCollapse | 获取或设置一个值，它指示是否显示展开节点指示符 |
| ShowLines | 获取或设置一个值，它指示是否显示连接子节点和父节点的线条 |
| SkipLinkText | 获取或设置一个值，它用于为屏幕阅读器呈现替换文字以跳过该控件的内容 |
| Target | 获取或设置要在其中显示与节点相关联的网页内容的目标窗口或框架 |

下面以一个例子来介绍 TreeView 控件作为网站导航的使用过程。

### 例 11-4　TreeView 控件的使用

在该例中，直接用 TreeView 控件来创建网站导航，创建步骤如下：

01 创建一个 ASP.NET 空 Web 应用程序 Sample11-4。

02 添加 4 个需要链接的页面。

03 添加并打开页面 index.aspx，切换到"源"视图，在<form></form>标记之间加入如下代码(这段代码定义了一个 SiteMapDataSource 控件和一个 TreeView 控件，并利用 TreeView

控件提供的属性定义其显示样式）：

```
<asp:TreeView ID="TreeView1" runat="server">
<Nodes>
  <asp:TreeNode Text="网络书店" Value="网络书店">
    <asp:TreeNode Text="文学" Value="文学">
      <asp:TreeNode NavigateUrl="~/fiction.aspx" Text="小说" Value="小说"></asp:TreeNode>
      <asp:TreeNode NavigateUrl="~/prose.aspx" Text="散文" Value="散文"></asp:TreeNode>
    </asp:TreeNode>
    <asp:TreeNode Text="工学" Value="工学">
      <asp:TreeNode NavigateUrl="~/computer.aspx" Text="计算机学" Value="计算机学"></asp:TreeNode>
      <asp:TreeNode NavigateUrl="~/Mechanical.aspx" Text="机械学" Value="机械学"></asp:TreeNode>
    </asp:TreeNode>
  </asp:TreeNode>
</Nodes>
</asp:TreeView>
```

在浏览器中查看页面 index.aspx，运行效果如图 11-9 所示，点击相应节点就会链接到对应页面。

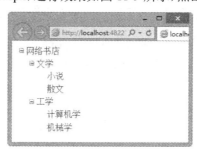

图 11-9　TreeView 控件的显示效果

## 11.2.2　Menu 控件

Menu 控件以菜单的结构形式来对网站进行导航，可以采用水平方向或竖直方向的形式导航，它支持以下功能：

- 通过与 SiteMapDataSource 控件集成提供对站点导航的支持。
- 可以显示为可选择文本或超链接的节点文本。
- 通过编程访问 Menu 对象模型，使程序员可以动态地创建菜单、填充菜单项以及设置属性等。
- 能够采用水平方向或竖直方向的形式导航。
- 支持静态或动态显示模式。

用户单击菜单项时，Menu 控件可以导航到所链接的网页或直接返回到服务器。如果设置了菜单项的 NavigateUrl 属性，则 Menu 控件导航到所链接的页；否则，该控件将页发回到服务器进行处理。默认情况下，链接页与 Menu 控件显示在同一窗口或框架中。若要在另一个窗口或框架中显示链接内容，请使用 Menu 控件的 Target 属性。

Menu 控件由菜单项（由 MenuItem 对象表示）组成。顶级（级别 0）菜单项称为根菜单项。具有父菜单项的菜单项称为子菜单项。所有根菜单项都存储在 Items 集合中。子菜单项存储在父菜单项的 ChildItems 集合中。

每个菜单项都具有 Text 属性和 Value 属性。Text 属性的值显示在 Menu 控件中，而 Value 属性则用于存储菜单项的任何其他数据（如传递给与菜单项关联的回发事件的数据）。在单击时，菜单项可导航至 NavigateUrl 属性指示的另一个网页。

Menu 控件提供如表 11-5 所示的属性。

表 11-5　Menu 控件提供的属性

| 属性 | 说明 |
| --- | --- |
| DisappearAfter | 获取或设置鼠标指针不再置于菜单上后显示动态菜单的持续时间 |
| DynamicBottomSeparatorImageUrl | 获取或设置图像的 URL，该图像显示在各动态菜单项底部，将动态菜单项与其他菜单项隔开 |
| DynamicEnableDefaultPopOutImage | 获取或设置一个值，该值指示是否显示内置图像，其中内置图像指示动态菜单项具有子菜单 |
| DynamicHorizontalOffset | 获取或设置动态菜单相对于其父菜单项的水平移动像素数 |
| DynamicHoverStyle | 获取对 Style 对象的引用，使用该对象可以设置鼠标指针置于动态菜单项上时的菜单项外观 |
| DynamicItemFormatString | 获取或设置与所有动态显示的菜单项一起显示的附加文本 |
| DynamicItemTemplate | 获取或设置包含动态菜单自定义呈现内容的模板 |
| DynamicMenuItemStyle | 获取对 MenuItemStyle 对象的引用，使用该对象可以设置动态菜单中的菜单项的外观 |
| DynamicPopOutImageTextFormatString | 获取或设置用于指示动态菜单项包含子菜单的图像的替换文字 |
| DynamicPopOutImageUrl | 获取或设置自定义图像的 URL，如果动态菜单项包含子菜单，该图像则显示在动态菜单项中 |
| DynamicSelectedStyle | 获取对 MenuItemStyle 对象的引用，使用该对象可以设置用户所选动态菜单项的外观 |
| DynamicTopSeparatorImageUrl | 获取或设置图像的 URL，该图像显示在各动态菜单项顶部，将动态菜单项与其他菜单项隔开 |
| DynamicVerticalOffset | 获取或设置动态菜单相对于其父菜单项的垂直移动像素数 |
| Items | 获取 MenuItemCollection 对象，该对象包含 Menu 控件的所有菜单项 |
| ItemWrap | 获取或设置一个值，该值指示菜单项的文本是否换行 |
| LevelMenuItemStyles | 获取 MenuItemStyleCollection 对象，该对象包含的样式设置是根据菜单项在 Menu 控件中的级别应用于菜单项的 |
| LevelSelectedStyles | 获取 MenuItemStyleCollection 对象，该对象包含的样式设置是根据所选菜单项在 Menu 控件中的级别应用于该菜单项的 |

（续表）

| 属性 | 说明 |
|---|---|
| LevelSubMenuStyles | 获取 MenuItemStyleCollection 对象，该对象包含的样式设置是根据静态菜单的子菜单项在 Menu 控件中的级别应用于这些子菜单项的 |
| MaximumDynamicDisplayLevels | 获取或设置动态菜单的菜单呈现级别数 |
| Orientation | 获取或设置 Menu 控件的呈现方向 |
| PathSeparator | 获取或设置用于分隔 Menu 控件的菜单项路径的字符 |
| ScrollDownImageUrl | 获取或设置动态菜单中显示的图像的 URL，以指示用户可以向下滚动查看更多菜单项 |
| ScrollDownText | 获取或设置 ScrollDownImageUrl 属性中指定的图像的替换文字 |
| ScrollUpImageUrl | 获取或设置动态菜单中显示的图像的 URL，以指示用户可以向上滚动查看更多菜单项 |
| ScrollUpText | 获取或设置 ScrollUpImageUrl 属性中指定的图像的替换文字 |
| SelectedItem | 获取选定的菜单项 |
| SelectedValue | 获取选定菜单项的值 |
| SkipLinkText | 获取或设置屏幕读取器所读取的隐藏图像的替换文字，以提供跳过链接列表的功能 |
| StaticBottomSeparatorImageUrl | 获取或设置图像的 URL，该图像在各静态菜单项底部显示为分隔符 |
| StaticDisplayLevels | 获取或设置静态菜单的菜单显示级别数 |
| StaticEnableDefaultPopOutImage | 获取或设置一个值，该值指示是否显示内置图像，其中内置图像指示静态菜单项包含的子菜单 |
| StaticHoverStyle | 获取对 Style 对象的引用，使用该对象可以设置鼠标指针置于静态菜单项上时的菜单项外观 |
| StaticItemFormatString | 获取或设置与所有静态显示的菜单项一起显示的附加文本 |
| StaticItemTemplate | 获取对 MenuItemStyle 对象的引用，使用该对象可以设置静态菜单中的菜单项的外观 |
| StaticMenuStyle | 获取对 MenuItemStyle 对象的引用，使用该对象可以设置静态菜单的外观 |
| StaticPopOutImageTextFormatString | 取或设置用于指示静态菜单项包含子菜单的弹出图像的替换文字 |
| StaticPopOutImageUrl | 获取或设置显示来指示静态菜单项包含子菜单的图像的 URL |
| StaticSelectedStyle | 获取对 MenuItemStyle 对象的引用，使用该对象可以设置用户在静态菜单中选择的菜单项的外观 |
| StaticSubMenuIndent | 获取或设置静态菜单中子菜单的缩进间距（以像素为单位） |
| StaticTopSeparatorImageUrl | 获取或设置图像的 URL，该图像在各静态菜单项顶部显示为分隔符 |
| Target | 获取或设置用来显示菜单项的关联网页内容的目标窗口或框架 |

下面以一个例子来介绍 Menu 控件作为网站导航的使用过程。

**例 11-5　Menu 控件的使用**

在该例中，Menu 控件和 SiteMapDataSource 控件配合使用来创建网站导航，创建步骤如下：

**01** 创建一个 ASP.NET 空 Web 应用程序 Sample11-5。

**02** 添加 4 个需要链接的页面。

**03** 参照前面的例子，添加并编辑站点文件 Web.sitemap。

**04** 添加并打开页面 index.aspx，切换到"源"视图，在在<form></form>标记之间加入如下代码（这段代码定义了一个 SiteMapDataSource 控件和一个 Menu 控件：

```
<div>
    <asp:Menu    ID="Menu1"    runat="server"    DataSourceID="SiteMapDataSource1">
</asp:Menu>
    <asp:SiteMapDataSource ID="SiteMapDataSource1" runat="server" />
</div>
```

运行效果如图 11-10 所示。

图 11-10　Menu 控件的运行效果

## 11.2.3　SiteMapPath 控件

SiteMapPath 控件显示一个导航路径，此路径为用户显示当前页的位置，并显示返回到主页的路径链接。SiteMapPath 控件包含来自站点地图的导航数据，此数据包括有关网站中的页的信息，如 URL、标题、说明和导航层次结构中的位置。

SiteMapPath 控件使用起来非常简单，但却解决了很大的问题，在 ASP 和 ASP.NET 的早期版本中，在向网站添加一个页后在网站内的其他各页中添加指向该页的链接时，必须手动添加链接。现在只需要将导航数据存储在一个地方，通过修改该导航数据，就可以方便地在网站的导航栏目中添加和删除项。

SiteMapPath 由节点组成。路径中的每个元素均称为节点，利用 SiteMapNodeItem 对象表示。锚定路径并表示分层树的根的节点称为根节点，表示当前显示页的节点称为当前节点。当前节点与根节点之间的任何其他节点都为父节点。

SiteMapPath 控件提供如表 11-6 所示的属性。

表 11-6　SiteMapPath 控件提供的属性

| 属性 | 说明 |
|------|------|
| CurrentNodeStyle | 获取用于当前节点显示文本的样式 |
| CurrentNodeTemplate | 获取或设置一个控件模板，用于代表当前显示页的站点导航路径的节点 |
| NodeStyle | 获取用于站点导航路径中所有节点的显示文本的样式 |
| NodeTemplate | 获取或设置一个控件模板，用于站点导航路径的所有功能节点 |
| ParentLevelsDisplayed | 获取或设置控件显示的相对于当前显示节点的父节点的级别数 |
| PathDirection | 获取或设置导航路径节点的呈现顺序 |
| PathSeparator | 获取或设置一个字符串，该字符串在呈现的导航路径中分隔 SiteMapPath 节点 |
| PathSeparatorStyle | 获取用于 PathSeparator 字符串的样式 |
| PathSeparatorTemplate | 获取或设置一个控件模板，用于站点导航路径的路径分隔符 |
| Provider | 获取或设置与 Web 服务器控件关联的 SiteMapProvider |
| RenderCurrentNodeAsLink | 指示是否将表示当前显示页的站点导航节点呈现为超链接 |
| RootNodeStyle | 获取根节点显示文本的样式 |
| RootNodeTemplate | 获取或设置一个控件模板，用于站点导航路径的根节点 |
| SiteMapProvider | 获取或设置用于呈现站点导航控件的 SiteMapProvider 的名称 |
| ShowToolTips | 获取或设置一个值，该值指示 SiteMapPath 控件是否为超链接导航节点编写附加超链接属性。根据客户端支持，在将鼠标悬停在设置了附加属性的超链接上时，将显示相应的工具提示 |
| SkipLinkText | 获取或设置一个值，用于呈现替换文字，以让屏幕阅读器跳过控件内容 |

有关 SiteMapPath 控件作为网站导航的使用过程，读者可参考 Sample11-1，在此就不赘述了。

## 11.3　小结

本章介绍了 ASP.NET 提供的页面导航技术，ASP.NET 的页面导航技术主要基于站点地图、数据源控件和导航控件来实现的。本章主要分为两部分来介绍这些知识，首先介绍了有关站点地图的相关知识和应用，最后介绍了导航控件的知识和应用。在介绍这些知识的过程中，提供了一些示例，读者可以通过这些例子来学习 ASP.NET 的页面导航技术。

# 第 12 章
# ADO.NET 数据库访问技术

在 Web 系统开发中，数据的操作占据了大量的工作，要操作的数据包括：存储在数据库中的数据、存储在文件中的数据以及 XML 数据，其中操作存储在数据库中的数据最为普遍。ASP.NET 提供了 ADO.NET 技术，它是 ASP.NET 应用程序与数据库进行交互的一种技术。ADO.NET 技术把对数据库的操作分成几个步骤，并为每个步骤提供对象来封装操作过程，从而使对数据库的操作变得简单易行。

## 12.1 数据访问技术发展

微软提供的数据访问技术一直在发展之中，从过去的 DB-Library、ESQL、DAO 等，到微软数据访问组件（MDAC），这个组件包括 ODBC、ADO 和 OLE DB 三大数据访问技术，再到今天的 ADO.NET。数据访问技术总是跟着数据形式的变化，不断地进化着自己的功能以适应对当前数据访问的需求。

### 12.1.1 微软数据访问组件

在过去的很长一段时间里，这个被称为微软数据访问组件的技术一直充当着数据访问的重要角色，即使今天也还有很多程序员在使用这个组件来开发数据访问程序。通过微软数据访问组件，开发人员可以连接到种类繁多的关系和非关系数据源，并且使用这些数据源中的数据。程序员可以使用 ActiveX Data Objects（ADO）、开放式数据库连接（ODBC）或 OLE DB 连接到很多个不同的数据源。程序员可以通过由微软生成、交付或者由各种第三方开发的提供程序和驱动程序完成该操作。

微软数据访问组件从产生到发展，其体系结构一直在进化，今天的 MDAC 体系结构可用图 12-1 来描述。通过当前的 MDAC 体系结构，客户端-服务器应用程序、n 层应用程序或 Web 浏览器应用程序可以访问 SQL 数据、半结构数据和旧式数据。另外，通过 MDAC，这些应用程序可以使用 ADO、OLE DB 或 ODBC 灵活地访问数据。

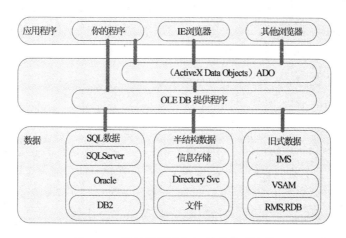

图 12-1　微软数据访问组件的体系结构

## 12.1.2　ADO、OLE DB 和 ODBC 的关系

ADO 是建立在 OLE DB 技术基础之上的接口技术，对 OLE DB 的接口进行了优化。ADO 是 ODBC 和 OLE DB 的上层接口技术。它比 RDO、DAO 等接口具有更高的性能、更小的容量以及更简便的操作。DAO 几乎能够访问所有常用的数据库，如 Access、SQL Server、Oracle 等。

而 OLE DB 则建立在 ODBC 基础之上，用面向对象的思想对 ODBC 的函数重新进行了分类和包装，形成一种新的标准。利用 OLE DB 不仅能访问关系型数据库，还能访问非关系型数据（如文件等）。

ODBC 是一种用 C 语言开发的由多种函数组成的应用程序接口（API）。这些结构将数据库底层的操作隐藏在 ODBC 的驱动程序之中。应用程序只需要用统一的接口指向 ODBC，然后再由 ODBC 调用系统提供的驱动程序就能驱动不同类型的数据库。

图 12-2 描述了三种数据访问接口之间的关系。

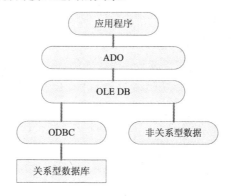

图 12-2　ADO、OLE DB 和 ODBC 的关系

## 12.2　数据管理

Web 程序的运行总是要伴随着大量数据的处理，通常 Web 程序的结构都是这样的：一个简单

的用户接口（应该被称为界面层）、复杂的数据驱动代码和数据库。用户只需要通过简单的用户接口读取和提交数据，而不会关心这些数据如何从数据库读取和写入数据库的，所有这些操作则由复杂的数据驱动代码来完成。

## 12.2.1  数据库

数据库是用来存储和管理数据的，对于处理一系列有关联的信息的商业软件来说，数据库技术特别有用，如一个销售计划包含一系列的客户清单、一系列的产品和一系列的销售业务，而销售业务的信息需要从表客户清单和产品中提取信息。而描述这种信息类型的最好方式就是使用关系模型，诸如 SQL Server、Oracle 和 Access 都是建立在关系模型之上的。

关系模型把信息划分为小而简洁的单元，例如，一条销售记录不会存储被销售的产品的所有信息，而是仅仅存储产品的一个编码，利用这个编码可以从产品表中获得所有有关产品的信息，如图 12-3 所示。

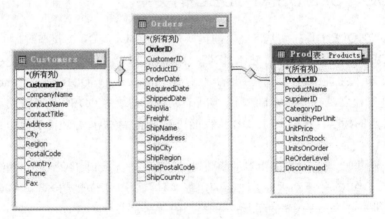

图 12-3  数据表关系图

在图 12-3 中，表 Orders 通过字段 CustomerID 与表 Customers 建立关系，通过字段 ProductID 与表 Products 建立关系。关系模型就是把信息拆分为尽可能小的单元，然后利用这些单元共有的信息建立联系。有关关系模型的详细信息，读者可以去查阅有关数据库的知识，本书不再详细介绍。

尽管可以把数据放在表中，并存储在硬盘的文件中，但基于一个完全的关系数据库管理系统（RDBMS）来存储这些数据更为可行，诸如 SQL Server 或 Oracle 能够处理数据架构、实现数据访问优化，并保证数据安全。RDBMS 能够并行地向多个用户提供数据访问、过滤无效数据等。

为了完成一些任务，在 ASP.NET 应用程序中经常会使用到数据库。下面列举了在 Web 应用程序中可完成的任务：

- 电子商务网站使用数据库存储产品目录、定单、客户、发货记录和库存资料。
- 搜索引擎使用数据库存储页面的 URLs、links 和关键字。
- 知识库使用数据库存储海量的信息、各种文档和资源的链接。
- 媒体网站使用数据库来存储文章。

## 12.2.2　数据访问

在 Web 应用程序中，数据的访问同 Win 程序不同，需要考虑如下两个方面。

- 规模问题：在设计 Web 应用程序的数据访问程序时必须考虑到 Web 程序被访问的规模的大小。一个 Web 应用程序可能被成千上万的人访问，这就意味着不能随便使用服务器内存或诸如数据库连接等的有限资源。如果设计的应用程序获取数据库连接并占有仅仅几秒钟，其他用户就会明显地感觉到网站速度的变慢。如果不仔细考虑数据库的并发问题，会发现 Web 程序被真正发布时将存在很多问题，诸如更新失败和不一致的数据等。
- 状态问题：这个问题的产生是由于互联网的不连续的特性所决定的。HTTP 协议是一个无状态的协议。当用户请求 ASP.NET 应用程序中的一个页面时，Web 服务器执行代码，返回 HTML 代码，并立即关闭连接。尽管用户可能会感觉到它们一直同应用程序进行连续交互，其实它们获得的只是一个静态页面的字符串。HTTP 的无状态特性使得 Web 应用程序需要在单一请求中执行所有的工作。最典型的方式就是连接数据库、读取数据信息、显示数据，然后关闭数据库连接。当想要用户修改获得的数据时，这种方式就变得比较困难。这时就需要应用程序具有一定的智能化以能够识别原始数据、创建一个 SQL 语句来筛选这些数据并利用新的值来更新它们。

针对以上两个问题，ASP.NET 和 ADO.NET 都做了考虑，下面将会介绍如何使用 ASP.NET 和 ADO.NET 安全高效率地访问数据库。

## 12.3　配置数据库

ADO.NET 可以用来访问任何数据库，但是访问 SQL Server 时效果会更好些，本书将要用到的数据库是 SQL Server 2012，如果没有一个完整版本的 SQL Server 也没有关系，可以在机器上配置免费的 SQL Server Express 版本，它包含用于开发和测试 Web 应用的数据库的所有特性。

如果没有一个用来测试程序的数据库服务器，可以使用 SQL Server 2012 Express 版本，它是一个免费的数据引擎，包含在某些版本的 Visual Studio 中，也可以单独下载。

其实 SQL Server Express 具有一定的局限性，例如，它只使用一个 CPU 和最高只使用 1GB 内存；数据的大小要小于 4GB；没有图形化工具。然而，它仍然适用于中等规模的网站，而且还可以很容易地把 SQL Server Express 升级到付费版本的 SQL Server 以获得更多的功能。

有 关 SQL Server 2012 Express 的更多参考信息，读者可以从以下地址下载：
http://www.microsoft.com/zh-cn/download/details.aspx?id=29062。

## 12.3.1　在 Visual Studio 中浏览和修改数据库

如果读者拥有一个完整版本的 SQL Server 2012 数据库，可以使用 SQL Server Management Studio 来创建和管理数据库。而如果只是要使用 SQL Server 2012 Express 的话，可以使用 Visual Studio 来创建和管理数据库。

可以按照如下步骤来执行：

**01** 打开 Visual Studio 2012。

**02** 选择"视图"|"服务器资源管理器"命令，将打开"服务器资源管理器"窗口，如图 12-4 所示。使用"服务器资源管理器"窗口中的"数据连接"节点可以连接到已经存在的数据库和创建新的数据库。

**03** 右键单击"数据连接"节点，在弹出的快捷菜单中选择"添加连接"命令，将打开"添加连接"对话框。

**04** 对话框中默认提供的数据源是 Microsoft SQL Server（SqlClient），可以修改数据源。

**05** 选择当前数据库存在的数据库。

**06** 选择登录服务器的验证方式，一般使用 SQL Server 身份验证，输入用户名和密码，在此选择 Windows 身份验证。

**07** 经过以上步骤，测试连接成功，如图 12-5 所示，单击"确定"按钮，一个数据库的连接即可创建完毕。

连接数据库后可在"服务器资源管理器"窗口中看到该数据库的详细情况，如图 12-6 所示。

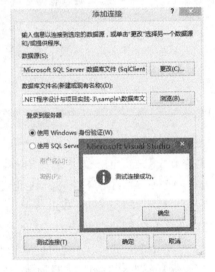

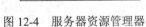

图 12-4　服务器资源管理器　　　图 12-5　"添加连接"对话框　　　图 12-6　数据库的详细情况

在图 12-6 中，可以看到数据库 BookSample 的详细情况，这与在 SQL Server 中提供的图形化管理工具具有一样的效果。右键单击每个节点，弹出的快捷菜单和在 SQL Server 中提供的图形化管理工具的功能一样，例如，单击"表"节点，在弹出的快捷菜单中具有"添加表"命令和"添加查询"命令；单击每个表，则会弹出操作该表的相关命令。

总之，使用 Visual Studio 2012 可以方便地对数据库进行操作。

## 12.3.2　SQL 命令行工具

SQL Server 2012 包含一个名为 sqlcmd.exe 的命令行工具，使用该工具可以通过 Windows 命令来操作数据。与 SQL Server 管理工具不同，sqlcmd 只是一个执行数据库任务的快速的方式，通常 sqlcmd 用来执行一个命令行文件。

一般情况下，可以在目录 c:\Program Files\Microsoft SQL Server\90\Tools\Binn 中找到 sqlcmd 工具，也可以通过选择"开始" | "所有程序" | "MicroSoft Visual Studio 2012" | "Visual Studio Tools| Visual Studio 2012 工具命令提示" | "VS2012k 开发人员命令提示"命令，使用 sqlcmd 工具。在打开的命令提示窗口中，输入如下命令：

```
sqlcmd -?
```

则会出现有关使用 sqlcmd 的所有提示，如图 12-7 所示。

图 12-7 "Visual Studio 2012 命令提示"窗口

在如图 12-7 所示的窗口中，可以随时使用 SQL 命令来操作数据库，这是一个简便的操作数据库的方法，尤其是使用 SQL Server Express 版本时。

## 12.4 基本的 SQL

对数据库中的数据的操作都是通过 SQL 语句来完成的，因此程序员有必要了解最基本的 SQL 命令语句，本节将介绍这些最基本的 SQL 命令语句。

> 下面将要介绍的 SQL 语句在数据库 SQL Server 中测试时均是合法的，可能在其他数据库里有所差别。

### 12.4.1 选择数据

SELECT 语句可以从一个或多个表中选取特定的行和列，SELECT 语句是在数据库编程中经常被使用的语句。SELECT 语句的结果通常是生成另外一个表，在执行过程中系统根据用户的标准从数据库中选出匹配的行和列，并将结果放到临时的表中。

SELECT 语句最简单的语法如下：

```
SELECT 列名 1,列名 2,… FROM 表名
```

例如从数据表 basic 中要选取所有的列的 SQL 语句如下：

```
SELECT * FROM basic
```

如果程序员需要选择的数据按照一定的规律排序的话，就可以采用如下的语法结构：

```
SELECT 列名 1,列名 2,… FROM 表名 ORDER BY 列名 1 ASC/DESC,列名 2 ASC/DESC,…
```

其中 ASC 表示升序，DESC 表示降序。

例如从数据表 basic 中要选取所有的列名按照 id 排序，SQL 语句如下：

```
SELECT * FROM basic ORDER BY id ASC
```

有时并不是需要数据表的所有行都选择，这时就需要用 WHERE 子句，这时 SQL 语句的语法结构的形式如下：

```
SELECT 列名 1,列名 2,… FROM 表名 WHERE 子句 ORDER BY 列名 1 ASC/DESC,列名 2 ASC/DESC,…
```

WHERE 子句是选择数据的条件语句，WHERE 子句对条件进行了设置，只有满足条件的行才被包括到结果表中。

例如从数据表 basic 中按照 city 是上海为条件来选择数据并按照 id 排序，SQL 语句如下：

```
SELECT * FROM basic WHERE city = '上海' ORDER BY id ASC
```

以上 WHERE 子句使用的是比较运算符，最常用的比较运算符有 6 种。

=：等于。
<>：不等于。
<：小于。
>：大于。
<=：小于或等于。
>=：大于或等于。

有时选择条件不止一个，这时就需要逻辑连接符把这些条件连接起来，常用的逻辑连接符有 AND 和 OR，AND 表示关系与，OR 表示关系或。

例如从数据表 basic 中按照 city 是上海或北京为条件来选择数据并按照 id 排序，SQL 语句如下：

```
SELECT * FROM basic WHERE city = '上海' OR city = '北京' ORDER BY id ASC
```

WHERE 子句的语法并不仅仅是以上所讲到的那些，有兴趣的读者可以去参考相关书籍。不过以上所提到的关于 SELECT 语句的知识是最基本的，是必须要掌握的。

## 12.4.2　插入数据

利用 INSERT 语句可以将一行记录插入到指定的一个表中。INSERT 语句如下:

```
INSERT INTO 表名 (列名1,列名2,…)
VALUES (值1,值2,…)
```

例如在 basic 表里插入一条数据,可以采用如下 SQL 语句:

```
INSERT INTO basic (id,name,city,phone,carrier,positon)
VALUES (10,'刘德华','香港','6783909','歌手','天王')
```

也可以采用如下的 SQL 语句来完成在 basic 表里插入一条数据:

```
INSERT INTO basic
VALUES (10,'刘德华','香港','6783909','歌手','天王')
```

以上语句省略了列名,这样向数据表插入数据的顺序就按照这些列在数据表的排列顺序来逐个插入。

在执行 INSERT 语句时,必须按照值与列的数据类型对应的原则,否则会报错。

## 12.4.3　更新数据

UPDATE 语句用来在已知的表中对现有的行进行修改。UPDATE 语句如下:

```
UPDATE 表名 SET
列名1 = 值1,
列名2 = 值2,
…
WHERE 子句
```

例如更新 basic 表里一条数据,可以采用如下 SQL 语句:

```
UPDATE basic SET
Name = '张学友',
City = '香港',
Phone = '7787872',
Carrier = '歌手',
Position = '天王'
WHERE id = 1
```

在执行 UPDATE 语句时,必须按照值与列的数据类型对应的原则,否则会报错。

## 12.4.4　删除数据

DELETE 语句用来删除已知表中的行。如同 UPDATE 语句中一样,所有满足 WHERE 子句中条件的行都将被删除。由于 SQL 中没有 UNDO 语句或是"你确认删除吗?"之类的警告,在执行这条语句时千万要小心。DELETE 语句如下:

```
DELETE FROM 表名 WHERE 子句
```

例如删除 basic 表里的一条数据，可以采用如下 SQL 语句：

```
DELETE FROM basic WHERE id = 1
```

## 12.4.5　查询数据

如果读者从来没有使用过 SQL 语句的话，也不要担心，如果拥有完整版本的 SQL Server 就可以使用它提供的管理工具来生成和测试 SQL 语句。如果只是使用 SQL Server Express 版本时，可以在 Visual Studio 2012 的"服务器资源管理器"窗口中实现这些操作。步骤如下：

**01** 在"服务器资源管理器"窗口中，右键单击"表"节点，在弹出的快捷菜单中选择"新建查询"命令，则弹出如图 12-8 所示的对话框。

图 12-8　"添加表"对话框

**02** 在如图 12-8 所示的"添加表"对话框中，编写 SQL 查询语句，执行后的查询结果显示效果如图 12-9 所示。

图 12-9　SQL 语句编辑的窗口

# 12.5　ADO.NET

ADO.NET 提供了对 SQL Server 和 XML 等数据源以及通过 OLE DB 和 XML 公开的数据源的一致的访问接口。可以使用 ADO.NET 来连接到这些数据源，并检索、处理和更新所包含的数据。

## 12.5.1　ADO.NET 结构

在 ASP 的时代，ADO 技术是当时的主要数据访问任务的承担者，ADO 可以很好地满足许多开发人员的需要，但它缺少一些关键特性，而这些特性正是开发人员为了编写功能更强大的应用程序所需要的，例如，越来越多的开发人员希望处理 XML 数据。尽管 ADO 的后期版本中添加了 XML 特性，但 ADO 并不是用来处理 XML 数据的。到了 ASP.NET 出现的时候，推出 ADO.NET 技术来取代 ADO 技术进行数据的访问工作。ADO.NET 是 ADO 的改进和完善版本，它的显著变化就是完全基于 XML。ADO.NET 提供了平台互用性和可伸缩的数据访问。它是构建数据访问.NET 应用程序的基础，聚集了所有可以进行数据处理的类。ADO.NET 力推的断开连接使数据伸缩性更高，这种模式对数据服务器的压力比较小。

ADO.NET 建立在几个核心类之上，这些类可以分为两组：包含和管理数据的类，这些类有 DataSet、DataTable、DataRow 和 DataRelation 等；连接数据源的类，这些类有 Connection、Command 和 DataReader 等。

包含和管理数据的类是通用的，不管使用什么样的数据源，获取的数据都被存储在同样的包含器中：DataSet 类。DataSet 类同集合或数组具有相同的功能，都被用来存储数据，但 DataSet 类还包含这些数据之间的关系，因此在 DataSet 对象中存在行、列和表关系等概念。

连接数据源的类则针对不同的数据源有着不同的类来对应，它们统称为 ADO.NET 数据提供器。数据提供器针对不同的数据源进行了定制，以使它能够同这种数据源进行最好的交互。

图 12-10 描述了数据提供器与 DataSet 之间的关系。

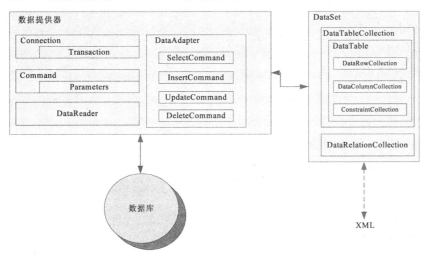

图 12-10　数据提供器与 DataSet 之间的关系

尽管针对不同的数据源，ADO.NET 提供了不同数据提供器，但连接数据源的过程有着类似的方式，可以使用几乎同样的代码来完成数据源连接。数据提供器类都继承自相同的基类，实现同样的接口、包含相同的方法和属性。尽管某个针对特殊数据源的提供器可能具有自己独有的特性，例如 SQL Server 的提供器能够执行 XML 查询，但用来获取和修改数据的成员是基本相同的。

.NET 主要包含如下 4 个数据提供器。

- SQL Server 提供器：用来访问 SQL Server 数据库。
- OLE DB 提供器：用来访问所有拥有 OLE DB 驱动器的数据源。
- Oracle 提供器：用来访问 Oralce 数据库。
- ODBC 提供器：用来访问所有拥有 ODBC 驱动器的数据源。

此外，第三方开发者和数据库提供商也发布了他们自己的 ADO.NET 提供器，按照与.NET 提供数据源提供器的同样的公约和同样的方式，这些 ADO.NET 提供器同样可以很方便地使用。

选择的数据源提供器应当是针对所选的数据源。如果不能够找到合适的数据源提供器，可以使用 OLE DB 提供器，这时数据源需要拥有 OLE DB 驱动器。OLE DB 技术在 ADO 中已使用了很久，因此很多数据源（SQL Server、Oracle、Access、MySQL 等）都拥有 OLE DB 驱动器。如果数据源不包含自己的提供器，也不拥有 OLE DB 驱动的话，就可以使用 ODBC 提供器，这时只要拥有 ODBC 驱动即可。

总之，ADO.NET 通过数据处理将数据访问分解为多个可以单独使用或一前一后使用的不连续的组件，它包含连接到数据库、执行命令和检索结果整个操作过程。

图 12-11 展示了 ADO.NET 技术的数据访问分层。

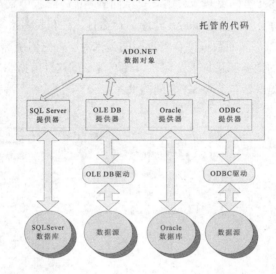

图 12-11　ADO.NET 技术的数据访问分层

## 12.5.2　ADO.NET 命名空间

ADO.NET 组件包含在.NET 类库中的几个不同的命名空间里。表 12-1 列举了 ADO.NET 组件所在的命名空间。

表 12-1　ADO.NET 命名空间

| 命名空间 | 描述 |
| --- | --- |
| System.Data | 该命名空间提供对表示 ADO.NET 结构的类的访问 |
| System.Data.Common | 该命名空间包含由各种.NET 数据提供器共享的类 |

（续表）

| 命名空间 | 描述 |
|---|---|
| System.Data.OleDb | 该命名空间用于 OLE DB 的.NET 数据提供器 |
| System.Data.SqlClient | 该命名空间用于 SQL Server 的.NET 数据提供器 |
| System.Data.SqlTypes | 该命名空间为 SQL Server 2010 中的本机数据类型提供类，这些类为.NET 公共语言运行库所提供的数据类型提供了一种更为安全和快速的替代项。使用此命名空间中的类有助于防止出现精度损失造成的类型转换错误 |
| System.Data.OracleClient | 该命名空间用于 Oracle 的.NET 数据提供器 |
| System.Data.Odbc | 该命名空间用于 ODBC 的.NET 数据提供器 |

## 12.5.3　数据提供器类

.NET Framework 数据提供器用于连接到数据库、执行命令和检索结果。可以直接处理检索到的结果，或将其放入 ADO.NET DataSet 对象，以便与来自多个源的数据或在层之间进行远程处理的数据组合在一起，以特殊方式向用户公开。.NET Framework 数据提供器是轻量级的，它在数据源和代码之间创建了一个最小层，以便在不以功能为代价的前提下提高性能。

.NET Framework 数据提供器提供了如表 12-2 所示的核心对象。

表 12-2　.NET Framework 数据提供器的核心对象

| 对象 | 描述 |
|---|---|
| Connection | 建立与特性数据源的连接，所有的 Connection 对象的基类均为 DbConnection |
| Command | 对数据源执行命令，公开 Parameters，并且可以通过 Connection 在 Transaction 的范围内执行，所有的 Command 对象的基类均为 DbCommand 对象 |
| DataReader | 从数据源中读取仅能向前和只读的数据流，所有的 DataReader 对象的基类均为 DbDataReader 类 |
| DataAdapter | 用数据源填充 DataSet 并解析更新，所有的 DataAdapter 对象的基类均为 DbDataAdapter 类 |

表 12-2 只列出了通用的对象名，在实际应用中，针对不同的数据源数据提供器是不同的，表 12-3 列出了不同的数据源应该具体使用的对象名。

表 12-3　不同的数据源应该具体使用的对象名

| 数据源 | SQL Server 提供器 | Oracle 提供器 | OLE DB 提供器 | ODBC 提供器 |
|---|---|---|---|---|
| Connection | SqlConnection | OralceConnection | OleDbConnection | OdbcConnection |
| Command | SqlCommand | OralceCommand | OleDbCommand | OdbcCommand |
| DataReader | SqlDataReader | OralceDataReader | OleDbDataReader | OdbcDataReader |
| DataAdapter | SqlDataAdapter | OralceDataAdapter | OleDbDataAdapter | OdbcDataAdapter |

尽管不同的数据源具体使用的对象名不同，但它们其实具有相同的功能、具有相同的基本属性和方法，只是针对不同的数据源，使用对应的提供器能够具有最好的效果。但具体使用它们的方式是相同的，也就是编写代码的方式是一致的。

## 1. Connection 类

Connection 类提供了对数据源连接的封装。该类提供了一系列用于数据源连接的操作的方法，以及描述连接状态的属性。ConnectionString 是 Connection 类的最重要的属性，该属性用来指定要连接数据源的重要信息，包括数据源所在的服务器名称、数据源信息以及用于登录的信息。

创建数据源的连接的代码很简单，创建连接到数据库 Oracle 的代码示例如下：

```
OracleConnection conn = new OracleConnection(connStr);
```

其中 connStr 是数据库连接字符串，例如，连接 Access 数据库采用的是 OleDb 提供程序，以下代码的含义是：先创建一个数据库连接的对象 conn，这里把它作为一个全局变量来看待；又定义了一个字符串对象 connStr，这个字符串对象将会用来存储数据库连接字符串；接着把存放在 Web.config 文件中的数据库连接字符串取出赋给 connStr；利用 new 关键字创建数据库连接实例并把它赋给 conn；打开数据库连接，执行完毕后关闭数据库连接。这段代码基本包含了 Connection 类的最典型的操作步骤，其他数据源的连接过程与其类似，只不过根据不同的数据源要选用相应的连接提供程序：

```
private System.Data.OleDb.OleDbConnection conn;         // 数据库连接
private string connStr;                                 // 存储数据库连接字符串
connStr = config["connectionString"].ToString();        // 获得数据库连接串
conn = new System.Data.OleDb.OleDbConnection(connStr);   // 创建数据库连接
conn.Open();                                            // 打开连接
...                                                     // 执行相关数据操作
Conn.Close();                                          // 关闭连接
```

## 2. Command 类

Command 类提供了对数据源操作命令的封装。这些操作命令可以是 SQL 语句也可以是存储过程。Command 对象要建立在数据源连接之上，只有在数据源连接对象建立的情况下才能使用 Command 对象。创建 Command 对象的语句示例代码如下：

```
OracleCommand comm. = new OracleCommand(strSQL,conn);
```

其中 strSQL 为 SQL 语句，conn 为数据库连接对象。

创建定制成员身份提供程序时需要用到 Command 类，以下代码的含义是：首先定义一个 Command 对象 comm；然后利用定义好的 Connection 对象 conn 和相应的 SQL 命令，这里采用带参数的插入语句；最后调用 Command 对象的 ExecuteNonquery()方法来执行数据操作命令，该方法返回一个整型值，该值表示该次命令操作影响的数据行数：

```
private System.Data.OleDb.OleDbCommand comm;                         // 数据库命令
comm = new System.Data.OleDb.OleDbCommand("INSERT INTO users VALUES (@username,
    @password, @email,@passwordQuestion, @passwordAnswer)",conn); // 创建数据库命令
comm.Parameters.AddWithValue("@username", username);                // 添加参数
comm.Parameters.AddWithValue("@password", password);
comm.Parameters.AddWithValue("@email", email);
comm.Parameters.AddWithValue("@passwordQuestion", passwordQuestion);
comm.Parameters.AddWithValue("@passwordAnswer", passwordAnswer);
int result = comm.ExecuteNonQuery();                                // 执行命令
```

### 3．DataAdapter 类

DataAdapter 类利用 Connection 对象连接数据源，使用 Command 对象定义的操作从数据源中检索出数据并发送到数据集，或者将数据集中经过编辑后的数据发送回数据源。创建 dataAdapter 对象的语句示例代码如下：

```
OracleDataAdapter dataAdapter. = new OracleDataAdapter();
```

把 Command 对象定义的操作赋给以上定义的对象 dataAdapter，代码如下：

```
dataAdapter.SelectCommand = comm;
```

dataAdapter 对象将数据填入数据集时调用方法 Fill()，代码如下：

```
dataAdapter.Fill(dataset.basic);
```

或者：

```
dataAdapter.Fill(dataset,"basic");
```

其中，dataAdapter 是 DataAdapter 的实例，dataset 是数据集实例，basic 则是数据表名。当 dataAdapter 调用 Fill()方法时将使用与之相关的命令组建所指定的 Select 语句从数据源中检索数据行，然后将行中的数据添加到 DataSet 对象中的数据表内，如果数据表不存在，则自动创建该对象。

当执行 Select 语句时，与数据库的连接必须有效，但连接对象没有必要是打开的，在调用 Fill() 方法时会自动打开关闭的数据连接，使用完毕后再自动关闭。如果调用前该连接就处在打开状态，则操作完毕后连接仍然保持原状。

一个数据集中可以放置多张数据表，但是每个 DataAdapter 对象只能够对应于一张数据表。

关于 DataReader 类的知识这里不再详细介绍。

## 12.6　直接数据访问

数据库访问的方式有两种：一种是直接数据访问，另外一种是不连接数据访问。

直接数据访问是一种最容易的访问数据库的方式，使用直接数据访问，可以创建前面介绍的 SQL 命令并执行这些命令。使用直接数据访问查询数据时，并不需要在内存中保存信息的副本。相反，当数据库连接打开后可以在一段较短时间内维持同数据库的交互，然后数据库连接就会被迅速关闭。

不连接的数据访问将会在内存中的 DataSet 对象中保存数据的副本，在数据库连接断开后仍然能够操作这些数据。

众所周知，一个 ASP.NET 页面在被请求后将会被加载到客户端，而且一旦页面加载完毕连接就会被关闭，因此，直接数据访问模型就非常适合于 ASP.NET 页面，这样就不需要在内存中很长时间内保持数据的副本，从而节省了宝贵的内存资源。

简单的数据查询步骤如下：

01 创建 Connection、Command 和 DataReader 对象。

02 使用 DataReader 对象从数据库获取信息，并显示在 Web 表单的控件里。

03 关闭连接。

04 发送页面到客户端。此时，在页面上看到的信息和数据库中的信息不存在任何联系，而且所有的 ADO.NET 对象都被释放。

插入和更新数据可以按照如下步骤进行：

01 创建 Connection 和 Command 对象。

02 执行 SQL 命令（插入和更新命令）。

图 12-12 展示了 ADO.NET 对象基于直接数据访问模型与数据库进行交互的过程。

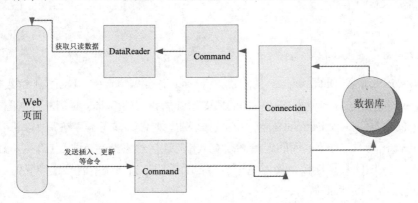

图 12-12　利用 ADO.NET 对象实现直接数据访问的过程

## 12.6.1　创建连接

在获取或更新数据之前，需要先创建一个数据库连接。通常，数据库连接的数量是有限的，如果超过这个数量，就不能再创建新的数据库连接，因此，一个数据库连接占据的时间要尽可能的短。此外，还需要把数据库操作的代码写在 try/catch 结构中，以对可能发生的错误进行处理，并在代码中确保关闭数据库连接。

创建一个数据库连接的步骤如下：

01 声明一个 Connection 对象。

02 为该对象的属性 ConnectionString 设定一个值。

在 ConnectionString 中需要指明数据库、登录用户名和口令，以及要访问的数据库实例。下面给出了使用 OLE DB 提供器访问 SQL Server 数据库的数据库连接对象的创建代码：

```
OleDbConnection connection = new OleDbConnection();
connection.ConnectionString = "Data Source=.;Initial Catalog=BookSample;User
ID=sa;Password=585858";
```

使用 SQL Server 提供器访问 SQL Server 数据库的数据库连接对象的创建代码和前面代码类似：

```
SqlConnection connection = new SqlConnection ();
```

```
connection.ConnectionString = "Data Source=.;Initial Catalog=BookSample;User
ID=sa;Password=585858";
```

从上面的例子中可以看出，ConnectionString 中包含了一系列利用逗号隔开的信息，并且每个信息都是以"键/值"对的形式出现，表 12-4 列出了每个"键/值"对的具体含义。

表 12-4  ConnectionString 中的"键/值"对

| 键 | 默认值 | 描述 |
| --- | --- | --- |
| Application Name | N/A | 应用程序的名称，或者.NET SqlClient Data Provider（如果不提供应用程序名称） |
| Asynch | false | 如果设置为 true，则启用异步操作支持。可识别的值为 true、false、yes 和 no |
| AttachDBFilename、extended properties 或 Initial File Name | N/A | 主数据库文件的名称，包括可连接数据库的完整路径名。该路径可以是绝对路径，也可以是相对路径，这取决于是否使用 DataDirectory 替换字符串。如果使用 DataDirectory，则对应的数据库文件必须存在于替换字符串指向目录的子目录中。必须按照如下方式使用关键字 database（或其别名之一）指定数据库名称："AttachDbFileName=\|DataDirectory\|\data\YourDB.mdf;integratedecurity=true;database=YourDatabase" |
| Connect Timeout 或 Connection Timeout | 15 | 在终止尝试并产生错误之前，等待与服务器的连接的时间长度（以 s 为单位） |
| Context Connection | false | 如果应对 SQL Server 进行进程内连接，则为 true |
| Current Language | N/A | SQL Server 语言记录名称 |
| Data Source、Server、Address、Addr、Network Address | N/A | 要连接的 SQL Server 实例的名称或网络地址。可在服务器名称之后指定端口号："server=tcp:servername,portnumber"。指定本地实例时，始终使用"（local）"。若要强制使用某个协议，请添加下列前缀之一：np:（local）、tcp:（local）、lpc:（local） |
| Encrypt | false | 当该值为 true 时，如果服务器端安装了证书，则 SQL Server 将对所有在客户端和服务器之间传送的数据使用 SSL 加密。可识别的值为 true、false、yes 和 no |
| Enlist | false | true 表明 SQL Server 连接池程序在创建线程的当前事务上下文中自动登记连接 |
| Failover Partner | N/A | 在其中配置数据库镜像的故障转移合作伙伴服务器的名称。.NET Framework 1.0 或 1.1 版不支持 Failover Partner 关键字 |
| Initial Catalog 或 Database | N/A | 数据库的名称 |

（续表）

| 键 | 默认值 | 描述 |
|---|---|---|
| Integrated Security 或 Trusted_Connection | false | 当为 false 时，将在连接中指定用户 ID 和密码。当为 true 时，将使用当前的 Windows 账户凭据进行身份验证。可识别的值为 true、false、yes、no 以及与 true 等效的 sspi（强烈推荐） |
| MultipleActiveResultSets | true | 如果为 true，则应用程序可以维护多活动结果集（MARS）。如果为 false，则应用程序必须在执行该连接上的任何其他批处理之前处理或取消一个批处理中的多个结果集。可识别的值为 true 和 false。.NET Framework 1.0 或 1.1 版不支持该关键字 |
| Network Library 或 Net | dbmssocn | 用于建立与 SQL Server 实例的连接的网络库。支持的值包括 dbnmpntw（命名管道）、dbmsrpcn（多协议）、dbmsadsn（Apple Talk）、dbmsgnet（VIA）、dbmslpcn（共享内存）及 dbmsspxn（IPX/SPX）和 dbmssocn（TCP/IP）。相应的网络 DLL 必须安装在要连接的系统上。如果不指定网络而使用一个本地服务器（如 "." 或 "(local)"），则使用共享内存 |
| Packet Size | 8192 | 用来与 SQL Server 的实例进行通信的网络数据包的大小，以字节为单位 |
| Password 或 Pwd | N/A | SQL Server 账户登录的密码。建议不要使用。为保持高安全级别，建议使用 Integrated Security 或 Trusted_Connection 关键字 |
| Persist Security Info | false | 当该值设置为 false 或 no（强烈推荐）时，如果连接是打开的或者一直处于打开状态，那么安全敏感信息（如密码）将不会作为连接的一部分返回。重置连接字符串将重置包括密码在内的所有连接字符串值。可识别的值为 true、false、yes 和 no |
| Replication | false | 如果使用连接来支持复制，则为 true |
| TrustServerCertificate | false | 如果设置为 true，则使用 SSL 对通道进行加密，但不通过证书链对可信度进行验证。如果将 TrustServerCertificate 设置为 true 并将 Encrypt 设置为 false，则不对通道进行加密。可识别的值为 true、false、yes 和 no |
| User ID | N/A | SQL Server 登录账户。建议不要使用。为保持高安全级别，强烈建议使用 Integrated Security 或 Trusted_Connection 关键字 |
| User Instance | false | 一个值，用于指示是否将连接从默认的 SQL Server 速成版实例重定向到调用方账户下运行时启动的实例 |
| Workstation ID | 本地计算机名称 | 连接到 SQL Server 的工作站的名称 |

（续表）

| 键 | 默认值 | 描述 |
|---|---|---|
| Type System Version | N/A | 指示应用程序期望的类型系统的字符串值。可能的值有：<br>Type System Version=SQL Server 2000<br>Type System Version=SQL Server 2010<br>Type System Version=Latest<br>如果设置为 SQL Server 2000，将使用 SQL Server 2000 类型系统。与 SQL Server 2000 实例连接时，执行下列转换：<br>XML 到 NTEXT<br>UDT 到 VARBINARY<br>VARCHAR（MAX）、NVARCHAR（MAX） 和 VARBINARY（MAX）分<br>别到 TEXT、NEXT 和 IMAGE<br>如果设置为 SQL Server 2010，将使用 SQL Server 2010 类型系统。对 ADO.NET 的当前版本不进行任何转换。如果设置为 Latest，将使用此客户端-服务器对无法处理的最新版本。这个最新版本将随着客户端和服务器组件的升级自动更新 |

在设置 ConnectionString 的信息时，表 12-4 列举的键并不一定全部出现，一般就设置其中几个，就像开头列举的示例代码，只设置了几个键的值。

一般情况下，在一个网站项目中，所有创建数据库连接的代码都使用相同的数据库连接字符串，因此，可以使用一个类的成员或在配置文件中来存储这个字符串。

例如，声明一个类 ConneString，该类包含一个静态的公开成员属性 ConnectionString，在属性中存储公用的数据库连接字符串，代码如下：

```
public class ConneString
{       public   static   string   ConnectionString   =   "Data   Source=.;Initial
Catalog=BookSample;User
   ID=sa;Password=585858";
   }
```

然后在其他地方创建数据库连接对象时就可以采用如下代码：

```
SqlConnection connection = new SqlConnection (ConneString. ConnectionString);
```

可以在配置文件中的<connectionStrings>节中利用"键/值"对来存储数据库连接字符串，代码如下：

```
<configuration>
   <connectionStrings>
      <add    name="Pubs"    connectionString="   Data    Source=.;Initial    Catalog=
BookSample;User
   ID=sa;Password=585858"/>
   </connectionStrings>
    …
```

```
</configuration>
```

为了获取配置文件中存储的数据库连接信息，需要使用 System.Web.Configuratio 命名空间下包含的静态类 WebConfigurationManager，参考代码如下：

```
SqlConnection connection = new SqlConnection
(System.Web.Configuration.WebConfigurationManager.ConnectionStrings["Pubs"].Connect
ionString.ToString());
```

利用上面的方法创建一个数据库连接后，在执行任何数据库操作之前，需要打开数据库连接，示例代码如下：

```
connection.Open();
```

一旦成功打开数据库连接，就可以编写一些代码来查看基本的连接信息，以下代码中声明了一个数据库连接对象，在 try 语句块中打开数据库连接并显示连接后连接信息状态，在 catch 块中捕捉打开连接时发生的错误，在 finally 块中关闭数据库连接，并显示当前数据库连接的状态信息。示例代码如下：

```
public partial class _Default : System.Web.UI.Page
{   protected void Page_Load(object sender, EventArgs e)
    {   SqlConnection connection = new SqlConnection(System.Web.Configuration.
        WebConfigurationManager.ConnectionStrings["Pubs"].ConnectionString.ToString());
        try
        {   connection.Open();
            this.Label1.Text = "<b>服务器版本:</b> " + connection.ServerVersion;
            Label1.Text += "<br /><b>数据库连接:</b> " + connection.State.ToString();
        }
        catch (Exception err)
        {   Label1.Text = "连接数据库错误. ";
            Label1.Text += err.Message;
        }
        finally
        {   connection.Close();
            Label1.Text += "<br /><b>当前数据库连接:</b> ";
            Label1.Text += connection.State.ToString();
        }
    }
}
```

以上代码的运行效果如图 12-13 所示。

图 12-13　数据库连接的基本状态信息

## 12.6.2  Select 命令

在创建了数据库连接并打开数据库连接后，欲获取数据库中的信息还需要进行其他工作：

- 一个获取信息的 SQL 语句。
- 执行 SQL 命令的 Command 对象。
- 存储获得的数据的 DataReader 或 DataSet 对象。

创建 Command 对象有两个方式：

**01** 创建一个 Command 对象，指定 SQL 命令，并设置可以利用的数据库连接，示例代码如下：

```
SqlCommand myCommand = new SqlCommand();
myCommand.Connection = connection;
myCommand.CommandText = "Select * from DataTable":
```

**02** 在创建 Command 对象时，直接指定 SQL 命令和数据库连接，示例代码如下：

```
SqlCommand myCommand = new SqlCommand("Select * from DataTable", connection);
```

## 12.6.3  DataReader

如果利用 Command 对象所执行的命令是有传回数据的 Select 语句，此时 Command 对象会自动产生一个 DataReader 对象。DataReader 对象非常有用，使用 DataReader 对象可以将数据源的数据取出后显示给使用者。可以在执行 Execute 方法时传入一个 DataReader 类型的变量来接收。DataReader 对象很简单，它一次只读取一条数据，而且只能只读，所以以效率很高而且可以降低网络负载。由于 Command 对象自动会产生 DataReader 对象，所以只要声明一个指到 DataReader 对象的变量来接收即可；另外要注意的是 DataReader 对象只能配合 Command 对象使用，而且 DataReader 对象在操作的时候 Connection 对象是保持连接的状态。

DataReader 对象提供了如表 12-5 所示的属性。

表 12-5  DataReader 对象提供的属性

| 属性 | 描述 |
| --- | --- |
| FieldCount | 只读，表示记录中有多少字段 |
| HasMoreResult | 表示是否有多个结果 |
| HasMoreRows | 只读，表示是否还有数据未读取 |
| IsClosed | 只读，表示 DataReader 是否关闭 |
| Item | 只读，集合对象，以键值（Key）或索引值的方式取得记录中某个字段的数据 |
| RowFetchCount | 用来设定一次取回多少条记录，默认值为 1 |

DataReader 对象提供了如表 12-6 所示的方法。

表 12-6　DataReader 对象提供的方法

| 方法 | 描述 |
| --- | --- |
| Close | 关闭 DataReader 对象 |
| GetDataTypeName | 获取指定字段的数据类型 |
| GetName | 获取指定字段的名称 |
| GetOrdinal | 获取指定字段在记录中的顺序 |
| GetValue | 获取指定字段的数据 |
| GetValues | 获取全部字段的数据 |
| IsNull | 判断字段的值是否为 Null |
| NextResult | 获取下一个结果 |
| Read | 读取下一条记录，如果读到数据则传回 True，否则传回 False |

下面通过一个例子介绍如何通过 ADO.NET 对象以直接数据访问模式从数据库获取数据，并绑定到 Web 控件中显示到客户端。

**例 12-1　通过 ADO.NET 对象以直接数据访问模式从数据库获取数据**

这个例子将展示如何通过 ADO.NET 对象以直接数据访问模式从数据库获取数据，并绑定到 Web 控件中显示到客户端。首先利用从数据库获取的数据填充一个下拉列表控件，然后根据下拉列表的选择，再从数据库提取该条数据的详细信息。

创建步骤如下：

**01** 打开 SQL Server 2010，在数据库 BookSample 中创建一个名为 Students 的表，详细定义如表 12-7 所示。

表 12-7　表 Students 的字段

| 字段名 | 类型 | 大小 | 说明 |
| --- | --- | --- | --- |
| ID | int | | 索引 |
| StuName | varchar | 50 | 学生名 |
| Phone | varchar | 20 | 电话 |
| Address | varchar | 200 | 地址 |
| City | varchar | 50 | 城市 |
| State | varchar | 50 | 国家 |

**02** 在表 Students 中插入如表 12-8 所示的数据。

表 12-8　表 Students 中包含的数据

| ID | StuName | Phone | Address | City | State |
| --- | --- | --- | --- | --- | --- |
| 1 | 张三 | 13256789023 | 朝阳门外大街 | 北京 | 中国 |
| 2 | 李四 | 13698562314 | 海淀区清河镇 | 北京 | 中国 |
| 3 | 王二 | 15896325689 | 徐家汇 | 上海 | 中国 |
| 4 | James | 13965669856 | 百老汇 | 纽约 | 美国 |
| 5 | Jack | 13658784596 | 老街 | 巴黎 | 法国 |
| 6 | Jones | 15986563693 | 三环 | 新加坡 | 新加坡 |

**03** 打开 Visual Studio 2012，创建一个名为 Sample12-1 的 ASP.NET 空 Web 应用程序。

**04** 打开文件 Web.config，在<connectionString>节中加入数据库连接字符串，代码如下：

```
<add name="Pubs" connectionString="Data Source=.;Initial Catalog=BookSample;User
ID=sa;
Password=585858"/>
```

**05** 添加页面文件 Default.aspx，打开并切换到"源"视图，在表单<form>的<div>标记中加入如下页面定义代码（这段代码定义一个下拉列表 DropDownList1 和一个标签 lblResults，其中 DropDownList1 用来显示学生列表，lblResults 用来显示被选中学生的详细信息）：

```
学生<span lang="zh-cn">名列表: </span>
<asp:DropDownList ID="DropDownList1"
    runat="server" Width="124px" AutoPostBack="True"
    onselectedindexchanged="DropDownList1_SelectedIndexChanged">
</asp:DropDownList>
<br />
<br />
<br />
<br />
    学生的详细信息:
<br />
<asp:Label ID="lblResults" runat="server">
</asp:Label>
```

**06** 打开文件 Default.aspx.cs。

**07** 在页面类的定义中加入获取配置文件中数据库连接字符串的私有字段 connectionString 的定义代码，代码如下：

```
private string connectionString = WebConfigurationManager.ConnectionStrings
["Pubs"].ConnectionString;
```

**08** 在页面类的定义中加入方法 FillList 的定义代码，方法 FillList 用来从数据库中获取学生的 ID 号和名字信息，并把这些信息绑定到页面的下拉列表中。整个过程的算法是：首先清空下拉列表，定义获取学生的 ID 号和名字信息的 SQL 语句，创建数据库连接对象、Command 对象和 DataReader 对象，然后在 try/catch/finally 语句中执行数据库操作。其中在 try 语句中打开数据库连接，执行 SQL 命令获得填充数据的 DataReader 对象，然后利用一个循环语句读取 DataReader 对象中每条数据，并把它们放入下拉列表中。在 catch 语句中捕捉数据库操作的过程中可能发生的错误。在 finally 语句中关闭打开的数据库连接。代码如下：

```
private void FillList()
{   DropDownList1.Items.Clear();
    // 获取学生名和学生编号
    string selectSQL = "SELECT StuName,ID FROM Students";
    // 定义 ADO.NET 对象.
    SqlConnection con = new SqlConnection(connectionString);
    SqlCommand cmd = new SqlCommand(selectSQL, con);
    SqlDataReader reader;
    // 打开数据库连接并读取信息
```

```
    try
    {   con.Open();
        reader = cmd.ExecuteReader();
        // 把从数据库获取的学生名和学生 ID 放进下拉列表中
        while (reader.Read())
        {   ListItem newItem = new ListItem();
            newItem.Text = reader["StuName"].ToString();
            newItem.Value = reader["ID"].ToString();
            DropDownList1.Items.Add(newItem);
        }
        reader.Close();
    }
    catch (Exception err)
    {   lblResults.Text = "读取过程发生错误: ";
        lblResults.Text += err.Message;
    }
    finally
    {   con.Close();
    }
}
```

**09** 在 Page_Load 事件函数中加入如下代码（这段代码表示当页面第一次加载时调用方法 FillList 填充下拉列表）：

```
protected void Page_Load(object sender, EventArgs e)
{   if (!this.IsPostBack)
    {   FillList();
    }
}
```

**10** 在下拉列表的 DropDownList1_SelectedIndexChanged 事件处理函数中加入如下代码（当用户选择一个学生时，根据选择的学生的 ID 生成从数据库获取该学生详细的 SQL 命令，然后按照通用的访问数据库的步骤获取数据，并把这些数据显示到页面的标签中）：

```
protected void DropDownList1_SelectedIndexChanged(object sender, EventArgs e)
{   // 创建一个根据选择的学生 ID 来获取学生详细的 SQL 语句
    string selectSQL;
    selectSQL = "SELECT * FROM Students ";
    selectSQL += "WHERE ID='" + DropDownList1.SelectedItem.Value + "'";
    // 定义 ADO.NET 对象.
    SqlConnection con = new SqlConnection(connectionString);
    SqlCommand cmd = new SqlCommand(selectSQL, con);
    SqlDataReader reader;
    // 把从数据库获取的学生的详细信息放在 Label 控件中显示
    try
    {   con.Open();
        reader = cmd.ExecuteReader();
        reader.Read();
        // 创建一个字符串变量来存储信息
        // 并放在 Label 控件中显示
        StringBuilder sb = new StringBuilder();
```

```
    sb.Append("<b>");
    sb.Append(reader["ID"]);
    sb.Append(", ");
    sb.Append(reader["StuName"]);
    sb.Append("</b><br />");
    sb.Append("电话: ");
    sb.Append(reader["phone"]);
    sb.Append("<br />");
    sb.Append("地址: ");
    sb.Append(reader["address"]);
    sb.Append("<br />");
    sb.Append("城市: ");
    sb.Append(reader["city"]);
    sb.Append("<br />");
    sb.Append("国家: ");
    sb.Append(reader["state"]);
    sb.Append("<br />");
    lblResults.Text = sb.ToString();
    reader.Close();
}
catch (Exception err)
{   lblResults.Text = "获取数据错误: ";
    lblResults.Text += err.Message;
}
finally
{   con.Close();
}
}
```

在浏览器中查看 Default.aspx，效果如图 12-14 所示。在图中选择"王大力"，则会在标签中显示该学生的详细信息，效果如图 12-15 所示。

图 12-14　从数据库中读取的信息绑定到下拉列表的效果　　图 12-15　在标签中显示学生详细信息的效果

## 12.7 不连接的数据访问

数据库访问的方式有两种：一种是直接数据访问，另外一种是不连接的数据访问。前面一节介绍了直接数据访问方式，本节将介绍不连接的数据访问方式。

　　不连接的数据访问将会在内存中的 DataSet 对象中保存数据的副本，在数据库连接断开后仍然能够操作这些数据。不连接的数据访问方式并不意味着不需要连接到数据库，而连接数据库后，把数据从数据库中取出并把这些数据放入 DataSet，然后断开数据库连接，这时虽然数据库连接断开了，但仍然可以对这些数据进行操作。不过，由于数据库连接已经断开，因此对这些数据的操作将不会影响到数据库中数据的状态。

## 12.7.1　DataSet

　　DataSet 在 ADO.NET 实现不连接的数据访问中起到关键作用，在从数据库完成数据抽取后，DataSet 就是数据的存放地，它是各种数据源中的数据在计算机内存中映射成的缓存，所以有时说 DataSet 可以看成是一个数据容器。同时它在客户端实现读取、更新数据库等过程中起到了中间部件的作用。

　　DataSet 主要有如下几个特性：

- 独立性。DataSet 独立于各种数据源。微软公司在推出 DataSet 时就考虑到各种数据源的多样性、复杂性。在.NET 中，无论什么类型的数据源，它都会提供一致的关系编程模型，而这就是 DataSet。
- 离线（断开）和连接。DataSet 既可以以离线方式，也可以以实时连接的方式来操作数据库中的数据。
- DataSet 对象是一个可以用 XML 形式表示的数据视图，是一种数据关系视图。

　　DataSet 具有一个比较复杂的结构模型，每一 DataSet 往往是一个或多个 DataTable 对象的集合，这些对象由数据行和数据列以及主键、外键、约束和有关 DataTable 对象中数据的关系信息组成。图 12-16 展示了 DataSet 的结构模型。

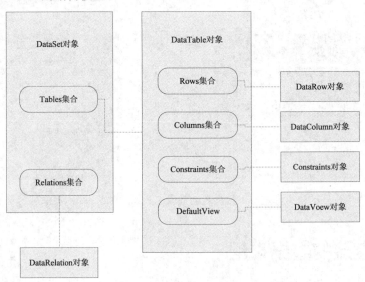

图 12-16　DataSet 的结构模型

DataSet 提供了如表 12-9 所示的属性。

表 12-9　DataSet 对象提供的属性

| 属性 | 描述 |
| --- | --- |
| CaseSensitive | 获取或设置一个值,该值指示 DataTable 对象中字符串比较是否区分大小写 |
| DataSetName | 获取或设置当前 DataSet 的名称 |
| DefaultViewManager | 获取 DataSet 所包含的数据的自定义视图,以允许使用自定义的 DataViewManager 进行筛选、搜索和导航 |
| EnforceConstraints | 获取或设置一个值,该值指示在尝试执行任何更新操作时是否遵循约束规则 |
| ExtenderProperties | 获取与 DataSet 相关的自定义用户信息的集合 |
| HasErrors | 获取一个值,指示在此 DataSet 中的任何 DataTable 对象中是否存在错误 |
| IsInitialized | 获取一个值,该值表明是否初始化 DataSet |
| Namespace | 获取或设置 DataSet 的命名空间 |
| Prefix | 获取或设置一个 XML 前缀,该前缀是 DataSet 的命名空间的别名 |
| Relations | 获取用于将表链接起来并允许从父表浏览到子表的关系的集合 |
| RemotingFormat | 为远程处理期间使用的 DataSet 获取或设置 SerializationFormat |
| SchemaSerializationMode | 获取或设置 DataSet 的 SchemaSerializationMode |
| Tables | 获取包含在 DataSet 中的表的集合 |

DataSet 提供了如表 12-10 所示的方法。

表 12-10　DataSet 对象提供的方法

| 方法 | 描述 |
| --- | --- |
| AcceptChanges | 提交自加载此 DataSet 或上次调用 AcceptChanes 以来对其进行的所有更改 |
| BeginInit | 初始化在窗体上使用或由另一个组件使用的 DataSet。初始化发生在运行时 |
| Clear | 通过移除所有表中的所有行来清除任何数据的 DataSet |
| Clone | 复制 DataSet 的结构,包括所有 DataTable 架构、关系和约束。不要复制任何数据 |
| Copy | 复制该 DataSet 的结构和数据 |
| CreateDataReader | 为每个 DataTable 返回带有一个结果集的 DataTableReader,顺序与 Tables 集合中表的显示顺序相同 |
| EndInit | 结束在窗体上使用或由另一个组件使用的 DataSet 的初始化 |
| GetChanges | 获取 DataSet 的副本,该副本包含自上次加载以来或自调用 AcceptChanges 以来对该数据集进行的所有更改 |
| GetXml | 返回存储在 DataSet 中的数据的 XML 表示形式 |
| GetXmlSchema | 返回存储在 DataSet 中的数据的 XML 表示形式的 XML 架构 |
| HasChanged | 获取一个值,该值指示 DataSet 是否有更改,包括新增行、已删除的行或已修改的行 |
| Load | 通过所提供的 IDataReader,用某个数据源的值填充 DataSet |
| Merge | 将指定的 DataSet、DataTable 或 DataRow 对象的数组合并到当前的 DataSet 或 DataTable 中 |
| ReadXml | 将 XML 架构和数据读入 DataSet |
| ReadXmlSchema | 将 XML 架构读入 DataSet |

（续表）

| 方法 | 描述 |
|------|------|
| RejectChanges | 回顾自创建 DataSet 以来或上次调用 DataSet.AcceptChanges 以来对其进行的所有更改 |
| Reset | 将 DataSet 重置为其初始状态。子类应重写 Reset，以便将 DataSet 还原到其原始状态 |
| WriteXml | 从 DataSet 写 XML 数据，还可以选择写架构 |
| WriteXmlSchema | 写 XML 架构形式的 DataSet 结构 |

下面介绍一下 DataSet 集合里常用的类的相关知识。

### 1. DataTable

DataTable 称为数据表，用来存储数据。一个 DataSet 可以包含多个 DataTable，每个 DataTable 又可包含多个行（DataRow）和列（DataColumn）。

DataTable 的创建有两种方式：

- 当数据加载 DataSet 时，会自动创建一些 DataTable。
- 以编程方式创建 DataTable 的对象，然后将这个对象添加到 DataSet 的 Tables 集合中。

从 DataSet 中提取 DataTable 的语句代码如下：

```
DataTable dataTable = dataset.数据表名;
```

其中，dataset 代表 DataSet 对象，dataTable 为 DataTable 对象。

DataTable 类也提供了很多属性和方法，表 12-11 列举了 DataTable 的常用属性，表 12-12 列举了 DataTable 的常用方法。

表 12-11　DataTable 的常用属性

| 属性 | 说明 |
|------|------|
| CaseSensitive | 获取或设置一个值，该值指示 DataTable 对象中的字符串比较是否区分大小写 |
| ChildRelations | 获取此 DataTable 的子关系的集合 |
| Columns | 获取属于该表的列的集合 |
| Constraints | 获取或设置一个值，该值指示获取由该表维护的约束的集合 |
| DataSet | 获取此表所属的 DataSet |
| DefaultView | 获取可能包括筛选视图或游标位置的表的自定义视图 |
| DisplayExpression | 获取或设置一个 XML 前缀，该前缀是 DataSet 的命名空间的别名 |
| ExtendedProperties | 获取自定义用户信息的集合 |
| HasErrors | 获取一个值，该值指示该表所属的 DataSet 的任何表的任何行中是否有错误 |
| ParentRelations | 获取该 DataTable 的父关系的集合 |
| PrimaryKey | 获取或设置充当数据表主键的列的数组 |
| Rows | 获取属于该表的行的集合 |
| TableName | 获取或设置 DataTable 的名称 |

表 12-12　DataTable 的常用方法

| 方法 | 说明 |
|------|------|
| Clear | 清除所有数据的 DataTable |
| Compute | 计算用来传递筛选条件的当前行上的给定表达式 |
| Copy | 复制该 DataTable 的结构和数据 |
| ImportRow | 将 DataRow 复制到 DataTable 中，保留任何属性设置以及初始值和当前值 |
| LoadDataRow | 查找和更新特定行。如果找不到任何匹配行，则使用给定值创建新行 |
| Merge | 将指定的 DataTable 与当前的 DataTable 合并 |
| NewRow | 创建与该表具有相同架构的新 DataRow |
| ReadXml | 将 XML 架构和数据读入 DataTable |
| Select | 获取 DataRow 对象的数组 |
| WriteXml | 将 DataTable 的当前内容以 XML 格式写入 |
| WriteXmlSchema | 将 DataTable 的当前数据结构以 XML 架构形式写入 |

### 2．DataRow

DataRow 则是数据表里的行，DataRow 是给定 DataTable 中的一行数据，或者说是一条记录。DataRow 对象的方法提供了对表中数据的插入、删除、更新和查询等功能，提取数据表中的行的语句如下：

```
DataRow dataRow = dataTable.Row[n];
```

其中：DataRow 代表数据行类；dataRow 是 DataRow 的实例；dataTable 表示数据表的表实例；n 是数据表中行的索引（从 0 开始）。

DataRow 类也提供了很多属性和方法，表 12-13 列举了 DataRow 的常用属性，表 12-14 列举了 DataRow 的常用方法。

表 12-13　DataRow 的常用属性

| 属性 | 说明 |
|------|------|
| Item | 获取或设置存储在指定列中的数据 |
| ItemArray | 通过一个数组来获取或设置此行的所有值 |
| Table | 获取该行拥有其架构的 DataTable |

表 12-14　DataRow 的常用方法

| 方法 | 说明 |
|------|------|
| Delete | 清除所有数据的 DataTable |
| GetChildRows | 计算用来传递筛选条件的当前行上的给定表达式 |
| IsNull | 复制该 DataTable 的结构和数据 |

### 3．DataColumn

数据表中的数据列（字段）定义了表的数据结构。获取某列的值需要在数据行的基础上进行，代码如下：

```
string str = dataRow.Column["字段名"],ToString();
```

或：

```
string str = dataRow.Column[索引],ToString();
```

DataColumn 类也提供了很多属性和方法，表 12-15 列举了 DataColumn 的常用属性，表 12-16 列举了 DataColumn 的常用方法。

表 12-15　DataColumn 的常用属性

| 属性 | 说明 |
|---|---|
| AllowDBNull | 获取或设置一个值，该值指示 DataTable 对象中的字符串比较是否区分大小写 |
| Caption | 获取此 DataTable 的子关系的集合 |
| ColumnName | 获取属于该表的列的集合 |
| DefaultValue | 获取或设置一个值，该值指示获取由该表维护的约束的集合 |
| Table | 获取此表所属的 DataSet |

表 12-16　DataColumn 的常用方法

| 方法 | 说明 |
|---|---|
| SetOrdinal | 将 DataColumn 的序号或位置更改为指定的序号或位置 |

### 4．DataRelation

使用 DataRelation 通过 DataColumn 对象将两个 DataTable 对象相互关联，例如在"客户/订单"关系中，客户表是关系的父表，订单表是子表。此关系类似于关系数据库中的主键/外键关系。关系是在父表和子表中的匹配的列之间创建的，两个列的数据类型必须相同。

在创建 DataRelation 时，首先验证是否可以建立关系。在将它添加到 DataRelationCollection 之后，通过禁止会使关系无效的任何更改来维持此关系。在创建 DataRelation 和将其添加到 DataRelationCollection 之间的这段时间，可以对父行或子行进行其他更改。如果这样会使关系不再有效，则会产成异常。

DataRelation 类也提供了很多属性，表 12-17 列举了 DataRelation 的常用属性。

表 12-17　DataRelation 的常用属性

| 属性 | 说明 |
|---|---|
| ChildColumns | 获取此关系的子 DataColumn 对象 |
| ChildKeyConstraint | 获取关系的外键约束 |
| ChildTable | 获取此关系的子表 |
| DataSet | 获取 DataRelation 所属的 DataSet |
| ParentColumns | 获取作为此 DataRelation 的父列的 DataColumn 对象的数组 |
| ParentKeyConstraint | 获取聚集约束，它确保 DataRelation 的父列中的值是唯一的 |
| ParentTable | 获取此 DataRelation 的父级 DataTable |
| RelationName | 获取或设置用于从 DataRelationCollection 中检索 DataRelation 的名称 |

## 12.7.2　以不连接的方式获取数据

以不连接的方式获取数据时，需要在内存中创建一个 DataSet 对象，当从数据库获取数据后把数据保存在 DataSet 对象中，然后把数据库连接关闭，而任何的数据操作都可以以 DataSet 为数据源进行。如果想要把从数据库中获取的数据填充到 DataSet 中，需要创建一个 DataAdapter 对象。每个 DataAdapter 对象都支持 4 种数据库操作命令：SelectCommand、InsertCommand、UpdateCommand 和 DeleteCommand，这样就可以使用 DataAdapter 对象进行各种复杂操作。图 12-17 显示了以不连接的方式访问数据库的过程。

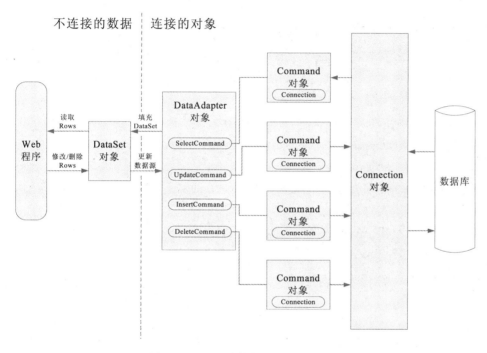

图 12-17　以不连接的方式访问数据库的过程

DataAdapter 对象提供了一个名为 Fill 的方法，使用该方法可以把从数据库中获取的数据填充到 DataSet 对象中，例如：Adapter 为 DataAdapter 对象的一个实例，调用方法 Fill 把从数据库中获得的数据填充到 DataSet 对象的实例 dsPubs 中的一个名为 Authors 的表中，代码如下：

```
adapter.Fill(dsPubs, "Authors");
```

下面通过例 12-2 来具体介绍如何利用 DataSet 和 DataAdapter 以不连接的方式从数据库中获取数据并展示在页面上。

### 例 12-2　通过 ADO.NET 对象以不连接的方式从数据库获取数据

这个例子将展示如何通过 ADO.NET 对象以不连接的方式从数据库获取数据，并绑定到 Web 控件中显示到客户端。在这个例子中，首先利用从数据库获取的数据填充一个下拉列表控件，然后根据下拉列表的选择，再从数据库提取该条数据的详细信息。

创建步骤如下：

**01** 打开 Visual Studio 2012，创建一个名为 Sample12-2 的 ASP.NET 空 Web 应用程序。

**02** 打开文件 Web.config，在<connectionString>节中加入数据库连接字符串，代码如下：

```
<add name="Pubs" connectionString="Data Source=.;Initial Catalog=BookSample;User
ID=sa;Password=585858"/>
```

**03** 添加页面文件 Default.aspx，打开并切换到"源"视图，在表单<form>的<div>标记中加入如下页面定义代码，这段代码定义了一个下拉列表 DropDownList1 和一个标签 lblResults，其中 DropDownList1 用来显示学生列表，lblResults 用来显示被选中学生的详细信息：

```
学生<span lang="zh-cn">名列表: </span><asp:DropDownList ID="DropDownList1"
    runat="server" Width="124px" AutoPostBack="True"
    onselectedindexchanged="DropDownList1_SelectedIndexChanged">
</asp:DropDownList>
<br />
<br />
<br />
<br />
    学生的详细信息：
<br />
<asp:Label ID="lblResults" runat="server">
</asp:Label>
```

**04** 打开文件 Default.aspx.cs，在页面类的定义中加入获取配置文件中数据库连接字符串的私有字段 connectionString 的定义代码，代码如下：

```
private string connectionString = WebConfigurationManager.
ConnectionStrings["Pubs"].ConnectionString;
```

**05** 在页面类的定义中加入一个存放数据的 DataSet 对象的实例声明的代码，代码如下（变量 dsPubs 将存储从数据库中获得的数据，由于该变量是 static 类型的，因此在页面回送后仍然可以访问存储在其中的数据）：

```
private static DataSet dsPubs = new DataSet();
```

**06** 在页面类的定义中加入方法 FillList 的定义代码，方法 FillList 用来从数据库中获取学生的所有信息，并把其中的 ID 和 Name 的信息绑定到页面的下拉列表中。整个过程的算法是：首先清空下拉列表，定义获取学生的所有信息的 SQL 语句，创建数据库连接对象、Command 对象、DataAdapter 对象，然后利用 try/catch/finally 语句执行数据库操作，其中在 try 语句中打开数据库连接，然后调用 Fill 方法把从数据库获取的数据存储到 DataSet 对象中。在 catch 语句中捕捉数据库操作的过程中可能发生的错误。在 finally 语句中关闭打开的数据库连接。最后利用 foreach 语句遍历 DataSet 中表 Students 的所有行，从其中读取 ID 和 Name 的信息，并把它们填充到下拉列表中，详细代码如下：

```
private void FillList()
{   DropDownList1.Items.Clear();
    // 获取学生名和学生编号
```

```
string selectSQL = "SELECT * FROM Students";
// 定义 ADO.NET 对象
SqlConnection con = new SqlConnection(connectionString);
SqlCommand cmd = new SqlCommand(selectSQL, con);
SqlDataAdapter adapter = new SqlDataAdapter(cmd);
//DataSet dsPubs = new DataSet();
// 打开数据库连接并读取信息
try
{   con.Open();
    // 填充 DataSet
    adapter.Fill(dsPubs,"Students");
}
catch (Exception err)
{   lblResults.Text = "读取过程发生错误: ";
    lblResults.Text += err.Message;
}
finally
{   con.Close();
}
// 关闭数据库后，仍然可以对数据进行操作
// 把数据放入下拉列表中
foreach (DataRow row in dsPubs.Tables["Students"].Rows)
{   ListItem newItem = new ListItem();
    newItem.Text = row["StuName"].ToString();
    newItem.Value = row["ID"].ToString();
    DropDownList1.Items.Add(newItem);
}
}
```

**07** 在 Page_Load 事件函数中加入如下代码（这段代码表示当页面第一次加载时调用方法 FillList 填充下拉列表）：

```
protected void Page_Load(object sender, EventArgs e)
{   if (!this.IsPostBack)
    {   FillList();
    }
}
```

**08** 在下拉列表的 DropDownList1_SelectedIndexChanged 事件处理函数中加入如下代码，当用户选择一个学生时，根据选择的学生的 ID 调用 Select 方法从 DataSet 的表中获取数据，并把这些数据显示到页面的标签中：

```
protected void DropDownList1_SelectedIndexChanged(object sender, EventArgs e)
{   try
    {       DataRow[]   arrRow   =   dsPubs.Tables["Students"].Select("ID = " +
DropDownList1.SelectedItem.Value);
        StringBuilder sb = new StringBuilder();
        sb.Append("<b>");
        sb.Append(arrRow[0]["ID"].ToString());
        sb.Append(", ");
        sb.Append(arrRow[0]["StuName"].ToString());
```

```
            sb.Append("</b><br />");
            sb.Append("电话: ");
            sb.Append(arrRow[0]["phone"].ToString());
            sb.Append("<br />");
            sb.Append("地址: ");
            sb.Append(arrRow[0]["address"].ToString());
            sb.Append("<br />");
            sb.Append("城市: ");
            sb.Append(arrRow[0]["city"].ToString());
            sb.Append("<br />");
            sb.Append("国家: ");
            sb.Append(arrRow[0]["state"].ToString());
            sb.Append("<br />");
            lblResults.Text = sb.ToString();
        }
        catch (Exception err)
        {   lblResults.Text = "获取数据错误: ";
            lblResults.Text += err.Message;
        }
    }
```

在浏览器中查看 Default.aspx，运行显示效果如例 12-1 的图 12-14 和图 12-15。

虽然，本例与例 12-1 的 Default.aspx 运行显示效果完全一致，但是本例以不连接的方式获取数据，可以很少地占据宝贵的数据库连接资源。当从数据库获取数据后，把这些数据存放在 DataSet 中的表内，可以发现关闭数据库连接后，仍然可以从 DataSet 的表中获取数据。可以说不连接方式访问数据库最大的好处就是尽可能少的占据数据库连接资源，这对于那些需要占用很多时间来操作数据的程序来说显然有很大好处：可以先获得数据存放在 DataSet 中，然后关闭数据库连接，此时虽然数据库连接关闭了，但可以操作 DataSet 中的数据，就和直接操作数据库中的数据一样。不过对 DataSet 中的数据进行修改、删除或插入新数据时将不会直接影响到数据库中的数据，此时，需要重新连接到数据，把修改后的数据写入到数据库中。

## 12.8 小结

本章介绍了 ASP.NET 进行数据库访问的基本技术，即 ADO.NET 技术。本章只是对数据库访问的基本知识进行了概要介绍，包括：数据库和数据访问的基本知识；配置数据库、操作数据库的基本的 SQL、ADO.NET 的基本知识；ADO.NET 访问数据库的两种方式。在后面的章节中还要介绍更加复杂的数据库访问和数据绑定的知识。

# 第 13 章
# 数据绑定

数据绑定是 ASP.NET 提供的另外一种访问数据库的方法。ADO.NET 可以很方便地从数据库中获得多行数据，但使用 ADO.NET 技术读取数据库时，还是需要编写多行代码才能实现数据库信息的访问和读取，这个过程虽然具有很大重复性，有很多重复的代码可以利用，然而由于代码量过多，就不太容易读懂和控制，因此在使用 ADO.NET 技术读取数据库时经常会出现一些错误。而数据绑定技术可以让程序员不关注数据库连接、数据库命令以及如何格式化这些数据以显示在页面上等环节，而是直接把数据绑定到 HTML 元素。这种读取数据的方式效率非常高，而且基本上不用编写多少代码。

## 13.1 概述

数据绑定是 ASP.NET 4.5 提供的另外一种访问数据库的方法。与 ADO.NET 数据库访问技术不同的是：数据绑定技术可以让编程人员不必太关注数据库的连接、数据库的命令以及如何格式化这些技术环节，而是直接把数据绑定到服务器控件或 HTML 元素。这种读取数据的方式效率非常高，而且基本上不用写多少代码就可以实现。

### ASP.NET 数据绑定的类型

ASP.NET 4.5 的数据绑定具有两种类型：简单绑定和复杂绑定。简单数据绑定是将一个控件绑定到单个数据元素（如标签控件显示的值）。这是用于诸如 TextBox 或 Label 之类控件（通常是只显示单个值的控件）的典型绑定类型。复杂数据绑定将一个控件绑定到多个数据元素（通常是数据库中的多个记录），复杂绑定又被称作基于列表的绑定。

在 ASP.NET 4.5 中，引入了数据绑定的语法，使用该语法可以轻松的将 Web 控件的属性绑定到数据源，其语法如下：

```
<%#数据源%>
```

这种非常灵活的语法允许开发人员绑定到不同的数据源，可以是变量、属性、表达式、列表、数据集和视图等。

在指定了绑定数据源之后，通过调用控件的 DataBind 方法或者该控件所属父控件的 DataBind

方法来实现页面所有控件的数据绑定，从而在页面中显示出相应的绑定数据。DataBind 方法将控件及其所有的子控件绑定到 DataSource 属性指定的数据源。当在父控件上调用 DataBind 方法时，该控件及其所有的子控件都会调用 DataBind 方法。

DataBind 方法是 ASP.NET 4.5 的 Page 对象和所有 Web 控件的成员方法。由于 Page 对象是该页面上所有控件的父控件，所有在该页面上调用 DataBind 方法将会使页面中所有的数据绑定都被处理。通常情况下，Page 对象的 DataBind 方法都在 Page_Load 事件响应函数中调用。调用方法如下。

```
Protected void Page_Load(object sender,EventArg e){
Page.DataBind();
}
```

上面的代码中第 2 行调用 Page 对象的 DataBind 方法。DataBind 方法主要用于同步数据源和数据控件中数据，使得数据源中任何更改都可以在数据控件中反映出来。通常是在数据源中数据更新后才被调用。

## 13.2 数据的简单绑定

简单绑定的数据源包括变量、表达式、集合、属性等，下面进行逐一地介绍。

### 13.2.1 绑定到变量

绑定数据到变量是最为简单的数据绑定方式。它的基本语法如下：

```
<%#简单变量%>
```

**例 13-1　绑定到变量**

本例演示如何将变量设置为控件的属性，运行程序将考生的编号、姓名和通信地址显示出来，具体实现步骤如下。

01 打开 Visual Studio 2012，创建一个 ASP.NET 空 Web 应用程序 Sample13-1。
02 添加页面 Default.aspx，打开并切换到"设计"视图，在编辑区中<form></form>标记之间编写如下代码：

```
<div>
<b>考试编号：<%#num.ToString()%></b><br/>
<b>考生的地址：<%#name%></b><br/>
<b>考生通信地址：<%#address%></b>
</div>
```

03 打开页面文件 Default.aspx.cs，加入如下代码：

```
public  long num = 200400;          //声明变量 num，并赋值
public  string name = "张诚";        //声明变量 name，并赋值
public  string address = "广州市白云区";   //声明变量 address，并赋值
protected void Page_Load(object sender, EventArgs e){
```

```
    Page.DataBind();              //调用页面对象 Page 的 DataBind 方法在页面中显示出绑定的数据
}
```

在浏览器中查看页面 Default.aspx，效果如图 13-1 所示。

图 13-1　例 13-1 的运行效果

## 13.2.2　绑定到表达式

绑定到表达类似于绑定到变量，只是把变量替换成表达式，基本语法如下：

```
<%#表达式%>
```

### 例 13-2　绑定到表达式

本例将介绍如何将数据绑定至表达式，运行程序求除法运算的结果，具体实现步骤如下：

**01** 打开 Visual Studio 2012，创建一个 ASP.NET 空 Web 应用程序 Sample13-2。

**02** 添加页面 Default.aspx，打开并切换到"设计"视图，在编辑区中<form></form>标记之间
编写如下代码：

```
<div> <b>绑定到表达式</b><br/> <%#number%>÷8=<%#number/8%></div>
```

上述代码第 1 行显示标题文字。第 2 行使用绑定变量的语法<%#number%>和<%#number/8%>
将变量 number 和除法计算的结果显示在页面上。

**03** 打开页面文件 Default.aspx.cs，加入如下代码：

```
protected int number = 8000;      //行声明 int 类型的变量 number 并初始化值为 8000
protected void Page_Load(object sender, EventArgs e){
  if (!IsPostBack)      //判断当前加载的页面如果不是回传的页面
  {Page.DataBind();      //调用页面对象 Page 的 DataBind 方法在页面中显示出绑定的数据
  }
}
```

在浏览器中查看页面 Default.aspx，效果如图 13-2 所示。

图 13-2　例 13-2 的运行效果

## 13.2.3　绑定到集合

如果绑定的数据源是一个集合如数组等，那么就要把这些数据绑定到支持多值绑定的 Web 服务器控件上。绑定到集合的基本语法如下：

```
<%#集合%>
```

### 例 13-3　绑定到集合

本例将介绍如何将利用集合作为数据源绑定数据到 Web 服务器控件，运行程序后在 DataGrid 控件上显示几部电影的名称，具体实现步骤如下。

**01** 打开 Visual Studio 2012，创建一个 ASP.NET 空 Web 应用程序 Sample13-3。

**02** 添加页面 Default.aspx，打开并切换到"设计"视图，在编辑区中<form></form>标记之间编写如下代码：

```
<asp:DataGrid ID ="DataGrid1" runat ="server" DataSource ="<%#myArray %>"
></asp:DataGrid>
```

上面的代码添加了一个服务器列表控件 DataGrid1，设置数据源属性 DataSource 绑定到集合的语法<%#myArray %>，将 myArray 集合对象的数据输出在列表控件。

**03** 打开页面文件 Default.aspx.cs，加入如下代码：

```
using System;
using System.Collections.Generic;
using System.Linq;
using System.Web;
using System.Web.UI;
using System.Web.UI.WebControls;
using System.Collections;
namespace Sample13_3
{
    public partial class Default : System.Web.UI.Page
    {
        protected ArrayList myArray = new ArrayList();  //声明一个集合类 ArrayList 的
对象myArray
        protected void Page_Load(object sender, EventArgs e)
        {
            if (!IsPostBack)    //判断当前加载的页面如果不是回传的页面
            { //分别调用 myArray 对象的 Add 方法将电影名称添加到集合中
                myArray.Add("魔戒三部曲");
                myArray.Add("终结者");
                myArray.Add("星球大战");
                myArray.Add("黑夜传说");
                myArray.Add("超人");
        DataGrid1.DataBind();  //调用列表控件 DataGrid1 的 DataBind 方法在页面中显示出绑定的
集合中的数据
            }
        }
```

```
    }
  }
```

在浏览器中查看页面 Default.aspx，效果如图 13-3 所示。

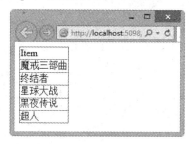

图 13-3　例 13-3 的运行效果

## 13.2.4　绑定到方法的结果

有时在控件上显示数据之前需要经过复杂的逻辑处理。这时，我们可以通过定义方法对数据进行处理，然后把控件绑定到返回处理结果的方法。同时根据需要可以定义无参数或带有参数的方法。绑定到方法的基本语法如下：

```
<%#方法（[参数]）%>
```

**例 13-4　绑定到方法的结果**

本例定义一个判断传入的数是正、负或零的方法，并定义了包含三个数的数据，最后将判断结果通过绑定到 DataList 控件显示出来。

**01** 打开 Visual Studio 2012，创建一个 ASP.NET 空 Web 应用程序 Sample13-4。

**02** 添加页面 Default.aspx，打开并切换到"设计"视图，在编辑区中<form></form>标记之间编写如下代码：

```
<asp:DataList ID ="DataGrid1" runat ="server" >
  <ItemTemplate>
    数字：<%#Container.DataItem %> 
    正负：<%#IsPositiveOrNegative((int)Container.DataItem) %>
  </ItemTemplate>
</asp:DataList>
```

上面的代码中第 1 行添加一个服务器列表控件 DataGrid1。第 3 行到第 5 行设置控件的项模板。其中，第 3 行使用绑定表达式<%#Container.DataItem%>获取控件关联的数据项。第 4 行使用绑定表达式<%#IsPositiveOrNegative((int)Container.DataItem)%>绑定 IsPositiveOrNegative 方法的返回值到控件。

**03** 打开页面文件 Default.aspx.cs，加入如下代码：

```
using System;
using System.Collections.Generic;
using System.Linq;
```

```
using System.Web;
using System.Web.UI;
using System.Web.UI.WebControls;
using System.Collections;
namespace Sample13_4
{
    public partial class Default : System.Web.UI.Page
    {
    protected ArrayList myArray = new ArrayList();
    protected void Page_Load(object sender, EventArgs e){
    if (!IsPostBack)     //判断当前加载的页面如果不是回传的页面
    {   //分别调用 myArray 对象的 Add 方法将数据添加到集合中
        myArray.Add(-8);
            myArray.Add(8);
            myArray.Add(0);
        DataGrid1.DataSource = myArray;   //使用数据列表控件 DataGrid1 的 DataSourc 属性将
集合对象 myArray 作为数据源
            DataGrid1.DataBind();     //调用数据列表控件 DataGrid1 的 DataBind 方法在页面中显
示出绑定的集合中的数据
    }
    }
    //自定义一个 IsPositiveOrNegative 方法判断传递的数字是正数、负数还是零，并返回判断的结果
    protected string IsPositiveOrNegative(int number)
    {
        if (number > 0)
            return "正数";
        else if (number < 0)
            return "负数";
        else
            return "零";
    }
    }
}
```

在浏览器中查看页面 Default.aspx，效果如图 13-4 所示。

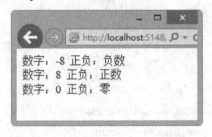

图 13-4　例 13-4 的运行效果

## 13.3　数据的复杂绑定

相对于前面介绍的简单绑定，ASP.NET 还可以将数据绑定到复杂的数据源上，如 DataSet 和数

据库等。

## 13.3.1 绑定到 DataSet

DataSet 是 ADO.NET 的主要组件，是应用程序将从数据源中检索到的数据缓存在内存中。其包含的数据可以来自多种数据源，如数据库、XML 文档和界面输入等。

**例 13-5 绑定到 DataSet**

本例将介绍如何将控件绑定到 DataSet 对象，其中需要使用 BookSample.mdf 数据库中的 Students 数据表，运行程序后将该表中 ID、StuName 和 Address 三个字段值绑定到 GridView 数据表控件显示，具体实现步骤如下。

**01** 打开 Visual Studio 2012，创建一个 ASP.NET 空 Web 应用程序 Sample13-5。

**02** 添加页面 Default.aspx，打开并切换到"设计"视图，在编辑区中<form></form>标记之间编写如下代码：

```
<asp:GridView ID="GridView1" runat="server"> </asp:GridView>
```

**03** 打开 Web.config 文件，在<configuration></configuration>节点之间添加数据库连接代码如下：

```
<connectionStrings>
    <add                    name="bk"                    connectionString="Data
Source=(LocalDB)\v11.0;AttachDbFilename=|DataDirectory|\BookSample.mdf;Integrated
Security=True;Connect Timeout=30"  providerName="System.Data.SqlClient" />
</connectionStrings>
```

**04** 打开页面文件 Default.aspx.cs，编写完整的代码如下：

```
using System;
using System.Collections.Generic;
using System.Linq;
using System.Web;
using System.Web.UI;
using System.Web.UI.WebControls;
using System.Data;
using System.Data.SqlClient;
using System.Configuration;
namespace Sample13_5
{
    public partial class Default : System.Web.UI.Page
    {
        protected void Page_Load(object sender, EventArgs e)
    {
        if (!IsPostBack)
        {//创建数据库连接对象 sqlconn，通过 Web.config 文件中定义的连接字符串 bk 连接
BookSample.mdf 数据库
        SqlConnection sqlconn = new SqlConnection(ConfigurationManager.
```

```
ConnectionStrings["bk"].ConnectionString);
        string str = "select ID,StuName,Address from Students";  //定义查询字符串
        SqlDataAdapter sda = new SqlDataAdapter(str,sqlconn ); //创建一个 SqlDataAdapter
类型的对象 sda 并将 str 和 sqlconn 作为参数传递
        DataSet ds = new DataSet(); //创建一个 DataSet 类型的对象 ds
        sda.Fill(ds,"Stu");  //调用 sda 的填充数据集的方法 Fill，将查询结果保存到数据集中的
Stu 表
        GridView1.DataSource = ds; //使用 GridView1 控件的 DataSourc 属性将数据集对象 ds 作
为数据源
        GridView1.DataBind();//调用 GridView1 控件的 DataBind 方法在页面中显示出绑定的的数据
        }
    }
}
```

在浏览器中查看页面 Default.aspx，效果如图 13-5 所示。

图 13-5　例 13-5 的运行效果

## 13.3.2　绑定到数据库

除了可以把控件绑定到 DataSet 之外，还可以直接把控件绑定到数据库。把控件直接绑定到数据库的方法是：首先创建连接到数据库的 Connection 对象和执行 SQL 语句的 Command 对象，然后执行 Command 对象的 ExecuteReader 方法，并把控件绑定到 ExecutcReader 方法返回的结果。

**例 13-6　绑定到数据库**

01 打开 Visual Studio 2012，创建一个 ASP.NET 空 Web 应用程序 Sample13-6。

02 添加页面 Default.aspx，打开并切换到"设计"视图，在编辑区中<form></form>标记之间编写如下代码：

```
<asp:GridView ID="GridView1" runat="server"> </asp:GridView>
```

03 打开 Web.config 文件，在<configuration></configuration>节点间添加数据库连接代码如下：

```
<connectionStrings>
   <add name="bk" connectionString="Data Source=(LocalDB)\v11.0;AttachDbFilename=
|DataDirectory|\BookSample.mdf;Integrated Security=True;Connect Timeout=30"
```

```
providerName="System.Data.SqlClient" />
    </connectionStrings>
```

**04** 打开页面文件 Default.aspx.cs，编写完整的代码如下：

```
using System;
using System.Collections.Generic;
using System.Linq;
using System.Web;
using System.Web.UI;
using System.Web.UI.WebControls;
using System.Data;
using System.Data.SqlClient;
using System.Configuration;
namespace Sample13_6
{
    public partial class Default : System.Web.UI.Page
    {
        protected void Page_Load(object sender, EventArgs e)
        {
            if (!IsPostBack)
            {
//创建数据库连接对象 sqlconn，通过 Web.config 文件中定义的连接字符串 bk 连接 BookSample.mdf
数据库
                SqlConnection sqlconn = new SqlConnection(ConfigurationManager.
ConnectionStrings["bk"].ConnectionString);
                string str = "select ID,StuName,Address from Students";  //定义查询
字符串
                sqlconn.Open();   //打开数据库
                SqlCommand sc = new SqlCommand(str, sqlconn); //创建一个 SqlCommand
对象 sc
                GridView1.DataSource = sc.ExecuteReader();  // 调用 sc 对象的
ExcuteReader 方法读取从数据库中查询获得的数据作为 GridView1 控件的数据源
                GridView1.DataBind();  //调用 GridView1 控件的 DataBind 方法在页面中显示
出绑定的的数据
                sqlconn.Close();   //关闭数据库
            }
        }
    }
}
```

**05** 在浏览器中查看页面 Default.aspx，结果与上例中的运行结果一致，参看图 13-5。

## 13.4 数据源控件

在前面一节中介绍了如何通过编写程序连接到数据库、执行查询、循环记录并把它们显示在页面上。下面将介绍另外一个更方便的数据绑定方式——数据源控件。使用数据源控件可以不用编写任何代码就可以实现页面的数据绑定。

.NET 框架提供了如下几个数据源控件：

- ObjectDataSource，它是表示具有数据检索和更新功能的中间层对象，允许使用业务对象或其他类，并可创建依赖中间层对象管理数据的 Web 应用程序。
- SqlDataSource，它用来访问存储在关系数据中的数据源，这些数据库包括 Microsoft SQL Server 以及 OLE DB 和 ODBC 数据源。它与 SQL Server 一起使用时支持高级缓存功能。当数据作为 DataSet 对象返回时，此控件还支持排序、筛选和分页。
- AccessDataSource，它主要用来访问 Microsoft Access 数据库。当数据作为 DataSet 对象返回时，支持排序、筛选和分页。
- XmlDataSource，它主要用来访问 XML 文件，特别适用于分层的 ASP.NET 服务器控件，如 TreeView 或 Menu 控件。它支持使用 XPath 表达式来实现筛选功能，并允许对数据应用 XSLT 转换。它允许通过保存更改后的整个 XML 文档来更新数据。
- SiteMapDataSource，结合 ASP.NET 站点导航使用。
- EntityDataSource，EntityDataSource 控件支持基于实体数据模型（EDM）的数据绑定方案。此数据规范将数据表示为实体和关系集。它支持自动生成更新、插入、删除和选择命令以及排序、筛选和分页。
- LinqDataSource，使用 LinqDataSource 控件，可以在 ASP.NET 网页中使用 LINQ，从数据表或内存数据集合中检索数据。使用声明性标记，可以编写对数据进行检索、筛选、排序和分组操作所需的所有条件。从 SQL 数据库表检索数据时，也可以配置 LinqDataSource 控件来处理更新、插入和删除操作。

在 Visual Studio 2012 的工具箱中的"数据"选项卡内可以找到数据源控件，当把数据源控件拖放到页面中时只是显示为一个灰色的方框，而在运行时则不会在页面上显示。这是因为数据源控件在运行过程中是不显示在页面上的。

数据源控件可以用来执行两种任务：

- 从数据源控件中获取数据，并把数据填充到显示控件中。这种情况下，数据的获取或绑定都是自动完成的，并不需要调用方法 DataBind 来完成绑定。
- 利用数据源控件更新数据源，但这时数据源控件需要同复杂的数据控件一起使用，诸如 GridView 或 DetailsView 控件。

使用数据源控件进行数据绑定时，页面的生命周期经历如下过程：

- 创建页面对象。
- 页面的生命周期开始，触发 Page.Init 和 Page.Load 事件。
- 触发其他控件事件。
- 如果用户提交一个改变，数据源控件将执行更新操作。如果一行数据被更新，Updating 和 Updated 事件将被触发；如果一行数据被插入，Inserting 和 Inserted 事件将被触发；如果一行数据被删除，Deleting 和 Deleted 事件将被删除。
- Page.PreRender 事件被触发。
- 数据源控件执行查询，并把数据插入数据控件。

- 页面被构建和被释放。

下面就详细介绍一下 SqlDataSource 控件的知识和用法。

## 13.4.1　SqlDataSource 控件

在 ASP.NET 页面文件中，SqlDataSource 控件定义的标记同其他控件一样，示例如下：

```
<asp:SqlDataSource ID="SqlDataSource1" runat="server" ... />
```

通过 SqlDataSource 控件，可以使用 Web 控件访问位于某个关系数据库中的数据，该数据库包括 Microsoft SQL Server 和 Oracle 数据库，以及 OLE DB 和 ODBC 数据源。可以将 SqlDataSource 控件和用于显示数据的其他控件（如 GridView、FormView 和 DetailsView 控件）结合使用，使用很少的代码或不使用代码就可以在 ASP.NET 网页中显示和操作数据。

SqlDataSource 控件使用 ADO.NET 类与 ADO.NET 支持的任何数据库进行交互。SqlDataSource 控件使用 ADO.NET 类提供的提供器访问数据库，它们是：

- System.Data.SqlClient 提供程序，用来访问 Microsoft SQL Server。
- System.Data.OleDb 提供程序，用来以 OLE Db 的方式访问数据库。
- System.Data.Odbc 提供程序，用来以 ODBC 的方式访问数据库。
- System.Data.OracleClient 提供程序，用来访问 Oracle。

使用 SqlDataSource 控件，可以在 ASP.NET 页面中访问和操作数据，而无需直接使用 ADO.NET 类。只需提供用于连接到数据库的连接字符串，并定义使用数据的 SQL 语句或存储过程即可。在运行时，SqlDataSource 控件会自动打开数据库连接、执行 SQL 语句或存储过程、返回选定数据（如果有），然后关闭连接。

可以按照如下步骤将 SqlDataSource 控件连接至数据源：

**01** 将 ProviderName 属性设置为数据库类型（默认为 System.Data.SqlClient）。

**02** 将 ConnectionString 属性设置为连接字符串，该字符串包含连接至数据库所需要的信息。

连接字符串的内容根据数据源控件访问的数据库类型的不同而有所不同。例如，SqlDataSource 控件需要服务器名、数据库（目录）名，还需要如何在连接至 SQL Server 时对用户进行身份验证的相关信息。

如果不在设计时将连接字符串设置为 SqlDataSource 控件中的属性，则可以使用 connectionStrings 配置元素将这些字符串集中作为应用程序配置设置的一部分进行存储。这样，就可以独立于 ASP.NET 代码来管理连接字符串，包括使用 Protected Configuration 对这些字符串进行加密。

下面通过一个例子展示如何使用 SqlDataSource 控件连接到 SQL Server 数据库，并把获得的数据显示在 ListBox 控件中。

### 例 13-7　使用 SqlDataSource 控件连接到 SQL Server 数据库

创建步骤如下：

**01** 创建一个 ASP.NET 空 Web 应用程序 Sample13-7。

**02** 添加页面 Default.aspx，打开并切换到"设计"视图。

**03** 从工具箱中向页面拖入一个 SqlDataSource 控件。

**04** 配置 SqlDataSource 控件的属性，可以直接在"属性"窗口中直接输入属性 ConnectionString 的值，也可以按照如图 13-6 所示的"配置数据源"向导提示，设置 ConnectionString。

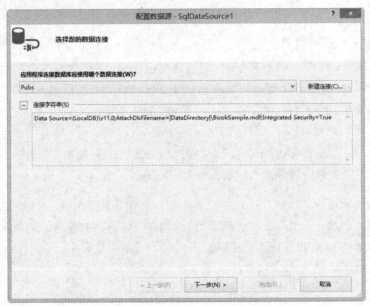

如图 13-6　为 SqlDataSource 控件"配置数据源"

**05** 按照图 13-7 所示，配置 SQL 语句，挑选 Students 表中的 ID 字段和 StuName 字段，并按照向导"下一步"提示完成数据源的配置。

图 13-7　配置 SQL 语句

**06** 从工具箱中向页面拖入一个 ListBox 控件，设置该控件的 DataSourceID 为前面创建的数
据源控件，并选择在 ListBox 控件中显示的数据字段和值显示字段，如图 13-8 所示。

图 13-8　设置 ListBox 控件控件的 DataSourceID

切换到"源"视图，可以看到 SqlDataSource 控件的自动生成的代码如下（这里包含了
SqlDataSource 控件的定义代码和 ListBox 的定义代码）：

```
    <asp:SqlDataSource  ID="SqlDataSource1" runat="server" ConnectionString="<%$
ConnectionStrings:Pubs   %>"    SelectCommand="SELECT   [ID],   [StuName]   FROM
[Students]"></asp:SqlDataSource>
        <asp:ListBox ID="ListBox1" runat="server" DataSourceID="SqlDataSource1"
DataTextField="StuName" DataValueField="ID" Height="97px" Width="89px"></asp:ListBox>
```

无需编写任何其他程序，在浏览器中查看页面 Default.aspx，效果如图 13-9 所示。

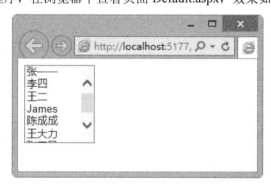

图 13-9　使用 SqlDataSource 控件绑定数据的效果图

## 13.4.2　SqlDataSource 控件的属性

SqlDataSource 控件提供了如表 13-1 所示的属性。

表 13-1　SqlDataSource 控件的属性

| 属性 | 说明 |
|---|---|
| CacheDuration | 获取或设置以秒为单位的一段时间，它是数据源控件缓存 Select 方法所检索到的数据的时间 |
| CacheExpirationPolicy | 获取或设置缓存的到期行为，该行为与持续时间组合在一起可以描述数据源控件所用缓存的行为 |
| CacheKeyDependency | 获取或设置一个用户定义的键依赖项，该键依赖项链接到数据源控件创建的所有数据缓存对象。当键到期时，所有缓存对象都显示到期 |
| CancelSelectOnNullParameter | 获取或设置一个值，该值指示当 SelectParameters 集合中包含的任何一个参数为空引用（在 Visual Basic 中为 Nothing） 时，是否取消数据检索操作 |
| ConflictDetection | 获取或设置一个值，该值指示当基础数据库中某行的数据在更新和删除操作期间发生更改时，SqlDataSource 控件如何执行该更新和删除操作 |
| ConnectionString | 获取或设置特定于 ADO.NET 提供程序的连接字符串 SqlDataSource 控件使用该字符串连接基础数据库 |
| DataSourceMode | 获取或设置 SqlDataSource 控件获取数据所用的数据检索模式 |
| DeleteCommand | 获取或设置 SqlDataSource 控件从基础数据库删除数据所用的 SQL 字符串 |
| DeleteCommandType | 获取或设置一个值，该值指示 DeleteCommand 属性中的文本是 SQL 语句还是存储过程的名称 |
| DeleteParameters | 从与 SqlDataSource 控件相关联的 SqlDataSourceView 对象获取包含 DeleteCommand 属性所使用的参数集合 |
| EnableCaching | 获取或设置一个值，该值指示 SqlDataSource 控件是否启用数据缓存 |
| FilterExpression | 获取或设置调用 Select 方法时应用的筛选表达式 |
| FilterParameters | 获取与 FilterExpression 字符串中的任何参数占位符关联的参数的集合 |
| InsertCommand | 获取或设置 SqlDataSource 控件将数据插入基础数据库所用的 SQL 字符串 |
| InsertCommandType | 获取或设置一个值，该值指示 InsertCommand 属性中的文本是 SQL 语句还是存储过程的名称 |
| InsertParameters | 从与 SqlDataSource 控件相关联的 SqlDataSourceView 对象获取包含 InsertCommand 属性所使用的参数集合 |
| OldValuesParameterFormatString | 获取或设置一个格式字符串，该字符串应用于传递给 Delete 或 Update 方法的所有参数的名称 |
| ProviderName | 获取或设置.NET Framework 数据提供程序的名称，SqlDataSource 控件使用该提供程序来连接基础数据源 |
| SelectCommand | 获取或设置 SqlDataSource 控件从基础数据库检索数据所用的 SQL 字符串 |

（续表）

| 属性 | 说明 |
| --- | --- |
| SelectCommandType | 获取或设置一个值，该值指示 SelectCommand 属性中的文本是 SQL 查询还是存储过程的名称 |
| SelectParameters | 从与 SqlDataSource 控件相关联的 SqlDataSourceView 对象获取包含 SelectCommand 属性所使用的参数集合 |
| SortParameterName | 获取或设置存储过程参数的名称，在使用存储过程执行数据检索时，该存储过程参数用于对检索到的数据进行排序 |
| SqlCacheDependency | 获取或设置一个用分号分隔的字符串，指示用于 Microsoft SQL Server 缓存依赖项的数据库和表 |
| UpdateCommand | 获取或设置 SqlDataSource 控件更新基础数据库中的数据所用的 SQL 字符串 |
| UpdateCommandType | 获取或设置一个值，该值指示 UpdateCommand 属性中的文本是 SQL 语句还是存储过程的名称 |
| UpdateParameters | 从与 SqlDataSource 控件相关联的 SqlDataSourceView 控件获取包含 UpdateCommand 属性所使用的参数集合 |

## 13.4.3　SqlDataSource 控件的功能

SqlDataSource 控件具有如下几个功能。

### 1. 执行数据库操作命令

SqlDataSource 控件具有 4 个属性，分别是 UpdateCommand、DeleteCommand、SelectCommand 和 InsertCommand，这 4 个属性对应数据库操作的 4 个命令，可以通过设置这些属性来执行相应的数据库操作命令，对于每个命令属性而言，可以为要执行的数据源控件指定 SQL 语句。如果数据源控件与支持存储过程的数据库相连，则可以在 SQL 语句的位置指定存储过程的名称。可以创建参数化的命令，这些命令包括要在运行时提供的值的占位符。可以创建参数对象，以指定命令在运行时获取参数值的位置，或者，可以通过编程方式指定参数值。

### 2. 返回 DataSet 或 DataReader 对象

SqlDataSource 控件可以返回两种格式的数据：作为 DataSet 对象或作为 ADO.NET 数据读取器。通过设置数据源控件的 DataSourceMode 属性，可以指定要返回的格式。DataSet 对象包含服务器内存中的所有数据，并允许在检索数据后采用各种方式操作数据。数据读取器提供可获取单个记录的只读光标。通常，如果要在检索数据后对数据进行筛选、排序、分页或者要维护缓存，可以选择返回数据集。相反，如果只希望返回数据并且正在使用页面上的控件显示该数据，则可以使用数据读取器。

### 3. 进行缓存

SqlDataSource 控件可以缓存它已检索的数据，这样可以避免开销很大的查询操作，从而增强应用程序的性能。只要数据相对稳定，且缓存的结果小得足以避免占用过多的系统内存，就可以使用缓存。

默认情况下不启用缓存，将 EnableCaching 设置为 true，便可以启用缓存。缓存机制基于时间，可以将 CacheDuration 属性设置为缓存数据的秒数。数据源控件为连接、选择命令、选择参数和缓存设置的每个组合维护一个单独的缓存项。

SqlDataSource 控件还可以利用 SQL Server 的缓存依赖项功能。使用此功能可以指定保留在缓存中的数据，这些数据一直保留到 SQL Server 在指定的表中报告更改为止。使用这种类型的缓存可以提高在 Web 应用程序中进行数据访问的性能，因为可以最大限度地减少数据检索的次数，仅在必须获取刷新数据时执行检索。

### 4. 筛选

如果已为 SqlDataSource 控件启用缓存，并且已将数据集指定为 Select 查询返回的数据格式，则还可以筛选数据，而无需重新运行该查询。SqlDataSource 控件支持 FilterExpression 属性，可以使用该属性指定应用于由数据源控件维护的数据的选择条件。还可以创建特殊的 FilterParameters 对象，这些对象在运行时为筛选表达式提供值，从而对筛选表达式进行参数化。

### 5. 排序

SqlDataSource 控件支持在 DataSourceMode 设置为 DataSet 时响应绑定控件的排序请求。

## 13.4.4 使用 SqlDataSource 控件检索数据

若要使用 SqlDataSource 控件从数据库中检索数据，至少需要设置以下属性：

- ProviderName，设置为 ADO.NET 提供程序的名称，该提供程序表示正在使用的数据库。
- ConnectionString，设置为用于数据库的连接字符串。
- SelectCommand，设置为从数据库中返回数据的 SQL 查询或存储过程。

下面通过一个例子介绍如何使用 SqlDataSource 控件从数据库中检索数据，并且把参数传递给 SQL 语句。

### 例 13-8 使用 SqlDataSource 控件从数据库中检索数据

创建步骤如下：

**01** 创建一个 ASP.NET 空 Web 应用程序 Sample13-8。

**02** 添加页面 Default.aspx，打开并切换到"设计"视图。

**03** 从工具箱中向页面中拖入一个 DropDownList，在其中加入一些数据项，定义代码如下：

```
<asp:DropDownList ID="DropDownList1" runat="server" AutoPostBack="True">
  <asp:ListItem>中国</asp:ListItem>
  <asp:ListItem>美国</asp:ListItem>
  <asp:ListItem>法国</asp:ListItem>
  <asp:ListItem>新加坡</asp:ListItem>
</asp:DropDownList>
```

**04** 从工具箱中向页面拖入一个 SqlDataSource 控件。

**05** 参照例 13-7 中的第 4 步，配置 SqlDataSource 控件的属性 ConnectionString，它的值是从 Web.config 文件中读取的<ConnectionStrings>节定义的名为 pubs 的字符串。

**06** 参照例 13-7 中的第 5 步，设置 SelectCommand 的值，它存储 SQL 命令，SQL 包含一个参数，代码如下（这个 SQL 语句加入了 where 子句，表示根据参数 State 传入的值来选取某个国家的学生）：

```
SELECT [StuName], [ID] FROM [Students] where state = @State
```

**07** 添加属性<SelectParameters>的定义，<SelectParameters>的定义代码要放在 SqlDataSource 控件的定义标记之间，这段代码表示参数的值是从控件中读取的，参数的名字是 State，对应的控件是 DropDownList1，而且要读取属性 SelectedValue 的值。代码如下：

```
<SelectParameters>
    <asp:controlparameter name="State" controlid="DropDownList1" propertyname=
"SelectedValue"/>
</SelectParameters>
```

**08** 从工具箱中向页面拖入一个 ListBox 控件，并设置该控件的 DataSourceID 为前面创建的数据源控件。切换到"源"视图，可以看到 SqlDataSource 控件的定义代码如下（这里包含了 SqlDataSource、DropDownList 和 ListBox 的定义代码）：

```
<asp:SqlDataSource   ID="SqlDataSource1"   runat="server"   ConnectionString="<%$
ConnectionStrings:Pubs %>"
    ProviderName="System.Data.SqlClient" DataSourceMode="DataReader"
    SelectCommand="SELECT [StuName], [ID] FROM [Students] where state = @State" >
    <SelectParameters>
        <asp:controlparameter  name="State"  controlid="DropDownList1"  propertyname=
"SelectedValue"/>
    </SelectParameters>
</asp:SqlDataSource>
<asp:DropDownList ID="DropDownList1" runat="server" AutoPostBack="True">
    <asp:ListItem>中国</asp:ListItem>
    <asp:ListItem>美国</asp:ListItem>
    <asp:ListItem>法国</asp:ListItem>
    <asp:ListItem>新加坡</asp:ListItem>
</asp:DropDownList>
<br />
<asp:ListBox ID="ListBox1" runat="server" DataSourceID="SqlDataSource1"
    Height="236px"  Width="225px"  AutoPostBack="True"  DataTextField="StuName"
DataValueField="ID">
</asp:ListBox>
```

在浏览器中查看页面 Default.aspx，效果如图 13-10 所示。

在图 13-10 中，根据下拉列表的选择，ListBox 中的显示会做出相应的变化。

图 13-10　向 SQL 语句传入参数时数据绑定的效果图

## 13.4.5　使用参数

在例 13-8 中介绍了向 SqlDataSource 控件中传入参数以根据参数对数据进行选择。可见 ASP.NET 数据源控件是可以接收输入参数的，这样就可以在运行时将值传递给这些参数。可以使用参数执行下列操作：提供用于数据检索的搜索条件；提供要在数据存储区中插入、更新或删除的值；提供用于排序、分页和筛选的值。借助参数，使用少量自定义代码或不使用自定义代码就可筛选数据和创建主/从应用程序。

对于通过支持自动更新、插入和删除操作的数据绑定控件（如 GridView 或 FormView 控件）传递给数据源的值，也可以使用参数对其进行自定义，例如，可以使用参数对象对值进行强类型转化，或从数据源中检索输出值。此外，参数化的查询可以防止 SQL 注入攻击，因此使得应用程序更加安全。

可以从各种源中获取参数值。通过 Parameter 对象，可以从 Web 服务器控件属性、Cookie、会话状态、QueryString 字段、用户配置文件属性及其他源中提供值给参数化数据操作。

SqlDataSource 控件包含了如表 13-2 所示的参数类型。

表 13-2　SqlDataSource 控件的参数类型

| 参数类型 | 说明 |
| --- | --- |
| ControlParameter | 将参数设置为 ASP.NET 网页中的 Control 的属性值。使用 ControlID 属性指定 Control。使用 ControlParameter 对象的 PropertyName 属性指定提供参数值的属性的名称。从 Control 派生的某些控件将定义 ControlValuePropertyAttribute，从而确定从中检索控件值的默认属性。只要没有显式设置 PropertyName 属性，就会使用默认属性。ControlValuePropertyAttribute 应用于以下控件属性：<br>● System.Web.UI.WebControls.Calendar.SelectedDate<br>● System.Web.UI.WebControls.CheckBox.Checked<br>● System.Web.UI.WebControls.DetailsView.SelectedValue<br>● System.Web.UI.WebControls.FileUpload.FileBytes<br>● System.Web.UI.WebControls.GridView.SelectedValue<br>● System.Web.UI.WebControls.Label.Text<br>● System.Web.UI.WebControls.TextBox.Text<br>● System.Web.UI.WebControls.TreeView.SelectedValue |

（续表）

| 参数类型 | 说明 |
|---|---|
| CookieParameter | 将参数设置为 HttpCookie 对象的值。使用 CookieName 属性指定 HttpCookie 对象的名称。如果指定的 HttpCookie 对象不存在，则将使用 DefaultValue 属性的值作为参数值 |
| FormParameter | 将参数设置为 HTML 窗体字段的值。使用 FormField 属性指定 HTML 窗体字段的名称。如果指定的 HTML 窗体字段值不存在，则将使用 DefaultValue 属性的值作为参数值 |
| ProfileParameter | 将参数设置为当前用户配置文件（Profile）中的属性的值。使用 PropertyName 属性指定配置文件属性的名称。如果指定的配置文件属性不存在，则将使用 DefaultValue 属性的值作为参数值 |
| QueryStringParameter | 将参数设置为 QueryString 字段的值。使用 QueryStringField 属性指定 QueryString 字段的名称。如果指定的 QueryString 字段不存在，则将使用 DefaultValue 属性的值作为参数值 |
| SessionParameter | 将参数设置为 Session 对象的值。使用 SessionField 属性指定 Session 对象的名称。如果指定的 Session 对象不存在，则将使用 DefaultValue 属性的值作为参数值 |

默认情况下，参数将被类型化为 Object。如果参数值是其他类型（如 DateTime 或 Int32），则可以显式创建 Parameter 对象，并将参数的 Type 属性设置为 TypeCode 值。

默认情况下，参数为输入参数。在某些情况下，如在使用存储过程时，可能需要读取从数据源返回的值。如果是这样，可以设置 Parameter 对象的 Direction 属性，从而确保捕获数据源返回给 Web 应用程序的信息。受支持的参数定向设置为 Input、InputOutput、Output 和 ReturnValue。通常，需要处理数据源控件事件（如 Inserted 或 Updated 事件）以在完成数据操作后获取参数的返回值。

### 例 13-9　使用 SqlDataSource 控件

在这个例子中将使用 SqlDataSource 控件，该控件使用参数化命令查询和修改数据绑定控件中的数据，这里将对参数值进行强类型转化并指定输出参数。

创建步骤如下：

**01** 创建一个 ASP.NET 空 Web 应用程序 Sample13-9。

**02** 添加页面 Default.aspx，打开并切换到"设计"视图。

**03** 从工具箱中向页面拖入一个 SqlDataSource 控件，并参照例 13-7 "配置数据源"向导提示，定义相关属性，该数据源控件用于从数据库中获得学生的姓名和编号。代码如下：

```
<asp:SqlDataSource ID="SqlDataSource1" runat="server" ConnectionString="<%$
ConnectionStrings:Pubs %>"
    ProviderName="System.Data.SqlClient" DataSourceMode="DataReader"
    SelectCommand="SELECT [StuName],[ID]FROM [Students]">
</asp:SqlDataSource>
```

**04** 从工具箱中向页面再拖入一个 SqlDataSource 控件，并定义相关属性，这个 SqlDataSource 控件将要完成 4 种任务：根据传入的参数 ID 选择相应的学生的信息；插入一条学生信息；

更新学生信息；删除一条学生信息。这里定义了 4 个数据库操作命令属性，并显示定义了这些命令将要用到的参数信息。代码如下：

```
<asp:SqlDataSource  ID="SqlDataSource2"  runat="server"  ConnectionString="<%$
ConnectionStrings:Pubs %>"
    ProviderName="System.Data.SqlClient"          DataSourceMode="DataReader"
SelectCommand="SELECT *
    FROM [Students] where ID = @ID" InsertCommand="INSERT INTO Students(StuName,
Phone, Address, City, State)
    VALUES (@StuName, @Phone, @Address, @City, @State);
    SELECT  @ID  =  SCOPE_IDENTITY()"  UpdateCommand="UPDATE  Students  SET
StuName=@StuName,
        Phone=@Phone, Address=@Address,City=@City, State=@State
        WHERE  ID=@ID"  DeleteCommand="DELETE  Students  WHERE  ID=@ID"
oninserted="SqlDataSource2_Inserted">
    <SelectParameters>
        <asp:ControlParameter        Name="ID"        ControlID="DropDownList1"
PropertyName="SelectedValue"
            Type="Int32" DefaultValue="1" />
    </SelectParameters>
    <InsertParameters>
        <asp:Parameter Name="StuName" Type="String" />
        <asp:Parameter Name="Phone" Type="String" />
        <asp:Parameter Name="Address" Type="String" />
        <asp:Parameter Name="City" Type="String" />
        <asp:Parameter Name="State" Type="String" />
        <asp:Parameter Name="ID" Direction="Output" Type="Int32" DefaultValue="1"
/>
    </InsertParameters>
    <UpdateParameters>
        <asp:Parameter Name="StuName" Type="String" />
        <asp:Parameter Name="Phone" Type="String" />
        <asp:Parameter Name="Address" Type="String" />
        <asp:Parameter Name="City" Type="String" />
        <asp:Parameter Name="State" Type="String" />
        <asp:Parameter Name="ID" Type="Int32" DefaultValue="1" />
    </UpdateParameters>
    <DeleteParameters>
        <asp:Parameter Name="ID" Type="Int32" DefaultValue="1" />
    </DeleteParameters>
</asp:SqlDataSource>
```

**05** 从工具箱中向页面中拖入一个 DropDownList 控件，定义代码如下（该 DropDownList 控件利用数据源控件 SqlDataSource1 来获得数据绑定）：

```
<asp:DropDownList    ID="DropDownList1"    runat="server"    AutoPostBack="True"
DataSourceID="SqlDataSource1"
    DataTextField="StuName" DataValueField="ID"
    onselectedindexchanged="DropDownList1_SelectedIndexChanged">
</asp:DropDownList>
```

**06** 从工具箱中向页面拖入一个 DetailsView 控件，定义代码如下（这段代码定义了一个
DetailsView 控件，并指定了该控件利用数据源控件 SqlDataSource2 来获得数据绑定。关
于 DetailsView 控件的详细知识，在后面一章中将做详细介绍）：

```
<asp:DetailsView ID="DetailsView1" runat="server" DataSourceID="SqlDataSource2"
AutoGenerateRows="false"
     AutoGenerateInsertButton="true"                AutoGenerateEditButton="true"
AutoGenerateDeleteButton="true"
     DataKeyNames="ID" GridLines="Both"
     onitemdeleted="DetailsView1_ItemDeleted"
     onitemupdated="DetailsView1_ItemUpdated">
<HeaderStyle BackColor="Navy" ForeColor="White" />
<RowStyle BackColor="White" />
<AlternatingRowStyle BackColor="LightGray" />
<EditRowStyle BackColor="LightCyan" />
<Fields>
<asp:BoundField  DataField="ID"  HeaderText=" 编  号 "  InsertVisible="False"
ReadOnly="true" />
    <asp:BoundField DataField="StuName" HeaderText="姓名" />
    <asp:BoundField DataField="Phone" HeaderText="电话" />
    <asp:BoundField DataField="Address" HeaderText="地址" />
    <asp:BoundField DataField="City" HeaderText="城市" />
    <asp:BoundField DataField="State" HeaderText="国家" />
</Fields>
</asp:DetailsView>
```

**07** 打开文件 Default.aspx.cs。

**08** 在 DropDownList1_SelectedIndexChanged 事件函数中加入如下代码(当下拉列表的选择项
发生变化时，DetailsView1 控件的数据重新绑定）：

```
protected void DropDownList1_SelectedIndexChanged(object sender, EventArgs e)
{   this.DetailsView1.DataBind();
}
```

**09** 在 DetailsView1_ItemUpdated 事件函数中加入如下代码( 当 DetailsView1 中数据更新完毕
后，DropDownList1 中的数据进行重新绑定，并且当前的选项为正在更新的数据，最后
DetailsView1 控件的数据也重新绑定）：

```
protected        void        DetailsView1_ItemUpdated(object          sender,
DetailsViewUpdatedEventArgs e)
    {   this.DropDownList1.DataBind();
    DropDownList1.SelectedValue = e.Keys["ID"].ToString();
    DetailsView1.DataBind();
    }
```

**10** 在 DetailsView1_ItemDeleted 事件函数中加入如下代码（当 DetailsView1 中的数据被删除
后，DropDownList1 中数据进行重新绑定）：

```
protected        void        DetailsView1_ItemDeleted(object          sender,
DetailsViewDeletedEventArgs e)
```

```
{    DropDownList1.DataBind();
}
```

11 在 SqlDataSource2_Inserted 事件函数中加入如下代码（当向 DetailsView1 中插入一条数据
后，重新绑定 DropDownList1 和 DetailsView1）：

```
protected          void          SqlDataSource2_Inserted(object          sender,
SqlDataSourceStatusEventArgs e)
{    System.Data.Common.DbCommand command = e.Command;
    DropDownList1.DataBind();
    DropDownList1.SelectedValue =
    command.Parameters[5].Value.ToString();
    DetailsView1.DataBind();
}
```

在浏览器中查看页面 Default.aspx，效果如图 13-11 所示。

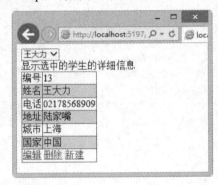

图 13-11　例 13-9 的运行效果

在图 13-11 中，DetailsView1 中的数据会根据下拉列表选择的变化而改变，还可以通过单击"编辑"、"删除"和"新建"按钮来编辑 DetailsView1 中的数据。

## 13.5　小结

本章介绍了一种独立于 ADO.NET 技术之外的把数据显示在页面上的技术——数据绑定技术，使用它可以方便地把要显示的数据显示在页面上，而且不需要编写多余的代码就能完成。本章主要从两个部分来介绍数据绑定技术：第一部分介绍了简单数据绑定和复杂数据绑定，它们都是通过编写数据访问逻辑而把数据显示在页面上的；第二部分介绍了数据源控件技术，数据源控件技术是另外的一种数据绑定技术，通过数据源控件把数据源同显示数据的控件联系起来，从而实现数据的绑定。其实，数据绑定技术的使用基本上是离不开 ADO.NET 技术的，因为，在 Web 项目中，数据通常都是存储在数据库中的，只有利用 ADO.NET 技术把数据从数据库取出，然后才能利用数据绑定技术方便地把数据显示在页面上。

# 第 14 章
# 数据控件

数据控件就是能够显示数据的控件，在前面已经介绍了很多能够绑定数据的控件，如 DropDownList、ListBox 等。本章将介绍能够显示复杂数据格式的数据控件，与那些简单格式的列表控件不同，这些控件不但提供显示数据的丰富界面（可以显示多行多列数据，还可以根据用户定义来显示），还提供了修改、删除和插入数据的接口。

ASP.NET 4.5 中提供的复杂数据控件包括以下几个。

- GridView：是一个全方位的网格控件，能够显示一整张表的数据，它是 ASP.NET 中最为重要的数据控件。
- DetailsView：用来一次显示一条记录。
- FormView：用来一次显示一条记录，与 DetailsView 不同的是，FormView 是基于模板的，可以使布局具有灵活性。
- DataList：用来自定义显示各行数据库信息，显示的格式在创建的模板中定义。
- Repeater：生成一系列单个项，可以使用模板定义页面上单个项的布局，在页面运行时，该控件为数据源中的每个项重复相应的布局。
- ListView：可以绑定从数据源返回的数据并显示它们，它会按照使用模板和样式定义的格式显示数据。
- Chart：Visual Studio 2012 中用来显示图表型数据的新增控件，支持柱状直方图、曲线走势图、饼状比例图等多种不同图表型数据的显示。

## 14.1 GridView 控件

使用 GridView 控件，可以显示、编辑和删除来自不同数据源的数据，GridView 控件具有以下几个功能：

- 绑定和显示数据。
- 对绑定其中的数据进行选择、排序、分页、编辑和删除。
- 自定义列和样式。
- 自定义用户界面元素。

- 在事件处理程序中加入代码来完成与 GridView 控件的交互。

## 14.1.1 属性

GridView 控件提供了如表 14-1 所示的属性。

表 14-1　GridView 控件的属性

| 属性 | 说明 |
| --- | --- |
| AllowPaging | 获取或设置一个值，该值指示是否启用分页功能 |
| AllowSorting | 获取或设置一个值，该值指示是否启用排序功能 |
| AlternatingRowStyle | 获取对 TableItemStyle 对象的引用，使用该对象可以设置 GridView 控件中的交替数据行的外观 |
| AutoGenerateColumns | 获取或设置一个值，该值指示是否为数据源中的每个字段自动创建绑定字段 |
| AutoGenerateDeleteButton | 获取或设置一个值，该值指示每个数据行都带有"删除"按钮的 CommandField 字段列是否自动添加到 GridView 控件 |
| AutoGenerateSelectButton | 获取或设置一个值，该值指示每个数据行都带有"选择"按钮的 CommandField 字段列是否自动添加到 GridView 控件 |
| BackImageUrl | 获取或设置要在 GridView 控件的背景中显示的图像的 URL |
| BottomPagerRow | 获取一个 GridViewRow 对象，该对象表示 GridView 控件中的底部页导航行 |
| Caption | 获取或设置要在 GridView 控件的 HTML 标题元素中呈现的文本。提供此属性的目的是使辅助技术设备的用户更易于访问控件 |
| CaptionAlign | 获取或设置 GridView 控件中的 HTML 标题元素的水平或垂直位置。提供此属性的目的是使辅助技术设备的用户更易于访问控件 |
| CellPadding | 获取或设置单元格的内容和单元格的边框之间的空间量 |
| CellSpacing | 获取或设置单元格间的空间量 |
| Columns | 获取表示 GridView 控件中列字段的 DataControlField 对象的集合 |
| DataKeyNames | 获取或设置一个数组，该数组包含了显示在 GridView 控件中的项的主键字段的名称 |
| DataKeys | 获取一个 DataKey 对象集合，这些对象表示 GridView 控件中的每一行的数据键值 |
| DataMember | 当数据源包含多个不同的数据项列表时，获取或设置数据绑定控件绑定到的数据列表的名称 |
| DataSource | 获取或设置对象，数据绑定控件从该对象中检索其数据项列表 |
| DataSourceID | 获取或设置控件的 ID，数据绑定控件从该控件中检索其数据项列表 |
| EditIndex | 获取或设置要编辑的行的索引 |

（续表）

| 属性 | 说明 |
| --- | --- |
| EditRowStyle | 获取对 TableItemStyle 对象的引用，使用该对象可以设置 GridView 控件中为进行编辑而选中的行的外观 |
| EmptyDataRowStyle | 获取对 TableItemStyle 对象的引用，使用该对象可以设置当 GridView 控件绑定到不包含任何记录的数据源时会呈现的空数据行的外观 |
| EmptyDataTemplate | 获取或设置在 GridView 控件绑定到不包含任何记录的数据源时所呈现的空数据行的用户定义内容 |
| EmptyDataText | 获取或设置在 GridView 控件绑定到不包含任何记录的数据源时所呈现的空数据行中显示的文本 |
| EnableSortingAndPagingCallbacks | 获取或设置一个值，该值指示客户端回调是否用于排序和分页操作 |
| FooterRow | 获取表示 GridView 控件中的脚注行的 GridViewRow 对象 |
| GridLines | 获取或设置 GridView 控件的网格线样式 |
| HeaderRow | 获取表示 GridView 控件中的标题行的 GridViewRow 对象 |
| HeaderStyle | 获取对 TableItemStyle 对象的引用，使用该对象可以设置 GridView 控件中的标题行的外观 |
| HorizontalAlign | 获取或设置 GridView 控件在页面上的水平对齐方式 |
| PageCount | 获取在 GridView 控件中显示数据源记录所需的页数 |
| PageIndex | 获取或设置当前显示页的索引 |
| PagerSettings | 获取对 PagerSettings 对象的引用，使用该对象可以设置 GridView 控件中的页导航按钮的属性 |
| PagerStyle | 获取对 TableItemStyle 对象的引用，使用该对象可以设置 GridView 控件中的页导航行的外观 |
| PagerTemplate | 获取或设置 GridView 控件中页导航行的自定义内容 |
| PageSize | 获取或设置 GridView 控件在每页上所显示的记录的数目 |
| RowHeaderColumn | 获取或设置用作 GridView 控件的列标题的列的名称。提供此属性的目的是使辅助技术设备的用户更易于访问控件 |
| Rows | 获取表示 GridView 控件中数据行的 GridViewRow 对象的集合 |
| RowStyle | 获取对 TableItemStyle 对象的引用，使用该对象可以设置 GridView 控件中的数据行的外观 |
| SelectedDataKey | 获取 DataKey 对象，该对象包含 GridView 控件中选中行的数据键值 |
| SelectedIndex | 获取或设置 GridView 控件中的选中行的索引 |
| SelectedRow | 获取对 GridViewRow 对象的引用，该对象表示控件中的选中行 |
| SelectedRowStyle | 获取对 TableItemStyle 对象的引用，使用该对象可以设置 GridView 控件中的选中行的外观 |
| SelectedValue | 获取 GridView 控件中选中行的数据键值 |
| ShowFooter | 获取或设置一个值，该值指示是否在 GridView 控件中显示脚注行 |
| ShowHeader | 获取或设置一个值，该值指示是否在 GridView 控件中显示标题行 |

（续表）

| 属性 | 说明 |
|---|---|
| SortDirection | 获取正在排序的列的排序方向 |
| SortExpression | 获取与正在排序的列关联的排序表达式 |
| TopPagerRow | 获取一个 GridViewRow 对象，该对象表示 GridView 控件中的顶部页导航行 |
| UseAccessibleHeader | 获取或设置一个值，该值指示 GridView 控件是否以易于访问的格式呈现其标题。提供此属性的目的是使辅助技术设备的用户更易于访问控件 |

GridView 控件提供了很多属性，正是这些属性，使得程序对它的操作具有了很大的灵活性，读者现在还没有必要完全记住这些属性，通过后面一些实例的讲解，读者会很快明白这些属性的用法。

## 14.1.2　方法

GridView 控件提供了如表 14-2 所示的方法。

表 14-2　GridView 控件的方法

| 方法 | 说明 |
|---|---|
| DataBind | 将数据源绑定到 GridView 控件 |
| DeleteRow | 从数据源中删除位于指定索引位置的记录 |
| IsBindableType | 确定指定的数据类型是否能绑定到 GridView 控件中的列 |
| Sort | 根据指定的排序表达式和方向对 GridView 控件进行排序 |
| UpdateRow | 使用行的字段值更新位于指定行索引位置的记录 |

GridView 控件提供的方法很少，主要是通过属性和在事件处理程序中添加代码来完成的。

## 14.1.3　事件

GridView 控件提供了如表 14-3 所示的事件。

表 14-3　GridView 控件的事件

| 事件 | 说明 |
|---|---|
| PageIndexChanged | 在单击某一页导航按钮时，但在 GridView 控件处理分页操作之后发生 |
| PageIndexChanging | 在单击某一页导航按钮时，但在 GridView 控件处理分页操作之前发生 |
| RowCancelingEdit | 单击编辑模式中某一行的"取消"按钮以后，在该行退出编辑模式之前发生 |
| RowCommand | 当单击 GridView 控件中的按钮时发生 |
| RowCreated | 在 GridView 控件中创建行时发生 |
| RowDataBound | 在 GridView 控件中将数据行绑定到数据时发生 |
| RowDeleted | 在单击某一行的"删除"按钮时，但在 GridView 控件删除该行之后发生 |
| RowDeleting | 在单击某一行的"删除"按钮时，但在 GridView 控件删除该行之前发生 |

（续表）

| 事件 | 说明 |
|---|---|
| RowEditing | 发生在单击某一行的"编辑"按钮后，GridView 控件进入编辑模式之前 |
| RowUpdated | 发生在单击某一行的"更新"按钮后，并且 GridView 控件对该行进行更新之后 |
| RowUpdating | 发生在单击某一行的"更新"按钮后，GridView 控件对该行进行更新之前 |
| SelectedIndexChanged | 发生在单击某一行的"选择"按钮后，GridView 控件对相应的选择操作进行处理之后 |
| SelectedIndexChanging | 发生在单击某一行的"选择"按钮后，GridView 控件对相应的选择操作进行处理之前 |
| Sorted | 在单击用于列排序的超链接时，但在 GridView 控件对相应的排序操作进行处理后发生 |
| Sorting | 在单击用于列排序的超链接时，但在 GridView 控件对相应的排序操作进行处理前发生 |

以上介绍了 GridView 控件的基本知识，下面就通过一些示例来展示 GridView 的特定用法。

## 14.1.4 在 GridView 控件中绑定数据

在 GridView 控件中绑定数据有两种方式：一是使用多值绑定，二是使用数据源控件。下面通过两个例子演示 GridView 控件中的绑定数据。

**例 14-1 使用多值绑定方法绑定 GridView 控件**

这个例子介绍了如何使用多值绑定方法把数据绑定到 GridView 控件中，要显示的数据是利用 ADO.NET 从数据库 BookSample 的表 Students 中读取的，读取后的数据放在 DataSet 中，然后利用多值绑定方法把数据放在 GridView 中。创建步骤如下：

01 创建一个 ASP.NET 空 Web 应用程序 Sample14-1。

02 打开文件 Web.config，在< connectionStrings >节中加入数据库连接字符串：

```
<connectionStrings>
    <add name="Pubs" connectionString="Data Source=.;Initial Catalog=BookSample;
User ID=sa;Password=585858"/>
</connectionStrings>
```

03 添加页面 Default.aspx，打开并切换到"设计"视图，从工具箱中拖入一个 GridView 控件。

04 选中 GridView 控件，在"属性"窗口中设置属性 AutoGenerateColumns 为 true。

05 选中 GridView 控件，单击右上角的按钮，在弹出的快捷菜单中选择"自动套用格式"命令，在打开的"自动套用格式"窗口中选取"彩色型"样式。

06 打开文件 Default.aspx.cs，在里面加入如下代码（这段代码实现了利用多值绑定方法把数据绑定到 GridView 控件的过程。首先利用 ADO.NET 从数据库中读取数据，并存储到 DataSet 中，然后把存储在 DataSet 中的数据绑定到 GridView 控件中）：

```
namespace Sample14_1
{   public partial class _Default : System.Web.UI.Page
    {   // 从 Web.config 文件中读取数据库连接字符串
        private    string    connectionString    =    WebConfigurationManager.
ConnectionStrings["Pubs"].ConnectionString;
        protected void Page_Load(object sender, EventArgs e)
        {   if (!this.IsPostBack)
            {   FillList();
            }
        }
        private void FillList()
        {
            string selectSQL = "SELECT * FROM Students"; // 获取学生名和学生编号
            // 定义 ADO.NET 对象.
            SqlConnection con = new SqlConnection(connectionString);
            SqlCommand cmd = new SqlCommand(selectSQL, con);
            SqlDataAdapter adapter = new SqlDataAdapter(cmd);
            DataSet dsPubs = new DataSet();
            //DataSet dsPubs = new DataSet();
            // 打开数据库连接并读取信息.
            try
            {   con.Open();
                adapter.Fill(dsPubs, "Students"); //填充 DataSet
                // 把存储在 DataSet 中的数据绑定到 GridView 控件中
                this.GridView1.DataSource = dsPubs.Tables["Students"].DefaultView;
                this.GridView1.DataBind();
            }
            catch (Exception err)
            {   lblResults.Text = "读取过程发生错误: ";
                lblResults.Text += err.Message;
            }
            finally
            {   con.Close(); //关闭数据库
            }
        }
    }
}
```

在浏览器中查看页面 Default.aspx，效果如图 14-1 所示。

图 14-1 使用多值绑定方法绑定 GridView 控件的效果

### 例 14-2 使用数据源控件绑定 GridView 控件

这个例子介绍了如何使用数据源控件把数据绑定到 GridView 控件中。创建步骤如下：

**01** 创建一个 ASP.NET 空 Web 应用程序 Sample14-2。

**02** 打开文件 Web.config，在< connectionStrings >节中加入数据库连接字符串：

```
<connectionStrings>
    <add name="Pubs" connectionString="Data Source=.;Initial Catalog=BookSample;
User
    ID=sa;Password=585858"/>
</connectionStrings>
```

**03** 添加页面 Default.aspx，打开并切换到"设计"视图，从工具箱中拖入一个 SqlDataSource
控件，并在"属性"窗口中设置属性 ConnectionString、ProviderName、DataSourceMode、
SelectCommand 的值。切换到"源"视图，可以看到如下定义代码：

```
<asp:SqlDataSource  ID="SqlDataSource1"  runat="server"  ConnectionString="<%$
ConnectionStrings:Pubs %>"
    ProviderName="System.Data.SqlClient" DataSourceMode="DataReader" SelectCommand=
"SELECT * FROM [Students]">
</asp:SqlDataSource>
```

**04** 打开页面 Default.aspx，切换到"设计"视图，从工具箱中拖入一个 GridView 控件。

**05** 选中 GridView 控件，在"属性"窗口中设置属性 AutoGenerateColumns 为 true。

**06** 选中 GridView 控件，单击右上角的按钮，在弹出的快捷菜单中选择"自动套用格式"命
令，在打开的"自动套用格式"窗口中选取"彩色型"样式。

**07** 选中 GridView 控件，单击右上角的按钮，在弹出的快捷菜单中为 GridView 控件选择刚
创建的 SqlDataSource 控件。

在浏览器中查看页面 Default.aspx，效果如图 14-2 所示。

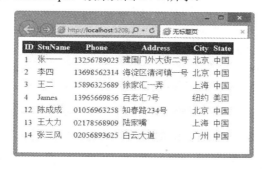

图 14-2 使用多值绑定方法绑定 GridView 控件的效果

## 14.1.5 GridView 控件的列

在上节中，设置了 GridView 控件的属性 AutoGenerateColumns 为 true，所以在控件中显示的
列是自动生成的，但在很多情况下，GridView 控件的每一列的显示都需要实现定义的。GridView

控件提供了几种类型的列以方便程序员的操作，如表 14-4 所示。

表 14-4　GridView 控件的列类型

| 列类型 | 说明 |
|---|---|
| BoundField | 显示数据源中某个字段的值，它是 GridView 控件的默认列类型 |
| ButtonField | 为 GridView 控件中的每个项显示一个命令按钮，这样可以创建一列自定义按钮控件 |
| CheckBoxField | 为 GridView 控件中的每一项显示一个复选框，此列类型通常用于显示具有布尔值的字段 |
| CommandField | 显示用来执行选择、编辑和删除操作的预定义命令按钮 |
| HyperLinkField | 将数据源中某个字段的值显示为超链接，此列字段类型允许将另一个字段绑定到超链接的 URL |
| ImagField | 为 GridView 控件中的每一项显示一个图像 |
| TemplateField | 根据指定的模板为 GridView 控件中每一项显示用户定义的内容，此列类型允许创建自定义的列字段 |

所有列的编辑都可以通过"字段"对话框来进行（如果程序员对 GridView 熟悉的话就可以直接在源文件中直接进行编辑即可），如图 14-3 所示。

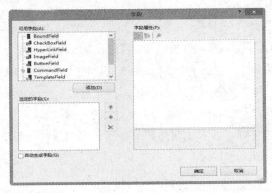

图 14-3　"字段"对话框

进入"字段"对话框的方式有两种：

● 选中要编辑的 GridView 控件，单击右上角的小按钮，在弹出的快捷菜单中选择"编辑列"命令即可弹出如图 14-3 所示的"字段"对话框。
● 选中要编辑的 GridView 控件，在"属性"窗口中找到 Columns 属性，选中该属性，单击在该属性最右边出现的按钮即可弹出如图 14-3 所示的"字段"对话框。

如果程序员要实现定义 GridView 控件的各列的话，那么就需要把属性 AutoGenerateColumns 设置为 false。不然的话在运行时，GridView 控件中就会多出很多不必要的列。

关于各种列的使用在后面的例子中会逐渐介绍到。

### 14.1.6　GridView 控件的排序

GridView 控件支持对显示在其中的数据进行排序，只需要把属性 AllowSorting 设置为 true

即可。

### 例 14-3　GridView 控件的简单排序功能

本例将展示如何实现 GridView 控件的简单排序功能。创建步骤如下：

**01** 创建一个 ASP.NET 空 Web 应用程序 Sample14-3。

**02** 打开文件 Web.config，在< connectionStrings >节中加入数据库连接字符串：

```
<connectionStrings>
    <add name="Pubs" connectionString="Data Source=.;Initial Catalog=BookSample;
User ID=sa;Password=585858"/>
</connectionStrings>
```

**03** 添加页面 Default.aspx，打开并切换到"设计"视图，从工具箱中拖入一个 SqlDataSource 控件，并在"属性"窗口中设置属性 ConnectionString、ProviderName、DataSourceMode、SelectCommand 的值。切换到"源"视图，可以看到如下定义代码（这里要把 DataSourceMode 设置为 DataSet，因为要支持排序功能）：

```
<asp:SqlDataSource  ID="SqlDataSource1"  runat="server"  ConnectionString="<%$
ConnectionStrings:Pubs %>"
    ProviderName="System.Data.SqlClient"              DataSourceMode="DataSet"
SelectCommand="SELECT * FROM [Students]">
</asp:SqlDataSource>
```

**04** 打开页面 Default.aspx，切换到"设计"视图，从工具箱中拖入一个 GridView 控件。

**05** 选中 GridView 控件，在"属性"窗口中设置属性 AutoGenerateColumns 为 false。

**06** 选中 GridView 控件，单击右上角的按钮，在弹出的菜单中选择"自动套用格式"命令，在打开的"自动套用格式"对话框中选取"彩色型"样式。

**07** 选中 GridView 控件，单击右上角的按钮，在弹出的菜单中为 GridView 控件选择刚创建的 SqlDataSource 控件。

**08** 选中 GridView 控件，单击右上角的按钮，在弹出的菜单中选择"编辑列"命令，在弹出如图 14-3 所示的"字段"对话框中添加几个 BoundField 列，并把它们的 DataField 属性设置为与数据库 BookSample 的表 Students 对应的字段。

**09** 选中 GridView 控件，在"属性"窗口中设置属性 AllowSorting 为 true。编辑后 GridView 控件的定义代码如下：

```
<asp:GridView ID="GridView1" runat="server" CellPadding="4"
    DataSourceID="SqlDataSource1" ForeColor="#333333" GridLines="None"
        AllowSorting="True" AutoGenerateColumns="False">
    <FooterStyle BackColor="#990000" Font-Bold="True" ForeColor="White" />
    <RowStyle BackColor="#FFFBD6" ForeColor="#333333" />
    <Columns>
        <asp:BoundField DataField="ID" HeaderText="索引" SortExpression="ID" />
        <asp:BoundField DataField="StuName" HeaderText="学生姓名" SortExpression=
"StuName" />
        <asp:BoundField  DataField="Phone"  HeaderText=" 电 话 "  SortExpression=
"Phone"/>
```

```
    <asp:BoundField  DataField="Address"  HeaderText="地 址 "  SortExpression=
"Address"/>
       <asp:BoundField DataField="City" HeaderText="城市" SortExpression="City"/>
       <asp:BoundField  DataField="State"  HeaderText="国 家 "  SortExpression=
"State"/>
    </Columns>
    <PagerStyle BackColor="#FFCC66" ForeColor="#333333" HorizontalAlign="Center" />
    <SelectedRowStyle BackColor="#FFCC66" Font-Bold="True" ForeColor="Navy" />
    <HeaderStyle BackColor="#990000" Font-Bold="True" ForeColor="White" />
    <AlternatingRowStyle BackColor="White" />
</asp:GridView>
```

**10** 在浏览器中查看页面 Default.aspx，效果如图 14-4 所示。

图 14-4　GridView 控件的简单排序功能

图 14-4 展示的 GridView 运行效果与图 14-1 和图 14-2 有所不同，这里由于启动了 GridView 的排序功能，因此每一列的标题都变为可以单击的 LinkButton 按钮，当单击每一列的标题时，GridView 中的数据就会按照该列进行顺序或反序排列。

其实，GridView 控件自己并不执行排序，它是通过数据源控件来实现排序的。GridView 控件只不过提供一个显示和操作的数据界面而已，而真实的数据排序是它所绑定到的数据源控件。如果所绑定的数据源控件可以排列数据，则选择数据后，GridView 控件可以通过列的属性 SortExpression 传递给数据源与该数据源控件进行交互并请求排序后的数据。

并不是所有的数据源控件都支持排序的，下面列举了支持排序的数据源控件所需要的配置：

- SqlDataSource 控件的属性 DataSourceMode 设置为 DataSet，或属性 SortParameterName 设置为 DataSet 或 DataReader。
- AccessDateSource 控件的属性 DataSourceMode 设置为 DataSet，或属性 SortParameterName 设置为 DataSet 或 DataReader。
- ObjectDataSource 控件的属性 SortParameterName 设置为基础对象所支持的属性值。

当所绑定的数据源控件可以排序数据时，只要将 GridView 控件的 AllowSorting 属性设置为 true，即可启用该控件中的默认排序行为。将此属性设置为 true 会使 GridView 控件将 LinkButton 控件呈现在列标题中。此外，该控件还将每一列的 SortExpression 属性隐式设置为它所绑定到的数据字段的名称。

在运行时，用户可以单击某列标题中的 LinkButton 控件按该列排序。单击该链接会使页面执行回发并引发 GridView 控件的 Sorting 事件。排序表达式（默认情况下是数据列的名称）作为事件参数的一部分传递。Sorting 事件的默认行为是 GridView 控件将排序表达式传递给数据源控件。数据源控件执行其选择查询或方法，其中包括由网格传递的排序参数。

执行完查询后，将引发网格的 Sorted 事件。此事件可以执行查询后的逻辑，如显示一条状态消息等。最后，数据源控件将 GridView 控件重新绑定到已重新排序的查询的结果。

GridView 控件不检查数据源控件是否支持排序；在任何情况下它都会将排序表达式传递给数据源。如果数据源控件不支持排序并且由 GridView 控件执行排序操作，则 GridView 控件会引发 NotSupportedException 异常。可以用 Sorting 事件的处理程序捕获此异常，并检查数据源以确定数据源是否支持排序，还是使用自己的排序逻辑进行排序。

在默认情况下，当把 AllowSorting 属性设置为 true 时，GridView 控件将支持所有列可排序，但可以通过设置列的属性 SortExpression 为空字符串禁用对这个列的排序操作，例如在例 14-3 中要禁用对"索引"列进行排序，则对该列进行如下设置：

```
<asp:BoundField DataField="ID" HeaderText="索引" SortExpression=" " />
```

还可以对 GridView 控件进行自定义排序行为，由于 GridView 控件的排序行为引发 Sorting 事件，因此可以在 Sorting 事件中编写自定义的排序代码。在 Sorting 事件处理程序中可以进行的操作如下：

- 自定义传递给数据源控件的排序表达式。默认情况下，排序表达式是单个列的名称。可以在处理程序中修改排序表达式，例如，如果要按两列排序，可以创建一个包含这两个列名称的排序表达式，然后，将修改过的排序表达式传递给数据源控件。
- 创建自己的排序逻辑，例如，如果使用的数据源不支持排序，则可以用自己的代码执行排序，然后将网格绑定到排序后的数据。

## 14.1.7　GridView 控件的分页

GridView 控件支持对所绑定的数据源中的项进行分页，只要把 AllowPaging 属性设置为 true 即可启用 GridView 控件的分页功能。

当 AllowPaging 属性设置为 true 时，PagerSettings 属性允许自定义 GridView 控件的分页界面。

PagerSettings 属性对应 PagerSettings 类，它提供一些属性，这些属性支持自定义 GridView 控件的分页界面。PagerSettings 类的属性如表 14-5 所示。

表 14-5　PagerSettings 类的属性

| 属性 | 说明 |
| --- | --- |
| FirstPageImageUrl | 获取或设置为第一页按钮显示的图像的 URL |
| FirstPageText | 获取或设置为第一页按钮显示的文字 |
| LastPageImageUrl | 获取或设置为最后一页按钮显示的图像的 URL |
| LastPageText | 获取或设置为最后一页按钮显示的文字 |
| Mode | 获取或设置支持分页的控件中的页导航控件的显示模式 |

（续表）

| 属性 | 说明 |
|---|---|
| NextPageImageUrl | 获取或设置为下一页按钮显示的图像的 URL |
| NextPageText | 获取或设置为下一页按钮显示的文字 |
| PageButtonCount | 获取或设置在 Mode 属性设置为 Numeric 或 NumericFirstLast 值时页导航中显示的页按钮的数量 |
| Position | 获取或设置一个值，该值指定页导航的显示位置 |
| PreviousPageImageUrl | 获取或设置为上一页按钮显示的图像的 URL |
| PreviousPageText | 获取或设置为上一页按钮显示的文字 |
| Visible | 获取或设置一个值，该值指示是否在支持分页的控件中显示分页控件 |

在表 14-5 中，通过设置 PagerSettings 类的属性 Mode 可以指定 GridView 控件的分页模式，可用的分页模式有如下几种：

- NextPrevious，上一页按钮和下一页按钮模式。
- NextPreviousFirstLast，上一页按钮、下一页按钮、第一页按钮和最后一页按钮模式。
- Numeric，可以直接访问页面的带编号的链接按钮模式。
- NumericFirstLast，带编号的链接按钮、第一页链接按钮和最后一页链接按钮模式。

GridView 控件的 PagerSettings 属性的设置可以在 GridView 控件的属性窗口中进行。

此外，在设置 GridView 控件支持分页功能时，还需要设置属性 PageSize 的值以指示在每一页中最多显示的数据条数。下面通过一个示例来介绍如何使用 GridView 控件的分页功能。

### 例 14-4　GridView 控件的简单分页功能

本例将展示如何实现 GridView 控件的简单分页功能。创建步骤如下：

**01** 创建一个 ASP.NET 空 Web 应用程序 Sample14-4。

**02** 打开文件 Web.config，在< connectionStrings >节中加入数据库连接字符串：

```
<connectionStrings>
    <add   name="Pubs"   connectionString="Data   Source=.;Initial   Catalog=
BookSample;User ID=sa;Password=585858"/>
    </connectionStrings>
```

**03** 添加页面 Default.aspx，打开并切换到"设计"视图，从工具箱中拖入一个 SqlDataSource 控件，并在"属性"窗口中设置属性 ConnectionString、ProviderName、DataSourceMode、SelectCommand 的值。切换到"源"视图，可以看到如下定义代码（这里要把 DataSourceMode 设置为 DataSet，因为要支持排序功能）：

```
<asp:SqlDataSource   ID="SqlDataSource1"   runat="server"   ConnectionString="<%$
ConnectionStrings:Pubs %>"
    ProviderName="System.Data.SqlClient"                DataSourceMode="DataSet"
SelectCommand="SELECT * FROM [Students]">
    </asp:SqlDataSource>
```

**04** 打开页面 Default.aspx，切换到"设计"视图，从工具箱中拖入一个 GridView 控件。

**05** 选中 GridView 控件，在"属性"窗口中设置属性 AutoGenerateColumns 为 false。

**06** 选中 GridView 控件，单击右上角的按钮，在弹出的菜单中选择"自动套用格式"命令，在打开的"自动套用格式"对话框中选取"彩色型"样式。

**07** 选中 GridView 控件，单击右上角的按钮，在弹出的菜单中为 GridView 控件选择刚创建的 SqlDataSource 控件。

**08** 选中 GridView 控件，单击右上角的按钮，在弹出的菜单中选择"编辑列"命令，在弹出如图 14-3 所示的"字段"窗口中添加几个 BoundField 列，并把它们的 DataField 属性设置为与数据库 BookSample 的表 Students 对应的字段。

**09** 选中 GridView 控件，在"属性"窗口中设置属性 AllowPaging 为 true。

**10** 选中 GridView 控件，在"属性"窗口中设置属性 PageSize 为 5。

**11** 选中 GridView 控件，在"属性"窗口中设置属性 PagerSettings，以定义分页界面的显示效果。编辑后 GridView 控件的定义代码如下：

```
<asp:GridView ID="GridView1" runat="server" CellPadding="4"
DataSourceID="SqlDataSource1" ForeColor="#333333" GridLines="None"
    AutoGenerateColumns="False" AllowPaging="True">
<PagerSettings Mode="NumericFirstLast" />
<FooterStyle BackColor="#990000" Font-Bold="True" ForeColor="White" />
<RowStyle BackColor="#FFFBD6" ForeColor="#333333" />
<Columns>
    <asp:BoundField DataField="ID" HeaderText="索引" />
    <asp:BoundField DataField="StuName" HeaderText="学生姓名" />
    <asp:BoundField DataField="Phone" HeaderText="电话" />
    <asp:BoundField DataField="Address" HeaderText="地址" />
    <asp:BoundField DataField="City" HeaderText="城市" />
    <asp:BoundField DataField="State" HeaderText="国家"/>
</Columns>
<PagerStyle BackColor="#FFCC66" ForeColor="#333333" HorizontalAlign="Center"
/>
<SelectedRowStyle BackColor="#FFCC66" Font-Bold="True" ForeColor="Navy" />
<HeaderStyle BackColor="#990000" Font-Bold="True" ForeColor="White" />
<AlternatingRowStyle BackColor="White" />
</asp:GridView>
```

**12** 在浏览器中查看页面 Default.aspx，效果如图 14-5 所示。

图 14-5 GridView 控件的简单分页功能

图 14-5 显示了 GridView 控件的简单分页功能的效果，单击分页按钮就可以进行页面的反转。

在例 14-4 中，使用了 SqlDataSource 作为数据源，它返回的数据是 DataSet，因此利用 GridView 控件能够实现分页功能。

其实，GridView 控件只是提供了一个分页操作的界面，真正起分页作用的是它所绑定的数据源控件，而在.NET 框架中，只有 ObjectDataSource 控件支持返回单个数据页，因此在绝大部分情况下，还需要按照如下方式使 GridView 控件具有分页功能：先从数据源获取所有数据记录，仅显示当前页的记录，然后丢弃剩余的记录，这种情况下还需要 GridView 控件的数据源返回一个实现 ICollection 接口的集合时，GridView 控件才支持分页。

使用 GridView 控件的分页功能非常方便地对数据进行分页，但也有一定的局限性，由于数据源是一次把所有数据返回到客户端，当数据量很大时就会占用很多资源，因此在数据量很大时，尤其是在工程应用中都会采用自定义的分页方式,而只是把 GridView 控件当成一个数据显示的容器。这种分页的方法在后面综合应用案例中会介绍到，这里先不再详细叙述。

此外，当 GridView 控件执行分页操作时，将触发两个事件：PageIndexChanging 事件在 GridView 控件执行分页操作之前发生；PageIndexChanged 事件在新的数据页返回到 GridView 控件后发生。如果需要，可以使用 PageIndexChanging 事件取消分页操作，或在 GridView 控件请求新的数据页之前执行某项任务。可以使用 PageIndexChanged 事件在用户移动到另一个数据页之后执行某项任务。

## 14.1.8　GridView 控件的模板列

在第 14.1.5 节中介绍的 GridView 控件的列的类型中有一个名为 TemplateField 的列，该列为模板列，可以利用它根据指定的模板为 GridView 控件中每一项显示用户定义的内容。这样，就可以使用 TemplateField 来自定义单个列的显示情况。

可以使用 TemplateField 对象指定包含标记和控件的模板，TemplateField 对象对应 TemplateField 类，该类提供了不同部分定义的自定义模板，如表 14-6 所示。使用不同的自定义模板可以定义不同的部分，例如，使用 ItemTemplate 可以指定当 GridView 显示列中数据时所使用的布局；使用 EditItemTemplate 可以指定用户编辑列中的数据时所有使用的布局。

表 14-6　TemplateField 类的自定义模板

| 属性 | 说明 |
| --- | --- |
| AlternatingItemTemplate | 为 TemplateField 对象中的交替项指定要显示的内容 |
| EditItemTemplate | 为 TemplateField 对象中处于编辑模式中的项指定要显示的内容 |
| FooterTemplate | 为 TemplateField 对象的脚注部分指定要显示的内容 |
| HeaderTemplate | 为 TemplateField 对象的标头部分指定要显示的内容 |
| InsertItemTemplate | 为 TemplateField 对象中处于插入模式中的项指定要显示的内容。只有 DetailsView 控件支持该模板 |
| ItemTemplate | 为 TemplateField 对象中的项指定要显示的内容 |

在表 14-6 中列举的 InsertItemTemplate 模板并不为 GridView 控件所支持，只有 DetailsView 控

件支持该模板。

　　创建模板列很容易，直接在 GridView 控件的定义标记中使用标记<asp:templateField>即可定义，例如下面这段代码就为 GridView 控件 AuthorsGridView 定义了一列名为"作者"的模板列。

　　模板列的模板是 ItemTemplate 类型，它其中包含了两个 Label 控件，这两个控件分别绑定作者的姓和名，详细代码如下：

```
<asp:gridview id="AuthorsGridView" datasourceid="AuthorsSqlDataSource"
    autogeneratecolumns="False" runat="server">
    <columns>
        <asp:templatefield headertext="作者">
            <itemtemplate>
                <asp:label  id="FirstNameLabel"  text= '<%# Eval("au_fname") %>'
runat="server"/>
                <asp:label  id="LastNameLabel"  text= '<%# Eval("au_lname") %>'
runat="server"/>
            </itemtemplate>
        </asp:templatefield>
    </columns>
</asp:gridview>
```

　　模板列其实是一个容器，在里面可以放置各种控件和标记，以及文字等以自定义列的显示样式和布局。

　　模板列的创建还可以通过 Visual Studio 2012 提供的可视化界面进行操作，在.aspx 页面的"设计"视图中选中要编辑模板列的 GridView 控件，单击右上角的小按钮，在弹出的菜单中选择"编辑列"命令，在弹出的"字段"对话框中选中 TemplateField，单击"添加"按钮即可完成一个模板列的创建，然后可以利用该模板列进行具体格式的定义。

## 14.1.9　行的选取

　　GridView 控件允许用户在表格中选取一行，也许在 GridView 控件中选取一行并不执行任何功能，但通过添加选定内容功能，可以向网格添加一些功能，在用户选取某行时进行一些操作。由于在行被选取的过程中和被选取后分别将引发事件 SelectedIndexChanging 和 SelectedIndexChanged，因此可以在这两个事件的处理程序中加入一些自定义代码以实现自定义的功能。

　　GridView 控件的行的选取功能是通过添加"选择"列来作为选取行的触发器，"选择"列的生成有两种方式：

- 通过设置属性 AutoGenerateSelectButton 为 true，则会在网格中自动生成一个"选择"列。
- 在"字段"对话框中找到 CommandField，选中"选择"类型，单击"添加"按钮则会在网格中添加一个"选择"列。

　　下面通过一个例子来展示 GridView 控件的行的选取功能。

### 例 14-5　行的选取功能演示

这个例子中将利用 GridView 控件的自动生成的"选择"列来作为选择行的触发器，选择一行后，在事件 SelectedIndexChanged 的处理程序中添加代码来实现在另外的页面中显示该行数据的详细信息。

创建步骤如下：

**01** 创建一个 ASP.NET 空 Web 应用程序 Sample14-5。

**02** 打开文件 Web.config，在< connectionStrings >节中加入数据库连接字符串。

```
<connectionStrings>
    <add         name="Pubs"         connectionString="Data         Source=.;Initial
Catalog=BookSample;User ID=sa;Password=585858"/>
</connectionStrings>
```

**03** 添加页面 Default.aspx，打开并切换到"设计"视图，从工具箱中拖入一个 SqlDataSource
控件，并在"属性"窗口中设置属性 ConnectionString、ProviderName、DataSourceMode、
SelectCommand 的值。切换到"源"视图，可以看到如下定义代码（这里要把
DataSourceMode 设置为 DataSet，因为要支持排序功能）：

```
<asp:SqlDataSource   ID="SqlDataSource1"   runat="server"   ConnectionString="<%$
ConnectionStrings:Pubs %>"
    ProviderName="System.Data.SqlClient"               DataSourceMode="DataSet"
SelectCommand="SELECT * FROM [Students]">
</asp:SqlDataSource>
```

**04** 打开页面 Default.aspx，切换到"设计"视图，从工具箱中拖入一个 GridView 控件。

**05** 选中 GridView 控件，在"属性"窗口中设置属性 AutoGenerateColumns 为 false。

**06** 选中 GridView 控件，单击右上角的按钮，在弹出的菜单中选择"自动套用格式"命令，
在打开的"自动套用格式"对话框中选取"彩色型"样式。

**07** 选中 GridView 控件，单击右上角的按钮，在弹出的菜单中为 GridView 控件选择刚创建
的 SqlDataSource 控件。

**08** 选中 GridView 控件，单击右上角的按钮，在弹出的菜单中选择"编辑列"命令，在弹出
的如图 14-3 所示的"字段"对话框中添加几个 BoundField 列，并把它们的 DataField 属
性设置为与数据库 BookSample 的表 Students 对应的字段。

**09** 选中 GridView 控件，在"属性"窗口中设置属性 AutoGenerateSelectButton 为 true。

**10** 选中 GridView 控件，在"属性"窗口中打开"事件"选项卡，添加该控件的事件
SelectedIndexChanged 的处理函数。编辑后 GridView 控件的定义代码如下：

```
<asp:GridView ID="GridView1" runat="server" CellPadding="4"
    DataSourceID="SqlDataSource1" ForeColor="#333333" GridLines="None"
    AutoGenerateColumns="False" AutoGenerateSelectButton="True"
    onselectedindexchanged="GridView1_SelectedIndexChanged" >
    <PagerSettings Mode="NextPreviousFirstLast" />
    <FooterStyle BackColor="#990000" Font-Bold="True" ForeColor="White" />
    <RowStyle BackColor="#FFFBD6" ForeColor="#333333" />
    <Columns>
        <asp:BoundField DataField="ID" HeaderText="索引" />
        <asp:BoundField DataField="StuName" HeaderText="学生姓名" />
```

```
            <asp:BoundField DataField="Phone" HeaderText="电话" />
            <asp:BoundField DataField="Address" HeaderText="地址" />
            <asp:BoundField DataField="City" HeaderText="城市" />
            <asp:BoundField DataField="State" HeaderText="国家"/>
        </Columns>
        <PagerStyle BackColor="#FFCC66" ForeColor="#333333" HorizontalAlign="Center" />
        <SelectedRowStyle BackColor="#FFCC66" Font-Bold="True" ForeColor="Navy" />
        <HeaderStyle BackColor="#990000" Font-Bold="True" ForeColor="White" />
        <AlternatingRowStyle BackColor="White" />
    </asp:GridView>
```

**11** 打开文件 Default.aspx.cs，在事件 SelectedIndexChanged 的处理函数中加入如下代码（当一行被选取后 SelectedIndexChanged 事件发生，则通过 SelectedRow 属性读取到被选取行的数据的索引，然后将该索引传递到页面 WebForm1.aspx）：

```
protected void GridView1_SelectedIndexChanged(object sender, EventArgs e)
{   // 获取被选择行的数据的索引
    string ID = this.GridView1.SelectedRow.Cells[1].Text.ToString();
    // 把索引传递到页面 WebForm1.aspx
    Response.Redirect("WebForm1.aspx?stuID=" + ID);
}
```

**12** 添加一个页面 WebForm1.aspx，打开文件 WebForm1.aspx.cs，在 Page_Load 事件函数中加入如下代码（当在 GridView 选取一行后，触发 SelectedIndexChanged，在处理函数中获取被选取行的数据的索引后把页面导航到 WebForm1.aspx，并把索引传递到该页面。这段代码主要是根据数据的索引来从数据库获取该条数据的详细信息，获取后把详细信息写到页面上。整个算法的过程也很简单：获取数据库连接字符串，定义 SqlConnection 对象，在 try 语句中处理实际的操作，利用 Request.QueryString 获取数据的索引，定义 SqlCommand 和 SqlDataAdapter 对象，定义 DataSet 对象，打开数据库连接，把数据填充到 DataSet 对象中，最后读取获取到的数据的详细信息并写到页面上，在 catch 语句中对错误进行处理，在 finally 语句中关闭数据库连接）：

```
protected void Page_Load(object sender, EventArgs e)
{                              string          connectionString          =
WebConfigurationManager.ConnectionStrings["Pubs"].ConnectionString;
    // 定义 ADO.NET 对象.
    SqlConnection con = new SqlConnection(connectionString);
    try
    {   string ID = Request.QueryString["stuID"].ToString();
        // 根据编号获取学生信息
        string selectSQL = "SELECT * FROM Students where id = " + ID;
        SqlCommand cmd = new SqlCommand(selectSQL, con);
        SqlDataAdapter adapter = new SqlDataAdapter(cmd);
        DataSet dsPubs = new DataSet();
        con.Open();
        // 填充 DataSet
    adapter.Fill(dsPubs, "Students");
    Response.Write("学生详细信息" + "<br>");
```

```
    Response.Write(" 姓 名 ：  " + dsPubs.Tables["Students"].Rows[0]["StuName"].
ToString() + "<br>");
    Response.Write("电话: "+dsPubs.Tables["Students"].Rows[0]["Phone"].ToString()
+ "<br>");
    Response.Write(" 地 址 ：  " + dsPubs.Tables["Students"].Rows[0]["Address"].
ToString() + "<br>");
    Response.Write("城市: "+dsPubs.Tables["Students"].Rows[0]["City"].ToString()
+ "<br>");
    Response.Write("国家: "+dsPubs.Tables["Students"].Rows[0]["State"].ToString()
+ "<br>");
    }
    catch(Exception ee)
    {   Response.Write("有错误发生，错误信息: " + ee.Message.ToString());
    }
    finally
    {   con.Close(); // 关闭数据库
    }
}
```

运行效果如图 14-6 和图 14-7 所示。

图 14-6　具有选取行功能的 GridView 的效果图　　图 14-7　选取一行后在另一个页面显示的详细信息

在图 14-6 中，选取第一行数据，则在图 14-7 中显示该行数据的详细信息。这个功能其实非常有用，在很多情况下，由于一行数据包含的信息过多，很难在 GridView 控件中把数据信息全部显示出来，因此就单独设计一个页面，在这个页面中显示被选取行的详细信息。在后面将要介绍的 DetailsView 控件正是要和 GridView 控件搭配实现这种功能的，即在 GridView 控件中显示概要信息，而在 DetailsView 控件中显示详细信息。

## 14.1.10　GridView 控件的数据操作

当 GridView 控件把数据显示到页面时，有时候可能需要对这些数据进行诸如修改或删除的操作。GridView 控件通过内置的属性来提供这些操作界面，而实际的数据操作则通过数据源控件或 ADO.NET 来实现。

有如下三种方式来启用 GridView 控件的删除或修改功能：

* 将 AutoGenerateEditButton 属性设置为 true 以启用修改，将 AutoGenerateDeleteButton 属性

设置为 true 以启用删除。

- 添加一个 CommandField 列，并将其 ShowEditButton 属性设置为 true 以启用修改，将其 ShowDeleteButton 属性设置为 true 以启用删除。

- 创建一个 TemplateField，其中 ItemTemplate 包含多个命令按钮，要进行更新时可将 CommandName 设置为 Edit，要进行删除时可设置为 Delete。

当启用 GridView 控件的删除或修改功能时，GridView 控件会显示一个能够让用户编辑或删除各行的用户界面：一般情况下，会在一列或多列中显示按钮或链接，用户通过单击按钮或链接把所在的行置于可编辑的模式下或直接把该行删除。

在处理更改和删除的实际操作时，有如下两种选择：

- 使用数据源控件。用户保存更改时，GridView 控件将更改和主键信息传递到由 DataSourceID 属性标识的数据源控件，从而调用适当的更新操作，例如，SqlDataSource 控件使用更改后的数据作为参数值来执行 SQL Update 语句，或 ObjectDataSource 控件调用其更新方法，并将更改作为参数传递给方法调用。用户删除行时，GridView 控件将主键信息传递到 DataSourceID 属性标识的数据源控件中，从而调用适当的删除操作，例如，执行 SQL Delete 语句等。

- 在事件处理程序中使用 ADO.NET 方法编写自动更新或删除代码。用户保存更改时将触发事件 RowUpdated，在该事件处理程序中获得更改后的数据，然后使用 ADO.NET 方法调用 SQL Update 语句把数据更新。用户删除行时将触发事件 RowDeleted，在事件处理程序中获得要删除行的数据的主键，然后使用 ADO.NET 方法调用 SQL Delete 语句把数据更新。

在事件处理程序中是根据三个字典集来获得 GridView 控件的传递数据的，GridView 控件的三个字典集合分别是：Keys 字典、NewValues 字典和 OldValues 字典。

其中，Keys 字典包含字段的名称和值，通过它们唯一标识将要更新或删除的记录，并始终包含键字段的原始值。若要指定哪些字段放置在 Keys 字典中，可将 DataKeyNames 属性设置为用逗号分隔的、用于表示数据主键的字段名称的列表。DataKeys 集合会用于为 DataKeyNames 属性指定的字段关联的值自动填充。NewValues 字典包含正在编辑的行中的输入控件的当前值。OldValues 字典包含除键字段以外的任何字段的原始值，键字段包含在 Keys 字典中。

此外，数据源控件还可以使用 Keys、NewValues 和 OldValues 字典中的值作为更新或删除命令的参数。

通过以上介绍，读者应该已清楚在 GridView 控件中进行数据操作的基本方法了，下面就通过实例来展示以上介绍的方法。

### 例 14-6 使用自动生成的删除列和更新列

这个例子将介绍如何使用 GridView 控件的自动生成的删除列和更新列与数据源控件一起实现数据的更新和删除。

创建步骤如下：

**01** 创建一个 ASP.NET 空 Web 应用程序 Sample14-6。

**02** 打开文件 Web.config，在<connectionStrings>节中加入数据库连接字符串：

```
<connectionStrings>
    <add         name="Pubs"         connectionString="Data         Source=.;Initial
Catalog=BookSample;User ID=sa;Password=585858"/>
</connectionStrings>
```

**03** 从工具箱中向页面再拖入一个 SqlDataSource 控件，并定义相关属性，代码如下（这个 SqlDataSource 控件将要完成三个任务：获取所有学生的信息；更新某条学生信息；删除一条学生信息。这里定义了三个数据库操作命令属性，并显式定义了这些命令将要用到的参数信息）：

```
<asp:SqlDataSource    ID="SqlDataSource1"   runat="server"   ConnectionString="<%$
ConnectionStrings:Pubs %>"
    ProviderName="System.Data.SqlClient"              DataSourceMode="DataReader"
SelectCommand="SELECT * FROM [Students]"
    UpdateCommand="UPDATE    Students    SET    StuName=@StuName,    Phone=@Phone,
Address=@Address,
    City=@City, State=@State WHERE ID=@ID" DeleteCommand="DELETE Students WHERE
ID=@ID" >
    <UpdateParameters>
        <asp:Parameter Name="StuName" Type="String" />
        <asp:Parameter Name="Phone" Type="String" />
        <asp:Parameter Name="Address" Type="String" />
        <asp:Parameter Name="City" Type="String" />
        <asp:Parameter Name="State" Type="String" />
        <asp:Parameter Name="ID" Type="Int32" DefaultValue="1" />
    </UpdateParameters>
    <DeleteParameters>
        <asp:Parameter Name="ID" Type="Int32" DefaultValue="1" />
    </DeleteParameters>
</asp:SqlDataSource>
```

**04** 添加页面 Default.aspx，打开并切换到"设计"视图，从工具箱中拖入一个 GridView 控件。

**05** 选中 GridView 控件，在"属性"窗口中设置属性 AutoGenerateColumns 为 false。

**06** 选中 GridView 控件，单击右上角的按钮，在弹出的菜单中选择"自动套用格式"命令，在打开的"自动套用格式"对话框中选取"彩色型"样式。

**07** 选中 GridView 控件，单击右上角的按钮，在弹出的菜单中为 GridView 控件选择刚创建的 SqlDataSource 控件。

**08** 选中 GridView 控件，单击右上角的按钮，在弹出的菜单中选择"编辑列"命令，在弹出如图 14-3 所示的"字段"对话框中添加几个 BoundField 列，并把它们的 DataField 属性设置为与数据库 BookSample 的表 Students 对应的字段。

**09** 选中 GridView 控件，在"属性"窗口中设置属性 AutoGenerateDeleteButton 为 true。

**10** 选中 GridView 控件，在"属性"窗口中设置属性 AutoGenerateEditButton 为 true。

**11** 选中 GridView 控件，在"属性"窗口中设置属性 DataKeyNames 为 ID。

12　选中 GridView 控件，在"属性"窗口中打开"事件"选项卡，添加该控件的事件 RowUpdated 和 RowDeleted 的处理函数。编辑后 GridView 控件的定义代码如下：

```
<asp:GridView ID="GridView1" runat="server" CellPadding="4"
  DataSourceID="SqlDataSource1" ForeColor="#333333" GridLines="None"
  AutoGenerateColumns="False" DataKeyNames="ID"
  onrowdeleted="GridView1_RowDeleted" onrowupdated="GridView1_RowUpdated"
  AutoGenerateDeleteButton="True" AutoGenerateEditButton="True">
<PagerSettings Mode="NextPreviousFirstLast" />
<FooterStyle BackColor="#990000" Font-Bold="True" ForeColor="White" />
<RowStyle BackColor="#FFFBD6" ForeColor="#333333" />
<Columns>
    <asp:BoundField DataField="ID" HeaderText="索引" />
    <asp:BoundField DataField="StuName" HeaderText="学生姓名" />
    <asp:BoundField DataField="Phone" HeaderText="电话" />
    <asp:BoundField DataField="Address" HeaderText="地址" />
    <asp:BoundField DataField="City" HeaderText="城市" />
     <asp:BoundField DataField="State" HeaderText="国家"/>
  </Columns>
  <PagerStyle BackColor="#FFCC66" ForeColor="#333333" HorizontalAlign="Center" />
  <SelectedRowStyle BackColor="#FFCC66" Font-Bold="True" ForeColor="Navy" />
  <HeaderStyle BackColor="#990000" Font-Bold="True" ForeColor="White" />
  <AlternatingRowStyle BackColor="White" />
</asp:GridView>
```

13　打开文件 Default.aspx.cs，在事件 RowUpdated 的处理函数中加入如下代码（当一行被更新后事件 RowUpdated 发生，此时重新绑定 GridView 控件以绑定更新后的数据）：

```
protected void GridView1_RowUpdated(object sender, GridViewUpdatedEventArgs e)
{   this.GridView1.DataBind();
}
```

14　打开文件 Default.aspx.cs，在事件 RowUpdated 的处理函数中加入如下代码（当一行被更新后事件 RowDeleted 发生，此时重新绑定 GridView 控件以绑定删除后的数据）：

```
protected void GridView1_RowDeleted(object sender, GridViewDeletedEventArgs e)
{   this.GridView1.DataBind();
}
```

15　在浏览器中查看页面 Default.aspx，效果如图 14-8 所示。

图 14-8　带有编辑列和删除列的 GridView 控件

在图 14-8 中，单击某行的"编辑"按钮，则出现如图 14-9 所示的界面。

| | 索引 | 学生姓名 | 电话 | 地址 | 城市 | 国家 |
|---|---|---|---|---|---|---|
| 更新 取消 | 1 | 张一一 | 13256789023 | 建国门外大街二号 | 北京 | 中国 |
| 编辑 删除 | 2 | 李逍遥 | 13698562314 | 海淀区清河镇一号 | 北京 | 中国 |
| 编辑 删除 | 3 | 王果儿 | 15896325689 | 徐家汇一弄 | 上海 | 中国 |
| 编辑 删除 | 4 | James | 13965669856 | 百老汇7号 | 纽约 | 美国 |
| 编辑 删除 | 12 | 陈成成 | 01056963258 | 知春路234号 | 北京 | 中国 |
| 编辑 删除 | 13 | 王大力 | 02178568909 | 陆家嘴 | 上海 | 中国 |
| 编辑 删除 | 14 | 张三风 | 02056893625 | 白云大道 | 广州 | 中国 |

图 14-9　编辑界面

在图 14-10 中，把这一行中每一列可编辑的数据都以文本框的形式出现，这样用户就可以修改其中的数据。由于"索引"列是数据的主键，一般情况下应该把该列的属性设置为只读的，以避免在编辑过程中出现错误。在"字段"对话框中选中"索引"列，把其属性 ReadOnly 设置为 true，则编辑界面就会改变为如图 14-10 所示的效果。

| | 索引 | 学生姓名 | 电话 | 地址 | 城市 | 国家 |
|---|---|---|---|---|---|---|
| 更新 取消 | 1 | 张一一 | 13256789023 | 建国门外大街二号 | 北京 | 中国 |
| 编辑 删除 | 2 | 李逍遥 | 13698562314 | 海淀区清河镇一号 | 北京 | 中国 |
| 编辑 删除 | 3 | 王果儿 | 15896325689 | 徐家汇一弄 | 上海 | 中国 |
| 编辑 删除 | 4 | James | 13965669856 | 百老汇7号 | 纽约 | 美国 |
| 编辑 删除 | 12 | 陈成成 | 01056963258 | 知春路234号 | 北京 | 中国 |
| 编辑 删除 | 13 | 王大力 | 02178568909 | 陆家嘴 | 上海 | 中国 |
| 编辑 删除 | 14 | 张三风 | 02056893625 | 白云大道 | 广州 | 中国 |

图 14-10　"索引"列不可编辑的编辑界面

在各列的文本框中修改一些数据后，单击"更新"按钮则会把更新后的数据呈现出来，如果不想更新的话，则单击"取消"按钮即可退出编辑界面。更新后的效果如图 14-11 所示。

| | 索引 | 学生姓名 | 电话 | 地址 | 城市 | 国家 |
|---|---|---|---|---|---|---|
| 编辑 删除 | 1 | 张一 | 13256789023 | 建国门外大街二号 | 北京 | 中国 |
| 编辑 删除 | 2 | 李逍遥 | 13698562314 | 海淀区清河镇一号 | 北京 | 中国 |
| 编辑 删除 | 3 | 王果儿 | 15896325689 | 徐家汇一弄 | 上海 | 中国 |
| 编辑 删除 | 4 | James | 13965669856 | 百老汇7号 | 纽约 | 美国 |
| 编辑 删除 | 12 | 陈成成 | 01056963258 | 知春路234号 | 北京 | 中国 |
| 编辑 删除 | 13 | 王大力 | 02178568909 | 陆家嘴 | 上海 | 中国 |
| 编辑 删除 | 14 | 张三风 | 02056893625 | 白云大道 | 广州 | 中国 |

图 14-11　更新后的效果

在图 14-11 中，单击某行的"删除"按钮，则会把该行数据删除，如图 14-12 所示（在图 14-12 中，删除了索引为 1 的数据）。

| | 索引 | 学生姓名 | 电话 | 地址 | 城市 | 国家 |
|---|---|---|---|---|---|---|
| 编辑 删除 | 2 | 李逍遥 | 13698562314 | 海淀区清河镇一号 | 北京 | 中国 |
| 编辑 删除 | 3 | 王果儿 | 15896325689 | 徐家汇一弄 | 上海 | 中国 |
| 编辑 删除 | 4 | James | 13965669856 | 百老汇7号 | 纽约 | 美国 |
| 编辑 删除 | 12 | 陈成成 | 01056963258 | 知春路234号 | 北京 | 中国 |
| 编辑 删除 | 13 | 王大力 | 02178568909 | 陆家嘴 | 上海 | 中国 |
| 编辑 删除 | 14 | 张三风 | 02056893625 | 白云大道 | 广州 | 中国 |

图 14-12　删除后的效果

**例 14-7　使用 CommandField 删除列和更新列**

这个例子将介绍如何使用 GridView 控件的 CommandField 和数据源控件一起实现数据的更新和删除。

创建步骤如下：

**01** 创建一个 ASP.NET 空 Web 应用程序 Sample14-7。

**02** 打开文件 Web.config，在< connectionStrings >节中加入数据库连接字符串：

```
<connectionStrings>
    <add        name="Pubs"        connectionString="Data        Source=.;Initial
Catalog=BookSample;User ID=sa;Password=585858"/>
    </connectionStrings>
```

**03** 从工具箱中向页面再拖入一个 SqlDataSource 控件，并定义相关属性，代码如下（这个 SqlDataSource 控件将要完成三个任务：获取所有学生的信息；更新某条学生信息；删除一条学生信息。这里定义了三个数据库操作命令属性，并显式定义了这些命令将要用到的参数信息）：

```
<asp:SqlDataSource  ID="SqlDataSource1"  runat="server"  ConnectionString="<%$
ConnectionStrings:Pubs %>"
    ProviderName="System.Data.SqlClient"           DataSourceMode="DataReader"
SelectCommand="SELECT * FROM
[Students]"
    UpdateCommand="UPDATE   Students   SET   StuName=@StuName,   Phone=@Phone,
Address=@Address,
    City=@City, State=@State WHERE ID=@ID" DeleteCommand="DELETE Students WHERE
ID=@ID" >
    <UpdateParameters>
        <asp:Parameter Name="StuName" Type="String" />
        <asp:Parameter Name="Phone" Type="String" />
        <asp:Parameter Name="Address" Type="String" />
        <asp:Parameter Name="City" Type="String" />
        <asp:Parameter Name="State" Type="String" />
        <asp:Parameter Name="ID" Type="Int32" DefaultValue="1" />
    </UpdateParameters>
    <DeleteParameters>
        <asp:Parameter Name="ID" Type="Int32" DefaultValue="1" />
    </DeleteParameters>
</asp:SqlDataSource>
```

**04** 添加页面 Default.aspx，打开并切换到"设计"视图，从工具箱中拖入一个 GridView 控件。

**05** 选中 GridView 控件，在"属性"窗口中设置属性 AutoGenerateColumns 为 false。

**06** 选中 GridView 控件，单击右上角的按钮，在弹出的菜单中选择"自动套用格式"命令，在打开的"自动套用格式"对话框中选取"彩色型"样式。

**07** 选中 GridView 控件，单击右上角的按钮，在弹出的菜单中为 GridView 控件选择刚创建的 SqlDataSource 控件。

**08** 选中 GridView 控件，单击右上角的按钮，在弹出的菜单中选择"编辑列"命令，在弹出的如图 14-3 所示的"字段"对话框中添加几个 BoundField 列，并把它们的 DataField 属性设置为与数据库 BookSample 的表 Students 对应的字段。再添加一个 CommandField 列，把其属性 ShowEditButton 设置为 true 以启用修改，将其 ShowDeleteButton 属性设置为 true 以启用删除。

**09** 选中 GridView 控件，在"属性"窗口中设置属性 DataKeyNames 为 ID。

**10** 选中 GridView 控件，在"属性"窗口中打开"事件"选项卡，添加该控件的事件 RowUpdated 和 RowDeleted 的处理函数。编辑后 GridView 控件的定义代码如下：

```
<asp:GridView ID="GridView1" runat="server" CellPadding="4"
   DataSourceID="SqlDataSource1" ForeColor="#333333" GridLines="None"
   AutoGenerateColumns="False" DataKeyNames="ID"
   onrowdeleted="GridView1_RowDeleted" onrowupdated="GridView1_RowUpdated">
   <PagerSettings Mode="NextPreviousFirstLast" />
   <FooterStyle BackColor="#990000" Font-Bold="True" ForeColor="White" />
   <RowStyle BackColor="#FFFBD6" ForeColor="#333333" />
   <Columns>
      <asp:BoundField DataField="ID" HeaderText="索引" ReadOnly="True" />
      <asp:BoundField DataFicld="StuName" HeaderText="学生姓名" />
      <asp:BoundField DataField="Phone" HeaderText="电话" />
      <asp:BoundField DataField="Address" HeaderText="地址" />
      <asp:BoundField DataField="City" HeaderText="城市" />
      <asp:BoundField DataField="State" HeaderText="国家"/>
      <asp:CommandField ShowDeleteButton="True" ShowEditButton="True" />
   </Columns>
   <PagerStyle BackColor="#FFCC66" ForeColor="#333333" HorizontalAlign="Center" />
   <SelectedRowStyle BackColor="#FFCC66" Font-Bold="True" ForeColor="Navy" />
   <HeaderStyle BackColor="#990000" Font-Bold="True" ForeColor="White" />
   <AlternatingRowStyle BackColor="White" />
</asp:GridView>
```

**11** 打开文件 Default.aspx.cs，在事件 RowUpdated 的处理函数中加入如下代码（当一行被更新后事件 RowUpdated 发生，此时重新绑定 GridView 控件以绑定更新后的数据）：

```
protected void GridView1_RowUpdated(object sender, GridViewUpdatedEventArgs e)
{   this.GridView1.DataBind();
}
```

**12** 打开文件 Default.aspx.cs，在事件 RowUpdated 的处理函数中加入如下代码（当一行被更新后事件 RowDeleted 发生，此时重新绑定 GridView 控件以绑定删除后的数据）：

```
protected void GridView1_RowDeleted(object sender, GridViewDeletedEventArgs e)
{   this.GridView1.DataBind();
}
```

例 14-7 的运行效果同例 14-6 相同，这里就不再详细介绍。

同样还可以把 ADO.NET 同 GridView 控件一起使用来实现数据的更新和删除，这时就需要在事件 RowUpdated 和 RowDeleted 的处理函数中编写 ADO.NET 访问数据库、执行更新和删除 SQL

命令的代码。

> 使用 ADO.NET 执行数据更新比使用数据源控件要复杂，首先要从 DataKeys 中把该数据的索引读取出来放在 ID 中，然后从 NewValues 中把每个字段的信息读取出来放在相应的变量中，根据这些信息定义更新 SQL 命令。最后创建 ADO.NET 对象并执行 SQL 命令。执行完毕并更新 SQL 命令后，调用把数据库数据绑定到 GridView 控件的方法把更新后的数据绑定到 GridView 控件中。

例如，更新某行数据时在事件 RowUpdated 处理函数中添加如下代码即可：

```
// 读取索引
string ID = this.GridView1.DataKeys[0].Value.ToString();
// 读取更新后的信息
string StuName = e.NewValues["StuName"].ToString();
string Phone = e.NewValues["Phone"].ToString();
string Address = e.NewValues["Address"].ToString();
string City = e.NewValues["City"].ToString();
string State = e.NewValues["State"].ToString();
// 定义更新 sql 命令
string sql = "UPDATE Students SET StuName='" + StuName + "', Phone='" + Phone
    + "', Address='" + Address+ "',City='" + City+ "', State='" + State+  "' WHERE
ID=" + ID;
// 定义 ADO.NET 对象.
SqlConnection con = new SqlConnection(connectionString);
SqlCommand cmd = new SqlCommand(selectSQL, con);
// 打开数据库连接并执行更新命令.
try
{   con.Open();//打开连接
    cmd.ExecuteNonQuery();//执行命令
}
catch (Exception err)
{   //错误处理
}
finally
{   con.Close(); // 关闭数据库
}
// 绑定更新后的数据信息
BindData();   // 一个自定义方法用来向 GridView 控件中绑定数据
```

上面的代码中方法 BindData 用来向 GridView 控件中绑定数据，这个方法的实现过程不是本章的内容，详细知识可参考有关 ADO.NET 读取并绑定数据到数据控件的知识。

删除数据时，在 RowDeleted 处理函数中编写的 ADO.NET 访问数据库和执行删除 SQL 命令的代码与在 RowUpdated 处理函数中添加的代码类似，只不过把更新 SQL 命令更改为删除 SQL 命令即可。

此外在 GridView 控件进入编辑状态时，还可以自定义各列的显示形式，这时候就要把自定义的列转化为 TemplateField 列，这样就可以定义该列在正常状态下显示的格式，而在编辑状态下显示另外的格式。

## 14.1.11　批量更新 GridView 控件中的数据

有时候需要对 GridView 控件中的数据进行批量更新，由于 GridView 控件在默认情况下每次只支持单行更新，因此需要找一个解决方案来实现数据的批量更新。这个解决方案需要从如下两个方面考虑：

- 提供批量修改数据的界面。GridView 控件在默认情况下，当单击"编辑"按钮时只把一行数据置于可修改的状态，GridView 控件支持 TemplateField 列，把要编辑的各列都转换成 TemplateField 列，在其 ItemTemplate 定义中利用 TextBox 控件代替默认的 Label 控件。这样当数据绑定到 GridView 控件，各列就自动呈现为可编辑的状态。
- 由于 GridView 控件的需要更新列的数据一直处于可编辑的状态，因此 GridView 控件本身是无法知晓哪一行数据被更新过，需要在数据库中把该行数据更新的。这样就需要在提交更新命令之前判断哪一行数据被更新过。要判断哪一行数据被更新过也很简单，只要把当前的数据与最初的数据做个比较即可。

下面就通过一个示例来介绍如何实现批量更新 GridView 控件中的数据。

### 例 14-8　批量更新 GridView 控件中的数据

**01** 创建一个 ASP.NET 空 Web 应用程序 Sample14-8。

**02** 打开文件 Web.config，在< connectionStrings >节中加入数据库连接字符串：

```
<connectionStrings>
    <add         name="Pubs"       connectionString="Data       Source=.;Initial
Catalog=BookSample;User ID=sa;Password=585858"/>
</connectionStrings>
```

**03** 从工具箱中向页面再拖入一个 SqlDataSource 控件，并定义相关属性，代码如下（这个 SqlDataSource 控件将要完成两个任务：获取所有学生的信息和更新某条学生信息。这里定义了两个数据库操作命令属性，并显式定义了这些命令将要用到的参数信息）：

```
<asp:SqlDataSource   ID="SqlDataSource1"  runat="server"  ConnectionString="<%$
ConnectionStrings:Pubs %>"
    ProviderName="System.Data.SqlClient"           DataSourceMode="DataReader"
SelectCommand="SELECT * FROM [Students]"
    UpdateCommand="UPDATE   Students   SET   StuName=@StuName,   Phone=@Phone,
Address=@Address,
    City=@City, State=@State WHERE ID=@ID" DeleteCommand="DELETE Students WHERE
ID=@ID" >
    <UpdateParameters>
      <asp:Parameter Name="StuName" Type="String" />
      <asp:Parameter Name="Phone" Type="String" />
      <asp:Parameter Name="Address" Type="String" />
      <asp:Parameter Name="City" Type="String" />
      <asp:Parameter Name="State" Type="String" />
```

```
    <asp:Parameter Name="ID" Type="Int32" DefaultValue="1" />
  </UpdateParameters>
</asp:SqlDataSource>
```

**04** 添加页面 Default.aspx，打开并切换到"设计"视图，从工具箱中拖入一个 GridView 控件。

**05** 选中 GridView 控件，在"属性"窗口中设置属性 AutoGenerateColumns 为 false。

**06** 选中 GridView 控件，单击右上角的按钮，在弹出的菜单中选择"自动套用格式"命令，在打开的"自动套用格式"对话框中选取"彩色型"样式。

**07** 选中 GridView 控件，单击右上角的按钮，在弹出的菜单中为 GridView 控件选择刚创建的 SqlDataSource 控件。

**08** 选中 GridView 控件，单击右上角的按钮，在弹出的菜单中选择"编辑列"命令，在弹出的如图 14-3 所示的"字段"对话框中添加一个 BoundField 列，并把它的 DataField 属性设置为 ID，HeadText 属性设置为索引。添加几个 TemplateField 列，并设置 HeadText 属性。

**09** 选中 GridView 控件，右键单击 GridView 控件，在弹出的菜单中选择"编辑模板" | "要编辑模板列"命令，在弹出的如图 14-13 所示的编辑模板列中，将 ItemTemplate 项拖入一个 TextBox 控件，并重新定义 TextBox 的 ID 以标识该控件，然后右键单击该控件，在弹出的快捷菜单中选择"结束模板编辑"命令则可返回到 GridView 控件界面（这些操作还可以直接在"源"视图中进行，直接输入定义即可）。

图 14-13　编辑模板列

**10** 选中 GridView 控件，在"属性"窗口中设置属性 DataKeyNames 为 ID。

**11** 选中 GridView 控件，在"属性"窗口中打开"事件"选项卡，添加该控件的事件 RowDataBounded 处理函数。编辑后 GridView 控件的定义代码如下：

```
<asp:GridView ID="GridView1" runat="server" CellPadding="4"
 DataSourceID="SqlDataSource1" ForeColor="#333333" GridLines="None"
AutoGenerateColumns="False" DataKeyNames="ID"
```

```
onrowdatabound="GridView1_RowDataBound">
<PagerSettings Mode="NextPreviousFirstLast" />
 <FooterStyle BackColor="#990000" Font-Bold="True" ForeColor="White" />
    <RowStyle BackColor="#FFFBD6" ForeColor="#333333" />
   <Columns>
      <asp:BoundField DataField="ID" HeaderText="索引" ReadOnly="True" />
    <asp:TemplateField HeaderText="学生姓名">
        <EditItemTemplate>
        <asp:TextBox  ID="TextBox1"  runat="server"  Text='<%#  Bind("StuName")
%>'></asp:TextBox>
        </EditItemTemplate>
     <ItemTemplate>
        <asp:TextBox  ID="txt_StuName"  runat="server"  Text='<%#  Bind("StuName")
%>'></asp:TextBox>
     </ItemTemplate>
      <asp:TemplateField HeaderText="电话">
        <EditItemTemplate>
           <asp:TextBox  ID="TextBox2"  runat="server"   Text='<%#   Bind("Phone")
%>'></asp:TextBox>
        </EditItemTemplate>
        <ItemTemplate>
         <asp:TextBox   ID="txt_Phone"  runat="server"   Text='<%#   Bind("Phone")
%>'></asp:TextBox>
          </ItemTemplate>
        </asp:TemplateField>
       <asp:TemplateField HeaderText="地址">
         <EditItemTemplate>
           <asp:TextBox  ID="TextBox3"  runat="server"  Text='<%#  Bind("Address")
%>'></asp:TextBox>
         </EditItemTemplate>
      <ItemTemplate>
       <asp:TextBox  ID="txt_Address"  runat="server"  Text='<%#  Bind("Address")
%>'></asp:TextBox>
      </ItemTemplate>
   </asp:TemplateField>
   <asp:TemplateField HeaderText="城市">
       <EditItemTemplate>
         <asp:TextBox   ID="TextBox4"   runat="server"   Text='<%#   Bind("City")
%>'></asp:TextBox>
        </EditItemTemplate>
    <ItemTemplate>
       <asp:TextBox   ID="txt_City"   runat="server"   Text='<%#   Bind("City")
%>'></asp:TextBox>
     </ItemTemplate>
     </asp:TemplateField>
   <asp:TemplateField HeaderText="国家">
        <EditItemTemplate>
          <asp:TextBox   ID="TextBox5"   runat="server"   Text='<%#   Bind("State")
%>'></asp:TextBox>
        </EditItemTemplate>
```

```
    <ItemTemplate>
    <asp:TextBox    ID="txt_State"    runat="server"    Text='<%#    Bind("State")
%>'></asp:TextBox>
    </ItemTemplate>
</asp:TemplateField>
    </Columns>
    <PagerStyle BackColor="#FFCC66" ForeColor="#333333" HorizontalAlign="Center"
/>
    <SelectedRowStyle BackColor="#FFCC66" Font-Bold="True" ForeColor="Navy" />
    <HeaderStyle BackColor="#990000" Font-Bold="True" ForeColor="White" />
    <AlternatingRowStyle BackColor="White" />
</asp:GridView>
```

12 向页面中拖入一个 Button 控件，并添加该控件的单击事件处理函数。

13 文件 Default.aspx.cs，加入如下两个变量的定义，代码如下（变量 tableCopied 用于标识存储原始数据的表是否被复制。变量 originalDataTable 用来存储原始数据）：

```
private bool tableCopied = false;
private DataTable originalDataTable;
```

14 在事件 RowDataBound 的处理函数中加入如下代码（当 GridView 控件被绑定数据时该事件就会发生，在每次把数据绑定到 GridView 控件中时，把原始数据复制到 originalDataTable 中，并把数据保存到 ViewState 中）：

```
protected void GridView1_RowDataBound(object sender, GridViewRowEventArgs e)
{    // 每次绑定 GridView 控件后，把当前数据的副本放在 ViewState 中保存
    if (e.Row.RowType == DataControlRowType.DataRow)
        if (!tableCopied)
        {
originalDataTable = ((DataRowView)e.Row.DataItem).Row.Table.Copy();
            ViewState["originalValuesDataTable"] = originalDataTable;
            tableCopied = true;
        }
}
```

15 添加判断一行数据是否被更新的函数，函数 IsRowModified 用来判断一行数据是否被更新。其算法是：首先获得当前 GridView 控件中该行的数据，然后从 originalDataTable 中获得与该行数据对应的行，最后逐列判断相对应的数据是否一致，若一致则表明该列数据没有被更新，若不一致则表明该列数据被更新，一行数据中只要有一列被更新则认为该行数据被更新。代码如下：

```
// 判断该行数据是否被更新
protected bool IsRowModified(GridViewRow r)
{    // 获得当前 GridView 中某行的数据信息
    int currentID;
    string currentStuName;
    string currentPhone;
    string currentAddress;
    string currentCity;
    string currentState;
```

```
    currentID = Convert.ToInt32(GridView1.DataKeys[0].Value);
    currentStuName = ((TextBox)r.FindControl("txt_StuName")).Text;
    currentPhone = ((TextBox)r.FindControl("txt_Phone")).Text;
    currentAddress = ((TextBox)r.FindControl("txt_Address")).Text;
    currentCity = ((TextBox)r.FindControl("txt_City")).Text;
    currentState = ((TextBox)r.FindControl("txt_State")).Text;
    // 从 originalDataTable 中获得具有同样索引的数据
    DataRow    row    =originalDataTable.Select(String.Format("ID   =   {0}",
currentID))[0];
    // 做比较，如果有一列的数据不一样，则认为数据被修改，则返回 true 说明数据被更新
    if (!currentStuName.Equals(row["StuName"].ToString())) { return true; }
    if (!currentPhone.Equals(row["Phone"].ToString())) { return true; }
    if (!currentAddress.Equals(row["Address"].ToString())) { return true; }
    if (!currentCity.Equals(row["City"].ToString())) { return true; }
    if (!currentState.Equals(row["State"].ToString())) { return true; }
    // 返回 false，说明数据没有被更新
    return false;
}
```

**16** 在"更新"按钮的单击事件处理函数中加入如下代码（当用户单击该控件时，把存储在
ViewState 中的原始数据读取到 originalDataTable 中，然后调用方法 IsRowModified 逐行
判断 GridView 中的数据是否被更新，若被更新，则调用方法 UpdateRow 更新该行。最
后设置 tableCopied 为 false，并重新绑定 GridView 控件）：

```
protected void UpdateButton_Click(object sender, EventArgs e)
{   originalDataTable = (DataTable)ViewState["originalValuesDataTable"];
    // 循环 GridView 控件中的每一行，把修改过的数据进行更新
    foreach (GridViewRow r in GridView1.Rows)
    if (IsRowModified(r)) { GridView1.UpdateRow(r.RowIndex, false); }
    // 重新绑定数据
    tableCopied = false;
    GridView1.DataBind();
}
```

在浏览器中查看页面 Default.aspx，效果如图 14-14 所示。

图 14-14　多行批量更新的操作界面

在图 14-14 中，修改需要更新的数据，单击"更新"按钮，则可以一次把所有要更新的数据在

数据库中进行更新。

## 14.2　DetailsView **控件**

DetailsView 控件主要用来从与它联系的数据源中一次显示、编辑、插入或删除一条记录。通常，它将与 GridView 控件一起使用在主/详细方案中，GridView 控件用来显示主要的数据目录，而DetailsView 控件显示每条数据的详细信息。

### 14.2.1　属性

DetailsView 控件提供了如表 14-7 所示的属性。

表 14-7　DetailsView 控件的属性

| 属性 | 说明 |
| --- | --- |
| AllowPaging | 获取或设置一个值，该值指示是否启用分页功能 |
| AlternatingRowStyle | 获取对 TableItemStyle 对象的引用，使用该对象可以设置 DetailsView 控件中的交替数据行的外观 |
| AutoGenerateDeleteButton | 获取或设置一个值，该值指示每个数据行都带有"删除"按钮的 CommandField 字段列是否自动添加到 DetailsView 控件 |
| AutoGenerateSelectButton | 获取或设置一个值，该值指示每个数据行都带有"选择"按钮的 CommandField 字段列是否自动添加到 DetailsView 控件 |
| AutoGenerateInsertButton | 获取或设置一个值，该值指示用来插入新记录的内置控件是否在 DetailsView 控件中显示 |
| AutoGenerateRows | 获取或设置一个值，该值指示对应于数据源中每个字段的行字段是否自动生成并在 DetailsView 控件中显示 |
| BackImageUrl | 获取或设置要在 DetailsView 控件的背景中显示的图像的 URL |
| BottomPagerRow | 获取一个 DetailsView 对象，该对象表示 DetailsView 控件中的底部页导航行 |
| Caption | 获取或设置要在 DetailsView 控件的 HTML 标题元素中呈现的文本。提供此属性的目的是使辅助技术设备的用户更易于访问控件 |
| CaptionAlign | 获取或设置 DetailsView 控件中的 HTML 标题元素的水平或垂直位置。提供此属性的目的是使辅助技术设备的用户更易于访问控件 |
| Caption | 获取或设置要在 DetailsView 控件的 HTML 标题元素中呈现的文本。提供此属性的目的是使辅助技术设备的用户更易于访问控件 |
| CaptionAlign | 获取或设置 DetailsView 控件中的 HTML 标题元素的水平或垂直位置。提供此属性的目的是使辅助技术设备的用户更易于访问控件 |
| CellPadding | 获取或设置单元格的内容和单元格的边框之间的空间量 |
| CellSpacing | 获取或设置单元格间的空间量 |

| 属性 | 说明 |
| --- | --- |
| CommandRowStyle | 获取对 TableItemStyle 对象的引用，该对象允许设置 DetailsView 控件中的命令行的外观 |
| CurrentMode | 获取 DetailsView 控件的当前数据输入模式 |
| DataItem | 获取绑定到 DetailsView 控件的数据项 |
| DataItemCount | 获取基础数据源中的项数 |
| DataItemIndex | 从基础数据源中获取 DetailsView 控件中正在显示的项的索引 |
| DataKey | 获取一个 DataKey 对象，该对象表示所显示的记录的主键 |
| DataKeyNames | 获取或设置一个数组，该数组包含数据源的键字段的名称 |
| DataMember | 当数据源包含多个不同的数据项列表时，获取或设置数据绑定控件绑定到的数据列表的名称 |
| DataSource | 获取或设置对象，数据绑定控件从该对象中检索其数据项列表 |
| DataSourceID | 获取或设置控件的 ID，数据绑定控件从该控件中检索其数据项列表 |
| DefaultMode | 获取或设置 DetailsView 控件的默认数据输入模式 |
| EditRowStyle | 获取对 TableItemStyle 对象的引用，使用该对象可以设置 DetailsView 控件中为进行编辑而选中的行的外观 |
| EmptyDataRowStyle | 获取对 TableItemStyle 对象的引用，使用该对象可以设置当 DetailsView 控件绑定到不包含任何记录的数据源时会呈现的空数据行的外观 |
| EmptyDataTemplate | 获取或设置在 DetailsView 控件绑定到不包含任何记录的数据源时所呈现的空数据行的用户定义内容 |
| EmptyDataText | 获取或设置在 DetailsView 控件绑定到不包含任何记录的数据源时所呈现的空数据行中显示的文本 |
| EnableSortingAndPagingCallbacks | 获取或设置一个值，该值指示客户端回调是否用于排序和分页操作 |
| FooterRow | 获取表示 DetailsView 控件中的脚注行的 DetailsViewRow 对象 |
| FooterStyle | 获取对 TableItemStyle 对象的引用，使用该对象可以设置 DetailsView 控件中的脚注行的外观 |
| GridLines | 获取或设置 DetailsView 控件的网格线样式 |
| HeaderRow | 获取表示 DetailsView 控件中的标题行的 DetailsViewRow 对象 |
| HorizontalAlign | 获取或设置 DetailsView 控件在页面上的水平对齐方式 |
| HeaderStyle | 获取对 TableItemStyle 对象的引用，使用该对象可以设置 DetailsView 控件中的标题行的外观 |
| InsertRowStyle | 获取一个对 TableItemStyle 对象的引用，该对象允许设置在 DetailsView 控件处于插入模式时 DetailsView 控件中的数据行的外观 |
| PageCount | 获取在 DetailsView 控件中显示数据源记录所需的页数 |
| PageIndex | 获取或设置当前显示页的索引 |
| PagerSettings | 获取对 PagerSettings 对象的引用，使用该对象可以设置 DetailsView 控件中的页导航按钮的属性 |

（续表）

| 属性 | 说明 |
|------|------|
| PagerStyle | 获取对 TableItemStyle 对象的引用，使用该对象可以设置 DetailsView 控件中的页导航行的外观 |
| PagerTemplate | 获取或设置 DetailsView 控件中页导航行的自定义内容 |
| Rows | 获取表示 DetailsView 控件中数据行的 DetailsViewRow 对象的集合 |
| RowStyle | 获取对 TableItemStyle 对象的引用，使用该对象可以设置 DetailsView 控件中的数据行的外观 |
| SelectedValue | 获取 DetailsView 控件中选中行的数据键值 |
| TopPagerRow | 获取一个 GridViewRow 对象，该对象表示 GridView 控件中的顶部页导航行 |

DetailsView 控件提供了很多与 GridView 控件相似的属性，它们具有相同的作用，使用这些属性可以使程序对它的操作具有很大的灵活性。

## 14.2.2　方法

DetailsView 控件提供了如表 14-8 所示的方法。

表 14-8　DetailsView 控件的方法

| 方法 | 说明 |
|------|------|
| ChangeMode | 将 DetailsView 控件切换为指定模式 |
| DeleteItem | 从数据源中删除当前记录 |
| InsertItem | 将当前记录插入到数据源中 |
| IsBindableType | 确定指定的数据类型是否可以绑定到 DetailsView 控件中的字段 |
| UpdateItem | 更新数据源中的当前记录 |

## 14.2.3　事件

DetailsView 控件提供了如表 14-9 所示的属性。

表 14-9　DetailsView 控件的事件

| 事件 | 说明 |
|------|------|
| ItemCommand | 当单击 DetailsView 控件中的按钮时发生 |
| ItemCreated | 在 DetailsView 控件中创建记录时发生 |
| ItemDeleted | 在单击 DetailsView 控件中的"删除"按钮时，但在删除操作之后发生 |
| ItemInserting | 在单击 DetailsView 控件中的"插入"按钮时，但在插入操作之前发生 |
| ItemDeleting | 在单击 DetailsView 控件中的"删除"按钮时，但在删除操作之前发生 |
| ItemInserted | 在单击 DetailsView 控件中的"插入"按钮时，但在插入操作之后发生 |
| ItemUpdated | 在单击 DetailsView 控件中的"更新"按钮时，但在更新操作之后发生 |

（续表）

| 事件 | 说明 |
|------|------|
| ItemUpdating | 在单击 DetailsView 控件中的"更新"按钮时，但在更新操作之前发生 |
| ModeChanged | 在 DetailsView 控件试图在编辑、插入和只读模式之间更改时，但在更新 CurrentMode 属性之后发生 |
| ModeChanging | 当 DetailsView 控件试图在编辑、插入和只读模式之间更改时，但在更新 CurrentMode 属性之前发生 |
| PageIndexChanged | 当 PageIndex 属性的值在分页操作后更改时发生 |
| PageIndexChanging | 当 PageIndex 属性的值在分页操作前更改时发生 |

## 14.2.4 在 DetailsView 控件中显示数据

在默认情况下，DetailsView 控件中一次只能显示一行数据，如果有很多行数据的话，就需要使用 GridView 控件一次或分页显示。不过，DetailsView 控件也支持分页显示数据，即把来自数据源的控件利用分页的方式一次一行地显示出来，有时一行数据的信息过多的话，利用这种方式显示数据的效果可能会更好。

若要启用 DetailsView 控件的分页行为，则需要把属性 AllowPaging 设置为 true，而其页面大小则是固定的，始终都是一行。

当启用 DetailsView 控件的分页行为时，则可以通过 PagerSettings 属性来设置控件的分页界面，PagerSettings 属性由类 PagerSettings 来定义。

下面就通过一个示例来介绍如何在 DetailsView 控件中显示数据，以及如何启用分页功能。

**例 14-9 DetailsView 控件中显示数据**

**01** 创建一个 ASP.NET 空 Web 应用程序 Sample14-9。

**02** 打开文件 Web.config，在< connectionStrings >节中加入数据库连接字符串：

```
<connectionStrings>
    <add        name="Pubs"        connectionString="Data        Source=.1;Initial
Catalog=BookSample;User ID=sa;Password=585858"/>
</connectionStrings>
```

**03** 从工具箱中向页面中拖入一个 SqlDataSource 控件，并定义相关属性，代码如下（这个 SqlDataSource 控件将用来从数据库中获得学生信息列表）：

```
<asp:SqlDataSource   ID="SqlDataSource1"   runat="server"   ConnectionString="<%$
ConnectionStrings:Pubs %>"
    ProviderName="System.Data.SqlClient"            DataSourceMode="DataReader"
SelectCommand="SELECT * FROM
   [Students]" >
</asp:SqlDataSource>
```

**04** 添加页面 Default.aspx，打开并切换到"设计"视图，从工具箱中拖入一个 DetailsView 控件。

05 选中 DetailsView 控件，在"属性"窗口中设置属性 AutoGenerateRows 为 true。

06 选中 DetailsView 控件，单击右上角的按钮，在弹出的菜单中选择"自动套用格式"命令，在打开的"自动套用格式"对话框中选取"首蓿地"样式。

07 选中 DetailsView 控件，单击右上角的按钮，在弹出的菜单中为 DetailsView 控件选择刚创建的 SqlDataSource 控件。切换到"源"视图，可以看到 DetailsView 的定义代码如下：

```
<asp:DetailsView ID="DetailsView1" runat="server" DataSourceID="SqlDataSource1"
    Height="50px" Width="125px" BackColor="White" BorderColor="#336666"
    BorderStyle="Double"           BorderWidth="3px"           CellPadding="4"
GridLines="Horizontal">
    <FooterStyle BackColor="White" ForeColor="#333333" />
    <RowStyle BackColor="White" ForeColor="#333333" />
    <PagerStyle BackColor="#336666" ForeColor="White" HorizontalAlign="Center" />
    <HeaderStyle BackColor="#336666" Font-Bold="True" ForeColor="White" />
    <EditRowStyle BackColor="#339966" Font-Bold="True" ForeColor="White" />
</asp:DetailsView>
```

在浏览器中查看页面 Default.aspx，效果如图 14-15 所示。

08 在图 14-15 中显示了 DetailsView 控件的运行效果，DetailsView 控件一次只能显示一条数据，因此在图中只能看到数据库中的第一条数据，要想看到其他数据，就需要启用该控件的分页功能。选中 DetailsView 控件，在"属性"窗口中设置属性 AllowPaging 为 true。

再次在浏览器中查看页面 Default.aspx，效果如图 14-16 所示。在图 14-16 中，DetailsView 控件的底部显示了分页效果，用户单击这些数字按钮可以查看其他数据。

图 14-15　DetailsView 控件的运行效果

图 14-16　分页效果

## 14.2.5　在 DetailsView 控件中操作数据

本节将介绍如何在 DetailsView 控件中操作数据，与 GridView 控件相比，可以在 DetailsView 控件中进行插入操作。

DetailsView 控件本身自带了编辑数据的功能，只要把属性 AutoGenerateDeleteButton、AutoGenerateInsertButton 和 AutoGenerateEditButton 设置为 true 就可以启用 DetailsView 控件的编辑数据的功能，当然实际的数据操作过程还是在数据源控件中进行的。

此外，程序员还可以利用 CommandField 字段或 TempleField 字段来自定义 DetailsView 控件的编辑数据的界面。

下面通过一个例子介绍如何实现 DetailsView 控件本身自带的编辑数据功能。

### 例 14-10　在 DetailsView 控件中编辑数据

**01** 创建一个 ASP.NET 空 Web 应用程序 Sample14-10。

**02** 打开文件 Web.config，在＜connectionStrings＞节中加入数据库连接字符串。

```
<connectionStrings>
    <add          name="Pubs"          connectionString="Data          Source=.;Initial
Catalog=BookSample;User ID=sa;Password=585858"/>
</connectionStrings>
```

**03** 从工具箱中向页面中拖入一个 SqlDataSource 控件，并定义相关属性（这个 SqlDataSource 控件将实现 4 种功能：从数据库中获得学生信息列表；向数据库中插入一条学生信息；更新一条学生信息；删除一条学生信息）。代码如下：

```
<asp:SqlDataSource   ID="SqlDataSource1"   runat="server"   ConnectionString="<%$
ConnectionStrings:Pubs %>"
    ProviderName="System.Data.SqlClient" DataSourceMode="DataSet"
    SelectCommand="SELECT * FROM [Students]"
    InsertCommand="insert into Students(StuName,Phone,Address,City,State)
    values(@StuName,@Phone,@Address,@City,@State);SELECT @ID = SCOPE_IDENTITY()"
    UpdateCommand="UPDATE   Students   SET   StuName=@StuName,   Phone=@Phone,
Address=@Address,
    City=@City, State=@State WHERE ID=@ID" DeleteCommand="DELETE Students WHERE
ID=@ID" >
    <InsertParameters>
        <asp:Parameter Name="StuName" Type="String" />
        <asp:Parameter Name="Phone" Type="String" />
        <asp:Parameter Name="Address" Type="String" />
        <asp:Parameter Name="City" Type="String" />
        <asp:Parameter Name="State" Type="String" />
        <asp:Parameter Name="ID" Type="Int32" DefaultValue="1" />
    </InsertParameters>
    <UpdateParameters>
        <asp:Parameter Name="StuName" Type="String" />
        <asp:Parameter Name="Phone" Type="String" />
        <asp:Parameter Name="Address" Type="String" />
        <asp:Parameter Name="City" Type="String" />
        <asp:Parameter Name="State" Type="String" />
        <asp:Parameter Name="ID" Type="Int32" DefaultValue="1" />
    </UpdateParameters>
    <DeleteParameters>
        <asp:Parameter Name="ID" Type="Int32" DefaultValue="1" />
    </DeleteParameters>
</asp:SqlDataSource>
```

**04** 添加页面 Default.aspx，打开并切换到"设计"视图，从工具箱中拖入一个 DetailsView 控件。

**05** 选中 DetailsView 控件，在"属性"窗口中设置属性 AutoGenerateRows 为 false。

**06** 选中 DetailsView 控件，单击右上角的按钮，在弹出的菜单中选择"自动套用格式"命令，在打开的"自动套用格式"对话框中选取"苜蓿地"样式。

**07** 选中 DetailsView 控件，单击右上角的按钮，在弹出的菜单中为 DetailsView 控件选择刚创建的 SqlDataSource 控件。

**08** 选中 DetailsView 控件，在"属性"窗口中设置属性 AllowPaging 为 true。

**09** 选中 DetailsView 控件，在"属性"窗口中把属性 AutoGenerateDeleteButton、AutoGenerateInsertButton 和 AutoGenerateEditButton 设置为 true。

**10** 选中 DetailsView 控件，单击右上角的按钮，在弹出的菜单中选择"编辑字段"命令，在弹出的"字段"对话框中加入一个 BoundField 字段，并设置相关属性。

**11** 选中 DetailsView 控件，在"属性"窗口中设置属性 DataKeyName 为 ID。切换到"源"视图，可以看到 DetailsView 控件的定义代码如下：

```
<asp:DetailsView ID="DetailsView1" runat="server" DataSourceID="SqlDataSource1"
  Height="50px" Width="400px" AllowPaging="True" BackColor="White"
  BorderColor="#336666" BorderStyle="Double" BorderWidth="3px" CellPadding="4"
  GridLines="Horizontal" AutoGenerateDeleteButton="True"
  AutoGenerateEditButton="True" AutoGenerateInsertButton="True"
  DataKeyNames="ID" AutoGenerateRows="False">
<FooterStyle BackColor="White" ForeColor="#333333" />
<RowStyle BackColor="White" ForeColor="#333333" />
<PagerStyle BackColor="#336666" ForeColor="White" HorizontalAlign="Center" />
<Fields>
    <asp:BoundField DataField="ID" HeaderText=" 索引 " InsertVisible="False"
ReadOnly="True" />
    <asp:BoundField DataField="StuName" HeaderText="姓名" />
    <asp:BoundField DataField="Phone" HeaderText="电话" />
    <asp:BoundField DataField="Address" HeaderText="地址" />
    <asp:BoundField DataField="City" HeaderText="城市" />
    <asp:BoundField DataField="State" HeaderText="国家" />
</Fields>
<HeaderStyle BackColor="#336666" Font-Bold="True" ForeColor="White" />
<EditRowStyle BackColor="#339966" Font-Bold="True" ForeColor="White" />
</asp:DetailsView>
```

在浏览器中查看页面 Default.aspx，效果如图 14-17 所示。

图 14-17 显示了 DetailsView 控件的自身所带的数据操作功能。单击"编辑"按钮则可进入该条数据的编辑界面，单击"删除"按钮则会把该条数据删除，单击"添加"按钮则会进入数据编辑界面，在该界面中可以添加一条数据。

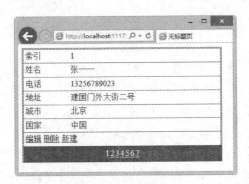

图 14-17　数据操作界面

## 14.3　FormView 控件

　　FormView 控件和 DetailsView 控件一样用来显示单条数据，FormView 控件和 DetailsView 控件之间的差别在于 DetailsView 控件使用表格布局，在该布局中，记录的每个字段都各自显示为一行。而 FormView 控件不指定用于显示记录的预定义布局。实际上，读者将创建一个包含控件的模板，以显示记录中的各个字段。该模板中包含用于创建窗体的格式、控件和绑定表达式。如图 14-18 所示的示例显示了使用 FormView 控件查看单个数据库记录的效果。FormView 控件与 GridView 控件相似，使用完全相同的安装机制，因此，FormView 控件与 GridView 控件也会形成很好的互补。将 FormView 连接到 GridView 也可以更好地控制更新个别项目或插入新项目的方式和时机。

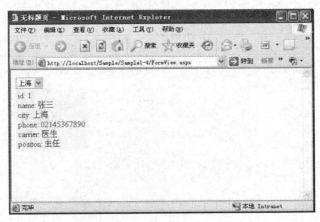

图 14-18　FormView 显示结果

## 14.4　ListView 控件

　　ListView 控件、DataList 控件和 Repeater 控件具有相似的功能，都适用于任何具有重复结构的数据，但 ListView 控件还允许用户编辑、插入和删除数据以及对数据进行排序和分页，因此，本节将详细介绍 ListView 控件的知识和用法，不对 DataList 控件和 Repeater 控件进行详细介绍。

　　同 GridView 一样，ListView 控件可以显示使用数据源控件或 ADO.NET 获得的数据，但 ListView

控件会按照程序员使用模板和样式定义的格式显示数据。利用 ListView 控件，可以逐项显示数据，也可以按组显示数据，而且还可以对显示的数据进行分页和排序、通过 ListView 控件进行数据的操作。

## 14.4.1　属性

ListView 控件提供了如表 14-10 所示的属性。

表 14-10　ListView 控件的属性

| 属性 | 说明 |
| --- | --- |
| AlternatingItemTemplate | 获取或设置 ListView 控件中交替数据项的自定义内容 |
| ConvertEmptyStringToNull | 获取或设置一个值，该值指示在数据源中更新数据字段时是否将空字符串值（""）自动转换为 null 值 |
| DataKeyNames | 获取或设置一个数组，该数组包含了显示在 ListView 控件中的项的主键字段名称 |
| DataKeys | 获取一个 DataKey 对象集合，这些对象表示 ListView 控件中的每一项的数据键值 |
| EditIndex | 获取或设置所编辑的项的索引 |
| EditItem | 获取 ListView 控件中处于编辑模式的项 |
| EditItemTemplate | 获取或设置处于编辑模式的项的自定义内容 |
| EmptyDataTemplate | 获取或设置在 ListView 控件绑定到不包含任何记录的数据源时所呈现的空模板的用户定义内容 |
| EmptyItemTemplate | 获取或设置在当前数据页的最后一行中没有可显示的数据项时，ListView 控件中呈现的空项的用户定义内容 |
| GroupItemCount | 获取或设置 ListView 控件中每组显示的项数 |
| GroupPlaceholderID | 获取或设置 ListView 控件中的组占位符的 ID |
| GroupSeparatorTemplate | 获取或设置 ListView 控件中的组之间的分隔符的用户定义内容 |
| GroupTemplate | 获取或设置 ListView 控件中的组容器的用户定义内容 |
| InsertItem | 获取 ListView 控件的插入项 |
| InsertItemPosition | 获取或设置 InsertItemTemplate 模板在作为 ListView 控件的一部分呈现时的位置 |
| InsertItemTemplate | 获取或设置 ListView 控件中的插入项的自定义内容 |
| Items | 获取一个 ListViewDataItem 对象集合，这些对象表示 ListView 控件中的当前数据页的数据项 |
| ItemSeparatorTemplate | 获取或设置 ListView 控件中的项之间的分隔符的自定义内容 |
| ItemTemplate | 获取或设置 ListView 控件中的数据项的自定义内容 |
| LayoutTemplate | 获取或设置 ListView 控件中的根容器的自定义内容 |
| MaximumRows | 获取要在 ListView 控件的单个页上显示的最大项数 |

（续表）

| 属性 | 说明 |
| --- | --- |
| SelectedDataKey | 获取 ListView 控件中的选定项的数据键值 |
| SelectedIndex | 获取或设置 ListView 控件中的选定项的索引 |
| SelectedItemTemplate | 获取或设置 ListView 控件中的选定项的自定义内容 |
| SelectedPersistedDataKey | 获取或设置 ListView 控件中选择的持久项目的数据键值 |
| SelectedValue | 获取 ListView 控件中的选定项的数据键值 |
| SortDirection | 获取要排序的字段的排序方向 |
| SortExpression | 获取与要排序的字段关联的排序表达式 |
| StartRowIndex | 获取 ListView 控件中的数据页上显示的第一条记录的索引 |

ListView 控件提供了很多属性，使用这些属性可以使程序对它的操作具有很大的灵活性。

## 14.4.2　方法

ListView 控件提供了如表 14-11 所示的方法。

表 14-11　ListView 控件的方法

| 方法 | 说明 |
| --- | --- |
| AddControlToContainer | 将指定控件添加到指定容器 |
| CreateChildControls | 已重载。创建用于呈现 ListView 控件的控件层次结构 |
| CreateDataItem | 在 ListView 控件中创建一个数据项 |
| CreateEmptyDataItem | 在 ListView 控件中创建 EmptyDataTemplate 模板 |
| CreateEmptyItem | 在 ListView 控件中创建一个空项 |
| CreateInsertItem | 在 ListView 控件中创建一个插入项 |
| CreateItem | 创建一个具有指定类型的 ListViewItem 对象 |
| CreateItemsInGroups | 以组的形式创建 ListView 控件层次结构 |
| CreateItemsWithoutGroups | 创建不带有组的 ListView 控件层次结构 |
| CreateLayoutTemplate | 在 ListView 控件中创建根容器 |
| DeleteItem | 从数据源中删除位于指定索引位置的记录 |
| InsertNewItem | 将当前记录插入到数据源中 |
| InstantiateEmptyDataTemplate | 使用 EmptyDataTemplate 模板中包含的子控件填充指定的 Control 对象 |
| InstantiateEmptyItemTemplate | 通过使用 EmptyItemTemplate 模板中包含的子控件，填充指定的 Control 对象 |
| InstantiateGroupSeparatorTemplate | 通过使用 GroupSeparatorTemplate 模板中包含的子控件，填充指定的 Control 对象 |
| InstantiateGroupTemplate | 通过使用 GroupTemplate 模板中包含的子控件，填充指定的 Control 对象 |

（续表）

| 方法 | 说明 |
|---|---|
| InstantiateInsertItemTemplate | 通过使用 InsertItemTemplate 模板中包含的子控件，填充指定的 Control 对象 |
| InstantiateItemSeparatorTemplate | 通过使用 ItemSeparatorTemplate 模板中包含的子控件，填充指定的 Control 对象 |
| InstantiateItemTemplate | 通过使用其中一个 ListView 控件模板的子控件,填充指定的 Control 对象 |
| RemoveItems | 删除 ListView 控件的项或组容器中的所有子控件 |
| SetPageProperties | 设置 ListView 控件中的数据页的属性 |
| Sort | 根据指定的排序表达式和方向对 ListView 控件进行排序 |
| UpdateItem | 更新数据源中指定索引处的记录 |

## 14.4.3　事件

ListView 控件提供了如表 14-12 所示的事件。

表 14-12　ListView 控件的事件

| 事件 | 说明 |
|---|---|
| ItemCanceling | 在请求取消操作之后、ListView 控件取消插入或编辑操作之前发生 |
| ItemCommand | 当单击 ListView 控件中的按钮时发生 |
| ItemCreated | 在 ListView 控件中创建项时发生 |
| ItemDataBound | 在数据项绑定到 ListView 控件中的数据时发生 |
| ItemDeleted | 在请求删除操作且 ListView 控件删除项之后发生 |
| ItemDeleting | 在请求删除操作之后、ListView 控件删除项之前发生 |
| ItemEditing | 在请求编辑操作之后、ListView 项进入编辑模式之前发生 |
| ItemInserted | 在请求插入操作且 ListView 控件在数据源中插入项之后发生 |
| ItemInserting | 在请求插入操作之后、ListView 控件执行插入之前发生 |
| ItemUpdated | 在请求更新操作且 ListView 控件更新项之后发生 |
| ItemUpdating | 在请求更新操作之后、ListView 控件更新项之前发生 |
| LayoutCreated | 在 ListView 控件中创建 LayoutTemplate 模板后发生 |
| PagePropertiesChanged | 在页属性更改且 ListView 控件设置新值之后发生 |
| PagePropertiesChanging | 在页属性更改之后、ListView 控件设置新值之前发生 |
| SelectedIndexChanged | 在单击项的"选择"按钮且 ListView 控件处理选择操作之后发生 |
| SelectedIndexChanging | 在单击项的"选择"按钮之后、ListView 控件处理选择操作之前发生 |
| Sorted | 在请求排序操作且 ListView 控件处理排序操作之后发生 |
| Sorting | 在请求排序操作之后、ListView 控件处理排序操作之前发生 |

## 14.4.4　为 ListView 控件创建模板

与 GridView 控件相比，ListView 控件基于模板的模式为程序员提供了需要的可自定义和可扩展性，利用这些特性，程序员可以完全控制由数据绑定控件产生的 HTML 标记的外观。ListView 控件使用内置的模板可以指定精确的标记，同时还可以用最少的代码执行数据操作。

表 14-13 列举了 ListView 控件可支持的模板。

表 14-13　ListView 控件可支持的模板

| 模板 | 说明 |
| --- | --- |
| LayoutTemplate | 标识定义控件的主要布局的根模板。它包含一个占位符对象，例如表行（tr）、div 或 span 元素。此元素将由 ItemTemplate 模板或 GroupTemplate 模板中定义的内容替换 |
| ItemTemplate | 标识要为各个项显示的数据绑定内容 |
| ItemSeparatorTemplate | 标识要在各个项之间呈现的内容 |
| GroupTemplate | 标识组布局的内容。它包含一个占位符对象，例如表单元格（td）、div 或 span。该对象将由其他模板（例如 ItemTemplate 和 EmptyItemTemplate 模板）中定义的内容替换 |
| GroupSeparatorTemplate | 标识要在项组之间呈现的内容 |
| EmptyItemTemplate | 标识在使用 GroupTemplate 模板时为空项呈现的内容，例如，如果将 GroupItemCount 属性设置为 5，而从数据源返回的总项数为 8，则 ListView 控件显示的最后一行数据将包含 ItemTemplate 模板指定的 3 个项以及 EmptyItemTemplate 模板指定的 2 个项 |
| EmptyDataTemplate | 标识在数据源未返回数据时要呈现的内容 |
| SelectedItemTemplate | 标识为区分所选数据项与显示的其他项，而为该所选项呈现的内容 |
| AlternatingItemTemplate | 标识为便于区分连续项，而为交替项呈现的内容 |
| EditItemTemplate | 标识要在编辑项时呈现的内容。对于正在编辑的数据项，将呈现 EditItemTemplate 模板以替代 ItemTemplate 模板 |
| InsertItemTemplate | 标识要在插入项时呈现的内容。将在 ListView 控件显示的项的开始或末尾处呈现 InsertItemTemplate 模板，以替代 ItemTemplate 模板。通过使用 ListView 控件的 InsertItemPosition 属性，可以指定 InsertItemTemplate 模板的呈现位置 |

通过创建 LayoutTemplate 模板，可以定义 ListView 控件的主要（根）布局。LayoutTemplate 必须包含一个充当数据占位符的控件，例如，该布局模板可以包含 ASP.NET Table、Panel 或 Label 控件(它还可以包含runat 属性设置为 server 的 table、div 或 span 元素)。这些控件将包含 ItemTemplate 模板所定义的每个项的输出，可以在 GroupTemplate 模板定义的内容中对这些输出进行分组。

在 ItemTemplate 模板中，需要定义各个项的内容。此模板包含的控件通常已绑定到数据列或其他单个数据元素。

使用 GroupTemplate 模板，可以选择对 ListView 控件中的项进行分组。对项分组通常是为了创建平铺的表布局。在平铺的表布局中，各个项将在行中重复 GroupItemCount 属性指定的次数。为创建平铺的表布局,布局模板可以包含 ASP.NET Table 控件以及将 runat 属性设置为 server 的 HTML table 元素。随后,组模板可以包含 ASP.NET TableRow 控件(或 HTML tr 元素)。而项模板可以包含 ASP.NET TableCell 控件(或 HTML td 元素)中的各个控件。

使用 EditItemTemplate 模板,可以提供已绑定数据的用户界面,从而使用户可以修改现有的数据项。使用 InsertItemTemplate 模板还可以定义已绑定数据的用户界面,以使用户能够添加新的数据项。

下面通过一个简单的示例来展示 ListView 控件的模板的应用。

### 例 14-11 ListView 控件的模板的应用

**01** 创建一个 ASP.NET 空 Web 应用程序 Sample14-11。

**02** 打开文件 Web.config,在< connectionStrings >节中加入数据库连接字符串:

```
<connectionStrings>
    <add        name="Pubs"        connectionString="Data        Source=.;Initial
Catalog=BookSample;User ID=sa;Password=585858"/>
</connectionStrings>
```

**03** 从工具箱中向页面中再拖入一个 SqlDataSource 控件,并定义相关属性,代码如下(这个 SqlDataSource 控件将用来从数据库中获得学生信息列表):

```
<asp:SqlDataSource  ID="SqlDataSource1"  runat="server"  ConnectionString="<%$
ConnectionStrings:Pubs %>"
    ProviderName="System.Data.SqlClient"            DataSourceMode="DataReader"
SelectCommand="SELECT * FROM [Students]" >
</asp:SqlDataSource>
```

**04** 添加页面 Default.aspx,打开并切换到"设计"视图,从工具箱中拖入一个 ListView 控件。

**05** 切换到"源"视图,修改 ListView 控件的定义代码,代码如下(这段代码为 ListView 控件添加了 LayoutTemplate 模板,在其中添加了<table>标记,并设置标记<tr>来充当数据占位符。在 ItemTemplate 模板中,定义了实际要显示数据内容的 Label 控件):

```
<asp:ListView runat="server" ID="ListView1" DataSourceID="SqlDataSource1">
    <LayoutTemplate>
        <table runat="server" id="table1">
            <tr runat="server" id="itemPlaceholder" ></tr>
        </table>
    </LayoutTemplate>
    <ItemTemplate>
        <tr runat="server">
            <td id="Td1" runat="server">
                <%-- 数据绑定 --%>
                <asp:Label ID="NameLabel" runat="server" Text='<%#Eval("StuName")
%>' />
            </td>
        </tr>
    </ItemTemplate>
</asp:ListView>
```

在浏览器中查看页面 Default.aspx，效果如图 14-19 所示。

图 14-19　ListView 控件的运行效果图

查看运行后的源文件，代码如下（这段代码实际上就是一个完整<table>标记的定义。可以看出使用 ListView 控件能够精确定义 HTML 标记）：

```
<table id="ListView1_table1">
    <tr>
     <td id="ListView1_ctrl0_Td1"> <span id="ListView1_ctrl0_NameLabel">张一一
</span></td>
    </tr>
    <tr>
     <td id="ListView1_ctrl1_Td1"> <span id="ListView1_ctrl1_NameLabel">李四
</span> </td>
    </tr>
    <tr>
     <td id="ListView1_ctrl2_Td1"> <span id="ListView1_ctrl2_NameLabel">王二
</span></td>
    </tr>
    <tr>
     <td    id="ListView1_ctrl3_Td1">    <span    id="ListView1_ctrl3_NameLabel"
>James</span></td>
    </tr>
    <tr>
     <td id="ListView1_ctrl4_Td1"><span id="ListView1_ctrl4_NameLabel">陈成成
</span></td>
    </tr>
</table>
```

由于 ListView 控件是基于模板的，因此，学会这些模板的应用，就可以掌握 ListView 控件的应用。

## 14.5　Chart 控件

Chart 控件是一个图表控件，功能非常强大，可实现柱状直方图、曲线走势图、饼状比例图等，甚至可以是混合图表，可以是二维或三维图表，可以带或不带坐标系，可以自由配置各条目的颜色、字体等等。

在 Visual Studio 2012 开发环境中，可以从如图 14-20 所示的工具箱"数据"项下，像使用其他控件一样将它直接拖到设计视图中就可以使用。

图 14-20　工具箱

声明一个 Chart 控件的代码如下所示。

```
<asp:Chart ID="Chart1" runat="server">
   <Series>
      <asp:Series Name="Series1"> </asp:Series>          //定义名为Series1数据显示列
   </Series>
   <ChartAreas>
      <asp:ChartArea Name="ChartArea1"></asp:ChartArea>   //定义名为"ChartArea1"
的绘图区域
   <ChartAreas>
 <Annotations>………     </Annotations>
< Legends >……….     </Legends>
<Titles >………..      </Titles>
</asp:Chart>
```

通过上面的代码，可以看出 Chart 控件的主要由以下几个部分组成：

- Annotations（图形注解集合）：它是对图形的以下注解对象的集合，所谓注解对象，类似于对某个点的详细或批注的说明。

-  CharAreas（图表区域集合）：它可以理解为是一个图表的绘图区，例如，你想在一幅图上呈现二个不同属性的内容，可以建立二个 CharArea 绘图区域。当然，Chart 控件并不限制添加多少个绘图区域，可以根据需要进行添加。对于每一个绘图区域可以设置各自的属性。需要注意的是绘图区域只是一个可以绘图的区域范围，它本身并不包括各种属性数据。

- Legends（图例集合）：即标注图形中各个线条或颜色的含义，同样，一个图片也可以包含多个图例说明，分别说明各个绘图区域的信息。

-  Series（图表序列集合）：图表序列，应该是整个绘图中最关键的内容了，简单地说，就是实际的绘图数据区域，实际呈现的图形形状，就是由此集合中的每个图表来构成的，可以往集合里添加多个图表，每个图表可以有自己的绘制形状、样式、独立的数据等。需要注意的是，每个图表可以指定它的绘图区域 CharArea，让此图表呈现在某个绘图区域，也可以让几个图表在同一个绘图区域叠加。

- Titles（图表标题集合）：它用于图表的标题设置，同样可以添加多个标题，以及设置标题的样式及文字、位置等属性。

以上这些组成 Chart 控件的主要部分，也就是该控件的主要的属性，除了这些还有几个比较常用的属性。

- Tooltip（提示）：用于在标签、图形关键点、标题等。当鼠标移动上去的时候，会显示给用户一些相关的详细或说明信息。
- Url（链接）：设置此属性，在鼠标单击时，可以跳转到其他相应的页面

对于简单的图表，我们只要 Char 控件默认生成的 Series 和 CharAreas 二个属性标签就可以了，不用对"ChartArea"进行太多的修改，只要在<asp:Series>中添加数据点就可以。数据点被包含在<Points>和</Points>标签中，使用<asp:DataPoint/>来定义。数据点有以下几个重要的属性。

- AxisLabel：获取或设置为数据列或空点的 X 轴标签文本。此属性仅在自定义标签尚未就有关 Axis 对象指定时使用。
- XValue：设置或获取一个图表上数据点的 X 坐标值。
- YValues：设置或获取一个图表中数据点的 Y 轴坐标值。

以下的代码显示了用 Chart 控件绘制的 NBA 获胜场次统计的图表：

```
<asp:Chart ID="Chart1" runat="server">
    <Series>
        <asp:Series Name="Series1" YValuesPerPoint="4">
            <Points>
                <asp:DataPoint AxisLabel="火箭"   YValues="17"/>
                <asp:DataPoint AxisLabel="湖人"   YValues="15"/>
                <asp:DataPoint AxisLabel="公牛"   YValues="6"/>
                <asp:DataPoint AxisLabel="步行者" YValues="4"/>
                <asp:DataPoint AxisLabel="76人"   YValues="3"/>
                <asp:DataPoint AxisLabel="波士顿" YValues="3"/>
                <asp:DataPoint AxisLabel="骑士"   YValues="3"/>
            </Points>
        </asp:Series>
    </Series>
    <ChartAreas>
        <asp:ChartArea Name="ChartArea1"></asp:ChartArea>
    </ChartAreas>
</asp:Chart>
```

代码的运行效果如图 14-21 所示。

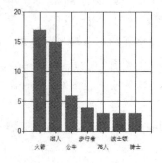

图 14-21　运行效果

下面通过一个简单的示例来展示 Chart 控件应用。

**例 14-12 使用 Chart 控件绘制某公司 1~5 月华东和华南销售情况对照图**

**01** 创建一个 ASP.NET 空 Web 应用程序 Sample14-12。

**02** 添加页面 Default.aspx，打开并切换到 "设计" 视图，从工具箱中拖入一个 Chart 控件。

**03** 切换到 "源" 视图，修改 Chart 控件的定义代码，代码如下（这段代码为 Chart1 控件添加了控件的外观样式和设置事件属性。包括了数据列、绘图区域以及数据点 Y 轴和 X 轴外观样式）：

```
<asp:Chart ID="Chart1" runat="server" Height="496px" Width="612px"
ImageLocation="~/TempImages/ChartPic_#SEQ(300,3)"        BorderDashStyle="Solid"
BackSecondaryColor="White"
   BackGradientStyle="VerticalCenter" BorderWidth="2px" BackColor="211, 223, 240"
BorderColor="#1A3B69"
   onclick="Chart1_Click">
   <Legends>
   <asp:Legend  IsTextAutoFit="False"      Name="Default"     BackColor="Transparent"
TitleAlignment="Center"
   Font="Trebuchet MS, 8.25pt, style=Bold">
   </asp:Legend>
   </Legends>
   <BorderSkin SkinStyle="Emboss"></BorderSkin>
   <Series> </Series>
   <ChartAreas>
      <asp:ChartArea   Name="ChartArea1"    BorderColor="64,   64,   64,   64"
BorderDashStyle="Solid"
         BackSecondaryColor="White"   BackColor="64,    165,    191,    228"
ShadowColor="Transparent"
         BackGradientStyle="TopBottom">
      <Area3DStyle     Rotation="10"     Perspective="10"     Inclination="15"
IsRightAngleAxes="False"
      WallWidth="0" IsClustered="False"></Area3DStyle>
      <AxisY LineColor="64, 64, 64, 64">
         <LabelStyle Font="Trebuchet MS, 8.25pt, style=Bold" />
         <MajorGrid LineColor="64, 64, 64, 64" />
      </AxisY>
      <AxisX LineColor="64, 64, 64, 64">
         <LabelStyle Font="Trebuchet MS, 8.25pt, style=Bold" />
         <MajorGrid LineColor="64, 64, 64, 64" />
      </AxisX>
      </asp:ChartArea>
   </ChartAreas>
   <Titles> <asp:Title Text="公司 2011 年 1~5 月华东华南销售情况对照表（单位：万件）"
/></Titles>
   </asp:Chart>
```

**04** 打开 Default.aspx.cs 文件，在 Page_Load 事件中加入如下的代码（以下的代码定义了要显示的销售情况图表，设置图表的显示样式，显示的数值大小以及排列方式）：

```
Series series = new Series("华东");   // 定义华东销售情况的图表
//设置图表类型
series.ChartType = SeriesChartType.Column;
series.BorderWidth = 7;
series.ShadowOffset = 2;
series.Points.AddY(44);
series.Points.AddY(43);
series.Points.AddY(24);
series.Points.AddY(20);
series.Points.AddY(23);
//X轴显示的名称
series.Points[0].AxisLabel = "五月";
series.Points[1].AxisLabel = "四月";
series.Points[2].AxisLabel = "三月";
series.Points[3].AxisLabel = "一月";
series.Points[4].AxisLabel = "二月";
//顶部显示的数字
series.Points[0].Label = "44";
series.Points[1].Label = "43";
series.Points[2].Label = "24";
series.Points[3].Label = "20";
series.Points[4].Label = "23";
series series1 = new Series("华南");    // 定义华南销售情况的图表
series1.ChartType = SeriesChartType.Column;
series1.BorderWidth = 3;
series1.ShadowOffset = 2;
//添加数据点的值
series1.Points.AddY(58);
series1.Points.AddY(41);
series1.Points.AddY(50);
series1.Points.AddY(60);
series1.Points.AddY(22);
series1.Points[0].Label = "58";
series1.Points[1].Label = "41";
series1.Points[2].Label = "50";
series1.Points[3].Label = "60";
series1.Points[4].Label = "22";
series1.YAxisType = AxisType.Primary;
series1.YValueType = ChartValueType.Time;
Chart1.Series.Add(series);
Chart1.Series.Add(series1);
//按照升序的方式排列
Chart1.Series[0].Sort(PointSortOrder.Ascending);
Chart1.Series[1].Sort(PointSortOrder.Ascending);
```

在浏览器中查看页面 Default.aspx，效果如图 14-22 所示。

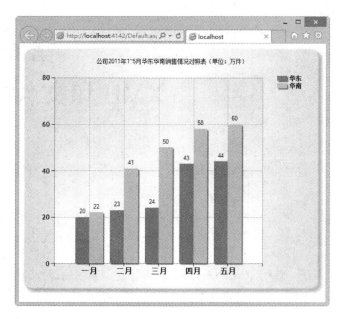

图 14-22 运行效果

## 14.6 小结

　　本章介绍了 ASP.NET 提供的复杂的数据绑定控件，主要包括 GridView、DetailsView、FormView、DataList、Repeater、ListView 和 Chart 等几个控件。本章主要介绍了常用的 GridView、DetailsView 和 ListView 控件，一般情况下的数据显示和操作使用这三个控件就可以完成。而作为新增加的 Chart 控件在需要使用图表显示数据时比较有用。

# 第 15 章
# XML 和文件操作

在实际的 Web 项目中，并不是把所有的数据都存储在数据库中，有时还需要使用 XML 格式的数据（如简单的聊天系统，使用 XML 格式的数据可以提高系统的运行速度），有时还需要把数据存储在文件中（如 OA 系统，经常会操作很多文件）。本章将介绍这两种形式的数据访问方式。

## 15.1 XML

在开发 Web 程序时，有时还需要处理 XML 形式的数据。

XML 的英文全称是 eXtensible Markup Language，中文翻译为可扩展标记语言。它是网络应用开发的一项新的技术。XML 同 HTML 一样，是一种标记语言，但是 XML 的数据描述的能力要比 HTML 强很多，XML 具有描述所有已知和未知数据的能力。XML 扩展性比较好，可以为新的数据类型制定新的数据描述规则，作为对标记集的扩展。

XML 出现以后就迅速走红，目前已经成为不同系统之间数据交换的基础。XML 的商用前景之所以非常广阔，也是因为它满足了当前商务数据交换的需求，XML 具有以下特点：

- XML 数据可以跨平台使用并可以被人阅读理解。
- XML 数据的内容和结构有明确的定义。
- XML 数据之间的关系得以强化。
- XML 数据的内容和数据的表现形式分离。
- XML 使用的结构是开放的、可扩展的。

因此，在利用 ASP.NET 开发的系统中，非常有必要利用 XML 这项 Web 程序开发的新技术。XML 可以作为数据资源的形式存在于服务器端，XML 还可以作为服务器端与客户端的数据交换语言。而且，在.NET 框架中，提供了一系列应用程序接口来实现 XML 数据的读写，如使用 XmlDocument 类来实现 DOM 等。这些应用程序接口非常方便于程序员来操作 XML。

### 15.1.1 XML 概述

关于 XML 的知识有很多，但由于本书并不是专门介绍 XML 的，基于篇幅的限制，下面就简要介绍一下 XML 相关知识以引导读者对 XML 的学习。

## 1．XML 的语法

XML 语言对格式有着严格的要求，主要包括格式良好和有效性两种要求。格式良好有利于 XML 文档被正确地分析和处理，这一要求是相对于 HTML 语法的混乱而提出的，它大大提高了 XML 的处理程序、处理 XML 数据的正确性和效率。XML 文档满足格式良好的要求后，会对文档进行有效性确认，有效性是通过对 DTD 或 Schema 的分析判断的。

一个 XML 文档由以下几个部分组成。

（1）XML 的声明

XML 声明具有如下形式：

```
<?xml version="1.0" encoding="GB2312"?>
```

XML 标准规定声明必须放在文档的第一行。声明其实也是处理指令的一种，一般都具有以上代码的形式。表 15-1 列举了声明的常用属性和其赋值。

表 15-1　XML 的声明的属性列表

| 属性 | 常用值 | 说明 |
| --- | --- | --- |
| Version | 1.0 | 声明中必须包括此属性，而且必须放在第一位。它指定了文档所采用的 XML 版本号，现在 XML 的最新版本为 1.0 版本 |
| Encoding | GB2312 | 文档使用的字符集为简体中文 |
| | BIG5 | 文档使用的字符集为繁体中文 |
| | UTF-8 | 文档使用的字符集为压缩的 Unicode 编码 |
| | UTF-16 | 文档使用的字符集为 UCS 编码 |
| Standalone | yes | 文档是独立文档，没有 DTD 文档与之配套 |
| | no | 表示可能有 DTD 文档为本文档进行位置声明 |

（2）处理指令 PI

处理指令 PI 为处理 XML 的应用程序提供信息。处理指令 PI 的格式为：

```
<? 处理指令名 处理指令信息?>
```

（3）XML 元素

元素是组成 XML 文档的核心，格式如下：

```
<标记>内容</标记>
```

XML 语法规定每个 XML 文档都要包括至少一个根元素。根标记必须是非空标记，包括整个文档的数据内容。数据内容则是位于标记之间的内容。

下面的示例代码是一个标准的 XML 文档：

```
<?xml version="1.0" encoding=" GB2312" standalone="yes"?>
<?xml-stylesheet type="text/xsl" href="style.xsl"?>
<DocumentElement>
    <basic>
```

```
        <ID>1</ID>
        <NAME>张三</NAME>
        <CITY>上海</CITY>
        <PHONE>02145367890</PHONE>
        <CARRIER>医生</CARRIER>
        < POSITION >主任医师</ POSITION >
    </basic>
    <basic>
        <ID>2</ID>
        <NAME>李四</NAME>
        <CITY>上海</CITY>
        <PHONE>02145456790</PHONE>
        <CARRIER>医生</CARRIER>
        < POSITION >技师</ POSITION >
    </basic>
    <basic>
        <ID>3</ID>
        <NAME>王五</NAME>
        <CITY>上海</CITY>
        <PHONE>02123451890</PHONE>
        <CARRIER>教师</CARRIER>
        < POSITION >教授</ POSITION >
    </basic>
</DocumentElement>
```

### 2. 文档类型定义

文档类型定义（Document Type Definition，DTD）是一种规范，在 DTD 中可以向别人或 XML 的语法分析器解释 XML 文档标记集中每一个标记的含义。这就要求 DTD 必须包含所有将要使用的词汇列表，否则 XML 解析器无法根据 DTD 验证文档的有效性。

DTD 根据其出现的位置可以分为内部 DTD 和外部 DTD 两种。内部 DTD 是指 DTD 和相应的 XML 文档处在同一个文档中，外部 DTD 就是 DTD 与 XML 文档处在不同的文档之中。

下面的示例代码是包含内部 DTD 的 XML 文档：

```
<?xml version="1.0" encoding="gb2312" standalone="yes"?>
<!DOCTYPE DocumentElement [
    <!ELEMENT DocumentElement ANY>
    <!ELEMENT basic (ID,NAME,CITY,PHONE,CARRIER,POSITON)>
    <!ELEMENT ID (#PCDATA)>
    <!ELEMENT NAME (#PCDATA)>
    <!ELEMENT CITY (#PCDATA)>
  <!ELEMENT PHONE (#PCDATA)>
    <!ELEMENT CARRIER (#PCDATA)>
    <!ELEMENT POSITION (#PCDATA)>
]>
<?xml-stylesheet type="text/xsl" href="style.xsl"?>
<DocumentElement>
    <basic>
        <ID>1</ID>
```

```
            <NAME>张三</NAME>
            <CITY>上海</CITY>
            <PHONE>02145367890</PHONE>
            <CARRIER>医生</CARRIER>
            < POSITION >主任医师</ POSITION >
        </basic>
        <basic>
            <ID>2</ID>
            <NAME>李四</NAME>
            <CITY>上海</CITY>
            <PHONE>02145456790</PHONE>
            <CARRIER>医生</CARRIER>
            < POSITION >技师</ POSITION >
        </basic>
        <basic>
            <ID>3</ID>
            <NAME>王五</NAME>
            <CITY>上海</CITY>
            <PHONE>02123451890</PHONE>
            <CARRIER>教师</CARRIER>
            < POSITION >教授</ POSITION >
        </basic>
</DocumentElement>
```

从以上代码可以看出描述 DTD 文档也需要一套语法结构，关键字是组成语法结构的基础，表 15-2 列举了构建 DTD 时常用的关键字。

表 15-2　DTD 中常用的关键字

| 关键字 | 说明 |
| --- | --- |
| ANY | 数据既可以是纯文本，也可以是子元素，用来修饰根元素 |
| ATTLIST | 定义元素的属性 |
| DOCTYPE | 描述根元素 |
| ELEMENT | 描述所有子元素 |
| EMPTY | 空元素 |
| SYSTEM | 表示使用外部 DTD 文档 |
| #FIXED | ATTLIST 定义的属性的值是固定的 |
| #IMPLIED | ATTLIST 定义的属性不是必须赋值的 |
| #PCDATA | 数据为纯文本 |
| #REQUIRED | ATTLIST 定义的属性是必须赋值的 |
| INCLUDE | 表示包括的内容有效，类似于条件编译 |
| IGNORE | 与 INCLUDE 相同，表示包括的内容无效 |

此外 DTD 还提供了一些运算表达式来描述 XML 文档中的元素，常用的 DTD 运算表达式如表 15-3 所示，其中 A、B、C 代表 XML 文档中的元素。

表 15-3　DTD 中定义的表达式

| 表达式 | 说明 |
| --- | --- |
| A+ | 元素 A 至少出现一次 |
| A* | 元素 A 可以出现很多次，也可以不出现 |
| A? | 元素 A 出现一次或不出现 |
| (A B C) | 元素 A、B、C 的间隔是空格，表示它们是无序排列 |
| (A,B,C) | 元素 A、B、C 的间隔是逗号，表示它们是有序排列 |
| A\|B | 元素 A、B 之间是逻辑或的关系 |

DTD 能够对 XML 文档结构进行描述，但 DTD 也有如下缺点：

- DTD 不支持数据类型，而在实际应用中往往会有多种复杂的数据类型，例如布尔型、时间等。
- DTD 的标记是固定的，用户不能扩充标记。
- DTD 使用不同于 XML 的独立的语法规则。

目前出现了一种新的 XML 描述方法——Schema，该方法受到微软的推崇，并在.NET 框架中有所应用。Schema 的出现完善了 DTD 的不足，它本身就是一种 XML 的应用形式。Schema 对于文档的结构、数据的属性、类型的描述是全面的。此外 Schema 还是 DTD 的一种扩展和补充，有利于继承以前的数据。尽管 Schema 有如此多的好处，当它还并不是一种成熟的技术，目前还没有统一的国际标准，因此这里就不对这项技术做详细描述，有兴趣的读者可以自己去查阅相关资料。

### 3．可扩展样式语言

XSL 的英文是 eXtensible Stylesheet Language，翻译成中文就是可扩展样式语言。它是 W3C 制定的另一种表现 XML 文档的样式语言。XSL 是 XML 的应用，符合 XML 的语法规范，可以被 XML 的分析器处理。

XSL 是一种语言，通过对 XML 文档进行转换，然后将转换的结果表现出来。转换的过程是根据 XML 文档特性运行 XSLT（XSL Transformation）将 XML 文档转换成带信息的树型结果，然后按照 FO（Formatted Object）分析树，从而将 XML 文档表现出来。

XSL 转换 XML 文档分为两个步骤：建树和表现树。建树可以在服务器端执行，也可以在客户端执行。在服务器端执行时，把 XML 文档转换成 HTML 文档，然后发送到客户端。而在客户端执行建树的话，客户端必须支持 XML 和 XSL。

XSLT 主要用来转换 XML 文档，在商业系统中它可以将 XML 文档转换成可以被各种系统或是应用程序解读的数据。这非常有利于各种商业系统之间的数据交换。

下面通过一个例子来介绍如何利用 XSLT 转换 XML 文档。

在前面的小节中有一个 XML 文档的例子，在这个文档中有一句处理指令 PI，代码如下所示：

```
<?xml-stylesheet type="text/xsl" href="style.xsl"?>
```

以上指令中引用了一个名为 style 的 XSL 文档，下面这段代码就是 XSL 文档的内容：

```
<?xml version="1.0" encoding="gb2312"?>
<xsl:stylesheet version="1.0" xmlns:xsl="http://www.w3.org/1999/XSL/Transform">
    <xsl:template match="DocumentElement">
```

```
    <html>
        <body>
            <table>
                <tr>
                    <th>ID</th>
                    <th>NAME</th>
                    <th>CITY</th>
                    <th>PHONE</th>
                    <th>CARRIER</th>
                    <th>POSITION</th>
                </tr>
                <xsl:for-each select="basic">
                    <tr>
                        <td><xsl:value-of select="ID"/></td>
                        <td><xsl:value-of select="NAME"/></td>
                        <td><xsl:value-of select="CITY"/></td>
                        <td><xsl:value-of select="PHONE"/></td>
                        <td><xsl:value-of select="CARRIER"/></td>
                        <td><xsl:value-of select=" POSITION "/></td>
                    </tr>
                </xsl:for-each>
            </table>
        </body>
    </html>
    </xsl:template>
</xsl:stylesheet>
```

下面就测试一下以上代码的输出，打开 Visual Studio 2012，选择"XML"|"显示 XSLT 输出"命令，并选择 basic.xml 文档，则会有如图 15-1 所示的效果。

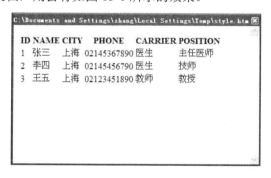

图 15-1　style.xsl 转换 basic.xml 的效果图

通过以上例子可以看出，XSLT 实际上就是通过模板将源文件文档按照模板的格式转换成结果文档的。模板定义了一系列的元素来描述源文档中的数据和属性等内容，在经过转换之后，建立树型结构。表 15-4 列举了 XSLT 中常用的模板。

表 15-4　XSLT 中常用的模板

| 关键字 | 说明 |
| --- | --- |
| xsl:apply-import | 调用导入的外部模板，可以应用为部分文档的模板 |
| xsl:apply-templates | 应用模板，通过 select、mode 两个属性确定要应用的模板 |
| xsl:attribute | 为元素输出定义属性节点 |
| xsl:attribute-set | 定义一组属性节点 |
| xsl:call-template | 调用由 call-template 指定的模板 |
| xsl:choose | 根据条件调用模板 |
| xsl:comment | 在输出加入注释 |
| xsl:copy | 复制当前节点到输出 |
| xsl:element | 在输出中创建新元素 |
| xsl:for-each | 循环调用模板匹配每个节点 |
| xsl:if | 模板在简单情况下的条件调用 |
| xsl:message | 发送文本信息给消息缓冲区或消息对话框 |
| xsl:sort | 排序节点 |
| xsl:stylesheet | 指定样式单 |
| xsl:template | 指定模板 |
| xsl:value-of | 为选定节点加入文本值 |

### 4．XPath

XPath 是 XSLT 的重要组成部分。XPath 的作用在于为 XML 文档的内容定位，并通过 XPath 来访问指定的 XML 元素。在利用 XSL 进行转换的过程中，匹配的概念非常重要。在模板声明语句 xsl:template match = ""和模板应用语句 xsl:apply-templates select = ""中，利用单引号括起来的部分必须能够精确地定位节点。具体的定位方法则在 XPath 中给出。

之所以要在 XSL 中引入 XPath 的概念，目的就是为了在匹配 XML 文档结构树时能够准确地找到某一个节点元素。可以把 XPath 比作文件管理路径：通过文件管理路径，可以按照一定的规则查找到所需要的文件；同样，依据 XPath 所制定的规则，也可以很方便地找到 XML 结构文档树中的任何一个节点，显然这对 XSLT 来说是一个最基本的功能。

XPath 提供了一系列的节点匹配的方法。

- 路径匹配：路径匹配和文件路径的表示比较相似，通过一系列的符号来指定路径。
- 位置匹配：根据每个元素的子元素都是有序的原则来匹配。
- 亲属关系匹配：XML 是一个树型结构，因此在匹配时可以利用树型结构的"父子"关系匹配。
- 条件匹配：利用一些函数的运算结果的布尔值来匹配符合条件的节点。

## 15.1.2　.NET 中实现的 XML DOM

XML 语言仅仅是一种信息交换的载体，是一种信息交换的方法。而要使用 XML 文档则必须通过使用一种称为接口的技术。正如使用 ODBC 接口访问数据库一样，DOM 接口应用程序使得对 XML 文档的访问变得简单。

DOM（Document Object Model）是一个程序接口，应用程序和脚本可以通过这个接口访问和修改 XML 文档数据。

DOM 接口定义了一系列对象来实现对 XML 文档数据的访问和修改。DOM 接口将 XML 文档转换为树型的文档结构，应用程序通过树型文档对 XML 文档进行层次化的访问，从而实现对 XML 文档的操作，如访问树的节点、创建新节点等。

微软大力支持 XML 技术，在.NET 框架中实现了对 DOM 规范的良好支持，并提供了一些扩展技术，使得程序员对 XML 文档的处理更加简便。而基于.NET 框架的 ASP.NET，可以充分使用.NET 类库来实现对 DOM 的支持。

.NET 类库中支持 DOM 的类主要存在于 System.Xml 和 System.Xml.XmlDocument 命名空间中。这些类分为两个层次：基础类和扩展类。基础类包括了用来编写操纵 XML 文档的应用程序所需要的类；扩展类被定义用来简化程序员的开发工作的类。

在基础类中包含以下三个类：

- XmlNode 类用来表示文档树中的单个节点，它描述了 XML 文档中各种具体节点类型的共性，它是一个抽象类，在扩展类的层次中有它的具体实现。
- XmlNodeList 类用来表示一个节点的有序集合，它提供了对迭代操作和索引器的支持。
- XmlNamedNodeMap 类用来表示一个节点的集合，该集合中的元素可以使用节点名或索引来访问，支持了使用节点名称和迭代器来对属性集合的访问，并包含了对命名空间的支持。

扩展类中主要包括了以下几个由 XmlNode 类派生出来的类，如表 15-5 所示。

表 15-5　扩展类中包含的主要的类

| 类 | 说明 |
| --- | --- |
| XmlAttribute | 表示一个属性。此属性的有效值和默认值在 DTD 或架构中进行定义 |
| XmlAttributeCollection | 表示属性集合，这些属性的有效值和默认值在 DTD 或架构中进行定义 |
| XmlComment | 表示 XML 文档中的注释内容 |
| XmlDocument | 表示 XML 文档 |
| XmlDocumentType | 表示 XML 文档的 DOCTYPE 声明节点 |
| XmlElement | 表示一个元素 |
| XmlEntity | 表示 XML 文档中一个解析过或为解析过的实体 |
| XmlEntityReference | 表示一个实体的引用 |
| XmlLinkedNode | 获取紧靠该节点（之前或之后）的节点 |
| XmlReader | 表示提供对 XML 数据进行快速、非缓存、只进访问的读取器 |
| XmlText | 表示元素或属性的文本内容 |
| XmlTextReader | 表示提供对 XML 数据进行快速、非缓存、只进访问的读取器 |

（续表）

| 类 | 说明 |
|---|---|
| XmlTextWriter | 表示提供快速、非缓存、只进方法的编写器，该方法生成包含 XML 数据（这些数据符合 W3C 可扩展标记语言（XML 1.0 和 XML 中命名空间的建议）的流或文件 |
| XmlWriter | 表示提供快速、非缓存、只进方法的编写器，该方法生成包含 XML 数据（这些数据符合 W3C 可扩展标记语言（XML 1.0 和 XML 中命名空间的建议）的流或文件 |

下面介绍如何使用这些类对 XML 文档进行操作。

### 1. 创建 XML 文档

创建 XML 文档的方法有如下两种：

（1）创建不带参数的 XmlDocument。下面的代码显示了如何创建一个不带参数的 XmlDocument：

```
XmlDocument doc = new XmlDocument();
```

创建文档后，可通过 Load 方法从字符串、流、URL、文本读取器或 XmlReader 派生类中加载数据到该文档中。还存在另一种加载方法，即 LoadXML 方法，此方法从字符串中读取 XML。

（2）创建一个 XmlDocument 并将 XmlNameTable 作为参数传递给它。XmlNameTable 类是原子化字符串对象的表。该表为 XML 分析器提供了一种高效的方法，即对 XML 文档中所有重复的元素和属性名使用相同的字符串对象。创建文档时，将自动创建 XmlNameTable，并在加载此文档时用属性和元素名加载 XmlNameTable。如果已经有一个包含名称表的文档，且这些名称在另一个文档中会很有用，则可使用 XmlNameTable 作为参数的 Load 方法创建一个新文档。使用此方法创建文档后，该文档使用现有 XmlNameTable，后者包含所有已从其他文档加载到此文档中的属性和元素。它可用于有效地比较元素和属性名。以下代码示例是创建带参数的 XmlDocument 实例：

```
System.Xml.XmlDocument doc = new XmlDocument(xmlNameTable);
```

### 2. 将 XML 读入文档

XML 信息从不同的格式读入内存。读取源包括字符串、流、URL、文本读取器或 XmlReader 的派生类。

Load 方法将文档置入内存中并包含可用于从每个不同的格式中获取数据的重载方法。还存在 LoadXML 方法，该方法从字符串中读取 XML。

下面的示例显示了用 LoadXML 方法加载 XML 字符串，然后将 XML 数据保存到一个名为 data.xml 的文件的过程，代码如下：

```
// 创建文档
XmlDocument doc = new XmlDocument();
doc.LoadXml(" <basic>" +
        "<ID>1</ID>" +
        "<NAME>张三</NAME>" +
        "<CITY>上海</CITY>" +
        "<PHONE>02145367890</PHONE>" +
```

```
            "<CARRIER>医生</CARRIER>" +
            "<POSITON>主任医师</POSITON>" +
            "</basic>");
// 把文档保存到一个文件中
doc.Save("data.xml");
```

### 3. 创建新节点

XmlDocument 具有用于所有节点类型的 Create 方法。表 15-6 列举了 XmlDocument 的常用的创建节点的方法。

表 15-6　XmlDocument 的常用的创建节点的方法

| 方法 | 说明 |
| --- | --- |
| CreateAttribute | 创建具有指定名称的 XmlAttribute |
| CreateCDataSection | 创建包含指定数据的 XmlCDataSection |
| CreateComment | 创建包含指定数据的 XmlComment |
| CreateDocumentType | 返回新的 XmlDocumentType 对象 |
| CreateElement | 创建 XmlElement |
| CreateEntityReference | 创建具有指定名称的 XmlEntityReference |
| CreateNode | 创建 XmlNode |
| CreateTextNode | 创建具有指定文本的 XmlText |

创建新节点后，有几个方法可将其插入到 XML 结构树中。表 15-7 列举了这些方法。

表 15-7　向 XML 结构树中插入节点的方法

| 方法 | 说明 |
| --- | --- |
| InsertBefore | 插入到引用节点之前 |
| InsertAfter | 插入到引用节点之后 |
| AppendChild | 将节点添加到给定节点的子节点列表的末尾 |
| PrependChild | 将节点添加到给定节点的子节点列表的开头 |
| Append | 将 XmlAttribute 节点追加到与元素关联的属性集合的末尾 |

### 4. 修改 XML 文档

在.NET 框架下，使用 DOM，程序员可以有多种方法来修改 XML 文档的节点、内容和值。常用的修改 XML 文档的方法如下：

- 使用 XmlNode.Value 方法更改节点值。
- 通过用新节点替换节点来修改全部节点集。这可使用 XmlNode.InnerXml 属性完成。
- 使用 XmlNode.ReplaceChild 方法用新节点替换现有节点。
- 使用 XmlCharacterData.AppendData 方法、XmlCharacterData.InsertData 方法或 XmlCharacterData.ReplaceData 方法将附加字符添加到 XmlCharacter 类继承的节点。
- 对从 XmlCharacterData 继承的节点类型使用 DeleteData 方法移除某个范围的字符来修改内容。

- 使用 SetAttribute 方法更新属性值。如果不存在属性，SetAttribute 创建一个新属性；如果存在属性，则更新属性值。

### 5．删除 XML 文档的节点、属性和内容

DOM 在内存中之后，可以删除树中的节点或删除特定节点类型中的内容和值。

（1）删除节点

若要从 DOM 中移除节点，可以使用 RemoveChild 方法移除特定节点。移除节点时，此方法也将移除属于所移除节点的子树（即如果它不是叶节点）。

若要从 DOM 中移除多个节点，可以使用 RemoveAll 方法移除当前节点的所有子级和属性。

如果使用 XmlNamedNodeMap，则可以使用 RemoveNamedItem 方法移除节点。

（2）删除属性集合中的属性

可以使用 XmlAttributeCollection.Remove 方法移除特定属性；也可以使用 XmlAttributeCollection.RemoveAll 方法移除集合中的所有属性，使元素不具有任何属性；或者使用 XmlAttributeCollection.RemoveAt 方法移除属性集合中的属性（通过使用其索引号）。

（3）删除节点属性

使用 XmlElement.RemoveAllAttributes 移除属性集合；使用 XmlElement.RemoveAttribute 方法按名称移除集合中的单个属性；使用 XmlElement.RemoveAttributeAt 按索引号移除集合中的单个属性。

（4）删除节点内容

可以使用 DeleteData 方法移除字符，此方法从节点中移除某个范围的字符。如果要完全移除内容，则移除包含此内容的节点。如果要保留节点，但节点内容不正确，则修改内容。

### 6．保存 XML 文档

可以使用 Save 方法保存 XML 文档。Save 方法有 4 个重载方法。

- Save（string filename）：将文档保存到文件 filename 的位置。
- Save（System.IO.Stream outStream）：保存到流 outStream 中，流的概念存在于文件操作中。
- Save（System.IO.TextWriter writer）：保存到 TextWriter 中，TextWriter 也是文件操作中的一个类。
- Save（XmlWriter w）：保存到 XmlWriter 中。

### 7．使用 XPath 导航选择节点

使用 XPath 导航可以方便地查询 DOM 中的信息：DOM 包含的方法允许使用 XPath 导航查询 DOM 中的信息。可以使用 XPath 查找单个特定节点，或查找与某个条件匹配的所有节点。如果不用 XPath，则检索 DOM 中的一个或多个节点将需要大量导航代码。而使用 XPath 只需要一行代码。

DOM 类提供两种 XPath 选择方法。SelectSingleNode 方法返回符合选择条件的第一个节点。

SelectNodes 方法返回包含匹配节点的 XmlNodeList。

以下示例代码显示了如何使用 XPath 从一个名为 doc 的 XmlDocument 对象中查询出所有 baisc 节点的信息：

```
XmlDocument doc = new XmlDocument();        // 创建 DOM
doc.Load("basic.xml");                      // 把 XML 文档装入 DOM
XmlNodeList nodeList;                        // 定义节点列表
XmlNode root = doc.DocumentElement;         // 定义根节点，并把 DOM 的根节点赋给它
nodeList=root.SelectNodes("//basic");       // 查找 basic 节点列表
//循环访问节点列表，并做一些修改
foreach (XmlNode basic in nodeList)
{   basic.LastChild.InnerText="无职称";       // 把最后一个子节点内容修改
}
doc.Save("basic1xml");                      // 保存 DOM
```

其中 bsiac.xml 文档的代码如下：

```
<?xml version="1.0" standalone="yes"?>
<DocumentElement>
    <basic>
        <ID>1</ID>
        <NAME>张三</NAME>
        <CITY>上海</CITY>
        <PHONE>02145367890</PHONE>
        <CARRIER>医生</CARRIER>
        < POSITION >主任医师</ POSITION >
    </basic>
    <basic>
        <ID>2</ID>
        <NAME>李四</NAME>
        <CITY>上海</CITY>
        <PHONE>02145456790</PHONE>
        <CARRIER>医生</CARRIER>
        < POSITION >技师</ POSITION >
    </basic>
    <basic>
        <ID>3</ID>
        <NAME>王五</NAME>
        <CITY>上海</CITY>
        <PHONE>02123451890</PHONE>
        <CARRIER>教师</CARRIER>
        < POSITION >教授</ POSITION >
    </basic>
</DocumentElement>
```

## 15.1.3　DataSet 与 XML

DataSet 是基于 XML 的，它具有多种 XML 特性，如 DataSet 对象以 XML 流的形式传输，DataSet 对象可以读取 XML 数据文件或数据流等。此外 DataSet 对象和 XMLDataDocument 对象可以同时

操作内存中的同一数据，而且无论哪个对象对该数据进行修改都会反映到另外一个对象里面，这就是所谓的数据同步。

### 1．把 XML 数据读入 DataSet 对象

DataSet 对象提供了一个名为 ReadXmlSchema 的方法，利用该方法可以从已经存在的 XML Schema 来建立数据模式。ReadXmlSchema 方法包含多种重载版本。

- ReadXmlSchema（string fileName）：从指定的文件读取 XML Schema。
- ReadXmlSchema（System.IO.Stream stream）：从流中读取 XML Schema。
- ReadXmlSchema（System.IO.TextReader reader）：读取存在于 TextReader 的 XML Schema。
- ReadXmlSchema（XmlReader reader）：读取存在于 XmlReader 的 XML Schema。

以下示例代码显示了如何利用 ReadXmlSchema 方法来读取 XML Schema：

```
// 使用文件名
DataSet dataSet = new DataSet();
dataSet.ReadXmlSchema(Server.MapPath("basic.xml"));
// 使用流对象
DataSet dataSet = new DataSet();
System.IO.FileStream fs = new System.IO.FileStream("basic.xml", System.IO.FileMode.
Open);
dataSet.ReadXmlSchema(fs);
fs.Close();
// 使用 TextReader
DataSet dataSet = new DataSet();
// 这里 StreamReader 是 TextReader 的派生类
System.IO.StreamReader    streamReader    =    new    System.IO.StreamReader
(Server.MapPath("basic.xml"));
dataSet.ReadXmlSchema(streamReader);
streamReader.Close();
// 使用 XmlReader
DataSet dataSet = new DataSet();
// 这里 XmlTextReader 是 XmlReader 的派生类
System.IO.FileStream  fs  =  new  System.IO.FileStream("basic.xml",  System.IO.
FileMode.Open);
System.Xml.XmlTextReader xmlReader = new XmlTextReader(fs);
dataSet.ReadXmlSchema(xmlReader);
xmlReader.Close();
```

此外，DataSet 对象还提供了一个 ReadXml 方法来读取 XML 文件或流。ReadXml 方法对于每一种 XML 数据来源（流、文件、TextReader 和 XmlReader），都提供了两种形式的重载函数：一种是仅包含一个指定 XML 数据来源的参数，另一种是包含指定 XML 数据来源的参数和指定读取数据时生成数据模式 Schema 的行为。示例代码如下所示：

```
// 使用文件
DataSet dataSet = new DataSet();
dataSet.ReadXml(Server.MapPath("basic.xml"));
// 或
```

```
dataSet.ReadXml(Server.MapPath("basic.xml"),XmlReadMode.Auto);
```

其中生成数据模式 Schema 的行为可以由枚举类型 XmlReadMode 的值来判断，XmlReadMode 的取值包括以下几种。

- Auto：默认值。
- DiffGram：读取 DiffGram，将 DiffGram 中的更改应用到 DataSet。
- Fragment：针对 SQL Server 的实例读取 XML 片段。
- IgnoreSchema：忽略任何内联架构并将数据读入现有的 DataSet 架构。
- InferSchema：忽略任何内联架构，从数据推断出架构并加载数据。
- InferTypedSchema：忽略任何内联架构，从数据推断出强类型架构并加载数据。
- ReadSchema：读取任何内联架构并加载数据。

### 2．DataSet 写出 XML 数据

DataSet 对象使用一个 GetXml 方法来将数据导出为一个 XML 字符串，使用 GetXmlSchema 方法将数据的组织模式导出为一个 XML Schema 字符串。示例代码如下所示：

```
DataSet dataSet = new DataSet();
// 执行一些操作，为 dataSet 对象填充数据，此处代码省略
string xmlString = dataSet.GetXml();              // 导出数据为 XML 格式
string xmlSchema = dataSet.GetXmlSchema();        // 导出数据的组织形式
```

此外 DataSet 还提供了 WriteXml 和 WriteXmlSchema 方法来把 DataSet 对象中的数据和 Schema 以 XML 的形式写出。示例代码如下所示：

```
// 写出 XML 数据
DataSet dataSet = new DataSet();
// 执行一些操作，为 dataSet 对象填充数据，此处代码省略
System.IO.FileStream  fs  =  new  System.IO.FileStream("basic1.xml",  System.IO.
FileMode.Create);
dataSet.WriteXml(fs);
fs.Close();
// 写出数据组织形式
DataSet dataSet = new DataSet();
// 执行一些操作，为 dataSet 对象填充数据，此处代码省略
System.IO.FileStream  fs  =  new  System.IO.FileStream("basic2.xml",  System.IO.
FileMode.Create);
dataSet.WriteXmlSchema(fs);
fs.Close();
```

### 3．DOM 对象与 DataSet 对象的同步化

DataSet 和 XmlDataDocument 之间的这种关系为编程提供了很大的灵活性，它允许单个应用程序使用一组数据来访问围绕 DataSet 生成的整组服务（如 Web 窗体控件、Windows 窗体控件、Visual Studio.NET 设计器等）以及 XML 服务组（如可扩展样式表语言[XSL]、XSL 转换[XSLT]和 XML 路径语言[XPath]）。程序员不必选择使应用程序以哪一组服务为目标，这两组服务都可用。

有若干种方法可以使 DataSet 与 XmlDataDocument 同步，常见的方法如下。

（1）使用架构（即关系结构）和数据填充 DataSet，然后使其与新 XmlDataDocument 同步。这将提供现有关系数据的分层视图。例如：

```
DataSet dataSet = new DataSet();
// 执行一些操作，为 dataSet 对象填充数据，此处代码省略
XmlDataDocument xmlDoc = new XmlDataDocument(dataSet);
```

（2）创建一个新的 XmlDataDocument 并从 XML 文档中加载，然后使用 XmlDataDocument 的 DataSet 属性访问数据的关系视图。若要使用 DataSet 查看 XmlDataDocument 中的数据，需要先设置 DataSet 的架构。当然，DataSet 架构中的表名称和列名称必须要与其同步的 XML 元素的名称匹配，该匹配区分大小写。例如：

```
DataSet dataSet = new DataSet();
// 执行一些操作，为 dataSet 对象填充数据结构，但不填充数据，此处代码省略
XmlDataDocument xmlDoc = new XmlDataDocument(dataSet);
xmlDoc.Load("XMLDocument.xml");
```

## 15.1.4 XML 数据绑定

ASP.NET 提供了一个 XML 控件，该控件可以方便地在页面上显示 XML 数据。XML 控件具有两个属性：

- DocumentSource，该属性用来指定要显示的 XML 数据文件。
- TransformSource，该属性用来指定转换 XML 数据的 XSL 文件。

在页面的"设计"视图中拖入一个 XML 控件，可以在"属性"窗口中指定以上两个属性对应的文件，然后就可以在 XML 控件中根据 XSL 文件的转换来显示出 XML 数据文件。

### 例 15-1  XML 控件的使用

创建步骤如下：

**01** 创建一个 ASP.NET 空 Web 应用程序 Sample15-1。

**02** 把前面创建的文件 basic.xml 和 style.xsl 复制到该项目下。

**03** 添加页面文件 Default.aspx，打开并切换到"设计"视图，在其中拖入一个 XML 控件。

**04** 选中 XML 控件，在"属性"窗口中设置属性 DocumentSource 为 basic.xml、设置属性 TransformSource 为 style.xsl。

在浏览器中查看 Default.aspx 页面，效果如图 15-2 所示。

图 15-2  XML 控件显示 XML 数据的效果

　　尽管，XML 控件可以方便地显示 XML 数据，但如果想把数据显示在诸如 GridView 控件中的话，可以使用前面介绍的 XML 类，尤其是使用 DataSet 可以实现 XML 数据在 GridView 控件中的显示。但也还有更方便的方法，那就是使用 XmlDataSource 控件，这是一个数据源控件，它允许从一个文件读取 XML 数据，然后把这些数据填充到 GridView 控件中。

　　XmlDataSource 控件与前面介绍的 SqlDataSource 工作原理一样，不过 XmlDataSource 控件还具有以下两点不同：

- XmlDataSource 控件从 XML 文件中获取信息，而不是从数据库中获取信息。
- XmlDataSource 控件返回的信息是分层次的，而且级别可以是无限的。SqlDataSource 返回的信息只能是一个表格形式的。

　　除了以上两点不同，XmlDataSource 控件同其他数据源控件的特性和用法一样。

　　可以利用 XmlDataSource 控件将 XML 数据绑定到 GridView 等表格控件中。要在例如 GridView 控件这样的表格控件中显示 XML 数据，就必须使用 XPath 来指定要在 GridView 控件中显示的数据项。这是因为 XML 文件是有层次的，XmlDataSource 控件只是把数据从 XML 文件中获得，并不能为 GridView 控件指明要显示的数据项，因此需要在 GridView 控件的列定义中利用 XPath 来指明要显示的数据项。

### 例 15-2　利用 XmlDataSource 控件将 XML 数据绑定到 GridView 控件中

创建步骤如下：

**01** 创建一个 ASP.NET 空 Web 应用程序 Sample15-2。

**02** 把前面创建的文件 basic.xml 复制到该项目下。

**03** 添加页面文件 Default.aspx，打开并切换到"设计"视图，在其中拖入一个 XmlDataSource 控件。

**04** 选中 XmlDataSource 控件，在"属性"窗口中设置属性 DataFile 为 basic.xml。

**05** 在页面中拖入一个 GridView 控件。

**06** 切换页面到"源"视图，编辑在 GridView 控件中要显示的模板列，代码如下：

```
<asp:GridView ID="GridView1" runat="server" DataSourceID="XmlDataSource1"
    AutoGenerateColumns="False">
    <Columns>
        <asp:TemplateField HeaderText="序列">
            <ItemTemplate><%# XPath("ID") %></ItemTemplate>
        </asp:TemplateField>
        <asp:TemplateField HeaderText="姓名">
            <ItemTemplate><%# XPath("NAME")%></ItemTemplate>
        </asp:TemplateField>
        <asp:TemplateField HeaderText="城市">
            <ItemTemplate><%# XPath("CITY")%></ItemTemplate>
        </asp:TemplateField>
        <asp:TemplateField HeaderText="电话">
            <ItemTemplate><%# XPath("PHONE")%></ItemTemplate>
        </asp:TemplateField>
```

```
        <asp:TemplateField HeaderText="职业">
            <ItemTemplate><%# XPath("CARRIER")%></ItemTemplate>
        </asp:TemplateField>
        <asp:TemplateField HeaderText="职称">
            <ItemTemplate><%# XPath("POSITION")%></ItemTemplate>
        </asp:TemplateField>
    </Columns>
</asp:GridView>
```

在浏览器中查看 Default.aspx 页面，效果如图 15-3 所示。

图 15-3　使用 XmlDataSource 控件在 GridView 控件中显示 XML 数据

而利用 XmlDataSource 控件将 XML 数据绑定到 TreeView 控件等层次控件中就比较容易，由于 TreeView 控件是把数据分层显示，与 XML 描述的形式相似，因此这些控件显示 XML 数据就比较容易。

**例 15-3　利用 XmlDataSource 控件将 XML 数据绑定到 TreeView 控件中**

创建步骤如下：

**01** 创建一个 ASP.NET 空 Web 应用程序 Sample15-3。

**02** 创建一个名为 XMLFile1.xml 的 XML 文件，内容如下（这个 XML 文件表示一个产品分类列表，并指明产品的价格）：

```
<?xml version="1.0" standalone="yes"?>
<SuperProProductList xmlns="SuperProProductList" >
    <Category Name="硬件">
        <Product ID="1" Name="椅子">
            <Price>49.33</Price>
        </Product>
        <Product ID="2" Name="汽车">
            <Price>43398.55</Price>
        </Product>
    </Category>
    <Category Name="软件">
        <Product ID="3" Name="ASP.NET 学习">
            <Price>49.99</Price>
        </Product>
    </Category>
</SuperProProductList>
```

**03** 添加页面文件 Default.aspx，打开并切换到"设计"视图，在其中拖入一个 XmlDataSource

控件。

04 选中 XmlDataSource 控件，在"属性"窗口中设置属性 DataFile 为 XMLFile1.xml。

05 在页面中拖入一个 TreeView 控件，在"属性"窗口中指明 DataSourceID 为前面创建的
XmlDataSource 控件。

在浏览器中查看 Default.aspx 页面，效果如图 15-4 所示。

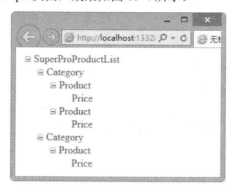

图 15-4　TreeView 控件中显示 XML 数据结构

在图 15-4 中，可以看到在默认情况下，TreeView 控件只是把 XML 数据的结构显示出来。要
显示具体的数据内容还需要在 TreeView 控件的定义代码中指明数据项的绑定。

06 切换到"源"视图，编辑要在 TreeView 控件中显示的数据项，代码如下（在<DataBindings>
中为每个绑定节点指明具体绑定的数据项）：

```
<asp:TreeView ID="TreeView1" runat="server" DataSourceID="XmlDataSource1">
    <DataBindings>
        <asp:TreeNodeBinding DataMember="SuperProProductList" Text="产品列表" />
        <asp:TreeNodeBinding DataMember="Category" TextField="Name" />
        <asp:TreeNodeBinding DataMember="Product" TextField="Name" />
        <asp:TreeNodeBinding DataMember="Price" TextField="#InnerText" />
    </DataBindings>
</asp:TreeView>
```

在浏览器中查看 Default.aspx 页面，效果如图 15-5 所示。

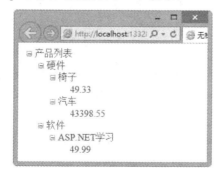

图 15-5　TreeView 控件显示 XML 文件中的具体数据

## 15.2 文件操作

在开发 Web 程序时，不但有存储在数据库中和 XML 文件中的数据形式需要处理，而且会有很多诸如文本、Word 文档和图片等格式的文件数据需要处理。尤其是在一些信息管理系统中，文档的处理流程贯穿了整个系统的运行过程。本节将要介绍 .NET 框架中文件的操作，以及文件操作在 ASP.NET 中的应用。

### 15.2.1 概述

文件的操作有很多种，如创建文件、复制文件、删除文件等，这些都是文件最基本的操作，.NET 框架提供了一个静态类 File 来完成这些操作。

而文件的 I/O 操作是一个比较复杂的过程。在 .NET 框架下，文件的 I/O 操作方式都是基于流（Stream）的，由于引进了流的概念，程序员可以通过对一系列的通用对象进行操作，而不必关心该 I/O 操作是和本机的文件有关还是与网络中的数据有关，这使得对于文件操作的编程变得非常简单，从而大大减轻了程序员的工作。

流的概念最初存在于通信领域中，用通信术语来描述：流是全双工的处理过程，它是内核中驱动程序和用户进程之间的数据传输通道。

从流的构造上来说，它由一个流头、一个流驱动程序尾以及其间的零个或若干个可选模块构成。流头是一个用户级接口，它允许用户应用程序通过系统调用接口来访问流。驱动程序尾与底层设备通信。

后来流的概念被引入文件 I/O 操作中，流在 I/O 系统中是一种 I/O 机制和功能，或者称为 Streams 子系统。它本身并不是一个物理设备的概念。

在文件 I/O 操作中，流是字节序列的抽象概念，例如文件、输入/输出设备、内部进程通信管道或者 TCP/IP 套接字。

引入流的目的是为了克服传统的字符设备驱动程序框架存在的许多缺点，这表现在：

- 内核与字符设备驱动程序间接口的抽象层次太高。
- 内核没有为字符设备提供可靠的缓冲区分配和管理功能。
- 许多系统对字符设备的界面是把数据看成是 FIFO（先进先出）的字节流，因此没有识别消息边界、区分普通设备和控制信息，以及判定不同消息优先级的能力，也没有字节流的流量控制。

而在网络数据传输设备中这些问题更突出。网络中数据传输是基于消息或数据分组的，以上这些缺点为网络程序的开发带来了困难。而引入流概念并提供一系列针对概念开发的接口程序，大大方便了程序开发的工作。

.NET 框架主要提供了一个 System.IO 命名空间，该命名空间基本包含了所有和 I/O 操作相关的类，因此在程序员开发文件操作的程序时需要引用该命名空间。

## 15.2.2　文件基本操作

在.NET 框架里文件的基本操作大部分都是由静态类 File 来完成，File 类提供了一系列的方法来完成这些操作。File 类提供的方法如表 15-8 所示。

表 15-8　File 类的常用方法

| 方法 | 说明 |
| --- | --- |
| AppendText | 创建一个 StreamWriter，它将 UTF-8 编码文本追加到现有文件 |
| Copy | 将现有文件复制到新文件 |
| Create | 在指定路径中创建文件 |
| CreateText | 创建或打开一个文件用于写入 UTF-8 编码的文本 |
| Delete | 删除指定的文件。如果指定的文件不存在，则不引发异常 |
| Exists | 确定指定的文件是否存在 |
| Move | 将指定文件移到新位置，并提供指定新文件名的选项 |
| Open | 打开指定路径上的 FileStream |
| OpenRead | 打开现有文件以进行读取 |
| OpenText | 打开现有 UTF-8 编码文本文件以进行读取 |
| OpenWrite | 打开现有文件以进行写入 |

表 15-8 列举的方法基本能够完成文件的所有操作，如使用 Create 方法可以创建文件、使用 Copy 方法可以复制现有的文件等。下面通过一个示例来介绍如何使用这些方法来完成文件的基本操作。

### 例 15-4　文件基本操作

创建实例的步骤如下：

**01** 创建一个 ASP.NET 空 Web 应用程序 Sample15-4。

**02** 添加一个网页 Page1.aspx。

**03** 打开 Page1.aspx.cs 文件，在文件头添加对 System.IO 命名空间的引用，代码如下：

```
using System.IO;
```

**04** 在 Page_Load 事件函数中添加创建一个文本文件的代码，代码如下：

```
// 创建一个文本文档，并把它赋给流 StreamWriter
// StreamWriter 以一种特定编码向流中写入文字
StreamWriter streamWriter = File.CreateText(Server.MapPath("1.txt"));
```

**05** 运行 Page1.aspx，会发现在网站根目录下创建一个名为 1.txt 的文本文件。打开该文档，发现这是一个空白文档。为了增加效果可以利用流向该文件里写入文字，代码如下：

```
// 创建一个文本文档，并把它赋给流 StreamWriter
// StreamWriter 以一种特定编码向流中写入文字
StreamWriter streamWriter = File.CreateText(Server.MapPath("1.txt"));
streamWriter.Write("这是利用 File.CreateText 创建的文本文档! ");
streamWriter.Close();
```

**06** 运行 Page1.aspx 后打开 1.txt 文本，会发现该文件中增添了文字。

**07** 在 Page_Load 事件函数中添加复制文本 1.txt 文件的代码：

```
// 文件 1.txt 存在
if (File.Exists(Server.MapPath("1.txt")))
{   // 复制该文件到 2.txt
    File.Copy(Server.MapPath("1.txt"), Server.MapPath("2.txt"));
}
```

**08** 运行以上代码，可以发现在项目根目录下又添加了一个新的文件 2.txt。

**09** 添加删除 2.txt 的代码：

```
if (File.Exists(Server.MapPath("1.txt")))
{   // 删除 2.txt
    File.Delete(Server.MapPath("2.txt"));
}
```

**10** 运行以上代码后，会发现 2.txt 从根目录中已删除。

## 15.2.3  文件的 I/O 操作

在.NET 框架中，文件的 I/O 操作是基于流的，而 Stream 类是所有流的抽象基类。Stream 类及其派生类提供这些不同类型的输入和输出的一般视图，使程序员不必了解操作系统和基础设备的具体细节。

Stream 类提供了对 I/O 操作的基本方法的定义，所有从该类派生出来的类，可以根据实际需要来实现相应的方法。Stream 类提供的方法如表 15-9 所示。

表 15-9　Stream 类的常用方法

| 方法 | 说明 |
| --- | --- |
| BeginRead | 开始异步读操作 |
| BeginWrite | 开始异步写操作 |
| Close | 关闭当前流并释放与之关联的所有资源（如套接字和文件句柄） |
| EndRead | 等待挂起的异步读取完成 |
| EndWrite | 结束异步写操作 |
| Flush | 当在派生类中重写时，将清除该流的所有缓冲区，并使得所有缓冲数据被写入到基础设备 |
| Read | 当在派生类中重写时，从当前流读取字节序列，并将此流中的位置提升读取的字节数 |
| ReadByte | 从流中读取一个字节，并将流内的位置向前推进一个字节，或者如果已到达流的末尾，则返回-1 |
| Seek | 当在派生类中重写时，设置当前流中的位置 |
| SetLength | 当在派生类中重写时，设置当前流的长度 |
| Write | 当在派生类中重写时，向当前流中写入字节序列，并将此流中的当前位置提升写入的字节数 |
| WriteByte | 将一个字节写入流内的当前位置，并将流内的位置向前推进一个字节 |

在.NET 里面，由 Stream 派生出 5 种主要的流。

- FileStream：支持对文件的顺序和随机读写操作。
- MemoryStream：支持对内存缓冲区的顺序和随机读写操作。
- NETworkStream：支持对 Internet 网络资源的顺序和随机读写操作，存在于 System.Net.Sockets 名称空间。
- CryptoStream：支持数据的编码和解码，存在于 System.Security.Cryptography 名称空间。
- BufferedStream：支持缓冲式的读写对那些本身不支持的对象。

程序员可以根据自己的需要选择相应的流来实现文件的 I/O 操作。下面通过一个例子来介绍如何利用流来实现文件的 I/O 操作，该例子的创建步骤如下：

**01** 打开 ASP.NET Web 应用程序 Sample15-4。

**02** 添加页面文件 Page2.aspx。

**03** 打开文件 Page2.aspx.cs，在 Page_Load 事件函数中加入如下代码：

```
string str = "使用流向文档写入数据！";
// 定义流 fs
// 若文件.txt 存在，则打开它，否则创建一个新的文件
FileStream fs = new FileStream(Server.MapPath("3.txt"), FileMode.OpenOrCreate);
// 定义字节编码，汉字在处理过程中需要定义相应的编码才能正确显示
System.Text.UTF8Encoding encoding = new UTF8Encoding();
// 调用 Write 方法向流中写入数据
fs.Write(encoding.GetBytes(str), 0, encoding.GetByteCount(str));
fs.Close();
```

**04** 运行以上程序，可以发现在系统根目录下添加一个 1.txt 文件。

**05** 在 Page_Load 事件函数中加入从流中读取数据的代码，代码如下：

```
FileStream fs = new FileStream(Server.MapPath("3.txt"), FileMode.OpenOrCreate);
System.Text.UTF8Encoding encoding = new UTF8Encoding();
// 流的长度不为 0
if (fs.Length != 0)
{   // 定义一个字节数组来存储从流中读入的数据
    Byte []bt = new byte[fs.Length];
    // 利用 Read 方法从流中读入数据
    fs.Read(bt, 0, Convert.ToInt32(fs.Length.ToString()));
    fs.Close();
    // 向页面发送从文件中读入的数据
    Response.Write(encoding.GetString(bt));
}
```

**06** 运行以上程序，运行结果如图 15-6 所示。

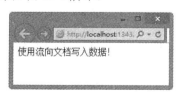

图 15-6　从流中读出数据

从以上代码中可以看出，在利用 FileStream 处理文件 I/O 操作时，有时会发现很不方便，因为 FileStream 在处理流的过程中数据是以字节的形式存在于内存中，而字节与字符串的转换有时非常麻烦。为了避免这些转换和简化代码，程序员可以选择 Stream 的另两个针对二进制数据读取的派生类 BinaryReader 和 BinaryWriter，利用这两个类可以方便地进行二进制数据的读取，例如：

```
System.IO.BinaryWriter binaryWriter = new BinaryWriter(fs);
binaryWriter.Write("测试 BinaryWriter! ");
System.IO.BinaryReader binaryReader = new BinaryReader(fs);
binaryReader.ReadString();
```

以上代码展示了 BinaryReader 和 BinaryWriter 类非常方便地处理二进制数据的能力，程序员不用再考虑如何进行二进制数据与字符串之间的转换。

## 15.2.4　文件上传

在 Web 系统或网站中经常会提供文件上传的功能，ASP.NET 提供了一个文件上传控件（FileUpload 控件），该控件可以让用户更方便地浏览和选择用户上传的文件，它包含一个浏览按钮和用于输入文件名的文本框。只要用户在文本框中输入了完全限定的文件名，无论是直接输入还是通过"浏览"按钮选择，都可以调用该控件的 SaveAs 方法把文件保存到服务器上。

FileUpload 控件提供了如表 15-10 所示的属性。

表 15-10　FileUpload 控件的属性

| 属性 | 说明 |
| --- | --- |
| FileBytes | 从使用 FileUpload 控件指定的文件中返回一个字节数组 |
| FileContent | 返回一个指向上传文件的流对象 |
| FileName | 返回要上传文件的名称，不包含路径信息 |
| HasFile | 指明该控件是否包含文件，返回 true 则表明该控件有文件要上传 |
| PostedFile | 返回已经上传文件的引用，类型为 HttpPostedFile |

表 15-11 列出了 HttpPostedFile 类的属性。

表 15-11　HttpPostedFile 类的属性

| 属性 | 说明 |
| --- | --- |
| ContentLength | 返回上传文件的按字节表示的文件大小 |
| ContentType | 返回上传文件的 MIME 内容类型 |
| FileName | 返回上传文件在客户端的完全限定名 |
| InputStream | 返回一个指向上传文件的流对象 |

FileUpload 控件提供了一个方法 SaveAs，该方法用来把上传的文件保存到服务器上的指定路径。

用户使用 FileUpload 控件选择要上传的文件并提交页面后，该文件作为请求的一部分上传。文件将被完整地缓存在服务器内存中，文件完成上传后，就要在服务器代码中处理上传的文件，可以按照以下三种方式来处理内存中的文件：

- 作为在 FileUpload 控件的 FileBytes 属性中公开的字节数组。
- 作为在 FileConten 属性中公开的流。
- 作为 PostedFile 属性中类型为 HttpPostedFile 的对象。

在代码运行时，可以检查文件的特征，如文件的名称、大小和 MIME 类型，然后保存该文件。由于用户可能利用 FileUpload 控件上传一些有潜在危害的文件，如脚本文件和可执行文件等，因此在保存文件之前检查文件的特征是必要的，这样可以把存在危害的文件忽略掉，以保证服务器的安全。

文件上传的处理步骤如下：

**01** 向页面添加 FileUpload 控件。

**02** 在事件处理程序中，执行操作。

**03** 检测 FileUpload 控件的 HasFile 属性。

**04** 检查该文件的文件名或 MIME 类型，以确保用户上传了服务器能接收的文件。

**05** 保存文件。

### 例 15-5　文件上传

**01** 创建一个 ASP.NET 空 Web 应用程序 Sample15-5。

**02** 添加一个存储文件的文件夹，名为 UploadedImages。

**03** 添加页面 Default.aspx，打开并切换到"设计"视图。

**04** 向页面内拖入一个 FileUpload 控件、一个 Button 控件和一个 Label 控件。

**05** 双击 Button 控件，在文件 Default.aspx.cs 中添加该控件的单击事件处理函数。

**06** 打开 Default.aspx.cs 文件，在文件头添加对 System.IO 命名空间的引用，代码如下：

```
using System.IO;
```

**07** 在 Button 控件的单击事件处理函数中加入文件上传后的处理代码，这段代码实现了文件上传后如何存储到服务器上的过程，代码如下：

```
protected void Button1_Click(object sender, EventArgs e)
{  Boolean fileOK = false; //定义一个变量 fileOK 用来标识文件是否上传成功
   String path = Server.MapPath("~/UploadedImages/");//变量 path 获得服务器上存储文件
的文件夹的路径
   if (FileUpload1.HasFile)// 判断上传文件的控件是否包含文件
   { // 利用方法 System.IO.Path.GetExtension 获得文件扩展名
   String                                        fileExtension
=System.IO.Path.GetExtension(FileUpload1.FileName).ToLower();
   String[] allowedExtensions={ ".gif", ".png", ".jpeg", ".jpg" };//判断上传的文件
是否符合格式
       for (int i = 0; i < allowedExtensions.Length; i++)
       {   if (fileExtension == allowedExtensions[i])
         {   fileOK = true;
         }
       }
```

```
    }
    if (fileOK)
    {   try
        {   //把文件按照 HttpPostedFile 的对象存储在路径 path 中
            FileUpload1.PostedFile.SaveAs(path+ FileUpload1.FileName);
            Label1.Text = "文件上传成功!";
        }
        catch (Exception ex)
        {   Label1.Text = "文件上传失败!";
        }
    }
    else
    {   Label1.Text = "不能上传这种类型的文件!";
    }
}
```

运行以上代码，在如图 15-7 所示的窗口中添加要上传的文件。

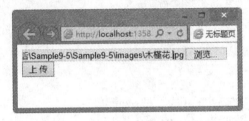

图 15-7　上传文件的用户界面

在图 15-7 中，单击"上传"按钮，如果文件上传成功，则弹出如图 15-8 所示的界面。

图 15-8　上传文件的界面

## 15.2.5　文件下载

在 Web 系统或网站中除了经常要提供文件上传功能外，也会经常提供文件下载的功能，下面就通过一个实例来了解如何实现文件的下载功能。

### 例 15-6　文件下载

本实例演示，先将限定格式的文件成功上传到指定文件目录下，然后将文件信息记录保存在 tb_file 数据表中。同时，将上传成功的文件，按照 BinaryWrite 字符流方式、WriteFile 分块方式和大文件下载三种不同方式下载到客户端。

创建实例的步骤如下：

**01** 创建一个 ASP.NET 空 Web 应用程序 Sample15-6。

**02** 添加一个存储文件的文件夹 FileManager 和存放数据库文件 db_NetStore 的 App_Data 文件夹。db_NetStore 数据库中 tb_file 表结构如表 15-12 所示。

表 15-12　tb_file 表结构

| 字段名称 | 字段类型 | 字段大小 | 说明 |
|---|---|---|---|
| fid | int | | 自动编号 |
| fname | varchar | 100 | 文件名称 |
| furl | varchar | 200 | 文件保存路径 |

**03** 添加页面 Default.aspx，打开并切换到"设计"视图。

**04** 向页面内拖入一个 FileUpload 控件、一个 Button 控件、一个 Label 控件和一个 GridVie 控件。

**05** 选择页面上的 GridVie 控件，启动 GridVie 任务，选择编辑列，打开如图 15-9 所示的字段定义对话框，参照表 15-13 所示，定义 4 个字段。

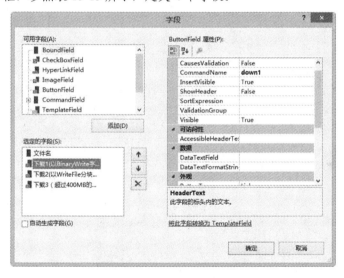

图 15-9　GridView 控件字段定义

表 15-13　GridView 控件字段属性值

| 字段 | DataField 属性 | HeaderText 属性 | Text 属性 | CommandName 属性 |
|---|---|---|---|---|
| BoundField | fname | 文件名 | 空 | 空 |
| ButtonField | 空 | 下载 1<br>（以 BinaryWrite 字符流方式下载） | 下载 1 | down1 |
| ButtonField | 空 | 下载 2（以 WriteFile 分块方式下载） | 下载 2 | down2 |
| ButtonField | 空 | 下载 3（超过 400MB 的文件） | 下载 3 | down3 |

**06** 打开"源代码"，<form></form>标记间的代码如下：

```
<asp:FileUpload ID="FileUpload1" runat="server" style="width: 223px" />
```

```
            <asp:Button ID="Button1" runat="server" Text="上传" onclick="Button1_Click" />
            <br />
       限定上传文件为 doc\txt\xls
        <asp:GridView ID="GridView2" runat="server" AutoGenerateColumns="False"
            Height="145px" onrowcommand="GridView2_RowCommand"
            onrowcreated="GridView2_RowCreated" Width="693px">
            <Columns>
                <asp:BoundField DataField="fname" HeaderText="文件名" />
     <asp:ButtonField HeaderText="下载1(以 BinaryWrite 字符流方式下载)" Text="下载1"
CommandName="down1" />
    <asp:ButtonField CommandName="down2" HeaderText="下载2(以 WriteFile 分块方式下载)"
     Text="下载2" />
     <asp:ButtonField CommandName="down3" HeaderText="下载3（超过 400MB 的文件）" Text="
下载3" />
            </Columns>
        </asp:GridView>
            <asp:Label ID="Label1" runat="server"></asp:Label>
```

**07** 设计布局完成的 Default.aspx 页面如图 15-10 所示。

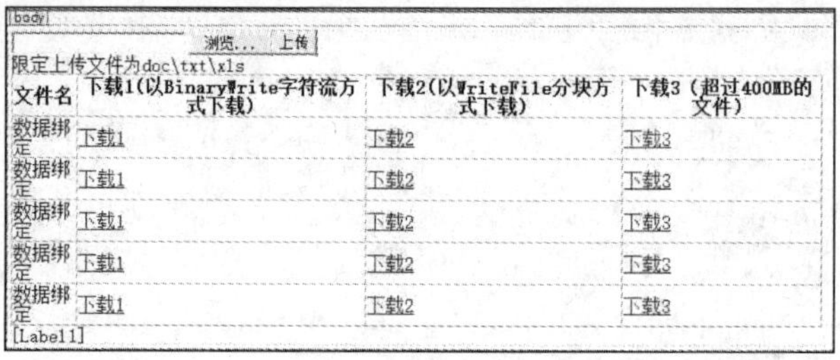

图 15-10  设计布局完成的 Default.aspx 页面

**08** 打开 Default.aspx.cs 文件，在文件头添加对 System.IO 命名空间的引用，编写代码如下：

```
using System;
using System.Collections.Generic;
using System.Linq;
using System.Web;
using System.Web.UI;
using System.Web.UI.WebControls;
using System.Data;
using System.Configuration;
using System.Data.SqlClient;
using System.IO;
namespace Sample15_6
{
    public partial class Default : System.Web.UI.Page
    {
        SqlConnection    myConn    =    new    SqlConnection(ConfigurationManager.
ConnectionStrings["ConnectionString"].ConnectionString);
        protected void Page_Load(object sender, EventArgs e)
        {
            if (!IsPostBack)
```

```
          {
        myConn.Open();
         DataSet ds = new DataSet();
         SqlDataAdapter adapt = new SqlDataAdapter("select fname from tb_file",
myConn);
         adapt.Fill(ds);
         myConn.Close();
         GridView2.DataSource = ds;
         GridView2.DataBind();
         }
      }
    protected void Button1_Click(object sender, EventArgs e)
  {
    string path = Server.MapPath("~/FileManager/");
    string name = FileUpload1.FileName;
    string    type    =    FileUpload1.FileName.Substring(FileUpload1.FileName.
LastIndexOf(".") + 1);
    string sql = "insert into tb_file values('" + name + "','" + path + "') ";
    SqlCommand insertCmd = new SqlCommand(sql, myConn);
    if (FileUpload1.HasFile)
    {
        if (FileUpload1.FileBytes.Length > 10000000)
         {
            Label1.Text = "文件超过大小,请重新选择! ";
          }
        else
        {
         if (type.ToLower() == "txt" || type.ToLower() == "doc" || type.ToLower()
== "xls")
            {
                try
                {
                    if (insertCmd.Connection.State != ConnectionState.Open)
                    {
                        insertCmd.Connection.Open(); //打开与数据库的连接
                    }
        //使用 SqlCommand 对象的 ExecuteNonQuery 方法执行 SQL 语句,并返回受影响的行数
                    insertCmd.ExecuteNonQuery();
                }
                catch (Exception ex)
                {
                    throw new Exception(ex.Message, ex);
                }
                finally
                {
                    if (insertCmd.Connection.State == ConnectionState.Open)
                    {
                        insertCmd.Connection.Close(); //关闭与数据库的连接
                    }
                }
```

```
                    FileUpload1.PostedFile.SaveAs(path + FileUpload1.FileName);
                    Label1.Text = "文件上传成功！";
                    }
                else
                    {
                    Label1.Text = "文件类型出错！";
                    }
                }
            }
        else
            {
            Label1.Text = "对不起，请选择要上传的文件！";
            }
        }


protected void GridView2_RowCreated(object sender, GridViewRowEventArgs e)
{
    if (e.Row.RowType == DataControlRowType.DataRow)//判断数据下载记录行是否选中
    {
        LinkButton btn = (LinkButton)e.Row.Cells[1].Controls[0];
        btn.CommandArgument = e.Row.RowIndex.ToString();//获取下载记录索引
    }
}
protected void GridView2_RowCommand(object sender, GridViewCommandEventArgs e)
{
    int index = Convert.ToInt32(e.CommandArgument);
    GridViewRow row = GridView2.Rows[index];
    string filePath = Server.MapPath("~/FileManager/ ") + row.Cells[0].Text;
    string fileName = row.Cells[0].Text;      //客户端保存的文件名
    System.IO.FileInfo fileInfo = new System.IO.FileInfo(filePath);
    if (e.CommandName == "down1")   //以字符流的形式下载文件
    {

        FileStream fs = new FileStream(filePath, FileMode.Open);
        byte[] bytes = new byte[(int)fs.Length];
        fs.Read(bytes, 0, bytes.Length);
        fs.Close();
        Response.ContentType = "application/octet-stream";
        //通知浏览器下载文件而不是打开
        Response.AddHeader("Content-Disposition", "attachment; filename="
            + HttpUtility.UrlEncode(fileName, System.Text.Encoding.UTF8));
        Response.BinaryWrite(bytes);
        Response.Flush();
        Response.End();
    }
    if (e.CommandName == "down2")   //分块下载
    {
        if (fileInfo.Exists == true)
        {//100K 每次读取文件，只读取 100 K，这样可以缓解服务器的压力
```

```
                        const long ChunkSize = 102400;
                        byte[] buffer = new byte[ChunkSize];
                        Response.Clear();
                        System.IO.FileStream iStream = System.IO.File.OpenRead(filePath);
                        long dataLengthToRead = iStream.Length;//获取下载的文件总大小
                        Response.ContentType = "application/octet-stream";
                        Response.AddHeader("Content-Disposition",          "attachment;
filename=" + HttpUtility.UrlEncode(fileName));
                        while (dataLengthToRead > 0 && Response.IsClientConnected)
                        {//读取的大小
                            int   lengthRead   =   iStream.Read(buffer,   0,   Convert.ToInt32
(ChunkSize));
                            Response.OutputStream.Write(buffer, 0, lengthRead);
                            Response.Flush();
                            dataLengthToRead = dataLengthToRead - lengthRead;
                        }
                        Response.Close();
                    }
                }
                if (e.CommandName == "down3")  //大文件下载
                {
                    Response.Clear();
                    Response.ClearContent();
                    Response.ClearHeaders();
                    Response.AddHeader("Content-Disposition", "attachment;filename=" +
fileName);
                    Response.AddHeader("Content-Length", fileInfo.Length.ToString());
                    Response.AddHeader("Content-Transfer-Encoding", "binary");
                    Response.ContentType = "application/octet-stream";
                    Response.ContentEncoding = System.Text.Encoding.GetEncoding("gb2312");
                    Response.WriteFile(fileInfo.FullName);
                    Response.Flush();
                    Response.End();
                }
            }
        }
    }
```

**09** 运行 Default.aspx 页面，效果如图 15-11 所示。GridView 数据表中第一列显示了已经上传保存成功的文件名称。

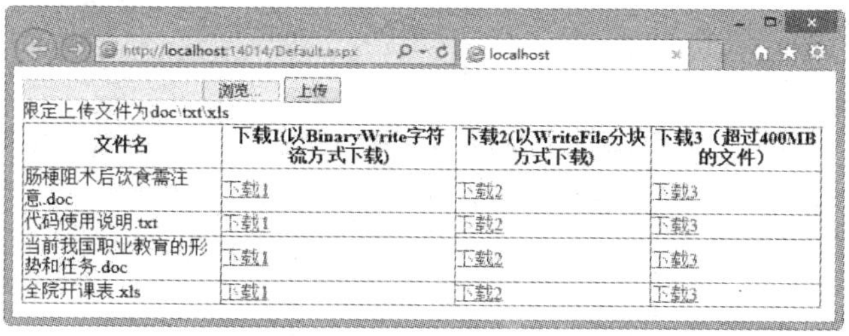

图 15-11　显示已经上传的文件

10 选择一个 doc 格式的文件，上传成功，然后选择其中一种下载方式下载文件保存，效果如图 15-12 所示。

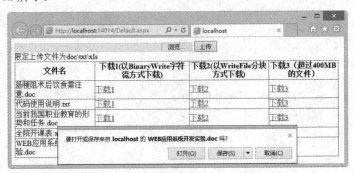

图 15-12　下载上传成功的文件

11 打开 tb_file 数据库表，如图 15-13 所示，上传成功的文件信息已经记录在表中，同时打开 FileManager 文件夹，发现文件同时成功保存在里面。

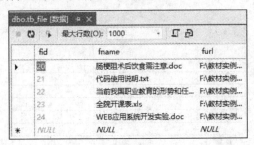

图 15-13　上传成功的文件信息记录

## 15.3　小结

　　XML 是当前 Web 程序开发最流行的技术，.NET 框架提供了 DOM 组件来实现对 XML 数据的操作。

　　在.NET 框架中，文件的操作变得更加简单，程序员可以使用 File 类实现文件的创建、复制和删除等基本操作，使用基于流的类来实现文件的 I/O 操作。

　　希望读者仔细研究 XML 格式的数据操作，XML 在当前互联网程序开发中占有很重要的地位，尤其是在实现系统间的数据交换中使用更为普遍。

# 第 16 章
# LINQ 数据库技术

LINQ 是微软公司提供的一种统一数据查询模式，并与.NET 开发语言进行了高度的集成，很大程度上简化了数据查询的编码和调试工作，提高了数据处理的性能。借助于 LINQ 中的丰富组件配合专用于 LINQ 查询的数据源控件 LinqDataSoure 以及查询扩展控件 QueryExtender，编程人员可以在代码编写量很少的情况下方便地实现对数据库的各类查询操作。

## 16.1 概述

LINQ 是 Language Integrated Qyery 的缩写，中文名字是语言集成查询，它提供给程序员一个统一的编程概念和语法，程序员不需要关心将要访问的是关系数据库，XML 数据或是远程的对象，它都采用同样的访问方式。

LINQ 是一系列技术，包括 LINQ、DLINQ、XLINQ 等。其中 LINQ 到对象是对内存进行操作，LINQ 到 SQL 是对数据库进行操作，LINQ 到 XML 是对 XML 数据进行操作。图 16-1 描述了 LINQ 技术的体系结构。

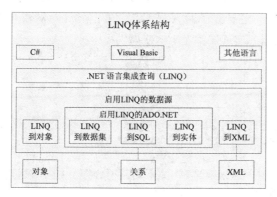

图 16-1　LINQ 体系结构

最初，LINQ 的产生源于 Anders Hejlsberg（C#的首席设计师）和 Peter Golde 考虑如何扩展 C#以更好地集成数据查询。当时，Peter 任 C#编译器的开发主管，他在研究扩展 C#编译器的可能性，特别是支持可验证的 SQL 之类特定于域的语言语法的加载项。而 Anders 则很早就设想更深入、更特定级别的集成，他试图构造一组"序列运算符"，这些运算符号能够在实现 IEnumerable 的任何集合以及实现 IQueryable 的远程类型查询上运行。最终，序列运算符获得大多数支持，并且 Anders 于 2004 年初，向 Bill Gates 的 Thinkweek 递交了一份关于该构思的文件，该构思获得了充分肯定。

LINQ 技术采用类似于 SQL 语句的句法，它的句法结构是从 from 开始，结束于 select 或 group 子句。开头的 from 子句可以跟随 0 个或者更多个 from 或 where 子句。每个 from 子句都是一个产生器，它引入了一个迭代变量在序列上搜索；每个 where 子句是一个过滤器，它从结果中排除一些项。最后的 select 或 group 子句指定了依据迭代变量得出的结果的外形。select 或 group 子句前面可有一个 orderby 子句，它指明返回结果的顺序。最后 into 子句可以通过把一条查询语句的结果作为产生器插入子序列查询中的方式来拼接查询。

例如，这段代码利用 LINQ 技术从数组 aBunchOfWords 查询出长度为 5 的字符串，最后把查询结果输出到客户端：

```
string[] aBunchOfWords = {"One","Two", "Hello", "World", "Four", "Five"};
var result =from s in aBunchOfWords        // 从 aBunchOfWords 数组中查询字符串
where s.Length == 5                        // 条件是字符串长度是 5
select s;                                  // 返回查询结果
foreach (var s in result)                  // 输出结果
{
Response.Write(s);
}
```

从以上例子可以看出，LINQ 在对象领域和数据领域之间架起了一座桥梁。传统上，针对数据的查询都是以简单的字符串表示，而没有编译时类型检查或 IntelliSense 支持。此外，还必须针对以下各种数据源学习不同的查询语言：SQL 数据库、XML 文档、各种 Web 服务等。LINQ 使查询成为 C#和 Visual Basic 中的一种语言构造。可以使用语言关键字和熟悉的运算符针对强类型化对象集合编写查询。

在 Visual Studio 中，可以用 Visual Basic 或 C#为以下各种数据源编写 LINQ 查询：SQL Server 数据库、XML 文档、ADO.NET 数据集以及支持 IEnumerable 或泛型 IEnumerable<（Of <（T>)>）接口的任意对象集合。此外，还计划了对 ADO.NET Entity Framework 的 LINQ 支持，并且第三方为许多 Web 服务和其他数据库实现编写了 LINQ 提供程序。

LINQ 查询既可以在新项目中使用，也可在现有项目中与非 LINQ 查询一起使用。唯一的要求是项目应面向.NET 3.5 以上的版本。

## 16.2 基于 C#的 LINQ

本书所有后台代码均使用 C#来实现,因此下面就要详细介绍一下基于 C#的 LINQ 的相关知识。而基于 VB 的 LINQ 则与之类似，本书将不再赘述。

### 16.2.1 LINQ 查询介绍

查询是一种从数据源检索数据的表达式。查询通常用专门的查询语言来表示。随着时间的推移，人们已经为各种数据源开发了不同的语言；例如，用于关系数据库的 SQL 和用于 XML 的 Xquery，因此，开发人员不得不针对他们必须支持的每种数据源或数据格式而学习新的查询语言。LINQ 通过提供一种跨越各种数据源和数据格式使用数据的一致模型，简化了这一情况。在 LINQ 查询中，始终会用到对象。可以使用相同的基本编码模式来查询和转换 XML 文档、SQL 数据库、ADO.NET 数据集、.NET 集合中的数据以及对其有 LINQ 提供程序可用的任何其他格式的数据。

LINQ 的查询操作通常由以下三个不同的操作组成：

- 获得数据源
- 创建查询
- 执行查询

下面这段示例代码演示了查询操作的三个部分：

```
string[] aBunchOfWords = {"One","Two", "Hello", "World", "Four", "Five"};
var result =from s in aBunchOfWords          // 从 aBunchOfWords 数组中查询字符串
where s.Length == 5                          // 条件是字符串长度是 5
select s;                                     // 返回查询结果
foreach (var s in result)                    // 输出结果
{   Response.Write(s);
}
```

在 LINQ 中，查询的执行与查询本身截然不同，如果只是创建查询变量，则不会检索出任何数据，图 16-2 展示了完整的查询操作。

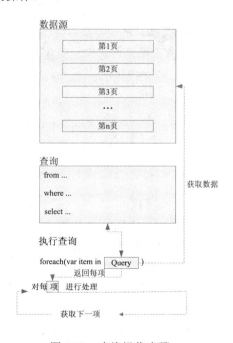

图 16-2　查询操作步骤

在 LINQ 查询中，数据源必须支持泛型 IEnumerable(T)接口，在上面的示例代码中由于数据源是数组，而它隐式支持泛型接口，因此它可以用 LINQ 进行查询。

对于支持 IEnumerable(T)或派生接口的类型则称为"可查询类型"。可查询类型不需要进行修改或特殊处理就可以用于 LINQ 数据源。如果源数据还没有作为可查询类型出现在内存中，则 LINQ 提供程序必须以此方式表示源数据。

例如，LINQ to XML 将 XML 文档加载到可查询的 XElement 类型中：

```
//从一个 XML 文档创建数据源
//using System.Xml.Linq;
XElement contacts = XElement.Load(@"c:\myContactsList.xml");
```

在 LINQ to SQL 中，首先手动或使用对象关系设计器在设计时创建对象关系映射。针对这些对象编写查询，然后由 LINQ to SQL 在运行时处理与数据库的通信。在下面的代码中，Customer 表示数据库中的特定表，并且 Customer 支持派生自 IQueryable(T)的泛型接口：

```
// 从一个 SQL Server 数据库创建数据源
// using System.Data.Linq;
DataContext db = new DataContext(@"c:\northwind\northwnd.mdf");
```

总之，LINQ 数据源是支持泛型 IEnumerable(T)接口或从该接口继承的接口的任意对象。

查询用来指定要从数据库中检索的信息，查询还可以指定在返回这些信息之前如何对其进行排序、分组和结构化。查询存储在查询变量中，并用查询表达式进行初始化。

查询变量本身支持存储查询命令，而只有执行查询才能获取数据信息。查询分为两种：

- 延迟执行，在定义完查询变量后，实际的查询执行会延迟到在 foreach 语句中循环访问查询变量时发生。
- 强制立即执行，对一系列源元素执行聚合函数的查询必须首先循环访问这些元素。Count、Max、Average 和 First 就属于此类型查询。由于查询本身必须使用 foreach 以便返回结果，因此这些查询在执行时不使用 foreach 语句。此外，这些类型的查询返回单个值，而不是 IEnumerable 集合。

## 16.2.2　LINQ 和泛型

LINQ 查询基于泛型类型，但不需要深入了解泛型即可开始编写查询。不过还是需要了解以下两个基本概念：

- 当创建泛型集合类（如 List<(Of <(T>)>)）的实例时，将 T 替换为列表将包含的对象的类型。例如，字符串列表表示为 List<string>，Customer 对象列表表示为 List<Customer>。泛型列表是强类型的，且提供了比将其元素存储为 Object 的集合更多的好处。如果尝试将 Customer 添加到 List<string>，则会在编译时出现一条错误。泛型集合易于使用的原因是不必执行运行时类型的强制转换。
- IEnumerable<(Of <(T>)>)是一个接口，通过该接口，可以使用 foreach 语句来枚举泛型集合类。

LINQ 查询变量类型化为 IEnumerable<(Of <(T>)>) 或派生类型，如 IQueryable<(Of <(T>)>)。当看到类型化为 IEnumerable<Customer>的查询变量时，这只意味着在执行该查询时，该查询将生成包含零个或多个 Customer 对象的序列，例如以下代码中定义了 Customer 类型的一个序列，在查询结果中将返回 Customer 类型的一个序列：

```
IEnumerable<Customer> customerQuery =from cust in customers where cust.City ==
"London" select cust;
foreach (Customer customer in customerQuery)
{   Console.WriteLine(customer.LastName + ", " + customer.FirstName);
}
```

为了避免使用泛型语法，可以使用匿名类型来声明查询，即使用 var 关键字来声明查询。var 关键字指示编译器通过查看在 from 子句中指定的数据来推断查询变量的类型，例如以下代码与前面的代码具有相同的效果：

```
var customerQuery =from cust in customers where cust.City == "London" select cust;
foreach (var customer in customerQuery)
{   Console.WriteLine(customer.LastName + ", " + customer.FirstName);
}
```

## 16.2.3　基本查询操作

本节将简要介绍 LINQ 查询表达式，以及在查询中执行的一些典型类型的操作。

LINQ 查询表达式、SQL 以及 XQuery 的形式非常类似，熟悉 SQL 以及 XQuery 的用法的读者学习本节会比较轻松。

### 1. 获取数据源

在 LINQ 查询中，第一步是指定数据源，通过使用 from 子句来引入数据源和范围变量。

例如，Customers 为数据源，cust 为选择范围：

```
var queryAllCustomers = from cust in customers select cust;
```

范围变量类似于 foreach 循环中的迭代变量，但在查询表达式中，实际上不发生迭代。执行查询时，范围变量将用于对 customers 中的每个后续元素的引用，因为编译器可以推断 cust 的类型，所以不必显式指定此类型。

### 2. 筛选

最常用的查询操作是应用布尔表达式形式的筛选器。此筛选器使查询只返回那些表达式结果为 true 的元素。使用 where 子句生成结果。实际上，筛选器指定从源序列中排除哪些元素。在下面的示例中，只返回那些地址位于伦敦的 customers：

```
var queryLondonCustomers = from cust in customers where cust.City == "London" select
cust;
```

如果要使用多个筛选条件的话，则可以使用逻辑运算符号，如 "&&"、"||" 等，例如，只返回位于 London 和姓名为 Devon 的客户：

```
where cust.City=="London" && cust.Name == "Devon"
```

### 3. 排序

使用 orderby 子句可以很方便地将返回的数据进行排序。orderby 子句将使返回的序列中的元素按照被排序的类型的默认比较器进行排序，例如，下面的查询可以扩展为按 Name 属性对结果进行排序（Name 是一个字符串，所以默认比较器执行从 A~Z 的字母排序）：

```
var queryLondonCustomers3 =
   from cust in customers
   where cust.City == "London"
   orderby cust.Name ascending
   select cust;
```

此外，在上例中 ascending 表示按顺序排列，为默认方式，descending 表示逆序排列，若要把筛选的数据进行逆序排列，则必须在查询语句中加上该修饰符。

### 4. 分组

使用 group 子句，可以按指定的键对结果进行分组，例如，可以指定按照 City 分组，以便位于伦敦或巴黎的所有客户位于各自组中：

```
// 按 City 进行分组
var queryCustomersByCity =from cust in customers group cust by cust.City;
foreach (var customerGroup in queryCustomersByCity)
{   Console.WriteLine(customerGroup.Key);
   foreach (Customer customer in customerGroup)
   {   Console.WriteLine("{0}", customer.Name);
   }
}
```

在使用 group 子句结束查询时，结果采用列表形式列出。列表中的每个元素都是一个具有 Key 成员及根据该键分组的元素列表的对象。在循环访问生成组序列的查询时，必须使用嵌套的 foreach 循环。外部循环用于循环访问每个组，内部循环用于循环访问每个组的成员。

如果必须引用组操作的结果，可以使用 into 关键字来创建可进一步查询的标识符。下面的查询只返回那些包含两个以上客户的组：

```
var custQuery =
   from cust in customers
   group cust by cust.City into custGroup
   where custGroup.Count() > 2
   orderby custGroup.Key
   select custGroup;
```

### 5. 联接

联接运算创建数据源中没有显式建模的序列之间的关联，例如，可以执行联接来查找符合以下条件的所有客户：位于巴黎，且从位于伦敦的供应商处订购产品。在 LINQ 中，join 子句始终针对对象集合而非直接针对数据库表运行。在 LINQ 中，不必像在 SQL 中那样频繁使用 join，因为 LINQ 中的外键在对象模型中表示为包含项集合的属性，例如，Customer 对象包含 Order 对象的集合。不必执行联接，只需要使用点表示法访问订单：

```
from order in Customer.Orders...
```

### 6. 投影

select 子句生成查询结果并指定每个返回的元素的"形状"或类型，例如，可以指定结果包含的是整个 Customer 对象、仅一个成员、成员的子集，还是某个基于计算或新对象创建的完全不同的结果类型。当 select 子句生成除源元素副本以外的内容时，该操作称为"投影"。使用投影转换数据是 LINQ 查询表达式的一种强大功能。

以上这些 LINQ 查询操作与使用 SQL 操作数据库非常相似，基本上所有的 T-SQL 的功能在 LINQ 中都有所体现，可见 LINQ 的强大功能。

## 16.2.4　使用 LINQ 进行数据转换

LINQ 不仅可用于检索数据，而且还是一个功能强大的数据转换工具。通过使用 LINQ 查询，可以将源序列用作输入，并采用多种方式修改它以创建新输出的序列。可以通过排序和分组来修改序列本身，而不必修改元素本身，但是，LINQ 查询最强大的功能可能在于它能够创建新类型。这一功能在 select 子句中实现，例如，可以执行下列任务：

- 将多个输入序列合并到具有新类型的单个输出序列中。
- 创建其元素只包含源序列中的各个元素的一个或几个属性的输出序列。
- 创建其元素包含对源数据执行的操作结果的输出序列。
- 创建不同格式的输出序列，例如，可以将 SQL 行或文本文件的数据转换为 XML。

下面通过几个例子来展示如何使用 LINQ 进行数据类型转换。

**例 16-1　将多个输入联接到一个输出序列**

这个例子将展示如何将来自不同数据源的数据联接在一起。在这个例子中将包含两个数据源：其一是由类 Student 来定义，其二是由类 Teacher 来定义。在查询中将把来自这两个不同对象的数据联接在一起。

创建步骤如下：

**01** 创建一个 ASP.NET 空 Web 应用程序 Sample16-1。

**02** 添加页面文件 Default.aspx，打开 Default.aspx.cs，可以看到在其引用中已经添加了 LINQ 类型库的引用，这是因为 LINQ 已经集成到 Visual Studio 2012 中，因此在每个页面类的定义代码中会自动添加 LINQ 类型库的引用。

**03** 添加 Generic 类型库的引用，由于后面的代码将使用 List 类型，所以需要添加 Generic 类型库的引用。代码如下：

```
using System.Collections.Generic;
```

**04** 添加类 Student 的定义代码，这段代码定义了类 Student，它包含多个字段。代码如下：

```
//学生类
class Student
```

```
{   public string First { get; set; }
    public string Last { get; set; }
    public int ID { get; set; }
    public string Street { get; set; }
    public string City { get; set; }
    public List<int> Scores;
}
```

**05** 添加类 Teacher 的定义代码，这段代码定义了类 Teacher，它包含多个字段，代码如下：

```
//教师类
class Teacher
{   public string First { get; set; }
    public string Last { get; set; }
    public int ID { get; set; }
    public string City { get; set; }
}
```

**06** 在 Page_Load 函数中加入 LINQ 查询的实现代码，这段代码实现了 LINQ 查询，并且把从
不同数据源获得的数据联接在一起。首先定义了一个 students 序列和一个 teachers 序列，
然后创建一个查询，把住在北京的教师和学生都筛选出来放到 peopleInSeattle 中去，最后
在 foreach 语句中执行查询，并把结果输入到页面上。代码如下：

```
// 创建学生数据源.
List<Student> students = new List<Student>()
{
new Student {First="张",Last="三", ID=111, Street="主大道123",
   City="北京", Scores= new List<int> {97, 92, 81, 60}},
    new Student {First="李", Last="四", ID=112, Street="主大道114", City="上海",
            Scores= new List<int> {75, 84, 91, 39}},
    new Student {First="王",Last="二", ID=113, Street="主大道125", City="西安",
            Scores= new List<int> {88, 94, 65, 91}},
};
// 创建教师数据源
List<Teacher> teachers = new List<Teacher>()
{
new Teacher {First="刘", Last="六", ID=945, City = "北京"},
    new Teacher {First="蔡", Last="七", ID=956, City = "上海"},
    new Teacher {First="孙", Last="钱", ID=972, City = "西安"}
};
// 创建查询
var peopleInSeattle = (from student in students
                where student.City == "北京"
                    select student.First + student.Last)
                    Concat(from teacher in teachers
                    where teacher.City == "北京"
                    select teacher.First + teacher.Last);
string str = "";//定义输出字符串
str = str + "住在北京的教师和学生:<br>";
/// 执行查询
foreach (var person in peopleInSeattle)
```

```
{
// Console.WriteLine(person);
    str = str + person + "<br>";
}
Response.Write(str);
```

在浏览器中查看 Default.aspx 页面，效果如图 16-3 所示。

图 16-3　查询的结果

### 例 16-2　将内存中的对象转换为 XML

这个例子将展示如何使用 LINQ 把内存中的数据结构转化为 XML。
创建步骤如下：

**01** 创建一个 ASP.NET 空 Web 应用程序 Sample16-2。

**02** 添加页面文件 Default.aspx，打开文件 Default.aspx.cs。

**03** 添加 Generic 类型库的引用，代码如下：

```
using System.Collections.Generic;
```

**04** 添加类 Student 的定义代码，这段代码定义了类 Student，它包含多个字段，代码如下：

```
//学生类
class Student
{   public string First { get; set; }
    public string Last { get; set; }
    public int ID { get; set; }
    public string Street { get; set; }
    public string City { get; set; }
    public List<int> Scores;
}
```

**05** 在 Page_Load 函数中加入 LINQ 查询的实现代码，这段代码实现了 LINQ 查询，并且获得
数据转换为 XML 输出：首先定义了一个 students 序列，然后创建一个查询，利用创建新
的 XElement 将查询结果进行格式化，最后把结果输入到页面上。代码如下：

```
// 创建学生数据源.
List<Student> students = new List<Student>()
{   new Student {First="张",
    Last="三",
    ID=111,
    Street="主大道123",
    City="北京",
    Scores= new List<int> {97, 92, 81, 60}},
```

```
        new Student {First="李",
        Last="四",
        ID=112,
        Street="主大道114",
        City="上海",
        Scores= new List<int> {75, 84, 91, 39}},
        new Student {First="王",
        Last="二",
        ID=113,
        Street="主大道125",
        City="西安",
        Scores= new List<int> {88, 94, 65, 91}},
    };
    // 创建查询
    var studentsToXML = new XElement("Root",from student in students
                    let x = String.Format("{0},{1},{2},{3}", student.Scores[0],
                    student.Scores[1], student.Scores[2], student.Scores[3])
                    select new XElement("student",
                    new XElement("First", student.First),
                    new XElement("Last", student.Last),
                    new XElement("Scores", x)
        )                              // 结束于 "student"
    );                                 // 结束于 "Root"
    // 执行查询
    Response.Write(studentsToXML);
```

在浏览器中查看 Default.aspx 页面并查看其源文件，生成的 XML 如下：

```
<Root>
    <student>
        <First>张</First>
        <Last>三</Last>
        <Scores>97,92,81,60</Scores>
    </student>
    <student>
        <First>李</First>
        <Last>四</Last>
        <Scores>75,84,91,39</Scores>
    </student>
    <student>
        <First>王</First>
        <Last>二</Last>
        <Scores>88,94,65,91</Scores>
    </student>
</Root>
```

总之，使用 LINQ 查询可以把输入进行各种各样的转化，这样就丰富了数据的输出。

## 16.3 LINQ 到 ADO.NET

LINQ 到 ADO.NET 是 ADO.NET 和 LINQ 结合的产物。主要用来操作关系数据，包括 LINQ 到 DataSet、LINQ 到 SQL 和 LINQ 到实体。其中，LINQ 到 DataSet 可以将更丰富的查询功能建立到 DataSet 中；LINQ 到 SQL 提供运行时的基础结构，用于将关系数据库作为对象管理；LINQ 到实体则通过实体数据模型，把关系数据在.NET 环境中公开为对象，这将使得对象层成为实现 LINQ 支持的理想目标。

### 16.3.1 LINQ 到 SQL 的基础

通过使用 LINQ 到 SQL，可以使用 LINQ 技术像访问内存中的集合一样访问 SQL 数据库，例如，在以下代码中，创建 bookSample 对象表示 BookSample 数据库，将 Students 表作为目标，筛选出了来自北京的 Students 行，并选择了一个表示 StuName 的字符串以进行检索：

```
BookSample bookSample= new BookSample (@"BookSample.mdf");
var stuNameQuery =from stu in bookSample. Students where stu.City == "北京" select
cust.StuName;
foreach (var student in stuNameQuery)
{   Response.Write (student);
}
```

使用 LINQ 到 SQL 几乎可以完成使用 T-SQL 可以执行的所有功能，LINQ 到 SQL 可以完成的常用功能包括：选择、插入、更新和删除这 4 大功能正是对应于数据库程序开发的所有执行功能，因此，在掌握了 LINQ 技术后，就不再需要针对特殊的数据库学习特别的 SQL 语法（不同的数据库的 SQL 语法具有很多不同点，正是基于这一点才引发了 LINQ 技术的出现）。

LINQ 到 SQL 的使用主要可以分为以下两大步骤：

01 创建对象模型。要实现 LINQ 到 SQL，首先必须根据现有关系数据库的元数据创建对象模型。对象模型就是按照开发人员所用的编程语言来表示的数据库，有了这个用当前开发表示数据库的对象模型，下面才能创建查询语句以操作数据库。关于如何创建对象模型，在后面的章节中会详细介绍。

02 使用对象模型。在第一步创建了对象模型后，就可以在该模型中描述信息请求和操作数据了。

下面是使用已创建的对象模型的典型步骤：

01 创建查询以从数据库中检索信息。

02 重写 Insert、Update 和 Delete 的默认行为。

03 设置适当的选项以检测和报告并发冲突。

04 建立继承层次结构。

05 提供合适的用户界面。

06 调试并测试应用程序。

以上只是使用对象模型的典型步骤，其中很多步骤都是可选的，在实际应用中，有些步骤可能并不会使用到。

## 16.3.2　对象模型的创建

对象模型是关系数据库在编程语言中表示的数据模型，对对象模型的操作就是对关系数据库的操作。表 16-1 列举了 LINQ 到 SQL 对象模型中最基本的元素及其与关系数据库模型中的元素的关系。

表 16-1　LINQ 到 SQL 对象模型中最基本的元素

| LINQ 到 SQL 对象模型 | 关系数据模型 |
| --- | --- |
| 实体类 | 表 |
| 类成员 | 列 |
| 关联 | 外键关系 |
| 方法 | 存储过程或函数 |

创建对象模型，就是基于关系数据库来创建这些 LINQ 到 SQL 对象模型中最基本的元素。

创建对象模型的方法有如下三种：

- 使用对象关系设计器，对象关系设计器提供了用于从现有数据库创建对象模型的丰富用户界面，它包含在 Visual Studio 2012 之中，最适合小型或中型数据库。
- 使用 SQL Metal 代码生成工具，这个工具适合大型数据库的开发，因此对于普通读者来说，这种方法就不常用了。
- 直接编写创建对象的代码。

下面就详细介绍一下如何使用对象关系设计器创建对象模型。

对象关系设计器（O/R 设计器）提供了一个可视化设计界面，用于创建基于数据库中对象的 LINQ 到 SQL 的实体类和关联（关系）。换句话说，O/R 设计器用于在应用程序中创建映射到数据库中的对象的对象模型。它生成了一个强类型 DataContext，用于在实体类与数据库之间发送和接收数据。O/R 设计器还提供了相关功能，用于将存储过程和函数映射到 DataContext 方法以便返回数据和填充实体类。最后，O/R 设计器提供了对实体类之间的继承关系进行设计的能力。

下面就通过一个例子来说明如何使用对象关系设计器来创建从 LINQ 到 SQL 的实体类。

在介绍这个例子之前，首先介绍一下强类型 DataContext 的知识。

强类型 DataContext 对应于类 DataContext，它表示 LINQ 到 SQL 框架的主入口点，充当 SQL Server 数据库与映射到数据库的 LINQ 到 SQL 实体类之间的管道。DataContext 类包含用于连接数据库以及操作数据库数据的连接字符串的信息和方法。默认情况下，DataContext 类包含多个可以调用的方法，例如，用于将已更新数据从 LINQ 到 SQL 类发送到数据库的 SubmitChanges 方法。还可以创建其他映射到存储过程和函数的 DataContext 方法，也就是说，调用这些自定义方法将运行数据库中 DataContext 方法所映射到的存储过程或函数。与可以添加方法对任何类进行扩展一样，也可以将新方法添加到 DataContext 类。DataContext 类提供了如表 16-2 和表 16-3 所示的属性和方法。

表 16-2　DataContext 类的属性

| 属性 | 说明 |
| --- | --- |
| ChangeConflicts | 返回调用 SubmitChanges 时导致并发生冲突的集合 |
| CommandTimeout | 增大查询的超时期限，如果不增大则会在默认超时期限间出现超时 |
| Connection | 返回由框架使用的连接 |
| DeferredLoadingEnabled | 指定是否延迟加载一对多关系或一对一关系 |
| LoadOptions | 获取或设置与此 DataContext 关联的 DataLoadOptions |
| Log | 指定要写入 SQL 查询或命令的目标 |
| Mapping | 返回映射所基于的 MetaModel |
| ObjectTrackingEabled | 指示框架跟踪此 DataContext 的原始值和对象标识 |
| Transaction | 为.NET 框架设置要用于访问数据库的本地事务 |

表 16-3　DataContext 类的方法

| 方法 | 说明 |
| --- | --- |
| CreateDatabase | 在服务器上创建数据库 |
| CreateMethodCallQuery(TResult) | 基础结构，执行与指定的 CLR 方法相关联的表值数据库函数 |
| DatabaseExists | 确定是否可以打开关联数据库 |
| DeleteDataBase | 删除关联数据库 |
| ExecuteCommand | 直接对数据库执行 SQL 命令 |
| ExecuteDynamicDelete | 在删除重写方法中调用，以向 LINQ 到 SQL 重新委托生成和执行删除操作的动态 SQL 的任务 |
| ExecuteDynamicInsert | 在插入重写方法中调用，以向 LINQ 到 SQL 重新委托生成和执行插入操作的动态 SQL 的任务 |
| ExecuteDynamicUpdate | 在更新重写方法中调用，以向 LINQ 到 SQL 重新委托生成和执行更新操作的动态 SQL 的任务 |
| ExecuteMethodCall | 基础结构，执行数据库存储过程或指定的 CLR 方法关联的标量函数 |
| ExecuteQuery | 已重载，直接对数据库执行 SQL 查询 |
| GetChangeSet | 提供对由 DataContext 跟踪的已修改对象的访问 |
| GetCommand | 提供有关由 LINQ 到 SQL 生成的 SQL 命令的信息 |
| GetTable | 已重载，返回表对象的集合 |
| Refresh | 已重载，使用数据库中数据刷新对象状态 |
| SubmitChanges | 已重载，计算要插入、更新或删除的已修改对象的集合，并执行相应命令以实现对数据库的更改 |
| Translate | 已重载，将现有 IDataReader 转换为对象 |

### 例 16-3　使用对象关系设计器来创建 LINQ 到 SQL 的实体类

创建步骤如下：

01 创建一个 ASP.NET 空 Web 应用程序 Sample16-3。

**02** 在"解决方案资源管理器"窗口中，右键单击项目 Sample16-3，在弹出的快捷菜单中选择"添加"|"新建项"命令，在弹出的"添加新项"对话框中，选择已安装模板中的"数据"，然后再选中"LINQ to SQL 类"模板，最后再单击"添加"按钮，这样就会在 Sample16-3 下添加一个名为 DataClasses1.dbml 的文件，这个文件是中间数据库标记语言文件，它将提供对象关系设计器的界面。

**03** 打开 DataClasses1.dbml，就可看到对象关系设计器的界面。在这个界面中，可以通过拖动方式来定义与数据库相对应的实体和关系。

**04** 打开"服务器资源管理器"窗口，建立可以使用的数据库连接（这时，SQL Server 2012 服务需要打开），从数据库 BookSample 中，把表 Students 拖曳到对象关系设计器的界面上，这时就会生成一个实体类，该类包含了与表 Students 的字段对应的属性。把实体类的名称修改为 Student，表示一个学生。

打开文件 DataClasses1.disigner.cs，该文件包含 LINQ 到 SQL 实体类以及自动生成的强类型 DataClasses1DataContext 的定义。由于代码过多，这里就不再粘贴出来，读者可以参考本书提供的源代码。

> 文件中 DataClasses1.disigner.cs 包含的全是自动生成的代码。

注 意

这样实体类 Student 就创建完毕了，在其他代码中就可以像使用其他类型的类一样使用该类了。此外，在项目 Sample16-3 中打开 Web.config 文件，可以看到在<connectionStrings>节中自动生成了数据库连接字符串。这个数据库连接字符串将被 DataContext 类用于连接数据。

## 16.3.3 查询数据库

创建了对象模型后，就可以查询数据库了。下面将介绍如何在 LINQ 到 SQL 项目中开发和执行查询。

LINQ 到 SQL 中的查询与 LINQ 中的查询使用相同的语法，只不过它们操作的对象有所差异，LINQ 到 SQL 的查询中引用的对象映射到数据库中的元素，表 16-4 列出了两者的相似和不同之处。

表 16-4　LINQ 到 SQL 中的查询与 LINQ 中的查询的相似和不同

| 项 | LINQ 查询 | LINQ 到 SQL 查询 |
|---|---|---|
| 保存查询的局部变量的返回类型 | 泛型 IEnumerable | 泛型 IQueryable |
| 指定数据源 | 使用开发语言直接指定 | 相同 |
| 筛选 | 使用 Where/where 子句 | 相同 |
| 分组 | 使用 Group…by/groupby | 相同 |
| 选择 | 使用 Select/select 子句 | 相同 |
| 延迟执行与立即执行 | 按照返回类型的不同来划分 | 相同 |
| 实现关联 | 使用 Join/join 子句 | 可以使用 Join/join 子句，但使用 AssociationAttribute 属性更有效 |
| 远程执行与本地执行 | 没有 | 根据查询实际执行的位置来划分 |
| 流式查询与缓存查询 | 在本地内存情况中不使用 | 没有 |

LINQ 到 SQL 会将编写的查询转换成等效的 SQL 语句，然后把它们发送到服务器进行处理。具体来说，应用程序将使用 LINQ 到 SQL API 来请求执行查询，LINQ 到 SQL 提供程序随后会将查询转换成 SQL 文本，并委托 ADO 提供程序执行。ADO 提供程序将查询结果作为 DataReader 返回，而 LINQ 到 SQL 提供程序将 ADO 结果转换成用户对象的 IQueryable 集合。图 16-4 描绘了 LINQ 到 SQL 的查询过程。

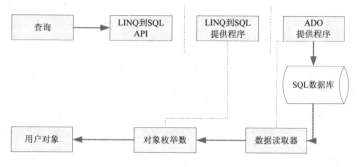

图 16-4　LINQ 到 SQL 的查询过程

在前面创建了一个名为 Student 的实体类，下面这段代码就是其执行的查询过程（这段代码从实体类 Student 中获取查询到的数据，并将数据绑定到 GridView1 中显示）：

```
DataClasses1DataContext data = new DataClasses1DataContext();
var StudentsQuery = from student in data.Student select student;
GridView1.DataSource = StudentsQuery;
this.GridView1.DataBind();
```

LINQ 到 SQL 的查询根据其执行的位置不同可以分为远程查询执行和本地查询执行。

### 1. 远程查询执行

远程查询执行是数据库引擎对数据库执行的查询。这种查询的执行方式有两个优点：不会检索到不需要的数据；由于利用了数据库索引，查询更为高效。

在 LINQ 到 SQL 中，EntitySet（TEntity）类实现了 IQueryable 接口，这种方式确保了可以以远程方式执行此类查询。

如果数据库有数千行数据的话，则在处理其中很小一部分时就不需要将它们全部都检索出来。这时就可以使用远程查询执行，例如以下代码采用 Lambda 表达式来编写查询，使用 Lambda 表达式可以使查询代码更简洁明了。LINQ 到 SQL 会把查询转化为 SQL 文本发送到数据库服务器执行：

```
Northwnd db = new Northwnd(@"northwnd.mdf");
Customer c = db.Customers.Single(x => x.CustomerID == "19283");
foreach (Order ord in c.Orders.Where(o => o.ShippedDate.Value.Year == 1998))
{   // Do something.
}
```

### 2. 本地查询执行

本地查询执行是在本地执行查询，即对本地缓存进行查询。在某些情况下，可能需要在本地缓存中保留完整的相关实体集，为此，EntitySet(TEntity)类提供了 Load 方法，用于显示加载 EntitySet

（TEntity）的所有成员。在 EntitySet（TEntity）加载后，后续查询将在本地执行，本地查询执行也有两个优点：

- 如果此完整集必须在本地使用或使用多次，则可以避免远程查询或与之相关的延迟。
- 实体可以序列化为完整的实体。

下面这段代码演示了如何在本地执行查询。这段代码利用 Load 方法把获得实体数据加载到本地，然后在本地对放在缓存中的对象进行查询：

```
Northwnd db = new Northwnd(@"northwnd.mdf");
Customer c = db.Customers.Single(x => x.CustomerID == "19283");
c.Orders.Load();
foreach (Order ord in c.Orders.Where(o => o.ShippedDate.Value.Year == 1998))
{   // Do something.
}
```

LINQ 到 SQL 查询的知识已介绍完毕，下面就通过几个实例来介绍 LINQ 到 SQL 查询的综合应用。

### 例 16-4  将信息作为只读信息进行检索

可以通过把类 DataContext 的对象的属性 ObjectTrackingEnabled 设置为 false 来实现只读处理。以下代码将属性 ObjectTrackingEnabled 设置为 false，因此检索到的数据就不能被修改。代码如下：

```
DataClasses1DataContext data = new DataClasses1DataContext();
data.ObjectTrackingEnabled = false;
var StudentsQuery = from student in data.Student select student;
GridView1.DataSource = StudentsQuery;
this.GridView1.DataBind();
```

### 例 16-5  聚合查询

LINQ 到 SQL 支持 Average、Count、Max、Min 和 Sum 等聚合运算符。本例将以前面创建的实体类 Student 为对象来进行聚合查询。以下代码将计算出来自北京的学生的数量：

```
DataClasses1DataContext data = new DataClasses1DataContext();
data.ObjectTrackingEnabled = false;
int num = (from student in data.Student where student.City = "北京" select student).Count();
```

通过以上两个例子可以看出 LINQ 到 SQL 的查询与 LINQ 查询没有什么本质区别，只不过操作的对象改变了而已。

## 16.3.4  更改数据库

本节将介绍如何对数据库进行更改。程序员可以利用 LINQ 到 SQL 对数据库进行插入、更新和删除操作。在 LINQ 到 SQL 中执行插入、更新和删除操作的方法是：向对象模型中添加对象、更改和移除对象模型中的对象，然后 LINQ 到 SQL 会把所做的操作转化成 SQL，最后把这些 SQL 提交到数据库执行。在默认情况下，LINQ 到 SQL 就会自动生成动态 SQL 来实现插入、读取、更新和操作，不过有时还可能需要程序员自定义应用程序以满足实际的业务需要。

### 1．插入操作

向数据库中插入行的操作步骤如下：

**01** 创建一个包含要提交到列数据的新对象。

**02** 将这个新对象添加到与数据库中目标表关联的 LINQ 到 SQL Table 集合。

**03** 将更改提交到数据库。

在例 16-3 中创建了一个名为 Student 的实体类，下面这段代码将向该实体类的对象中插入一条数据（这段代码声明了一个 Student 类的对象 stu，并赋值，然后调用 InsertOnSubmit 方法向 LINQ 到 SQL Table（TEntity）集合中插入该条数据，最后调用方法 SubmitChanges 提交更改）：

```
DataClasses1DataContext data = new DataClasses1DataContext();
Student stu = new Student();
stu.StuName = "王大力";
stu.Phone = "02178568909";
stu.Address = "陆家嘴";
stu.City = "上海";
stu.State = "中国";
data.Student.InsertOnSubmit(stu);
try
{   data.SubmitChanges();
}
catch (Exception ee)
{…}
```

### 2．更新操作

更新数据库中的行的操作步骤如下：

**01** 查询数据库中要更新的行。

**02** 对得到的 LINQ 到 SQL 对象中成员值进行所需要的更改。

**03** 将更改提交到数据库。

下面仍然利用在例 16-3 中创建的名为 Student 的实体类进行举例，将通过实体类 Student 将数据库中表 Students 的一行数据进行更新，以下代码利用 LINQ 到 SQL 从数据库查询到一行数据，然后更新获得的对象的某些列的值，最后把更新提交到数据库以对数据库进行更新。代码如下：

```
// 查询到要更新的行
DataClasses1DataContext data = new DataClasses1DataContext();
var query =from stu in data.Student where stu.ID == 1 select stu;
// 执行查询并更新想要更新的列.
foreach (Student stu in query)
{   stu.StuName = "张三一";
    stu.City = "上海";
}
// 提交更新
try
```

```
{   data.SubmitChanges();
}
catch (Exception e)
{… }
```

### 3. 删除操作

可以通过将对应的 LINQ 到 SQL 对象从其与表相关的集合中删除来删除数据库中的行。不过，LINQ 到 SQL 不支持且无法识别级联删除操作。如果要在对行有约束的表中删除行，则必须完成以下任务之一：

- 在数据库的外键约束中设置 ON DELETE CASCADE 规则。
- 使用自己的代码先删除阻止删除父对象的子对象。

删除数据库中的行的操作步骤如下：

**01** 查询数据库中要删除的行。

**02** 调用 DeleteOnSubmit 方法。

**03** 将更改提交到数据库。

下面仍然利用在例 16-3 中创建的名为 Student 的实体类进行举例，将通过实体类 Student 将数据库中表 Students 的一行数据进行删除，这段代码利用 LINQ 到 SQL 从数据库查询到一行数据，然后调用方法 DeleteOnSubmit 删除获得对象，最后把更改提交到数据库以对数据库进行删除。代码如下：

```
// 查询到要删除的行
DataClasses1DataContext data = new DataClasses1DataContext();
var deleteStudents =from stu in data.Student where stu.ID == 1 select stu;
foreach (var stu in deleteStudents)
{
data.Student.DeleteOnSubmit(stu);
}
try
{   data.SubmitChanges();
}
catch (Exception e)
{… }
```

以上介绍的插入、修改和删除的操作步骤中都有一个关键步骤，即提交更改，在代码中的体现就是："db.SubmitChanges();"。

其实，无论对对象做了多少更改，都只是更改内存中的副本，并未对数据库中实际数据做任何更改，只有直接对 DataContext 显示调用 SubmitChanges，所做的更改才会有效果。

当进行此调用时，DataContext 会设法将所做的更改转化为等效的 SQL 命令，可以使用自定义的逻辑来重写这些操作，但提交顺序是由 DataContext 的一项称为"更改处理器"的服务来协调的，事件的顺序如下：

（1）当调用 SubmitChanges 时，LINQ 到 SQL 会检查已知对象的集合，以确定新实例是否已附加到它们。如果已附加，这些新实例将添加到被跟踪对象的集合。

（2）所有具有挂起更改的对象将按照它们之间的依赖关系排序成一个对象序列。如果一个对象的更改依赖于其他对象，则这个对象将排在其依赖项之后。

（3）在即将传输任何实际更改时，LINQ 到 SQL 会启动一个事务来封装由各条命令组成的系列。

（4）对对象的更改会逐个转换为 SQL 命令，然后发送到服务器。

此时，如果数据库检测到任何错误，都会造成提交进程停止并引发异常。将回滚对数据库的所有更改，就像未进行过提交一样。DataContext 仍具有所有更改的完整记录，因此可以设法修正问题并重新调用 SubmitChanges，示例代码如下：

```
try
{   db.SubmitChanges();
}
catch (Exception e)
{   // 出现异常就做一些修正
    // 做完修正后在提交更改
    db.SubmitChanges();
}
```

## 16.4 LinqDataSource 控件

LinqDataSource 控件为用户提供了一种将数据控件连接到多种数据源的方法，其中包括数据库数据、数据源类和内存中的集合。通过使用 LinqDataSource 控件，用户可以针对所有这些类型的数据源指定类似于数据库检索的任务（选择、筛选、分组和排序）。可以指定针对数据库表的修改任务（更新、删除和插入）。

用户可以使用 LinqDataSource 控件连接存储在公共字段或属性中的任何类型的数据集合。对于所有数据源来说，用于执行数据操作的声明性标记和代码都是相同的。用户可以使用相同的语法，与数据库表中的数据或数据集合（与数组类似）中的数据进行交互。

如果要显示 LinqDataSource 控件中的数据，可将数据控件绑定到 LinqDataSource 控件。例如，将 DetailsView 控件、GridView 控件或 ListView 控件绑定到 LinqDataSource 控件。为此，必须将数据绑定控件的 DataSourceID 属性设置为 LinqDataSource 控件的 ID。

数据绑定控件将自动创建用户界面以显示 LinqDataSource 控件中的数据。它还提供用于对数据进行排序和分页的界面。在启用数据修改后，数据绑定控件会提供用于更新、插入和删除记录的界面。

通过将数据绑定控件配置为不自动生成数据控件字段，可以限制显示的数据（属性）。然后可以在数据绑定控件中显式定义这些字段。虽然 LinqDataSource 控件会检索所有属性，但数据绑定控件仅显示指定的属性。

LinqDataSource 控件的常用属性如下表 16-5 所示。

表 16-5　LinqDataSource 控件的常用属性

| 属性 | 说明 |
| --- | --- |
| AutoPage | 获取或设置一个值，该值指示 LinqDataSource 控件是否支持在运行时对数据的各部分进行导航 |
| AutoSort | 获取或设置一个值，该值指示 LinqDataSource 控件是否支持在运行时对数据进行排序 |
| ClientID | 获取由 ASP.NET 生成的服务器控件标识符 |
| Context | 为当前 Web 请求获取与服务器控件关联的 HttpContext 对象 |
| Controls | 获取 ControlCollection 对象，该对象表示 UI 层次结构中指定服务器控件的子控件 |
| DeleteParameters | 获取在删除操作过程中使用的参数的集合 |
| EnableDelete | 获取或设置一个值，该值指示是否可以通过 LinqDataSource 控件删除数据记录 |
| EnableInsert | 获取或设置一个值，该值指示是否可以通过 LinqDataSource 控件插入数据记录 |
| EnableTheming | 获取一个值，该值指示此控件是否支持主题 |
| EnableUpdate | 获取或设置一个值，该值指示是否可以通过 LinqDataSource 控件更新数据记录 |
| GroupBy | 获取或设置一个值，该值指定用于对检索到的数据进行分组的属性 |
| GroupByParameters | 获取用于创建 Group By 子句的参数的集合 |
| ID | 获取或设置分配给服务器控件的编程标识符 |
| InsertParameters | 获取在插入操作过程中使用的参数的集合 |
| OrderBy | 获取或设置一个值，该值指定用于对检索到的数据进行排序的字段 |
| OrderByParameters | 获取用于创建 Order By 子句的参数的集合 |
| OrderGroupsBy | 获取或设置用于对分组数据进行排序的字段 |
| OrderGroupsByParameters | 获取用于创建 Order Groups By 子句的参数集合 |
| Select | 获取或设置属性和计算值，它们包含在检索到的数据中 |
| SelectParameters | 获取在数据检索操作过程中使用的参数的集合 |
| TemplateControl | 获取或设置对包含该控件的模板的引用 |
| UpdateParameters | 获取在更新操作过程中使用的参数的集合 |
| Visible | 获取或设置一个值，该值指示是否以可视化方式显示控件 |
| Where | 获取或设置一个值，该值指定要将记录包含在检索到的数据中必须为真的条件 |
| WhereParameters | 获取用于创建 Where 子句的参数集合 |

下面通过一个例子来展示如何使用 LinqDataSource 控件。

### 例 16-6　用 LinqDataSource 控件实现数据的编辑、更新和删除

创建步骤如下：

**01** 创建一个 ASP.NET 空 Web 应用程序 Sample16-4。

**02** 按照前面 "例 16-3" 的步骤，创建数据库实体映射类 Students 并生成 DataClasses1.dbml 文件。

**03** 添加页面文件 "Default.aspx"，打开并切换的到 "设计" 视图。从 "工具箱" 拖动 1 个 GridView 控件。

**04** 单击 GridView 控件右上方的小三角按钮，打开 "GridView 任务" 列表。在 "选择数据源" 下拉列表中选择 "新建数据源" 选项，弹出如图 16-5 所示 "数据源配置向导" 对话框。

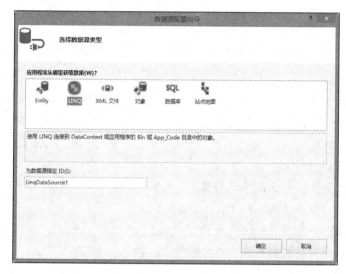

图 16-5　"数据源配置向导" 对话框

**05** 在 "应用程序从哪里获取数据？" 列表中选择 "LINQ" 数据源，将生成的 LinqDataSource 控件的 ID 属性命名为 "LinqDataSource1"，单击 "确定" 按钮。弹出如图 16-6 所示的 "配置数据源" 对话框。

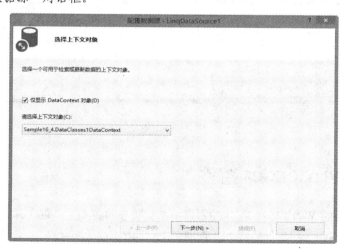

图 16-6　"配置数据源" 对话框

**06** 单击 "下一步" 按钮，弹出 "配置数据选择" 对话框。单击 "高级" 按钮。弹出如图 16-7 所示的 "高级选项" 对话框。

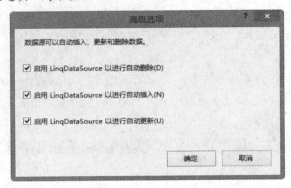

图 16-7    "高级选项" 对话框

**07** 选中所有的复选框，启用 LinqDataSource 控件的自动删除、插入和更新的功能，然后，单击 "确定" 按钮，回到 "配置数据选择" 对话框，单击 "完成" 按钮。结束数据源的配置。完成配置后，自动生成一个名为 LinqDataSource1 的数据源配置控件，它支持添加、删除、修改操作。

**08** 打开 "设计" 视图中 GridView 控件的 "GridView 任务" 列表，选中 "启动分页"、"启动排序"、"启动编辑" 和 "启动删除" 4 个复选框。

**09** 打开 "GridView 任务" 列表，选择 "自动套用格式"。弹出 "自动套用格式" 对话框，在左边的选择架构列表中选中 "简明型"，单击 "确定" 按钮。

在浏览器中查看 Default.aspx 页面，效果如图 16-8 所示，可以进行对数据进行编辑、更新和删除的操作。

| | ID | StuName | Phone | Address | City | State |
|---|---|---|---|---|---|---|
| 更新 取消 | 1 | 张—— | 13256789023 | 建国门外大街二号 | 北京 | 中国 |
| 编辑 删除 | 2 | 李四 | 13698562314 | 海淀区清河镇一号 | 北京 | 中国 |
| 编辑 删除 | 3 | 王二 | 15896325689 | 徐家汇一弄 | 上海 | 中国 |
| 编辑 删除 | 4 | James | 13965669856 | 百老汇7号 | 纽约 | 美国 |
| 编辑 删除 | 12 | 陈成成 | 01056963258 | 知春路234号 | 北京 | 中国 |
| 编辑 删除 | 13 | 王大力 | 02178568909 | 陆家嘴 | 上海 | 中国 |
| 编辑 删除 | 14 | 张三凤 | 02056893625 | 白云大道 | 广州 | 中国 |

图 16-8    运行效果

# 16.5 QueryExtender 控件

任何以数据驱动的 Web 网站，创建搜索页面都是一项常见而重复的工作。通常情况下，开发人员需要创建一个带 where 条件的 select 查询，由页面的输入控件提供查询参数。从 .Net 2.0 框架开始，在 DataSource 的数据访问控件集的帮助下，数据访问变得相对的容易。但是，已有的数据源控件对于创建复杂过滤条件的查询页面仍然无法轻易地完成。因此，微软公司在 ASP.NET 4.0

中引入了一个扩展查询的控件——QueryExtender。

QueryExtender 控件是为了简化 LinqDatasource 控件或 EntityDataSource 控件返回的数据过滤而设计的，它主要是将过滤数据的逻辑从数据控件中分离出来。QueryExtender 控件的使用非常的简单，只需要往页面上增加一个 QueryExtender 控件，指定其数据源是哪个控件并设置过滤条件就可以了。比如，当在页面中显示产品的信息时，你可以使用该控件去显示那些在某个价格范围的产品，也可以搜索用户指定名称的产品。

当然，不使用 QueryExtender 控件的话，LinqDataSource 和 EntityDataSource 控件也都是可以过滤数据的。因为这两个控件都有一个 where 的属性，能指定过滤数据的条件。但是 QueryExtender 控件提供的是一种更为简单的方式去过滤数据。

QueryExtender 控件使用筛选器从数据源中检索数据，并且在数据源中不使用显式的 Where 子句。利用该控件，能够通过声明性语法从数据源中筛选出数据。使用 QueryExtender 控件有以下优点：

- 与编写 Where 子句相比，可以提供功能更丰富的筛选表达式。
- 提供一种 LinqDataSource 和 EntityDataSource 控件均可使用的查询语言。例如，如果将 QueryExtender 与这些数据源控件配合使用，则可以在网页中提供搜索功能，而不必编写特定于模型的 Where 子句或 SQL 语句。
- 能够与 LinqDataSource 或 EntityDataSource 控件配合使用或与第三方数据源配合使用。
- 支持多种可单独和共同使用的筛选选项。

QueryExtender 控件支持多种可用于筛选数据的选项。该控件支持搜索字符串、搜索指定范围内的值、将表中的属性值与指定的值进行比较、排序和自定义查询。在 QueryExtender 控件中以 LINQ 表达式的形式提供这些选项。QueryExtender 控件还支持 ASP.NET 动态数据专用的表达式。下表 16-6 列出了 QueryExtender 控件的筛选选项。

表 16-6　QueryExtender 控件的筛选选项。

| 表达式 | 说明 |
| --- | --- |
| QueryExtender | 表示控件的主类 |
| CustomExpression | 为数据源指定用户定义的表达式。自定义表达式可以位于函数中，并且可以从页面标记中调用 |
| OrderByExpression | 将排序表达式应用于 IQueryable 数据源对象 |
| PropertyExpression | 根据 WhereParameters 集合中的指定参数创建 Where 子句 |
| RangeExpression | 确定值大于还是小于指定的值，或者值是否在两个指定的值之间 |
| SearchExpression | 搜索一个或多个字段中的字符串值，并将这些值与指定的字符串值进行比较 |
| ThenByExpressions | 应用 OrderByExpression 表达式后将排序表达式应用于 IQueryable 数据源对象 |
| DynamicFilterExpression | 使用指定的筛选器控件生成数据库查询 |
| ControlFilterExpression | 使用在源数据绑定控件中选择的数据键生成数据库查询 |

下面通过一个例子来展示如何使用 QueryExtender 控件进行数据的查询。

### 例 16-7　用 QueryExtender 控件实现指定字符串的筛选查询

创建步骤如下：

**01** 创建一个 ASP.NET 空 Web 应用程序 Sample16-5。

**02** 按照前面"例 16-3"的步骤，创建数据库实体映射类 Students 并生成 DataClasses1.dbml 文件。

**03** 添加页面文件"Default.aspx"，打开并切换的到"设计"视图。从"工具箱"分别拖动 1 个 Textbox 控件、1 个 Button 控件、1 个 GridView 控件和 1 个 QueryExtender 控件。

**04** 打开 GridView 控件的 "GridView 任务"列表，在"选择数据源"下拉列表中选择"新建数据源"。

**05** 在弹出"数据源配置向导"对话框中选择"LINQ"数据源，单击"确定"按钮。。

**06** 在弹出的"选择上下文对象"对话框中单击"下一步"按钮。。

**07** 在弹出"配置数据选择"对话框中单击"完成"按钮。结束 LinqDataSource 控件的数据源配置。

**08** 打开"GridView 任务"列表，选择"自动套用格式"。弹出"自动套用格式"对话框，在左边的选择架构列表中选中"雪松"，单击"确定"按钮。

**09** 切换到"源"视图，在<form>和</form>标记间编写 QueryExtender 控件的代码，定义该控件搜索字符串筛选表达式 SearchExpression。设置绑定搜索字段为 Students 表中的 Name 字段;设置搜索类型为从字段的任意位置开始搜索。

```
<asp:QueryExtender                    ID="QueryExtender1"              runat="server"
TargetControlID="LinqDataSource1">
  <asp:SearchExpression DataFields="  StuName
" SearchType="StartsWith">
      <asp:ControlParameter ControlID="TextBox1" />
  </asp:SearchExpression>
</asp:QueryExtender>
```

在浏览器中查看 Default.aspx 页面，效果如图 16-9 所示。在学生姓名的文本框中输入字符串，单击"查询" 按钮，就可以将所有名字中带所输入字符串的学生显示在 GridView 控件中并且支持字符串的模糊查询。

图 16-9　运行效果

## 16.6 小结

　　本章介绍了微软在.NET 框架中的数据访问技术——LINQ，它试图为所有数据源提供一种统一的数据访问方式，以解放程序员需要学习多种数据源访问技术的烦恼。有关 LINQ 技术的内容很多，这毕竟是一项新技术，本书只能给读者介绍一些入门的内容，以引导读者能够进入 LINQ 的世界。本章的内容包括：基于 C#的 LINQ，介绍如何利用 C#实现最基本的 LINQ 查询等；LINQ 到 ADO.NET，主要介绍如何利用 LINQ 到 SQL 来访问和操作 SQL Server 数据库；与 LINQ 查询配套的 LinqDataSource 和 QueryExtender 控件，希望读者以本章为基础逐步深入学习该技术。

微软致力于推广 ASP.NET Web 服务，甚至可以说 Web 服务是整个.NET 计划的核心。在微软的努力下，Web 服务逐渐被专业人士所认识和接受，并转而大力推广这项技术。本章将要介绍这项在未来一段时间内都会很热门的技术以及如何基于.NET 框架来实现 Web 服务。

## 17.1 概述

Web 服务是从英文 Web Services 直接翻译过来的。很多技术人员初次接触 Web 服务，会认为这是一个新的系统架构和新的编程环境。其实，虽然 Web 服务是一个新的概念，但它的系统架构、实现技术却是完完全全继承已有的技术，绝对不会使现有的应用推倒重来，而是将现有应用面向 Internet 的一个延伸。

Web 服务其实就是一种无需购买并部署的组件，这种组件是被一次部署到 Internet 中，然后到处运行的一种新型组件，所有应用只需要能够连入 Internet，就可以使用和集成 Web 服务。

Web 服务是基于一套描述软件通信语法和语义的核心标准：XML 提供表示数据的通用语法；简单对象访问协议（SOAP）提供数据交换的语义；Web 服务描述语言（WSDL）提供描述 Web 服务功能的机制。其他规范统称为 WS-*体系结构，用于定义 Web 服务发现、事件、附件、安全性、可靠的消息传送、事务和管理方面的功能。

简单地说，Web 服务就是一种远程访问的标准。它的优点首先是跨平台，HTTP 和 SOAP 等已经是互联网上通用的协议；其次是可以解决防火墙的问题，如果使用 DCOM 或 CORBA 来访问 Web 组件，将会被挡在防火墙外面，而使用 SOAP 则不会有防火墙的问题。要发展 Web 服务需要更多的软件厂商来开发 Web 服务，让基于 Web 服务的软件服务多起来。

### 17.1.1 互联网程序开发的过去和现在

之所以要引入 Web 服务技术，是因为当前的互联网程序架构存在一些缺陷。而今功能齐全的网站，往往都是从零开始编写，而且网站之间并不能实现功能的共享。

互联网应用程序基本上都是采用"独立解决方案"来实现的，因为应用程序都是基于单个特性用户接口来实现某种服务的，如用户可以应用银行网站来做很多事情：从查询账户到支付账单和转账。这个网站可以说是一个成功的开发模式，但是它却有如下缺点：

- 采用"独立解决方案"的应用程序需要花费大量的时间和资源来创建。它们通常被绑定到某一个特殊的平台或一项特殊的技术，而且它们不易被扩展和加强。
- 一个完整的项目应该综合很多种应用程序，通常，一个集成的项目能够解决客户的大量工作，然而，每当程序员想要同其他的业务进行交互时，就不得不启动综合进程，如程序员可能在当前网页提供一个打开另一个网站的链接，但是当前几乎所有网站都限制运行综合进程的方法。
- 应用程序的逻辑单元根本不可能得到重用。对于 ASP.NET 来说，源代码能够共享.NET 类库，但是由不同公司开发和使用不同代码编写的应用程序之间却不可能实现共享。也许有些程序员试图将一个网站程序和一个桌面程序，或将运行于不同平台的宿主程序集成起来，这种想法非常好，但实现起来并不容易。
- 有时，用户可能想从一个 Web 程序中获得一个非常简单的信息，如某种股票的信息。为了获取这项信息，用户通常需要进入和浏览整个 Web 程序，找到正确的页面，然后执行指定的任务。但是，离开图形用户接口，用户没有其他的办法来获取信息，而这个接口的连接速度可能非常缓慢或者不可链接。

为了使代码能够重用，开发者推出了组件和 COM 技术。

采用组件技术，程序员只需要认真设计自己的 DLLs 组件或源代码组件就有可能在适当的时候重用这些代码。第三方开发的组件通常也能通过特殊的管道被集成到应用程序中如一个应用程序能够把数据导出为特定的格式。

微软公司引入的 COM 技术更是大大推动了组件技术的发展。采用 COM 技术，程序员可以自主的选择语言来开发组件，然后把它们应用于各种应用环境，却不需要共享形成组件的源代码，而且，进出 COM 组件的信息没有特定格式的限制。COM 组件允许开发商提供功能简洁且具有良好用户接口的软件包。

COM 组件的出现结束了那种应用程序开发的"独立解决方案"方式。尽管用户还在使用数据库和诸如 Word 等办公软件，这些应用程序看起来似乎是独立开发的，然而在它们后台运行的程序的确是由很多各自独立的组件集成在一起来支撑的。同时，采用面向对象的编程，使得代码更容易被调试、变更和扩展。

## 17.1.2　Web 服务和可编程 Web

Web 服务的出现带来了同 COM 组件一样的效果。Web 服务是存储在一个 Web 服务器上的独立的可编程的逻辑单元。它们能够非常容易地同各种应用程序集成在一起，这些应用程序可以是 ASP.NET 应用程序，也可以是简单命令行程序，然而，与 COM 是一种特殊平台标准不同，Web 服务建立在一系列的开放标准之上。这些标准允许 Web 服务能够使用.NET 被创建而且能够被其他平台所使用。事实上，Web 服务的概念并非源于微软，其他主要计算机公司像 IBM 也推动了微软应用于 ASP.NET 的核心标准。

对于所有独立的 Web 服务标准来说，最根本的标准是 XML。因为 XML 是基于文本的，Web 服务的调用能够通过正常的 HTTP 渠道。其他分布式对象技术，如 DCOM，就比较复杂，它们通常很难被正确的配置，特别是通过互联网来使用时会更复杂，因此 Web 服务不但基于跨平台标准，而且非常容易使用。

一般来说，关于 Web 服务是什么有两种观点：其一就是应用程序员（和.NET 框架）往往把一个 Web 服务看成是一套通过互联网可以调用的方法。而 XML 的大师们则有不同的观点，他们把 Web 服务看成是一种交换信息的方式。

其实如何看待 Web 服务，取决于程序员所创建的 Web 服务，如如果需要传递信息，通过一些中介机构作为一个长期运行的业务对业务进行交换，这时的 Web 服务就可以被看成是一个信息传递系统。另一方面，如果要求一个 Web 服务只是为了得到一些信息，如产品目录或股票，这时的 Web 服务就可以被看成是可利用的方法。

## 17.1.3  何时使用 Web 服务

尽管 Web 服务是一项很好的技术，但并不是适用于所有的应用场合，因此在使用 Web 服务时需要做一些分析来决定是否使用 Web 服务。

当所开发的应用程序需要跨平台边界或依赖于边界时，微软建议开发者使用 Web 服务。系统同一个非.NET 程序交互就被看成是一个跨平台边界交互。换句话说，如果需要向运行在一个 Unix 计算机上的 Java 客户端提供数据的话，Web 服务是一个完美的选择。因为 Web 服务是基于开发的标准，Java 开发者只需要使用为 Java 平台设计的一个 Web 服务工具包即可，而不需要担心任何转换问题。

当开发者的系统与来自不同公司和组织的应用程序交互时，开发者就在经历一个可信任的边界。换句话说，Web 服务能够很好地把从数据库里取出的信息提供给一个为其他开发编写的程序。如果，开发者使用 Web 服务，就没有必要提供带有特殊信息的第三方开发者，相反，他们能够通过使用一个自动化工具读取 WSDL 文档来获取这些信息。当然也不用提供给他们获取信息的特权，如不直接连接上开发者的数据或私有组件，他们就能同获取数据的 Web 服务交互。事实上，开发者甚至可以使用一些安全设置来保护自己开发的 Web 服务。

如果开发者不需要跨平台或依赖于边界，Web 服务可能就不是一个太好的选择，如 Web 服务通常不是一个在同一个 Web 服务器上的两个 Web 应用程序或在公司不同类型应用程序之间共享功能的很好方法。相反，提供一个共享的.NET 组件则是一个更完美的解决方案，因为这时不需要把数据转换成 XML 或通过网络发送。

## 17.1.4  Web 服务的标准

在使用 Web 服务之前，了解一些有关 Web 服务的标准会对读者有所帮助，但是，严格地说，这些知识对于读者来说并不是必需的。事实上，读者可以跨过该部分的知识直接开始创建自己的 Web 服务，然而，了解一些有关 Web 服务运行的方式的知识能够有助于更好地使用它们。

注意

Web 服务的设计是基于兼容性很强的开放式标准。为了确保最大限度的兼容性和可扩展性，Web 服务体系被建设得尽可能通用。这意味着需要对用于向 Web 服务发送和获取信息的格式和编码进行一些假设。而所有这些细节都是以一个灵活的方式来界定，使用诸如 SOAP 和 WSDL 标准来定义。为了使客户端能够连接上 Web 服务，在后台有很多烦琐工作需要进行，以便能够执行和解释 SOAP 和 WSDL 信息。这些烦琐工作会占用一些性能上的开销，但它不会影响一个设计良好的 Web 服务。

表 17-1 列举了 Web 服务的标准。

表 17-1　Web 服务的标准

| 标准 | 说明 |
| --- | --- |
| WSDL | 告诉客户端一个 Web 服务中都提供了什么方法，这些方法包含什么参数、将要返回什么值以及如何与这些方法进行交互 |
| SOAP | 在信息发送到一个 Web 服务之前，提供对信息进行编码的标准 |
| HTTP | 所有的 Web 服务交互发生时所遵循的协议，如 SOAP 信息通过 HTTP 通道被发送 |
| DISCO | 该标准提供包含对 Web 服务的链接或以一种特殊的途径来提供 Web 服务的列表 |
| UDDI | 这个标准提供创建业务的信息，比如公司信息、提供的 Web 服务和用于 DISCO 或 WSDL 的相应标准 |

## 17.2　Web 服务的描述语言

WSDL 是一个基于 XML 的标准，它指定客户端如何与 Web 服务进行交互，包括诸如一条信息中的参数和返回值如何被编码以及在互联网上传输时应该使用何种协议。目前，三种标准支持实际的 Web 服务信息的传送：HTTP GET、HTTP POST 和 SOAP。

可以通过访问 http://www.w3.org/TR/wsdl 看到完整的 WSDL 标准。这个标准相当复杂，但是这个标准的背后的逻辑，对于进行 ASP.NET 开发的程序员来说是隐藏的，就像 ASP.NET 的 Web 控件抽象行为被封装一样。程序员不需要知道这个标准是什么逻辑关系，只需要明白怎么使用这个标准即可，把那些复杂逻辑行为留给系统和框架来解释执行。ASP.NET 可以创建一个基于 WSDL 文档的代理类。这个代理类允许客户端调用 Web 服务，而不用担心网络或格式问题。很多非.NET 平台提供了相似的工具来完成同样的事务，例如，VB 6.0 和 C++程序员也可以使用 SOAP 工具包。

在下面几个小节中，将要通过介绍一个利用 WSDL 文档描述的简单的 Web 服务的例子来介绍 Web 服务的描述语言。这个例子包含一个名为 GetSudent() 的简单方法，该方法接收一个描述学生姓名的字符串变量且返回一个描述学生所在班级的字符串值。这个 Web 服务被称为 Student。

### 17.2.1　<definitions> 元素

以下将逐节介绍 WSDL 文档的细节，读者不要担心能否很好地理解这些知识，在.NET 框架中会封装这些细节，但是了解这些细节知识有助于读者明白 Web 服务是如何进行交互的。

头和根的命名空间如下所示：

```
<?xml version="1.0" encoding="utf-8"?>
<definitions xmlns:s="http://www.w3.org/2001/XMLSchema"
    xmlns:http="http://schemas.xmlsoap.org/wsdl/http/"
    xmlns:mime="http://schemas.xmlsoap.org/wsdl/mime/"
    xmlns:tm="http://microsoft.com/wsdl/mime/textMatching/"
    xmlns:soap=http://schemas.xmlsoap.org/wsdl/saop/
    xmlns:soapenc=http://schemas.xmlsoap.org/soap/encoding/
    xmlns:so=http://tempuri.org/
    targetNamespace=http://tempuri.org
    xmlns=http://schemas.xmlsoap.org/wsdl
>
</definitions >
```

通过以上代码可以发现，所有的信息都包含在根元素<definitions>之间。

## 17.2.2  <types>元素

<types>元素用来定义 Web 服务的方法使用的参数和返回值的类型。如果 Web 服务返回一个定制的类实例的话，ASP.NET 就会添加进入定制类的接口。

下面的代码显示了定义 Student 的<types>元素。通过这些代码可以知道：方法 GetSudent()使用一个字符串参数，名为 sName，并且返回一个字符串值，代码如下：

```
<types>
    <s:schema attributeFormDefault="qualified" alementFormDefault="qualified"
      targetNamespace="http://www.prosetech.com/Stocks/">
      <s:element name="GetSudent">
       <s:complexType>
      <s:sequence>
      <s:element   minOccurs="1"   maxOccurs="1"   name="sName"   Nillable="true"
type="s:string"/>
            </s:sequence>
          </s:complexType>
        </s:element>
        <s:element name="GetSudentResponse">
          <s:complexType>
            <s:sequence>
      <s:element   minOccurs="1"   maxOccurs="1"   name="   GetSudentResult"
type="s:string"/>
            </s:sequence>
          </s:complexType>
        </s:element>
    </s:schema>
</types>
```

在 Web 服务中实现的相应方法的代码如下：

```
public string GetSudent(string sName)
{    // 代码实现
```

```
    }
```

可以看出，在<types>节中的信息是使用 XSD 标准定义的。Web 服务通常都使用 XSD 标准来验证 Web 服务与客户端交换的信息，这个过程是完全无缝连接的。

## 17.2.3    <message>元素

<message>描述了 Web 服务与一个客户端的交换信息。当用户向一个简单的 Web 服务发出请求查询学生信息时，ASP.NET 发送一个信息，然后 Web 服务返回一个不同的信息。WSDL 文档的<message>节中定义了这些信息，代码如下：

```
<message name="GetStudentSoapIn">
    <part name="parameters" element="so:GetStudent"/>
</message>
<message name="GetStudentSoapOut">
    <part name="parameters" element="so: GetSudentResult"/>
</message>
```

在这个例子中，ASP.NET 创建了两个信息，即 GetStudentSoapIn 和 GetStudentSoapOut。信息的命名采用惯例形式，但强调了一个单独的信息是输入信息还是输出信息。

信息中使用的数据是与<types>节中的定义关联起来的，例如，GetStudentSoapIn 请求信息发送的 GetSudent 元素，与在<types>节中定义的字符串变量 sName 相对应。

类似信息定义同样适用于另外两种类型的信息交换：HTTP POST 和 HTTP GET。下面的简单的交换方法主要用来测试，这些方法都没有使用完全的 SOAP 信息，它们只发送简单的 XML。示例代码如下：

```
<message name="GetStudentHttpGetIn">
    <part name="sName" type="s:string"/>
</message>
<message name="GetStudentHttpGetOut">
    <part name="sClass" element=" s:string"/>
</message>
<message name="GetStudentHttpPostIn">
    <part name="sName" type="s:string"/>
</message>
<message name="GetStudentHttpPostOut">
    <part name="sClass" element=" s:string"/>
</message>
```

## 17.2.4    <portType>元素

<portType>元素提供了在 Web 服务中所有可用的方法概述。每一个方法都被定义为一个<operation>，每个操作都包含请求信息和回应信息。

例如，下面定义了一个 portType，名为 StudentSoap，GetStduent()方法需要一个输入的信息（名为 GetStudentSoapIn）和一个与之相配合的信息（名为 GetStudentSoapOut），代码如下：

```
<portType name=" StudentSoap">
   <operation name=" GetStduent">
      <input message="so:GetStudentSoapIn"/>
      <input message="so:GetStudentSoapOut"/>
   </operation>
</portType>
<portType name=" StudentHttpGet">
   <operation name=" GetStduent">
      <input message="so:GetStudentHttpGetIn"/>
      <input message="so:GetStudentHttpGetOut"/>
   </operation>
</portType>
<portType name=" StudentHttpPost">
   <operation name=" GetStduent">
      <input message="so:GetStudentHttpPostIn"/>
      <input message="so:GetStudentHttpPostOut"/>
   </operation>
</portType>
```

## 17.2.5 &lt;binding&gt;元素

&lt;binding&gt;元素把抽象的数据形式同互联网连接的传输协议关联起来。到现在，WSDL 文档已经描述了用于各种信息的数据类型、用于信息需求的操作以及每个信息的结构。使用&lt;binding&gt;元素，WSDL 文档描述了用户与 Web 服务对话的低级别的交换协议。

例如，描述 Student Web 服务的 WSDL 文档说明了 GetStduent 操作是使用 SOAP 信息来进行交互的、HTTP Post 和 HTTP GET 操作接收 XML 文档形式的信息、编码后作为一个查询字符串的形式发送。示例代码如下：

```
<binding name="StudentSoap" type="so: StudentSoap">
    <soap:binding                    transport="http://schema.xmlsoap.org/soap/http"
style="document" />
    <operation name="GetStudent">
       <soap:operation
soapAction="http://localhost/Sample/Sample17-1/GetStudent" style="document" />
       <input>
          <soap:body use="literal"/>
       </input>
       <output>
          <soap:body use="literal"/>
       </output>
    </operation>
</binding>
<binding name="StudentHttpGet" type="so: StudentHttpGet">
   <http:binding verb="GET" />
   <operation name="GetStudent">
      <http:operation location="/Sample/Sample17-1/GetStudent" />
      <input>
         <http:urlEncoded/>
```

```
        </input>
        <output>
            <mime:mineXml part="body"/>
        </output>
    </operation>
</binding>
<binding name="StudentHttpPost" type="so: StudentHttpPost">
    <http:binding verb="Post" />
    <operation name="GetStudent">
        <http:operation location="/Sample/Sample17-1/GetStudent" />
        <input>
            <mime:content type="application/x-www-form-urlencoder"/>
        </input>
        <output>
            <mime:mineXml part="body"/>
        </output>
    </operation>
</binding>
```

## 17.2.6  <service>元素

<service>元素定义了进入 Web 服务的接口，说明客户端是如何进入 Web 服务的。

一个 ASP.NET 服务在<service>元素里定义了三种不同的<port>元素，每种对应一个协议。每个<port>元素用来标识进入 Web 服务的 URL。大部分 Web 服务为所有类型的交互都使用同一个 URL。示例代码如下：

```
<service name="Student">
    <port name="StudentSoap" binding="so:StudentSoap">
        <soap:address location=http://localhost/Sample/Student.asmx/>
    </port>
    <port name="StudentHttpPost" binding="so:StudentHttpPost">
        <http:address location=http://localhost/Sample/Student.asmx/>
    </port>
    <port name="StudentHttpGet" binding="so:StudentHttpGet">
        <http:address location=http://localhost/Sample/Student.asmx/>
    </port>
</service>
```

## 17.3 SOAP

在.NET 中，客户端在与 Web 服务交互时有三种协议能够使用。

- HTTP GET：使用该协议与 Web 服务交互时，会把客户端发送的信息编码后放在查询字符串里，而客户端获取的 Web 服务的信息则是以一个基本的 XML 文档的形式存在。

- HTTP POST：使用该协议与 Web 服务交互时，会把参数放在请求体里面，而获取的信息则是以一个基本的 XML 文档的形式存在。

- SOAP：使用该协议与 Web 服务交互时，请求和获取的信息都是以 XML 形式存在。同 HTTP GET 和 HTTP POST 一样，SOAP 也是运行于 HTTP 之上，但它绑定信息则是采用一个更详细的基于 XML 的语言来描述。

尽管.NET 有能力支持以上三种协议，但是为了安全，通常会限制使用前两种协议。默认情况下，.NET 禁用 HTTP GET，而且对于本地计算机限制 HTTP POST。这意味着程序员可以使用前两种协议测试 Web 服务，但不能使用它们来访问一个远程计算机上的 Web 服务。可以在 Web.config 文件里改变这些设置，但.NET 不推荐这样做。

从本质上来说，当使用 SOAP 时，程序员只需要简单地使用 SOAP 标准来编码信息即可。SOAP 信息采用一个基于 XML 的标准，示例代码如下：

```
<?xml version="1.0" encoding="UTF-8" standalone="no" ?>
<soap:Envelope xmlns="http://schemas.xmlsoap.org/soap/envelop/">
   <soap:Body>
      <GetStudent xmlns="http://localhost/Sample/Sample17-1/Student/">
         <sName>zhang</sName>
      </GetStudent>
   </soap:Body>
</soap:Envelope>
```

在上面的 SOAP 信息片段中，根元素是<soap:envelope>，该元素包含请求的元素<soap:body>。在主体元素里包含的信息指明了调用一个名为 GetStudent 的方法，并为方法的参数 sName 指定一个值：zhang。尽管这只是一个相当直接的方法调用，但 SOAP 信息能够非常容易地包含整个定制对象或 DataSet 结构。

在对请求做出反应时，会返回一个 SOAP 输出信息。下面是一个例子：

```
<?xml version="1.0" encoding="UTF-8" standalone="no" ?>
<soap:Envelope xmlns="http://schemas.xmlsoap.org/soap/envelop/">
   <soap:Body>
      <GetStudentResponse xmlns="http://localhost/Sample/Sample17-1/Student/">
         <StudentResult>三年级一班</ StudentResult >
      </ GetStudentResponse >
   </soap:Body>
</soap:Envelope>
```

上面这个例子说明了为什么 SOAP 信息格式优于 HTTP GET 和 HTTP POST。当使用 SOAP 时，请求和反应信息都使用 XML 格式。当使用 HTTP GET 和 HTTP POST 时，反应信息使用 XML 格式，但是请求信息则采用简单的名/值对形式向参数提供信息。这就意味着 HTTP GET 和 HTTP POST 不允许使用复杂的数据对象作为方法的参数，而且不能自然地支持大部分的非.NET 平台。HTTP GET 和 HTTP POST 主要用于测试。

注意

应用程序不能直接处理 SOAP 信息。相反，在应用程序使用数据之前，.NET 会把 SOAP 信息转换成相应的.NET 数据类型，也就是说，允许应用程序使用和其他对象一样的交互方式来同 Web 服务交互。

## 17.4　与 Web 服务交互

WSDL 和 SOAP 标准使得 Web 服务同客户端的交互成为可能，但是它们没有说明如何进行交互。下面的三个组件在 Web 服务同客户端的交互中扮演重要角色：

- 一个定制的 Web 服务类，该类提供一些功能。
- 一个客户端应用程序，该程序使用上面组件的功能。
- 一个代理类，该类扮演上面两个组件间的接口角色。该代理类包含所有 Web 服务方法的说明，而且根据选择的协议处理所有与 Web 服务交互相关的细节问题。

实际的交互过程按照如下步骤执行：

**01** 客户端创建一个代理类的实例。
**02** 客户端调用代理类的方法。
**03** 在后台，代理类以恰当的形式发送信息到 Web 服务，并且接收相应的反应信息。
**04** 代理类返回调用代码的结果。

以上交互过程如图 17-1 所示。

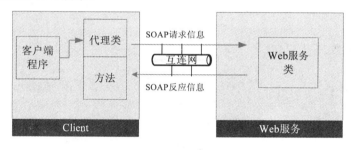

图 17-1　客户端与 Web 服务的交互

其实程序员根本没有必要知道一个远程函数如何调用一个 Web 服务，这个过程完全就像调用一个本地代码的过程一样。

此外，在使用这个交互过程时还需要注意以下几项：

- 并不是所有的数据类型都支持方法参数和返回值，如大部分.NET 类对象都不能在该交互过程中被传递（DataSet 是一个例外）。
- 网络调用花费很少的但可计量的时间。如果需要在一行代码中使用几个 Web 服务方法，则这个延迟会被累加的。
- 除非 Web 服务采用特殊步骤来记忆状态，状态数据会被丢失的。这意味着程序员应该把 Web 服务看成是一个无状态的实用类，而该类包含很多程序员需要使用的方法。
- 在与 Web 服务的交互中，会出现错误且可能被中断（比如出现网络问题）。程序员在构建一个健壮的应用程序时要考虑到很多因素。

## 17.5  发现 Web 服务

使用 WSDL 创建了 Web 服务，并使用 SOAP 传送信息，但客户端是如何发现已创建的 Web 服务的呢？很多程序员会认为这是一个微不足道的问题。既然每一个 Web 服务对应于一个特定的 URL 地址，一旦客户拥有这个地址，他们就可以通过这个 URL 地址来访问 Web 服务，从而获取 WSDL 文档并可使用所有可利用的信息。

如果需要把一个 Web 服务共享于特定的用户或某个组织，前面描述的简单的处理就能完美实现，然而，随着 Web 服务越来越多，最终演变成一种共同的语言，例如通过网站从事业务交易，这时手工的处理似乎就不太切合实际了。举例来说，如果一家公司提供了 12 个 Web 服务，每个服务对应于每个特定的 URL 地址，客户端怎样与每个地址进行沟通就成了一个很大的问题。提供一个 HTML 网页来整合所有适当的链接是一个很好的办法，但它仍然强迫客户端应用程序员向他们的程序中手工输入这些 Web 服务的 URL 地址信息，但是，如果 URL 地址信息有稍微的变化，就会给客户端程序开发带来无数的麻烦。可见，提供一种标准来说明如何发现 Web 服务是非常有必要的。下面介绍的标准就是用来解决如何发现 Web 服务问题的。

### 17.5.1  DISCO 标准

当遵守 DISCO 标准时，需要提供一个说明 Web 服务位置的.disco 文件。下面是一个.disco 文件的示例代码：

```
<disco:discovery xmlns:disco=http://schemas.xmlsoap.org/disco
    Xmlns:wsdl="http://schemas.xmlsoap.org/disco/wsdl">
    <wsdl:contractRef Ref=http://localhost/Sample/Sample17-1/Student.asmx?WSDL/>
</disco:discovery>
```

.disco 文件的好处是它能够清晰列举出可使用的 Web 服务。另外一个优点是程序员可以通过插入<disco>元素来引用很多 Web 服务，包括存储在其他 Web 服务里的服务。换句话说，.disco 文件提供了一个简单的方式来创建一个能够被.NET 自动使用的 Web 服务链接库。然而，如果只使用一个 Web 服务，就没有必要创建.disco 文件。

### 17.5.2  UDDI 标准

UDDI 是 Web 服务家族中最新的和发展最快的标准之一。它最初被设计出来的目的是能够让程序员非常容易地定位任何服务器上的 Web 服务。

使用发现文件，客户端仍然需要知道特定的 URL 位置。发现文件通过把不同的 Web 服务放到一个文件中可能让发现 Web 服务变得容易一些，但是它并没有提供任何明显的方式来检测一个公司提供的 Web 服务。UDDI 的目的是：提供一个库，在这个库中，商业公司可以为他们所拥有的 Web 服务做广告，例如，一个公司可能列出所有用于业务文件交换的服务，这些业务文件交换服务具有购买定单的提交和跟踪可以获取信息等功能，但为了能让客户端获取这些 Web 服务，这些 Web 服务必须被注册在 UDDI 库中。

对于 Web 服务，UDDI 就相当于 Google，但却也有很大不同：大部分搜索引擎试图列举整个互联网，而为所有的 Web 服务建立一个 UDDI 注册却不需要达到那样的程度，因为不同的工业有着不同的需要，并且一个非组织的搜集并不能让所有人满意。相反，它更像是公司的组织和联盟把他们这个领域的 UDDI 的注册绑定在一起。很有可能，很多注册的服务并不能被公开使用。

　　有趣的是，UDDI 注册定义了一个完全编程接口，这个接口说明了 SOAP 信息能够被用来获取一个商务的信息或为一个商务注册 Web 服务。换句话说，UDDI 注册本身就是一个 Web 服务，这个标准还没有被推广使用，但是读者在 http://uddi.microsoft.com 可以找到详细的说明。

## 17.6　创建 Web 服务

　　前面几节讲述了如何描述 Web 服务、客户端如何与 Web 服务交互以及发现 Web 服务的标准。本节将要结合实际的例子讲述如何利用 Visual Studio 2010 创建 Web 服务。在这个例子中将要创建一个名为 WebService1 的 Web 服务，该服务提供一个方法 GetStudent()，该方法包含一个参数 sName 用来接收客户端传来的学生名，并根据学生名从数据库里查询出有关该学生的信息。

### 17.6.1　创建 Web 服务项目

　　创建一个 Web 服务的具体步骤如下：

**01** 打开 Visual Studio 2012，新建一个 ASP.NET 空 Web 应用程序 Sample17-1。

**02** 右键单击"解决方案资源管理器"中应用程序的名称"Sample17-1"，在弹出的快捷菜单中选择"添加"｜"新建项"命令，打开如图 17-2 所示的"添加新项"对话框。在对话框中选择"Web 服务"模板，单击"添加"按钮。这样就创建了一个默认名称为"WebService1"的 Web 服务。

图 17-2　"添加新项"对话框

打开创建的 Web 服务，里面两个文件：一个是 WebService.asmx，就是刚才我们创建的 Web 服务，另一个是 WebService.asmx.cs，是该 Web 服务的后台的隐藏代码文件

打开文件 WebService1，可以看到该文件包含以下代码：

```
<%@ WebService Language="C#" CodeBehind="WebService1.asmx.cs" Class="Sample17_
1.WebService1" %>
```

以上代码的含义是：WebService 指明这是一个 Web 服务，后台代码采用 C#来编写，CodeBehind 指明后台代码的位置，Class 指明 Web 服务类的名字。

打开隐藏代码文件 WebService1.asmx.cs，可以看到该文件包含如下代码：

```csharp
using System;
using System.Collections;
using System.ComponentModel;
using System.Data;
using System.Linq;
using System.Web;
using System.Web.Services;
using System.Web.Services.Protocols;
using System.Xml.Linq;
namespace Sample17_1
{   /// <summary>
    /// Service1 的摘要说明
    /// </summary>
    [WebService(Namespace = "http://tempuri.org/")]
    [WebServiceBinding(ConformsTo = WsiProfiles.BasicProfile1_1)]
    [ToolboxItem(false)]
    // 若要允许使用 ASP.NET AJAX 从脚本中调用此 Web 服务，请取消对下行的注释。
    // [System.Web.Script.Services.ScriptService]
    public class WebService1 : System.Web.Services.WebService
    {   [WebMethod]
        public string HelloWorld()
        {   return "Hello World";
        }
    }
}
```

该文件里的代码为自动生成的代码，定义了一个名为 WebService1 的类，该类继承于 System.Web.WebService，在 ASP.NET 中，所有的 Web 服务类都会继承于 System.Web.WebService 类。该类包含一个构造函数，一般情况下可以不需要该构造函数。

注意

以上代码为自动生成，其中方法 HelloWorld()为编写 Web 服务方法的示例代码，读者可以删除该段代码，用自己开发的方法来代替该方法。

方法 HelloWorld()很简单，与一般类的方法没有什么区别，但要注意该方法上面添加了一个名为 WebMethod 的属性，该属性用来标识此方法可以被远程的客户端访问。

WebMethod 包含 6 个属性，用来提供描述它所标识的方法的接口，WebMethod 属性如表 17-2 所示。

表 17-2　WebMethod 的属性

| 属性 | 说明 |
| --- | --- |
| Description | Web 服务的方法的描述信息、对 Web 服务的方法的功能注释 |
| EnableSession | 指示 Web 服务是否启动 Session 标志，主要通过 Cookie 完成，默认为 false |
| MessageName | 主要实现方法重载后的重命名 |
| TransactionOption | 指示 XML Web services 方法的事务支持 |
| CacheDuration | 指定缓存时间的属性 |
| BufferResponse | 配置 Web 服务的方法是否等到响应被完全缓冲后，才发送信息给请求端 |

## 17.6.2　创建 Access 数据库

创建 Access 数据库用来作为 Web 服务的数据源的步骤如下：

**01** 打开 Access 数据库，新建立一个名为 student 的数据库，并把该数据库放在项目 Sample17-1 下面的 App_Data 文件里。

**02** 创建表 basicInformation，该表的设计如表 17-3 所示。

表 17-3　表 basicInformation 的设计

| 字段名称 | 字段类型 | 说明 | 大小 |
| --- | --- | --- | --- |
| sName | 文本 | 用户名 | 8 |
| Sex | 文本 | 性别 | 8 |
| age | 文本 | 年龄 | 8 |
| sClass | 文本 | 班 | 8 |
| sGrade | 文本 | 年级 | 8 |

**03** 在表 basicInformation 里输入如表 17-4 所示的示例数据。

表 17-4　表 basicInformation 的示例数据

| sName | Sex | age | sClass | sGrade |
| --- | --- | --- | --- | --- |
| 李四 | 男 | 16 | 3 | 1 |
| 麻子 | 男 | 16 | 3 | 4 |
| 王二 | 男 | 16 | 3 | 3 |
| 张三 | 男 | 16 | 3 | 2 |

## 17.6.3　创建 Web 服务中的方法

创建 Web 服务中方法的步骤如下：

**01** 双击打开 WebService1.asmx.cs 文件，删除方法 HelloWorld()。

**02** 由于要访问数据库，在代码的开始部分添加如下代码：

```
using System.Data.OleDb;
```

**03** 添加一个方法 GetStudent()，该方法包含一个参数 sName，用来接收客户端输入学生名，
该方法返回一个数据集，该数据集里装载查询到的信息。代码如下：

```
[WebMethod(Description = "获取学生的信息")]
public DataSet GetStudent(string sName)
{   // 如果姓名为空则不执行查询
    if (sName == "")
        return null;
    try
    {   // 根据姓名获取学生信息
        DataSet dataSet = new DataSet("Student");
        string connstring = "Provider=Microsoft.Jet.OLEDB.4.0;Data Source=" +
Server.MapPath("App_Data\\student.mdb") + ";Persist Security Info=False";
        string sql = "select * from basicInformation where sName='" + sName + "'";
        System.Data.OleDb.OleDbConnection          oleDbConnection          =          new
OleDbConnection(connstring);
        System.Data.OleDb.OleDbDataAdapter          oleDbDataAdapter          =          new
OleDbDataAdapter(sql, oleDbConnection);
        oleDbDataAdapter.Fill(dataSet);
        return dataSet;
    }
    catch
    {   // 出错则返回空值
        return null;
    }
}
```

**04** 运行 Web 服务"WebService1.asmx"，则弹出如图 17-3 所示的界面。

图 17-3　Web 服务 Student 的发布界面

在图 17-4 中列举了 Web 服务包含的方法 GetStudent，并向用户显示了该方法的功能说明。此
外包含了关于 Web 服务的一些说明。

**05** 单击 Web 服务的方法 GetStudent，可以转到该方法的测试界面，如图 17-4 所示。

图 17-4　方法 GetStudent 的测试界面

**06** 在 sName 的 "值" 文本框中输入 "张三"，单击 "调用" 按钮，则转到查询结果的显示
界面，如图 17-5 所示。

图 17-5　GetStudent 方法返回结果描述界面

从图 17-5 中可以看出 Web 服务的返回结果是采用标准的 XML 格式来描述的，这些在前面章
节已经讲述过，这里不再赘述。

## 17.7　使用存在的 Web 服务

在上一节中利用 Visual Studio 2012 在 WebService1 的 Web 服务创建了一个方法，本节将要讲
述如何在客户端使用 Web 服务。

在客户端调用 Web 服务的步骤如下：

**01** 打开 Web 应用程序 Sample17-1。

**02** 右键单击项目名，在弹出的快捷菜单中选择 "添加服务引用" 命令，则弹出 "添加服务引用"对话框，其中列出了可以选择服务的方式：

- 此解决方案中的 Web 服务。
- 本地计算机上的 Web 服务。
- 浏览本地网络上的 UDDI 服务器。

程序员可以使用以上任何一种方法为项目添加 Web 服务的应用。但还有一种更为方便直接的添加 Web 服务的方法：如果程序员知道 Web 服务的地址，可以直接在 URL 文本框中输入该 Web 服务的地址。

本测试案例采用发现"解决方案中的服务"方法来添加 Web 引用，这是因为要添加的 Web 服务与客户端的测试页面在同一个项目下。

**03** 发现"解决方案中的服务"，并单击"转到"当前解决方案，则会列出当前解决方案中所有存在的可以使用的 Web 服务，这里列出了当前解决方案中存在的可以使用的所有 Web 服务，如图 17-6 所示。

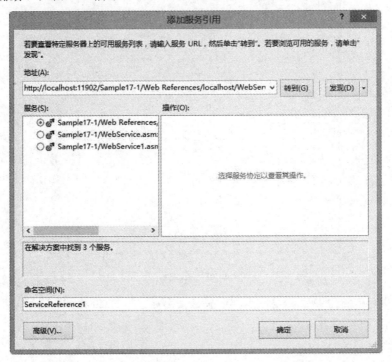

图 17-6　Sample17-1 中可以使用的 Web 服务列表

**04** 选择 Web 服务，则在 URL 文本框里会出现该服务的地址，并列出了该服务中可以使用的方法。单击"添加引用"按钮，则会把 Web 服务 WebService1 添加到项目 Sample17-1 中，并且在项目 Sample17-1 中自动添加一个名为 Web References 的文件夹，所有的 Web 引用都会放到该文件夹下；在该文件下是 Web 应用名 localhost 文件夹，该文件夹下包含所有使用该 Web 应用名的 Web 服务引用，如图 17-7 所示。

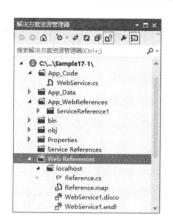

图 17-7　Web References 文件夹中的 Web 服务

**05** 添加一个新的页面 Page1.aspx，并在该页面中加入一个 DetailsView 控件，用来显示查询到的结果。

**06** 打开文件 Page1.aspx.cs，在事件函数 Page_Load 里加入如下代码：

```
protected void Page_Load(object sender, EventArgs e)
{   // 定义 Web 服务的对象
    localhost.WebService1 ws= new localhost. WebService1 ();
    // 使用 Web 服务的方法 GetStudent
    DataSet dataSet = ws.GetStudent("张三");
    // 把返回的结果绑定到 DetailsView 控件
    this.DetailsView1.DataSource = dataSet.Tables[0].DefaultView;
    this.DetailsView1.DataBind();
}
```

以上代码的含义是：先定义一个 Web 服务 WebService1 的对象 ws，由于该 Web 服务处于引用名 localhost 下面，因此使用 localhost 可以引用到 Web 服务的类 WebService1；调用方法 GetStudent，使用 "张三" 作为方法 GetStudent 的参数，并把返回的结果填充到数据集对象 dataSet 里面；最后把 dataSet 里面的数据绑定到控件 DetailsView1 里来显示查询结果。从以上代码可以看出，在客户端使用 Web 服务与使用其他对象一样，并没有什么区别。

**07** 运行页面 Page1.aspx，可以看到客户端使用 Web 服务的效果如图 17-8 所示。

图 17-8　客户端使用 Web 服务的效果图

其实在客户端中不仅可以使用在 "添加 Web 引用" 对话框中列举的三种类型的 Web 服务，还可以使用网络中存在的任何 Web 服务，其添加过程都是按照以上步骤来实现的。

## 17.8 Web 服务的方法返回定制的对象

可以使 Web 服务的方法返回用户自定义的对象，这里就通过实例来介绍如何让 Web 服务的方法返回用户自定义的对象。

本实例以前面创建的 Web 服务 WebService1 为基础，只是为该 Web 服务添加一个 GetStudent 方法重载函数，但该重载函数的返回值是自定义的对象。创建步骤如下：

**01** 打开项目 Sample17-1。

**02** 打开文件 WebService1.asmx.cs，在该文件中添加一个学生信息的类 StuInfomation，以下代码定义了一个名为 StuInfomation 的类，该类用来表示学生信息，包含 5 个属性：Sname 表示姓名、Sex 表示性别、Age 表示年龄、Sclass 表示班、Sgrade 表示年级。代码如下：

```
public class StuInformation
{   private string sname = "";              // 姓名
    private string sex = "";                // 性别
    private string age = "";                // 年龄
    private string sclass = "";             // 班
    private string sgrade = "";             // 年级
    /// <summary>
    /// 姓名
    /// </summary>
    public string Sname
    {   get
        {   return this.sname;
        }
        set
        {   this.sname = value;
        }
    }
    /// <summary>
    /// 性别
    /// </summary>
    public string Sex
    {   get
        {   return this.sex;
        }
        set
        {   this.sex = value;
        }
    }
    /// <summary>
    /// 年龄
    /// </summary>
    public string Age
    {   get
        {   return this.age;
        }
        set
```

```
                {    this.age = value;
                }
            }
        /// <summary>
        /// 班
        /// </summary>
        public string Sclass
        {    get
            {    return this.sclass;
            }
            set
            {    this.sclass = value;
            }
        }
        /// <summary>
        /// 年级
        /// </summary>
        public string Sgrade
        {    get
            {    return this.sgrade;
            }
            set
            {    this.sgrade = value;
            }
        }
        public StuInformation()
        {…}
}
```

**03** 在 WebService1.asmx.cs 文件中添加一个新函数 GetStudent1，代码如下（这段代码定义一个 Web 服务的方法 GetStudents()，该方法包含一个参数 sName 用来接收用户输入姓名，根据用户输入的姓名查询出学生信息的主体信息，并把这个主体信息返回，学生信息的主体信息存储在 StuInformation 对象里面）：

```
[WebMethod(Description = "获取学生的信息，返回自定义对象 StuInformation")]
public StuInformation GetStudent1(string sName)
{    // 如果姓名为空则不执行查询
    if (sName == "")
        return null;
    try
    {    // 根据姓名获取学生信息
        StuInformation stu = new StuInformation();
        DataSet dataSet = new DataSet();
        string connstring = "Provider=Microsoft.Jet.OLEDB.4.0; Data Source=" +
Server.MapPath("App_Data\\student.mdb") + ";Persist Security Info=False";
        string sql = "select * from basicInformation where sName='" + sName + "'";
        System.Data.OleDb.OleDbConnection     oleDbConnection     =     new
OleDbConnection(connstring);
        System.Data.OleDb.OleDbDataAdapter    oleDbDataAdapter    =     new
OleDbDataAdapter(sql, oleDbConnection);
```

```
        oleDbDataAdapter.Fill(dataSet);
        stu.Sname = dataSet.Tables[0].Rows[0]["sName"].ToString();
        stu.Age = dataSet.Tables[0].Rows[0]["age"].ToString();
        stu.Sex = dataSet.Tables[0].Rows[0]["sex"].ToString();
        stu.Sclass = dataSet.Tables[0].Rows[0]["sClass"].ToString();
        stu.Sgrade = dataSet.Tables[0].Rows[0]["sGrade"].ToString();
        return stu;
    }
    catch
    {   // 出错则返回空值
        return null;
    }
}
```

**04** 运行 Web 服务 Student，测试方法 GetStudent1，输入参数的值为"张三"，则得到的结果如图 17-9 所示。

图 17-9　返回自定义对象 StuInformation 的描述

## 17.9　小结

由于当前 Web 程序开发中存在一些缺点，Web 服务作为一种新的程序开发解决方案被提出来。Web 服务是存储在一个 Web 服务器上的独立的可编程的逻辑单元，它可以非常容易地集成多种应用程序资源。程序员在开发应用程序时可以使用集成在 Web 服务上的资源。本章介绍了 Web 服务的来由、Web 服务的描述语言、Web 服务与客户端交互时采用的协议以及 Web 服务的标准。并且通过创建实例来介绍如何利用 VS.NET 创建 Web 服务，以及如何利用客户端调用 Web 服务。Web 服务是互联网发展的趋势，未来的某个时候应用软件可能都会以 Web 服务的形式存在，以供用户使用。读者在开发自己的 Web 项目时可以考虑一下如何把一些通用的资源集成在 Web 服务中。

# 第 18 章
# Web 程序安全机制

通常情况下，ASP.NET 程序允许被任何连接到服务器的用户所使用，但对于很多 Web 应用来说这只能是一个理想，大部分情况下让所有的用户都能访问存在的 Web 应用程序是不合适的，更是不安全的，如为了赢得更多的用户，一个电子商务网站就需要为用户提供一个安全的购物环境；一个需要付费的网站会限制用户的进入以及内容的获取；即使一个公开的网站有时也会限制用户获取它们提供的某些信息。ASP.NET 提供了一个多层的安全模型，这个模型能够非常容易地保护 Web 应用程序。

## 18.1 安全需求

在对应用程序实施保护措施时，程序员首先需要明白哪些应用程序需要保护以及需要什么样的保护，这些需求决定了将要使用的安全方法。

安全策略没有必要非常复杂，但是需要应用安全策略的地方却是非常广泛的，例如，尽管需要强迫用户采用自己的登录口令登录网站，还是需要做到存储信息的数据库中拥有一个安全的账号和密码，而且这个账号不能很轻易地被一个本地用户所猜测到。程序员需要保证自己的应用程序不能被骗取，而把私有信息发送出去（用户可能通过修改某个页面或一个查询字符串来获取程序员不希望它们看到的一些信息）。

### 18.1.1 限制访问的文件类型

ASP.NET 自动提供一个基本的安全策略来阻止对特定文件（如配置文件和源代码文件等）的访问请求。为了完成这些，ASP.NET 向 IIS 注册这些文件类型，并把它们配置给 IIS 中的一个类 HttpForbiddenHandler，这个类在它的生命周期中只有一个作用，就是拒绝所有向配置到它里面的文件发送请求。

这些被限制访问的文件类型如表 18-1 所示。

表 18-1　限制访问的文件类型

| 文件类型 | 说明 |
|---|---|
| .asax | 全局文件，提供了一些在一个中心位置响应应用程序级或模块级事件的方法 |
| .ascx | Web 服务文件，提供 Web 服务 |
| .config | 配置文件，提供应用程序的配置 |
| .cs | 源代码文件，由 C#编写 |
| .csproj | C#项目文件，控制 C#项目的生成 |
| .vb | 源代码文件，由 VB 编写 |
| .vbproj | VB 项目文件，控制 VB 项目的生成 |
| .resx | 资源文件，主要用于存储各个版本的资源 |
| .resources | 受控资源文件，可以存放位图、子串和自定义数据等资源 |

## 18.1.2　安全概念

关于安全有三种最基本的概念。

- 认证（Authentication）：这个过程是要确定一个用户的身份以及迫使用户证明他们是谁。通常，这些涉及到输入证书（非常典型的情况是用户名和密码）用来登录页面或窗口，然后这些证书通过计算机上的 Windows 用户账户来进行认证，通常这些 Windows 用户账户被存储在一个文件或后端数据库中。
- 授权（Authorization）：一旦一个用户通过认证，授权的过程就是确定用户是否有足够的权限来执行某一行为（如查看一个页面或从数据库中获取信息）。通常，Windows 设定授权检测，但程序员自己的代码可能会要加强自己的检测。
- 模拟（Impersonation）：所有代码都运行在一个固定的账户下，这个账户被定义在 machine.config 文件里。而模拟允许一部分代码运行在一个不同的身份之下。

授权和认证是创建一个安全网站的两个基石。Windows 操作系统提供类似的功能。当第一次开机时，提供一个用户 ID 和密码，从而认证自己进入这个系统。每当用户与限制的资源进行交互时，Windows 就执行授权检测，以保证用户的账号具有足够的权限。

## 18.2　ASP.NET 安全模型

如果文件类型被注册到 ASP.NET 服务，Web 请求首先就会载入 IIS，然后才被发送到 ASP.NET。图 18-1 描述了它们的交互过程。

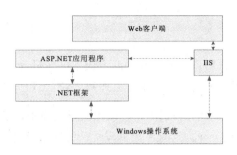

图 18-1  IIS 与 ASP.NET 的交互

程序员可以在 IIS 与 ASP.NET 交互链上实施安全策略。

首先，介绍一个标准的 Web 页面请求的过程：

**01** IIS 尝试认证用户。通常情况下，IIS 允许来自所有无身份的用户的请求并且自动地记录在 IUSR_[ServerName]账户下面。

**02** 如果 IIS 成功地认证用户，它就会给用户发送合适的 HTML 文件。操作系统执行它自己的安全检测，以核实认证的用户被允许进入特殊的文件和文件夹。

一个 ASP.NET 请求执行过程还会经过以下一些步骤（如图 18-2 所示）。

**01** IIS 尝试认证用户。通常情况下，IIS 允许来自所有无身份的用户的请求并且自动地记录在 IUSR_[ServerName]账户下面。

**02** 如果 IIS 成功认证用户，就会把请求发送到 ASP.NET。然后，ASP.NET 使用它自己的安全服务，而这个安全服务取决于在 Web.config 文件里的配置。

**03** 如果 ASP.NET 认证用户成功，就允许请求访问相应的页面或 Web 服务。

**04** 当 ASP.NET 代码请求资源时，操作系统执行它自己的安全检测。所有的 ASP.NET 代码都运行在一个固定的账户下面，这个账户是在 machine.config 文件里定义的，然而，如果启动模拟功能的话，这些操作就会在被认证用户的账户下运行。

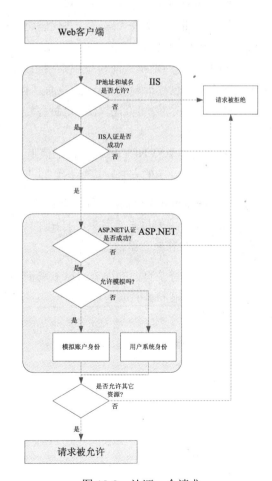

图 18-2  认证一个请求

425

## 18.2.1 安全策略

IIS 和 ASP.NET 的安全设置可以有几种互动的方式，这些组合通常给 ASP.NET 程序员带来烦恼。在实际操作中，程序员可以把两个中心策略添加到 ASP.NET 安全机制中：

- 允许无身份的用户，但是使用 ASP.NET 表单认证模型来保证网站的安全。这样可以让程序员轻松地管理网站的登录，而且可以编写自己的登录代码，以认证用户来访问数据库或用户列表。
- 禁止无身份的用户，使用 IIS 认证来强迫每个用户来使用集成的 Windows 认证。这种策略要求所有的用户拥有服务器上的 Windows 用户账户。这种情况不适合作为公共网络应用，但却是内连网或公司专门设计的网站的理想选择。也可以使用这种方式来保护 Web 服务。

下面就分别介绍一下这两种安全策略。

## 18.2.2 表单认证

在传统的 ASP 程序中，程序员通常不得不创建自己的安全系统。一个通用的方法就是在每个安全页面的开始插入一小段代码。这些代码将会检测客户端 Cookie 的存在。如果 Cookie 不存在，用户被重定位到登录页面。

ASP.NET 在它的表单认证模型中采用相同的方法。程序员仍然负责为登录页面编写代码，然而却不用在人工的创建或检测 Cookie，而且程序员不需要为安全页面添加任何代码。程序员将会受益于 ASP.NET 支持尖端验证算法，这种算法使得用户无法骗取自己的 Cookie 或试图欺骗应用程序以使他们进入。

图 18-3 描述了 ASP.NET 的表单认证模型。

为了实现基于表单的安全，需要按照以下三个步骤进行操作：

**01** 在 Web.config 文件里设置认证模型。
**02** 限制无身份的用户访问应用程序中的特定页或地址。
**03** 创建一个登录页面。

关于如何创建登录页面的内容可以参考前面的内容。下面就介绍一下如何在 Web.config 配置认证模型以及设置限制页面或地址。

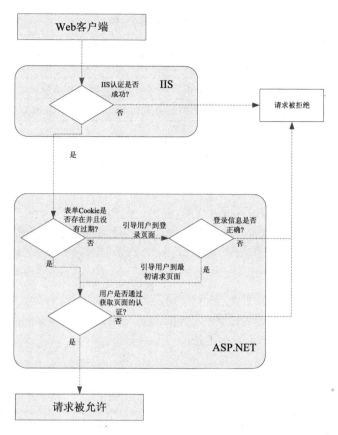

图 18-3  ASP.NET 表单认证模型

## 1. Web.config 设置

程序员可以在 Web.config 文件里使用<authentication>节来定义网站的安全性。下面这个实例就是介绍如何把应用程序配置成表单认证。

下面这段代码使用<forms>标记做了几个重要的设置：它设置了安全 Cookie 的名字、Cookie 有效的时间以及允许登录页面的用户，详细代码如下：

```
<configuaration>
    <system.web>
        <authentication mode="Forms">
            <forms name="MyAppCookie" loginUrl="../Login.aspx" protection="All"
timeout="30" path="/" />
        </authentication>
    </system.web>
</configuaration>
```

表 18-2 列举了表单认证的设置属性，这些属性都会提供默认值。

表 18-2　表单认证的设置属性

| 属性 | 说明 |
|---|---|
| name | 设置 Cookie 的名字，默认值为 ASPXAUTH |
| loginUrl | 设置客户端登录页面地址，如果用户没有认证就会跳转到该地址，默认值为 default.aspx |
| protection | 设置安全 Cookie 的加密和验证类型，类型的值可以是 All、None、Encryption 或 Validation |
| timeout | 设置 Cookie 失效时间 |
| path | 设置 Cookie 作用的路径，默认值是"\\" |

### 2．授权规则

如果程序员对应用程序的 Web.config 文件做一些更改并向一个页面发送请求，就会发现不会有什么异常情况发生，而且 Web 页面以正常的方式执行。这是因为尽管已经为应用程序设置了 forms 认证，但还不能限制任何无身份的用户。换句话说，尽管已经给整个系统应用了认证，但是系统中的每个页面并没有需要认证。

为了控制登录网站的权限，需要在 Web.config 文件中的<authorization>节中设置访问控制的规则。以下代码就是一个采用默认设置的访问控制原则的实例：

```
<configuaration>
    <system.web>
        <authorization>
            <allow users="*" />
        </authorization>
    </system.web>
</configuaration>
```

以上设置允许任何用户使用应用程序，甚至有些用户还没有得到认证。为了禁止任何用户都能访问应用程序，需要设置一种更具有限制性的规则，通过下面这段代码的设置，每个来访的用户必须得到认证，并且每个用户请求都需要安全的 Cookie。如果现在用户要向应用程序地址中的页面发送请求，ASP.NET 将要检测请求是否被认证，如果请求没有被认证就会把请求转到登录页面。示例代码如下：

```
<configuaration>
    <system.web>
        <authorization>
            <allow users="?" />
        </authorization>
    </system.web>
</configuaration>
```

### 3．控制进入特定的目录地址

应用程序设计通常把文件放在一个单独的需要认证的文件目录中，使用 ASP.NET 配置文件可以很轻松地完成这些设置。可以在 Web.config 文件的<authorization>节中进行严格的安全目录设置，这样应用程序就会简单地拒绝所有无身份的用户。示例代码如下（以下代码的含义就是当用户进入应用程序所在的虚拟目录时获得身份的认证）：

```
<configuaration>
    <system.web>
        <authorization>
            <deny users="?" />
        </authorization>
    </system.web>
</configuaration>
```

### 4. 控制进入特定的文件

通常，通过目录设置文件访问权限是最简洁和最容易的方式，然而，程序员也可以使用 <location>标记来限制特定文件的访问。

<location>标记位于主<system.web>标记之外，但位于<configuration>标记之内，示例代码如下（以下代码表示应用程序中所有页面都可以被无身份的用户访问，但 Page1.aspx 和 Page2.aspx 除外，这两个页面会拒绝所有无身份认证的用户访问。而 Page1.aspx 和 Page2.aspx 则是由<location>节的 path 属性来设置的）：

```
<configuration>
    <system.web>
        <authorization>
            <allow users="*" />
        </ authorization >
    </system.web >
    <location path="Page1.aspx">
        <system.web>
            <authorization>
                <deny users="?">
            </authorization >
        </system.web>
    </location>
    <location path="Page2.aspx">
        <system.web>
            <authorization>
                <deny users="?">
            </authorization >
        </system.web>
    </location>
</configuration>
```

### 5. 限制特定的用户

使用<allow>节可以设置允许访问应用程序的用户列表，而使用<deny>节可以设置拒绝访问应用程序的用户列表，如下面的代码列出了三个被拒绝访问应用程序的用户，这三个用户不能访问该网站，而其他用户可以访问网站：

```
<authorization>
    <deny users="?"/>
    <deny users="zhang,wang"/>
    <deny users="li"/>
```

```
    <allow users="*">
</authorization>
```

## 18.2.3　Windows 认证

采用 Windows 认证，IIS 将要掌管认证过程，如果虚拟目录采用默认的设置，用户就会被授权在无身份的 IUSER_[ServerName]账户之下，但是当使用 Windows 认证时，必须强迫用户在他们被允许进入网站的安全内容之前登录 IIS。用户登录的信息可以采用几种方式来转化，但是最终的结果是通过使用一个本地 Windows 账户来认证用户。通常情况下，这使得 Windows 认证成为最适合互联网的方案，其中，一组数量有限的已知用户被注册在一台网络服务器上。

Windows 认证的优点是它的执行过程是透明的，而程序员的 ASP.NET 代码能够检测所有的账户信息，如可以使用 User.IsInRole()方法来检测用户属于哪个组。

为了对已知的用户实行基于 Windows 的安全策略，需要遵循以下步骤：

**01** 在 Web.config 文件里设置认证模型。

**02** 采用授权规则拒绝所有无身份的用户访问网站。

**03** 在服务器上配置 Windows 用户账户。

### 1．IIS 设置

安装 IIS8.0，为了设置拒绝无身份用户的进入，打开 IIS 管理器（选择"控制面板"|"管理工具"|"Internet Information Services (IIS)管理器"命令），为站点创建虚拟目录，如图 18-4 所示。

图 18-4　添加站点虚拟目录

在如图 18-5 所示对话框，定义物理路径，单击"连接为"按钮，弹出如图 18-6 所示对话框，限定特定用户访问该站点，并为用户设置访问密码，单击"确定"按钮。

图 18-5　定义虚拟目录属性

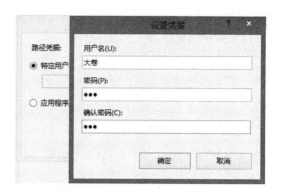

图 18-6　设置特定用户访问用户名和密码

编辑用户对站点的安全访问权限，如图 18-7 所示。

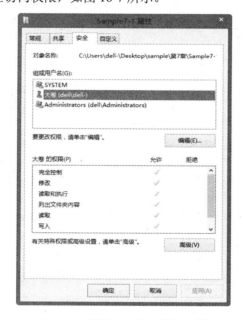

图 18-7　编辑用户安全访问权限

## 2．Web.config 设置

一旦采用适当的虚拟目录安全设置，就应该在 Web.config 文件里把认证模式配置为 Windows 认证。在一个 VS.NET 项目中，默认的认证模式是 Windows 认证，示例代码如下：

```
<configuration>
   <system.web>
      <authentication mode="Windows"/>
   </system.web>
</configuration>
```

可以使用<allow>和<deny>元素来说明允许或限制用户去访问特定的文件或目录。也可以通过 roles 属性来限制某一类型的用户，这些用户具有相同的 Windows 组提供的账户。示例代码如下（在这段代码中，所有 Administrator 和 SuperUser 组中的用户都会自动被授权进入 ASP.NET 页面，而来自用户 ma 的请求则会被拒绝）：

```
<authorization>
    <deny users="?">
        <allow roles="Administrator,SuperUser"/>
    <deny users="ma"/>
</authorization>
```

如果使用 Windows 认证，就必须用更明确的语法说明用户的域名或服务器，例如：

```
<allow users="Administrator\ma">
```

也可以使用编码的形式来检测一个用户组的成员，示例代码如下：

```
protected void Page_Load(Object sender,EventArgs e)
{   // 如果属于用户组
    if(User.IsInRole(@"MyDomainName\SalesAdministrators"))
    {   // 执行操作
    }
    else // 否则
    {   //不允许访问该页面，转到主页
        Response.Redirect("default.aspx");
    }
}
```

 不可能获取 Web 服务器上的可以利用的用户组列表，但可以使用 System.Security.Principal.WindowsBuiltInRole 获取默认的内置的 Windows 角色，表 18-3 列举了这些角色，并不是所有的角色都应用于 ASP.NET。

表 18-3　默认的 Windows 角色

| 角色 | 说明 |
| --- | --- |
| AccountOperator | 负责管理一台计算机或域内用户账户的用户 |
| Administrator | 完全和不受限制进入计算机或域的用户 |
| BackupOperator | 用来备份操作的用户 |
| Guest | 具有用户角色但有更多的限制的用户 |
| PowerUser | 同 Administrator 相似但带有一些限制的用户 |
| PrintOperator | 负责打印机的用户 |
| Replicator | 在一个域内负责文件复制的用户 |
| SystemOperator | 同 Administrator 相似但带有一些限制的用户 |
| User | 不能更改系统设置的用户，但可以使用系统 |

## 18.2.4　身份模拟

有时可能需要某个 ASP.NET 应用程序或者程序中的某段代码执行特定权限的操作，如某个文件的存取，而默认情况下，ASP.NET 应用程序以本机的 ASP.NET 账号运行，为保障 ASP.NET 应用程序运行的安全，该账号被划分为普通用户组，它的权限受到一定的限制，就无法实现文件的存取。但为了执行该操作，就需要给该程序或相应的某段代码赋予某个账号的权限，这种方法被称为身份模拟。

通常，在通过身份验证后，ASP.NET 会检测是否启用身份模拟，启用身份模拟后，ASP.NET 应用程序使用客户端标识以客户端的身份有选择地执行，认证流程如图 18-8 所示。

启用身份模拟的方法主要有如下几种：

- 模拟 IIS 认证账号。
- 在某个 ASP.NET 应用程序中模拟指定的用户账号。
- 在代码中模拟 IIS 认证账号。
- 在代码中模拟指定的用户账号。

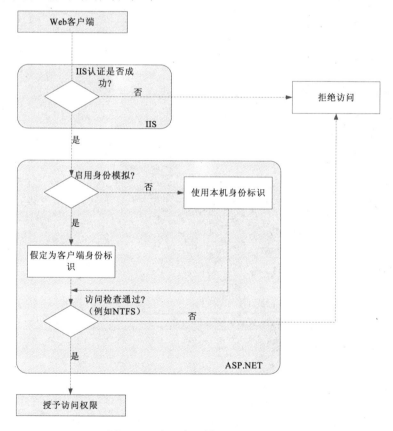

图 18-8　启用身份模拟的认证流程

### 1．模拟 IIS 认证账号

模拟 IIS 认证账号是最简单的身份模拟方法，它将使用经过 IIS 认证的账号执行应用程序。为了使用这种方法，需要在 Web.config 文件中添加<identity>标记，并将 impersonate 属性设置为 true。例如：

```
<identity impersonate="true">
```

在这种情况下，用户身份的认证交给 IIS 来进行操作。当允许匿名登录时，IIS 将一个匿名登录使用的标识（默认情况下是 IUSR_MACHINENAME）交给 ASP.NET 应用程序。当不允许匿名登录时，IIS 将认证过的身份标识传递给 ASP.NET 应用程序。ASP.NET 的具体访问权限由该账号的权限决定。

### 2．模拟指定的用户账号

当 ASP.NET 应用程序需要以某个特定的用户账号执行，可以在 Web.config 文件的<identity>标记中指定具体的用户账号，例如：

```
<identity impersonate="true" userName="accountname" password="password" />
```

这时该 ASP.NET 应用程序的所有页面的所有请求都将以指定的用户账号权限执行。

### 3．在代码中模拟 IIS 认证账号

在代码中使用身份模拟更加灵活，可以在指定的代码段中使用身份模拟，在该代码段之外恢复使用 ASP.NET 本机账号。该方法要求必须使用 Windows 的认证身份标识。例如：在代码中模拟 IIS 认证账号，在代码中模拟被认证的身份，然后在执行完操作之后，取消身份模拟，示例代码如下：

```
System.Security.Principal.WindowsImpersonationContext impersonationContext;
impersonationContext = ((System.Security.Principal.WindowsIdentity)User.
Identity).Impersonate();
// 插入执行代码
impersonationContext.Undo();
```

### 4．在代码中模拟指定的用户账号

下面这段代码展示了如何在代码中模拟指定的账号（这段代码中定义了一个函数 impersonateValidUser，这个函数将模拟已经登录的账号，算法是：判断要模拟的账号是否登录，若登录则进行身份模拟，最后把身份模拟的结果返回）：

```
...
private bool impersonateValidUser(String userName, String domain, String password)
{   WindowsIdentity tempWindowsIdentity;
    IntPtr token = IntPtr.Zero;
    IntPtr tokenDuplicate = IntPtr.Zero;
    if(LogonUser(userName, domain, password, LOGON32_LOGON_INTERACTIVE,
        LOGON32_PROVIDER_DEFAULT, ref token) != 0)
    {   if(DuplicateToken(token, 2, ref tokenDuplicate) != 0)
```

```
    {   tempWindowsIdentity = new WindowsIdentity(tokenDuplicate);
        impersonationContext = tempWindowsIdentity.Impersonate();
        if (impersonationContext != null)
            return true;
        else
            return false;
    }
    else
        return false;
}
else
    return false;
}
```

## 18.3 小结

　　一个安全 Web 程序才是好的应用程序，不能让用户运行于不安全的系统之中，这样才能吸引用户。本章介绍了与 Web 程序安全相关的一些概念、ASP.NET 的安全模型，并就如何在 Web.config 文件里配置表单认证和 Windows 认证做了详细介绍，但是这些只是 ASP.NET 为系统安全所做的一些事情，要想建立一个真正安全的系统，仅仅靠这些还是不够的，关于如何构建安全的网站的知识并不在 ASP.NET 的知识范畴内，因此有兴趣的读者可以去网上浏览相关的知识。

AJAX 似乎一夜成名，一时间就成为了 Web 应用开发领域中最炙手可热的技术。为了能够很好地帮助程序员开发 AJAX 程序，微软也推出了自己的 AJAX 框架，那就是与 ASP.NET 技术紧密结合的 ASP.NET AJAX 框架，它是一个服务器端的 AJAX 技术范畴，整合了客户端脚本和服务器端 ASP.NET，以提供一个完整的开发平台。它具有很多客户端的特性和服务器端的特性，并且提供了组件库以方便程序员开发 AJAX 系统。

## 19.1 概述

ASP.NET AJAX 能够让程序员快速地创建具有丰富的用户体验的页面，而且这些页面由可靠的和熟悉的用户接口元素组成。ASP.NET AJAX 提供客户端脚本（client-script）库，包含跨浏览器的 ECMAScript（如 JavaScript）和 DHTML 技术，而且 ASP.NET AJAX 把这些技术同 ASP.NET 开发平台集成起来。通过 ASP.NET AJAX，程序员可以提高 Web 程序的用户体验和执行效率。

- 2006 年 3 月发布了 Atlas March CTP。
- 2006 年 4 月发布了 Atlas April CTP。
- 2006 年 6 月底发布了 Atlas July CTP。
- 2006 年 9 月宣布了 Atlas 的最终名称为 ASP.NET AJAX，同时官方网站的域名也由 http://atlas.asp.net 改为 http://ajax.asp.net。
- 2006 年 10 月发布了 ASP.NET AJAX 1.0 Beta 版本。
- 2006 年 11 月发布了 ASP.NET AJAX 1.0 Beta2 版本。
- 2007 年 1 月发布了 ASP.NET AJAX 1.0 最终版本。

伴随着.NET 框架 4.5 的发布，新版本的 ASP.NET AJAX 也开始面世。ASP.NET AJAX 4.5 包含的客户端脚本库可以用作生成 AJAX 的应用程序框架。但是该库是独立于.NET Framework 4.5 和 Visual Studio 2012 发行的，使用前必须下载并安装客户端脚本库。可以通过访问 Microsoft AJAX 网站来下载最新版本。

## 19.1.1 优势

ASP.NET AJAX 能够创建丰富的 Web 应用程序，与那些完全基于服务器端的 Web 应用程序相比，ASP.NET AJAX 具有以下优势：

- 提高浏览器中 Web 页面的执行效率。
- 熟悉的 UI 元素，诸如进程指标控件、Tooltips 控件和弹出式窗口。
- 部分页面刷新，只刷新已被更新的页面。
- 实现客户端与 ASP.NET 应用服务的集成，以进行表单认证和用户配置。
- 通过调用 Web 服务整合不同的数据源的数据。
- 简化了服务器控件的定制以包括客户端功能。
- 支持最流行的和通用的浏览器，包括微软 IE、Firefox 和 Safari。
- 具有可视化的开发界面，使用 Visual Studio 2012 可以轻松自如地开发 AJAX 程序。

## 19.1.2 ASP.NET AJAX 框架

ASP.NET AJAX 包括客户端脚本（client-script）库和服务器端组件，这些都被集成到一个稳健的开发框架。此外，ASP.NET AJAX 还提供了控件工具包以支持 Web 程序的开发。

图 19-1 显示了 ASP.NET AJAX 包括的客户端脚本（client-script）库和服务器端组件。

图 19-1 ASP.NET AJAX 包括的客户端脚本（client-script）库和服务器端组件

### 1. ASP.NET AJAX 服务器框架

ASP.NET AJAX 服务器框架包括 ASP.NET 控件和组件，以管理用户界面和应用程序流以及系列化、验证、控制延伸等，还包括 ASP.NET Web 服务以使程序员能够通过 ASP.NET 服务器程序进行表单认证和用户配置。

（1）ASP.NET AJAX 服务器控件

ASP.NET AJAX 服务器控件包括服务器和客户编码，以产生类似于 AJAX 的行为。表 19-1 列出了最常用的 ASP.NET AJAX 服务器控件。

表 19-1　最常用的 ASP.NET AJAX 服务器控件

| 控件 | 描述 |
|---|---|
| ScriptManager | 管理客户端组件的脚本资源、局部页面的绘制、本地化和全局文件，并且可以定制用户脚本。为了使用 UpdatePanel、Updateprogress 和 Timer 控件，ScriptManager 控件是必须的 |
| UpdatePanel | 通过异步调用来刷新部分页面而不是刷新整个页面 |
| Updateprogress | 提供 UpdatePanel 控件中部分页面更新的状态信息 |
| Timer | 定义执行回调的时间区间。可以使用 Timer 控件来发送整个页面，也可以在一个时间区间内把它和 UpdatePane 控件一起使用，以执行局部页面刷新 |

（2）ASP.NET AJAX Web 服务

ASP.NET AJAX 提供了 Web 服务，利用 Web 服务，程序员可以让客户端脚本同 ASP.NET 应用程序服务整合起来，以实现表单认证和用户配置，这样可以使用客户端脚本通过表单认证把服务器上的资源保护起来。此外，ASP.NET AJAX 包括网络组件，这些组件能够让获得任何 Web 服务调用的结果变得容易起来。

（3）ASP.NET AJAX 服务器控件的可扩展性

ASP.NET AJAX 可以让程序员创建可定制的 ASP.NET AJAX 服务器控件，以使这些控件具有客户端行为。

### 2．ASP.NET AJAX 客户端框架

ASP.NET AJAX 客户端脚本库包括 JavaScript（.js）文件，这些文件提供面向对象开发的特性。ASP.NET AJAX 客户端脚本库的面向对象的特点能够在让客户端脚本的一致性和模块化达到一个新的水平。ASP.NET AJAX 客户端脚本库包括以下各层内容：

- 一个浏览器兼容层。这个层为 ASP.NET AJAX 脚本提供了跨常用的浏览器的兼容性，这些浏览器包括微软的 IE、Mozilla 的 Firefox、苹果的 Safari 等。
- ASP.NET AJAX 核心服务，这个核心服务扩展了 JavaScript，例如把类、命名空间、事件句柄、继承、数据类型、对象序列化扩展到 JavaScript 中。
- 一个 ASP.NET AJAX 的基础类库，这个类库包括组件，例如字符串创建器和扩展错误处理。
- 一个网络层，该层用来处理基于 Web 的服务和应用程序的通信，以及管理异步远程方法调用。

新发布的 ASP.NET AJAX 4.0 的客户端脚本库在以前版本的基础上，主要提供以下一些功能：

- 通过与 Web 服务交互，检索和编辑数据库记录。
- 创建客户端主/详细信息窗体。
- 使用 Microsoft AJAX 客户端控件来创建交互功能丰富的网页。
- 使用 JSONP 从其他域中检索数据。

由于本书不是阐述 ASP.NET AJAX 技术的专题书籍，同时，ASP.NET AJAX 客户端编程涉及 JavaScript 和 ASP.NET AJAX 客户端脚本库专用语法等众多的内容，属于 ASP.NET AJAX 的高级应用范畴。所以，本章主要介绍的是 ASP.NET AJAX 服务器控件的编程。

### 19.1.3　ASP.NET AJAX 程序

在.NET 框架 4.5 中，ASP.NET AJAX 框架技术已经完全集成在其中，因此，在使用 Visual Studio 2012 开发 ASP.NET AJAX 程序时，就不需要单独安装 ASP.NET AJAX 框架，而是可以直接创建 ASP.NET AJAX 程序。

使用 Visual Studio 2012 创建 ASP.NET AJAX 程序非常简单，它同创建普通的 ASP.NET 应用程序一样：打开 Visual Studio 2012，选择"文件"|"新建"|"项目"命令，在打开的"新建项目"对话框中，选择"ASP.NET Web 应用程序"模板或者"ASP.NET 空 Web 应用程序"模板创建即可。然后，从图 19-2 所示的工具箱中，可以像拖曳其他控件一样，把 ASP.NET AJAX 服务器控件拖动到页面内，而其他的工作与创建普通的 ASP.NET 应用程序相同。

图 19-2　ASP.NET AJAX 服务器控件

需要注意的是，在使用工具箱中其他的 AJAX 服务器控件时，都必须在页面中同时添加一个 ScriptManager 控件，并且，必须最先添加。

下面马上进入对 ASP.NET AJAX 服务器控件的学习。

## 19.2　UpdatePanel 控件

利用 UpdatePanel 控件可以创建出丰富的以客户端为中心的 Web 应用程序。通过使用 UpdatePanel 控件，可以刷新选定的页面部件，而不是刷新整个页面，这就是所谓的部分页面刷新。

一个包含一个 ScriptManager 控件和一个或多个 UpdatePanel 控件的 Web 页面可以自动执行部分页面刷新，而且不需要任何客户端脚本。

UpdatePanel 控件是一个服务器控件，它能够帮助程序员开发出具有复杂客户端行为的 Web 页面，它能够使页面对终端用户更具有吸引力。协调服务器和客户端以更新一个页面的指定部位，通常需要具有很深的 ECMAScript（JavaScript）知识。然而，使用 UpdatePanel 控件，可以让页面实现局部更新，而且不需要编写任何客户端脚本。此外，如果有必要的话，可以添加定制的客户端脚本以提高客户端的用户体验。当使用 UpdatePanel 控件时，页面上的行为具有浏览器独立性，并且能够潜在地减少客户端和服务器之间数据量的传输。

UpdatePanel 控件能够刷新指定的页面区域，而不是刷新整个页面。整个过程是由服务器控件 ScriptManager 和客户端类 PageRequestManager 来进行协调的。当部分页面更新被激活时，控件能够被异步地传递到服务器端。异步的传递行为就像通常的页面传递行为一样，然而，随着一个异步的页面传递，页面更新局限于被 UpdatePanel 控件包含和被标识为要更新的页面区域。服务器只为那些受到影响的浏览器元素返回 HTML 标记。在浏览器中，客户端类 PageRequestManager 执行文档对象模型（DOM）的操纵，以使用更新的标记来替换当前存在的 HTML 片段。图 19-3 显示了一个页面第一次装载的情形和其后异步传送刷新一个 UpdatePanel 控件内容的情形。

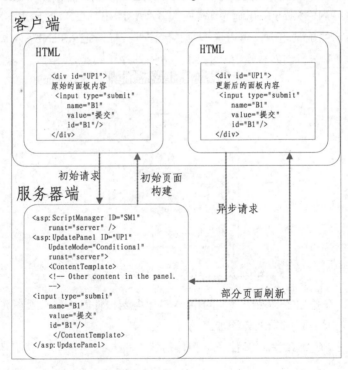

图 19-3　部分页面构建过程

要使 UpdatePanel 控件实现局部页面更新，需要在页面中同时添加一个 ScriptManager 控件。默认情况下，局部页面更新是启用的，因为 ScriptManager 控件的属性 EnablePartialRendering 的默认值是 true。

## 19.2.1　属性和方法

UpdatePanel 控件提供了很多属性和方法以方便用户的使用，UpdatePanel 控件的重要属性如表 19-2 所示。

表 19-2　UpdatePanel 控件的重要属性

| 属性 | 说明 |
| --- | --- |
| ChildrenAsTriggers | 当属性 UpdateMode 为 Condition 时，UpdatePanel 中的子控件的异步传送是否引发 UpdatePanel 控件的更新 |
| RenderMode | 表示 UpdatePanel 控件最终呈现的 HTML 元素。其中值 Block 表示\<div\>，Inline 表示\<span |
| UpdateMode | 表示 UpdatePanel 控件的更新模式。其中值 Always 不管有没有 Trigger，其他控件都将更新该 UpdatePanel 控件，Conditional 表示只有当前 UpdatePanel 控件的 Trigger 或 ChildrenTriggers 属性为 true 时，才会引发异步回送或整页回送，或是服务器端调用 Update()方法才引发更新该 UpdatePanel 控件 |

UpdatePanel 控件的重要方法如表 19-3 所示。

表 19-3　UpdatePanel 控件的重要方法

| 方法 | 说明 |
| --- | --- |
| Update() | 对 UpdatePanel 控件的内容进行更新 |
| OpenFile（String） | 读取一个文件到文件流中 |
| DataBind() | 绑定一个数据源 |

## 19.2.2　指定 UpdatePanel 控件的内容

可以以声明的方式向 UpdatePanel 控件内添加内容或在设计器中使用 ContentTemplate 属性来添加内容。在标记中，ContentTemplate 属性以\<ContentTemplate\>元素形式显示出来。为了能够以编程的方式添加内容，可以使用 ContentTemplateContainer 属性。

当一个包含一个或多个 UpdatePanel 控件的页面第一次被构建时，所有的 UpdatePanel 控件的内容都被构建并且发送到浏览器中。在随后的异步传送中，单独的 UpdatePanel 控件的内容会被刷新。而内容的更新依赖于面板的设置，也依赖于什么元素导致传送和专门指定给每个面板的代码。

## 19.2.3　指定 UpdatePanel 的触发器

默认情况下，任何在 UpdatePanel 控件中的回送控件都会引起异步回送和刷新面板的内容。当然，也可以配置页面上的其他控件以刷新一个 UpdatePanel 控件，可以通过为该控件定义一个触发器来实现配置。触发器用来绑定哪个回送控件和事件引发面板的更新。当指定的触发器控件的事件被触发（例如，Button 控件的 Click 事件）时，更新的面板将被刷新。

下面通过实例来说明如何为一个 UpdatePanel 控件指定一个触发器。

### 例 19-1　指定 UpdatePanel 的触发器

以下代码中为 UpdatePanel 控件定义了一个触发器，触发器的定义放在标记<Triggers>中，由类 AsyncPostBackTrigger 来定义，其中使用该类的属性 ControlID 绑定指定的控件 Button1，详细代码如下：

```
<head id="Head1" runat="server">
<title>UpdatePanel 声明语法</title>
<style type="text/css">
    body
    {   font-family: Lucida Sans Unicode;
        font-size: 10pt;
    }
    button
    {   font-family: tahoma;
        font-size: 8pt;
    }
</style>
</head>
<body>
<form id="form1" runat="server">
    <div>
        <asp:Button ID="Button1" Text="刷 新" runat="server" />
        <asp:ScriptManager ID="ScriptManager1" runat="server" />
        <asp:UpdatePanel    ID="UpdatePanel1"    UpdateMode="Conditional"
runat="server">
            <Triggers>
                <asp:AsyncPostBackTrigger ControlID="Button1" />
            </Triggers>
            <ContentTemplate>
                <fieldset>
                    <legend>UpdatePanel 内容</legend>
                    <%=DateTime.Now.ToString() %>
                </fieldset>
            </ContentTemplate>
        </asp:UpdatePanel>
    </div>
</form>
</body>
</html>
```

以上代码的运行效果如图 19-4 所示。

图 19-4　触发器的应用效果

　　触发器的控件事件是可选择的，如果没有指定一个事件，触发器事件是控件的默认事件，例如，Button 控件的默认事件是 Click 事件。

## 19.2.4　UpdatePanel 控件的刷新条件

　　通过对 UpdatePanel 控件的属性设置可以决定在局部页面构建期间何时更新面板的内容。

　　如果 UpdateMode 属性设置为 Always，UpdatePanel 控件的内容在源于页面的任何地方的每次回送发生时都被更新，包括来自其他 UpdatePanel 控件里的控件的异步回送，以及来自那些不在 UpdatePanel 控件里的控件的异步回送。

　　如果 UpdateMode 属性设置为 Conditional，UpdatePanel 控件的内容在如下任何一个为 true 时都被更新：

- 当回送是由 UpdatePanel 控件的触发器引用的。
- 当明确地调用 UpdatePanel 控件的 Update()方法。
- 当 UpdatePanel 控件被放在另一个 UpdatePanel 控件内且父 UpdatePanel 控件进行更新时。
- 当 ChildrenAsTriggers 属性被设置为 true，而且 UpdatePanel 控件的任何子控件引起一个回送。UpdatePanel 控件的子控件不能引发外面的 UpdatePanel 控件的更新，除非它们被明确地定义为父面板的触发器。

　　此外，如果 ChildrenAsTriggers 属性被设置为 false 时，而且 UpdateMode 属性被设置为 Always，就会引发一个异常。ChildrenAsTriggers 属性只能在 UpdateMode 属性为 Conditional 时才可以使用。

## 19.2.5　嵌套使用 UpdatePanel 控件

　　UpdatePanel 控件被嵌套时，当父控件被刷新时所有的子控件也会被刷新。

### 例 19-2　UpdatePanel 控件的嵌套使用

　　以上代码中定义了两个 UpdatePanel 控件，其一为 OuterPanel，另一个为 NestedPanel1，而 NestedPanel1 嵌套在 OuterPanel 中，并添加相关按钮以演示 UpdatePanel 控件的刷新。示例代码如下：

```
<html xmlns="http://www.w3.org/1999/xhtml">
    <head id="Head1" runat="server">
        <title>UpdatePanelUpdateMode 例子</title>
        <style type="text/css">
            div.NestedPanel
            {   position: relative;
                margin: 2% 5% 2% 5%;
            }
        </style>
    </head>
    <body>
        <form id="form1" runat="server">
            <div>
                <asp:ScriptManager ID="ScriptManager" runat="server" />
                <asp:UpdatePanel     ID="OuterPanel"     UpdateMode="Conditional"
runat="server">
                    <ContentTemplate>
                        <div>
                            <fieldset>
                                <legend>外边的面板 </legend>
                                <br />
                                <asp:Button  ID="OPButton1"  Text="外 边 的 面 板 按 钮 "
runat="server" />
                                <br />
                                最近更新在
                                <%= DateTime.Now.ToString() %>
                                <br />
                                <br />
                        <asp:UpdatePanel     ID="NestedPanel1"     UpdateMode="Conditional"
runat="server">
                                    <ContentTemplate>
                                    <div class="NestedPanel">
                                        <fieldset>
                                            <legend>子面板</legend>
                                            <br />
                                            最近更新在
                                            <%= DateTime.Now.ToString() %>
                                            <br />
                                <asp:Button ID="NPButton1" Text="Nested Panel1 按钮"
runat="server" />
                                        </fieldset>
                                    </div>
                                    </ContentTemplate>
                                </asp:UpdatePanel>
                            </fieldset>
                        </div>
                    </ContentTemplate>
                </asp:UpdatePanel>
            </div>
```

```
        </form>
    </body>
</html>
```

以上代码的运行效果如图 19-5 所示。

图 19-5    UpdatePanel 控件的嵌套使用效果图

在图 19-5 中，当单击"外边的面板按钮"按钮时，外边的面板和嵌套的面板的内容都会被刷新，当单击"Nested Panel1 按钮"按钮时，只刷新嵌套的面板内容。

## 19.2.6    以编程的方式刷新 UpdatePanel 控件

还可以以编程的方式来刷新 UpdatePanel 控件。

**例 19-3    以编程的方式刷新 UpdatePanel 控件**

页面文件只包含一个 ScriptManager 控件定义。页面文件 UpdatePanelProgrammaticallyCS.aspx 代码如下：

```
<html xmlns="http://www.w3.org/1999/xhtml">
    <head id="Head1" runat="server">
        <title>以编程的方式添加 UpdatePanel 的例子</title>
    </head>
    <body>
        <form id="form1" runat="server">
            <div>
                <asp:ScriptManager ID="TheScriptManager" runat="server" />
            </div>
        </form>
    </body>
</html>
```

以下代码为页面类的定义代码。其中在 Page_Load()事件函数中定义了一个新的 UpdatePanel 控件，并设置该控件的更新模式是 Conditional，定义一个 Button 按钮和一个 Label 控件，并将这两个控件包含在先前定义的 UpdatePanel 控件中，然后把 UpdatePanel 控件包含在页面之中。此外 Button 按钮还声明了一个单击事件，实现函数是 Button_Click()，这里为 Label 添加更新后显示的内容。后台代码文件 UpdatePanelProgrammaticallyCS.aspx.cs 包含的代码如下：

```
public partial class UpdatePanelProgrammaticallyCS : System.Web.UI.Page
{
protected void Page_Load(object sender, EventArgs e)
    {  UpdatePanel up1 = new UpdatePanel();
       up1.ID = "UpdatePanel1";
       up1.UpdateMode = UpdatePanelUpdateMode.Conditional;
       Button button1 = new Button();
       button1.ID = "Button1";
       button1.Text = "提 交";
       button1.Click += new EventHandler(Button_Click);
       Label label1 = new Label();
       label1.ID = "Label1";
       label1.Text = "整个页面回送.";
       up1.ContentTemplateContainer.Controls.Add(button1);
       up1.ContentTemplateContainer.Controls.Add(label1);
       Page.Form.Controls.Add(up1);
    }
    protected void Button_Click(object sender, EventArgs e)
       {       ((Label)Page.FindControl("Label1")).Text  =  " 面 板 刷 新 在 "
+DateTime.Now.ToString();
    }
}
```

以上代码的运行效果如图 19-6 所示。

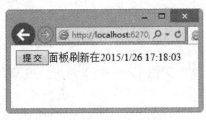

图 19-6　以编程的方式刷新 UpdatePanel 控件的效果

在图 19-6 中单击"提交"按钮，面板就会刷新，显示的时间就会发生变化。

## 19.2.7　与 Web 服务综合应用

一个 JavaScript 方法通过调用 Web 服务来获取数据，并以从 Web 服务中返回的数据填充 UpdatePanel 控件中的 DOM 元素。服务器代码保存异步回调过程中获取的 Web 服务数据。

下面通过一个实例来介绍 Web 服务与 UpdatePanel 控件的综合应用。

**例 19-4　与 Web 服务综合应用**

本实例将结合 Web 服务与 UpdatePanel 控件，从数据库中根据传入的产品编码获取对应产品的数量。其中 Web 服务提供数据获取服务，UpdatePanel 控件用来显示获取的内容。

产品信息的数据设计视图如表 19-4 所示。

表 19-4　ProductData 表设计视图

| 字段名 | 数据类型 | 大小 | 描述 |
| --- | --- | --- | --- |
| ProductID | int | 默认 | 产品编码 |
| ProductName | varchar | 200 | 产品名 |
| UnitsInStock | int | 默认 | 产品数量 |

创建过程如下：

**01** 创建一个名为 ProductQueryService.asmx 的 Web 服务。

**02** 在文件 ProductQueryService.asmx.cs 中加入如下命名空间的引用，其中
System.Web.Script.Services 为脚本服务命名空间，System.Data 为数据处理命名空
间，System.Data.SqlClient 为 SQL Server 数据库处理命名空间，System.Configuration 为配置文
件处理命名空间。代码如下：

```
using System.Web.Script.Services;
using System.Data;
using System.Data.SqlClient;
using System.Configuration;
```

**03** 向服务类中添加一个特性，代码如下：

```
[ScriptService]
```

**04** 添加方法 GetProductQuantity()以取代默认的方法 HelloWorld()，方法 GetProductQuantity()
用来获取产品的数量，包含一个参数 productID，接收产品的编码，这段代码根据 productID
从 SQL Server 数据库中获取对应产品的数量，并把获取的数量返回。此外为了能够看到
数据载入过程的信息，使用 System.Threading.Thread.Sleep（3000）让程序延迟 3 秒钟。
代码如下：

```
public string GetProductQuantity(string productID)
{
SqlConnection cn = new SqlConnection(ConfigurationManager.
    ConnectionStrings["ProductDataConnectionString"].ConnectionString);
    SqlCommand cmd = new SqlCommand("SELECT UnitsInStock FROM ProductData
        WHERE ([ProductID] = @ProductID)", cn);
    cmd.Parameters.Add("productID", productID);
    String unitsInStock = "";
    cn.Open();
    using (SqlDataReader dr = cmd.ExecuteReader(CommandBehavior.CloseConnection))
    {   while (dr.Read())
            unitsInStock = dr[0].ToString();
    }
    System.Threading.Thread.Sleep(3000);
    return unitsInStock;
}
```

**05** 在浏览器中查看 ProductQueryService.asmx，单击 GetProductQuantity 连接以调用方法

GetProductQuantity()，如图 19-7 所示。

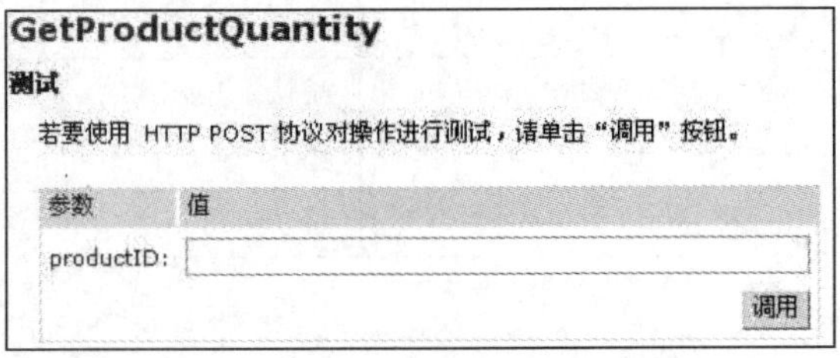

图 19-7　方法 GetProductQuantity()的调用

在图 19-7 中输入相应的产品编码，如输入 1，则会把对应的产品数量以 XML 形式展现在浏览器中，以下代码就是服务器返回的产品数量的 XML 形式的编码：

```
<?xml version="1.0" encoding="utf-8" ?>
<string xmlns="http://tempuri.org/">30</string>
```

**06** 创建一个名为 ProductQueryScript.js 的 JS 文件，并加入以下代码，这里包含两个方法，其中方法 GetQuantity()用来从客户端调用刚才创建的 Web 服务的方法 GetProductQuantity()。该方法包括 4 个变量，其中 productID 为产品编码，elemToUpdate 为要更新的控件，productLabelElem 为存储产品编码的控件，buttonElem 为按钮控件。在调用 Web 服务的方法 GetProductQuantity()时指定获取数据成功时执行的方法 OnSucceeded()，并指定数据获取过程的显示文字。另外一个方法 OnSucceeded()为数据获取成功后执行的方法，该方法包含两个参数，其中 result 为返回的结果，userContext 为对象集合，当数据获取成功后利用返回数据更新 userContext 中指定的要更新的控件，详细代码如下：

```
function GetQuantity(productID, elemToUpdate, productLabelElem, buttonElem)
{
var userContext = [productID, elemToUpdate, productLabelElem, buttonElem];
    Sample19_5.ProductQueryService.GetProductQuantity(productID,    OnSucceeded,
null, userContext, null);
    $get(buttonElem).value = "获取数据...";
}
function OnSucceeded(result, userContext)
{
var productID = userContext[0];
    var elemToUpdate = userContext[1];
    var productLabelElem = userContext[2];
    var buttonElem = userContext[3];
    $get(buttonElem).value = "从 Web 服务获取产品数量";
    if  ($get(elemToUpdate)  !==  null  &&  $get(productLabelElem).innerHTML  ==
productID)
    {
$get(elemToUpdate).value = result;
    }
}
```

**07** 添加页面文件 Default.aspx，打开并切换到"设计"视图并加入如下代码（以下代码中定
　　义了一个 ScriptManager 控件，并指定 Web 服务的引用和客户端脚本的引用。定义一个
　　UpdatePanel 控件，在其中加入一个数据显示控件 DataList，并在其中定义模板列，把相
　　应的字段绑定到从数据源控件获得的数据表的对应字段）：

```
<%@  Page  Language="C#"  AutoEventWireup="true"  CodeFile="Default.aspx.cs"
Inherits="_Default" %>
<!DOCTYPE html PUBLIC "-//W3C//DTD XHTML 1.1//EN" "http://www.w3.org/TR/xhtml11
/DTD/xhtml11.dtd">
<html xmlns="http://www.w3.org/1999/xhtml">
  <head runat="server">
    <title>产品展示</title>
  </head>
  <body>
    <form id="form1" runat="server">
      <div>
        <asp:ScriptManager ID="ScriptManager1" runat="server">
          <Services>
            <asp:ServiceReference Path="ProductQueryService.asmx" />
          </Services>
          <Scripts>
            <asp:ScriptReference Path="ProductQueryScript.js" />
          </Scripts>
        </asp:ScriptManager>
        <asp:UpdatePanel ID="UpdatePanel1" runat="server" ChildrenAsTriggers=
"False" UpdateMode="Conditional">
          <ContentTemplate>
            <asp:DataList ID="DataList1" runat="server" DataKeyField=
"ProductID"DataSourceID=
              "SqlDataSource1"  Width="400px"  OnItemDataBound=
"DataList1_ItemDataBound">
              <ItemTemplate>
              产品:
        <asp:Label  ID="ProductNameLabel"  runat="server"  Text='<%#  Eval
("ProductName") %>'>
                </asp:Label><br />
              编码:
                <asp:Label      ID="ProductIDLabel"      runat="server"
Text='<%#
                  Eval("ProductID") %>'></asp:Label><br />
            <asp:TextBox ID="TextBox1" runat="server"></asp:TextBox>
             <asp:Button ID="Button1" runat="server" Text="从 Web 服务获取产品
数量" /><br />
              </ItemTemplate>
            </asp:DataList>
        <asp:SqlDataSource ID="SqlDataSource1" runat="server"
            ConnectionString="<%$
ConnectionStrings:ProductDataConnectionString %>"
```

```
                    SelectCommand="SELECT    ProductName,    ProductID    FROM
ProductData">
                </asp:SqlDataSource>
            </ContentTemplate>
        </asp:UpdatePanel>
        </div>
    </form>
</body>
</html>
```

**08** 打开文件 Default.aspx.cs，并加入以下代码（以下代码定义了页面 Default.aspx 的后台类，该类中包含一个属性 ProductInfo 定义和两个事件函数的定义。其中属性 ProductInfo 为 SortedList 类的实例，用来存储产品数据，事件方法 DataList1_ItemDataBound()用于执行 DataList 控件数据的绑定事件，把按钮的单击事件绑定到客户端代码的方法为 GetQuantity()。事件方法 PageLoad()为页面加载函数，用于对属性 ProductInfo 进行初始化）：

```
public partial class _Default : System.Web.UI.Page
{
 protected SortedList ProductInfo
    {
 get { return (SortedList)(ViewState["ProductInfo"] ?? new SortedList()); }
      set { ViewState["ProductInfo"] = value; }
    }
    protected void DataList1_ItemDataBound(object sender, DataListItemEventArgs e)
    {
Label label = (Label)e.Item.FindControl("ProductIDLabel");
      Button button = (Button)e.Item.FindControl("Button1");
      TextBox textbox = (TextBox)e.Item.FindControl("TextBox1");
      button.OnClientClick = "GetQuantity(" + label.Text + ",'" +
        textbox.ClientID + "','" + label.ClientID + "','" + button.ClientID + "')";
      SortedList ProductInfo = this.ProductInfo;
      if (ProductInfo.ContainsKey(label.Text))
        {
textbox.Text = ProductInfo[label.Text].ToString();
        }
    }
    protected void Page_Load(object sender, EventArgs e)
    {
if (ScriptManager1.IsInAsyncPostBack)
      {
  SortedList ProductInfo = this.ProductInfo;
        foreach (DataListItem d in DataList1.Items)
          {
Label label = (Label)d.FindControl("ProductIDLabel");
          TextBox textbox = (TextBox)d.FindControl("TextBox1");
          if (textbox.Text.Length > 0)
            {
```

```
ProductInfo[label.Text] = textbox.Text;
            }
        }
        this.ProductInfo = ProductInfo;
    }
 }
}
```

运行 Sample19-4，运行效果如图 19-8 所示。

图 19-8　例 19-4 的运行效果

在图 19-8 中，单击"从 Web 服务获取产品数量"按钮，按钮则变为"获取数据"，3 秒钟后对应的文本框中将显示产品数据的数量。

## 19.3　UpdateProgress 控件

UpdateProgress 控件帮助程序员设计一个更直观的用户界面，而这个用户界面用来显示一个页面中的一个或多个 UpdatePanel 控件实现部分页面刷新的过程信息。如果一个部分页面刷新过程是缓慢的，就可以利用 UpdateProgress 控件提供更新过程的可视化的状态信息。此外在一个页面可以使用多个 UpdateProgress 控件，每个与不同的 UpdatePanel 控件相配合。此外，可以使用一个 UpdateProgress 控件与页面上的所有 UpdatePanel 控件相配合。

UpdateProgress 控件形成一个 <div> 元素，而该元素的显示或隐藏取决于与之配合的控件 UpdatePanel 是否引起一个异步回送。对于页面的初始化和同步回送，UpdateProgress 控件则是隐藏的。

### 19.3.1　属性和方法

UpdateProgress 控件的常用属性如表 19-5 所示。

表 19-5　UpdateProgress 控件的常用属性

| 属性 | 说明 |
| --- | --- |
| AssociatedUpdatePanelID | 获取或设置 UpdateProgress 控件显示其状态的 UpdatePanel 控件的 ID |
| DisplayAfter | 获取或设置显示 UpdateProgress 控件之前所经过的时间值（以 ms 为单位） |
| DynamicLayout | 获取或设置一个值，该值可确定是否动态呈现进度模板 |
| ProgressTemplate | 获取或设置定义 UpdateProgress 控件内容的模板 |
| Visible | 获取或设置一个值，该值指示服务器控件是否作为 UI 呈现在页上 |

属性 AssociatedUpdatePanelID 默认值为空字符串，也就是说 UpdateProgress 控件不与特定的 UpdatePanel 控件关联，因此，对于源于任何 UpdatePanel 控件的异步回送或来自充当面板触发器的控件的回送，都会导致 UpdateProgress 控件显示其 ProgressTemplate 内容。此外，可以将 AssociatedUpdatePanelID 属性设置为同一命名容器、父命名容器或页中的控件。

属性 DynamicLayout 为布尔值，如果动态呈现进度模板，则为 true；否则为 false。默认值为 true。如果 DynamicLayout 属性为 true，则在首次呈现页时，不会为进度模板内容分配空间。但在显示内容时，就可以根据需要进行动态更改。如果 DynamicLayout 属性为 true，则呈现标记中包含进度模板的 div 元素的 style 属性将设置为 none。如果 DynamicLayout 属性为 false，则会在首次呈现页时为进度模板内容分配空间，并且 UpdateProgress 控件是页面布局的物理组成部分，包含进度模板的 div 元素的 style 属性将设置为 block，并且其可视性最初会设置为 hidden。

属性 ProgressTemplate 默认值为 null。必须为 UpdateProgress 控件定义模板。否则，在 UpdateProgress 控件的 Init 事件发生期间会引发异常。可通过将标记添加到 ProgressTemplate 元素，以声明方式指定 ProgressTemplate 属性。如果 ProgressTemplate 元素中没有标记，则不会为 UpdateProgress 控件显示任何内容。如果要动态创建 UpdateProgress 控件，则可以创建一个从 ITemplate 控件继承的自定义模板。在 InstantiateIn 方法中指定标记，然后将动态创建的 UpdateProgress 控件的 ProgressTemplate 属性设置为自定义模板的新实例。如果要动态创建 UpdateProgress 控件，则应在页的 PreRender 事件发生期间或发生之前进行创建。如果在页生命周期晚期创建 UpdateProgress 控件，则不显示进度。

UpdateProgress 控件的常用方法如表 19-6 所示。

表 19-6　UpdateProgress 控件的常用方法

| 方法 | 说明 |
| --- | --- |
| GetScriptDescriptors | 返回 UpdateProgress 控件的客户端功能所需的组件、行为及客户端控件的列表 |
| GetScriptReferences | 返回 UpdateProgress 控件的客户端脚本库依赖项的列表 |
| Render | 通过使用提供的 HtmlTextWriter 对象，将 UpdateProgress 控件的呈现内容写入浏览器 |
| OnPreRender | 引发 PreRender 事件 |

UpdateProgress 控件需要_UpdateProgress 类，该类在 Microsoft AJAX Library 客户端库中定义。用 GetScriptDescriptors 方法注册此客户端类，并将 AssociatedUpdatePanelID、DisplayAfter 和 DynamicLayout 属性值传递给_UpdateProgress 类。

## 19.3.2　使用一个 UpdateProgress 控件

要想使 UpdateProgress 控件工作，页面就必须实现部分页面刷新，也就是说页面要包含一个 ScriptManager 控件和至少一个 UpdatePanel 控件。下面就结合一个实例来介绍如何在页面中使用一个 UpdateProgress 控件。

例 19-5　在页面中使用一个 UpdateProgress 控件

创建过程如下：

**01** 打开 Visual Studio 2012，创建一个 ASP.NET 空 Web 应用程序 Sample19-5。

**02** 添加页面文件 Default.aspx，打开并切换到"设计"视图，从工具箱中拖入一个 ScriptManager 控件、两个 UpdatePanel 控件，在每个 UpdatePanel 控件里拖入一个"刷新面板"按钮，再向页面中拖入一个 UpdateProgress 控件，并在下面的面板中输入"更新中"，如图 19-9 所示。

图 19-9　Sample19-5 的界面设计

**03** 切换到"源"视图，在 UpdatePanel1 和 UpdatePanel2 的<ContentTemplate>标记中分别加入如下代码（这句代码是用来获取当前时间）：

```
<%=DateTime.Now.ToString() %> <br />
```

**04** 添加两个"刷新面板"按钮的单击事件函数，在对应的标记中添加如下代码（这句代码表示把按钮的单击绑定到函数 Button_Click）：

```
OnClick="Button_Click"
```

**05** 添加定义 UpdatePanel 和 UpdateProgress 控件的样式表代码，这段代码对页面中的控件 UpdatePanel1、UpdatePanel2 和 UpdateProgress1 的显示样式进行定义，代码如下：

```
<style type="text/css">
    #UpdatePanel1, #UpdatePanel2, #UpdateProgress1
    {
border-right: gray 1px solid; border-top: gray 1px solid;
     border-left: gray 1px solid; border-bottom: gray 1px solid;
```

```
    }
    #UpdatePanel1, #UpdatePanel2
    {
 width:200px; height:200px; position: relative;
        float: left; margin-left: 10px; margin-top: 10px;
    }
    #UpdateProgress1
    {
 width: 400px; background-color: #FFC080;
        bottom: 0%; left: 0px; position: absolute;
    }
</style>
```

**06** 经过以上 5 步，页面文件 Default.aspx 的组成代码编写完毕，代码如下：

```
<html xmlns="http://www.w3.org/1999/xhtml" >
    <head id="Head1" runat="server">
        <title>一个 UpdateProgress 控件</title>
        <style type="text/css">
            #UpdatePanel1, #UpdatePanel2, #UpdateProgress1
            {
border-right: gray 1px solid; border-top: gray 1px solid;
            border-left: gray 1px solid; border-bottom: gray 1px solid;
            }
            #UpdatePanel1, #UpdatePanel2
            {
width:200px; height:200px; position: relative;
            float: left; margin-left: 10px; margin-top: 10px;
            }
            # UpdateProgress1
            {
 width: 400px; background-color: #FFC080;
            bottom: 0%; left: 0px; position: absolute;
            }
        </style>
    </head>
    <body>
        <form id="form1" runat="server">
            <div>
                <asp:ScriptManager ID="ScriptManager1" runat="server" />
                <asp:UpdatePanel    ID="UpdatePanel1"    UpdateMode="Conditional"
runat="server">
                    <ContentTemplate>
                        <%=DateTime.Now.ToString() %> <br />
                        <asp:Button ID="Button1" runat="server" Text="刷新面板"
OnClick="Button_Click" />
                    </ContentTemplate>
                </asp:UpdatePanel>
                <asp:UpdatePanel    ID="UpdatePanel2"    UpdateMode="Conditional"
runat="server">
```

```
                <ContentTemplate>
                    <%=DateTime.Now.ToString() %> <br />
                    <asp:Button  ID="Button2"  runat="server"  Text=" 刷 新 面 板 "
OnClick="Button_Click"/>
                </ContentTemplate>
            </asp:UpdatePanel>
            <asp:UpdateProgress ID="UpdateProgress1" runat="server">
                <ProgressTemplate>
                    更新中...
                </ProgressTemplate>
            </asp:UpdateProgress>
        </div>
    </form>
</body>
</html>
```

**07** 打开 Default.aspx.cs 文件，在页面类中添加如下代码（这是按钮单击事件函数的实现：当
按钮被单击时，进程将被挂起 3s，3s 后才会继续进行）：

```
protected void Button_Click(object sender, EventArgs e)
{
System.Threading.Thread.Sleep(3000);
}
```

**08** 运行 Sample19-5，效果如图 19-10 所示。

图 19-10    Sample19-5 的运行效果图

由于这里没有指定 UpdateProgress 控件的属性 AssociatedUpdatePanelID，因此在图 19-10 中，
无论单击哪一个"刷新面板"按钮都会触发 UpdateProgress 控件的显示。

## 19.3.3    使用两个 UpdateProgress 控件

下面介绍如何在页面中使用两个 UpdateProgress 控件，并且让每个 UpdateProgress 控件都关联
到一个不同的 UpdatePanel 控件。下面就结合一个实例来介绍如何在页面中使用两个 UpdateProgress
控件。

例 19-6　在页面中使用两个 UpdateProgress 控件

创建过程如下：

**01** 打开 Visual Studio 2012，创建一个 ASP.NET 空 Web 应用程序 Sample19-6。

**02** 添加页面文件 Default.aspx，打开并切换到"设计"视图，从工具箱中拖入一个 ScriptManager 控件、两个 UpdatePanel 控件，在每个 UpdatePanel 控件里拖入一个"刷新面板"按钮，再向页面中拖入两个 UpdateProgress 控件，并在下面的面板中输入"更新中…"，这两个控件将被分别放在前面添加的两个 UpdatePanel 控件里，如图 19-11 所示。

图 19-11　Sample19-6 的界面设计

**03** 选中控件 UpdateProgress1，在右侧的属性窗口中找到属性 AssociatedUpdatePanelID，在里面输入 UpdatePanel1，如上图 19-11 所示。

**04** 按照步骤（3）为控件 UpdateProgress2 指定属性 AssociatedUpdatePanelID 的值为另外一个 UpdatePanel 控件。

**05** 切换到"源"视图，在 UpdatePanel1 和 UpdatePanel2 的<ContentTemplate>标记中分别加入如下代码（这句代码是用来获取当前时间）：

```
<%=DateTime.Now.ToString() %> <br />
```

**06** 添加两个"刷新面板"按钮的单击事件函数，在对应的标记中添加如下代码（这句代码表示把按钮的单击绑定到函数 Button_Click）：

```
OnClick="Button_Click"
```

**07** 添加定义 UpdatePanel 和 UpdateProgress 控件的样式表代码，这段代码对页面中的控件 UpdatePanel1、UpdatePanel2.UpdateProgress1 和 UpdateProgress2 的显示样式进行定义。代码如下：

```
<style type="text/css">
    #UpdatePanel1, #UpdatePanel2
    {
width:200px; height:200px; position: relative;
     float: left; margin-left: 10px; margin-top: 10px;
```

```
        border-right: gray 1px solid; border-top: gray 1px solid;
        border-left: gray 1px solid; border-bottom: gray 1px solid;
    }
    #UpdateProgress1, #UpdateProgress2
    {
 width: 200px; background-color: #FFC080;
        position: absolute; bottom: 0px; left: 0px;
    }
</style>
```

**08** 经过以上步骤，页面文件 Default.aspx 的组成代码编写完毕，代码如下：

```
<%@    Page    Language="C#"    AutoEventWireup="true"    CodeFile="Default.aspx.cs"
Inherits="_Default" %>
    <!DOCTYPE       html       PUBLIC       "-//W3C//DTD       XHTML       1.1//EN"
"http://www.w3.org/TR/xhtml11/DTD/xhtml11.dtd">
    <html xmlns="http://www.w3.org/1999/xhtml" >
    <head id="Head1" runat="server">
        <title>UpdateProgress 用例</title>
        <style type="text/css">
            #UpdatePanel1, #UpdatePanel2
            {
 width:200px; height:200px; position: relative;
            float: left; margin-left: 10px; margin-top: 10px;
            border-right: gray 1px solid; border-top: gray 1px solid;
            border-left: gray 1px solid; border-bottom: gray 1px solid;
            }
            #UpdateProgress1, #UpdateProgress2
            {
 width: 200px; background-color: #FFC080;
            position: absolute; bottom: 0px; left: 0px;
            }
        </style>
    </head>
    <body>
        <form id="form1" runat="server">
            <div>
                <asp:ScriptManager ID="ScriptManager1" runat="server" />
                <asp:UpdatePanel    ID="UpdatePanel1"    UpdateMode="Conditional"
runat="server">
                    <ContentTemplate>
                        <%=DateTime.Now.ToString() %> <br />
                        <asp:Button  ID="Button1"  runat="server"  Text=" 刷 新 面 板 "
OnClick="Button_Click" />
                        <asp:UpdateProgress ID="UpdateProgress1"
                            AssociatedUpdatePanelID="UpdatePanel1" runat="server">
                        <ProgressTemplate>
                            UpdatePanel1 更新中…
                        </ProgressTemplate>
                        </asp:UpdateProgress>
```

457

```
                    </ContentTemplate>
                </asp:UpdatePanel>
                <asp:UpdatePanel      ID="UpdatePanel2"      UpdateMode="Conditional"
runat="server">
                    <ContentTemplate>
                      <%=DateTime.Now.ToString() %> <br />
                      <asp:Button  ID="Button2"  runat="server"  Text=" 刷 新 面 板 "
OnClick="Button_Click"/>
                      <asp:UpdateProgress                         ID="UpdateProgress2"
AssociatedUpdatePanelID=
                         "UpdatePanel2" runat="server">
                         <ProgressTemplate>
                             UpdatePanel2 更新中…
                         </ProgressTemplate>
                      </asp:UpdateProgress>
                    </ContentTemplate>
                </asp:UpdatePanel>
            </div>
        </form>
    </body>
</html>
```

09 打开 Default.aspx.cs 文件，在页面类中添加按钮单击事件函数的实现代码，同样这里进程将被挂起 3 秒钟。

10 运行 Sample19-6，效果如图 19-12 所示。

由于这里为每个 UpdateProgress 控件指定了属性 AssociatedUpdatePanelID，因此在图 19-12 中，当单击左边的 "刷新面板" 按钮时会触发 UpdateProgress1 控件的显示，当单击右边的 "刷新面板" 按钮时会触发 UpdateProgress2 控件的显示，如图 19-13 所示。

图 19-12　Sample19-6 的运行效果 1

图 19-13　Sample19-6 的运行效果 1

## 19.3.4　停止异步回送

在 UpdateProgress 控件加入一个按钮，并把该按钮的单击事件绑定到一个停止异步回送的函数，这样可以停止当前正在进行的异步回送。

下面就结合一个实例来介绍如何实现停止当前正在进行的异步回送。

**例 19-7    停止正在进行的异步回送**

创建过程如下：

**01** 打开 Visual Studio 2012，创建一个 ASP.NET 空 Web 应用程序 Sample19-7。

**02** 添加页面文件 Default.aspx，打开并切换到"设计"视图，从工具箱中拖入一个 ScriptManager 控件。

**03** 从工具箱中拖入一个 Button 控件，指定其 ID 为 ButtonTrigger，并把其单击事件绑定到事件函数 Button_Click。

**04** 从工具箱中拖入一个 UpdatePanel 控件，切换到"源"视图，在其标记中加入如下代码：这里指定了 UpdatePanel 控件的触发器为控件 ButtonTrigger。此外使用客户端代码（在后面添加）把控件 ButtonTrigger 引起的异步回送绑定到后面添加的 UpdateProgress 控件）：

```
<ContentTemplate>
    <%=DateTime.Now.ToString() %> <br />
    Panel1 的触发器能够引起 UpdateProgress 的显示，尽管它于 Panel2 绑定在一起。
    <br />
</ContentTemplate>
<Triggers>
    <asp:AsyncPostBackTrigger ControlID="ButtonTrigger" />
</Triggers>
```

**05** 切换到"设计"视图，从工具箱中再拖入一个 UpdatePanel 控件，并在其中加入一个 Button 控件，并将其单击事件绑定到事件函数 Button_Click。

**06** 切换到"源"视图，在刚才添加的 UpdatePanel 控件的<ContentTemplate>标记中加入如下代码（这句代码是用来获取当前时间）：

```
<%=DateTime.Now.ToString() %> <br />
```

**07** 切换到"设计"视图，从工具箱中拖入一个 UpdateProgress 控件，并把它绑定到控件 UpdatePanel2。

**08** 在 UpdateProgress 控件加入一个 HTML 的 Button 控件，利用该控件来停止异步回送，并把其单击事件绑定到事件函数 AbortPostBack()。AbortPostBack()是利用客户端脚本编写的（在后面添加）。

**09** 切换到"源"视图，添加定义 UpdatePanel 和 UpdateProgress 控件的样式表代码，这段代码对页面中的控件 UpdatePanel1、UpdatePanel2、UpdateProgress1 的显示样式进行定义。代码如下：

```
<style type="text/css">
    #UpdatePanel1, #UpdatePanel2, #UpdateProgress1
    {
border-right: gray 1px solid; border-top: gray 1px solid;
    border-left: gray 1px solid; border-bottom: gray 1px solid;
    }
    #UpdatePanel1, #UpdatePanel2
```

```
        {
width:200px; height:200px; position: relative;
        float: left; margin-left: 10px; margin-top: 10px;
    }
    #UpdateProgress1
    {
 width: 400px; background-color: #FFC080;
        bottom: 0%; left: 0px; position: absolute;
    }
</style>
```

10 在 ScriptManager 控件标记下添加客户端代码，这段代码是使用 JavaScript 来编写的。其中 prm 为 ASP.NET AJAX 客户端框架类 Sys.WebForms.PageRequestManager 的一个实例，并为 prm 添加初始化请求事件函数和请求结束事件函数。变量 postBackElement 用来存储回送的元素。函数 InitializeRequest()为 prm 的初始化请求事件函数，实现当由控件 ButtonTrigger 触发的异步回送时显示 UpdateProgress 控件的功能，从而把 UpdatePanel1 的刷新也绑定到 UpdateProgress 控件。函数 EndRequest()为 prm 的请求结束事件函数，实现 UpdateProgress 控件隐藏功能，即当异步请求结束时 UpdateProgress 控件隐藏。函数 AbortPostBack()实现异步请求的停止功能，源代码如下：

```
<script type="text/javascript">
    var prm = Sys.WebForms.PageRequestManager.getInstance();
    prm.add_initializeRequest(InitializeRequest);
    prm.add_endRequest(EndRequest);
    var postBackElement;
    function InitializeRequest(sender, args)
    {
 if (prm.get_isInAsyncPostBack())
    {   args.set_cancel(true);
    }
    postBackElement = args.get_postBackElement();
    if (postBackElement.id == 'ButtonTrigger')
    {
$get('UpdateProgress1').style.display = "block";
    }
    }
    function EndRequest (sender, args)
    {
if (postBackElement.id == 'ButtonTrigger')
    {
$get('UpdateProgress1').style.display = "none";
    }
    }
    function AbortPostBack()
    {
 if (prm.get_isInAsyncPostBack())
    {
```

```
    prm.abortPostBack();
        }
    }
</script>
```

**11** 打开 Default.aspx.cs 文件，在页面类中添加如下代码（这是按钮单击事件函数的实现：当按钮被单击时，进程将被挂起 3 秒钟，3 秒钟后才会继续进行）：

```
protected void Button_Click(object sender, EventArgs e)
{
System.Threading.Thread.Sleep(3000);
}
```

**12** 运行 Sample19-7，效果如图 19-14 所示。

图 19-14　Sample19-7 的运行效果

在图 19-14 中，单击"刷新面板 1"按钮触发异步回送，UpdateProgress 控件会显示，这时单击"停止"按钮异步回送停止，UpdateProgress 控件消失，而且面板 1 并不引起刷新。同样单击"刷新面板"按钮触发异步回送，UpdateProgress 控件会显示，这时单击"停止"按钮异步回送停止，UpdateProgress 控件消失，而且面板 2 也不引起刷新。

## 19.3.5　UpdateProgress 控件的显示规则

UpdateProgress 控件的显示可以根据以下几条规则来判断：

- 全页面回送不会对 UpdatePanel 产生效果。
- 如果没有设定 UpdateProgress 控件的 AssociateUpdatePanelID 属性，则任何一个异步回送都会使 UpdateProgress 控件显示出来。
- 如果将 UpdateProgress 控件的 AssociateUpdatePanelID 属性设为某个 UpdatePanel 控件的 ID，那只有该 UpdatePanel 内的控件引发的异步回送会使相关联的 UpdateProgress 控件显示出来。
- 如果 UpdatePanel 控件的 ChildrenAsTriggers 属性设为 false，那该 UpdatePanel 内的控件引

461

发的异步回送仍会使相关联的 UpdateProgress 控件显示出来。

- 如果 UpdatePanel 控件以嵌套方式存在的话，那内部 UpdatePanel 控件引发的回送会使外部 UpdatePanel 相关联的 UpdateProgress 控件显示出来。
- 位于 UpdatePanel 外的控件引发了异步回送，要想让 UpdateProgress 控件与之相关联显示的话，那只能使用 PageRequestManager 对象的客户端编码来实现（例 19-8 就使用了 PageRequestManager 对象的客户端编码来实现位于 UpdatePanel 外的控件引发的异步回送与 UpdateProgress 控件相关联）。

## 19.4 Timer 控件

Timer 控件能够定时引发整个页面回送，当它与 UpdatePanel 控件搭配使用时，就可以定时引发异步回送并局部刷新 UpdatePanel 控件的内容。

Timer 控件可以用在下列场合：

- 定期更新一个或多个 UpdatePanel 控件的内容，而且不需要刷新整个页面。
- 每当 Timer 控件引发回送时就运行服务器的代码。
- 定时同步地把整个页面发送到服务器。

Timer 控件是一个将 JavaScript 组件绑定在 Web 页面中的服务器控件。而这些 JavaScript 组件经过在 Interval 属性中定义的间隔后启动来自浏览器的回送。而程序员可以在服务器上运行的代码中设置 Timer 控件的属性，这些属性都会被传送给 JavaScript 组件。

在使用 Timer 控件时，页面中必须包含一个 ScriptManager 控件，这是 ASP.NET AJAX 控件的基本要求。当 Timer 控件启动一个回送时，Timer 控件在服务器端触发 Tick 事件，可以为 Tick 事件创建一个处理程序来执行页面发送回服务器的请求。

设置 Interval 属性以指定回送发生的频率，设置 Enabled 属性以开启或关闭 Timer。

如果不同的 UpdatePanel 必须以不同的时间间隔更新，那么就可以在同一页面中包含多个 Timer 控件。另一种选择是，单个 Timer 控件实例可以是同一页面中多个 UpdatePanel 控件的触发器。

此外，Timer 控件可以放在 UpdatePanel 控件内部，也可以放在 UpdatePanel 控件外部。当 Timer 控件位于 UpdatePanel 控件内部时，则 JavaScript 计时器组件只有在每一次回送完成时才会重新建立，也就是说，直到页面回送之前，定时器间隔时间不会从头计算，例如，若 Timer 控件的 Interval 属性设置为 10s，但是回送过程本身却花了 2s 才完成，这样下一次的回送将发生在前一次回送被引发之后的 12s。当 Timer 控件位于 UpdatePanel 控件之外时，当回送正在处理时，JavaScript 计时器组件仍然会持续计时，例如，若 Timer 控件的 Interval 属性设置为 10s，而回送过程本身花了 2s 完成，但下一次的回送仍将发生在前一次回送被引发之后的 10s，也就是说用户在看到 UpdatePanel 控件的内容被更新 8s 后，又会看到 UpdatePanel 控件再度被刷新。

## 19.4.1　属性和方法

Timer 控件的常用属性如表 19-7 所示。

表 19-7　Timer 控件的常用属性

| 属性 | 说明 |
|---|---|
| Enabled | 获取或设置一个值来指明 Timer 控件是否定时引发一个回送到服务器上，包含两个值：true 表示定时引发一个回送，false 则表示不引发回送 |
| Interval | 获取或设置定时引发一个回送的时间间隔，单位是 ms。注意时间间隔要大于异步回送所消耗的时间，否则就会取消前一次异步刷新 |
| Visible | 获取或设置一个值，该值指示服务器控件是否作为 UI 呈现在页上 |

Timer 控件的常用方法如表 19-8 所示。

表 19-8　Timer 控件的常用方法

| 方法 | 说明 |
|---|---|
| GetDesignModeState() | 获取传送给浏览器中计时器组件的 Timer 对象的属性 |
| GetScriptReferences() | 获取 Timer 控件的客户端脚本 |
| OnTick（EventArgs） | 触发 Timer 控件的 Tick 事件 |
| RaisePostBackEvent（String） | 当一个页面被传送到服务器时使 Timer 控件触发 Tick 事件 |

## 19.4.2　在 UpdatePanel 控件内部使用 Timer 控件

可以在一个 UpdatePanel 控件内部使用 Timer 控件。这种情况下，JavaScript 计时器组件只有在每一次回送完成时才会重新建立，也就是说，刷新的时间间隔要比设置的时间间隔要大，但在实际应用中，如果异步回送消耗的时间过短的话用户就不会感觉到这种情况。

下面就结合例 19-8 来具体讲述这种情况下 Timer 控件的使用。

**例 19-8　在 UpdatePanel 控件内部使用 Timer 控件**

本例通过在 UpdatePane 控件中使用 Timer 控件和 Image 控件，由 Timer 控件控制 Image 控件中的 5 张招聘广告图片每隔 5 秒切换一次。

创建过程如下：

**01** 打开 Visual Studio 2012，创建一个 ASP.NET 空 Web 应用程序 Sample19-8。

**02** 添加页面文件 Default.aspx，打开并切换到"设计"视图，从工具箱中拖入一个 ScriptManager 控件、一个 UpdatePanel 控件、一个 Timer 控件和一个 image 控件，并把 image 控件和 Timer 控件放置在 UpdatePanel 控件内。

**03** 添加一个 images 文件夹，在里面准备 5 张图片，图片命名规则一致。

**04** 在"设计"视图中选中刚刚添加的 Timer 控件，在弹出的属性窗口中设置 Timer 控件的相关属性：设置 Enabled 为 True，EnableViewState 为 True，Interval 为 5000 表示刷新时间间隔为 5 秒，如图 19-15 所示。

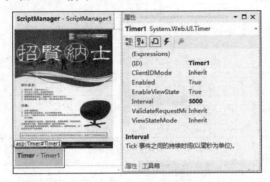

图 19-15　设置 Timer 控件的属性

**05** 切换到"源"视图，在 UpdatePanel1 控件的<ContentTemplate>标记中分别加入如下代码（这句代码是用来获取当前时间）：

```
<%=DateTime.Now.ToString() %> <br />
```

**06** 经过以上步骤，页面文件 Default.aspx 的组成代码编写完毕，<form></form>标记间的代码如下：

```
<asp:ScriptManager runat="server" id="ScriptManager1" />
<asp:UpdatePanel runat="server" id="UpdatePanel1"
    UpdateMode="Conditional">
  <contenttemplate>
  <%=DateTime.Now.ToString() %>
      <asp:Image ID="Image1" runat="server" CssClass="auto_style1" Height="238px"
ImageUrl="~/images/01.jpg" Width="201px" />
      <br />
    <asp:Timer id="Timer1" runat="server"
      Interval="5000" OnTick="Timer1_Tick" >
    </asp:Timer>
  </contenttemplate>
</asp:UpdatePanel>
```

运行案例 Sample19-8，运行效果如图 19-16 所示。

图 19-16　Sample19-8 的运行效果图

图 19-16 显示的时间会每隔 5s 刷新一次，图片内容也是每隔 5s 换一张。这里 UpdatePanel 控件之所以 5s 刷新一次，是因为异步回送使用的时间几乎可以忽略。

## 19.4.3　在 UpdatePanel 控件外部使用 Timer 控件

可以在一个 UpdatePanel 控件外部使用 Timer 控件。这种情况下，当回送正在处理时，JavaScript 计时器组件仍然会持续计时，也就是说刷新的时间间隔要比实际设置的要短，同样在实际应用中，如果异步回送消耗的时间过短的话，用户也感觉不到这种情况。

下面就结合例 19-9 来具体讲述这种情况下 Timer 控件的使用。

**例 19-9　在 UpdatePanel 控件外部使用 Timer 控件**

创建过程如下：

**01** 打开 Visual Studio 2012，创建一个 ASP.NET 空 Web 应用程序 Sample19-9。

**02** 添加页面文件 Default.aspx，打开并切换到"设计"视图，从工具箱中拖入一个 ScriptManager 控件、一个 UpdatePanel 控件和一个 Timer 控件，并把 Timer 控件放置在 UpdatePanel 控件外部，再拖入一个 Label 控件放置在 UpdatePanel 控件内。当 Timer 控件在 UpdatePanel 控件外部时需要把 UpdatePanel 控件的 Triggers 指定为对应的 Timer 控件。

**03** 在"设计"视图中选中刚刚添加的 Timer 控件，在弹出的属性窗口中设置 Timer 控件的相关属性：设置 Enabled 为 True、EnableViewState 为 True，Interval 为 5000 表示刷新时间间隔为 5 秒。

**04** 切换到"源"视图，可以看到组成以上界面设计的代码，并在代码中添加 Timer 控件的 OnTick 事件的实现函数名，代码如下：

```
<%@    Page    Language="C#"    AutoEventWireup="true"    CodeFile="Default.aspx.cs"
Inherits="_Default" %>
    <!DOCTYPE    html    PUBLIC    "-//W3C//DTD    XHTML    1.1//EN"
"http://www.w3.org/TR/xhtml11/DTD/xhtml11.dtd">
    <html xmlns="http://www.w3.org/1999/xhtml">
      <head runat="server">
        <title>Untitled Page</title>
      </head>
      <body>
        <form id="form1" runat="server">
          <asp:ScriptManager runat="server" id="ScriptManager1" />
          <asp:Timer        ID="Timer1"        runat="server"        Interval="5000"
OnTick="Timer1_Tick">
          </asp:Timer>
          <asp:UpdatePanel ID="UpdatePanel1" runat="server">
            <Triggers>
              <asp:AsyncPostBackTrigger ControlID="Timer1" EventName="Tick" />
            </Triggers>
            <ContentTemplate>
              <asp:Label ID="Label1" runat="server" ></asp:Label>
```

```
                    </ContentTemplate>
                </asp:UpdatePanel>
            </form>
        </body>
</html>
```

**05** 打开文件 Default.aspx.cs，在页面 Load 事件函数中加入以下代码（这段代码的含义是当页面第一次加载时把当前时间在 Label1 控件中显示）：

```
protected void Page_Load(object sender, EventArgs e)
{
 if (!Page.IsPostBack)
    {
this.Label1.Text = System.DateTime.Now.ToString();
    }
}
```

**06** 添加 Timer 控件的 OnTick 事件的实现函数，并在里面添加了把当前时间在 Label1 控件中显示的代码。代码如下：

```
protected void Timer1_Tick(object sender, EventArgs e)
{
this.Label1.Text = System.DateTime.Now.ToString();
}
```

运行 Sample19-9，效果如图 19-17 所示。

图 19-17　Sample19-9 的运行效果图

图 19-17 显示的时间会每隔 5s 刷新一次，这里 UpdatePanel 控件之所以 5s 刷新一次，是因为异步回送使用的时间几乎可以忽略。为了能够更清楚地看出定时刷新过程，可以在页面中添加一个 UpdateProgress 控件，利用该控件来显示异步刷新的过程信息。

**07** 打开页面文件 Default.aspx，切换"设计"视图，从工具箱中拖入一个 UpdateProgress 控件，并把它放在 UpdatePanel1 控件里面，并且在其中输入"刷新中…"字样，如图 19-18 所示。

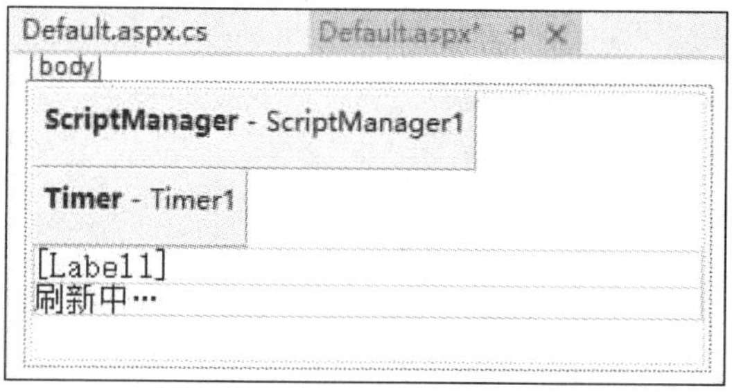

图 19-18    加入 UpdateProgress 控件

**08** 切换到 "源" 视图, 加入 UpdateProgress 控件样式表定义代码, 代码如下:

```
<style type="text/css">
    #UpdateProgress1
    {
width: 400px; background-color: #FFC080;
        bottom: 0%; left: 0px; position: absolute;
    }
</style>
```

**09** 经过以上步骤, 页面文件 Default.aspx 的组成代码改变为如下代码:

```
<%@    Page    Language="C#"    AutoEventWireup="true"    CodeFile="Default.aspx.cs"
Inherits="_Default" %>
<!DOCTYPE    html    PUBLIC    "-//W3C//DTD    XHTML    1.1//EN"
"http://www.w3.org/TR/xhtml11/DTD/xhtml11.dtd">
<html xmlns="http://www.w3.org/1999/xhtml">
    <head runat="server">
        <title>Untitled Page</title>
        <style type="text/css">
            #UpdateProgress1
            {
width: 400px; background-color: #FFC080;
                bottom: 0%; left: 0px; position: absolute;
            }
        </style>
    </head>
    <body>
        <form id="form1" runat="server">
            <asp:ScriptManager runat="server" id="ScriptManager1" />
            <asp:Timer    ID="Timer1"    runat="server"    Interval="5000"
OnTick="Timer1_Tick">
            </asp:Timer>
            <asp:UpdatePanel ID="UpdatePanel1" runat="server">
                <Triggers>
                    <asp:AsyncPostBackTrigger ControlID="Timer1" EventName="Tick" />
                </Triggers>
                <ContentTemplate>
                    <asp:Label ID="Label1" runat="server" ></asp:Label><br>
```

```
                    <asp:UpdateProgress ID="UpdateProgress1" runat="server">
                        <ProgressTemplate>
                            刷新中…
                        </ProgressTemplate>
                    </asp:UpdateProgress>
                </ContentTemplate>
            </asp:UpdatePanel>
        </form>
    </body>
</html>
```

**10** 打开文件 Default.aspx.cs，在 Timer 控件的 OnTick 事件的实现函数中加入如下代码（这句代码表示进程挂起 3 秒，把它加在步骤（6）中添加的代码之前）：

```
System.Threading.Thread.Sleep(3000);
```

**11** 再次运行 Sample19-9，可以看到如图 19-19 所示的界面。

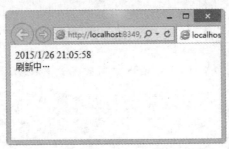

图 19-19　带有 UpdateProgress 控件的定时刷新效果图

运行 Sample19-9，页面初次加载并不出现 UpdateProgress 控件，页面开始刷新时该控件就会出现，这样可以让用户感觉到页面在刷新，刷新结束后该控件消失，等再次刷新时它又会出现。

## 19.5 ScriptManager 控件

ScriptManager 控件用来处理页面上的所有组件以及部分页面刷新，并且能够生成客户端代理脚本以能够使用客户端脚本来调用 Web 服务。

在支持 ASP.NET AJAX 的 ASP.NET 页面中，有且只能有一个 ScriptManager 控件来管理 ASP.NET AJAX 相关的控件和脚本。可以在 ScriptManager 控件中指定需要的脚本库，也可以通过注册 JavaScript 脚本来调用 Web 服务等。

在一个页面中使用 ScriptManager 控件，能够实现以下的 ASP.NET AJAX 特性：

- 微软 AJAX 库的客户端脚本功能和任何要发送到浏览器的定制脚本功能。
- 部分页面刷新，也就是说当使用 ASP.NET AJAX 控件 UpdatePanel、UpdateProgress 和 Timer 时，就必须在页面添加 ScriptManager 控件以支持部分页面刷新功能。
- Web 的 JavaScript 代理类，这样可以使用客户端脚本来调用 Web 服务。

- 获取 ASP.NET 认证和 profile 应用服务的 JavaScript 类。

在页面代码中，ScriptManager 控件是使用标记<asp:ScriptManager/>或<asp:ScriptManager>和
</asp:ScriptManager> 来 定 义 ， 例 如 简 单 的 ScriptManager 定 义 代 码 如 下 （ 通 过 标 记
<AuthenticationService />来指定认证服务，通过标记<ProfileService />来指定 profile 服务，通过标
记<Scripts>和</Scripts>来注册客户端脚本，通过<Services>和</Services>标记来注册 Web 服务）：

```
<asp:ScriptManager ID="ScriptManager1" runat="server">
    <AuthenticationService />
    <ProfileService />
    <Scripts>
    </Scripts>
    <Services>
    </Services>
</asp:ScriptManager>
```

当页面中包含一个或多个 UpdatePanel 控件时，ScriptManager 控件管理浏览器中的部分页面刷
新，在页面生命周期内，它会更新位于 UpdatePanel 控件里面的页面。

ScriptManager 控件的属性 EnablePartialRendering 用来决定页面是否执行部分页面刷新，默认
情况下，该属性的值为 True，因此默认情况下，当页面中包含 ScriptManager 控件时，页面能够执
行部分页面刷新。

在部分页面刷新过程中，可以按照以下方法来处理出现的错误：

- 设置属性 AllowCustomErrorsRedirect，这个属性决定了当部分页面刷新过程中出现异常时
  如何定制文件 Web.config 中的错误节。
- 处理 ScriptManager 控件的 AsyncPostBackError 事件，这个事件在部分页面刷新过程中出
  现异常时被触发。
- 设置属性 AsyncPostBackErrorMessage，该属性将包含发送到浏览器的错误信息。

ScriptManager 控件可以管理为执行部分页面的控件创建的资源，这些资源包括脚本、样式、隐藏
区域和数组。ScriptManager 控件包括脚本集合，在这个集合中包含了用于浏览器的脚本引用对象
ScriptReference，可以以声明或者编程的方式添加这些脚本，然后通过脚本引用来访问这些脚本。

ScriptManager 控件还包括了注册方法，使用这些方法可以以编程的方式来注册脚本和隐藏
区域。

ScriptManager 控件的服务集合包括了 ServerReference 对象，ServerReference 对象绑定到每个
注册到 ScriptManager 控件里的 Web 服务。ASP.NET AJAX 框架为每个服务集合的 ServerReference
对象生成了一个代理对象，这些代理对象和它们提供的方法可以让在客户端脚本调用 Web 服务变
得简单。

也可以以编程方式把 ServerReference 对象注册到服务集合中，从而把 Web 服务注册到
ScriptManager 控件中，这样客户端就可以调用注册的 Web 服务。

## 19.5.1  属性和方法

ScriptManager 的常用属性如表 19-9 所示。

表 19-9  ScriptManager 的常用属性

| 属性 | 说明 |
| --- | --- |
| AllowCustomErrorRedirect | 布尔值，可读写，当值为 True 时表示在一个异步回送过程中发生错误时，在 Web.config 文件中的定制错误节会起作用，若值为 False，则标记定制错误节不会起作用 |
| AsyncPostBackErrorMessage | 获取或设置错误信息。当在一个异步回送过程中出现未处理的服务器异常时这个错误信息会被发送到客户端 |
| AsyncPostBackSourceElementID | 获取引发异步回送的控件 ID |
| AsyncPostBackTimeout | 异步回送超时限制，默认值为 90，单位是 s |
| AuthenticationService | 获取放置在 ScriptManager 实例中的 AuthenticationService Manager 对象 |
| EnablePageMethods | 布尔值，可读写，当值为 True 时表示 ASP.NET 页面上的静态方法能够被客户端脚本调用，当值为 False 时表示不能被客户端脚本调用 |
| EnablePartialRendering | 布尔值，可读写，当值为 True 时表示可使用 UpdatePanel 控件进行部分页面刷新，当值为 False 时表示不可以 |
| EnableScriptGlobalization | 布尔值，可读写，当值为 True 时表示 ScriptManager 控件能够构建浏览器中的脚本以支持解析和格式化特定文体信息，当值为 False 时表示不可能 |
| EnableScriptLocalization | 布尔值，可读写，当值为 True 时表示 ScriptManager 控件能够载入本地化版本的脚本文件，当值为 False 时表示不可能 |
| IsDebuggingEnabled | 能否构建客户端脚本的 Debug 版本的标识 |
| IsInAsyncPostBack | 表示当前正在执行的回送是否是部分刷新模式 |
| LoadScriptsBeforeUI | 表示脚本的加载是在组成页面的标记的加载之前或之后 |
| ProfileServices | 获取放置在 ScriptManager 实例中的 ProfileService Manager 对象 |
| ScriptMode | 表示客户端脚本库是 Debug 版本还是 Release 版本 |
| ScriptPath | 客户端脚本库的路径 |
| Scripts | 以声明或编程的方式获得 ScriptReferenceCollection 对象 |
| Services | 以声明或编程的方式获得 ServiceReferenceCollection 对象 |
| SupportsPartialRendering | 只读，表示是否支持部分页面刷新 |

ScriptManager 的常用方法如表 19-10 所示。

表 19-10　ScriptManager 的常用方法

| 属性 | 说明 |
|---|---|
| GetCurrent(Page) | 获取页面的 ScriptManager 实例 |
| GetRegisteredArrayDeclarations | 检索先前已向 Page 对象注册的 ECMAScript（JavaScript）数组声明的只读集合 |
| GetRegisteredClientScriptBlocks | 检索先前已向 ScriptManager 控件注册的客户端脚本块的只读集合 |
| GetRegisteredDisposeScripts | 检索先前已向 Page 对象注册的 dispose 脚本的只读集合 |
| GetRegisteredExpandoAttributes | 检索先前已向 Page 对象注册的自定义（expando）属性的只读集合 |
| GetRegisteredHiddenFields | 检索先前已向 Page 对象注册的隐藏字段的只读集合 |
| GetRegisteredOnSubmitStatements | 检索先前已向 Page 对象注册的 onsubmit 语句的只读集合 |
| GetRegisteredStartupScripts | 检索先前已向 Page 对象注册的启动脚本的只读集合 |
| LoadPostData(String,NameValueCollection) | 读取从浏览器传送到浏览器的数据，并决定异步回送的来源 |
| OnAsyncPostBackError(AsyncPostBackErrorEventArgs) | 触发 AsyncPostBackError 事件 |
| OnResolveScriptReference(ScriptReferenceEventArgs) | 触发被 ScriptManager 控件管理的脚本引用的事件 ResolveScriptReference |
| RaisePostDataChangedEvent() | 当 ScriptManager 控件被传送回服务器时触发它的事件 |
| RegisterArrayDeclaration(Page,String,String) | 每当异步回送发生时注册 ScriptManager 控件管理的 JavaScript 数组声明，并把数组添加到页面中 |
| RegisterArrayDeclaration(Control,String,String) | 注册 UpdatePanel 控件中的 JavaScript 数组声明，并把数组添加到页面中 |
| RegisterAsyncPostBackControl(Control) | 注册触发异步回送的控件 |
| RegisterClientScriptBlock(Page,Type,String,String,Boolen) | 每当异步回送发生时注册 ScriptManager 控件管理的脚本块，并把脚本块添加到页面中 |
| RegisterClientScriptBlock(Control,Type,String,String,Boolen) | 为 UpdatePanel 控件内的控件注册脚本块，并把脚本块添加到页面中 |
| RegisterClientScriptInclude(Page,Type,String,String) | 每当异步回送发生时注册 ScriptManager 控件管理的客户端脚本，并把脚本文件的引用添加到页面中 |
| RegisterClientScriptInclude(Control,Type,String,String) | 为 UpdatcPanel 控件内的控件注册客户端脚本，并把脚本文件的引用添加到页面中 |
| RegisterClientScriptResource(Page,Type,String) | 每当异步回送发生时注册 ScriptManager 控件管理的程序集内的客户端脚本文件 |

（续表）

| 属性 | 说明 |
|---|---|
| RegisterClientScriptResource (Control,Type,String) | 注册UpdatePanel控件内的控件的程序集内的客户端脚本文件 |
| RegisterDataItem(Control,String) | 在异步刷新过程中，以字符串的形式把客户端数据发送到一个控件 |
| RegisterDataItem(Control,String,Boolean) | 在异步刷新过程中，以字符串的形式把客户端数据发送到一个控件，并且指明字符串是否是 JSON 格式 |
| RegisterDispose(Control,String) | 为 UpdatePanel 控件的控件注册 dispose 脚本。被注册的脚本在 UpdatePanel 控件被更新或删除时执行。这个方法用来释放不用的客户端组件占用的资源 |
| RegisterExpandoAttribute(Control,String,String, String,Boolean) | 为指定的控件注册一个名/值对作为它的定制属性 |
| RegisterExpanderControl<TExtenderControl> (TExtenderControl,Control) | 为当前的 ScriptManager 实例注册一个扩展控件 |
| RegisterScriptDescriptions(IExtenderControl) | 调用一个 ExtenderControl 类以返回支持脚本对象的实例脚本 |
| RegisterScriptDescriptions(IScriptControl) | 调用一个 ScriptControl 类以返回支持脚本对象的实例脚本 |
| RegisterStartupScript | 向 ScriptManager 控件注册一个启动脚本块并将该脚本块添加到页面中 |

## 19.5.2　控制部分页面刷新

要使用 UpdatePanel 控件来实现部分页面刷新，就必须在页面中添加 ScriptManager 控件，ScriptManager 控件通过属性 EnablePartialRendering 来控制页面程序是否执行部分页面刷新。

例 19-10 介绍了如何使用属性 EnablePartialRendering 来控制页面程序是否执行部分页面刷新。

例 19-10　控制页面刷新

创建步骤如下：

**01** 打开 Visual Studio 2012，创建 ASP.NET 空 Web 应用程序 Sample19-10。

**02** 添加文件 Default.aspx，打开并切换到"设计"视图，往其中拖入如图 19-20 所示的控件。

**03** 在"设计"视图中选择 ScriptManager 控件，在属性窗口中可以看到该控件对应的属性列表，如图 19-21 所示。在图 19-21 中，可以看到属性 EnablePartialRendering 的默认值是 True，这就代表页面支持部分页面刷新，如果想禁用部分页面刷新功能，把该属性的值设置为 False 即可。

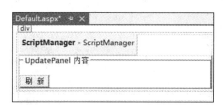

图 19-20　Sample19-10 页面设计　　　　图 19-21　ScriptManager 控件属性窗口

**04** 打开文件 Default.aspx.cs，编辑 Page_Load 事件函数，这里加入了获得当前时间的代码并把它放置在 Label 控件里显示出来。代码如下：

```
protected void Page_Load(object sender, EventArgs e)
{
this.Label1.Text = System.DateTime.Now.ToString();
}
```

运行 Sample19-10，运行效果如图 19-22 所示。

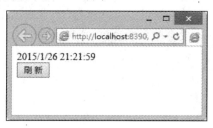

图 19-22　Sample19-11 的运行效果图

在图 19-22 中单击"刷新"按钮，时间显示就会刷新，而且是部分页面刷新。若把属性 EnablePartialRendering 改为 False，运行页面，仍然出现如图 19-22 所示的界面，但单击"刷新"按钮，时间显示的刷新是伴随着整个页面的刷新来进行的。

此外属性 EnablePartialRendering 的设置只能在页面初始化之前，也就是 Init 事件发生之前，否则就会出错，所以尽量不要以编程的方式来修改该属性的值。

## 19.5.3　错误处理

ScriptManager 控件还可以处理回送过程中发生的错误，下面通过一个实例来介绍错误处理的过程。

例 19-11　错误处理过程

创建步骤如下：

01 打开 Visual Studio 2012，创建 ASP.NET 空 Web 应用程序 Sample19-11。

02 添加页面文件 Default.aspx，打开并切换到"设计"视图，往其中拖入如图 19-23 所示的控件。

03 加入错误信息显示界面设计，如图 19-24 所示。

图 19-23　Sample19-11 的界面设计　　　　图 19-24　错误信息显示界面

04 切换到"源"视图，在里面加入界面定义的样式表代码，代码如下：

```css
<style type="text/css">
   #UpdatePanel1
   {
width: 200px; height: 50px;
      border: solid 1px gray;
   }
   #AlertDiv
   {
left: 40%; top: 40%;
      position: absolute; width: 200px;
      padding: 12px;
      border: #000000 1px solid;
      background-color: white;
      text-align: left;
      visibility: hidden;
      z-index: 99;
   }
   #AlertButtons
   {
position: absolute; right: 5%; bottom: 5%;
   }
</style>
```

05 加入按钮"提交成功的异步回送"和"提交错误的异步回送"的单击事件函数绑定，添加 ScriptManager 控件的 AsyncPostBackError 事件的函数绑定，加入"确定"按钮的单击事件函数绑定。

06 在 ScriptManager 控件定义标记下加入如下代码，这段代码定义了错误信息显示对话框的显示和隐藏的行为，以及错误信息获取过程。其中方法 ToggleAlertDiv()定义了错误信息显示对话框的显示和隐藏的行为；方法 ClearErrorState()是"确定"按钮的单击事件处理函数，调用方法 ToggleAlertDiv()来隐藏错误信息显示对话框；方法 EndRequestHandler()

是事件 EndRequestHandler 的处理函数，在其中定义了从后台获取错误信息的过程。详细的代码如下：

```javascript
<script type="text/javascript" language="javascript">
    var divElem = 'AlertDiv';
    var messageElem = 'AlertMessage';
    var bodyTag = 'bodytag';
    Sys.WebForms.PageRequestManager.getInstance().add_endRequest(EndRequestHandler);
    function ToggleAlertDiv(visString)
    {
if (visString == 'hidden')
        {
$get(bodyTag).style.backgroundColor = 'white';
        }
        else
        {
$get(bodyTag).style.backgroundColor = 'gray';
        }
        var adiv = $get(divElem);
        adiv.style.visibility = visString;
    }
    function ClearErrorState()
    {
$get(messageElem).innerHTML = '';
        ToggleAlertDiv('hidden');
    }
    function EndRequestHandler(sender, args)
    {
if (args.get_error() != undefined)
        {
var errorMessage;
            if (args.get_response().get_statusCode() == '200')
            {
errorMessage = args.get_error().message;
            }
            else
            {   // Error occurred somewhere other than the server page.
                errorMessage = 'An unspecified error occurred. ';
            }
            args.set_errorHandled(true);
            ToggleAlertDiv('visible');
            $get(messageElem).innerHTML = errorMessage;
        }
    }
</script>
```

**07** 打开文件 Default.aspx.cs。

**08** 编辑按钮"提交成功的异步回送"的单击事件函数，代码如下（为 UpdatePanelMessage 赋值表示异步回送成功）：

```
protected void SuccessProcessClick_Handler(object sender, EventArgs e)
{
UpdatePanelMessage.Text = "异步回送成功!";
}
```

**09** 编辑按钮"提交错误的异步回送"的单击事件函数，抛出一个异常表示回送过程发生错误。代码如下：

```
protected void ErrorProcessClick_Handler(object sender, EventArgs e)
{
throw new ArgumentException();
}
```

**10** 编辑 ScriptManager 控件的 AsyncPostBackError 事件的函数，当回送过程发生异常时，该事件被触发。这里添加了把错误信息赋于 ScriptManager 控件的属性 AsyncPostBackErrorMessage 的代码，这样客户端的 JavaScript 代码就可以读取到错误信息。代码如下：

```
protected          void          ScriptManager1_AsyncPostBackError(object          sender,
AsyncPostBackErrorEventArgs e)
{
ScriptManager1.AsyncPostBackErrorMessage = "异常信息为: " + e.Exception.Message;
}
```

运行 Sample19-11，效果如图 19-25 所示。 在图 19-25 中，单击按钮"提交成功的异步回送"，更新显示时间刷新，并显示"异步回送成功!"，单击按钮"提交错误的异步回送"，则显示错误信息界面，如图 19-26，单击"确定"按钮，错误信息界面消失。

图 19-25　异步回送成功显示

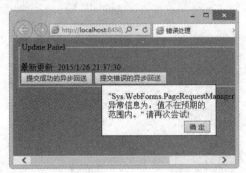

图 19-26　错误信息显示

## 19.6 小结

本章介绍了.NET 框架 4.5 下的 ASP.NET AJAX 技术，ASP.NET AJAX 与 ASP.NET 技术在.NET 框架 4.5 中进行了紧密的耦合：AJAX 技术和扩展框架完全集成在 ASP.NET 技术之中。本章主要分两部分内容来介绍 ASP.NET AJAX 技术：第一部分介绍有关 ASP.NET AJAX 的发展历程和框架等知识；第二部分介绍它提供的 4 个控件。熟悉这两部分内容，读者就能够掌握使用 ASP.NET AJAX 的技巧。

# 第 20 章
# ASP.NET MVC 应用程序

MVC 是一种网站系统的设计模式，当前被广泛应用于企业级 Web 应用的开发中。MVC 设计模式将 Web 应用分解成三个部分：模式、视图（View）和控制器（Controller），这三部分分别完成不同的功能以实现 Web 应用。而微软为了方便 MVC 设计模式的构建，推出了基于.NET 框架 4.5 的 MVC 框架。这个框架提供了集成于 Visual Studio 2012 的模板，利用这个模板可以方便地构建 MVC Web 应用。

## 20.1 概述

在 ASP.NET 的前几个版本中，很多程序员也都试图利用 MVC 设计模式来构建 Web 系统，但由于 ASP.NET 并没有提供像支持 Java 的 Struts 一样的 MVC 框架，应用程序员要想自己设计 MVC 结构就显得比较复杂，于是应用程序员就迫切要求微软推出支持 ASP.NET 的 MVC 框架。ASP.NET MVC 框架在经历了几个版本之后，目前推出了 ASP.NET MVC 4.0 并集成到了 Visual Studio 2012 开发环境中。

### 20.1.1 传统 ASP.NET Web 表单方案存在的问题

在 MVC 设计引进到 ASP.NET Web 应用开发中之前，程序员都采用 Web 表单的方式来开发应用。Web 表单的指导思想是把 Windows 桌面应用中的表单模型引入到 Web 应用程序的开发中。这种模型很快就吸引了大批的传统 Windows 桌面应用开发程序员，特别是以前的 Visual Basic 6.0 程序员。今天，许多 Visual Basic 6.0 开发者已经转到了 ASP.NET Web 开发领域，但是他们并没有基本的 HTTP 与 Web 基本知识。为了模拟传统型 Windows 桌面应用程序中的表单开发体验，Web 表单引入了事件驱动的方法，而且还引入了 Viewstate 和 Postback 等相关概念。最终，Web 表单技术彻底地攻克了 Web 中无状态特征这个难关。

正是基于这种指导思想，Web 表单技术存在如下缺点：

- Viewstate 和 Postback 提高了 Web 应用程序开发的复杂性，例如，即使一些非常简单的 Web

页面也有可能产生大于 100KB 的 Viewstate，这当然会在某些情况下严重影响系统的性能。

- 开发人员还无法控制 Web 表单生成的 HTML。
- ASP.NET 服务器控件生成的 HTML 既混杂又有内联方式，也包含不符合标准的过时的标签。
- 与 JavaScript 框架的集成比较困难，这主要是由生成的 HTML 的命名惯例造成的。
- Web 表单相应的页面生命周期太复杂了，在整个 ASP.NET 框架中所有内容都是紧耦合型的并且仅使用一个类来负责显示输出和处理用户输入，因而，单元测试几乎是一项不可能的任务。

## 20.1.2　MVC

MVC 是 Model-View-Controller 的缩写，即把一个 Web 应用的输入、处理、输出流程按照 Model、View、Controller 的方式进行分离，这样一个应用被分成三个层——模型层、视图层、控制层。

视图（View）代表用户交互界面，对于 Web 应用来说，可以概括为 HTML 界面，但有可能为 XHTML、XML 和 Applet。随着应用的复杂性和规模性，界面的处理也变得具有挑战性。一个应用可能有很多不同的视图，MVC 设计模式对于视图的处理仅限于视图上数据的采集和处理，以及用户的请求，而不包括在视图上的业务流程的处理。业务流程的处理交予模型（Model）处理，如一个订单的视图只接受来自模型的数据并显示给用户，以及将用户界面的输入数据和请求传递给控制和模型。

模型就是业务流程/状态的处理以及业务规则的制定。业务流程的处理过程对其他层来说是黑箱操作，模型接受视图请求的数据，并返回最终的处理结果。业务模型的设计可以说是 MVC 最主要的核心。目前流行的 EJB 模型就是一个典型的应用例子，它从应用技术实现的角度对模型做了进一步地划分，以便充分利用现有的组件，但它不能作为应用设计模型的框架。它只说明按这种模型设计就可以利用某些技术组件，从而减少了技术上的困难。对一个开发者来说，就可以专注于业务模型的设计。MVC 设计模式告诉我们，把应用的模型按一定的规则抽取出来，抽取的层次很重要，这也是判断开发人员是否优秀的设计依据。抽象与具体不能隔得太远，也不能太近。MVC 并没有提供模型的设计方法，而只告诉应该组织管理这些模型，以便于模型的重构和提高重用性。可以用对象编程来做比喻，MVC 定义了一个顶级类，告诉它的子类只能做这些，但没法限制能做这些。这点对编程的开发人员非常重要。

业务模型还有一个很重要的模型那就是数据模型。数据模型主要指实体对象的数据保存（持续化），如将一张订单保存到数据库，从数据库获取订单。可以将这个模型单独列出，所有有关数据库的操作只限制在该模型中。

控制（Controller）可以理解为从用户接收请求，将模型与视图匹配在一起，共同完成用户的请求。划分控制层的作用也很明显，它就是一个分发器，选择什么样的模型，选择什么样的视图，可以完成什么样的用户请求。控制层并不做任何的数据处理，例如，用户单击一个连接，控制层接受请求后，并不处理业务信息，它只把用户的信息传递给模型，告诉模型做什么，选择符合要求的视图返回给用户，因此，一个模型可能对应多个视图，一个视图可能对应多个模型。

模型、视图与控制器的分离，使得一个模型可以具有多个显示视图。如果用户通过某个视图的控制器改变了模型的数据,所有其他依赖于这些数据的视图都应反映到这些变化,因此,无论何时发生了何种数据变化,控制器都会将变化通知所有的视图,导致显示的更新。这实际上是一种模型的变化-传播机制。模型、视图、控制器三者之间的关系和各自的主要功能如图 20-1 所示。

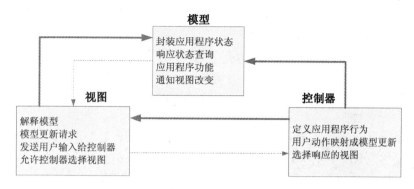

图 20-1　MVC 组件类型的关系和功能

MVC 设计模式存在如下优点:

- 可以为一个模型在运行的同时建立和使用多个视图。变化-传播机制可以确保所有相关的视图及时得到模型数据变化,从而使所有关联的视图和控制器做到行为同步。
- 视图与控制器的可接插性,允许更换视图和控制器对象,而且可以根据需求动态地打开或关闭,甚至在运行期间进行对象替换。
- 模型的可移植性。因为模型是独立于视图的,所以可以把一个模型独立地移植到新的平台工作。需要做的只是在新平台上对视图和控制器进行新的修改。
- 潜在的框架结构。可以基于此模型建立应用程序框架,不仅仅用在设计界面的设计中。

## 20.1.3　ASP.NET MVC

MVC 设计模式已经风行很多年,而且 MVC 设计模式在大型的 Web 应用系统中已经逐渐成为必须采用的架构,但 ASP.NET 的最开始的几个版本并没有提供支持 MVC 设计模式的框架,而程序员自己开发 MVC 架构则比较困难,因此迫切要求微软能够推出支持 ASP.NET 的 MVC 框架。

微软公司的 ASP.NET 在最初开始的几个版本中并没有提供支持 MVC 设计模式的框架,但是为了满足市场的需要和广大 ASP.NET 开发人员的要求,终于在 2008 年 3 月,微软发布了 ASP.NET MVC 预览版 2,在这个预览版中,提供了 MVC routing,并对测试功能进行了改进。另外,它还提供了 Visual Studio 2008 开发环境中第一个支持 MVC 的模板,而且对动态数据进行了改进。这个版本才是真正意识上的 ASP.NET MVC 框架。此后,这个框架经过不断更新,目前集成在 Visual Studio 2012 开发环境中的是 ASP.NET MVC 4.0 正式版。

ASP.NET MVC 框架为创建基于 MVC 设计模式的 Web 应用程序提供了设计框架和技术基础。它是一个轻量级的、高度可测试的演示框架,并且它结合了现有的 ASP.NET 特性(如母版页等)。MVC 框架被定义在 System.Web.MVC 命名空间,并且是被 System.Web 命名空间所支持的。

ASP.NET MVC 框架具有如下一些特性:

- ASP.NET MVC 框架深度整合许多用户熟悉的平台特性，如运行时、身份验证、安全性、缓存和配置特性等。
- 整个架构是基于标准组件的，所以开发人员可以根据自己的需要分解或替换每个组件。
- ASP.NET MVC 框架使用用户熟悉的 ASPX 和 ASCX 文件进行开发，然后在运行时生成 HTML 的方式，并且在 Visual Studio 2012 中支持母版的嵌套功能。
- 在这个框架中，URL 将不再映射到 ASPX 文件，而是映射到一些控制类（Controller Classes）。所谓控制类，是一些不包含 UI 组件的标准类。
- .NET MVC 框架实现了 System.Web.IHttpRequest 和 IHttpResponse 接口，这使得单元测试能力得到了增强。
- 在进行测试时，不必再通过 Web 请求，单元测试可以撇开控制器而直接进行。
- 可以在没有 ASP.NET 运行环境的机器上进行单元测试。

ASP.NET MVC 架构能够简化 ASP.NET Web 表单方案编程中存在的复杂部分，但是在威力与灵活性方面将一点也不会逊色于后者。ASP.NET MVC 架构要实现在 Web 应用程序开发中引入模型-视图-控制器 UI 模式，此模式将有助于开发人员最大限度地以松耦合方式开发自己的程序。MVC 模式把应用程序分成三个部分——模型部分、视图部分以及控制器部分。其中，视图部分负责生成应用程序的用户接口；也就是说，它仅仅是填充有自控制器部分传递而来的应用程序数据的 HTML 模板。模型部分则负责实现应用程序的数据逻辑，它所描述的是应用程序（它使用视图部分来生成相应的用户接口部分）的业务对象。最后，控制器部分对应一组处理函数，由控制器来响应用户的输入与交互情况，也就是说，Web 请求都将由控制器来处理，控制器会决定使用哪些模型以及生成哪些视图。MVC 模型将使用其特定的控制器动作（Action）来代替 Web 表单事件，因此，使用 MVC 模型的主要优点在于：它能够更清晰地分离关注点，更便于进行单元测试，从而能够更好地控制 URL 和 HTML 内容。值得注意的是，MVC 模型不使用 Viewstate、Postback、服务器控件以及基于服务器技术的表单，因而能够使开发人员全面地控制视图部分所生成的 HTML 内容。MVC 模型使用了基于 REST（Representational state transfer）的 URL 来取代 Web 表单模型中所使用的文件名扩展方法，从而构造出更为符合搜索引擎优化（SEO）标准的 URL。

最后需要说明的一点是：虽然 MVC 设计模式存在种种优势，但并不代表着 MVC 设计模式能够完全取代 ASP.NET Web 表单方案，因此在实际的项目开发中，读者要根据自己的需要来选择相应的解决方案。

# 20.2　ASP.NET MVC 应用程序

在一个 ASP.NET Web 网站中，URLs 映射到存储在硬盘上的文件（通常是.aspx 文件）。这些.aspx 文件包括标记和被执行的代码，以对请求做出响应。

与传统的 ASP.NET Web 网站不同是 ASP.NET MVC 框架则把 URLs 映射到服务器代码：它不是把 URLs 映射到 ASP.NET 页面或处理器，而是把 URLs 映射到控制器类。控制器类处理传入的诸如用户输入和交互请求，并执行相应的应用程序和数据逻辑，最后控制器类通常调用视图组件来生成 HTML 输出。

## 20.2.1　MVC 应用程序结构

ASP.NET MVC 框架把 Web 应用划分为模型、视图和控制器。模型通过把数据保存在数据库中来保持状态（State）。视图则被控制器所选择，并生成合适的用户界面。默认情况下，ASP.NET MVC 框架使用存在的 ASP.NET 页面（.aspx 文件）、母版页（master 文件）和用户控件（.ascx 文件）向浏览器进行渲染。控制器调用存储在控制中的适当的行为方法，获取行为方法的结果，并处理行为方法执行过程中可能出现的错误，最后生成被请求的视图。

默认情况下，每个组件被存储在 MVC 应用程序项目中的单独的文件夹中。

为了能够了解 ASP.NET MVC 应用程序的结构，首先通过一个实例来创建 ASP.NET MVC 应用程序项目。

ASP.NET MVC 框架包含一个 Visual Studio 项目模板，这个模板可以为创建基于 MVC 设计模式的 Web 应用程序提供帮助。它创建一个新的 MVC Web 应用程序，并且提供了需要的文件夹、项模板和配置文件入口。

### 例 20-1　创建一个基于 MVC 框架的网站

创建步骤如下：

**01** 打开 Visual Studio 2012，选择"文件"|"新建项目"命令，打开"新建项目"对话框。

**02** 在如图 20-2 所示"新建项目"对话框的"项目类型"导航栏中选中 Web 类型，并在模板文件列表中选中"ASP.NET MVC 4 Web 应用程序"，然后在"名称"和"解决方案名称"文本框输入项目名称 Sample20-1，在"位置"文本框中输入保存文件的目录，最后单击"确定"按钮，弹出如图 20-3 所示的"新 ASP.NET MVC 4 项目"对话框。

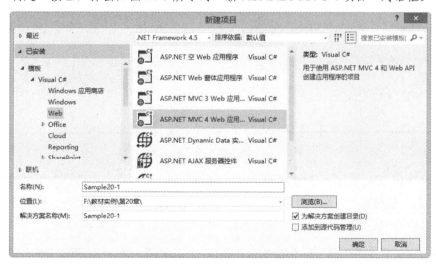

图 20-2　新建项目对话框

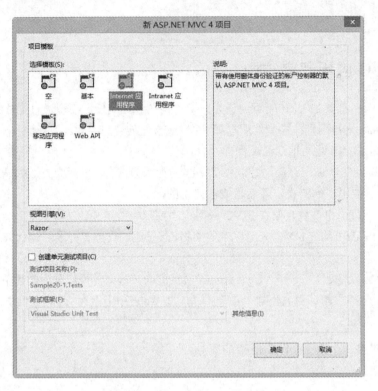

图 20-3　创建单元测试项目对话框

**03** 单击"确定"按钮，即可创建一个基于 MVC 框架的网站，如图 20-4 所示。

图 20-4　新创建的 MVC 网站

通过图 20-4 可以看出，在新创建的网站项目 Sample20-1 中包含了很多自动生成的文件夹和文件，有些在创建其他类型的网站项目中已经介绍过，有些则是第一次看到。为了能够方便代码的管理，利用 ASP.NET MVC 框架创建出的网站项目会自动生成以下这些文件夹和文件：

- App_Data 文件夹，它用来存储数据，与基于 Web 表单的 ASP.NET Web 应用程序中的 App_Data 文件夹具有相同的功能。
- Content 文件夹，它存放应用程序需要的一些资源文件，如图片、CSS 等。

- Controllers 文件夹，它存放控制器类。
- Models 文件夹，它存放业务模型组件。
- Scripts 文件夹，它存放 JavaScript 等脚本文件。
- Views 文件夹，它存放视图。

此外，还有一个名为 Global.asax 的文件也比较重要，在它里面默认生成了 URL 寻址代码，打开该文件可以看到如下的代码（这段代码中定义了方法 RegisterRoutes，它用来实现 MVC 应用程序的寻址功能。并且在 Global 事件 Application_Start 中调用方法 RegisterRoute，当程序运行后，程序就会按照方法 RegisterRoute 定义的寻址功能来实现应用程序的寻址）：

```
public class MvcApplication : System.Web.HttpApplication
{   // 根据存放在 RouteCollection 对象中地址来进行寻址
    public static void RegisterRoutes(RouteCollection routes)
    {
 routes.IgnoreRoute("{resource}.axd/{*pathInfo}");
        routes.MapRoute(
            "Default",                              // 路由名称
            "{controller}/{action}/{id}",           // 带参数的 URL
            new { controller = "Home", action = "Index", id = "" }// 默认的参数值
        );
    }
    protected void Application_Start()              // 在程序启动时执行这个事件
    {
 RegisterRoutes(RouteTable.Routes);
    }
}
```

## 20.2.2　MVC 应用程序的执行

当请求一个 MVC 应用程序时，请求首先要传递到 UrlRoutingModule 对象，这个对象是一个 HTTP 模块，它解析请求并执行路由选择。UrlRoutingModule 对象选择第一个与当前请求匹配的路由对象，路由对象通常是 Route 类的实例，并实现 RouteBase 基类。如果没有匹配的路由，UrlRoutingModule 对象将不会做任何事情，并让请求返回到常规的 ASP.NET 或 IIS 请求处理程序中。

UrlRoutingModule 对象从被选择 Route 对象中获取 IRouteHandler 对象。通常，在一个 MVC 应用程序中，IRouteHandler 对象将会是 MvcRouteHandler 类的一个实例。IRouteHandler 实例创建一个 IHttpHandler 对象并把它传递给 IHttpContext 对象。默认情况下，IHttpHandler 实例是一个 MvcHandler 对象。接着，MvcHandler 对象选择能够处理请求的控制器。

以上模块和处理器是进入 ASP.NET MVC 框架的入口，进入 MVC 框架后将执行如下的行为：

- 选择适当的控制器。
- 获得指定的控制器实例。
- 调用控制器的可执行方法。

总之，在一个 MVC Web 项目执行过程中，将经历如下几个阶段：

**01** 获取第一个请求。在 Global.asax 文件中，Route 对象被添加到 RouteTable 对象中。

**02** 执行路由。UrlRoutingModule 对象使用 RouteTable 集合中第一个匹配的 Route 对象以创建 RouteData 对象，利用这个对象以生成 RequestContext 对象（IHttpContext 对象）。

**03** 创建 MVC 请求处理。MvcRouteHandler 对象创建一个 MvcHandler 类的实例，并把它传递到 RequestContext 实例。

**04** 创建控制器。MvcHandler 对象使用 RequestContext 实例去确认 IControllerFactory 对象以创建控制器实例。

**05** 执行控制器。MvcHandler 实例调用控制器的可执行方法。

**06** 触发行为。很多控制器都继承于 Controller 基础类，而同控制器结合在一起的 ControllerActionInvoker 对象来决定控制器类调用哪个方法并调用该方法。

**07** 执行结果。一个典型的行为方法可能接收用户输入，准备适当响应数据，并通过返回一个结果类型来执行结果。可被执行的内置的结果类型包括：ViewResult（用来渲染视图，并且是最常用的结果类型）、RedirectToRouteResult、RedirectResult、ContentResult、JsonResult 和 EmptyResult。

## 20.2.3　应用程序中的模型

在一个 ASP.NET MVC 框架中，模型是核心逻辑的一部分。模型对象通常从存储仓库（如 SQL Server 数据库）获取数据，并执行业务逻辑。模型是特定的应用程序，因此 ASP.NET MVC 框架并没有限制要创建的模型对象的类型。例如，可以创建 ADO.NET 的 DataSet 和 DataReader 对象，或使用定制的对象，也可以使用对象类型混合体以操作数据。

模型并不是特定的类或接口。一个类是模型的一部分，并不是因为它执行了一个特定的接口或继承自特定基础类。反而，一个类是模型的一部分，是因为这个类在 ASP.NET MVC 应用程序中所发挥的作用，以及该类在应用程序结构中所处的位置。一个模型类并不直接处理来自浏览器的输入，也不向浏览器生成 HTML 输出。

模型对象是应用程序的组成部分，用来执行业务逻辑。业务逻辑处理数据库与用户接口之间的信息。例如，在一个存货系统中，模型保持对存储商品的跟踪。模型也包含决定某项商品在库存中的逻辑。此外，模型将会用来执行更新数据库。通常，模型会存储或获取数据库中模型的状态。

在 ASP.NET MVC 应用程序模板中，Models 子目录用来存放模型类的文件。

使用来自控制器的模型类的过程通常包括在控制器行为中实例化模型类，调用模型对象的方法，并从对象中获取合适的数据以显示在视图中。

## 20.3　路由

ASP.NET MVC 框架利用 ASP.NET 路由来使 URLs 与控制器类和行为对应起来。ASP.NET 路由解析包含在 URL 中的变量，并自动地把变量作为参数传递到控制器行为。

ASP.NET MVC 框架中提供的 URL 路由机制能够使 URL 不必映射到一个应用程序中特定的物理文件，因此可以在一个 Web 应用程序中使用更易于描述用户的行为并且更易于为用户理解的 URL。

在 URL 路由中，需要事先定义 URL 模式。该模式中将包含当处理 URL 请求时需要使用的占位符。还可以以编程方式设置 URL 模式从而创建相应于路由的 URL，这有助于把 ASP.NET 应用程序与创建超级链接相关的逻辑集中起来。

通常情况下，在一个不使用 URL 路由的 ASP.NET 应用程序中，一个 URL 请求将被映射到一个磁盘上的物理文件（例如一个.aspx 文件）。例如，一个对于 http://server/application/Products.aspx?id=4 的请求将被映射到服务器上的物理文件 Products.aspx。文件 Products.aspx 中需要提供相应的代码和标记，用以生成一个发送到浏览器的响应。Web 页面使用查询字符串值 id=4 来决定显示什么类型的内容，但是用户有可能对该值并不感兴趣。

通过使用 URL 路由机制，应用程序后面跟随的 URL 片断将通过一个事先定义的 URL 模式被解析成离散的值。例如在一个对于 http://server/application/Products/show/beverages 的请求中，URL 路由解析器会把 Products、show 和 beverages 传递给一个相应于此请求的专门的处理器中进行处理。相反，在一个没有使用 URL 路由机制的请求中，/Products/show/beverages 片断将被简单地解释为应用程序中一个文件的路径信息。

值得注意的是，ASP.NET 中的 URL 路由机制不同于其他的 URL 重写模式。通常情况下，URL 重写并没有提供一个相应的 API 用于根据提供的模式创建 URL。在把该请求发送到 Web 页面之前，URL 重写技术将通过改变该 URL 来处理到来的请求，例如，一个使用 URL 重写技术的应用程序可能把一个 URL/Products/Widgets/改变为/Products.aspx?id=4。在 URL 重写技术中，如果改变一个 URL 模式，必须手工地更新所有的包含原始 URL 的超级链接。

在 URL 路由机制中，当处理一个到来的请求时并不改变 URL，因为 URL 路由能够从 URL 中提取相应的值。当必须创建一个 URL 时，需要把参数值传递给一个方法，然后由此方法生成相应的 URL。如果要改变该 URL 模式，仅需要在一处位置改变一下，然后在该应用程序基于此模式创建的所有的链接都将自动地使用该新的模式。

## 20.3.1　定义路由

根据前面的描述，在一个路由中，需要指定某些占位符。在解析 URL 请求时这些占位符将被映射为相应的值。值得注意的是，还可以指定常量来匹配 URL 请求。

在一个路由中，需要使用一对大括号来定义占位符（称为 URL 参数），即需要把它们包括在括号中。当分析 URL 时，字符被解释为分隔符，并且从分隔符间提取出来的值被赋给占位符。在路由定义中的没有包含在大括号或方括号内的信息被作为一个常量对待。

表 20-1 展示了一些有效的路由模式以及与该模式相匹配的 URL 请求的例子。

表 20-1　有效的路由模式以及与该模式相匹配的 URL 请求

| 有效的路由定义 | 相匹配的 URL 举例 |
|---|---|
| {controller}/{action}/{id} | /Products/show/beverages |
| {table}/Details.aspx | /Products/Details.aspx |
| blog/{action}/{entry} | /blog/show/123 |
| {reporttype}/{year}/{month}/{day} | /sales/2008/1/5 |

通常情况下，路由的添加是在文件 Global.asax 的 Application_Start 事件的处理器函数中进行的，这样可以确保当应用程序启动时路由是可用的，并且在对应用程序进行单元测试时还支持直接调用该方法。如果想在单元测试应用程序中直接调用它，那么，必须把注册路由的方法设置为静态的并且为其提供一个参数 RouteCollection。

也就是说，是通过把各个路由添加到 RouteTable 类的静态 Routes 属性中实现最终添加路由的。其中，属性 Routes 是一个 RouteCollection 对象，其中存储了 ASP.NET 应用程序所有的路由。

下面的代码展示了来自于文件 Global.asax 中的代码片断（在代码中添加了一个 Route 对象，此对象中定义了两个名字分别为 action 和 categoryName 的 URL 参数）：

```
protected void Application_Start(object sender, EventArgs e)
{
RegisterRoutes(RouteTable.Routes);
}
public static void RegisterRoutes(RouteCollection routes)
{    routes.Add(new Route
    (
Category/{action}/{categoryName}",             // 定义路由方式
        new CategoryRouteHandler()              // 默认路由
    ));
}
```

当 URL 路由处理 URL 请求时，它试图使用请求的 URL 来匹配路由中定义的模式。例如，前面代码中的路由匹配就与 http://server/application/Category/Show/Tools 相匹配。在这种情况下，参数 action 被赋值为 Show，而参数 categoryName 被赋值为 Tools。

然而，上面的路由并不匹配 http://server/application/Category/Add，因为此 URL 中并不包含路由定义中的三个 URL 参数值，而且并没有为该参数定义默认的值。上面的路由也不匹配 http://server/application/Products/Show/Coffee，因为此 URL 并没有以 Category 开头——它仅仅是一个常量而不是一个参数。

如果在 URL 和在 RouteTable 集合中定义的 Route 对象之间不存在路由匹配，那么 URL 路由就不会处理请求。而是把处理请求的任务进一步传递到一个 ASP.NET 页面、Web 服务或其他 ASP.NET 端点。

Route 对象在路由集合中出现的顺序是非常重要的。路由匹配将从集合中的第一个路由进行，直到最后一个路由。当发生一个匹配时，则不再计算其他的路由。典型情况下，默认的路由将是最后一个路由。

路由的添加可以利用类 RouteCollection 的 Add 方法来完成，此外，MVC 框架还提供了 MapRoute 方法和 IgnoreRoute 方法，使用这两个方法可以把路由添加到 MVC 应用程序中。这些方法都是类 RouteCollection 的扩展方法，而在 MVC 应用程序之外都是不可以使用的。

MapRoute 方法简化了路由添加的语法，因为不必新创建一个 Route 对象，而是指定想要添加的 Route 对象的属性，MapRoute 方法根据设置的属性来自动创建一个 Route 实例。

IgnoreRoute 方法能够让路由排除某些正在处理的请求。任何通过该方法添加的路由将会被类 StopRouteHandler 来处理。类 StopRouteHandler 通过路由会阻止请求的附加处理，并让请求返回到 ASP.NET 端点进行处理。

## 20.3.2　默认的路由

ASP.NET MVC 项目模板包括预先配置好的 URL 路由，它们定义在 ASP.NET 应用程序中的 Global.asax 文件内。这些默认的路由使得在大多数场所下不必显式地进行路由配置，即可以开始构建 ASP.NET MVC 应用程序。

表 20-2 列举了 ASP.NET MVC 支持的默认的 URL 模式。

表 20-2　ASP.NET MVC 支持的默认的 URL 模式

| 默认的 URL 模式 | 匹配 URL 的例子 |
| --- | --- |
| {controller}/{action}/{id} | http://server/application/Products/show/beverages |
| Default.aspx | http://server/application/Default.aspx |

这些路由都使用了默认值加以定义，在处理请求时使用它们。每一个默认的路由值指定将使用哪一个控制器、行为和 ID——如果没有在 URL 中提供它们的话。表 20-3 列出了每一种模式使用的默认值。

表 20-3　每一种模式使用的默认值

| 默认的 URL 模式 | 默认值 |
| --- | --- |
| {controller}/{action}/{id} | action="Index"　　Id=null |
| Default.aspx | controller="Home"　action="Index"　Id=null |

当处理一个来自于页面 Default.aspx 发出的请求时，MVC 框架将总是使用默认的路由值，因为它没有提供可用于检索的 URL 参数。当处理一个来自于/Products/show 的请求时，MVC 框架将把 Products 赋值给参数 controller，把 show 赋值给参数 action，而把 null 赋值给参数 id。

下面代码给出了 Global.asax 文件中默认的路由定义（这里调用类 RouteCollection 的方法 Add 把新定义的路由添加到应用程序中）：

```
// 添加一个新的路由，寻址模式是{controller}/{action}/{id}
// 默认路径是 action = "Index", id = CStr(Nothing)
RouteTable.Routes.Add(New Route With
{
_.Url = "{controller}/{action}/{id}", _.Defaults = New With {.action = "Index", .id
```

```
= CStr(Nothing)},
        _.RouteHandler = New MvcRouteHandler _
    })
    // 添加一个新的路由，寻址模式是 default.aspx
    /// 默认路径是 controller = "Home", action = "Index", id = CStr(Nothing)
    RouteTable.Routes.Add(New Route With
    {
    _.Url = "default.aspx", _.Defaults = New With {.controller = "Home", .action =
"Index", .id = CStr(Nothing)}, _
        .RouteHandler = New MvcRouteHandler _
    })
    // 添加一个新的路由，寻址模式是{controller}/{action}/{id}
    /// 默认路径是 action = "Index", id = (string)nullRouteTable.Routes.Add(new Route
    {
    Url = "{controller}/{action}/{id}",
        Defaults = new { action = "Index", id = (string)null },
        RouteHandler = new MvcRouteHandler()
    });
    // 添加一个新的路由，寻址模式是 Default.aspx
    // 默认路径是 controller = "Home", action = "Index", id = (string)null
    RouteTable.Routes.Add(new Route
    {
     Url = "Default.aspx",
        Defaults = new { controller = "Home", action = "Index",id = (string)null },
        RouteHandler = new MvcRouteHandler()
    });
```

## 20.3.3　设置路由参数的默认值

当定义一个路由时，可以把一个默认的值赋给一个参数。如果 URL 中没有提供此参数值，那么将使用此默认值。可以为一个路由设置默认值，可以通过把一个字典赋值给 Route 类的 Defaults 属性来实现。

下面代码给出了一个带有默认值的路由（定义了一个新的路由，并在 Route 类的 Defaults 属性中通过字典设置默认的参数值）：

```
void Application_Start(object sender, EventArgs e)
{
RegisterRoutes(RouteTable.Routes);
}
public static void RegisterRoutes(RouteCollection routes)
{
routes.Add(new              Route("Category/{action}/{categoryName}"              new
CategoryRouteHandler())
      {    // 默认的地址
        Defaults = new RouteValueDictionary
        {{"categoryName", "food"}, {"action", "show"}}
      });
```

```
}
```

当 URL 路由处理一个 URL 请求时，上面代码中所定义的路由将产生如表 20-4 所示的结果。

表 20-4　每一种模式使用的默认值

| URL | 参数值 |
| --- | --- |
| /Category | action = "show"　　categoryName = "food" |
| /Category/add | action = "add"　　categoryName = "food" |
| /Category/add/beverages | action = "add"　　categoryName= "beverages" |

## 20.3.4　处理包含未知 URL 片段数的 URL 请求

有些情况下，需要处理一些包含未知 URL 片段数的 URL 请求。当定义一个路由时，可以指定最后一个参数匹配与该 URL 的其他部分相匹配，这只需要使用一个星号来标记此参数即可。这样的参数称作是 catch-all 参数。

下面的代码给出了一个路由模式，它匹配一个未知数目的 URL 片断：

```
query/{queryname}/{*queryvalues}
```

按照上面的路由模式，当 URL 路由处理一个 URL 请求时，下列定义的路由将生成如表 20-5 所示的结果。

表 20-5　片段匹配路由模式

| URL | queryvalues 参数 |
| --- | --- |
| /query/select/bikes/onsale | "bikes/onsale"　　categoryName = "food" |
| /query/select/bikes | "bikes" |
| /query/select/bikes | "bikes" |
| /query/select | 空字符串<!--[if !supportMisalignedColumns]-->　　<!--[endif]--> |

一个带有 catch-all 参数的路由将匹配在最后一个参数中，不包含任何值的 URL。

## 20.3.5　为匹配的 URL 添加约束条件

前面介绍的 URL 请求与路由的匹配都是通过参数的个数来决定的，其实还可以使参数中的值满足某种条件以对匹配进行约束。添加约束条件的目的是为了确保 URL 参数中包含了可以正确地用于应用程序中的值。

当把路由定义添加到路由集合时，可以添加约束条件。下面的代码演示了如何为匹配的 URL 添加约束条件（这段代码添加的约束用于限制在 locale 和 year 参数中应该包括什么样的值）：

```
void Application_Start(object sender, EventArgs e)
{
RegisterRoutes(RouteTable.Routes);
}
public static void RegisterRoutes(RouteCollection routes)
```

```
    {
routes.Add(new Route("{locale}/{year}", new ReportRouteHandler())
    {   //对路由参数 locale 和 year 进行匹配约束
        Constraints        =        new        RouteValueDictionary{{"locale",
"{a-z}{2}-{A-Z}{2}"},{year, @"\d{4}"}}
    });
    }
```

## 20.4  控制器

控制器处理传入的请求、用户的输入和交互，并执行适当的业务逻辑。控制器类通常调用一个单独的视图组件来生成 HTML 标记以对请求做出反应。

### 20.4.1  控制器类

所有控制器的基类都是 Controller 类，这个类提供通用的 MVC 处理功能。Controller 类实现了 IController、IActionFilter 和 IDisposable 接口。

Controller 基类负责以下处理阶段：

- 定位适当的行为方法。
- 获取行为方法参数的值。
- 处理在执行行为方法过程中可能出现的所有错误。
- 提供默认的 WebFormViewFactory 类以用来渲染 ASP.NET 页面类型（视图）。

所有的控制器类的命名必须以 Controller 为前缀。下面这段代码就展示了一个名为 HomeController 的控制器类的定义（这段代码定义的控制器类 HomeController 包含的几个行为方法为渲染视图页面提供方法）：

```
public class HomeController : Controller
{   // 行为方法 Index，返回页面的主题和欢迎信息。
    public ActionResult Index()
    {
ViewData["Title"] = "主页";
        ViewData["Message"] = "欢迎使用 ASP.NET MVC!";
        return View();
    }
    // 行为方法 About，返回页面主题，表明页面是"关于页面"。
    public ActionResult About()
    {
ViewData["Title"] = "关于页面";
        return View();
    }
}
```

## 20.4.2　行为方法

在不使用 MVC 框架的 ASP.NET 应用程序中，用户交互都是围绕着页面以及引发和处理这些页面的事件进行组织的。相比之下，使用 ASP.NET MVC 应用程序的用户交互则围绕控制器及其中的行为方法进行组织。

行为方法是在控制器中定义的。通常，行为中针对每一个用户的交互都创建一个一一对应的映射，用户的交互包括在浏览器中输入一个 URL、单击一个链接以及提交一个表单等。每一个这类的用户交互都会导致把一个请求发送到服务器。而请求 URL 中都会包括相应的信息以便 MVC 框架来调用一个相应的行为方法。

例如，当用户在浏览器输入一个 URL 时，MVC 应用程序使用定义于 Global.asax 文件中的路由规则来分析该 URL 并决定指向控制器的路径，然后，该控制器定位适当的行为方法来处理这一请求。根据具体需要，控制器中可以定义尽可能多的行为方法。

默认情况下，一个请求 URL 被当作一个子路径被解析，其中包括控制器名，后面跟着行为名，例如，如果一个用户输入 URLhttp://contoso.com/MyWebSite/Products/Categories，则子路径为"/Products/Categories"。默认的路由规则总是把 Products 作为控制器名，而把 Categories 作为行为名。于是，该路由规则将调用 Products 控制器的 Categories 方法来处理该请求，如果 URL 以"/Products/Detail/5"结尾，则默认的路由规则把 Detail 作为行为名，并且调用 Products 控制器的 Detail 方法来处理请求。默认情况下，URL 中的 5 将被传递为 Detail 方法的一个参数。

下面这段代码定义了一个控制器，并在该控制器中定义了一个行为方法：

```
public class MyController : Controller
{   public ActionResult Hello()//控制器方法
    {
return View("HelloWorld");
    }
}
```

MVC 框架认为所有的 public 方法都是行为方法，因此，如果控制器类包含一个不是 public 的行为方法，那么必须使用 NonActionAttribute 属性标记它。

## 20.4.3　行为方法参数

默认情况下，行为方法的参数值将从请求的数据集合中检索。该数据集合中包括了对应的表单数据、查询字符串值以及 cookie 值的名字/值。

Controller 基类将基于 RouteData 实例和表单数据来定位行为方法并决定行为方法的任何参数值。如果不能分析该参数值，并且如果参数类型是一个引用类型或一个 nullable 值类型，那么将把 null 作为参数值，否则，抛出一个异常。

在控制器类行为方法内部可以使用多种方式访问 URL 参数值。Controller 基类暴露了一组 Request 和 Response 对象，它们可以在一个行为方法内部被访问。这些对象具有与 ASP.NET 中的 HttpRequest 和 HttpResponse 对象相同的语义。然而，一个重要的区别是，控制器类的 Request 和

Response 对象都是基于 System.Web.IHttpRequest 和 System.Web.IHttpResponse 接口，而不是封装类型的类。这样的接口更容易创建 mock 对象，从而使得更易于创建控制器类的单元测试。

下面的代码展示了如何使用请求对象从 Detail 行为方法内部来检索一个名字为 id 的字符串值：

```
public void Detail()
{    // 检索到传来的字符串 id
    int id = Convert.ToInt32(Request["id"]);
}
```

## 20.4.4   自动映射行为方法参数

ASP.NET MVC 框架可以自动地把 URL 参数值映射为行为方法的参数值。默认情况下，如果一个行为方法中包含一个参数，那么 MVC 框架将分析到来的请求数据并决定该请求是否包含一个含有相同名字的 HTTP 请求值。如果包含的话，则该请求值会被自动地传递给该行为方法。

下面的代码展示了前面代码的一个修改版本。在这个修改版本中，假定该 id 参数被映射为请求中的一个名字也是 id 的值。因为这是通过自动映射实现的，所以行为方法中不必专门进行编码来取得请求中的参数值，因此，使用起来十分方便。

```
// 寻址参数中包含参数 id，会自动把传来的参数自动赋给方法 Detail 的参数 id。
public void Detail(int id)
{
ViewData["DetailInfo"] = id;
   RenderView("Detail");
}
```

还可以把参数值嵌入为 URL 的一个部分而不是以查询字符串值的方式传递，例如，不是使用带有如查询字符串/Products/Detail?id=3 这样的 URL，而是使用一个像/Products/Detail/3 这样的 URL。

默认的路由映射规则格式为/[controller]/[action]/[id]。如果在 URL 中的控制器和行为名称后面存在一个 URL 子路径，那么它会被作为一个名字为 id 的参数对待，并且被自动地作为一个参数值传递给行为方法。

此外，MVC 框架还支持行为方法中使用可选的参数。对于控制器行为方法而言，MVC 框架中的可选参数是使用 nullable 类型参数进行处理的。

例如，如果一个方法以一个日期作为查询字符串的一部分，但是如果没有提供查询字符串参数的话，默认地将使用今天的日期。以下这段代码定义了一个名为 ShowArticles 的方法。如果请求中包括一个 date 参数值，那么这个值将被传递给 ShowArticles 方法。如果请求中没有为这个参数提供一个值，那么该参数将是 null，并且可以采取任何必要的措施设计控制器来处理该丢失的参数。代码如下：

```
public void ShowArticles(DateTime date)
{
 if(!date.HasValue)
   {
date = DateTime.Now;
   }
```

```
    //…
    }
```

## 20.4.5　ActionResult 返回类型

大多数行为方法返回一个继承 ActionResult 类的类实例。然而，还存在不同的行为结果类型，这取决于行为采取的行为方法，例如，最常见的行为是调用视图方法。视图方法返回一个 ViewResult 类的实例，而类 ViewResult 继承于 ActionResult 类。

如果需要的话，可以创建返回任何类型的行为方法，如字符串、整型、布尔和 void 类型。在被渲染到输出流之前，以下这些返回类型将被绑定到适当的 ActionResult 类型。

MVC 框架内置了如下的行为方法返回类型：

- ViewResult 视图方法将返回该类型。
- RedirectToRouteResult、RedirectToAction 和 RedirectToRoute 方法返回该类型。
- RedirectResult、Redirect 方法返回该类型。
- ContentResult、Content 方法返回该类型。
- JsonResult、Json 方法返回该类型。
- EmptyResult 行为方法必须返回一个 null 时，返回该类型。

## 20.5　视图

ASP.NET MVC 框架提供一个视图引擎以生成视图。默认情况下，MVC 框架使用定制的类型来生成视图，而这个类型继承自己已经存在的 ASP.NET 页面（aspx）、母版页（master）和用户控件（ascx）。在一个 MVC Web 应用程序的工作流程中，控制器行为方法处理收到的 Web 请求。这些行为方法使用收到的参数值来执行程序代码，并从数据库的模型中获取或更新数据。最后，选择一个视图来渲染用户界面。

### 20.5.1　使用视图渲染用户界面

一般情况下，在基于 MVC 的 Web 工程构架中，推荐把视图全部放到 Views 文件夹的下面。

根据 MVC 框架要求，视图中不应该包含任何应用程序逻辑或数据库检索代码。所有的应用程序逻辑都应该由控制器来负责处理。

借助于控制器行为方法提供的与 MVC 视图相关的数据对象，由视图负责渲染相应的用户接口界面。

下面代码展示了如何在一个控制器类中渲染一个视图（在这段代码中，RenderView 方法使用两个参数进行了调用。其中，第一个参数指出了要渲染的视图的名称，第二个参数相对应于一个 category 对象的列表。这些 category 对象将被传递给视图以生成适当的 HTML UI）：

```
Public void Categories()
{
Listcategories=northwind.GetCategories();          // 获得数据
```

```
        RenderView("Categories",categories);          // 渲染视图 Categories
}
```

## 20.5.2   视图页面

视图页面是一个 ViewPage 类，这个类继承于 Page 类，并实现 IViewDataContainer 接口。IViewDataContainer 接口提供了一个 ViewData 属性，这个属性返回一个 ViewDataDictionary 对象，这个对象包含视图要显示的数据。

可以使用 ASP.NET Web 应用程序项目中提供的模板来创建视图。默认情况下，视图是一个由 MVC 框架渲染的 ASP.NET Web 页面。MVC 框架利用 URL 路由来决定调用哪个控制器行为，而控制器行为决定要渲染哪个视图。

下面的代码展示了 Index.aspx 页面中的标记（这段代码就是普通的母版页和内容页的定义代码。其中，@Page 指令包含了 Inherits 属性，它定义了应用程序与视图之间的关系）：

```
<%@ Page Language="C#" MasterPageFile="~/Views/Masters/Site.Master"
  AutoEventWireup="true" CodeBehind="Index.aspx.cs"
  Inherits="MvcApplication.Views.Home.Index" %>
<asp:Content ID="Content2"
  ContentPlaceHolderID="BodyContentPlaceHolder"
  runat="server">
  Welcome!
</asp:Content>
```

Index.aspx 页面是默认生成的视图，依照惯例，"Index" 是 ASP.NET MVC 应用程序为默认的视图提供的命名。

下面的代码是 Index.aspx.cs 文件的代码（这段是视图 Index.aspx 页面的隐藏代码，它定义了一个类，以指明该页面继承于 ViewPage 类）：

```
using System;
using System.Configuration;
using System.Collections;
using System.Web;
using System.Web.Mvc;
namespace MvcApplication.Views.Home
{
    public partial class Index : ViewPage
    {
    }
}
```

## 20.5.3   母版页视图

ASP.NET 视图页面能够使用母版页定义一个一致的布局和结构。在一个典型的网站中，母版页使用@Page 指令绑定到内容页。还可以在 Controller 基类中调用 View 方法来使用动态的母版页

（这样可以在运行时指定母版页）。

下面的代码显示了一个 ASP.NET 视图页面，这个视图页面绑定到一个母版页：

这段代码利用@Page 指令的属性 MasterPageFile 为该视图指定了一个母版页。

```
<%@ Page Language="C#" MasterPageFile="~/Views/Masters/Site.Master"
  AutoEventWireup="true" CodeBehind="About.aspx.cs"
  Inherits="MvcApplication.Views.Home.About" %>
<asp:Content ID="Content1"
  ContentPlaceHolderID="HeadContentPlaceHolder"
  runat="server">
  <title><%= "About " + ViewData["CompanyName"] %></title>
</asp:Content>
<asp:Content ID="Content2"
  ContentPlaceHolderID="BodyContentPlaceHolder"
  runat="server">
  Add information about your company here.
</asp:Content>
```

下面代码是以上视图页面的隐藏代码：

```
using System;
using System.Configuration;
using System.Collections;
using System.Web;
using System.Web.Mvc;
namespace MvcApplication.Views.Home
{
    public partial class About : ViewPage
    {
    }
}
```

由于在一个 MVC 应用程序中，业务逻辑都是由控制器来处理的，因此隐藏代码一般不包含任何可执行的代码。

## 20.5.4　向视图传递数据

为了渲染视图，需要调用控制器中的视图方法。为了把数据传递到视图，可以使用 ViewPage 类的属性 ViewData。ViewData 属性返回一个 ViewDataDictionary 对象，这个对象具有不区分大小写的字符串键。为了把数据传递到视图，可以把值分配到字典，代码如下所示（这段代码定义了一个视图方法 Welcome，在这个方法中，把两个值分别赋给两个 ViewData 对象，然后返回视图）：

```
public SampleController : Controller {
   public ActionResult Welcome() {
       ViewData["FirstName"] = "Joe";//把数据保存在 ViewData 对象中
       ViewData["LastName"] = "Healy";
       return View();
```

```
         }
    }
```

当以上代码定义的方法 Welcome 被调用时，在视图页面中就可以使用返回的 ViewData 对象以获得相应的数据值。

使用 ViewPage 类的属性 ViewData 在视图和控制器间传递数据是非常方便的，但是这种形式传递的数据不是强类型的。如果想要传递强类型，就需要改变视图的隐藏代码中的类型的声明，以使视图能够继承于 ViewPage<TModel>，而不是 ViewPage。

ViewPage<TModel> 是 ViewPage 的 强 类 型 版 本， 它 的 ViewPage 属 性 返 回 一 个 ViewDataDictionary<TModel>对象，该对象包含基于模型的强类型数据，而模型是一个类，该类为想要传递的每个数据项提供一个属性。

下面的代码定义了一个名为 User 的强类型模型：

```
public class User
{
    public string Name { get; set; }
    public int Id { get; set; }
    public int Age { get; set; }
    public string City { get; set; }
    public string State { get; set; }
}
```

下面的代码定义了一个视图方法 User，它调用另外一个方法来获得一个前面定义的强类型 User 的对象，然后把这个对象传递到视图：

```
public ActionResult User(int id)
{
    User user = new User();
    user = GetUserInfoFromDB(id);//获得 User 对象
    return View(user);//传送到 User 对象到视图
}
```

## 20.5.5　获取视图中的数据

把数据传递到视图中后，可以从 ViewData 中把数据读取出来。ViewData 属性是一个字典，可以通过字典键作为索引来获取数据。

下面的代码显示了一个名为 About.aspx 页面的定义代码（这段代码定义了页面 About.aspx，在其中，使用 ViewData 属性获得传递到视图的 CompanyName 值）：

```
<%@ Page Language="C#" AutoEventWireup="true"
  CodeBehind="About.aspx.cs"
  Inherits="MvcApplication5.Views.Home.About" %>
<html xmlns="http://www.w3.org/1999/xhtml">
<head id="Head1" runat="server">
  <title>ViewData Property - Dictionary Based</title>
</head>
```

```
<body>
 .<div>
    <%="About " + ViewData["CompanyName"]%>
  </div>
</body>
</html>
```

如果传递带视图的数据是强类型的话，可以使用表达式获得强类型的 ViewData 属性，表示是使用以点为基础的语法访问属性：

```
ViewData.Model.PropertyName
```

下面的示例显示了获得强类型数据的代码：

```
<form method="post" action="Home/Update">
  Name: <%= Html.TextBox("name", ViewData.Model.Name) %><br />
  Age: <%= Html.TextBox("age", ViewData.Model.Age %><br />
  <input type="submit" value="Submit" />
</form>
```

## 20.5.6　在行为方法间传递状态

行为方法可能把数据传递到下一个行为，例如，当一个表单在被传递时发生的错误。在那种情况下，用户可能被导航到其他视图以显示错误信息。

在调用控制器的方法 RedirectToAction 以触发下一个行为之前，行为方法能够把数据存储在控制器的 TempData 字典里，TempData 属性值被保存在 Session 中，下一个行为方法能够从 TempData 字典中获得可以在视图中处理或显示的数据。TempData 的值只从一个请求保存到下一个请求。

下面的代码显示了一个数据类，这个类被用来在方法间捕捉错误和传递数据：

```
public class InsertError
{
    public string ErrorMessage { get; set; }
    public string OriginalFirstName { get; set; }
    public string OriginalLastName { get; set; }
}
```

下面的代码显示了如何在两个行为方法间传递数据，并利用上面代码定义错误处理类对错误进行处理（行为方法 InsertCustomer 用来向数据库中插入一个客户，在进行插入之前，先检测数据的完整性，如果数据完整，则执行插入操作。如果不完整则调用错误处理类 InsertError 进行错误定义并触发另外一个行为方法 NewCustomer。行为方法 NewCustomer 用来新建一个客户，通过 TempData["error"]获得行为方法 InsertCustomer 保存在其中错误处理类 InsertError 的对象，如果获得对象不为空则进行错误显示）：

```
// CustomersController
public ActionResult InsertCustomer(string firstName, string lastName)
{
    // 检查输入的错误
```

```
    if (String.IsNullOrEmpty(firstName) ||String.IsNullOrEmpty(lastName))
    {
 //如果姓或名为空的话，则定义一个错误对象，然后导航到新建客户行为 NewCustomer
        InsertError error = new InsertError();
        error.ErrorMessage = 需要输入名和姓";
        error.OriginalFirstName = firstName;
        error.OriginalLastName = lastName;
        TempData["error"] = error;
        return RedirectToAction("NewCustomer");
    }
// 没有错误
    // ...
    return View();
}
//新建客户行为方法 NewCustomer
public ActionResult NewCustomer()
{
//获得行为方法 InsertCustomer 传来的错误信息
    InsertError err = TempData["error"] as InsertError;
    if (err != null)
    {
        //如果存在错误，则显示错误
        ViewData["FirstName"] = err.OriginalFirstName;
        ViewData["LastName"] = err.OriginalLastName;
        ViewData["ErrorMessage"] = err.ErrorMessage;
    }
//如果不发生错误，则进行其他处理，并返回到视图
// ...
    return View();
}
```

## 20.6 行为过滤器

在 ASP.NET MVC 应用程序中，控制器定义的行为方法都和可能的用户交互（单击一个链接或提交一个表单等）具有一对一的关系。例如，当用户单击一个链接，一个请求被发送到指定的控制器，相应的行为方法就会被调用。

然而，有时可能需要在调用行为方法之前或之后执行逻辑操作。为了支持这样的操作，ASP.NET MVC 提供了行为过滤器，行为过滤器提供了一种向控制器行为方法中添加前行为（Pre-action）和后行为（Post-action）的方法。

行为过滤器是 ASP.NET MVC 中一个非常有用的扩展，它最初是在 Prevew 2 中出现的，允许在对 MVC 控制器的请求中注入拦截代码，这些代码在 Controller 和它的 Action 方法执行的前后执行，这样就可以轻松地封装和重用功能。

ASP.NET MVC 提供了 4 种类型的行为过滤器：

● 授权（Authorize），该过滤器用来限制进入控制器或控制器行为。

- 处理错误（HandleError），该过滤器用来指定一个行为，这个行为用来处理某个行为方法中抛出的异常。
- OutputCache，该过滤器用来为行为方法提供输出缓存。
- 自定义过滤器，自定义过滤器允许程序员自己创建行为过滤器以执行所需要的功能。如自定义的过滤器包括日志、权限、本地化以及认证功能。

行为过滤器是一个继承 ActionFilterAttribute 的类的特性。可以通过行为过滤器特性来标记任何行为方法或控制器以表明行为过滤器应用于该方法或该控制器内的所有方法。

下面的代码显示了把 HandleError 过滤器应用于控制器 HomeController（这段代码中 HandleError 特性用来标记控制器 HomeController，因此，过滤器将应用于该控制器所包含的两个方法）：

```
//HandleError 特性标记了控制器 HomeController，因此它使用于该控制器包含的所有方法
[HandleError]
public class HomeController : Controller
{
    public ActionResult Index()
    {
        ViewData["Title"] = "Home Page";
        ViewData["Message"] = "Welcome to ASP.NET MVC!";
        return View();
    }
public ActionResult About()
    {
        ViewData["Title"] = "About Page";
        return View();
    }
}
```

## 20.6.1 Authorize 过滤器

很多 Web 应用程序要求用户在使用限制的内容之前必须先进行登录。为了限制进入某个 ASP.NET MVC 视图，可以限制对渲染该视图的行为方法的进入。ASP.NET MVC 提供的 Authorize 过滤器特性可以实现这个功能。

当使用 Authorize 特性标记一个行为方法时，该方法的进入就被限制为被认证和被授权的用户。如果一个控制器被 Authorize 过滤器特性所标记，则该控制器内所有行为方法的访问都具有限制性。

Authorize 特性让程序员指明行为方法被限制于那些预定义的角色或用户，这样程序员就具有了允许用户查看网站内页面的最大的控制权限。

如果一个未被授权的用户试图进入 Authorize 特性标记的行为方法，MVC 框架就会抛出 401 HTTP 状态码。如果网站被配置为使用 ASP.NET 表单认证，401 状态码将会把用户导航到登录页面。

下面的代码显示了使用三种方式设置 Authorize 特性，这段代码中，控制器 HomeController 有三个被 Authorize 特性所标记：AuthenticatedUsers、AdministratorsOnly 和 SpecificUserOnly，另外两个方法 Index 和 About 则未被标记，因此前面三个方法方法将受到限制：方法 AuthenticatedUsers 只允许登录的用户使

用；方法 AdministratorsOnly 只允许具有 Admin 或 Super User 角色的用户使用；方法 SpecificUserOnly 则只允许特定的用户使用。而方法 Index 和 About 的访问则不会受到限制。详细代码如下：

```
[HandleError]
public class HomeController : Controller
{
    public ActionResult Index()
    {
        ViewData["Title"] = "Home Page";
        ViewData["Message"] = "Welcome to ASP.NET MVC!";
return View();
    }
public ActionResult About()
    {
        ViewData["Title"] = "About Page";
return View();
    }
//需要授权才能访问该方法
[Authorize]
    public ActionResult AuthenticatedUsers()
    {
        return View();
    }
//需要角色为 Admin, Super User 的用户才能使用
[Authorize(Roles="Admin, Super User")]
    public ActionResult AdministratorsOnly()
    {
        return View();
    }
//只有用户 Betty, Johnny 才能使用该方法
[Authorize(Users="Betty, Johnny")]
    public ActionResult SpecificUserOnly()
    {
        return View();
    }
}
```

## 20.6.2　OutputCache 过滤器

OutputCache 过滤器允许程序员在 Web 服务器的内存中存储动态页面数据，这样，被保存的数据能接收用户接下来的访问请求。OutputCache 可以节省用户访问应用程序的时间和资源。

在 ASP.NET MVC 中，可以使用 OutputCache 过滤器来标记那些想要进行输出缓存的行为方法。同样，如果标记一个控制器，则控制器内所有方法都将进行缓存。

OutputCache 过滤器的属性如表 20-6 所示。

表 20-6　OutputCache 过滤器的属性

| URL | queryvalues 参数 |
| --- | --- |
| Duration | 输出缓存的时间，单位是 s |
| Location | OutputCacheLoaction 的枚举值，默认是 Any |
| Shared | 它是一个布尔值，用来决定输出页面是否进行共享。默认是 false |
| VaryByCustom | 代表输出缓存请求的文字 |
| VaryByHeader | 以逗号分开的 HTTP 标头用于不同的输出缓存 |
| VaryByParam | 以逗号分开的字符串对应于 GET 方法的查询字符串值或 POST 方法的参数值 |
| VaryByContentEncoding | 以逗号分开的字符串被用于不同的输出缓存 |
| CacheProfile | 缓存名称的设置以关联相应的缓存设置 |
| NoStore | 一个布尔值，用来决定是否阻止缓存信息的二级缓存 |
| SqlDependency | 用来确定行为输出缓存所依靠的数据库和数据表 |

可以在 Web.config 文件中对缓存进行统一设置，这样可以在 OutputCache 特性的 CacheProfile 属性中引用 Web.config 文件中的缓存设置。下面的代码显示了 Web.config 文件中的缓存设置（这段代码添加了一个缓存 MyProfile，并对其属性进行了设置）：

```
<system.web>
   <caching>
      <outputCacheSettings>
         <outputCacheProfiles>
            <add name="MyProfile" duration="60" varyByParam="*" />
         </outputCacheProfiles>
      </outputCacheSettings>
   </caching>
</system.web>
```

下面的代码显示了如何把 OutputCache 过滤器设置到行为方法（这段代码对控制器 HomeController 的行为方法 About 进行了缓存设置，并利用 OutputCache 过滤器的属性 CacheProfile 来引用在 Web.config 文件中设置的缓存 MyProfile）：

```
[HandleError]
public class HomeController : Controller
{
public ActionResult Index()
   {
ViewData["Title"] = "Home Page";
      ViewData["Message"] = "Welcome to ASP.NET MVC!";
      return View();
   }
   // 对该方法应用缓存 MyProfile
   [OutputCache(CacheProfile="MyProfile")]
   public ActionResult About()
   {
ViewData["Title"] = "About Us";
```

```
            ViewData["Message"] = "This page was cached at " + DateTime.Now;
            return View();
        }
    }
```

## 20.6.3 HandleError 过滤器

通过 ASP.NET MVC 应用程序中的 HandleError 特性可以指定怎么处理行为方法中抛出的异常。默认情况下，如果一个被标记了 HandleError 特性的行为方法抛出任何异常，MVC 都会显示 ~/View/Shared 文件夹中的 Error 视图。

HandleError 特性提供了如下属性：

- ExceptionType，指定过滤器要处理的异常类型。如果该属性未被指定，则过滤器处理所有的异常。
- View，指定要显示的视图的名称。
- Master，指定要使用的母版视图的名称。
- Order，指定过滤器被应用的顺序。

HandleError 特性的 Order 属性用来决定哪个 HandleError 过滤器来处理一个异常。可以把 Order 属性设置为整数值以指定优先级，整数值的范围是从-1 开始到任何正整数，整数值越高优限级越低，属性 Order 遵循如下规则：

- 应用于控制器的过滤器自动应用于控制器的每个方法。
- 当应用于控制器的过滤器与应用于行为方法的过滤器具有相同的 Order 值时，应用于控制器的过滤器优先级高。
- 如果没有指定 Order 值，Order 值是-1，这就意味着该过滤器比其他 Order 值不是-1 的过滤器具有较高的优先级。
- 错误处理停止后，第一个 HandleError 过滤器就会被调用。

下面的代码显示了如何设置行为方法的 HandleError 特性：

```
[HandleError(Order=2)]//相对该控制器中其他过滤器，其运行优先级较低
public class HomeController : Controller
{
public ActionResult Index()
    {
ViewData["Title"] = "Home Page";
        ViewData["Message"] = "Welcome to ASP.NET MVC!";
        return View();
    }
    public ActionResult About()
    {
ViewData["Title"] = "About Page";
        return View();
    }
```

```
    [HandleError]//出现错误时候，先运行该过滤器
    public ActionResult ThrowException()
    {
throw new ApplicationException();
    }
    // 指明错误发生时，显示视图 CustomErrorView，错误处理类型为 NotImplementedException
    // 其优先级比控制器级的高
    [HandleError(View="CustomErrorView",
ExceptionType=typeof(NotImplementedException))]
    public ActionResult ThrowNotImplemented()
    {
throw new NotImplementedException();
    }
}
```

当一个视图渲染一个 HandleError 过滤器时，该视图会接收到一个 ViewData 字典，它的属性 Model 被设置为一个 ExceptionFilterInfo 对象，这样就可以从 ViewData 字典中直接获得异常。

下面代码显示了如何获得异常信息：

```
<asp:Content ID="Content1" ContentPlaceHolderID="MainContent" runat="server">
    <h2>Custom Error View</h2>
    Controller: <%=((HandleErrorInfo)ViewData.Model).Controller%>
    <br />
    Action: <%=((HandleErrorInfo)ViewData.Model).Action%>
    <br />
    Message: <%=((HandleErrorInfo)ViewData.Model).Exception.Message%>
    <br />
    Stack Trace: <%=((HandleErrorInfo)ViewData.Model).Exception.StackTrace%>
</asp:Content>
```

## 20.6.4 自定义行为过滤器

前面介绍的行为过滤器有时可能并不能满足实际的应用，这些实际的应用可能包括：

- 记录用户的交互。
- 防止不在网站内的图片被加载到页面内。
- Web 检索过滤以改变基于浏览器的用户代理的应用程序行为。
- 本地化设置。
- 动态地把行为加入控制器中。

行为过滤器是作为一个特性类来实现的，这个特性类继承来自 ActionFilterAttribute 类，它是一个抽象类，提供了 4 个可以重写的虚方法：OnActionExecuting、OnActionExecuted、OnResultExecuting 和 OnResultExecuted。要实现自定义过滤器，必须至少实现以上方法中的一个。

在被自定义过滤器标记的任何行为方法被调用之前 OnActionExecuting 方法将会被调用。而 OnActionExecuted 则会在被自定义过滤器标记的任何行为方法被调用之后被执行。

OnResultExecuting 方法在被调用的行为方法返回 ActionResult 实例之前被调用。而

OnResultExecuted 在被调用的行为方法返回 ActionResult 实例之后被调用。

下面的代码显示了一个简单的自定义行为过滤器的定义（这段代码实现了在行为方法被调用之前或之后跟踪信息的行为过滤器。它重写了方法 OnActionExecuting 和方法 OnActionExecuted）：

```
public class LoggingFilterAttribute : ActionFilterAttribute
{
public override void OnActionExecuting(ActionExecutingContext filterContext)
    {
    filterContext.HttpContext.Trace.Write("Starting: "+ filterContext.ActionMethod.
Name); // 记录行为方法的名
        base.OnActionExecuting(filterContext);
    }
    public override void OnActionExecuted(ActionExecutedContext filterContext)
    {
if (filterContext.Exception != null)
        filterContext.HttpContext.Trace.Write("Exception thrown");
    // 记录异常
    base.OnActionExecuted(filterContext);
    }
}
```

从上面的代码可以看出每个行为过滤器方法都包含一个 Context 类型的参数，表 20-7 列出了每个方法的参数对应的 Context 对象的类型。

表 20-7　每个方法的参数对应的 Context 对象的类型

| 方法 | 参数类型 |
|------|----------|
| OnActionExecuting | ActionExecutingContext |
| OnActionExecuted | ActionExecutedContext |
| OnResultExecuting | ResultExecutingContext |
| OnResultExecuted | ResultExecutedContext |

所有的 Context 类都继承自 COntrollerContext 类，并包含一个属性 ActionMethod，通过这个属性可以确认过滤器被应用于哪个行为。

ActionExecutingContext 和 ResultExecutingContext 包含一个 Cancel 属性，使用它能够取消行为。

ActionExecutedContext 和 ResultExecutedContext 包含一个 Exception 属性和一个 ExceptionHandled 属性。如果 Exception 属性为 null，表明在行为方法运行过程中没有错误发生。如果 Exception 属性不为 null 并且过滤器知晓怎么处理异常，则过滤器能够处理异常，然后通过把属性 ExceptionHandled 设置为 true 来表明它已经对异常做过处理。尽管属性 ExceptionHandled 为 true，堆栈中的任何附加的行为过滤器的 OnActionExecuted 或 OnResultExecuted 方法将会被调用，并且信息也会被传递给它们。

自定义的行为过滤器同系统默认提供的过滤器的使用方法一样，下面的代码显示了如何使用自定义的行为过滤器（从下面的代码可以看出，同系统默认提供的过滤器的使用方法一样，只需要把自定义的行为过滤器作为特性放在过滤器或方法前面即可）：

```
public class HomeController : Controller
{
  static Boolean clicked = false;
    [LoggingFilter]                    // 使用自定义过滤器
    public ActionResult Index()
    {
ViewData["Title"] = "主页";
        ViewData["Message"] = "欢迎 ASP.NET MVC!";
        if (clicked == true)
        {
ViewData["Click"] = "你单击了按钮! .";
          clicked = false;
        }
        return View();
    }
    [LoggingFilter]                // 使用自定义过滤器
    public ActionResult About()
    {
ViewData["Title"] = "关于页面";
        return View();
    }
    [LoggingFilter]                // 使用自定义过滤器
    public ActionResult ClickMe()
    {
clicked = true;
        return RedirectToAction("Index");
    }
}
```

## 20.7 案例讲解

下面介绍利用 ASP.NET MVC 框架技术实现公告发布系统的 Demo 版本过程。主要分三个部分进行介绍：

- 模型的实现。
- 控制器的实现。
- 视图的实现。

基于 ASP.NET MVC 的开发的公告发布系统，其源文件在"解决方案资源管理器"窗口中具有很好的文件管理体系，如图 20-5 所示。

- 通过图 20-5 可以看出，在开发公告发布系统时，应把文件分门别类地放在不同的文件夹下。
- App_Data 文件夹，它用来存储数据，与基于 Web 表单的 ASP.NET Web 应用程序中的 App_Data 文件夹具有相同的功能。
- Content 文件夹，它存放应用程序需要的一些资源文件，如图片、CSS 等。

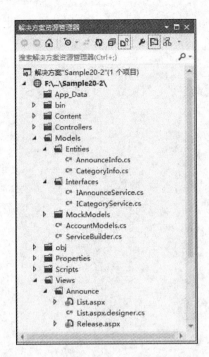

图 20-5　公告发布系统的源文件结构图

- Controllers 文件夹，它存放控制器类。这里将实现两个控制器：HomeController 和 AnnounceController，其中 HomeController 定义与主页有关的控制器方法，AnnounceController 定义与公告有关的控制器方法。
- Models 文件夹，它存放业务模型组件。这里将要实现公告发布系统的业务逻辑，包括实体模型的定义、接口的定义以及服务方法的定义等。
- Scripts 文件夹，它存放 JavaScript 等脚本文件。
- Views 文件夹，它存放视图。会根据视图的不同功能，把不同的视图放在不同的文件夹下：Home 文件夹和 Shared 文件夹是自动生成的，Home 文件夹用来放置 Index 视图，而 Shared 文件夹则用来防止母版页定义的视图以及其他公用资源。而业务功能视图则可以放在用户自己定义的文件夹里，这里添加了 Annouce 文件夹，包含了三个视图：List 页面、Release 页面和 ReleaseSucceed 页面。List 页面用来实现某个公告分类下的公告信息的显示。Release 页面用来实现公告信息的发布，ReleaseSucceed 页面展示公告信息发布成功。

下面就具体讲解基于 ASP.NET MVC 的公告发布系统的实现。

## 20.7.1　创建应用程序

打开 Visual Studio 2012，创建一个名为 Sample20-2 的 ASP.NET MVC Web Application 项目。

当项目 Sample20-2 创建完毕后，Visual Studio 2012 自动生成一个 ASP.NET MVC Web Application 的示例。

删除 Controllers 文件夹中的 AccountController.cs 文件。

删除 Views 文件夹中的 Account 文件夹以及其中的所有文件。

删除 Views/Home 文件夹中的 About.aspx 页面。

删除 Views/Shared 文件夹中的 LoginUserControl.ascx 用户控件。

修改 Views/Shared 文件夹中的 Site.Master 母版页，代码如下：

```
<%@ Master Language="C#" AutoEventWireup="true" CodeBehind="Site.master.cs"
Inherits="Sample20_2.Views.Shared.Site" %>
<!DOCTYPE html PUBLIC "-//W3C//DTD XHTML 1.0 Strict//EN"
"http://www.w3.org/TR/xhtml1/DTD/xhtml1-strict.dtd">
<html xmlns="http://www.w3.org/1999/xhtml">
    <head runat="server">
        <meta http-equiv="Content-Type" content="text/html; charset=iso-8859-1" />
        <title><%= Html.Encode(ViewData["Title"]) %></title>
        <link href="../../Content/Site.css" rel="stylesheet" type="text/css" />
    </head>
    <body>
        <div class="page">
            <div id="header">
                <div id="title">
                    <h1>MVC 应用程序</h1>
                </div>
            </div>
            <div id="main">
                <asp:ContentPlaceHolder ID="MainContent" runat="server" />
                <div id="footer">
                    MVC 应用程序 &copy; Copyright 2008
                </div>
            </div>
        </div>
    </body>
</html>
```

这段代码定义了 Site.Master 母版页，其中页面的标题通过 ViewData["Title"]获得，其他的内容均为静态内容。

到此，ASP.NET MVC 应用程序创建的准备工作进行完毕，下面将在此基础上创建 ASP.NET MVC 公告发布系统。

## 20.7.2　模型的实现

公告发布系统中包含两个模型：公告类型模型和公告信息模型。其中公告类型模型用来定义公告信息的类型，公告信息模型用来定义公告本身。

首先在 Models 下新建三个文件夹，分别为 Entities、Interfaces、MockModels，分别用来存放实体类、接口及 Mock 业务模型。

在 Entities 文件夹下添加公告类型模型类 CategoryInfo 的定义文件 CategoryInfo.cs，代码如下（公告类型模型类 CategoryInfo 包含两个属性：ID 表示公告类型的编号，Name 表示公告类型的名称）：

```
using System;
using System.Data;
using System.Configuration;
using System.Linq;
using System.Web;
using System.Web.Security;
using System.Web.UI;
using System.Web.UI.HtmlControls;
using System.Web.UI.WebControls;
using System.Web.UI.WebControls.WebParts;
using System.Xml.Linq;
namespace Sample20_2.Models.Entities
{
public class CategoryInfo
    {
 public int ID { get; set; }
        public string Name { get; set; }
    }
}
```

在 Entities 文件夹添加公告信息模型类 AnnounceInfo 的定义文件 AnnounceInfo.cs，代码如下（公告信息模型类 AnnounceInfo 包含 4 个属性：ID 表示公告编号， Title 表示公告标题，Contents 表示公告内容，Category 表示公告所属的分类的 ID）：

```
using System;
using System.Data;
using System.Configuration;
using System.Linq;
using System.Web;
using System.Web.Security;
using System.Web.UI;
using System.Web.UI.HtmlControls;
using System.Web.UI.WebControls;
using System.Web.UI.WebControls.WebParts;
using System.Xml.Linq;
namespace Sample20_2.Models.Entities
{
public class AnnounceInfo
    {
public int ID { get; set; }
        public string Title { get; set; }
        public string Contents { get; set; }
        public int Category { get; set; }
    }
}
```

在 Interfaces 文件夹添加公告类型服务要实现的接口 ICategoryService 的定义文件

ICategoryService.cs 的代码如下（IcategoryService 定义了公告类型服务要实现的方法，包括添加分类、修改分类名称、删除分类、取得某个分类详细信息和取得所有分类）：

```csharp
using System;
using System.Data;
using System.Configuration;
using System.Linq;
using System.Web;
using System.Web.Security;
using System.Web.UI;
using System.Web.UI.HtmlControls;
using System.Web.UI.WebControls;
using System.Web.UI.WebControls.WebParts;
using System.Xml.Linq;
using System.Collections.Generic;
using Sample20_2.Models.Entities;
namespace Sample20_2.Models.Interfaces
{   ///
    /// 分类服务组件接口
    ///
    public interface ICategoryService
    {   ///
        /// 添加分类
        ///
        ///
        void Add(CategoryInfo category);
        ///
        /// 修改分类名称
        ///
        ///
        ///
        void ChangeName(int id, string name);
        ///
        /// 删除分类
        ///
        ///
        void Remove(int id);
        ///
        /// 取得某个分类详细信息
        ///
        ///
        ///
        CategoryInfo GetDetail(int id);
        ///
        /// 取得所有分类
        ///
        ///
        List<CategoryInfo> GetAll();
    }
```

```
            }
```

在 Interfaces 文件夹下添加公告服务要实现的接口 IAnnounceService 的定义文件
IAnnounceService.cs，代码如下（IAnnounceService 定义了公告服务要实现的方法，包括发布公告、
修改公告信息、删除公告、取得公告详细内容和取得某个分类下的所有公告）：

```
using System;
using System.Data;
using System.Configuration;
using System.Linq;
using System.Web;
using System.Web.Security;
using System.Web.UI;
using System.Web.UI.HtmlControls;
using System.Web.UI.WebControls;
using System.Web.UI.WebControls.WebParts;
using System.Xml.Linq;
using System.Collections.Generic;
using Sample20_2.Models.Entities;
namespace Sample20_2.Models.Interfaces
{   ///
    /// 公告服务组件接口
    ///
    public interface IAnnounceService
    {   ///
        /// 发布公告
        ///
        ///
        void Release(AnnounceInfo announce);
        ///
        /// 修改公告信息
        ///
        ///
        void Notify(AnnounceInfo announce);
        ///
        /// 删除公告
        ///
        ///
        void Remove(int id);
        ///
        /// 取得公告详细内容
        ///
        ///
        ///
        AnnounceInfo GetDetail(int id);
        ///
        /// 取得某个分类下的所有公告
        ///
        ///
```

```
            ///
        List<AnnounceInfo> GetByCategory(CategoryInfo category);
    }
}
```

在 MockModels 文件夹下添加公告类型服务要实现的业务逻辑 MockCategoryService 的定义文件 MockCategoryService.cs，代码如下（MockCategoryService 定义了公告服务类型要实现的业务逻辑，这个类实现了公告服务类型接口 IcategoryService 定义的方法，包括添加分类、修改分类名称、删除分类、取得某个分类详细信息和取得所有分类。这里并没有真正实现这些方法的实际业务逻辑，只是对这些业务逻辑的模拟）：

```
using System;
using System.Data;
using System.Configuration;
using System.Linq;
using System.Web;
using System.Web.Security;
using System.Web.UI;
using System.Web.UI.HtmlControls;
using System.Web.UI.WebControls;
using System.Web.UI.WebControls.WebParts;
using System.Xml.Linq;
using System.Collections.Generic;
using Sample20_2.Models.Entities;
using Sample20_2.Models.Interfaces;
namespace Sample20_2.Models.MockModels
{   ///
    /// 实现分类的业务服务
    ///
    public class MockCategoryService : ICategoryService
    {   ///
        /// 添加分类
        ///
        ///
        public void Add(CategoryInfo category)
        {
 return;
        }
        ///
        /// 修改分类名称
        ///
        ///
        ///
        public void ChangeName(int id, string name)
        {
 return;
        }
        ///
```

```
        /// 删除分类
        ///
        ///
        public void Remove(int id)
        {   return;
        }
        ///
        /// 取得某个分类详细信息
        ///
        ///
        ///
        public CategoryInfo GetDetail(int id)
        {
 return new CategoryInfo
            {
ID = id,
              Name = "最新通告",
            };
        }
        ///
        /// 取得所有分类
        ///
        ///
        public List<CategoryInfo> GetAll()
        {
List<CategoryInfo> categories = new List<CategoryInfo>();
            for (int i = 1; i <= 5; i++)
            {
CategoryInfo category = new CategoryInfo
                {   ID = i,
                    Name = "通告类别" + i,
                };
                categories.Add(category);
            }
            return categories;
        }
    }
}
```

　　在 MockModels 文件夹下添加公告服务要实现的业务逻辑 MockAnnounceService 的定义文件 MockAnnounceService.cs，代码如下（MockAnnounceService 定义了公告服务要实现的业务逻辑，这个类实现了公告服务接口 IAnnounceService 定义的方法，包括发布公告、修改公告信息、删除公告、取得公告详细内容和取得某个分类下的所有公告。这里并没有真正实现这些方法的实际业务逻辑，只是对这些业务逻辑的模拟）：

```
using System;
using System.Data;
using System.Configuration;
```

```
using System.Linq;
using System.Web;
using System.Web.Security;
using System.Web.UI;
using System.Web.UI.HtmlControls;
using System.Web.UI.WebControls;
using System.Web.UI.WebControls.WebParts;
using System.Xml.Linq;
using System.Collections.Generic;
using Sample20_2.Models.Entities;
using Sample20_2.Models.Interfaces;
namespace Sample20_2.Models.MockModels
{   ///
    /// 实现公告的业务服务
    ///
    public class MockAnnounceService : IAnnounceService
    {   ///
        /// 发布公告
        ///
        ///
        public void Release(AnnounceInfo announce)
        {   return;
        }
        ///
        /// 修改公告信息
        ///
        ///
        public void Notify(AnnounceInfo announce)
        {   return;
        }
        ///
        /// 删除公告
        ///
        ///
        public void Remove(int id)
        {   return;
        }
        ///
        /// 取得公告详细内容
        ///
        ///
        ///
        public AnnounceInfo GetDetail(int id)
        {
 return new AnnounceInfo
        {
ID = id,
            Title = "第" + id + "则公告",
            Contents = "全体同学明早九点集体做俯卧撑！",
```

```
            };
        }
        ///
        /// 取得某个分类下的所有公告
        ///
        ///
        ///
        public List<AnnounceInfo> GetByCategory(CategoryInfo category)
        {
List<AnnounceInfo> announces = new List<AnnounceInfo>();
            for (int i = 1; i <= 10; i++)
            {
AnnounceInfo announce = new AnnounceInfo
                {   ID = i,
                    Title = category.Name + "的第" + i + "则公告",
                    Contents = "全体同学明早九点集体做俯卧撑！",
                };
                announces.Add(announce);
            }
            return announces;
        }
    }
}
```

在 Models 文件夹下添加一个生成业务逻辑模型的生成器 ServiceBuilder 的定义文件 ServiceBuilder.cs，代码如下（ServiceBuilder 类用来表示层和业务逻辑层的接耦，它包含了公告类型服务生成方法 BuildCategoryService 和公告服务生成方法 BuildAnnounceService）：

```
using System;
using System.Data;
using System.Configuration;
using System.Linq;
using System.Web;
using System.Web.Security;
using System.Web.UI;
using System.Web.UI.HtmlControls;
using System.Web.UI.WebControls;
using System.Web.UI.WebControls.WebParts;
using System.Xml.Linq;
using System.Collections.Generic;
using Sample20_2.Models.MockModels;
using Sample20_2.Models.Interfaces;
namespace Sample20_2.Models
{   ///
    /// 服务组件生成类，用于生成业务服务组件
    ///
    public sealed class ServiceBuilder
    {   ///
        /// 创建分类服务组件
```

```
        ///
        /// 分类服务组件
        public static ICategoryService BuildCategoryService()
        {
return new MockCategoryService();
        }
        ///
        /// 创建公告服务组件
        ///
        /// 公告服务组件
        public static IAnnounceService BuildAnnounceService()
        {
 return new MockAnnounceService();
        }
    }
}
```

以上给出了公告服务系统中的公告类型和公告服务的模型定义，这些类和接口提供了公告服务系统的业务逻辑的实现。

## 20.7.3　控制器的实现

本节介绍公告服务系统控制器的实现。由于只是实现简单的公告服务系统，因此这里只是添加了两个控制器的定义：HomeController 和 AnnounceController，其中 HomeController 定义与主页有关的控制器方法，AnnounceController 定义与公告有关的控制器方法。

在 Controllers 文件夹添加控制器 HomeController 的定义 HomeController.cs，文件代码如下（HomeController 控制器提供了一个行为方法 Index，该方法用来生成 Index 视图，它返回了所有的公告类型）：

```
using System;
using System.Collections.Generic;
using System.Linq;
using System.Web;
using System.Web.Mvc;
using System.Web.Mvc.Ajax;
using Sample20_2.Models;
using Sample20_2.Models.Entities;
using Sample20_2.Models.Interfaces;
namespace Sample20_1.Controllers
{
[HandleError]
    public class HomeController : Controller
    {
public ActionResult Index()
        {
ViewData["Title"] = "主页";
        ViewData["Message"] = "欢迎来到ASP.NET MVC 应用程序!";
```

```
        // return View();
        ICategoryService cServ = ServiceBuilder.BuildCategoryService();
        ViewData["Categories"] = cServ.GetAll();
        return View("Index");
    }
  }
}
```

在 Controllers 文件夹下添加控制器 AnnounceController 的定义 AnnounceController.cs，文件代码如下（AnnounceController 控制器提供了三个行为方法 Release、DoRelease 和 List。行为方法 Release 用来生成 Release 视图，实现公告信息的发布；行为方法 DoRelease 用来生成 ReleaseSucceed 视图，实现信息发布成功的显示；行为方法 List 用来生成 List 视图，实现某种公告类别下的公告信息的显示，该方法包含一个参数 id，它将默认获得 URL 路由传来的第三个参数）：

```
using System;
using System.Data;
using System.Configuration;
using System.Linq;
using System.Web;
using System.Web.Mvc;
using System.Web.Mvc.Ajax;
using System.Web.Security;
using System.Web.UI;
using System.Web.UI.HtmlControls;
using System.Web.UI.WebControls;
using System.Web.UI.WebControls.WebParts;
using System.Xml.Linq;
using System.Collections.Generic;
using Sample20_2.Models;
using Sample20_2.Models.Entities;
using Sample20_2.Models.Interfaces;
namespace Sample20_2.Controllers
{
[HandleError]
    public class AnnounceController : Controller
    {
public ActionResult Release()
        {
ICategoryService cServ = ServiceBuilder.BuildCategoryService();
        List<CategoryInfo> categories = cServ.GetAll();
        ViewData["Categories"] = new SelectList(categories, "ID", "Name");
        return View("Release");
        }
        public ActionResult List(int id)
        {
CategoryInfo category = new CategoryInfo();
        category.ID = id;
        ViewData["Category"] = id;
```

```
            IAnnounceService aServ = ServiceBuilder.BuildAnnounceService();
            List<AnnounceInfo> announceInfos = aServ.GetByCategory(category);
            ViewData["Announce"] = announceInfos;
            return View("List");
        }
        public ActionResult DoRelease()
        {
    AnnounceInfo announce = new AnnounceInfo()
        {
    ID = 1,
            Title = Request.Form["Title"],
            Category = Int32.Parse(Request.Form["Category"]),
            Contents = Request.Form["Content"],
        };
            IAnnounceService aServ = ServiceBuilder.BuildAnnounceService();
            aServ.Release(announce);
            ViewData["Announce"] = announce;
            return View("ReleaseSucceed");
        }
    }
}
```

## 20.7.4　视图的实现

本节介绍公告服务系统的视图的实现。本示例中并没有实现公告服务系统中所有功能页面，只是展示了其中几个页面的实现：Index 页面、List 页面、Release 页面和 ReleaseSucceed 页面。Index 页面用来实现公告类型的展示；List 页面用来实现某个公告分类下的公告信息的显示；Release 页面用来实现公告信息的发布；ReleaseSucceed 页面展示公告信息发布成功。

在 Views/Home 文件夹添加视图 Index.aspx 的定义文件，index.aspx 是内容页，其母版页是前面定义的 Site.Master 母版页。在视图中通过 ViewData["Message"]获得控制中传入的欢迎信息，通过 ViewData["Categories"]获得控制器传入的公告分类信息列表，然后利用 foreach 循环把整个公告分类列表信息显示在视图中。代码如下：

```
    <%@        Page        Language="C#"        MasterPageFile="~/Views/Shared/Site.Master"
AutoEventWireup="true"
        CodeBehind="Index.aspx.cs" Inherits="Sample20_1.Views.Home.Index" %>
    <%@ Import Namespace="Sample20_2.Models.Entities" %>
    <asp:Content       ID="indexContent"        ContentPlaceHolderID="MainContent"
runat="server">
        <h2><%= Html.Encode(ViewData["Message"]) %></h2>
        <% List<CategoryInfo> categories=ViewData["Categories"] as List<CategoryInfo>;
%>
        <div>
        <h1>MVC 公告发布系统</h1>
        <ul>
            <% foreach (CategoryInfo c in categories)
```

```
        {   %>
            <li><%= Html.ActionLink(c.Name, "List/" + c.ID, "Announce") %></li>
            <%
        }  %>
        </ul>
    </div>
</asp:Content>
```

视图 Index.aspx 的运行效果如图 20-6 所示。

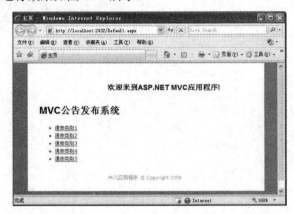

图 20-6　视图 Index.aspx 的运行效果

在 Views/ Announce 文件夹中添加视图 List.aspx 的定义文件，视图 List.aspx 用来实现某个公告分类下的公告信息的显示。当用户在图 20-6 中单击某个公告分类时，URL 路由就会把页面导航到该视图以显示被选中的公告分类下所有包含的公告信息。获得公告信息的列表后，利用 foreach 在页面中把公告信息显示在页面中。代码如下：

```
<%@      Page      Language="C#"      MasterPageFile="~/Views/Shared/Site.Master"
AutoEventWireup="true"
    CodeBehind="List.aspx.cs" Inherits="Sample20_2.Views.Announce.List" Title="
无标题页" %>
    <%@ Import Namespace="Sample20_2.Models.Entities" %>
    <asp:Content ID="Content1" ContentPlaceHolderID="MainContent" runat="server">
    <% List<AnnounceInfo> announce = ViewData["Announce"] as List<AnnounceInfo>;
%>
    <div>
        <h1>
        MVC 公告发布系统——通告类别<%=ViewData["Category"] %>下的公告信息列表</h1>
        <% foreach (AnnounceInfo a in announce)
        {   %>
        <dl>
            <dt>ID: </dt>
            <dd><%= a.ID %></dd>
            <dt>标题: </dt>
            <dd><%= a.Title %></dd>
            <dt>类别 ID: </dt>
            <dd><%= a.Category %> </dd>
```

```
            <dt>内容: </dt>
            <dd><%= a.Contents %></dd>
        </dl>
        <%
    } %>
    </div>
</asp:Content>
```

视图 List.aspx 的运行效果如图 20-7 所示。

图 20-7　视图 List.aspx 的运行效果

在 Views/ Announce 文件夹中添加视图 Release.aspx 的定义文件，视图 Release.aspx 提供了公告信息发布的界面，首先通过 ViewData["Categories"]获得公告类型的列表，再使用 ViewPage 的一个对象 Html 使生成公告发布的表单，这里调用了该对象的方法 BeginForm，它包含三个参数，分别是提交请求的 Action、提交请求的控制器以及请求方式。页面中有三个输入表单和一个"提交"按钮。三个输入表单分别是：名为 Title 的文本框，名为 Content 的文本域和名为 Category 的下拉列表框。注意下拉列表是怎么绑定的，只要将含有数据的 SelectList 作为第二个参数即可。最后调用方法 EndForm 表示表单生成的结果。代码如下：

```
<%@       Page       Language="C#"       MasterPageFile="~/Views/Shared/Site.Master"
AutoEventWireup="true"
    CodeBehind="Release.aspx.cs"       Inherits="Sample20_2.Views.Announce.Release"
Title="无标题页" %>
<%@ Import Namespace="Sample20_2.Models.Entities" %>
<asp:Content ID="Content1" ContentPlaceHolderID="MainContent" runat="server">
    <% SelectList categories = ViewData["Categories"] as SelectList; %>
    <div>
        <h1> MVC 公告发布系统——发布公告</h1>
        <% Html.BeginForm("DoRelease", "Announce", FormMethod.Post); %>
        <dl>
            <dt>标题: </dt>
            <dd> <%= Html.TextBox("Title") %></dd>
            <dt>分类: </dt>
            <dd> <%= Html.DropDownList("Category",categories) %></dd>
            <dt>内容: </dt>
            <dd> <%= Html.TextArea("Content") %></dd>
        </dl>
        <input type="submit" value="发布" />
```

```
        <% Html.EndForm(); %>
    </div>
</asp:Content>
```

视图 Release.aspx 的运行效果如图 20-8 所示。

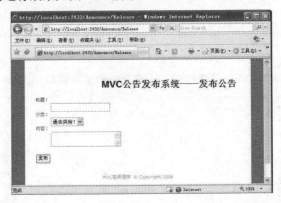

图 20-8　视图 Release.aspx 的运行效果

在 Views/Announce 文件夹中添加视图 ReleaseSucceed.aspx 的定义文件，视图 ReleaseSucceed.aspx 用来显示发布成功的公告。首先利用 ViewData["Announce"]获得发布的信息，然后页面把发布的信息显示出来。代码如下：

```
    <%@      Page      Language="C#"      MasterPageFile="~/Views/Shared/Site.Master"
AutoEventWireup="true"
    CodeBehind="ReleaseSucceed.aspx.cs"
Inherits="Sample20_2.Views.Announce.ReleaseSucceed"
    Title="无标题页" %>
<%@ Import Namespace="Sample20_2.Models.Entities" %>
<asp:Content ID="Content1" ContentPlaceHolderID="MainContent" runat="server">
    <% AnnounceInfo announce = ViewData["Announce"] as AnnounceInfo; %>
    <div>
        <h1> MVC 公告发布系统——发布公告成功</h1>
        <dl>
            <dt>ID: </dt>
            <dd><%= announce.ID %></dd>
            <dt>标题: </dt>
            <dd><%= announce.Title %></dd>
            <dt>类别 ID: </dt>
            <dd> <%= announce.Category %></dd>
            <dt>内容: </dt>
            <dd><%= announce.Contents %></dd>
        </dl>
    </div>
</asp:Content>
```

视图 ReleaseSucceed.aspx 的运行效果如图 20-9 所示。

图 20-9　视图 ReleaseSucceed.aspx 的运行效果

经过以上几节的介绍，基于 ASP.NET MVC 公告发布系统构建完毕，虽然并没有完全实现一个公告系统所应该具有的所有功能，而且其间很多业务逻辑都是采用模拟的结果（并没有真正实现业务逻辑，这不是本章要介绍的重点，故省略掉了），但这个基于 ASP.NET MVC 框架的 Web 系统却已经实现了整个 MVC 应用程序所需要的所有模块，从模型、控制器到视图以及路由。

## 20.8　小结

ASP.NET MVC 应用程序提供了方便程序员构建基于 MVC 的 Web 系统的方法和框架。本章首先介绍了 ASP.NET MVC 应用程序的基本知识，包括如何使用 Visual Studio 2012 创建 MVC 应用程序，以及 MVC 应用程序的结构、执行，并简单介绍了 MVC 核心之一——模型。其次介绍了 ASP.NET MVC 应用程序中有关路由的知识。然后介绍了控制器、视图以及行为过滤器。最后通过一个比较典型的例子来展示 ASP.NET MVC 应用程序的创建和应用。ASP.NET MVC 框架还在发展之中，本章是基于 2.0 版本的，但学习过本章的内容之后，相信即使发展到新的版本，读者也能够自学掌握。

# 第 21 章
# 网络书店

电子商务平台如今风靡整个互联网，网上购物平台已经成为门户网站的必备交互平台，而且近年来也出现了很多专业的电子商务平台，如阿里巴巴、淘宝网等。电子商务平台提供方便快捷的商务环境，既有利于商家，也方便了买家，更方便了商品和资金的流通。本章将要介绍的网络书店商务平台是电子商务平台中比较专业的一种，主要是面向书籍买卖的业务活动。网络书店提供一个存在于网络上的虚拟书店，买家可以到网站上去浏览书店提供的书籍（这些书籍包含详细的描述信息），就像到真正的书店浏览书籍一样，看到自己喜欢的书籍就可以向系统下订单，商家看到订单后根据用户提供的信息来处理这些订单，用户可以时时跟踪订单的处理过程直到得到购买到书籍。本章将介绍如何利用 ASP.NET 4.5、AJAX、LINQ 到 SQL 和 SQL Server 数据库来实现一个网上书店系统，这个系统将主要实现网上下订单和购书的功能。

## 21.1　功能分析

网络书店的主要功能就是让用户能够足不出户就可以购买到自己想要的书籍，所以网络书店系统主要提供如下的功能：

- 书籍浏览，提供书籍的浏览的功能，让用户看到当前网络书店提供的书籍种类。
- 书籍搜索，提供书籍搜索的接口，让用户能够迅速搜索到自己想要的书籍。
- 购物车，提供放置用户在当前浏览中看中的书籍的功能。
- 订单，由购物车的书籍清单来生成，用户可以时时跟踪该订单已查看自己的购物情况。
- 站内邮箱，以方便用户和网络书店管理员之间的交流。
- 书籍评论，提供书籍评论留言板功能，让用户能够对书籍发表评论。

网络书店提供的功能如图 21-1 所示。

以上功能分析主要是针对买家用户来提出来的，为了维护网络书店系统，系统还应该为管理员提供如下功能：

- 书籍信息维护，用来维护书籍的基本信息，包括添加书籍信息、修改书籍信息等。
- 书籍分类维护，用来维护书籍分类信息，包括添加书籍分类、修改书籍分类等。

- 订单监管，提供书店管理员来处理用户订单的功能。

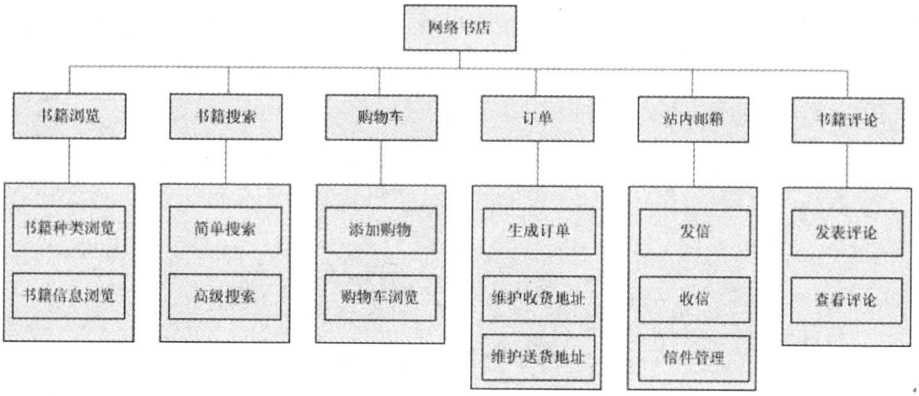

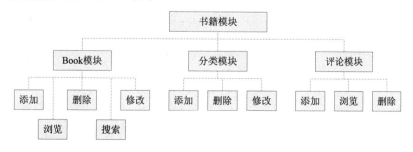

图 21-1　网络书店系统的功能分析

## 21.2　系统设计

下面根据网络书店系统的功能需求来设计网络书店系统。

## 21.2.1　系统模块的划分

根据功能需求分析，可以把系统划分为如下几个模块。

### 1. 书籍模块

书籍模块用来实现有关书籍的所有功能。包括三个子模块：

- Book 模块，用来实现书籍信息的维护管理，包括添加书籍信息、浏览书籍信息、搜索书籍信息、修改书籍信息和删除书籍信息等操作功能。
- 分类模块，用来实现书籍分类管理的维护，包括添加分类、修改分类、删除分类等。
- 评论模块，用来实现书籍评论管理的维护，包括添加评论、查看评论和删除评论等。

书籍模块的功能设计如图 21-2 所示。

图 21-2　书籍模块的功能设计

### 2．购物车模块

购物车模块用来实现暂时存放买家用户待购书籍的功能，就像去超市买东西所提供的购物篮和购物车的功能一样。购物车模块实现的功能包括：向购物车中放书籍、更新购物车中的书籍数量、删除购物车中某类书籍和浏览购物车的内容。

购物车模块的功能设计如图 21-3 所示。

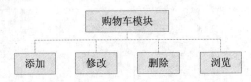

图 21-3　购物车模块的功能设计

### 3．订单模块

订单模块用来实现买家用户向商家用户提供购物信息的依据，也就是提供买了什么种类的书籍、每类书籍的数量、发货方式以及收货地址等信息功能。订单模块主要包括 4 个子模块：

- Order 模块，用来实现订单主体信息的维护管理，包括添加订单、修改订单、删除订单和浏览订单等功能。
- 购物清单模块，用来实现订单购物清单信息的维护管理，包括添加购物清单、查看购物清单等功能。
- 送货地址模块，用来实现订单送货地址信息的维护管理，包括添加地址信息、查看地址信息、修改地址信息和删除地址信息功能。
- 送货方式模块，用来实现订单送货方式信息的维护管理，包括添加送货方式、查看送货方式等功能。

订单模块的功能设计如图 21-4 所示。

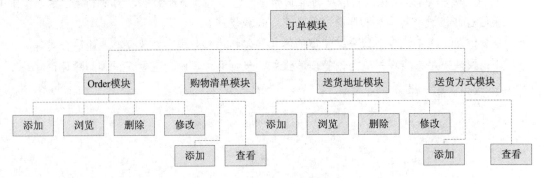

图 21-4　订单模块的功能设计

### 4．邮件模块

邮件模块用来实现系统用户和用户、用户和管理员之间的交流。邮件模块包含两个子模块：

- 文件夹模块，实现邮件文件夹的管理，这里系统会自动生成 4 个文件夹，用户可以维护文件里的内容，主要功能包括浏览文件等。

● 邮件模块，实现邮件信息的管理维护，包括邮件接收、发送、删除等功能。

邮件模块的功能设计如图 21-5 所示。

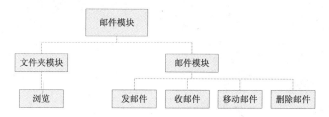

图 21-5　邮件模块的功能设计

### 5. 用户模块

由于网络书店系统要提供买家用户和商家用户来使用，同时还要为系统管理员提供管理接口，因此该系统有必要提供一个维护用户信息的模块，该模块提供用户信息的维护、用户角色的配置等功能，以达到对用户使用系统时权限的控制。

用户模块包括两个子模块：

● 用户信息模块，提供用户信息的添加、修改、删除和浏览等功能。
● 角色模块，提供角色信息的添加、修改、删除和浏览等功能。

用户模块的功能设计如图 21-6 所示。

图 21-6　用户模块的功能设计

## 21.2.2　系统框架设计

本节介绍网络书店的系统框架设计。

### 1. 主界面

网络书店系统提供了一个展现系统内容的主界面，如图 21-7 所示。

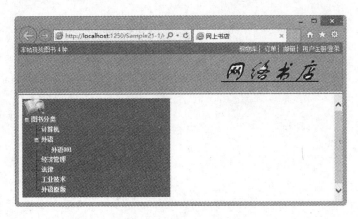

图 21-7  网络书店主界面

主界面主要分为 4 个区域：最上面区域为头区域，在头区域的左端显示了本网络书店里包含图书的种类，在右端列举了网络书店系统的子系统连接，包括购物车子系统、订单子系统、邮箱子系统和用户注册/登录子系统；中间区域显示网站系统的名字和标识；下面区域分为了两个区域，左边区域是系统操作的导航栏目，最上面是图书搜索的导航，下面是图书分类导航书，右边区域用来显示被选中的图书分类的图书信息列表。

**2. 购物车子系统**

在图 21-7 所示的主界面中单击"购物车"链接，打开购物车管理子系统的界面，如图 21-8 所示。

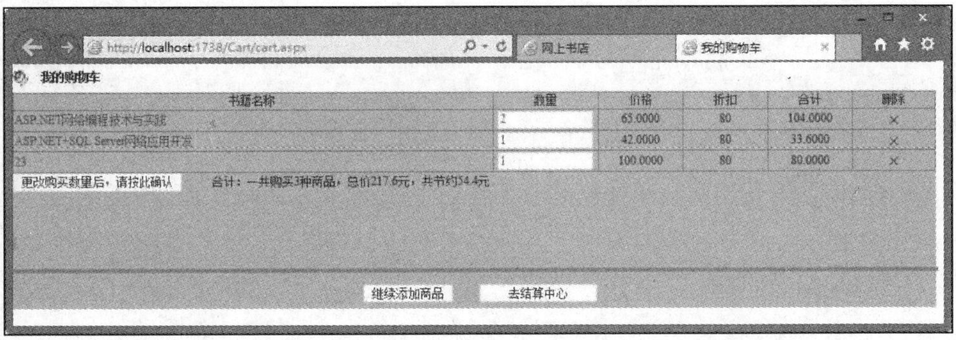

图 21-8  购物车管理子系统

在购物车管理子系统中，用户可以对购物车的内容进行维护。图 21-8 显示了购物车管理子系统的主操作界面，在界面上面是购物车图书清单的列表，在列表中，用户可以看到当前购物车中存放了哪些类型的图书，以及图书的数量、价格、折扣和合计等信息，在列表的下方列举了整个购物车的合计信息，包括购买图书的种类数量、总价格和节约款项等信息。用户可以根据自己的需要随时修改购物车中图书的数量，只需要在数量列中修改图书的数量，然后单击"更改购买数量后，请按此确认"按钮，即可修改购买图书的数量。用户可以随时删除不想要的图书。当然如果用户想要继续添加图书的话，可以单击"继续添加商品"按钮导航到图书浏览主界面。如果用户已经确认购买图书的种类和数量，就可以单击"去结算中心"按钮来生成购物订单。

### 3. 订单子系统

在图 21-7 所示的主界面中单击"订单"链接，打开订单管理子系统的界面，如图 21-9 所示。

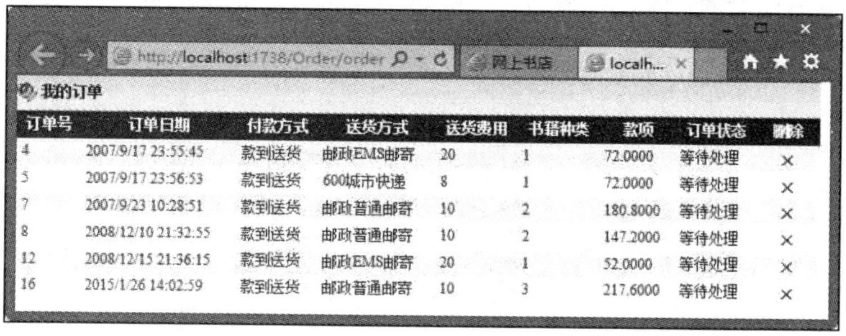

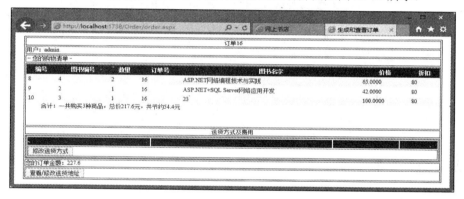

图 21-9　订单管理子系统

在图 21-9 中列举了当前登录用户的所有订单清单，在该列表中，用户可以看到自己拥有的订单数量、下单日期、付款方式、送货方式、送货费用、书籍种类、款项以及订单状态。用户可以通过单击"订单号"链接来查看该订单的详细信息，也可以随时删除某个订单。

用户单击"订单号"链接打开某个订单的详细信息查看界面如图 21-10 所示。

图 21-10　订单详细信息查看界面

图 21-10 展现了当前图书订单的详细信息，包括购物清单列表、送货方式、费用、订单的总金额。

用户单击"修改送货方式"按钮，打开如图 21-11 所示的送货方式修改界面。

图 21-11　送货方式修改界面

在图 21-11 中，下拉列表框中列举了本网络书店提供的送货方式，用户可以选择其中任一个，然后单击"修改"按钮完成送货方式的修改。

单击图 21-10 中"查看/修改送货地址"按钮，打开如图 21-12 所示的送货地址查看/修改界面。

图 21-12 显示了当前用户的收货地址。用户可以单击"修改送货地址"按钮来修改送货地址，如图 21-13 所示。

用户填好相应的信息后，单击"确定"按钮即可完成送货地址的修改。

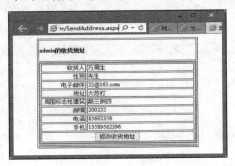

图 21-12　送货地址查看界面

### 4. 邮件子系统

在图 21-7 所示的主界面中单击"邮箱"链接，打开邮件管理子系统的界面，如图 21-13 所示。

| 新邮件 给管理员发信 | 文件夹名称 | 邮件总数 | 新邮件数量 | 文件夹大小 |
| --- | --- | --- | --- | --- |
| ⬚ ♦ 文件夹 | 收件箱 | 1 | 0 | 0KB |
| ♦ 收件箱 | 已发送 | 0 | 0 | 0KB |
| ♦ 已发送 | 草稿箱 | 0 | 0 | 0KB |
| ♦ 草稿箱 | 垃圾箱 | 0 | 0 | 0KB |
| ♦ 垃圾箱 | | | | |

图 21-13　邮件管理子系统

邮件管理子系统不是传统意义上的电子邮件系统，而这里的邮件子系统只是一个站内信箱，只有拥有该网站注册账户的人才能使用该系统，且只能给站内其他用户发送邮件。

### 5. 图书管理子系统

在图 21-7 所示的网络书店的主界面的下方就是图书管理子系统的主界面，其左侧是图书搜索和分类导航。

用户单击某一个图书分类导航，即可在右侧的界面中打开该类图书的列表，如图 21-14 所示。

图 21-14　图书信息列表

单击图 21-14 中的"书籍名称"的链接,可以查看该书籍的详细信息,如图 21-15 所示。

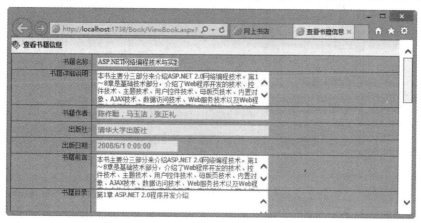

图 21-15 书籍详细信息浏览页面

图 21-14 列出了要查看书籍的详细信息,包括书籍名称、书籍详细说明、书籍作者、出版社等重要的信息。

单击图 21-14 中的"书籍前言"的链接,可以查看该书籍的前言信息,如图 21-16 所示。

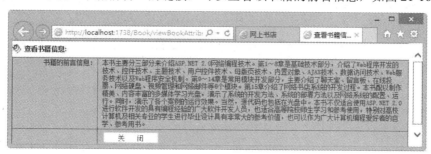

图 21-16 书籍前言信息查看界面

单击图 21-14 中的"书籍目录"的链接,可以查看该书籍的目录信息,如图 21-17 所示。

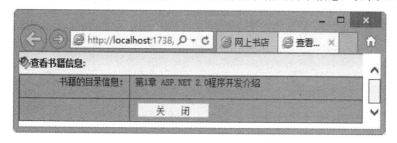

图 21-17 书籍目录信息查看界面

同样,单击图 21-14 中的"书籍内容提要"的链接,可以查看该书籍的内容提要信息。由于界面和前面的比较相似,这里就不再列举。

同样,单击图 21-14 中的"查看书籍评论"的链接,可以查看对该书籍的评论信息,如图 21-18 所示。

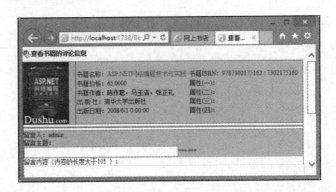

图 21-18　书籍评论界面

书籍评论子系统就是一个留言板模块，用户通过该系统可以发表自己对这本书的看法。在图 21-19 的上部是所有对该书发表的评论的列表，下面是一个发表留言的接口，用户通过该接口可以发表自己对该书的评论。

### 6. 登录/注册子系统

登录/注册子系统也是网络书店系统必然包含的一个模块，使用该子系统，系统可以很轻易地识别来访用户的身份，根据他们的身份来控制他们使用网络书店系统的权限。登录/注册子系统的主界面如图 21-19 所示。

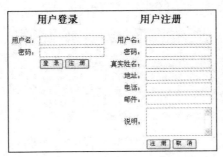

图 21-19　登录/注册子系统

图 21-19 的左侧是用户的登录的界面，右侧是用户注册的界面。这里的框架设计和前面所讲的模块中的登录/注册并没有什么区别，基本上就是把前面的内容融合在网络书店系统里面。但在具体实现时，这里的登录/注册和前面还是有所区别的，主要是这里加入了角色控制，不同的角色分配不同的权限。

以上介绍了网络书店大概的框架设计，网络书店系统主要包括以上所构建的 5 个子系统：购物车子系统、订单子系统、邮箱子系统、图书管理子系统和登录/注册子系统。每一个大的系统都是由若干个子系统构成的，用户在进行系统框架设计时应该分离出这些能够独立的子系统，这样有利于系统的进一步开发，因为任何一个小的简单系统都会比一个复杂的系统容易开发实现，所以在进行系统开发时，不要急着去写代码，应该仔细分析系统构成，养成一个好的习惯，才能成为一个优秀的系统构建师。

## 21.2.3　系统程序结构设计

程序结构设计非常重要，一个好的程序结构不但能够提高系统运行的效率，而且能够提高程序开发的效率。目前比较流行的系统结构是三层结构设计：

- 界面表示层，一般称为 Web 层。
- 业务逻辑层，一般称为 BLL 层。
- 数据访问和存储，一般称为 DAL 层。

通常逻辑上把应用程序分为以上三个基本层次，通过按照这些原则对应用程序进行分层，使用基于组件的编程技术，并充分利用.NET 平台与 Microsoft Windows 操作系统的功能，开发人员可以生成具有高度可伸缩性和灵活性的应用程序。

简单地分布式应用程序模型包含与中间层进行通信的客户端，中间层本身由应用程序服务器和包含业务逻辑的应用程序组成，应用程序反过来又与提供和存储数据的数据库进行通信。

### 1. 界面表示层（Web 层）

表示层包括到应用程序的胖客户端接口或者瘦客户端接口。胖客户端通过直接使用 Microsoft Win32 API 或间接通过 Windows 窗体，为操作系统的功能提供完全的编程接口，并广泛地使用组件。瘦客户端（Web 浏览器）正迅速成为许多开发人员优先选择的接口。开发人员能够生成可在三个应用程序层的任何一个上执行的业务逻辑。利用 ASP.NET Web 应用程序和 XML Web Services，瘦客户端能够以可视形式为应用程序提供丰富、灵活和交互的用户界面。瘦客户端还具有在平台之间提供更大程度的可移植性的优点。

### 2. 业务逻辑层（BLL 层）

该层被分为应用程序服务器与服务，它们可用于支持客户端。可以使用.NET Framework 编写 Web 应用程序，以利用 COM+服务、消息队列（MSMQ）、目录服务和安全性服务。应用程序服务反过来可以与数据访问层上的若干个数据服务进行交互。

### 3. 数据访问层（DAL 层）

支持数据访问和存储的数据服务包括下列各项：

- ADO.NET，通过使用脚本语言或编程语言提供对数据的简化编程访问。
- OLE DB，由 Microsoft 开发的公认的通用数据提供程序。
- XML，用于指定数据结构的标记标准。
- LINQ 到 SQL。

这三层模型的每个部分中的元素都充分受到.NET Framework 和 Windows 操作系统的支持。它所具有的许多服务中的一些是目录、安全、管理和跨越 3 个层进行的通信服务。组成 Visual Studio 2012 开发系统的编程工具使开发人员能够生成跨越多层的应用程序组件。

网络书店系统应用程序结构设计就是采用了这种比较流行的分布式三层结构模型，把整个应用程序在逻辑上分为三个层次：

- 界面表示层，采用 ASP.NET 4.5 技术开发的瘦客户端（基于 Web 的页面系统）描述了系统与用户的接口。
- 业务逻辑层，采用 C# 5.0 的组件技术，把如订单的生成、修改等业务逻辑封装在组件里。
- 数据访问和存储层，使用 ADO.NET 提供的服务 SqlClient 来构建访问 SQL Server 数据库的组件，使用 LINQ 到 SQL 构件访问 SQL Server 数据库的模型和方法。

三层模型结构关系如图 21-20 所示。

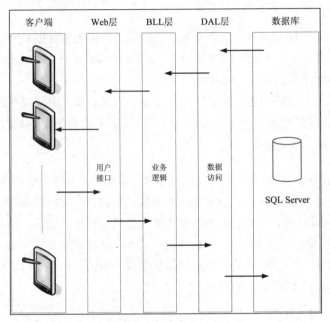

图 21-20　三层模型结构关系图

在进行应用程序设计时，有时为了业务的需要并不是单纯地遵守三层结构规则的划分，当遇到业务逻辑比较复杂的业务程序时，如果采用这种严格的三层结构，就可能需要多次访问数据库才能完成一项业务逻辑过程，这样频繁地访问数据库会占用大量的资源，造成系统运行效率下降，而 SQL Server 数据库提供的存储过程则可以解决这个问题：使用存储过程来封装复杂的业务逻辑执行过程可以提高数据库访问的效率，因此在使用某些技术时，一定根据实际需要来进行变通，设计出适合自己的应用程序结构。

## 21.2.4　数据库设计

支持网络书店系统的数据库是 SQL Server。根据系统业务功能设计，网络书店系统的数据库包含如下几个数据表：

- Book 数据表，用来存储图书的描述信息。
- Picture 数据表，用来存储与图书相关的图片的信息。
- Category 数据表，用来存储图书分类的信息。
- Comment 数据表，用来存储图书评论的信息。

- Cart 数据表，用来存储购物车的信息。
- Folders 数据表，用来存储站内邮件文件夹的信息。
- Mails 数据表，用来存储站内邮件的信息。
- Order 数据表，用来存储订单的信息。
- OrderList 数据表，用来存储与订单相关的购物清单的信息。
- SendAddress 数据表，用来存储与订单相关的收货地址的信息。
- SendWay 数据表，用来存储网络书店可以提供的送货方式的信息。
- User 数据表，用来存储注册用户的信息。
- Role 数据表，用来存储用户的角色信息。

Book 数据表的设计视图如表 21-1 所示。

表 21-1　Book 数据表的设计视图表

| 字段名称 | 字段类型 | 说明 | 大小 |
| --- | --- | --- | --- |
| BookID | int | 图书 ID | |
| Name | varchar | 书名 | 200 |
| CategoryID | int | 图书分类 | |
| Desn | text | 描述 | 16 |
| Author | varchar | 作者 | 200 |
| Publish | varchar | 出版社 | 200 |
| PublishDate | datetime | 出版日期 | 8 |
| ISBN | varchar | ISBN | 200 |
| Foreword | text | 前言 | 16 |
| List | text | 目录 | 16 |
| OutLine | text | 书籍内容提要 | 16 |
| BuyInDate | datetime | 进货日期 | 8 |
| Price | money | 价格 | 8 |
| TotalNum | int | 总数量 | |
| StoreNum | int | 存货数量 | |
| SellOrder | int | 订单数量 | |
| Attribute1 | text | 属性 1 | 16 |
| Attribute2 | text | 属性 2 | 16 |
| Attribute3 | text | 属性 3 | 16 |
| Attribute4 | text | 属性 4 | 16 |
| Attribute5 | text | 属性 5 | 16 |
| Remark | text | 备注 | 16 |
| Discount | int | 折扣 | |

Picture 数据表的设计视图如表 21-2 所示。

表 21-2 Picture 数据表的设计视图表

| 字段名称 | 字段类型 | 说明 | 大小 |
|---|---|---|---|
| PictureID | int | 自动编号 | |
| BookID | int | 图书 ID | |
| Desn | varchar | 描述 | 200 |
| Url | varchar | 图片位置 | 200 |
| PictureType | varchar | 图片类型 | 200 |
| IsShow | int | 是否显示 | |
| Remark | text | 备注 | 16 |
| | | | |

Category 数据表的设计视图如表 21-3 所示。

表 21-3 Category 数据表的设计视图表

| 字段名称 | 字段类型 | 说明 | 大小 |
|---|---|---|---|
| CategoryID | int | 自动编号 | |
| Desn | varchar | 描述 | 200 |
| ParentID | int | 父类 ID | |
| OrderBy | int | 排序序号 | |
| Remark | text | 备注 | 16 |

Comment 数据表的设计视图如表 21-4 所示。

表 21-4 Comment 数据表的设计视图表

| 字段名称 | 字段类型 | 说明 | 大小 |
|---|---|---|---|
| CommentID | int | 自动编号 | |
| Desn | varchar | 标题 | 200 |
| Body | int | 邮件正文 | 16 |
| CreateDate | int | 排序序号 | |
| BookID | int | 图书 ID | |
| UserID | int | 用户 ID | |

Cart 数据表的设计视图如表 21-5 所示。

表 21-5 Cart 数据表的设计视图表

| 字段名称 | 字段类型 | 说明 | 大小 |
|---|---|---|---|
| ID | int | 自动编号 | |
| BookID | int | 图书 ID | |
| Quantity | int | 数量 | |
| userID | int | 用户 ID | |

Folders 数据表的设计视图如表 21-6 所示。

表 21-6 Folders 数据表的设计视图表

| 字段名称 | 字段类型 | 说明 | 大小 |
|---|---|---|---|
| FolderID | int | 自动编号 | |
| Name | varchar | 描述 | 200 |
| Total | int | 数量 | |
| NoReader | int | 未读邮件数量 | |
| Contain | int | 大小 | |
| CreateDate | datetime | 创建日期 | |
| Flag | bit | 文件夹类型标识 | |
| userID | int | 用户 ID | |

Mails 数据表的设计视图如表 21-7 所示。

表 21-7 Mails 数据表的设计视图表

| 字段名称 | 字段类型 | 说明 | 大小 |
|---|---|---|---|
| MailID | int | 自动编号 | |
| Title | varchar | 标题 | 200 |
| Body | text | 邮件正文 | 16 |
| FromAddress | varchar | 发件人 | 200 |
| ToAddress | varchar | 收件人 | 200 |
| SenderDate | datetime | 发送日期 | |
| Contain | int | 邮件大小 | |
| ReaderFlag | int | 未读邮件标识 | |
| FolderID | int | 文件夹 ID | |
| userID | int | 用户 ID | |

Order 数据表的设计视图如表 21-8 所示。

表 21-8 Order 数据表的设计视图表

| 字段名称 | 字段类型 | 说明 | 大小 |
|---|---|---|---|
| ID | int | 自动编号 | |
| userID | int | 用户 ID | |
| orderdate | datetime | 下单日期 | |
| sendwayID | int | 发送方式 ID | |
| payway | varchar | 付款方式 | 200 |
| orderstate | varchar | 订单状态 | 200 |

OrderList 数据表的设计视图如表 21-9 所示。

表 21-9　OrderList 数据表的设计视图表

| 字段名称 | 字段类型 | 说明 | 大小 |
|---|---|---|---|
| ID | int | 自动编号 | |
| BookID | int | 图书 ID | |
| Quantity | int | 数量 | |
| orderID | int | 订单 ID | |

SendAddress 数据表的设计视图如表 21-10 所示。

表 21-10　SendAddress 数据表的设计视图表

| 字段名称 | 字段类型 | 说明 | 大小 |
|---|---|---|---|
| ID | int | 自动编号 | |
| receivename | varchar | 收货人姓名 | 50 |
| sex | varchar | 性别：先生/女士 | 50 |
| email | varchar | 电子邮件 | 200 |
| address | varchar | 收货地址 | 200 |
| postcode | varchar | 邮编 | 50 |
| phone | varchar | 电话 | 50 |
| cellphone | varchar | 手机 | 50 |
| userID | int | 用户 ID | |
| flagbuliding | varchar | 周围标志性建筑 | 200 |

SendWay 数据表的设计视图如表 21-11 所示。

表 21-11　SendWay 数据表的设计视图表

| 字段名称 | 字段类型 | 说明 | 大小 |
|---|---|---|---|
| ID | int | 自动编号 | |
| way | varchar | 方式 | 50 |
| fee | float | 费用 | 50 |

User 数据表的设计视图如表 21-12 所示。

表 21-12　User 数据表的设计视图表

| 字段名称 | 字段类型 | 说明 | 大小 |
|---|---|---|---|
| UserID | int | 自动编号 | |
| UserName | varchar | 用户名 | 200 |
| RealName | varchar | 真实姓名 | 200 |
| Password | varchar | 用户名 | 255 |
| Address | varchar | 地址 | 200 |
| Phone | varchar | 电话 | 50 |

（续表）

| 字段名称 | 字段类型 | 说明 | 大小 |
|---|---|---|---|
| Email | varchar | 电子邮件 | 200 |
| RoleID | int | 角色 ID | |
| Remark | text | 备注 | 16 |

Role 数据表的设计视图如表 21-13 所示。

表 21-13　Role 数据表的设计视图表

| 字段名称 | 字段类型 | 说明 | 大小 |
|---|---|---|---|
| RoleID | int | 自动编号 | |
| RoleName | varchar | 角色名 | 200 |

以上数据表之间的关系如图 21-21 所示。

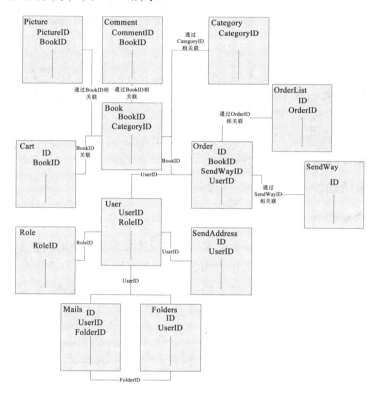

图 21-21　数据表关系图

图 21-21 描述了网络书店系统数据库表之间的关系。对于多表系统，为了能够让开发者对业务对象之间的关系有一个清晰地认识，最好使用表图的方式来把他们之间的关系做一个直观的描述。目前有相关数据库建模软件，如 ERWin、PowerDesigner 等，可以直接从数据库系统中生成表模型之间的关系图，有兴趣的读者可以研究一下。

## 21.3　数据访问和存储层的实现

网络书店的 DAL 层实现了两种数据访问接口的定义：ADO.NET 数据访问组件和 LINQ 到 SQL 数据访问组件。

### 21.3.1　ADO.NET 数据访问组件

为了更方便地访问 SQL Server 数据库，这里开发了名为 DAL 类空间来提供访问数据库的接口。

访问 SQL Server 数据库的方式有两种，一种是使用 SQL 命令，SQL 命令一般用于简单的数据库的访问，而且与数据库的交互具有一次性行为的特性，这时使用 SQL 命令就比较简单方便；另一种是使用存储过程，有时应用程序为了完成一项业务可能需要频繁地访问数据库，这时如果还使用 SQL 命令单行执行就会大大浪费资源，这样就需要把一个业务过程封装到存储过程中，存储过程就像一个函数，提供参数和返回值，因此编写存储过程的方式与编写函数的方式很类似，只不过存储过程是使用 SQL 语句来编写的，调用存储过程的方式和调用 SQL 命令的过程一样。

DAL 空间下包括以下几个类：

- ConfigManager 类，提供读取 Web.config 文件中数据库连接字符串的功能。
- StoredProcedure 类，封装数据库访问过程。
- DAO 类，执行数据库访问应用程序的基类。
- ExecuteSql 类，提供执行 SQL 语句的方法。
- ExecuteProcedure 类，提供执行存储过程的方法。

下面分别详细的介绍以上 5 个类的实现代码。

#### 1. ConfigManager 类

ConfigMananger 类提供读取 Web.config 文件中数据库连接字符串的功能，包含一个公有的属性 DALConnectionString，通过该属性应用程序可以获得数据库连接字符串。该类的实现代码如下：

```
using System;
using System.Configuration;
namespace DAL
{   /// <summary>
    ///获得.config 中的数据库连接字符串
    /// </summary>
    public class ConfigManager
    {   private string dalConnectionString;
        /// <summary>
        /// 获得连接字符串
        /// </summary>
        public string DALConnectionString
        {   get
            {   return dalConnectionString;
            }
        }
```

```
    // 构造函数
    public ConfigManager()
    {   // 通过配置类的 AppSettings 属性获取配置文件中数据库连接字符串
        // 并存储在 dalConnectionString 中
        dalConnectionString                                              =
System.Configuration.ConfigurationSettings.AppSettings["dblConnectionString"];
    }
}
}
```

以上代码是 ConfigMananger 类的实现代码，包含一个私有变量 dalConnectionString 定义、一个公有属性 DALConnectionString 定义以及一个构造函数定义，并在构造函数里实现配置文件的读取。

### 2. StoredProcedure 类

StoredProcedure 类用于封装数据库的访问过程。

该类的实现包含两个构造函数，其一是 StoredProcedure（string SqlText），它是执行 SQL 命令的构造函数，其中 SqlText 表示 SQL 命令；其二是 StoredProcedure（string sprocName, SqlParameter[] parameters），它是执行存储过程的构造函数，其中 sprocName 是存储过程名，parameters 是存储过程接受的参数。

该类提供 4 个公有函数，分别是 Dispose()用来释放数据库访问过程中占有的资源、Run()执行不返回数据的数据库访问、Run（DataTable dataTable ）是 Run()的一个重载函数，执行返回数据的数据库访问命令，以及 Run（out int num），它也是 Run()的一个重载函数，执行只返回一个数据的数据库访问。

它还提供公有变量 ErrorMessage 来存放数据访问过程中出现的错误信息。

具体实现代码如下（这段代码是 StoredProcedure 类的实现代码，StoredProcedure 类被定义为衍生类，且是内置的，并为命名空间外的应用程序调用。此外由于该类被定义为访问 SQL Server 数据库的类，因此在程序头添加了 System.Data.SqlClient 的引用）：

```
using System;
using System.Data;
using System.Data.SqlClient;
using System.Diagnostics;
namespace DAL
{   /// <summary>
    /// 封装访问数据库访问过程的类
    /// </summary>
    sealed internal class StoredProcedure : IDisposable
    {   public string ErrorMessage = "";//存储错误信息
        private System.Data.SqlClient.SqlCommand command;//数据库访问命令
        //执行 SQL 命令的构造函数
        public StoredProcedure(string SqlText)
        {   ConfigManager config = new ConfigManager();
            command              =              new              SqlCommand(SqlText,              new
SqlConnection(config.DALConnectionString));
            command.CommandType = CommandType.Text;
            command.Connection.Open();
        }
```

```
        // 执行存储过程的构造函数
    public StoredProcedure(string sprocName, SqlParameter[] parameters)
    {   //
        // TODO: 在此处添加构造函数逻辑
        //
        ConfigManager config = new ConfigManager();
        command     =     new     SqlCommand(sprocName,    new    SqlConnection
(config.DALConnectionString));
        command.CommandType = CommandType.StoredProcedure;
        if (parameters != null)
        {   foreach (SqlParameter parameter in parameters)
            command.Parameters.Add(parameter);
        }
        command.Connection.Open();
    }
    /// <summary>
    /// 释放占用的资源
    /// </summary>
    public void Dispose()
    {   if ( command != null )
        {   SqlConnection connection = command.Connection;
            Debug.Assert( connection != null );
            command.Dispose();
            command = null;
            connection.Dispose();
        }
    }
    ///<summary>
    /// 执行数据库访问过程
    /// <returns>返回一个整型</returns>
    /// </summary>
    public int Run()
    {   if ( command == null )
            throw new ObjectDisposedException( GetType().FullName );
        try
        {   command.ExecuteNonQuery();
            return 1;
        }
        catch(Exception e)
        {   ErrorMessage = e.Message;
            return 0;
        }
    }
    /// <summary>
    /// 执行数据库访问过程，其中 num 为数据库访问返回的数据
    /// <returns>返回一个整型</returns>
    /// </summary>
    public int Run(out int num)
    {   if (command == null)
            throw new ObjectDisposedException(GetType().FullName);
```

```
            try
            {   num = Convert.ToInt32(command.ExecuteScalar());
                return 1;
            }
            catch (Exception e)
            {   ErrorMessage = e.Message;
                num = 0;
                return 0;
            }
        }
        /// <summary>
        ///    执行数据库访问过程填充一个table.
        /// <param name='dataTable'>
        /// DataTable filled with the results of executing the stored procedure<
/param>
        /// <returns>
        ///返回一个整型
        /// </summary>
        public int Run( DataTable dataTable )
        {   if ( command == null )
                throw new ObjectDisposedException( GetType().FullName );
            try
            {   SqlDataAdapter dataAdapter = new SqlDataAdapter();
                dataAdapter.SelectCommand = command;
                dataAdapter.Fill( dataTable);
                return 1;
            }
            catch(Exception e)
            {   ErrorMessage = e.Message;
                return 0;
            }
        }
    }
}
```

## 3. DAO 类

DAO 类是执行数据库访问应用程序的基类。

## 4. ExecuteSql 类

ExecuteSql 类提供执行 SQL 语句的方法。该类提供一个公开的方法 run，该方法有三个重载版本，其一为 run（string sqlText），包含一个参数接受 SQL 命令的文本，执行不返回数据的 SQL 命令；另外一个是 run（DataTable table,string sqlText），参数 table 用来存储执行 SQL 命令后返回的数据，参数 sqlText 接受 SQL 命令的文本；还有一个是 run（out int num, string sqlText），参数 num 是执行 SQL 命令后返回单个数据。

此外该类还提供一个公有变量 ErrorMessage，用来存储 SQL 命令执行过程中出现的错误信息。实现代码如下（这段代码定义了 ExecuteSql 类，该类继承于数据库访问基类 DAO）：

```
using System;
```

```
using System.Data;
using System.Data.SqlClient;
using System.Diagnostics;
namespace DAL
{   ///  <summary>
    ///   执行 SQL 命令来访问数据库
    ///  </summary>
    public class ExecuteSql : DAO
    {   public string ErrorMessage = "";
        // 执行 SQL 命令不返回数据
        public int run(string sqlText)
        {   Debug.Assert(sproc == null);
            sproc = new StoredProcedure(sqlText);
            int flag = sproc.Run();
            this.ErrorMessage = sproc.ErrorMessage;
            sproc.Dispose();
            return flag;
        }
        //执行 SQL 命令填充数据表 table
        public int run(DataTable table,string sqlText)
        {   Debug.Assert(sproc == null);
            sproc = new StoredProcedure(sqlText);
            int flag = sproc.Run(table);
            this.ErrorMessage = sproc.ErrorMessage;
            sproc.Dispose();
            return flag;
        }
        // 执行 SQL 命令返回单个数据
        public int run(out int num, string sqlText)
        {   Debug.Assert(sproc == null);
            sproc = new StoredProcedure(sqlText);
            int flag = sproc.Run(out num);
            this.ErrorMessage = sproc.ErrorMessage;
            sproc.Dispose();
            return flag;
        }
    }
}
```

### 5. StoredProcedure 类

StoredProcedure 类提供执行存储过程的方法。该类提供一个公开的方法 run，该方法有三个重载版本，其一为 run（string sprocName, SqlParameter[] parameters），sprocName 为存储过程名，parameters 为存储过程接收的参数；另外一个是 run（DataTable table, string sprocName, SqlParameter[] parameters），参数 table 用来存储执行存储过程后返回的数据，sprocName 为存储过程名，parameters 为存储过程接收的参数；还有一个是 run（out int num, string sprocName, SqlParameter[] parameters），参数 num 是执行存储后返回的单个数据，sprocName 为存储过程名，parameters 为存储过程接收的参数。

此外该类还提供一个公开变量 ErrorMessage，用来存储存储执行过程中出现的错误信息。实现代码如下（这段代码定义了 ExecuteSql 类，该类继承于数据库访问基类 DAO）：

```
using System;
using System.Data;
using System.Data.SqlClient;
using System.Diagnostics;
namespace DAL
{   public class ExecuteProcedure : DAO
    {   public string ErrorMessage = "";
        // 执行存储过程不返回数据
        public int run(string sprocName, SqlParameter[] parameters)
        {   Debug.Assert(sproc == null);
            sproc = new StoredProcedure(sprocName,parameters);
            int flag = sproc.Run();
            this.ErrorMessage = sproc.ErrorMessage;
            sproc.Dispose();
            return flag;
        }
        // 执行存储过程返回单条数据
        public int run(out int num, string sprocName, SqlParameter[] parameters)
        {   Debug.Assert(sproc == null);
            sproc = new StoredProcedure(sprocName, parameters);
            int flag = sproc.Run(out num);
            this.ErrorMessage = sproc.ErrorMessage;
            sproc.Dispose();
            return flag;
        }
        // 执行存储过程返回数据表
        public int run(DataTable table, string sprocName, SqlParameter[] parameters)
        {   Debug.Assert(sproc == null);
            sproc = new StoredProcedure(sprocName, parameters);
            int flag = sproc.Run(table);
            this.ErrorMessage = sproc.ErrorMessage;
            sproc.Dispose();
            return flag;
        }
    }
}
```

## 21.3.2　LINQ 到 SQL 数据访问组件

LINQ 到 SQL 数据访问技术提供了一种简洁的数据访问技术，通过把存储在数据库中表和存储过程映射到编程语言中来实现数据库的操作。有关 LINQ 到 SQL 数据访问技术的详细知识可以参考 16.3 节。下面详细介绍面向网络书店的 LINQ 到 SQL 数据访问组件。

创建步骤如下：

**01** 打开或创建网站项目 Sample21-1，在其目录下添加一个名为 Models 的文件夹，这个文件夹下将存放业务逻辑类和 LINQ 到 SQL 数据访问组件类。

02 在该文件夹下添加一个名为 DataModel 的 LINQ 到 SQL 类文件，这样就生成了一个名为 DataModelDataContext 的数据库访问类。

03 打开"服务资源管理器"窗口，连接到要访问的数据库 BookShopDB 并打开，找到存储过程，把这些存储过程拖曳到 DataModel.dbml 文件中即可（在 DataModel 中，并不映射表的模型，因为数据的访问都是通过存储过程来实现的，因此只需要把存储过程作为方法映射即可）。

经过以上三步，就把 LINQ 到 SQL 数据访问组件类创建完毕，在业务逻辑类中即可通过调用这些方法来实现数据库的方法。DataModelDataContext 类包含的方法如表 21-14 所示。

表 21-14 DataModelDataContext 类包含的方法

| 编号 | 方法 | 存储过程 | 描述 |
|------|------|----------|------|
| 1 | Pr_GetBooks() | Pr_GetBooks() | 获得所有书籍信息 |
| 2 | Pr_GetBookByCategory | Pr_GetBookByCategory | 把类型获得书籍信息 |
| 3 | Pr_GetSingleBook | Pr_GetSingleBook | 获得一本书的信息 |
| 4 | Pr_GetCategorys | Pr_GetCategorys | 获得所有类型 |
| 5 | Pr_GetSubCategorys | Pr_GetSubCategorys | 获得子类型 |
| 6 | Pr_GetSingleCategory | Pr_GetSingleCategory | 获得某个类型的信息 |
| 7 | Pr_GetComments | Pr_GetComments | 获得评论信息 |
| 8 | Pr_GetCommentByBook | Pr_GetCommentByBook | 获得某本书的评论信息 |
| 9 | Pr_GetSingleComment | Pr_GetSingleComment | 获得一条评论信息 |
| 10 | Pr_AddComment | Pr_AddComment | 添加评论 |
| 11 | Pr_DeleteComment | Pr_DeleteComment | 删除评论 |
| 12 | Pr_AddCart | Pr_AddCart | 添加购物车 |
| 13 | Pr_GetCart | Pr_GetCart | 获得购物车 |
| 14 | Pr_GetCartByUser | Pr_GetCartByUser | 获得某个用户的购物车 |
| 15 | Pr_GetCartByUser1 | Pr_GetCartByUser1 | 获得某个用户的购物车小计 |
| 16 | Pr_updatecart | Pr_updatecart | 更新购物车 |
| 17 | Pr_deletecart | Pr_deletecart | 删除购物车 |
| 18 | Pr_deletecartbyUser | Pr_deletecartbyUser | 删除某个用户的购物车 |
| 19 | Pr_GetFolders | Pr_GetFolders | 获得文件夹 |
| 20 | Pr_GetFolders1 | Pr_GetFolders1 | 获得文件夹统计 |
| 21 | Pr_GetSingleFolder | Pr_GetSingleFolder | 获得单个文件夹 |
| 22 | Pr_GetMails | Pr_GetMails | 获得邮件 |
| 23 | Pr_GetMailsByFloder | Pr_GetMailsByFloder | 获得某个文件夹下的邮件 |
| 24 | Pr_GetSingleMail | Pr_GetSingleMail | 获得单个邮件 |
| 25 | ReadMail | ReadMail | 阅读邮件 |

（续表）

| 编号 | 方法 | 存储过程 | 描述 |
| --- | --- | --- | --- |
| 26 | Pr_MoveMail | Pr_MoveMail | 移动邮件 |
| 27 | Pr_DeleteMail | Pr_DeleteMail | 删除邮件 |
| 28 | Pr_updatsendway | Pr_updatsendway | 更新发货方式 |
| 29 | Pr_updatepayway | Pr_updatepayway | 更新付款方式 |
| 30 | Pr_updatestate | Pr_updatestate | 更新状态 |
| 31 | Pr_deleteset | Pr_deleteset | 删除 |
| 32 | Pr_getorder | Pr_getorder | 获得订单 |
| 33 | Pr_getorderbyuser | Pr_getorderbyuser | 获得某个用户的订单 |
| 34 | Pr_getorderbyID | Pr_getorderbyID | 获得某个订单 |
| 35 | Pr_getorderlistbyOrderID | Pr_getorderlistbyOrderID | 获得订单的货物列表信息 |
| 36 | Pr_addSendAddress | Pr_addSendAddress | 添加发送地址 |
| 37 | Pr_updatesetSendAddress | Pr_updatesetSendAddress | 更新发送地址 |
| 38 | Pr_deletesetSendAddress | Pr_deletesetSendAddress | 删除发送地址 |
| 39 | Pr_GetAddressbyUser | Pr_GetAddressbyUser | 获得某个用户的地址 |
| 40 | Pr_getallway | Pr_getallway | 获得所有方式 |
| 41 | Pr_changepassword | Pr_changepassword | 更新密码 |
| 42 | Pr_Getuser | Pr_Getuser | 获得用户信息 |
| 43 | SaveAsMail | SaveAsMail | 保存邮件 |
| 44 | sendMail | sendMail | 发送邮件 |
| 45 | creatorder | creatorder | 创建订单 |
| 46 | Pr_IdentifyUser | Pr_IdentifyUser | 认证用户 |
| 47 | Pr_Register | Pr_Register | 注册用户 |
| 48 | Pr_GetBookKindQuantity | Pr_GetBookKindQuantity | 获得书籍种类数量 |
| 49 | Pr_UpdateUser | Pr_UpdateUser | 更新用户 |

DataModelDataContext 类中的每个方法对应一个存储过程，有关这些存储过程的详细信息读者可以参考本书提供的代码，这里不详细介绍。

## 21.4 业务逻辑层

本节讲述网络书店系统的业务逻辑层的实现，业务逻辑层应该是一个应用系统的核心，是一个应用系统的核心价值体现，因此需要非常认真地考虑如何构建业务层。下面就仔细讲述本书是如何构建网络书店系统的业务层的。

## 21.4.1　Book 类

Book 类用来封装对图书的业务逻辑操作，对图书业务逻辑操作一般包括如下几种：

- 获取所有图书信息列表。
- 获取某一个分类的图书信息列表。
- 获取某一书籍的详细信息。
- 获取图书种类数量。

Book 类以方法的形式封装了以上业务逻辑操作，使得表示层不用了解具体业务操作过程即可完成对该业务逻辑过程的执行，提高代码利用率和执行效率。

Book 类的定义代码放在 Models\Book.cs 文件中，Book 类的定义代码比较简单，前面几行代码是对要使用的类库的引用，都是一些比较常用的命名空间的引用。后面几行代码是一个类的框架的定义，没有一个简单的构造函数，但.NET 框架会自动提供一个没有任何意义的构造函数。Book 类的价值体现在封装的方法上，下面就具体讲述一下这些方法的实现过程。详细代码如下：

```
using System;
using System.Data;
using System.Configuration;
using System.Linq;
using System.Web;
using System.Web.Security;
using System.Web.UI;
using System.Web.UI.HtmlControls;
using System.Web.UI.WebControls;
using System.Web.UI.WebControls.WebParts;
using System.Xml.Linq;
using System.Data.Linq;
using System.Data.Linq.Mapping;
using System.Collections.Generic;
using System.Reflection;
using System.Linq.Expressions;
using System.ComponentModel;
/// <summary>
/// 封装针对图书的业务逻辑操作
/// </summary>
public partial class Book
{}
```

### 1．获取所有图书信息列表

方法 GetBooks()用来实现获取所有图书信息列表的功能，方法 GetBooks()被定义为 public 类型，可以被任何 Book 类的实例所引用，不包含任何输入参数，返回值类型为 DataTable 类型。GetBooks()使用 DataModelDataContext 类的方法 Pr_GetBooks()实现从数据库中取出系统中所有图书信息列表的功能。由于 Pr_GetBooks()方法返回结果的类型是 IEnumerable，这里调用自定义的一个方法 CopyToDataTable()把返回结果转化为 DataTable 类型。实现代码如下：

```
/// <summary>
/// 获取所有书籍信息
/// </summary>
/// <returns></returns>
public DataTable GetBooks()
{   // 声明定义类型和方法的 DataModelDataContext 类的对象，它是调用模型和方法的基础。
    DataModelDataContext data = new DataModelDataContext();
    // 调用方法 Pr_GetBooks 获得所有的书籍信息
    var result = data.Pr_GetBooks();
    /// 定义保存从数据库获取的结果的 DataTable
    DataTable table = new DataTable();
    // 把 LINQ 查询结果集转化为 DataTable
    table = result.CopyToDataTable();
    return table;
}
```

### 2. 获取某一分类的图书信息列表

方法 GetBookByCategory() 用来实现获取某一分类的图书信息列表的功能，方法 GetBookByCategory() 被定义为 public 类型，可以被任何 Book 类的实例所引用，包含输入参数 CategoryID，参数 CategoryID 用来接收某一图书分类的 ID，返回值类型为 DataTable 类型。GetBookByCategory() 使用 DataModelDataContext 类的方法 Pr_GetBookByCategory 实现从数据库中取出系统中某一分类的图书信息列表的功能。由于 Pr_GetBookByCategory() 方法返回结果的类型是 IEnumerable，这里调用自定义的一个方法 CopyToDataTable() 把返回结果转化为 DataTable 类型。实现代码如下：

```
/// <summary>
/// 获取某一个分类的所有书籍
/// </summary>
/// <param name="CategoryID"></param>
/// <returns></returns>
public DataTable GetBookByCategory(int CategoryID)
{   // 声明定义类型和方法的 DataModelDataContext 类的对象，它是调用模型和方法的基础。
    DataModelDataContext data = new DataModelDataContext();
    // 调用方法 Pr_GetBookByCategory 获取某一个分类的所有书籍
    var result = data.Pr_GetBookByCategory(CategoryID);
    /// 定义保存从数据库获取的结果的 DataTable
    DataTable table = new DataTable();
    // 把 LINQ 查询结果集转化为 DataTable
    table = result.CopyToDataTable();
    return table;
}
```

### 3. 获得某一书籍的详细信息

方法 GetSingleBook() 用来实现获取某一图书的详细信息的功能，方法 GetSingleBook() 被定义为 public 类型，可以被任何 Book 类的实例所引用，包含输入参数 BookID，参数 BookID 用来接收某一图书的 ID，返回值类型为 DataTable 类型。GetSingleBook() 使用 DataModelDataContext 类的方法 Pr_GetSingleBook 实现从数据库中取出系统中指定图书的详细信息的功能。由于

Pr_GetSingleBook() 方 法 返 回 结 果 的 类 型 是 IEnumerable， 这 里 调 用 自 定 义 的 一 个 方 法 CopyToDataTable()把返回结果转化为 DataTable 类型。实现代码如下：

```
/// <summary>
/// 获取某一书籍的信息
/// </summary>
/// <param name="BookID"></param>
public DataTable GetSingleBook(int BookID)
{   // 声明定义类型和方法的 DataModelDataContext 类的对象，它是调用模型和方法的基础。
    DataModelDataContext data = new DataModelDataContext();
    // 调用方法 Pr_GetSingleBook 获取某一书籍的信息
    var result = data.Pr_GetSingleBook(BookID);
    /// 定义保存从数据库获取的结果的 DataTable
    DataTable table = new DataTable();
    // 把 LINQ 查询结果集转化为 DataTable
    table = result.CopyToDataTable();
    return table;
}
```

#### 4. 获取图书种类数量

方法 GetBookKindQuantity()用来实现获取网络书店系统内容所拥有的图书种类的数量，方法 GetBookKindQuantity()被定义为 public 类型，可以被任何 Book 类的实例所引用，返回值为获取的 图 书 种 类 数 量 。 GetBookKindQuantity() 使 用 DataModelDataContext 类 的 方 法 Pr_GetBookKindQuantity 实现从数据库中获取图书种类数量的功能。由于 Pr_GetBookKindQuantity() 方法返回结果的类型是 IEnumerable，这里调用自定义的一个方法 CopyToDataTable()把返回结果转 化为 DataTable 类型。实现代码如下：

```
/// <summary>
// 获取图书种类数量
/// </summary>
/// <returns></returns>
public int GetBookKindQuantity()
{   // 声明定义类型和方法的 DataModelDataContext 类的对象，它是调用模型和方法的基础。
    DataModelDataContext data = new DataModelDataContext();
    var result = data.Pr_GetBookKindQuantity();
    int num = 0;
    foreach (var v in result)
    {   num = (int)v.BookKinds;
    }
    return num;
}
```

## 21.4.2  Category 类

Category 类用来封装对图书分类的业务逻辑操作，对图书分类的业务逻辑操作一般包括如下几种：

- 获得所有的分类。
- 获得子类别。
- 获得某一类别。

Category 类的定义文件是 Models\Category.cs。

### 1. 获得所有的分类

方法 GetCategorys()用来实现获取所有分类信息的功能，方法 GetCategorys()被定义为 public 类型，可以被任何 Category 类的实例所引用，不包含输入参数，返回数据类型为 DataTable，表示分类信息列表。GetCategorys()使用 DataModelDataContext 类的方法 Pr_GetCategorys 实现从数据库中获取分类信息列表的功能。由于 Pr_GetCategorys()方法返回结果的类型是 IEnumerable，这里调用自定义的一个方法 CopyToDataTable()把返回结果转化为 DataTable 类型。实现代码如下：

```
/// <summary>
/// 获得所有的分类
/// </summary>
/// <returns></returns>
public DataTable GetCategorys()
{    // 声明定义类型和方法的 DataModelDataContext 类的对象，它是调用模型和方法的基础。
    DataModelDataContext data = new DataModelDataContext();
    // 调用方法 Pr_GetCategorys 获得所有的分类
    var result = data.Pr_GetCategorys();
    /// 定义保存从数据库获取的结果的 DataTable
    DataTable table = new DataTable();
    // 把 LINQ 查询结果集转化为 DataTable
    table = result.CopyToDataTable();
    return table;
}
```

### 2. 获得子类别

方法 GetSubCategorys()用来实现获取指定分类的所有子类信息的功能，方法 GetSubCategorys()被定义为 public 类型，可以被任何 Category 类的实例所引用，包含输入参数 CategoryID、接收指定分类的 ID，返回数据类型为 DataTable 表示分类信息列表。GetSubCategorys() 使用 DataModelDataContext 类的方法 Pr_GetSubCategorys 实现从数据库中获取分类信息列表的功能。由于 Pr_GetSubCategorys()方法返回结果的类型是 IEnumerable，这里调用自定义的一个方法 CopyToDataTable()把返回结果转化为 DataTable 类型。实现代码如下：

```
/// <summary>
/// 获得子类别
/// </summary>
/// <param name="CategoryID"></param>
/// <returns></returns>
public DataTable GetSubCategorys(int CategoryID)
{    // 声明定义类型和方法的 DataModelDataContext 类的对象，它是调用模型和方法的基础。
    DataModelDataContext data = new DataModelDataContext();
    // 调用方法 Pr_GetSubCategorys 获得子类别
```

```
        var result = data.Pr_GetSubCategorys(CategoryID);
        /// 定义保存从数据库获取的结果的 DataTable
        DataTable table = new DataTable();
        // 把 LINQ 查询结果集转化为 DataTable
        table = result.CopyToDataTable();
        return table;
    }
```

### 3. 获得某一类别

方法 GetSingleCategory()用来实现获取指定分类的详细信息的功能，GetSingleCategory()方法被定义为 public 类型，可以被任何 Category 类的实例所引用，包含输入参数 CategoryID、接收指定分类的 ID，返回数据类型为 DataTable，表示分类信息列表。GetSingleCategory() 使用 DataModelDataContext 类的方法 Pr_GetSingleCategory 实现从数据库中获取分类信息列表的功能。由于 Pr_GetSingleCategory()方法返回结果的类型是 IEnumerable，这里调用自定义的一个方法 CopyToDataTable()把返回结果转化为 DataTable 类型。实现代码如下：

```
/// <summary>
/// 获得某一类别
/// </summary>
/// <param name="CategoryID"></param>
/// <returns></returns>
public DataTable GetSingleCategory(int CategoryID)
{   // 声明定义类型和方法的 DataModelDataContext 类的对象，它是调用模型和方法的基础
    DataModelDataContext data = new DataModelDataContext();
    // 调用方法 Pr_GetSingleCategory 获得某一类别
    var result = data.Pr_GetSingleCategory(CategoryID);
    /// 定义保存从数据库获取的结果的 DataTable
    DataTable table = new DataTable();
    // 把 LINQ 查询结果集转化为 DataTable
    table = result.CopyToDataTable();
    return table;
}
```

## 21.4.3　Comment 类

Comment 类用来封装对图书评论的业务逻辑操作，对图书评论的业务逻辑操作一般包括如下几种：

- 获得所有的评论。
- 获得某种书籍的评论。
- 获得某一评论。
- 添加评论。
- 删除评论。

Comment 类的定义文件是 Models\Comment.cs。

### 1. 获得所有的评论

方法 GetComments()用来实现获取所有评论信息列表的功能，方法 GetComments()被定义为 public 类型，可以被任何 Comment 类的实例所引用，不包含输入参数，返回数据类型为 DataTable，表示评论信息列表。GetComments()使用 DataModelDataContext 类的方法 Pr_GetComments 实现从数据库中获取评论信息列表的功能。由于 Pr_GetComments()方法返回结果的类型是 IEnumerable，这里调用自定义的一个方法 CopyToDataTable()把返回结果转化为 DataTable 类型。实现代码如下：

```
/// <summary>
/// 获得所有的留言
/// </summary>
/// <returns></returns>
public DataTable GetComments()
{   // 声明定义类型和方法的 DataModelDataContext 类的对象，它是调用模型和方法的基础。
    DataModelDataContext data = new DataModelDataContext();
    // 调用方法 Pr_GetComments 获得所有的留言
    var result = data.Pr_GetComments();
    /// 定义保存从数据库获取的结果的 DataTable
    DataTable table = new DataTable();
    // 把 LINQ 查询结果集转化为 DataTable
    table = result.CopyToDataTable();
    return table;
}
```

### 2. 获得某种书籍的评论

方法 GetCommentByBook()用来实现获取某种书籍的评论信息列表的功能，方法 GetCommentByBook()被定义为 public 类型，可以被任何 Comment 类的实例所引用，包含输入参数 nBookID、接收书籍的 ID，返回数据类型为 DataTable，表示评论信息列表。GetCommentByBook()使用 DataModelDataContext 类的方法 Pr_GetCommentByBook 实现从数据库中获取评论信息列表的功能。由于 Pr_GetCommentByBook()方法返回结果的类型是 IEnumerable，这里调用自定义的一个方法 CopyToDataTable()把返回结果转化为 DataTable 类型。实现代码如下：

```
/// <summary>
/// 获得某种书籍的留言
/// </summary>
/// <param name="nBookID"></param>
/// <returns></returns>
public DataTable GetCommentByBook(int nBookID)
{   // 声明定义类型和方法的 DataModelDataContext 类的对象，它是调用模型和方法的基础。
    DataModelDataContext data = new DataModelDataContext();
    // 调用方法 Pr_GetCommentByBook 获得某种书籍的留言
    var result = data.Pr_GetCommentByBook(nBookID);
    /// 定义保存从数据库获取的结果的 DataTable
    DataTable table = new DataTable();
    // 把 LINQ 查询结果集转化为 DataTable
    table = result.CopyToDataTable();
    return table;
}
```

### 3. 获得某一评论

方法 GetSingleComment()用来实现获取某一评论信息的功能，方法 GetSingleComment()被定义为 public 类型，可以被任何 Comment 类的实例所引用，包含输入参数 nCommentID、接收评论的 ID，返回数据类型为 DataTable，表示评论信息。GetSingleComment()使用 DataModelDataContext 类的方法 Pr_GetSingleComment 实现从数据库中获取评论信息的功能。由于 Pr_GetSingleComment() 方法返回结果的类型是 IEnumerable，这里调用自定义的一个方法 CopyToDataTable()把返回结果转化为 DataTable 类型。实现代码如下：

```
/// <summary>
/// 获得某一留言
/// </summary>
/// <param name="nCommentID"></param>
/// <returns></returns>
public DataTable GetSingleComment(int nCommentID)
{   // 声明定义类型和方法的 DataModelDataContext 类的对象，它是调用模型和方法的基础。
    DataModelDataContext data = new DataModelDataContext();
    // 调用方法 Pr_GetSingleComment 获得某一留言
    var result = data.Pr_GetSingleComment(nCommentID);
    /// 定义保存从数据库获取的结果的 DataTable
    DataTable table = new DataTable();
    // 把 LINQ 查询结果集转化为 DataTable
    table = result.CopyToDataTable();
    return table;
}
```

### 4. 添加评论

方法 AddComment()用来实现添加某一书籍的评论信息的功能，方法 AddComment()被定义为 public 类型，可以被任何 Comment 类的实例所引用，包含输入参数 sDesn（接收评论的标题）、输入参数 sBody（接收评论的主题信息）、输入参数 nBookID（接收书籍的 ID）、输入参数 nUserID（接收用户的 ID），返回数据类型为 int，表示生成评论的 ID。AddComment()使用 DataModelDataContext 类的方法 Pr_AddComment 实现添加某一书籍的评论信息的功能。实现代码如下：

```
/// <summary>
/// 添加留言
/// </summary>
/// <param name="sDesn"></param>
/// <param name="sBody"></param>
/// <param name="nBookID"></param>
/// <param name="nUserID"></param>
/// <returns></returns>
public int AddComment(string sDesn, string sBody, int nBookID, int nUserID)
{   // 声明定义类型和方法的 DataModelDataContext 类的对象，它是调用模型和方法的基础。
    DataModelDataContext data = new DataModelDataContext();
    // 调用方法 Pr_GetBooks 获得所有的书籍信息
    int id = data.Pr_AddComment(nBookID, sDesn, sBody, nUserID);
    return id;
}
```

### 5. 删除评论

方法 DeleteComment()用来实现删除某一评论信息的功能。方法 DeleteComment()被定义为 public 类型，可以被任何 Comment 类的实例所引用，包含输入参数 nCommentID、接收评论的 ID，没有返回数据。DeleteComment()使用数据访问层的类 ExecuteProcedure 的方法 Run()调用一个存储过程 Pr_DeleteComment 来实现删除某一评论信息的功能。实现代码如下：

```
public void DeleteComment(int nCommentID)
{   // 声明定义类型和方法的 DataModelDataContext 类的对象，它是调用模型和方法的基础。
    DataModelDataContext data = new DataModelDataContext();
    // 调用方法 Pr_GetBooks 获得所有的书籍信息
    data.Pr_DeleteComment(nCommentID);
}
```

## 21.4.4　Cart 类

Cart 类用来封装对购物车的业务逻辑操作，对购物车的业务逻辑操作一般包括如下几种：

- 获得所有的购物车信息。
- 获得某个用户的购物车。
- 向购物车中放书籍。
- 修改购物车中书籍的数量。
- 从购物车中拿下某种书籍。
- 清空某个用户的购物车信息。

Cart 类的定义文件是 Models\Cart.cs。

向购物车中放书籍的方法为 add()、获得所有的购物车信息的方法为 GetCart()、获得某个用户的购物车的方法为 GetCartByUser()、修改购物车中书籍的数量的方法为 updatecart()、从购物车中拿下某种书籍的方法为 deletecart()、清空某个用户的购物车信息的方法为 deletecartbyUser()，以上方法实现起来都比较简单，这里就主要讲解一下向购物车中放书籍的方法 add()。

方法 add()被定义为 public 类型，可以被任何 Cart 类的实例所引用，包含输入参数 bookID（接收书籍的 ID）、输入参数 quantity（接收书籍的数量）、输入参数 userID（接收用户的 ID），返回数据类型为 int，表示生成的购物车的 ID。add()使用数据访问层的类 ExecuteProcedure 的方法 Run()调用一个存储过程 Pr_AddCart 来实现向购物车中放书籍的功能。实现代码如下：

```
/// <summary>
/// 向购物车中放东西
/// </summary>
/// <param name="bookID"></param>
/// <param name="quantity"></param>
/// <param name="userID"></param>
/// <returns></returns>
public int add(int bookID, int quantity, int userID)
{   // 声明定义类型和方法的 DataModelDataContext 类的对象，它是调用模型和方法的基础。
    DataModelDataContext data = new DataModelDataContext();
```

```
/// 定义保存从数据库获取的结果的 DataTable
DataTable table = new DataTable();
// 调用方法 Pr_ AddCart 获得所有的书籍信息
int id = data.Pr_AddCart(bookID, quantity, userID);
return id;
}
```

方法 **Pr_AddCart** 对应的存储过程 **Pr_AddCart** 用来实现向购物车中放书籍的功能，向购物车中添加书籍的过程分为两种情况：

- 若购物车中存在该书籍，就修改数量。
- 若购物车中不存在该书籍，就向购物车中插入一条数据。

实现代码如下：

```
CREATE PROCEDURE Pr_AddCart
(   @bookID int,
    @quantity int,
    @userID int
)
AS
DECLARE @cartID int
DECLARE @quantity1 int
set @cartID = (select id from cart where bookID =@bookID )
if @cartID is not null
    begin
        set @quantity1 = (select quantity from cart where ID = @cartID)
        update cart set
        quantity= @quantity1 + @quantity
        where ID = @cartID
    end
else
    begin
        INSERT INTO
        cart
        (bookID,quantity,userID)
        VALUES
        (@bookID,
        @quantity,
        @userID)
        set @cartID = @@Identity
    end
    return @cartID
GO
```

## 21.4.5　Order 类

Order 类用来封装对购物订单的业务逻辑操作，对购物订单的业务逻辑操作一般包括如下几种：

- 生成订单。
- 修改送货方式。
- 修改付款方式。
- 修改订单状态。
- 获得所有订单。
- 获得某个用户的所有订单。
- 获得某个订单的信息。
- 删除订单。

Order 类的定义文件是 Models\Order.cs。

这里获得所有的修改用户方式的方法为 updatsendway()、修改付款方式的方法为 updatepayway()、修订单状态的方法为 updatestate()、获得所有订单的方法为 getorder()、获得某个用户的所有订单的方法为 getorderbyuser()、获得某个订单的信息的方法为 getorderbyID() 和删除订单的方法为 deleteset()，以上方法实现起来都比较简单，这里主要讲解一下生成订单的方法 add()，方法 add() 被定义为 public 类型，可以被任何 Order 类的实例所引用，包含输入参数 userID（接收用户的 ID）、输出参数 orderID（返回生成订单的 ID），返回数据类型为 int，表示业务执行的情况。add() 使用 DataModelDataContext 类的方法 creatorder 实现生成订单的功能。实现代码如下：

```
/// <summary>
/// 生成订单
/// </summary>
/// <param name="userID"></param>
/// <returns></returns>
public int add(int userID, out int orderID)
{   // 声明定义类型和方法的 DataModelDataContext 类的对象，它是调用模型和方法的基础。
    DataModelDataContext data = new DataModelDataContext();
    // 调用方法 Pr_GetBooks 获得所有的书籍信息
    orderID = data.creatorder(userID);
    int flag = 0;
    if (orderID > 0)
    {   flag = 1;
    }
    else
    {   flag = 0;
    }
    return flag;
}
```

方法 creatorder 对应的存储过程 creatorder 用来实现生成订单的功能，生成订单的算法过程如下：

01 生成订单主体信息，向表 Order 中插入一条数据。
02 从购物车中把该用户存放的书籍一一取出插入到表 OrderList 里面。
03 清空该用户的当前购物车。

实现代码如下：

```
CREATE PROCEDURE creatorder(@userID int,@OrderID int out)
AS
    --DECLARE @OrderID int
    declare @bookID int
    declare @quantity int
    DECLARE cart cursor    for select bookID,quantity from cart where userID = @userID
order by id
    insert into
        [order]
        (userID,orderdate,sendwayID,payway,orderstate)
    values
        (@userID,GetDate(),1,'款到送货','等待处理')
        set @OrderID = @@Identity
    open cart
        FETCH NEXT FROM cart INTO @bookID,@quantity
        WHILE (@@FETCH_STATUS = 0)
        begin
            insert       into       orderlist(bookID,quantity,OrderID)       values
(@bookID,@quantity,@OrderID)
                FETCH NEXT FROM cart INTO @bookID,@quantity
            end
    close cart
    deallocate cart
        delete from cart where userID = @userID
GO
```

## 21.4.6  Folders 类和 Mails 类

Folders 类和 Mails 类共同封装了站内邮件系统的业务逻辑的实现。

Folders 类实现的业务逻辑包括：

- 获取所有指定用户的所有文件夹。
- 获取指定用户的邮件总数和未读邮件总数。
- 获取指定用户的单个文件夹。

Folders 类的定义文件是 Models\Folders.cs。

Mails 类实现的业务逻辑包括：

- 获取指定用户的所有邮件。
- 获取某个文件夹的邮件。
- 获取单个邮件的记录。
- 阅读邮件。
- 保存邮件。
- 发送邮件。
- 移动邮件。

● 删除邮件。

Mails 类的定义文件是 Models\Mails.cs。

Folders 类和 Mails 类实现的业务逻辑都比较简单，这里就不再详细介绍，读者可以参考本书提供的源代码。

## 21.4.7　User 类

User 类封装了对用户业务逻辑的操作，主要包括注册用户信息、修改用户信息、认证用户信息等操作，这些操作在前面几章都有所涉及，这里不作详细讲解。

User 类的定义文件是 Models\User.cs。

### 1．注册

方法 register()用来实现注册用户信息的功能，方法 register()被定义为 public 类型，可以被任何 User 类的实例所引用，包含输入参数 UserName（表示用户名）、RealName（表示用户真实姓名）、Password（表示密码）、Address（表示地址）、phone（表示电话）、Email（表示电子邮件）、RoleID（表示用户角色）、Remark（表示备注）、返回值类型为 int 类型（表示用户注册后获得 ID）。register()使用 DataModelDataContext 类的方法 Pr_Register()实现注册用户信息的功能。实现代码如下：

```
/// <summary>
/// 注册
/// </summary>
/// <param name="UserName"></param>
/// <param name="RealName"></param>
/// <param name="Password"></param>
/// <param name="Address"></param>
/// <param name="phone"></param>
/// <param name="Email"></param>
/// <param name="RoleID"></param>
/// <param name="Remark"></param>
/// <returns>0 数据库访问错误；-1 表示存在用户；其他表示成功</returns>
public int register(string UserName, string RealName, string Password,
    string Address, string phone, string Email, int RoleID, string Remark)
{   // 声明定义类型和方法的 DataModelDataContext 类的对象，它是调用模型和方法的基础。
    DataModelDataContext data = new DataModelDataContext();
    // 调用方法 Pr_GetBooks 获得所有的书籍信息
    return data.Pr_Register(UserName, RealName, Password,Address, phone, Email,
RoleID, Remark);
    }
```

### 2．认证用户

方法 IdentifyUser()用来实现认证用户的功能，方法 IdentifyUser()被定义为 public 类型，可以被任何 User 类的实例所引用，包含输入参数 username（表示用户名）、password（表示密码）、返回值类型为 int 类型（表示用户认证是否成功）。IdentifyUser()使用 DataModelDataContext 类的方法 Pr_ IdentifyUser()实现认证用户的功能。实现代码如下：

```
/// <summary>
/// 认证用户
/// </summary>
/// <param name="username"></param>
/// <param name="password"></param>
/// <returns>-1 表示认证不成功；0 表示访问数据库失败；1 表示认证成功</returns>
public int IdentifyUser(string username, string password)
{   // 声明定义类型和方法的 DataModelDataContext 类的对象，它是调用模型和方法的基础。
    DataModelDataContext data = new DataModelDataContext();
    // 调用方法 Pr_Getuser 获得所有的用户
    var result = data.Pr_IdentifyUser(username, password);
    /// 定义保存从数据库获取的结果的 DataTable
    DataTable table = new DataTable();
    // 把 LINQ 查询结果集转化为 DataTable
    table = result.CopyToDataTable();
    if (table != null)
    {   if (Convert.ToInt32(table.Rows[0][0].ToString()) != 0)
            return Convert.ToInt32(table.Rows[0][0].ToString());
        else
            return -1;
    }
    else
        return 0;
}
```

### 3. 修改用户信息

方法 Updateset()用来实现修改用户信息的功能，方法 Updateset()被定义为 public 类型，可以被任何 User 类的实例所引用，包含输入参数 userID （表示要修改的用户的 ID）、UserName（表示用户名）、RealName（表示用户真实姓名）、 Address（表示地址）、phone（表示电话）、Email（表示电子邮件）、RoleID（表示用户角色）、Remark（表示备注），并且没有返回值。Updateset()使用 DataModelDataContext 类的方法 Pr_ UpdateUser()实现修改用户信息的功能。实现代码如下：

```
/// <summary>
/// 修改用户信息
/// </summary>
/// <param name="userID"></param>
/// <param name="RealName"></param>
/// <param name="Address"></param>
/// <param name="phone"></param>
/// <param name="Email"></param>
/// <param name="Remark"></param>
/// <returns></returns>
public void Updateset(int userID, string RealName,
    string Address, string phone, string Email, string Remark)
{   // 声明定义类型和方法的 DataModelDataContext 类的对象，它是调用模型和方法的基础。
    DataModelDataContext data = new DataModelDataContext();
    // 调用方法 Pr_GetBooks 获得所有的书籍信息
    data.Pr_UpdateUser(userID,UserName, RealName,Address, phone, Email, RoleID,
Remark);
```

```
      }
```

### 4．修改密码

方法 changepassword()用来实现修改用户密码的功能，方法 changepassword()被定义为 public 类型，可以被任何 User 类的实例所引用，包含输入参数 userID（表示要修改的用户的 ID）、Password（表示密码），并且没有返回值。changepassword()使用 DataModelDataContext 类的方法 Pr_changepassword ()实现修改用户密码的功能。实现代码如下：

```
/// <summary>
/// 修改密码
/// </summary>
/// <param name="userID"></param>
/// <param name="Password"></param>
/// <returns></returns>
public void changepassword(int userID, string Password)
{    // 声明定义类型和方法的 DataModelDataContext 类的对象，它是调用模型和方法的基础。
    DataModelDataContext data = new DataModelDataContext();
    // 调用方法 Pr_GetBooks 获得所有的书籍信息
    data.Pr_changepassword(userID, Password);
}
```

## 21.5 表示层的实现

网络书店系统比起前面几章所讲解的模块实现是复杂多了，包含的界面也很多，做好界面的设计和展示工作是非常重要的。下面就几个主要的界面实现的过程做一个详细地讲解。

### 21.5.1 书籍信息浏览功能

实现书籍信息浏览功能的步骤如下：

01 打开或创建项目 BookShop。

02 添加文件夹 Book。

03 在 Book 文件夹里添加页面 BrowserBook.aspx，打开"源"视图，添加界面设计代码，由于代码段比较长，这里就不列举出来，详细代码请参考本书提供的源代码。页面 BrowserBook.aspx 主要由 DataGrid 控件组成，DataGrid 控件用来显示图书信息列表，并使用模板列来绑定书籍的属性信息，并建立书籍其他信息的链接和创建"加入购物车"功能按钮。

04 打开文件 BrowserBook.aspx.cs。

05 添加 DataGrid 的 ItemCommand 事件函数，这段代码实现把书籍加入购物车的功能。当事件 ItemCommand 被触发时，程序会检测触发事件的命令，当命令为 add 时，就调用业务层的 Cart 的 add()方法实现把书籍加入购物车的功能。代码如下：

```
protected void BookList_ItemCommand(object source, DataGridCommandEventArgs e)
{    if (e.CommandName.ToLower() == "add")
```

```
    {   /// 用户没有登录
        if (Session["userID"] == null)
        {   Response.Redirect("~/user/Login.aspx");
        }
        Sample21_1.Models.Cart cart = new Sample21_1.Models.Cart();
        int bookID = Convert.ToInt32(e.CommandArgument.ToString());
        int userID = Convert.ToInt32(Session["userID"].ToString());
        int quantity = 1;
        cart.add(bookID, quantity, userID);
        Response.Write("<script>window.alert(' 恭喜您，添加该书籍到购物车成功！
')</script>");
    }
}
```

**06** 添加函数 BindBookData()，实现根据指定的图书分类来绑定相应的图书列表信息，调用业务层的 Book 类的方法 GetBookByCategory()来实现获取指定分类的图书信息列表，并绑定到 DataGrid 控件。代码如下：

```
private void BindBookData(int nCategoryID)
{   Sample21_1.Models.Book book = new Sample21_1.Models.Book();
    DataTable table = new DataTable();
    table = book.GetBookByCategory(nCategoryID);
    BookList.DataSource = table.DefaultView;
    BookList.DataBind();
}
```

**07** 添加页面类的 Page_Load 事件处理函数，当页面加载时获取图书分类的 ID，然后根据该分类调用函数 BindBookData()实现数据的绑定。实现代码如下：

```
protected void Page_Load(object sender, EventArgs e)
{   if (Request.Params["CategoryID"] != null)
    {   nCategoryID = Int32.Parse(Request.Params["CategoryID"].ToString());
    }
    if (!Page.IsPostBack)
    {   if (nCategoryID > -1)
        {   /// 按照书籍种类显示所有书籍
            BindBookData(nCategoryID);
        }
    }
}
```

## 21.5.2  书籍评论功能

实现书籍评论功能的步骤如下：

**01** 打开项目 BookShop。

**02** 在 Book 文件夹里添加页面 ViewBookComment.aspx，打开"源"视图，添加界面设计代码，由于代码段比较长，这里就不列举出来，详细代码请参考本书提供的源代码。页面 ViewBookComment.aspx 主要分为三个区域：最上面是书籍信息的简单展示；中间是评论信息的列表展示，由 DataGrid 来显示评论信息的列表；最下面是发表评论的接口界面。

**03** 打开文件 ViewBookComment.aspx.cs。

**04** 添加书籍信息绑定函数 BindBookData()，函数 BindBookData()用来实现书籍信息的绑定功能，包含输入参数 nBookID，用于接收书籍 ID，没有返回值。函数 BindBookData()调用业务层的 Book 类的 GetSingleBook()方法获得指定书籍的信息，并把获得的信息绑定到相应的显示控件里面进行显示。代码如下：

```
private void BindBookData(int nBookID)
{   DataTable table = new DataTable();
    Sample21_1.Models.Book book = new Sample21_1.Models.Book();
    table = book.GetSingleBook(nBookID);
    if (table.Rows.Count > 0)
    {   sName = table.Rows[0]["Name"].ToString();
        sAuthor = table.Rows[0]["Author"].ToString();
        sPublish = table.Rows[0]["Publish"].ToString();
        sPublishDate = table.Rows[0]["PublishDate"].ToString();
        sPrice = table.Rows[0]["Price"].ToString();
        sISBN = table.Rows[0]["ISBN"].ToString();
        sAttribute1 = table.Rows[0]["Attribute1"].ToString();
        sAttribute2 = table.Rows[0]["Attribute2"].ToString();
        sAttribute3 = table.Rows[0]["Attribute3"].ToString();
        sAttribute4 = table.Rows[0]["Attribute4"].ToString();
        BookPicture.ImageUrl = "../" + table.Rows[0]["Url"].ToString();
    }
}
```

**05** 添加书籍的评论信息绑定函数 BindBookCommentData()，函数 BindBookCommentData()用来实现书籍的评论信息绑定功能，包含输入参数 nBookID，用于接收书籍 ID，没有返回值。函数 BindBookData()调用业务层的 Commen 类的 GetCommentByBook()方法获得指定书籍的评论信息列表，并把获得的信息列表绑定到 DataGrid 控件里进行显示。代码如下：

```
private void BindBookCommentData(int nBookID)
{   Sample21_1.Models.Comment comment = new Sample21_1.Models.Comment();
    DataTable table = new DataTable();
    table = comment.GetCommentByBook(nBookID);
    CommentList.DataSource = table.DefaultView;
    CommentList.DataBind();
}
```

**06** 添加页面类的 Page_Load 事件处理函数，当页面加载时获取图书的 ID，然后根据该 ID 调用函数 BindBookData()和 BindBookCommentData()实现数据的绑定。实现代码如下：

```
protected void Page_Load(object sender, EventArgs e)
{   if (Request.Params["BookID"] != null)
    {   nBookID = Int32.Parse(Request.Params["BookID"].ToString());
    }
    this.UserName.Text = Session["username"].ToString();
```

```
    if (nBookID > -1)
    {   if (!Page.IsPostBack)
        {   BindBookData(nBookID);
        }
        BindBookCommentData(nBookID);
    }
}
```

**07** 添加确认提交评论的"确定"按钮的事件函数，当用户确认提交评论时，单击"确定"按钮就会触发该按钮的单击事件，事件的响应过程就是调用业务层的 Comment 类的方法 AddComment()发表该用户对书籍的评论。实现代码如下：

```
protected void SureBtn_Click(object sender, EventArgs e)
{   if (Session["UserID"] == null)
    {   Response.Write("<script>window.alert('你还没有登录，现在不能对书籍评论！')</script>");
        return;
    }
    Sample21_1.Models.Comment comment = new Sample21_1.Models.Comment();
    comment.AddComment(Title.Text,          Comment.Text,          nBookID,
Int32.Parse(Session["UserID"].ToString()));
    }
```

## 21.5.3 购物车功能

实现购物车功能的步骤如下：

**01** 打开项目 BookShop。

**02** 添加文件夹 Cart。

**03** 在 Cart 文件夹里添加页面 cart.aspx，打开"源"视图，添加界面设计代码，由于代码段比较长，这里就不列举出来，详细代码请参考本书提供的源代码。页面 cart.aspx 主要分为两个区域：上面是书籍清单信息列表，使用 GridView 控件来显示，并采用模板列让用户可以随时修改相应书籍的数量，在 GirdView 控件下面有一个确认购买数量的按钮，在按钮的右边是使用 Label 控件显示购物车汇总信息；下面区域是购物车业务操作区，主要包含两个按钮，"继续添加商品"按钮用来返回书籍浏览区继续添加书籍，"去结算中心"按钮用来完成生成订单业务操作。

**04** 添加购物车数据绑定函数 ShowShoppingCartInfo()，函数 ShowShoppingCartInfo()用来实现购物车数据信息绑定，主要调用业务层的 Cart 类的方法 GetCartByUser()获取购物车书籍清单信息和购物车汇总信息，并把获得的信息绑定到相应控件以进行显示。代码如下：

```
private void ShowShoppingCartInfo()
{   try
    {   int kind;
        double money;
        double discount;
        Sample21_1.Models.Cart cart = new Sample21_1.Models.Cart();
```

```
        DataTable table = new DataTable();
        table                                                              =
cart.GetCartByUser(Convert.ToInt32(Session["userID"].ToString()));
        cart.GetCartByUser(Convert.ToInt32(Session["userID"].ToString()),    out
kind, out money, out discount);
        //cart.GetCartByUser(1, out kind, out money, out discount);
        //table = cart.GetCartByUser(1);
        //Session["userID"] = "1";
        if (table.Rows.Count > 0)
        {   OrderFormList.DataSource = table.DefaultView;
            OrderFormList.DataBind();
            Message.Visible = false;
            this.lbl_kind.Text = kind.ToString();
            this.lbl_money.Text = money.ToString();
            this.lbl_discount.Text = discount.ToString();
            this.Panel1.Visible = true;
        }
        else
        {   Message.Visible = true;
        }
    }
    catch
    {   Message.Visible = true;
        this.Panel1.Visible = false;
    }
}
```

**05** 添加"去结算中心"按钮的单击事件函数，当用户单击"去结算中心"按钮时，会把用户导航到生成订单的页面。代码如下：

```
protected void CheckShopCart_Click(object sender, EventArgs e)
{   Response.Redirect("~/Order/order.aspx");
}
```

**06** 添加 GridView 控件的 ItemCommand 事件函数，当该事件被触发时，会去检测触发事件的命令是否是 delete，若是 delete 则调用业务层的 Cart 类的方法 deletecart()从购物车中删除相应的书籍信息。代码如下：

```
protected void OrderFormList_ItemCommand(object source, DataGridCommandEventArgs e)
{   /// 删除购物车中的书籍
    if (e.CommandName.ToLower() == "delete")
    {   /// 删除商品
        Sample21_1.Models.Cart cart = new Sample21_1.Models.Cart();
        cart.deletecart(Convert.ToInt32(e.Item.Cells[0].Text.ToString()));
        ///重新绑定购物车的数据
        ShowShoppingCartInfo();
    }
}
```

**07** 添加确认购买数量的按钮的单击事件函数，当用户修改购物车中书籍的数量后，单击此按钮，则程序会遍历购物车商品信息，发现修改后就调用业务层 Cart 类的 updatecart()方法修改相应书籍的数量信息。代码如下：

```
protected void Button1_Click(object sender, EventArgs e)
{ try
    { /// 更新数量
        Sample21_1.Models.Cart cart = new Sample21_1.Models.Cart();
        for (int i = 0; i < this.OrderFormList.Items.Count; i++)
        {
cart.updatecart(Convert.ToInt32(this.OrderFormList.Items[i].Cells[0].Text.ToString(
)),
Convert.ToInt32(this.OrderFormList.Items[i].Cells[2].Text.ToString()));
        }
        /// 重新绑定购物车的数据
        ShowShoppingCartInfo();
    }
    catch
    {}
}
```

## 21.5.4  订单生成与修改功能

实现订单生成与修改功能的步骤如下：

**01** 打开项目 BookShop。

**02** 添加文件夹 Order。

**03** 在 Order 文件夹里添加页面 order.aspx，打开"源"视图，添加界面设计代码，由于代码段比较长，这里就不列举出来，详细代码请参考本书提供的源代码。页面 order.aspx 主要分为三个区域：上面是书籍清单信息列表，使用 GridView 控件来显示，在 GirdView 控件下面是使用 Label 控件显示订单的汇总信息；中间区域用来显示订单的其他信息；下面区域是订单业务操作区，主要包含两个按钮，"修改送货方式"按钮用来实现送货方式修改，"查看/修改送货地址"按钮用来实现送货地址的查看和修改。

**04** 添加订单信息绑定函数 DataBind()，函数 DataBind()包含一个输入参数 orderID，用于接收订单的 ID，没有返回值。根据 orderID，调用业务层 order 类的方法 getorderbyID()（获得相应订单的信息）和 orderList 类的方法 getorderlistbyOrderID()（获得订单购物清单信息），并把获得的数据信息绑定到相应的显示控件里面。代码如下：

```
private void DataBind(int orderID)
{ try
    { int kind;
        double money;
        double discount;
        // 绑定订单 ID
        this.lbl_orderID.Text = orderID.ToString();
        // this.lbl_orderID.Value = orderID.ToString();
```

```
            // 绑定用户名
            this.lbl_username.Text = Session["username"].ToString();
            // this.lbl_username.Text = "admin";
            Sample21_1.Models.Order order = new Sample21_1.Models.Order();
            Sample21_1.Models.OrderList orderList = new Sample21_1.Models.OrderList();
            DataTable table1 = new DataTable();
            DataTable table2 = new DataTable();
            // 获取购物清单
            table1 = orderList.getorderlistbyOrderID(orderID);
            this.GridViewOrderList.DataSource = table1.DefaultView;
            this.GridViewOrderList.DataBind();
            //获取合计
            orderList.getorderlistbyOrderID(orderID, out kind, out money, out discount);
            this.lbl_kind.Text = kind.ToString();
            this.lbl_money.Text = money.ToString();
            this.lbl_discount.Text = discount.ToString();
            this.Panel1.Visible = true;
            table2 = order.getorderbyID(orderID);
            this.lbl_sendway.Text = table2.Rows[0]["way"].ToString();
            this.lbl_fee.Text = table2.Rows[0]["fee"].ToString();
            this.lbl_summoney.Text              =            Convert.ToString(money           +
Convert.ToDouble(table2.Rows[0]["fee"].ToString()));
    }
    catch
    { Response.Redirect("~/ErrorPage.aspx");
    }
}
```

**05** 添加页面类的 Page_Load 事件处理函数，在页面加载时，判断 Request.QueryString["orderID"]
是否为空，若不为空，则调用函数 DataBind()来绑定相应订单的信息；若为空，则调用业务
层 Order 类的 add()方法来为当前用户生成订单，生成订单后再次调用 DataBind()来绑定相应
订单的信息。实现代码如下：

```
protected void Page_Load(object sender, EventArgs e)
{    ///用户没有登录
    if (Session["userID"] == null)
    { Response.Redirect("~/user/Login.aspx");
    }
    // 若有传来的 orderID, 则说明是查看订单
    if (Request.QueryString["orderID"] != null)
    { // 获得定单编号
        orderID = Convert.ToInt32(Request.QueryString["orderID"].ToString());
        // 执行数据绑定
        DataBind(orderID);
    }
    else
    { // 创建一个订单，并绑定
        Sample21_1.Models.Order order = new Sample21_1.Models.Order();
        int flag = order.add(Convert.ToInt32(Session["userID"].ToString()), out
orderID);
```

```
            if (flag == 1)
            {   // 执行数据绑定
                DataBind(orderID);
            }
            else
            {   // 转移到错误页码
                Response.Redirect("~/ErrorPage.aspx");
            }
        }
        if (!this.Page.IsPostBack)
        {   this.tr_ChangeSengWay.Visible = false;
            ///绑定下拉列表
            Sample21_1.Models.SendWay sendway = new Sample21_1.Models.SendWay();
            DataTable table = new DataTable();
            table = sendway.getallway();
            this.way.DataTextField = "way";
            this.way.DataValueField = "ID";
            this.way.DataSource = table.DefaultView;
            this.way.DataBind();
        }
    }
```

## 21.5.5　站内邮件功能

站内邮件不同于传统邮件，但操作界面的设计却也非常相似，因此这里不再详细介绍，读者可以参考本书提供的源代码。

站内邮件和传统邮件的区别如下：

01 邮件地址不需要使用传统格式，使用站内注册的账户即可。

02 邮件发送和接收不需要访问邮件服务器，邮件的流转只是在站内进行，发送邮件的过程其实就是向指定用户的收件箱中插入一条邮件主体信息，接收邮件则是从收件箱中读取数据，这中间少了邮件服务器中转的过程。

其实站内邮件和传统邮件的最本质的区别就是少了邮件服务器中转的过程。

下面的代码是发送邮件的实现过程：程序里少了传统邮件的生成邮件过程的代码，直接调用业务层 Mails 类的方法 SendMail()执行邮件发送，而 SendMail()分别向收件人的收件箱里插入一条数据和向发件人的发件箱里插入一条数据，详细代码如下：

```
protected void NewBtn_Click(object sender, EventArgs e)
{   try
    {   Sample21_1.Models.Mails mails = new Sample21_1.Models.Mails();
        int nContain = 0;
        /// 添加发件人地址
        string from = Session["username"].ToString();
        nContain += from.Length;
        nContain += this.Title.Text.ToString().Length;
        nContain += this.Body.Text.ToString().Length;
        nContain += this.To.Value.ToString().Length;
```

```
        mails.SendMail(this.Title.Text.ToString(),       this.Body.Text.ToString(),
from, this.To.Value.ToString(),
            nContain, Convert.ToInt32(Session["userID"]));
        Response.Redirect("~/Mail/MailDesktop.aspx");
    }
    catch (Exception ee)
    {}
}
```

## 21.6 小结

　　本章介绍了使用 ASP.NET、AJAX、LINQ 到 SQL 和 SQL Sever 数据库进行网络书店系统的开发过程，基本上是按照软件系统开发的流程来介绍的，从最初需求分析到系统模块的划分以及系统框架的初步设计，然后选择系统程序结构，这里采用现在比较流行的三层结构模型，接着进行数据库的详细设计，确定各个对象之间的管理并用相应的关系图把它们之间的关系表示出来，最后做的工作就是编码实现这个系统，按照三层程序结构逐层开发程序代码，当然如果是一个团队来协同开发的话，可以先定义各层之间的接口，然后分配人员同时开发各层。在网络书店系统开发过程中还介绍如何对系统进行模块划分，把该系统按照功能分割成不同的子模块：书籍模块、留言板模块（书籍评论功能）、邮件模块和用户注册/验证模块等，在进行系统开发时，可以让不同的小组来开发不同的模块，最后把这些模块集成起来，这样可以提高系统开发效率。本章希望通过此系统开发过程的介绍能够带给读者一些帮助，使读者在今后软件系统开发的过程中少走一些弯路。

# 第 22 章
# 在线 RSS 阅读器

本章介绍如何利用 ASP.NET AJAX 技术来实现在线 RSS 阅读器。本章所介绍的在线 RSS 阅读器主要是基于 ASP.NET AJAX 技术和 ASP.NET 4.5 来进行开发的。ASP.NET AJAX 技术用来实现客户端与服务器端的通信，而 ASP.NET 4.0 则用来实现页面和服务器程序。此外 RSS 本身也是一种技术，是一种用来对信息进行聚合的简单方式。

## 22.1 RSS 技术概述

RSS 是 Rich Site Summary、Really Simple Syndication 或 RDF（Resource Description Framework）Site Summary 的简写，翻译过来就是丰富站点摘要或简易信息聚合。它是一种用于共享新闻和其他 Web 内容的数据交换规范，起源于 Netscape 公司的推 Push 技术，将用户订阅的内容传送给它们的通信协同格式。

### 22.1.1 发展历程

1999 年，RSS 技术首先由 Netscape（网景）公司推出。当时 Netscape 公司定义了一套描述新闻频道的语言，用于将网站内容投递到 Netscape Navigator 浏览器中，这种语言就是后来的 RSS。当时由于种种原因，Netscape 公司只发布了一个 0.9 版本的规范。

与此同时，微软公司也推出了类似的数据规范，与 RSS 非常接近，试图利用新闻频道的架构把推 Push 技术变成了一个应用主流，捆绑在 IE 浏览器中。但也是由于各种限制，这种技术没有得到推广。

后来，随着 XML 技术的发展和博客群体的快速增长，RSS 技术开始得到广泛地应用，其应用范围也有所推广，包括博客圈、新闻传媒、电子商务、企业知识管理等。

2001 年，Dave Winer 开始开发 RSS 的新版本，这样 RSS 出现了 0.91 和 0.92 版本。

此后，随着 RSS 的广泛应用，一个联合小组根据 W3C 新一代的语义网技术 RDF 对 RSS 进行了重新定义，发布了 RSS 1.0 版本，并把 RSS 定义为 RDF Site Summary。于是 RSS 就分化成了 RSS 0.9x/2.0 和 RSS 1.0 两个方向。

而更为有意思的是：Google 在收购了美国大型的博客服务网站 www.blogger.com 之后，大力推广该网站一直采用的一种近似于 RSS 技术的衍生版本 Atom，使其逐渐成为 RSS 领域中有力的竞争对手。所以，在 RSS 领域中存在着三个 RSS 技术标准，即 RSS 0.9x/2.0、RSS 1.0 和 Atom 0.3。

## 22.1.2　RSS 的特点

RSS 技术对内容提供者和接收者都有好处，对内容提供者来说，RSS 技术提供了一个实时、高效、安全、低成本的信息发布渠道；对内容接收者来说，RSS 技术提供了一个崭新的阅读体验。

RSS 技术的特点可以概括如下。

### 1. 来源多样的个性化"聚合"特性

因为 RSS 是一种被广泛采用的内容包装定义格式，所以任何内容来源都可以采用这种方式来发布信息，包括专业新闻站点、电子商务站点、企业站点，甚至个人站点等。而在用户端，RSS 阅读器软件的作用就是按照用户的喜好，有选择地将用户感兴趣的内容来源"聚合"到该软件的界面中，为用户提供多来源信息的"一站式"服务。

### 2. 信息发布的时效、低成本特性

RSS 技术秉承"推"信息的概念，当新内容在服务器数据库中出现时第一时间被"推"到用户端阅读器中，极大地提高了信息的时效性和价值。此外，服务器端内容的 RSS 包装在技术实现上极为简单，而且是一次性的工作，使长期的信息发布编辑成本几乎降为零。

### 3. 无"垃圾"信息、便利的本地内容管理特性

RSS 用户端阅读器软件的特点是完全由用户根据自身喜好以"频道"的形式订阅值得信任的内容来源，如"新华网国际新闻"、"中国汽车网市场行情"、"天极网 IT 产品资讯"等。RSS 阅读器软件完全屏蔽掉其他所有用户没有订阅的内容以及弹出广告、垃圾邮件等令人困扰的噪音内容。此外，对下载到阅读器软件本地的订阅 RSS 内容，用户可以进行离线阅读、存档保留、搜索排序、相关分类等多种管理操作，使阅读器软件不仅是一个"阅读"器，更是一个用户随身的"资料库"。

## 22.1.3　RSS 的用途

RSS 技术在商业网站中已经得到广泛应用，目前很多商业网站都提供 RSS 内容以供用户使用，从某种程度上来说，RSS 技术改变了人们浏览网站的习惯。

### 1. 订阅 BLOG

现在网上的 BLOG 非常的流行，当我们看到自己感兴趣的博客后，可以通过 RSS 技术订阅各种博客文章，对什么感兴趣就可以订阅什么。

### 2. 订阅新闻

通过 RSS 阅读器，无论是实事新闻、体坛快讯、影视信息，只要想知道的，我们都可以订阅。从此再也不用一个网站一个网站，一个网页一个网页去逛了。只要将需要的内容订阅，这些内

容就会自动出现 RSS 阅读器里，也不必为了一个急切想知道的消息而不断地刷新网页，因为一旦内容有了更新，RSS 阅读器就会自动通知你。

## 22.1.4　RSS 阅读器

订阅 RSS 新闻内容要先安装一个 RSS 阅读器，然后将提供 RSS 服务的网站加入到 RSS 阅读器的频道即可。RSS 阅读器是为用户提供阅读 RSS 内容的工具，有了这种工具，用户只需要添加初始关注的 RSS 地址，以后系统会自动更新相关内容。

目前，RSS 阅读器基本可以分为三类。

第一类大多数阅读器是运行在计算机桌面上的应用程序，通过所订阅网站的新闻供应，可自动、定时地更新新闻标题。在该类阅读器中，有 Awasu、FeedDemon 和 RSSReader 这三款流行的阅读器，都提供免费试用版和付费高级版。国内也有几款流行的 RSS 阅读器：周博通、看天下、博阅。另外，开源社区上也推出了很多优秀的阅读器，如 RSSOWl（完全 Java 开发）完全支持中文界面，而且还是完全的免费软件！

第二类新闻阅读器通常是内嵌于已在计算机中运行的应用程序中。例如，NewsGator 内嵌在微软的 Outlook 中，所订阅的新闻标题位于 Outlook 的收件箱文件夹中。另外，Pluck 内嵌在 Internet Explorer 浏览器中。

第三类则是在线的 WEB RSS 阅读器，其优势在于不需要安装任何软件就可以获得 RSS 阅读的便利，并且可以保存阅读状态，推荐和收藏自己感兴趣的文章。提供此服务的有两类网站，一种是专门提供 RSS 阅读器的网站，例如国外的 Google Reader，国内的鲜果、抓虾；另一种是提供个性化首页的网站，例如国外的 netvibes、pageflakes，国内的雅蛙、阔地。

以上列举了目前比较流行的 RSS 阅读器，本章也将利用 AJAX 和 ASP.NET 4.5 创建一个简单的在线阅读器。

## 22.1.5　RSS 文件

RSS 技术其实就是在客户端和服务器端利用 RSS 文件进行沟通，因此在提供商方面就是生成 RSS 文件，并进行发布，而客户端则通过解析这个 RSS 文件来获得相关的信息。本章要开发的在线阅读器就为了解析这种文件以让客户能够阅读信息。

RSS 文件的格式由于其采用 RSS 版本的不同，格式可能有所差别，但其实都是基于 XML 格式的一种文档，RSS 文件就是 XML 文档。下面这段代码为一个典型的 RSS 文件：

```
<?xml version="1.0" encoding="gb1232"?>
<rss version="2.0">
    <channel>
        <title>生活频道</title>
        <link>http://example.com/</link>
        <description>我的生活</description>
        <item>
            <title>九月的生活</title>
            <link>http://example.com/2002/09/01</link>
```

```
          <description>开心的日子</description>
      </item>
      <item>
          <title>日记</title>
          <link>http://example.com/2002/09/02</link>
      </item>
   </channel>
</rss>
```

从上面的文档可以看出，RSS 文件就是一个 XML 文档。在 RSS 文件中，主要节点有 rss、channel 和 item 等，其中 rss 节点表示执行的 RSS 标准命名空间，channel 节点表示在博客或新闻组中的一个类别，通常被译为频道，item 节点表示用户要查看的主要信息，在 item 节点里包括信息的标题 title、链接地址 link 和信息描述 description 等。关于 RSS 文件的详细格式，可以参考 http://www.kankanblog.com/seo%2Duniversity/rss.php 展示的 RSS 文件。

此外 RSS 文件的后缀可以是 rss、xml 或 rdf。

## 22.2　系统设计

本节主要介绍在线 RSS 阅读器系统的功能分析、软件结构设计等。

### 22.2.1　功能分析

一个简单的 RSS 阅读器具有的最基本的功能就是能够根据用户提供的 RSS 频道的地址来读取相应的 RSS 文件，并以可读的形式展现给用户，这就是 RSS 阅读器的最基本功能——RSS 文件阅读功能。

此外，RSS 阅读器还需要具有简单的 RSS 频道管理功能，即提供给用户添加频道、修改、删除和查看频道的功能。

总之，本章要实现的 RSS 阅读器主要包括以下两部分功能：

- RSS 文件阅读功能。
- RSS 频道管理功能。

### 22.2.2　系统框架设计

根据以上功能设计，设计出如图 22-1 所示的系统主框架图。

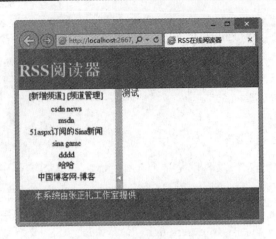

图 22-1　RSS 阅读器主框架

在图 22-1 中，最上侧为头部分，这里显示系统的名称，中间为系统的功能展示区，下侧为尾部分，显示一些与系统相关的信息。其中，中间部分又分为两个部分，左侧为功能导航区域，右侧为功能显示区域，在左侧上部为新增频道和频道管理功能的链接，下部为频道导航列表。

单击"新增频道"链接则进入新增频道功能界面，如图 22-2 所示。

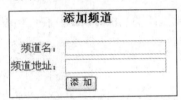

图 22-2　添加频道功能界面

图 22-2 提供了用户添加自己要收藏的频道的界面，用户可以输入频道名和频道地址，然后单击"添加"按钮来实现频道的收藏。

单击"频道管理"链接则进入频道管理功能界面，如图 22-3 所示。

| RSS频道 | | |
|---|---|---|
| 频道名 | 频道地址 | 操作 |
| csdn news | http://temp.csdn.net/Feed.aspx?Column=04f49ae7-d41b-41ab-ae9b-87c41b833b2a | |
| msdn | http://msdn.microsoft.com/globalrss/rssaggregator_mtps.aspx?opml=/globalrss/zh-cn/global-MSDN-zh-cn.opml | |
| 51aspx订阅的Sina新闻 | http://rss.sina.com.cn/news/allnews/tech.xml | |
| sina game | http://rss.sina.com.cn/games/cysh.xml | |
| sina game001 | http://rss.sina.com.cn/news/allnews/games.xml | |
| sina game002 | http://rss.sina.com.cn/games/wlyx.xml | |
| sina game003 | http://rss.sina.com.cn/games/djyx.xml | |
| hhhhhhhh | hhhhhhhh | |

频道维护

频道名：hhhhhhh
频道地址：hhhhhhhh　　　维护　　　查看

修改　删除

图 22-3　频道管理界面

在图 22-3 中，上面是收藏的频道浏览功能，用户可以单击"操作"按钮进入下部的频道维护功能，在这里用户可以修改或者删除频道。

单击频道地址则进入相应的频道浏览功能，如图 22-4 所示。

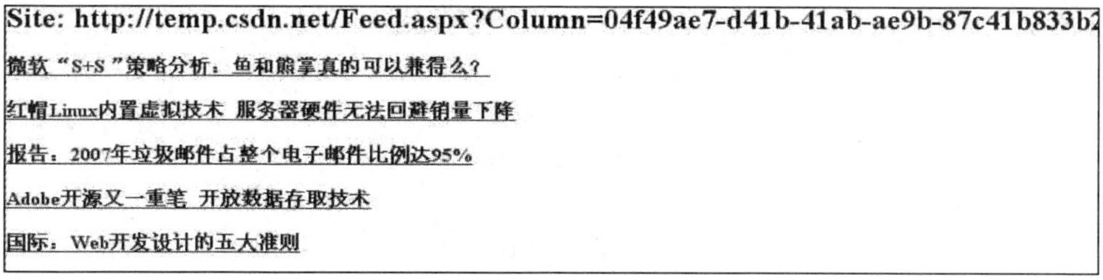

Site: http://temp.csdn.net/Feed.aspx?Column=04f49ae7-d41b-41ab-ae9b-87c41b833b2

微软 "S+S" 策略分析：鱼和熊掌真的可以兼得么？

红帽Linux内置虚拟技术　服务器硬件无法回避销量下降

报告：2007年垃圾邮件占整个电子邮件比例达95%

Adobe开源又一重笔　开放数据存取技术

国际：Web开发设计的五大准则

图 22-4　RSS 频道浏览功能

图 22-4 显示了所要查看的 RSS 频道的内容，这里只是一部分截图，详细内容可以参考相应的源代码。这里把 RSS 文件解析后以可读的形式展现在用户面前，并且只包含该频道的内容，而没有广告等多余的信息。

## 22.2.3　软件结构设计

在线 RSS 阅读器的实现是基于 ASP.NET AJAX，ASP.NET 4.5 和 SQL Server 2005 来实现的。系统架构采用典型的三层结构，即表现层、业务层和数据层。使用 Web 控件、HTML 标记和 CSS 等元素来组成页面来展现功能而组成客户端，使用 ASP.NET 4.5 来实现业务逻辑和数据访问并组成服务器层，ASP.NET AJAX 用来实现客户端与服务器的数据交换，而数据交换的形式可以采用 XML 格式或者文本格式。图 22-5 描述了该系统软件结构层次。图 22-6 展示了在线 RSS 阅读器实现后各个文件所实现的层。

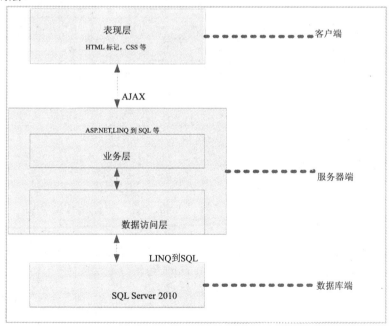

图 22-5　系统软件结构层次

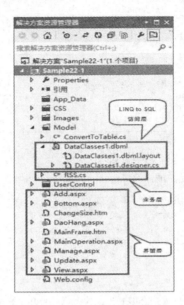

图 22-6　实现各层的文件结构树

## 22.2.4　数据库设计

数据库中只包括一个数据表 RSSUrl，用来存储用户收藏的频道，如表 22-1 所示。

表 22-1　RSSUrl 的设计

| 字段名 | 类型 | 大小 | 描述 |
| --- | --- | --- | --- |
| ID | int | 默认 | 索引 |
| Name | varchar | 200 | 频道名 |
| Url | varchar | 255 | 频道地址 |
| CreateDate | date | 默认 | 创建日期 |

## 22.3　关键技术详解

实现在线 RSS 阅读器，最关键的技术就是解析 RSS 文件，下面就详细介绍一下本书是如何实现这个功能的。

RSS 文件是一个 XML 格式的文档，系统获得这个文档后需要进行解析操作，从而以可读的形式展示给读者。其实解析 RSS 文件和解析 XML 文档的方法一样，使用对应的 DOM 方法即可，此外，还需要把解析出来的信息以 HTML 文档的形式输出到客户端，这样用户就可以阅读解析后的 RSS 文件了。

首先介绍如何获得 RSS 文件。当服务器从客户端获得相应的 RSS 文件的地址 rssURL 后，服务器使用 System.Net.WebRequest 类来根据 rssURL 生成相应的对象 myRequest，把利用该类的方法 GetResponse()获得相应的请求的响应赋给 System.Net.WebResponse 类的对象 myResponse，然后利用 System.Net.WebResponse 类的方法 GetResponseStream()把 RSS 文件写进文件流中，这个文件流赋给 System.IO.Stream 类的对象 rssStream。由于 RSS 文件是 XML 格式的，因此需要使用 System.Xml.XmlDocument 类生成 XML 的文档对象 rssDoc，并根据 RSS 文件流调用 Load()方法，从而生成 XML 的文档对象。以上算法的实现代码如下：

```csharp
// 根据 RSS 文件的地址获取 WebRequest 对象
System.Net.WebRequest myRequest = System.Net.WebRequest.Create(rssURL);
// 生成 WebResponse 对象
System.Net.WebResponse myResponse = myRequest.GetResponse();
// 写入文件流 rssStream
System.IO.Stream rssStream = myResponse.GetResponseStream();
// 声明一个 DOM 对象，并从文件流中加载 XML 文档
System.Xml.XmlDocument rssDoc = new System.Xml.XmlDocument();
rssDoc.Load(rssStream);
```

生成 XML 的文档对象 rssDoc 后，就可以像解析 XML 文档一样解析 RSS 文件了，然后根据解析后的 RSS 文件来生成相应的 HTML 文件。这段代码首先利用方法 SelectNodes()来获取 XML 文档中 item 节点，然后遍历这些节点以获取 RSS 频道中题目、链接和描述，从而根据这些信息以生成 RSS 频道的 HTML 描述。实现代码如下：

```csharp
// 获取 rss/channel/item 节点对象
System.Xml.XmlNodeList rssItems = rssDoc.SelectNodes("rss/channel/item");
string title = "";
string link = "";
string description = "";
// 遍历节点
for (int i = 0; i < rssItems.Count; i++)
{   System.Xml.XmlNode rssDetail;
    // 获取标题
    rssDetail = rssItems.Item(i).SelectSingleNode("title");
    if (rssDetail != null)
    {   title = rssDetail.InnerText;
    }
    else
    {   title = "";
    }
    // 获取连接
    rssDetail = rssItems.Item(i).SelectSingleNode("link");
    if (rssDetail != null)
    {   link = rssDetail.InnerText;
    }
    else
    {   link = "";
    }
    // 获取描述
    rssDetail = rssItems.Item(i).SelectSingleNode("description");
    if (rssDetail != null)
    {   description = rssDetail.InnerText;
    }
    else
```

```
    {   description = "";
    }
    Response.Write("<p><b><a href='" + link + "' target='new'>" + title +
"</a></b><br/>");
    Response.Write(description + "</p>");
  }
```

## 22.4 系统实现

下面讲解在线 RSS 阅读器的具体实现。

### 22.4.1 数据访问层的实现

在线 RSS 阅读器的数据访问层是采用 LINQ 到 SQL 技术来实现的，这里把数据访问的操作先在数据库中做成存储过程，然后把这些存储过程利用 LINQ 到 SQL 技术映射成可访问的方法，这样在业务层中就可以自由调用这些方法以实现数据库的操作。

创建数据访问类的步骤如下：

**01** 在项目文件下的 Model 文件夹中添加一个 LINQ to SQL 类。

**02** 打开"服务器资源管理"窗口，创建一个数据库连接。

**03** 打开创建的数据库连接，找到要映射的存储过程，把这些存储过程拖曳到 LINQ to SQL 类的设计窗口中。

这样数据访问类即可生成完毕，生成的方法与存储的对应如表 22-2 所示。

表 22-2　方法与存储的对应

| | 方法 | 存储过程 | 描述 |
|---|---|---|---|
| 1 | AddRssUrl | AddRssUrl | 添加一个频道地址 |
| 2 | DeleteRssUrl | DeleteRssUrl | 删除一个频道地址 |
| 3 | GetAllRssUrl | GetAllRssUrl | 获取所有频道信息 |
| 4 | GetOneRssUrl | GetOneRssUrl | 获取一个频道信息 |
| 5 | UpdateRssUrl | UpdateRssUrl | 更新一个频道信息 |

### 22.4.2 业务逻辑层的实现

在线 RSS 阅读器的业务逻辑操作包括如下内容：

- 添加频道。
- 更新频道。
- 删除频道。
- 获取一个频道信息。
- 获取所有频道信息。

- 解析 RSS 频道。

在 Model 文件夹中添加一个名为 Rss.cs 的文件，这个类将包括 RSS 阅读器的所有业务操作。

添加频道的方法是 AddUrl，包括两个输入参数：Name 表示频道名称，Url 表示频道地址，返回值为整型，表示添加的频道的索引。这里调用数据访问类的方法 AddRssUrl 即可直接实现频道的添加。添加频道的实现代码如下：

```
/// <summary>
/// 添加频道
/// </summary>
/// <param name="Name"></param>
/// <param name="Url"></param>
/// <param name="CreateDate"></param>
/// <returns></returns>
public int AddUrl(string Name, string Url)
{   // 获得创建时间
    DateTime CreateDate = System.DateTime.Now;
    // 创建一个数据库访问类的实例
    DataClasses1DataContext data = new DataClasses1DataContext();
    // 调用方法 AddRssUrl 添加一个频道
    return data.AddRssUrl(Name, Url, CreateDate);
}
```

更新频道的方法是 UpdateUrl，包括三个输入参数：ID 表示频道索引，；Name 表示频道名称，Url 表示频道地址，没有返回值。直接调用数据访问类的方法 UpdateRssUrl 就可以实现频道的更新。更新频道的实现代码如下：

```
/// <summary>
/// 更新频道
/// </summary>
/// <param name="ID"></param>
/// <param name="Name"></param>
/// <param name="Url"></param>
public void UpdateUrl(int ID, string Name, string Url)
{   // 获得创建时间
    DateTime CreateDate = System.DateTime.Now;
    // 创建一个数据库访问类的实例
    DataClasses1DataContext data = new DataClasses1DataContext();
    // 调用方法 UpdateRssUrl 更新一个频道
    data.UpdateRssUrl(ID,Name, Url, CreateDate);
}
```

删除频道的方法是 DeleteUrl，包括一个输入参数 ID 表示频道的索引，直接调用数据访问类的方法 DeleteRssUrl 就可以实现频道的删除。删除频道的实现代码如下：

```
/// <summary>
/// 删除频道
/// </summary>
/// <param name="ID"></param>
```

```
public void DeleteUrl(int ID)
{    // 创建一个数据库访问类的实例
    DataClasses1DataContext data = new DataClasses1DataContext();
    // 调用方法 DeleteRssUrl 删除一个频道
    data.DeleteRssUrl(ID);
}
```

获取所有频道信息方法是 GetAllUrl，调用数据访问类的方法 GetAllRssUrl 即可获取所有频道的信息，不过方法 GetAllRssUrl 返回的是 IEnumerable 类型，因此还需要调用方法 CopyToDataTable() 把返回的数据信息转换为 DataTable。获取所有频道信息的实现代码如下：

```
/// <summary>
/// 获得所有频道
/// </summary>
/// <returns></returns>
public DataTable GetAllUrl()
{    // 创建一个数据库访问类的实例
    DataClasses1DataContext data = new DataClasses1DataContext();
    // 调用方法 GetAllRssUrl 获得所有频道
    var result = data.GetAllRssUrl();
    // 调用方法 CopyToDataTable() 把 IEnumerable 类型转换为 DataTable
    DataTable table = result.CopyToDataTable();
    return table;
}
```

获取单个频道的信息的方法是 GetOneUrl，直接调用数据访问类的方法 GetOneRssUrl 即可获取所有频道的信息，不过方法 GetOneRssUrl 返回的是 IEnumerable 类型，因此还需要调用方法 CopyToDataTable()把返回的数据信息转换为 DataTable。获取单个频道的信息的实现代码如下：

```
/// <summary>
/// 获得单个频道
/// </summary>
/// <returns></returns>
public DataTable GetOneUrl(int ID)
{    // 创建一个数据库访问类的实例
    DataClasses1DataContext data = new DataClasses1DataContext();
    // 调用方法 GetOneRssUrl 获得一个频道
    var result = data.GetOneRssUrl(ID);
    // 调用方法 CopyToDataTable() 把 IEnumerable 类型转换为 DataTable
    DataTable table = result.CopyToDataTable();
    return table;
}
```

解析 RSS 文件的方法是 ProcessRSSItem，包含输入参数 rssURL 表示 RSS 文件的地址，返回值为解析所获得的信息字符串。方法 ProcessRSSItem 的算法过程在 22.3 节已经详细介绍，这里就不再赘述。解析 RSS 文件的实现代码如下：

```
/// <summary>
/// 解析 RSS 文档并输出
/// </summary>
```

```
    /// <param name="rssURL"></param>
    /// <returns></returns>
    public string ProcessRSSItem(string rssURL)
    {   string Str_Rss = "";
        Str_Rss = Str_Rss + "<font size=5><b>Site:" + rssURL + "</b></font><Br />";
        try
        {   System.Net.WebRequest myRequest = System.Net.WebRequest.Create(rssURL);
            System.Net.WebResponse myResponse = myRequest.GetResponse();
            System.IO.Stream rssStream = myResponse.GetResponseStream();
            System.Xml.XmlDocument rssDoc = new System.Xml.XmlDocument();
            rssDoc.Load(rssStream);
            System.Xml.XmlNodeList rssItems = rssDoc.SelectNodes("rss/channel/item");
            string title = "";
            string link = "";
            string description = "";
            for (int i = 0; i < rssItems.Count; i++)
            {   System.Xml.XmlNode rssDetail;
                rssDetail = rssItems.Item(i).SelectSingleNode("title");
                if (rssDetail != null)
                {   title = rssDetail.InnerText;
                }
                else
                {   title = "";
                }
                rssDetail = rssItems.Item(i).SelectSingleNode("link");
                if (rssDetail != null)
                {   link = rssDetail.InnerText;
                }
                else
                {   link = "";
                }
                rssDetail = rssItems.Item(i).SelectSingleNode("description");
                if (rssDetail != null)
                {   description = rssDetail.InnerText;
                }
                else
                {   description = "";
                }
                Str_Rss = Str_Rss + "<p><b><a href='" + link + "' target='new'>" + title
+ "</a></b><br/>";
                Str_Rss = Str_Rss + "</p>";
            }
        }
        catch (Exception ex)
        {   //Response.Write(ex.Message);
            Str_Rss = Str_Rss + ex.Message.ToString();
        }
        Str_Rss = Str_Rss + "<hr />";
        return Str_Rss;
    }
```

### 22.4.3　添加 RSS 频道

添加 RSS 频道功能的实现步骤如下：

**01** 添加页面文件 Add.aspx。

**02** 加入以下代码进行页面设计：

```
<%@    Page    Language="C#"    AutoEventWireup="true"    CodeBehind="Add.aspx.cs"
Inherits="Sample22_1.Add" %>
<!DOCTYPE html PUBLIC "-//W3C//DTD XHTML 1.0 Transitional
    //EN" "http://www.w3.org/TR/xhtml1/DTD/xhtml1-transitional.dtd">
<html xmlns="http://www.w3.org/1999/xhtml">
    <head runat="server">
        <title>添加频道</title>
    </head>
    <body>
        <form id="form1" runat="server">
            <div>
                <asp:ScriptManager ID="ScriptManager1" runat="server">
                </asp:ScriptManager>
                <asp:UpdatePanel ID="UpdatePanel1" runat="server">
                <ContentTemplate>
                    <table>
                        <tr>
                            <td colspan="2" align="center"> <h3>添加频道</h3></td>
                        </tr>
                        <tr>
                            <td align="right">频道名: </td>
                            <td align="left">
                            <asp:TextBox ID="txt_Name" runat="server"></asp:TextBox>
                            </td>
                        </tr>
                        <tr>
                            <td align="right"> 频道地址: </td>
                            <td align="left">
                            <asp:TextBox ID="txt_Url" runat="server"></asp:TextBox>
                            </td>
                        </tr>
                        <tr>
                            <td>
                            </td>
                            <td>
                                <asp:Button ID="Button2" runat="server" Text="添 加
" onclick="Button2_Click" />
                            </td>
                        </tr>
                        <tr><td><div id="divContent" runat="server"></div></td></tr>
                    </table>
                </ContentTemplate>
                </asp:UpdatePanel>
```

```
        </div>
      </form>
    </body>
</html>
```

**03** 打开文件 Add.aspx.cs 在该文件中添加 "添加" 按钮的单击事件处理函数，这段代码用来实现向数据库中添加一个频道的功能，首先获取用户的输入，然后调用业务类 RSS 的方法 AddUrl 把用户输入的频道信息添加到数据库中。代码如下：

```
protected void Button2_Click(object sender, EventArgs e)
{   try
    {   //获取频道的名称和地址
        string Name = this.txt_Name.Text.ToString();
        string Url = this.txt_Url.Text.ToString();
        // 调用业务类 RSS 的方法 AddUrl 实现添加。
        Sample22_1.Model.RSS rss = new Sample22_1.Model.RSS();
        rss.AddUrl(Name, Url);
        this.divContent.InnerHtml = "添加成功! ";
    }
    catch(Exception ex)
    {   this.divContent.InnerHtml = ex.Message.ToString();
    }
}
```

## 22.4.4　RSS 频道管理

RSS 频道管理功能的实现步骤如下：

**01** 添加页面文件 Manage.aspx。

**02** 在页面里加入存放数据的<div>标记，代码如下：

```
<div id="divContent" runat="server">
</div>
```

**03** 打开文件 Manage.aspx.cs，在 Page_Load 事件处理函数中加入生成频道列表的代码，这段代码用来生成频道的列表，并在每条数据后面生成数据操作的按钮。首先调用业务类 RSS 获得所有的频道信息，然后遍历所有频道信息，以获得能够生成列表的标记的字符串，最后把这个字符串赋给 divContent 标记以在页面中显示。代码如下：

```
protected void Page_Load(object sender, EventArgs e)
{   try
    {   // 获得所有频道信息
        Sample22_1.Model.RSS rss = new Sample22_1.Model.RSS();
        DataTable table = rss.GetAllUrl();
        string str = "";
        // 遍历所有频道信息以生成组成列表的字符串
        if (table.Rows.Count > 0)
        {   str = str + "<table border='1' cellpadding='1' cellspacing='1'>";
            str = str + "<tr><td colspan='4' align='center'><h3>RSS 频 道
```

```
</h3></td></tr>";
            str = str + "<tr>";
            str = str + "<td>频道名</td>";
            str = str + "<td>频道地址</td>";
            str = str + "<td>操作</td>";
            str = str + "</tr>";
            for (int i = 0; i < table.Rows.Count; i++)
            {   str = str + "<tr>";
                str = str + "<td>"+ table.Rows[i]["Name"].ToString() + "</td>";
                str = str + "<td>"+ table.Rows[i]["Url"].ToString() + "</td>";
                str = str + "<td align='center'><a href='Update.aspx?ID=" +
table.Rows[i]["ID"].ToString()
                    + "' ><img src='Images/update.gif' alt='更新/删除'/></a>";
                str = str + "</td></tr>";
            }
            str = str + "</table>";
        }
        else
        {   str = "没有频道";
        }
        // 把字符串赋予 divContent 以在页面显示
        this.divContent.InnerHtml = str;
    }
    catch (Exception ex)
    {   this.divContent.InnerHtml = ex.Message.ToString();
    }
}
```

**04** 添加页面文件 Update.aspx，加入如下界面设计代码:

```
<%@ Page Language="C#" AutoEventWireup="true" CodeBehind="Update.aspx.cs"
Inherits="Sample22_1.Update" %>
<!DOCTYPE html PUBLIC "-//W3C//DTD XHTML 1.0 Transitional
    //EN" "http://www.w3.org/TR/xhtml1/DTD/xhtml1-transitional.dtd">
<html xmlns="http://www.w3.org/1999/xhtml">
    <head runat="server">
        <title>更新频道</title>
    </head>
    <body>
        <form id="form1" runat="server">
            <div>
                <asp:ScriptManager ID="ScriptManager1" runat="server">
                </asp:ScriptManager>
                <asp:UpdatePanel ID="UpdatePanel1" runat="server">
                    <ContentTemplate>
                        <table>
                            <tr>
                                <td colspan="2" align="center"><h3>频道维护</h3></td>
                            </tr>
                            <tr>
                                <td align="right">频道名: </td>
```

```
            <td            align="left">            <asp:TextBox            ID="txt_Name"
runat="server"></asp:TextBox></td>
                    </tr>
                    <tr>
                        <td align="right"> 频道地址: </td>
                        <td align="left">
            <asp:TextBox ID="txt_Url" runat="server" Width="465px"></asp:TextBox>
                        </td>
                    </tr>
                    <tr>
                        <td>
                        </td>
                        <td>
            <asp:Button ID="Button3" runat="server" Text="修 改" OnClick="Button3_
Click" />
            <asp:Button ID="Button4" runat="server" Text="删 除" OnClick="Button4_
Click" />
                        </td>
                    </tr>
                    <tr>
                        <td>
                            <div id="divContent" runat="server">
                            </div>
                        </td>
                    </tr>
                </table>
            </ContentTemplate>
        </asp:UpdatePanel>
        </div>
    </form>
  </body>
</html>
```

**05** 打开页面文件 Update.aspx.cs。

**06** 加入对频道索引的变量的定义，代码如下：

```
private static int id = 0;
```

**07** 添加方法 BindData，方法 BindData 用来把要操作的频道的信息绑定到页面。这里调用业
务类 RSS 的方法 GetOneUrl 获取要操作的频道的信息，然后信息绑定到相应的显示控件
中。代码如下：

```
private void BindData(int id)
{  Sample22_1.Model.RSS rss = new Sample22_1.Model.RSS();
   DataTable table = rss.GetOneUrl(id);
   this.txt_Name.Text = table.Rows[0]["Name"].ToString();
   this.txt_Url.Text = table.Rows[0]["Url"].ToString();
}
```

**08** 在 Page_Load 事件处理函数中加入如下代码（这段代码调用方法 BindData 把要操作的频
道的信息加载到页面上：首先利用 Request.QueryString 获取要操作的频道的索引，然后

调用方法 BindData 把要操作的频道的信息加载到页面上，如果 Request.QueryString 为空或 id 为 0，则把页面导航到 Manage.aspx 进行频道的重新选择）：

```
protected void Page_Load(object sender, EventArgs e)
{   if (!Page.IsPostBack)
    {   if (Request.QueryString["ID"] == null)          // 判断是否为空
        {   Response.Redirect("Manage.aspx");           // 导航
        }
        id = Convert.ToInt32(Request.QueryString["ID"].ToString());// 获取索引
    }
    if (id == 0)                                        // 判断 id 是否为 0
    {   this.divContent.InnerHtml = "请选择要操作的数据！";
        Response.Redirect("Manage.aspx");
    }
    else
    {   BindData(id);                                   // 绑定数据
    }
}
```

09 添加"修改"按钮的单击事件处理函数，首先判断 id 是否为 0，若为 0 则把页面导航到 Manage.aspx，否则就调用业务类的 UpdateUrl 方法对该频道进行更新。代码如下：

```
protected void Button3_Click(object sender, EventArgs e)
{   try
    {   if (id == 0)//判断 id 是否为 0
        {   this.divContent.InnerHtml = "请选择要更新的频道！";
            Response.Redirect("Manage.aspx");//导航
        }
        else
        {   string Name = this.txt_Name.Text.ToString();
            string Url = this.txt_Url.Text.ToString();
            Sample22_1.Model.RSS rss = new Sample22_1.Model.RSS();
            rss.UpdateUrl(id, Name, Url);//更新
            this.divContent.InnerHtml = "更新成功！";
        }
    }
    catch (Exception ex)
    {   this.divContent.InnerHtml = ex.Message.ToString();
    }
}
```

10 添加"删除"按钮的单击事件处理函数，首先判断 id 是否为 0，若为 0 则把页面导航到 Manage.aspx，否则就调用业务类的 DeleteUrl 方法对该频道进行删除，最后清除页面信息，并将页面导航到 Manage.aspx。代码如下：

```
protected void Button4_Click(object sender, EventArgs e)
{   try
    {   if (id == 0)                                    // 判断 id 是否为 0
        {   this.divContent.InnerHtml = "请选择要更新的频道！";
            Response.Redirect("Manage.aspx");           // 导航
        }
```

```
        else
        {   string Url = this.txt_Url.Text.ToString();
            Sample22_1.Model.RSS rss = new Sample22_1.Model.RSS();
            rss.DeleteUrl(id);                          // 删除
            id = 0;
            this.txt_Name.Text = "";
            this.txt_Url.Text = "";
            this.divContent.InnerHtml = "删除成功！";
            Response.Redirect("Manage.aspx");
        }
        string Name = this.txt_Name.Text.ToString();
    }
    catch (Exception ex)
    {   this.divContent.InnerHtml = ex.Message.ToString();
    }
}
```

## 22.4.5　RSS 文件查看

RSS 文件查看功能的实现步骤如下：

**01** 添加页面文件 View.aspx。

**02** 打开文件 View.aspx.cs，在 Page_Load 页面事件的处理函数中加入如下代码（首先获取频道的地址，然后调用业务类 RSS 的方法 ProcessRSSItem 对频道的 RSS 文件进行解析并输入到页面）：

```
protected void Page_Load (object sender, EventArgs e)
{   // string rssURL = "http://www.cnblogs.com/jht/rss";
    // 获取频道地址
    string rssURL = Request.QueryString["url"].ToString();
    Response.Write("<font size=5><b>Site: " + rssURL + "</b></font><Br />");
    // 调用方法 ProcessRSSItem 解析 RSS 文件
    Sample22_1.Model.RSS rss = new Sample22_1.Model.RSS();
    Response.Write(rss.ProcessRSSItem(rssURL));
    Response.Write("<hr />");
}
```

## 22.5　小结

本章介绍如何利用 ASP.NET AJAX、ASP.NET 4.5 和 SQL Server 2005 来生成在线 RSS 阅读器，主要分为 4 个部分来介绍该系统的实现，第一部分介绍 RSS 基本知识，第二部分介绍 RSS 阅读器系统设计，第三部分介绍实现 RSS 阅读器的关键技术，第四部分介绍系统的实现。通过以上 4 部分详细介绍了 RSS 阅读器的实现过程，虽然只是一个简单的在线 RSS 阅读器，但 RSS 阅读器的最核心的东西已经被详细介绍，读者朋友可以在此基础上创建比较丰富的在线 RSS 阅读器。